특수주조공학

Advanced Casting Processes

공학박사 조수연 · 문희권 · 제창웅 저

머리말

우리나라는 1962년 공업입국을 시작으로 발전을 거듭하여 오늘날에는 G20 국가로서 선진국 대열에 서 있다.

현재 금속가공 산업의 약 25% 이상을 주물이 차지하고 있으며 자동차, 선박 및 우주 항공 산업에서 그 수요가 날로 증대되고 있다. 특히 주조산업은 다른 산업에 소재를 공급하는 뿌리산업이라는 점에서 매우 중요한 역할을 담당하고 있다.

무한기술 장벽주의와 기술 패권주의를 지향하는 세계 속에서 국가산업 기술자립의 터전을 마련해 줄 수 있는 국가전략산업으로, 중국이나 동남아 등 기술 후발국에 하청을 주기 어려운 국내 육성이 절대 필요한 분야이다. 또한, 폐자원 활용 및 재활용률이 다른 산업에 비하여 우위에 있고, 에너지절감 기술개발에 의해 에너지 사용량을 획기적으로 감소시킬 수 있는 산업으로서 과거의 공해산업이라는 오명에서 벗어나 친환경적인 녹색산업으로 거듭날 수 있는 노력이 절실하다.

산업사회의 급속한 발전과 더불어 생산제품이 다양하게 고급화 되면서 생산재료 및 제품이 요구하는 성질을 용도에 맞게 생산하려면 금속가공의 기본이 되는 주조기술의 우수성에 따라 제품의 성능이 좌우된다 해도 잘못된 표현은 아닐 것이다.

과거의 주조 기술은 산업현장 및 기술수준이 열악하여 대부분 수작업으로 하였으나, 현재는 특수주조 기술의 향상과 산업현장의 현대화로 반자동 또는 전자동으로 모든 제품을 생산할 수 있게 되었다.

이러한 시대의 발전에 따라 특수주조공학의 교재를 교육기관과 산업현장의 주조기술 내용을 접목시켜 Part 1 정밀주조법, Part 2 특수주조법으로 정리하여 편찬하게 되었다.

이 책의 내용은 특수주조공학에 직접 활용할 수 있도록 Part 1 정밀주조법은 1. 셸몰드 주조법, 2. 다이캐스팅 주조법, 3. 인베스트먼트 주조법, 4. 기타 정밀주조법으로 구성하였고, Part 2 특수주조법은 1. 금형주조법, 2. 저압주조법, 3. 원심주조법, 4. 고압응고주조법, 5. 진공주조법, 6. 연속주조법의 순서로 단원을 구성하여 내용을 전개하였다.

특히, 이 책은 각 단원마다 단원 평가문제를 두어 학습내용을 정리할 수 있도록 하였다. 이 책을 충분히 활용함으로써 전문 주조기술인의 꿈이 실현되기를 기원한다.

2015년

저자 씀

차 례

Part 01 정밀주조법

Contents

차 례

Advanced Casting Processes

Part 01
정밀주조법

Chapter 01

셸몰드 주조법

Section 01

셸몰드법의 특성

1 셸몰드법의 개요

셸몰드법은 1944년 서독의 요하네스 크로닝(J. Croning)에 의해 발명된 주형 제조 방법으로, 건조 규사와 100~200 메쉬(mesh) 정도의 수지 점결제(일반적으로 노블락계의 페놀 수지)를 배합한 합성사를 200~300℃로 가열 경화시켜 얇은 조개 껍질상의 주형을 만드는 방법을 말한다. 이 방법은 발명자의 이름을 부여하여 크로닝 프로세스(Croning process), 또는 C-프로세스라고 부른다.

이 방법에 관한 특허 8건은 독일 에데르시터얼·베르게사가 소유하고 있다. 이 나라의 회원수는 약 400개의 공장이며, 이 방법에 사용되고 있는 수지의 연간 소비량은 약 2,500ton에 이르고 있다. 수지의 소비량에 따르면 셸몰드법은 미국이 가장 많이 이용하고 있으며 다음이 일본으로 되어 있다. 주철의 이용이 가장 많으며 자동차 공업의 발전에 따라 비약적인 증산이 이루어졌다.

경합금의 분야에서는 금형 주조에의 전환이 많아졌는데 여전히 셸 코어가 사용되고 있다. 주강에 대한 적용에서는 주조품에 핀 홀, 오렌지 피일이 발생하기 쉬워서 주조에 부적당한 주형으로 여겨졌으나 주형재, 용해법의 개량으로 인해 점차 응용 범위를 확대하고 있다. 주조품의 크기도 점차 커지고, 주강으로도 주입 중량 150kgf 정도까지의 것이 양산되고 있다. 앞으로 더욱 대형 주물의 생산이 가능할 것이며 또 수지의 개량으로 생산 속도의 증가도 가능할 것이다.

2 셸몰드법의 특성

셸몰드의 특성은 일반 사형법(砂型法)과 비교해 볼 때 다음과 같은 특징이 있다.

장 점

① 균질, 균등의 주물이 양산된다.

② 치수의 정밀도가 높고 제품 표면이 우수하기 때문에 기계 가공이 절감된다.

③ 조형 작업에 숙련공을 필요로 하지 않는다.

④ 주형은 강도가 높고 중량이 가볍기 때문에 취급이 편리하다.
⑤ 주형을 입체적인 저장으로 할 수 있으며, 장기간에 걸쳐 보존할 수 있다.
⑥ 통기성이 좋기 때문에 주물의 큰 결점인 가스로 인한 주물 불량이 적다.
⑦ 기계화로 대량 생산이 용이하다.
⑧ 셸몰드형에서는 수분이 없기 때문에 끓거나 모래집, 흠집 등이 적은 양질의 주물을 만들 수 있다.

단 점

① 대형 주물에는 사용이 어렵다.
② 원가면으로 볼 때 소량 생산에는 부적합하다.

그러나 셸몰드법은 치수의 정밀도가 좋아 로스트 왁스법이나, 경합금의 다이캐스팅 다음으로 비교적 정밀도가 있으며 경합금, 주철, 주강이나 어떠한 금속에서도 사용할 수 있어 많은 이용도를 갖고 있다. 참고로 치수의 정밀도를 다른 주조법과 비교하여 보면 [표 1-1]과 같다.

[표 1-1] 치수의 정밀도 비교(50mm 정도의 길이) (단위 : mm)

조형법	사형법	CO_2법	다이캐스팅법	로스트 왁스법	셸몰드법
정밀도(허용차)	±0.1~±1.5	±0.2~±1.2	±0.05~±0.2	±0.05~±0.2	±0.1~±0.5

1. 셸사의 분류

셸몰드법은 모래에 수지 점결제를 코팅하여 사용하며, 일반적으로 많이 사용되고 있는 페놀 수지계의 셸사를 크게 분류하면 분말 수지계와 수지 코팅사계로 분류할 수 있다.

(1) 분말 수지계(powder resin sand)

규사와 분말 레진을 혼련기에 넣어 균일하게 혼합하는 방법으로 다음과 같은 장·단점이 있다.
① 규사와 분말 레진을 균일하게 배합할 수 있는 혼련기만 있으면 간단하게 셸사를 얻을 수 있다.
② 주탕시에 레진이 완충재 역할을 하므로 주형이 파손되는 일이 적다.
③ 코팅되어 있지 않으므로 블로잉(blowing)방식의 주형에서는 레진의 편석이 발생하기 쉽고, 균일한 주형을 얻기 힘든 단점이 있다.
④ 코팅되어 있지 않으므로 레진의 첨가량을 많이 하지 않으면, 강한 주형을 얻기 어렵다.
⑤ 먼지가 많이 난다.

배합 예

$a+c \xrightarrow{\text{27~30초 혼련}} b \xrightarrow{\text{2분 30초 혼련}}$ **모래 배출**

a : 규사, b : 액상 수지(분말 페놀 레진) 4%, c : 등유 0.1%

(2) 수지코팅사(resin coated sand)

이 수지 코팅사의 제조 방법을 크게 분류하면 세 가지 방법이 있다. 즉 냉간 혼련법, 반열간 혼련법, 열간 혼련법으로 나눈다.

1) 냉간 혼련법(cold mulling process)

이 방법은 상온의 모래에 분말 레진과 메타놀을 가하여 배합하는 방법과, 액상 레진을 경화제인 헥사 메치렌 테트라 아민(hexa methylene tetra amin 이하 헥사라고 약칭)을 가하여 도장하는 방법, 또는 분말 레진과 액상 레진을 병용하여 사용하기도 한다. 다른 방법에 비교해서 그 특징을 보면 다음과 같다.

① 모래 가열 장치나 이에 부수되는 장치가 필요없으므로 설비비가 적게 들고 간단한 혼련기만 있으면 된다.

② 상온의 모래를 사용하므로 혼련 중 레진의 반응이 적고 열간법(hot mulling) 등에 비해서 주탕시 주형의 완충 효과가 있고 주형이 깨지거나 변형됨이 적다.

③ 혼련에 부하(負荷)가 많이 걸리고 한번 혼련되는 모래 혼합량도 적어 혼련 기간이 길어지는 단점이 있다.

④ 분말 레진과 용제를 사용하므로 혼련기 내에 더러움이 많고 또 용제가 완전히 휘발되지 않으므로 코팅사의 덩어리짐(blocking)이 일어나기 쉽다.

일반적으로 사용되고 있는 냉간 혼련법의 혼련 실시 예는 다음과 같다.

배합 예

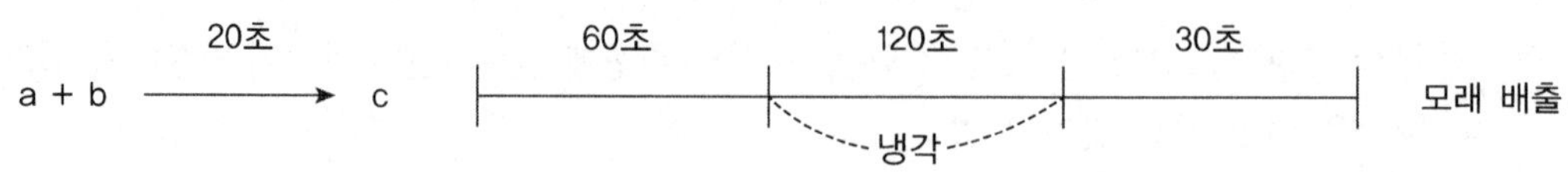

a : 규사, b : 메타놀(40% 레진에 대하여), c : 분말 레진(규사의 3.5%), d : 분산제(규사의 0.1%)

2) 반열간 혼련법(semihot mulling process)

이 방법은 규사를 미리 80~110℃ 정도로 예열된 상태에 액상 레진을 혼련하는 방법으로, 열에 의해서 액상 레진의 점도를 저하시켜서 습윤성(wetting)을 좋게 하여 피복성을 좋게 한다. 또 용제의 휘발을 촉진하여 미휘발용제를 없애는 방법이기도 하다.

이 방법은 다음과 같은 특징이 있다.

① 셸사의 덩어리짐(blocking)이 비교적 적다.

② 냉간법에 비교해서 피복도 균일하게 되고 레진 단위량의 강도가 높다.

③ 용제를 가열된 규사에 사용하기 때문에 인화 및 폭발의 위험이 크다.

> **배합 예**
>
> 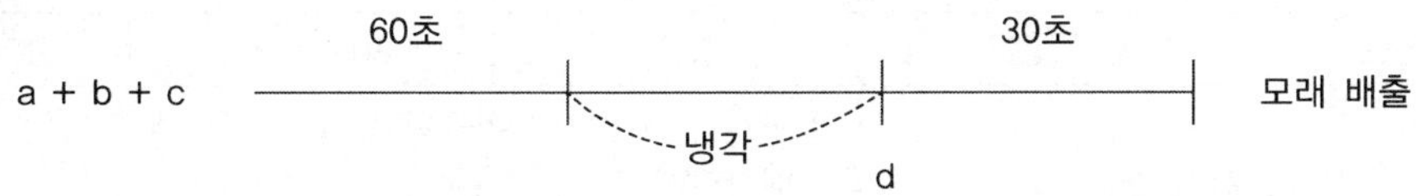
>
>
> a : 규사, b : 액상 레진(규사의 3%), c : 헥사(레진의 15%), d : 분산제(규사의 0.1%),
> b, c는 미리 혼합해 둔다.

3) 열간 혼련법(hot mulling process)

이 방법은 규사를 미리 130~160℃ 정도 예열해 두고, 고형 수지(노보락)에 습윤제를 가하고 10분 정도 교반하여 수지가 용해되어 80~90℃까지 냉각되었을 때 헥사 수용액을 가하고 냉각 분산시켜 혼련하는 방법이다. 이 방법의 특징은 다음과 같다.

① 유기 용제를 사용하지 않기 때문에 여러 가지 위험이나 사고도 적고 피복량이 적어도 된다.

② 피복이 완전하게 이루어지기 쉽고 단위 레진당 강도도 높으며 균일한 주형이 된다.

③ 혼련시 부하(負荷)가 적고 혼련 시간이 향상되고 대량 생산 방식에 적합하다.

④ 모래 가열 장치와 혼련 중의 냉각 장치를 필요로 하기 때문에 설비 비용이 많이 든다.

⑤ 이 방법으로 얻어진 코티드 샌드(coated sand)는 경화속도가 너무 빠르므로 덤프(dump)식 주형의 조형에서는 비교적 엷은 셸을 얻기 어려우며 완충 효과가 적기 때문에 주탕시 셸이 깨지는 현상이 일어나기 쉽다.

> **배합 예**
>
> $$a+b \xrightarrow{60\text{초}} c+d \xrightarrow{45\text{초}} e \xrightarrow{20\text{초}} \text{모래배출}$$
>
> a : 규사, b : 편상(flake) 액상 레진(규사의 3%), c : 헥사(레진의 15%), d : 물(규사의 1.5%),
> e : 분산제(규사의 0.1%), c, d는 미리 용해하여 둔다.

2. 분말 수지계와 수지 코팅사의 비교

[표 1-2] 레진 코티드 샌드(resin coated sand)의 비교

<table>
<tr><th rowspan="2"></th><th rowspan="2">powder resin sand</th><th colspan="3">resin coated sand</th></tr>
<tr><th>냉간혼련법</th><th>반열간혼련법</th><th>열간혼련법</th></tr>
<tr><td>배 합</td><td>분말 노보락 +
헥사아민 + 습윤제</td><td>분말 노보락 +
헥사아민 + 용제
+ 액상 수지</td><td>액상 수지 +
헥사아민</td><td>구상 수지 +
헥사아민 +
액상수지</td></tr>
<tr><td>혼련온도</td><td>상 온</td><td>상 온</td><td>80~110℃</td><td>120~160℃</td></tr>
<tr><td rowspan="2">특 징</td><td rowspan="2">• 혼련이 용이
• 수지 배합량이 많이 든다.
• 충진성이 나쁘다.
• 금형의 오염이 크다.
• 흡습성이 크다.</td><td colspan="3">• 수지가 균일하게 피복된다.
• 배합량이 적다.
• 유동성이 크고, 복잡한 성형도 된다.
• 소성 시간이 단축된다.</td></tr>
<tr><td colspan="2">• 혼련기의 청소가 곤란하다.
• 혼련 에너지가 크다.
• 덩어리짐이 발생하기 쉽다.</td><td>• 반열간 혼련법보다 혼련에너지가 적다.
• 설비비가 높지만 단가는 싸다.</td></tr>
</table>

3 레진 코티드 샌드(resin coated sand) 제조의 제인자(諸因子)

레진 코티드 샌드의 제조법으로는 냉간, 열간, 반열간법이 있다. 주물 공장에서 양질의 레진 코티드 샌드를 제조하기 위해서는 레진 코티드 샌드의 제조 조건을 적절히 설정해야 한다. 여기서는 주로 많이 사용되고 있는 열간법의 제조 인자에 대해 열거하기로 한다(표 1-2 참조).

1. 냉각수와 규사 온도

열간법에서 레진 코티드 샌드를 제조할 경우 수지를 용융하고 모래 표면에 코팅하기 위해 가열을 한다. 이때 가열사의 온도가 적절하지 못하면 양질의 레진 코티드 샌드를 얻을 수 없다. 따라서 열간법에 의한 레진 코티드 샌드의 품질은 규사의 온도에 따라 좌우된다고 할 수 있다.

2. 혼련 시간

레진 코티드 샌드의 제조에는 수지를 사표면(砂表面)에 도포(塗布)하는 제1혼련과 경화제를 첨가해 붕괴할 때까지의 제2혼련이 있다. 제2혼련 공정에 있어서 레진 샌드가 붕괴하면 재빨리 모래를 배출해야 한다. 과다한 혼련은 사립 서로의 마찰에 의해 수지층이 분리되어 레진 코티드 샌드의 강도를 저하시킨다. 만약 레진 샌드가 붕괴되지 않는 상태로 배사되면 유동성과 강도가 극히 나쁘게 된다. 혼련 공정과 레진 코티드 샌드의 성질에 대한 관계는 [그림 1-1]과 같다.

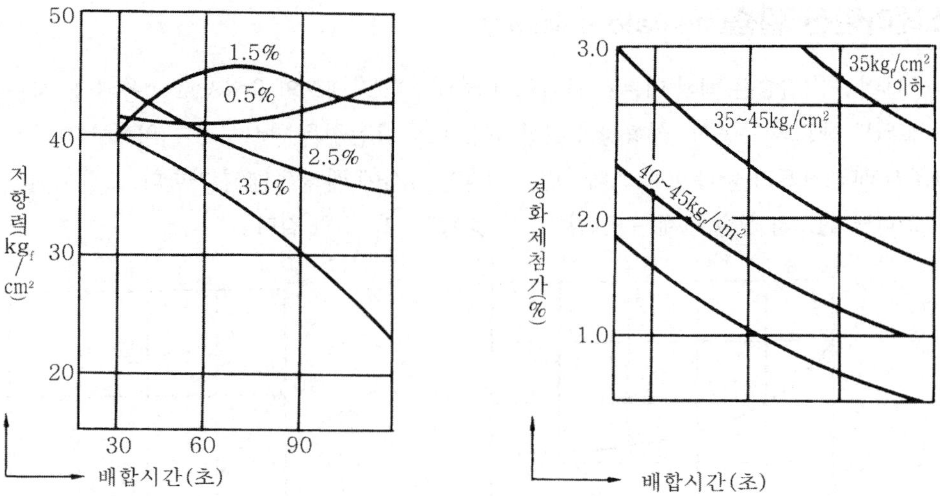

[그림 1-1] 배합 시간과 강도와의 관계

3. 헥사 아민

헥사 메치렌 테트라 아민, 우로트로 핀은 $(CH_2)_6N_4$의 화학 구조를 가지고 있어 노보락 수지를 열가소성으로부터 열경화성으로 바꾸어 주며, 레진 코티드 샌드가 가열되었을 때 이것을 용융되지 않은 상태로 경화시키는 작용이 있다(그림 1-2, 1-3 참조).

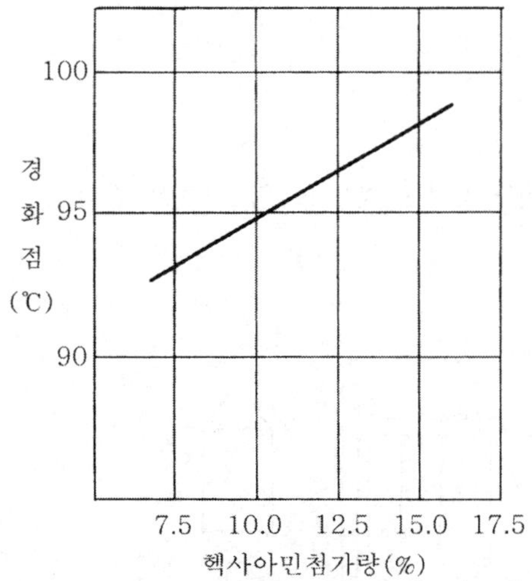

[그림 1-2] 헥사 아민 첨가량과 레진 코티드 샌드의 경화점 관계

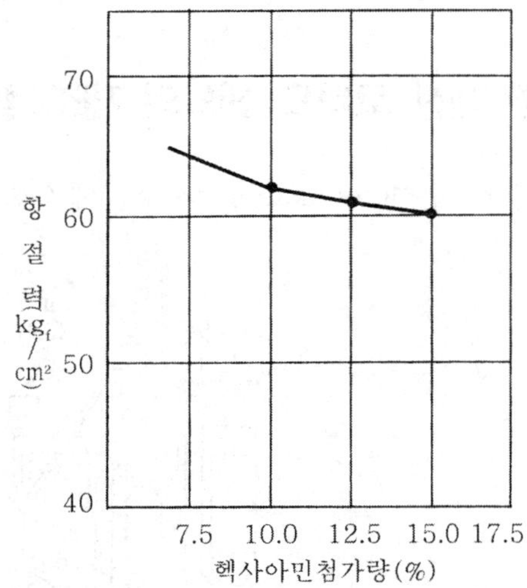

[그림 1-3] 헥사 아민 첨가량과 항절력 관계

4. 스테아린산 칼슘(stearate calsium)

스테아린산 칼슘은 백색 미분말 물질로써 레진 코티드 샌드의 윤활제로 이용된다. 사용에 따라 레진 코티드 샌드의 유동성, 성형성이 향상되며, 보통 유동성을 향상시키기 위해서 레진 코티드 샌드 제조시 레진 샌드가 붕괴할 때 스테아린산 칼슘을 규사에 대해 0.1% 첨가한다. 스테아린산 칼슘과 레진 코티드 샌드의 성질 관계는 [그림 1-4] 및 [그림 1-5]와 같다.

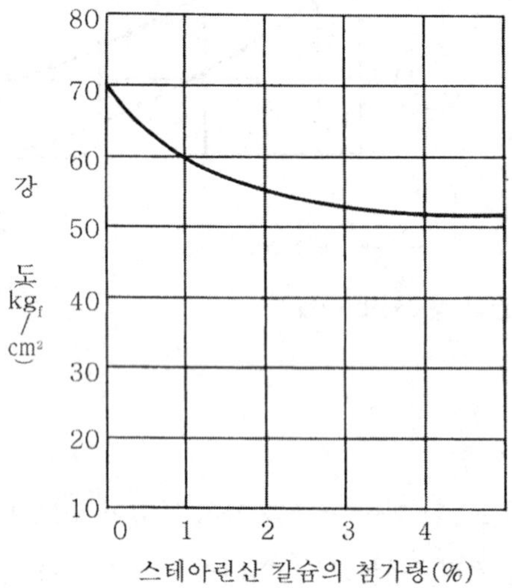

[그림 1-4] 스테아린산 칼슘의 첨가량과 강도 관계

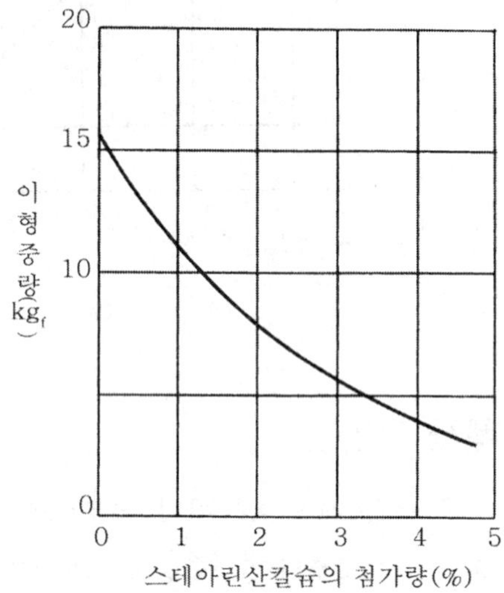

[그림 1-5] 스테아린산 칼슘의 첨가량과 이형성 관계

4 레진 코티드 샌드의 제조 설비

열간 혼련법(hot mulling process)에 의한 코티드 샌드 제조 장치는 [그림 1-6]과 같다.

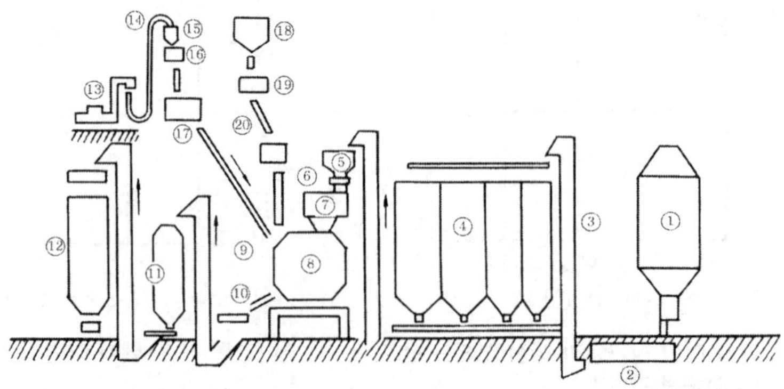

①규사 가열 재생 장치 ②냉각 ③바켓트 엘리베이터 ④규사 저장탱크
⑤서비스 탱크 ⑥규사 계량기 ⑦규사 가열 장치 ⑧믹셔
⑨쟈이렌드 스크린 ⑩오시레 콘베어 ⑪냉각 ⑫저장 탱크
⑬구상 수지 ⑭유체 수송 ⑮서비스 탱크 ⑯수지 계량기
⑰수지 압송 탱크 ⑱헥사수 혼합 탱크 ⑲서비스 탱크 ⑳헥사수 계량기

[그림 1-6] 코티드 샌드 제조 설비

1. 모래 가열 장치

규사 가열 장치는 일반적으로 회전 가열기와 종형 가열기로 구분할 수 있다. 주로 회전로가 많이 사용되고 있기 때문에 여기에 대해서만 열거한다.

회전 가열기는 규사를 원통중에 넣어 회전하면서 가열하는 장치이다. 가열 방법에 따라 원통중의 연소 가스를 통해 직접 재료를 가열한 것과, 원통의 외부를 가열해 간접으로 가열하는 방법으로 나뉘어 진다. 레진 코티드 샌드 제조용으로서 직접 연소 가스를 접촉시키는 직접 가열 방식이 많이 사용되고 있다.

2. 혼련기(mixer)

레진 코티드 샌드 제조에 있어서 혼련기가 차지하는 비중은 대단히 크다. 사용하는 혼련기에 따라 레진 코티드 샌드의 품질과 가격이 크게 변한다. 따라서 혼련기의 선택에는 생산량, 요구 품질 등 그 중요 요소를 충분히 고려해야 한다.

(1) 스피드 믹서멀러(speed mixer muller)

스피드 멀러의 내부에는 자유로이 회전하는 2개의 볼이 있고 크로스 헤드 자체가 회전한다. 크로스 헤드의 회전 볼의 자유 회전 그리고 스피드 멀러 저부에 스크레파의 움직임에 따라 규사에 수지를 피복시킨다.

(2) 심프손 믹서멀러(simpson mixer muller)

심프손 믹서 멀러는 수지와 규사를 멀러 로울과 프로펠러에 의해서 혼련한다. 한쪽의 멀러 로울은 로커아암과 주축에 의해 결합되고 핀을 지점으로 레진 샌드위를 회전한다. 또한 안쪽 프로펠러와 바깥쪽 프로펠러는 바닥(底盤)위를 회전하면서 구석구석 레진 샌드를 피복시켜 준다. [그림 1-7]은 심프손 믹서 멀러기를 나타낸 것이다.

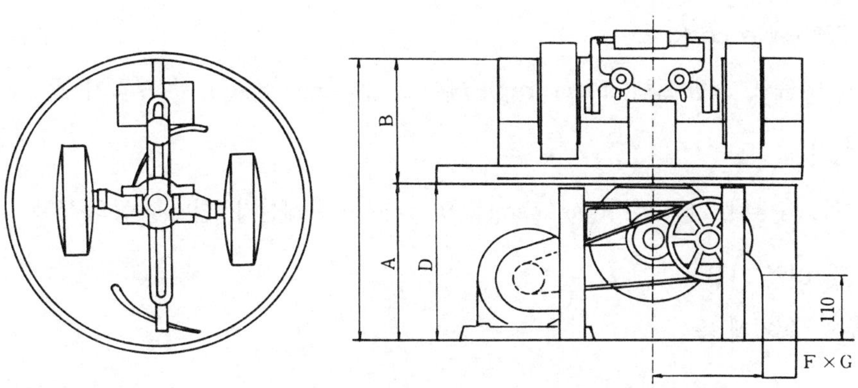

[그림 1-7] 심프손 믹서 멀러기

5. 셸몰드법의 용도

이 방법은 정밀 주조법의 한 방법으로서 어느 정도 기계 가공을 생략하여도 주물 제품의 표면이 대단히 깨끗한 것을 얻을 수 있다. 따라서 이 주형법은 다음과 같은 주물 부품 제작에 적합하게 적용된다.

1) 자동차 부품

크랭크 샤프트(crank shaft), 실린더 블록(cylinder block), 펌프 실린더 헤드(pump cylinder head), 샤프트 포크(shaft fork), 클러치 페달(clutch pedal), 피스톤 링 시트(piston ring seat), 로커 아암(lock arm) 등.

2) 산업 기계

펌프(pump), 유압기, 농경용 발전기, 냉동 펌프, 분무기 등.

3) 산업 차량

블도저, 캐타필러, 링, 콤프레셔(compressor) 등.

4) 섬유 기계

아암(arm), 기어(gear)

5) 전기 통신용 기기

모터 케이스(moter case), 선풍기, 텔레타이프(teletype), 전화 교환기 스위치판, 냉동기, 조명 기구, 각종 케이스, 전자 클러치(clutch), 히팅 엘레멘트(heating element) 등.

6) 선박용 기기

선박용 엔진, 프로펠러, 너트(nut) 등.

7) 철도용 기기

연결기, 레일, 가전 부품, 도어 부품, 레일 이음쇠, 창문틀 등.

8) 밸브 코크(valve cock)

밸브, 이음쇠, 스팀 트랩(steam trap), 게이트 보디(gate body), 수도 꼭지 등.

9) 정밀 기기

양수계, 유량계, 가스 메타(gas meter), 영사기, 화폐 계산기, 현미경 등의 부품

10) 농업 및 어업 기구

분무기, 농기계 등.

11) 금속 가공용

공구 커터(cutter), 스패너, 드릴(drill) 등.

12) 주철관

주철관, 볼트(bolt), 엘보우(elbow) 등.

13) 기 타

다리미, 펌프, 가스 기구, 자석, 미술품 등.

생산량으로서 가장 많은 것은, 자동차 부품들로 주로 주철로 만들어진다. 가단 주철은 이용도가 적으나 용해법과 재질의 개선에 따라 사용량이 증가되리라 예상된다.

Section

02 셸몰드 주조 재료 선택과 관리

1 셸몰드용 주물사

셸몰드는 규사가 95% 내외를 점유하고 있으므로 셸몰드의 제성질이 규사에 의해서 크게 좌우된다. 따라서 규사가 셸몰드용으로서 사용될 수 있는 구비 조건을 열거하면 다음과 같다.

① 석영분(SiO_2)의 순도는 96% 이상이면 양호하다.

② 상온 강도면에서 입형(粒形)은 둥근 것이 좋다.

③ 입도 분포는 평균 입도 지수로서 80~120 AFS이 적당하며 미분은 될 수 있는 한 적은 것이 좋다(그림 1-8 참조).

④ 점토분은 0.4% 이하가 적당하며 셸 강도에 가장 나쁜 영향을 주는 것은 카오리나이트(kaolinite), 벤토나이트(bentonite) 등의 점토 광물로서 이들의 제거에 최대의 노력을 해야 한다(그림 1-9 참조).

⑤ 규사에 포함된 습기, 수분은 유해하며 점결제인 수지의 효능을 노화시키기 때문에 적어도 주위의 상대습도와 평형을 유지할 때까지 건조해야 한다.

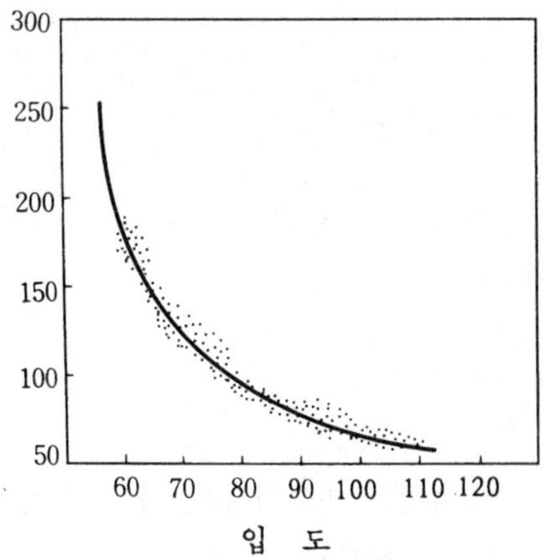

[그림 1-8] 평균 입도 지수와 통기도 관계

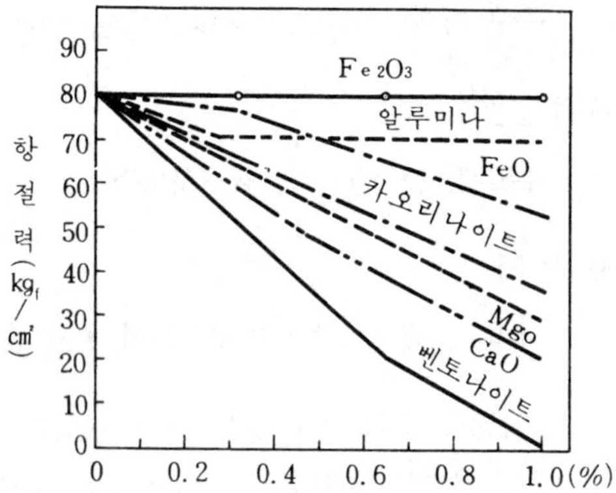

[그림 1-9] 불순물과 셸 강도의 영향

2 열경화성 수지(페놀수지)

셸 주형의 점결제에는 베커렌드(baeke lend)에 의해서 발명된 합성 수지인 페놀 수지가 사용된다.

현재 공업적으로 사용되고 있는 페놀 수지를 대별하면 2가지의 형이 있다. 하나는 노보락(novolac)형이고, 다른 하나는 레졸(resole)형이 있으나 주로 셸몰드에 이용되는 것은 노보락형이다. 노보락은 페놀 1몰에 대해서 중성 포르마린 0.8~0.85 몰을 옥살산 혹은 염산을 촉매로 해서 가열 반응시킨 다음 감압에 의해 수분이나 미반응의 페놀 등을 제거한 것이다. 여기서 얻어진 것은 페놀이 3~6개 결합된 것으로서 열가소성을 표시하며, 이대로는 열경화가 없으므로 셸 주형용의 점결제로 사용할 수 없다. 경화를 위해 포름 알데히드를 공급하는 방법으로서 헥사 메틸렌 테트라 아민을 수지의 약 10~15%(중량)로 첨가한다.

액상 수지에서 노보락을 빼낼 때 입상이나 판상으로 한 것을 고형 수지라 하며, 가열한 주물사에 소정의 헥사 메틸렌 테트라 아민과 함께 투입해서 혼련하여 레진 코티드 샌드를 만드는 데 사용한다.

셸 주형의 제조 및 주조에 있어서 요구되는 수지의 성질은 페놀과 포름 알데히드의 몰비, 촉매의 종류와 양, 반응 조건 등의 차에 의한 노보락 그 자체의 성능, 품질과 헥사 메틸렌 테트라 아민의 조합에 따라서 달라진다.

레졸류의 페놀 수지는 열경화성 수지의 초기 화합물로서는 가장 일반적인 것이다. 그대로 가열하면 경화되는데 보존성에 난점이 있기 때문에 셸몰드 제조용으로는 거의 사용하지 않는다. 최근 이 레졸의 축합도를 올려서 고형 분말화된 것이 만들어졌다. 이것은 주강의 핀 홀의 발생 원인이 수지와 함께 사용되는 헥사 메틸 테트라 아민의 열분해시에 발생하는 N에 있는 것을 알 수 있으며 무헥사 또는 저헥사의 수지로서 주목되었다. 그러나 경화 속도가 늦은 단점이 있다. 조형 속도의 향상에 따라서 코어 조형 속도의 향상이 요망되고 있으므로 빠른 경화성의 열경화성 수지의 개발이 요구되고 있다.

1. 페놀 수지의 제조법

(1) 노보락의 제조

노보락의 제조는 페놀에 대한 포르마린의 F/P = 0.7~1.0 몰의 범위 정도에서 행하여진다. 또 몰비, 촉매의 종류와 양, 반응 시간 및 유리 페놀의 잔존량에 따라 노보락의 성질이 변할 수 있다.

노보락의 반응 온도는 약 100℃ 정도에서 환유 반응이 발생하고, 반응이 완료되면 탈수 공정으로 바꾸어, 물을 증류 제거한다. 이 경우 탈수는 대기압하에서 행해지는 경우가 많다.

물을 제거해가면 온도는 상승하고 반응액은 투명한 사립상으로 된다.

노보락의 최종 가열 온도는 보통 140~160℃이다. 배출시켜 냉각한 노보락은 그대로는 열경화하지 않기 때문에 포름 알데히드를 보충할 필요가 있다. 보통 헥사 아민을 사용하므로 노보락 헥사 아민형 분말 수지로서 사용하는 경우가 많다. 헥사 아민의 첨가량은 5~15%의 범위이다.

(2) 레졸의 제조

레졸은 페놀에 대해서 포르마린을 과잉으로 사용해 가성소다, 암모니아수 등의 알칼리 용매로 반응해서 얻어지며, 몰비는 용도에 따라 보통 F/P = 1.0~3.0 범위가 많다. 레졸의 성질의 몰비, 용매의 종류와 양, 반응 온도와 시간 등의 조건에 따라 용도에 일치하게 변경할 수 있다. 레졸로서는 수용성, 액상 수지, 용제형 액상 수지 및 고형형 수지가 만들어진다. [표 1-3]은 노보락과 레졸의 비교를 나타낸 것이다.

[표 1-3] 노보락과 레졸의 비교

	노보락형	레졸형
몰 비	1이하	1이상
촉 매	산	알칼리
분자량	400~1,000	500 이하
경 화	경화제 첨가 + 가열, 가압	가열, 가압
저장안전성	안정	불안정
형 상	분말, 고상	액 상

3 셀몰드용 기타 재료

1. 습윤제

분말상의 열경화성수지가 혼합사의 사용 중에 모래 입자에서 떨어지지 않게 하기 위한 것이 습윤제이며 등유(석유), 푸루푸랄(furufural), 글리세린, 메타놀(methanol) 바니스 등이 사용된다. 이것은 모래 입자에 대한 수지의 피복을 좋게 하며 혼합사의 가공성을 향상시킨다.

2. 이형제

셸몰드 조형 방식이 고도로 기계화됨에 따라 셸을 모래형으로부터 쉽게 빼내기 위한 이형제의 역할이 대단히 중요하게 되었다.

이형제의 제1조건은 아주 얇은 피막을 만들고 양호한 이형 효과가 클 것, 제2조건으로는 열에 안정하고 내구성이 있으며 모형, 주형 재료, 셸 등에 나쁜 영향을 주지 않아야 한다. 일반적인 셸몰드의 이형제로서는 실리콘유(silicon oil)를 비롯한 유기 규소 화합물이며, 탄화 수소 용액 등이 사용된다.

3. 도형제

셸몰드의 표면에는 이형제인 실리콘유가 부착되어 있기 때문에 수용액의 균일한 도포가 곤란하다. 따라서 수용성의 것을 이용하기 위해서는 계면활성제를 첨가하면 효과가 있다. 즉 알코올, 메타놀과 같은 용제에 도형제를 현탁시켜 사용해야 한다. 주형 표면을 경화시킬 목적으로 약간의 페놀 수지를 첨가하는 경우도 있으나 이 수지가 열경화성인 경우에는 도형제를 칠한 후에 재가열이 필요하다.

4. 접착제

반쪽으로 된 몰드를 맞추기 위해서는 뜨거운 반쪽형끼리 1~1.5분간 접촉시켜서 결합 경화되는 접착제가 필요하다. 이 접착제로는 1~1.5%의 염화 암모늄을 가한 요소인 포름 알데히드 수지의 접착제, 규석분이나 점토를 첨가한 규산 소다계 접착제, 텍스트린을 함유하는 규산 소다 접착제가 적당하다.

4 셸몰드사의 재생

1. 셸몰드사의 재생법

지금까지 우리 나라에서는 양질의 규사가 풍부하기 때문에 주물사의 재생 처리가 별로 행하여지고 있지 않지만 앞으로는 양질의 규사가 부족되고 또 폐사 처리에도 비용이 많이 들게 됨으로서 주물사의 재생 처리가 불가피한 실정이다. 따라서 자연 보호의 의미에서도 값싼 주물사를 용이하게 얻을 수 있고, 안전하며 간단한 설비로서 고품위 주물사를 재생시키는 방법을 개발하는 것이 중요하다.

셸사의 재생법에는 다음과 같은 방법이 있다.

(1) 자연식 연소법

이 방법은 셸 괴상의 폐사를 자연 연소시킬 목적으로 만든 연소로이다. 즉, 셸 괴에 함유된 레진은 상당한 열칼로리를 유지하고 있으므로 주형에 착화하여 보온과 통기를 행하여 주면 자연적으로 주물사가 회수되는 방법이다. 이것은 연소 속도가 빠르므로 대량의 셸 괴의 처리에는 부적당하다. 그러나 장치가 간단하여 경비를 적게 들여 재생사를 얻을 수 있으며 소규모의 재생 장치에 적합하다.

(2) 입형 회수로

입형 회수로는 셀 괴 및 탄화된 모래 일부분을 재생하는 장치로 설비 비용이 비교적 적게 들고 조업이 간단한 소규모 공장으로 5~30ton/1일의 재생을 필요로 하는 경우에 효율적으로 사용될 수 있다.

이밖에 월간 2,000~3,000ton 이상의 재생에는 유동 배소로 및 다단 회전 배소로법이 사용되어서 효율적으로 재생에 이용되고 있으나 아직까지 장치가 간단하고 경비를 적게 들여 재생사를 얻을 수 있는 장치의 개발이 미비된 실정이다. 그러나 가장 수요가 많은 월간 300~500ton 정도의 재생에는 경제적인 적당한 재생 장치가 없다.

무인화에 가까운 조업이 아니면, 생산량에 대한 인건비가 높아지고 재생비가 증가하기 때문이다. 규사와 운반비가 앙등하는 요소가 많아지는 관계로 경제적인 재생 장치의 개발이 요구된다.

2. 재생사의 문제점

셀몰드에 이용하는 주물사를 재생하는데 중요한 것은 셀 폐사에 혼합되어 있는 이물질을 제거시키는 일이다.

셀에 이용한 규사와 동일한 입도를 가지는 이물질은 간단하게 채취되어 제거되지 않는다. 따라서 백 업(back up)재로서 품질이 나쁜 규사를 이용하면 규사에 혼입되어 재생사의 품질을 저하시키므로 주의해야 한다. 강구, 굵은 모래 등 셀몰드에 사용하는 규사보다 입도가 큰 것을 백 업(back up)재로서 사용하면 간단하게 분리된다.

기타의 분리가 곤란한 물질로는 철분으로 경합금 주물에 사용하는 경우에 자력에 민감한 금속분 등이 함유하게 된다. 이러한 물질이 셀 폐사에 혼입되는 것을 방지하기는 어렵다.

철분은 강자성체(Fe함유량 25%)와 약자성체(Fe함유량 1~2%)가 있으며, 강자성체는 드럼형의 마그네틱 세퍼레이터에서 약간 제거된다. 공업적인 규모에서 완전하게 제거시키는 것은 곤란하다. 제거하는 처리를 행하지 않으면 철분은 서서히 증가하지만 자력에 민감한 것이 전체의 3% 정도까지는 주조상 큰 영향을 주지 않는다.

자력에 매우 민감하지 않은 금속분은 소성법의 경우 밸브를 막아 노의 운전을 방해하므로 철저히 제거시키는 방법을 실시하지 않으면 안 된다. 또 셀 폐사를 노천에 그대로 방치하여 두면 습기를 함유하게 되어 연소가 잘 되지 않으므로 연료가 필요하게 되어 재생 비용이 많이 들게 된다.

Section
03 셸몰드 및 셸 코어 제조법

1 레진 샌드(resin sand)와 셸(shell)의 성질

레진 샌드는 주형 및 주물의 품질을 좌우하는 일련의 성질을 가지며 그 주된 것으로서 파괴 강도, 굴곡 강도, 피복성, 통기성, 가스 발생 등을 들 수 있다.

레진 샌드의 융합 속도, 그리고 그의 경화 온도와 경화 속도는 셸 제작에 사용되는 설비의 처리 능력에 대하여 큰 영향을 미친다. 이때의 융합 혼합사의 낮은 점도는 주물 금형의 반회전시의 셸의 파손을 가져오며 한편 지나치게 높은 금형의 경우 높은 부분에 대한 부착성과 셸의 낮은 경도는 경화 종료시에 금형에서 셸이 잘 빠지지 않는 원인이 된다.

레진 샌드의 자동 제조 조건에서는 1일 작업에 3회 이상의 강도 검사와 1일에 1회의 통기성과 가스 발생의 검사와 함께 피복도의 검사가 권장된다.

레진 샌드의 파괴 강도와 밴딩은 표준 시편으로 하며, 셸의 경도는 일반적으로 강구식 경도계로 측정한다.

셸몰드의 일부는 용탕 분출 속도와 횡단 면적에 비례한 동압을 받으며 그 외 부분에는 용탕의 정압을 받는다.

강도 시험용 시편은 셸 금형과 셸 코어의 제작 공정과 같은 공정 기준을 두고 하는 것이 바람직하다.

1. 고온 아래서의 레진 샌드의 강도

셸몰드의 사용 조건은 사형(砂型)보다 아주 까다롭다. 용탕 주입시에 셸몰드가 고온도로 급격히 가열되면 강도가 저하된다. 셸몰드는 일반적으로 주물 표면이 응고되기까지 파괴되지 않지만 형으로부터 용탕이 누출되어 주물을 불량하게 하는 경우도 있다.

시편의 강도는 150℃의 온도까지 일정하며 그 후 150~250℃의 영역에서 1/2.5~1/3로 급격히 저하된다. 750~800℃의 온도 영역에서는 거의 0(zero)에 가깝다.

셸이 150℃로 가열되었을 때 점결재의 대부분은 고체 상태로 남아 있지만 경화 과정에서 중합하지 않은 부분은 연해지기 시작한다. 150~250℃의 온도에서는 이들의 상(A - 레졸, B - 레지놀)이 용해하여 셸의 결합이 고체 탄성체로부터 점성 소성체로 된다. 250℃ 이상의 온도가 되면 분발 베크라이트가 연소하기 시작하여 800℃ 온도에서는 레진이 거의 완전히 연소하여 시편이 부서져 버린다.

[표 1-4] 파우다 레진 샌드의 강도와 흡수성에 미치는 보존기간의 영향

유지시간 (h)	레진 샌드의 파괴강도(kgf/cm²)		레진 샌드의 흡습성(%)	
	분말 베크라이트 베이스	P.S-1베이스	분말 베크라이트 베이스	P.S-1베이스
제작직후	37.5	34.6	-	-
2	38.3	34.6	0.09	0.08
6	37.0	34.0	0.14	0.11
24	37.2	33.4	0.23	0.19
48	36.5	33.1	0.27	0.26
72	36.8	33.2	0.30	0.30
96	36.7	33.7	0.31	0.31
120	36.1	32.7	0.33	0.31
240	33.2	30.8	-	-

형의 두께 증가에 따라서 형의 전체적인 강도는 상승한다. [표 1-4]는 강도와 흡수성에 미치는 보존 기간의 영향을 나타낸 것이다.

2. 셸몰드의 내열성

셸몰드는 사용 조건으로 볼 때 얇은 용기로 볼 수 있다. 그러므로 주입시의 형의 강도 저하가 순간적으로 일어나서 형벽이 충진 부분 만큼의 압력을 받는다고 가정하면 형내의 발생응력의 계산에 있어서는 유체의 평행식을 도입할 수 있다. 형내의 추가적 열응력의 발생은 무시한다.

셸몰드는 보통 금속의 최대 압력부인 겉 체움의 하부 견절면(見切面)에서 보다 먼 주물의 두꺼운 부분에서 피복하기 때문에 주물을 냉각시킨 후 높이를 측정하여 형의 응력을 계산한다.

[그림 1-10]에서 (a) 및 (b)의 ○표시는 주입시의 용탕압에 견디는 주형에 해당하고 △와 □은 주입 과정 또는 주입 후에 피복된 주형에 해당한다.

혼합사의 입도는 No 5가 좋으며, 점결제의 특성은 셸몰드의 내열성에 대하여는 강한 영향을 미치지 않는다. 셸몰드는 형의 응력이 1.73kgf/cm² 이상으로 되었을 때에 전부 피복된다. 다시 말하면 상기의 주물 치수로서 7~8mm의 두께에 상당한다.

셸몰드의 내열성에 미치는 주물 두께의 영향은 [그림 1-10]의 (c)와 같다. 이 그림에서 보면 파괴응력이 약간 다름에도 불구하고 두께가 5mm와 20mm의 주물에 대한 셸몰드 최소 허용 두께의 차이는 1mm를 넘지 않는 것을 알 수 있다.

셸몰드의 내열성에 대해서는 주입 시간 및 응고 시간이 보다 큰 영향을 미치며 용탕의 탕피부에서의 현저한 과열이 일어나기 때문이라 본다(그림 1-10. (d)참조).

따라서 레진 샌드에 의한 셸몰드는 많은 주입구를 설치하여 빠른 시간내에 주입함이 바람직하다.

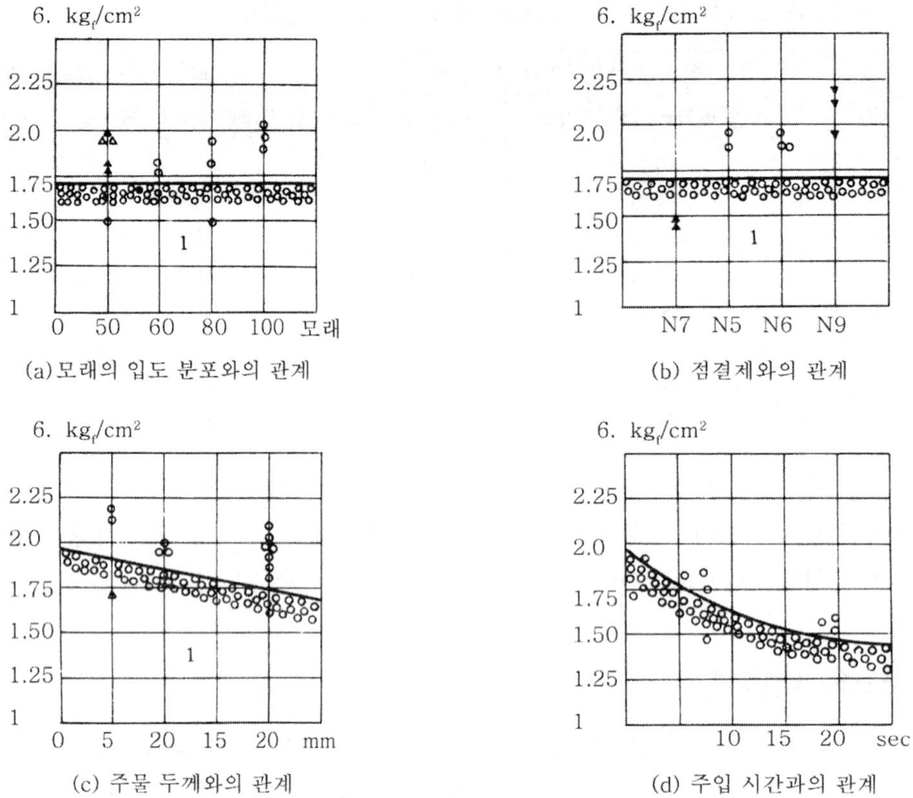

[그림 1-10] **셸형의 내열성 관계**

셸몰드를 백 업(back up)하지 않고 주입했을 경우 레진의 연소에 의한 온도 상승의 변화를 일으키는 제2의 가열원이 된다. 특히 이러한 것은 비교적 두꺼운 부분의 주형에서의 주입시에 나타나며 이로 인해 최초의 30초간에 형의 외부 온도가 중심부의 온도를 상회하게 된다.

한편 건조 규사를 백 업(back up)으로 했을 경우에는 셸몰드의 온도의 상승 프로세스는 일반적으로 사형(砂型)의 것과 유사하다.

3. 셸몰드의 경도

셸몰드의 경도에는 레진 샌드의 충진도와 균일도가 특히 중요하다. 셸몰드의 경도는 평균적으로 높으며 레진 함유량의 증가에 따라서 상승한다. 예를 들면 레진 함유량이 적을 경우 미립사로서 제작한 셸은 낮은 경도를 갖지만 조립사(組立砂)를 사용한 경우는 비교적 단단한 셸이 얻어지고 양질의 주물 표면이 형성된다.

강주물에서는 주조시의 레진의 연화를 고려해서 레진 함유량을 6~8%까지의 범위로 한다(그림 1-11 참조).

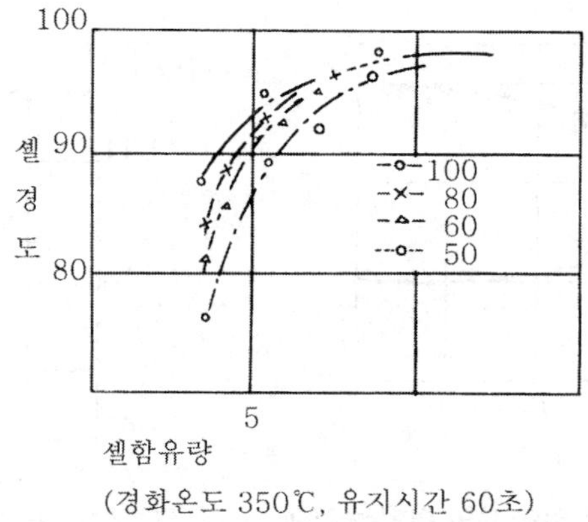

[그림 1-11] 셸 샌드 내의 레진 함유량과 셸 경도와의 관계

거친 입사와 미립사로서 제작한 셸의 경도 차이는 5~7단위를 상회하지 않기 때문에 미립사의 사용은 상기 조건에서 그 공학적 합리성이 있다고 본다. 미립사는 경도와 더불어 셸의 고강도와 주물의 양호한 표면 품질을 나타낸다. 이러한 경우 레진 함유량에 수반하여 경도의 차이가 1~2단위 이하로 된다.

4. 레진 샌드의 통기성

레진 샌드의 통기성은 가스의 침투성이라 말할 수 있다. 통기성이 나쁜 경우에는 주입시에 발생한 가스가 주형 외부로 나가지 않고 용탕내로 침입해서 주물에 결함을 만든다. 현재와 같은 주물 생산 기술 및 검사법의 수준에서는 형의 가스 조건을 제어하여 주물의 블로우 홀(blow hole)에 의한 결함을 배제할 수 없다.

레진 샌드의 통기성은 사용 모래가 동일할 때 거의 일정한 값이 되며 새로운 모래나 페놀 포름 알데히드 레진을 사용했을 때 비로소 변한다. 셸몰드의 통기성에는 레진 샌드의 충진도가 영향을 미친다.

셸몰드 및 셸 코어의 생산 경험에서 알려진 바와 같이, 레진 샌드의 낙하 높이는 아주 엄밀히 선택할 필요가 있다. 충진이 불충분할 때는 금형의 수직면 또는 수평면에서 레진 샌드가 부족되는 사태가 일어난다. 그래서 셸 코어의 제작에 있어서는 압력을 동반하는 레진 샌드의 충진법이 사용되고 있다.

현장에서의 필요한 강도를 가진 셸을 제작할 때에는 일반적으로 2.8kgf/cm^{2}까지의 압력을 사용하고 있다. 이 때의 압력차는 온도, 혼합사의 충진 방식과 관련시켜 셸몰드의 통기성으로 판단한다. 고온에서 충진한 셸은 암갈색을 띠우며, 저온에서 충진한 셸에 비해서 높은 통기성과 낮은 밀도를 갖는다. 충진에 있어서 금형의 온도는 230℃로 하며, 금형의 수평면에의 레진 샌드의 낙하 높이는 610mm, 레진 샌드의 경화 온도는 60초 동안 350℃로 한다. 모래의 입도 또는 경화 온도에 대한 레진 샌드의 통기성 시험에서와 같이 미립사로 제작한 셸몰드 시편의 통기성은 강주물용의 통상의 모래형에 비해서 나빠진다. 그러나 주조시에는 셸의 두께가 얇기 때문에 강주물형의 보통 모래형 보다는 간단히 가스가 방출된다. 입도가 큰 모래는 당연히 통기성이 좋다. 혼합사 내의 레진 함유량의 증가에 대해서 통기성은 감소한다(그림 1-12, 1-13 참조).

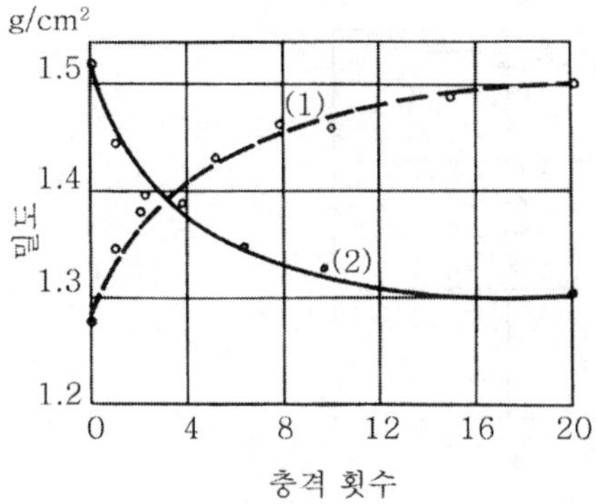

[그림 1-12] 레진 샌드의 밀도(1)와 통기성(2)에 통기성(2)이 미치는 충격 횟수의 영향

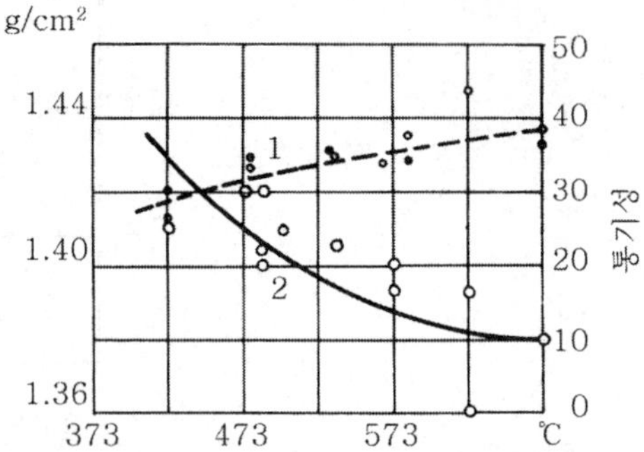

[그림 1-13] 셸 샌드의 밀도(2)와 통기도(1) 및 충진 온도간의 관계

5. 레진 샌드의 가스 발생

가스 발생량은 레진 함유량에 비례하고 사용 모래에 따라서 좌우된다(그림 1-14 참조).

가스 발생과 발산은 주입 후 15초 이내에 생긴다. 이때에 가장 강한 가스 발산은 최초의 30~60초간에 일어나고 셸몰드 중의 최대 압력은 용탕의 응고 시작시에 일어난다.

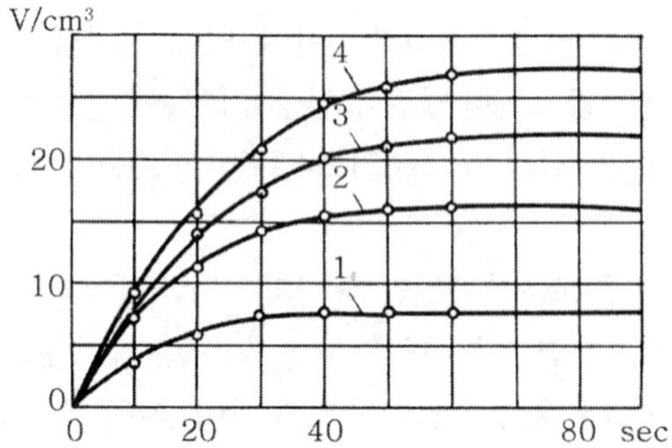

[그림 1-14] 코티드 샌드의 가스 발생량 V에 대한 유지 시간의 영향(레진 함유량 : (1) 3% (2) 5% (3) 6% (4) 8%

이러한 것들을 고려하여 보면 가스는 비교적 용이하게 주물 금속 내에 확산하여 블로우 홀(blow hole)을 형성한다.

셸몰드의 가스 발생에 관한 어떤 시험 데이터에 의하면 블로우 홀(blow hole)의 형성 확률은 절대 가스 발생량이나 가스의 발생 속도에 의존한다. 대부분의 가스의 발생은 어떤 레진 샌드에서나 최초의 30초간에 발생하며 셸몰드 내에 최대 가스압을 만든다.

2 셸몰드의 조형법

셸몰드 조형법에는 일반적으로 덤프법, 모래 낙하법, 블로잉법(blowing process), 압상법이 있다 (그림 1-15 참조).

블로잉법에는 상부로부터 금형내에 블로잉하는 취상법(top blower)과 하부로부터 금형내에 블로잉하는 취하법(under blower) 및 측면으로부터 블로잉하는 수평 블로잉법으로 나눈다. 덤프 조형법은 주로 주형의 조형에 사용된다. 블로잉 조형법은 주로 코어 조형에 사용되는데 특히 스택 몰드법으로 사용하는 조형에 널리 사용된다.

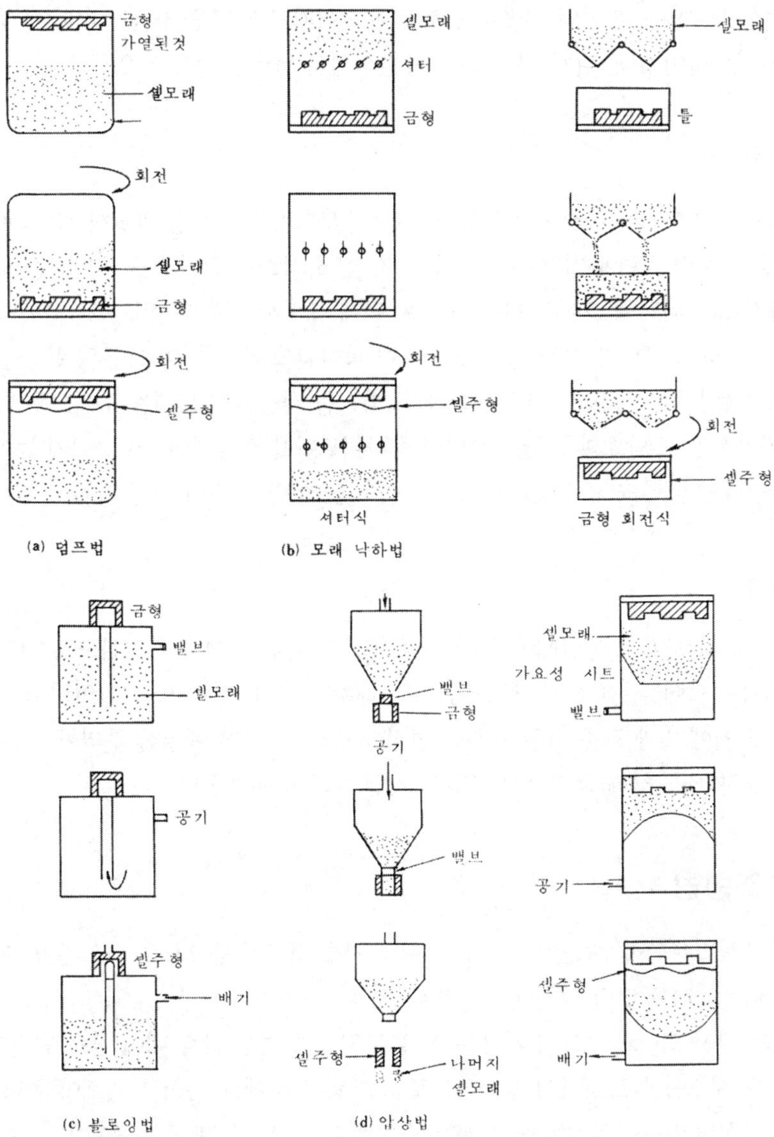

[그림 1-15] 셸몰드 조형법의 각종 형식

1. 덤프 방식 조형 작업

덤프 방식은 모래의 자유 낙하를 이용한 방식인데 레진과 모래를 혼합한 혼합사 또는 레진 코티드 샌드를 덤프 박스 상자속에 넣은 다음 그 위에 가열한 금형을 놓고, 모래를 한번 회전하면 덤프 박스 속의 모래가 금형위에 떨어지고 이것을 그대로 두면, 혼합사는 금형으로부터 열을 받아 점차로 경화하게 된다. 덤프 박스를 원상태로 되돌리면 금형 위에는 경화되어 약간 점착성을 지닌 층을 제외한 잔여 모래는 모두 덤프 박스속에 되돌아 온다. 금형 및 그 위의 층을 그대로 두고 250℃ 정도로 재가열하여 그 층 속에 함유되는 레진을 완전히 구운 뒤에 형을 분리하면 셸 주형이 된다. 이러한 방법을 덤프 조형법이라 한다.

이 방법을 블로잉 조형법의 개발로 별로 사용되어지고 있지 않지만 그러나 조형이 용이하며 금형의 제작도 간편하여 최근 다시 그 효용이 재인식되어 널리 사용되고 있다.

(1) 조형 준비

우선 금형을 조형기에 부착하여 금형상의 흠 및 부착품의 여부를 면밀히 검토해야 한다. 그 다음에 실리콘유를 금형의 표면에 발라 윤활하게 한다. 덤프 박스는 간단한 구조이지만 모래의 흐름과 낙하관에 의해서 조형되므로 조형상 다음과 같은 점에 유의해야 한다. 먼저 모래의 낙하 높이는 적어도 25cm 정도로 하고 모래가 수직으로 금형 위에 낙하되게 해야 하며 흐름의 유동을 고려해서 금형의 배치를 생각해야 한다. 그러나 회전하는 덤프 박스를 사용해서 모래를 수직으로 낙하하기란 매우 곤란하다. 따라서 덤프 박스의 중간에 셔터나 슬라이드판을 설치해야 하며, 설치 높이는 금형면보다 약 25cm, 가능하면 금형 최고 부분보다 25cm 정도 높게 하는 것이 가장 효과가 있다.

(2) 금형 예열

금형은 250~300℃로 예열해야 한다. 처음에는 냉각된 금형을 가열하므로 시간이 오래 걸리지만 두번째부터는 1싸이클(cycle)의 냉각열만 보강해주면 된다. 냉각 또는 과열되지 않도록 금형의 크기를 열원의 크기에 맞게 표준 가열 조건을 설정할 필요가 있다. 예열상 주의할 점은 첫째 금형 온도를 일정하게 유지하고, 둘째 균일하게 금형이 가열되도록 해야 한다.

2. 블로잉 조형법

블로잉 조형법은 조형 속도가 빠르고 주형의 치수 정도가 높으므로 코어 뿐만 아니라 스택 몰드법(stack mould), 리브 달림 주형에 사용된다.

조형에는 레진 코티드 샌드가 사용된다. 블로잉 조형법은 금형 내에 블로잉 노즐에서 순간적으로 레진 코티드 샌드를 블로잉하여 성형하므로 기계의 설비에도 특히 유의해야 한다.

블로잉 조형법은 블로잉 방향으로 분류하여 상부 블로잉식과 하부 블로잉식, 수평 블로잉 방식으로 나눌 수 있다.

(1) 상부 블로잉식

취하 조형 방식에 있어서 블로잉 조건을 일정하게 하기 위해서는 먼저 탱크내의 모래량을 항상 일정하게 해야 한다. 블로잉을 계속 반복하면서 그 동안 사용되는 모래를 보충하지 않으면 1초간에 들어오게 되는 공기량과 모래량은 모두 변하게 된다. 탱크내의 모래량이 많으면 배출 공기량이 적고 그에 비해서 배출 모래량은 많아진다. 따라서 블로잉 조건이 일정하지 못하면 블로잉 작업이 불안전하게 되는 것이다.

블로잉 조형에서 얻어지는 셸몰드의 강도는 블로잉압을 높임으로 급격히 높아진다. 또 시료의 강도는 블로잉 홀이 높고, 블로잉 홀에서 멀어질수록 강도는 저하한다. 즉 충진효과는 블로잉 홀에 가까운 부분이 좋고 멀어짐에 따라 나빠지는 것을 알 수 있다. 블로잉 조형 후 다시 장시간 가압 상태를 유지시켜도 강도에는 거의 영향이 없다.

블로잉 조형법에 있어서 블로잉 노즐경과 그 수는 조형해야 할 주형의 형상, 설치한 구조에 따라 달라지는데 이미 설치된 기계를 사용할 때는 그에 따른 노즐경을 사용한다.

(2) 하부 블로잉식(under blowing process)

취상 조형 방식은 가운데가 빈 셸 코어를 만들기 위해서 고안된 전형적인 셸몰드 조형법에 속한다. 구조가 극히 단순하지만 최근에 노즐을 다수 설치하여 상당히 큰 주형을 만들 수 있게 되었다.

이 방법에 있어서 블로잉되는 모래량이 적으면 블로잉시에 채널링(chanelling)을 일으켜서 모래의 채움을 완전히 행할 수 없다. 이것을 방지하기 위해서는 파이프 선단에 플랜지(plange)를 설치하는 것이 좋다. 상부 블로잉 조형에 비해 공기의 소비량이 적다.

일반적으로 하부 블로잉에 있어서 양질의 셸 주형을 만들기 위해서는 기구의 확실성, 정밀도에 의해 많은 지배를 받는데 그 지배 인자는 다음과 같다.

① 압출판의 평행 정도.
② 이형시의 금형과의 평행 정도.
③ 가열에 따른 기계의 변형 유무.
④ 금형 접속부의 압력의 여부.
⑤ 온도 조절의 양호 여부.
⑥ 금형 교환의 용이성.
⑦ 일반적 기계의 정밀도.

셸 주형으로 만들어지는 주물의 치수를 직접적으로 금형의 정밀도에 의존하지만 여러 가지 문제점은 기계 자신의 정밀도에 크게 의존하는 것이다.

3. 콘터드 셸몰드법

이 방법은 1956년 잭 스토크(Jack stocks)가 발명한 것으로 X-프로세스(X-process)라고도 한다.

가열한 금형과 뒷댐쇠의 중간 틈새에 레진 코티드 샌드를 블로잉하고 소성 후 셸몰드가 부착한 배면 금형을 금형에서 이형한다. 뒷댐쇠로서 보강된 셸몰드를 사용하는 방법을 콘터드 셸몰드법 즉, 배면 금형법이라 한다.

이 방법은 다음과 같은 특징이 있다.

장 점

① 필요 면적을 셸몰드로 하므로 재료비를 절약할 수 있다.
② 배면이 금형으로 보강되어 있으므로 필요 이상으로 셸몰드의 강도를 높일 필요가 없으며 레진 첨가량의 절약이 가능하다.
③ 배면이 금형으로 보강되어 있으므로 주탕시에 용탕의 온도 또는 압력에 의해서 주형이 변형하는 일이 없고 치수 정도가 높은 주물을 만들 수 있다.
④ 배면이 금형이므로 운송, 반송 등의 자동화를 행하기 쉽다.

단 점

① 배면 금형을 필요로 하므로 양산품(量産品)에 적용하지 못할뿐더러 설비비가 많이 들고 설계 변동에 순응하기 힘들다.
② 블로잉 조형기 반송 관계의 설비는 견고하고 중량에 견딜 수 있는 구조로 해야 한다.
③ 배면이 금형이므로 금형의 두께, 온도, 셸몰드의 두께가 주물의 경도(硬度)에 영향을 미치므로 관리를 잘 해야 한다.
④ 주탕, 후란, 조형의 시간 관리를 완전하게 할 필요가 있다.
⑤ 가스 발생의 문제가 있다.

4. 스택 몰드법

스택 몰드법은 소형물로서 많은 양의 생산을 필요로 하는 것에 많이 사용되고 있다. 가장 많이 적용하는 것은 소형 자석강의 주조이다. 요철이 심한 것은 적당치 않으나 편평(扁平)한 형상의 것에는 한면 스택 몰드법을, 또 분리면이 약간 복잡한 것에는 양면이 주형으로 된 양면형이 사용된다. 보통 20~30단 정도를 수직으로 합친 수직 주입법이 사용되는데 탕도용의 측면 셸 주형은 따로 만들고 주형을 수직으로 나열한 수평 주입법도 사용된다.

수직 주입법에는 주입을 위해 장소를 점유하는 일이 적으므로 많이 만들어서 비축할 수 있고 용탕의 배분을 조절하는데도 편리하다.

주형의 합친 단수를 많이 하면 1회 용탕 작업으로 다량을 처리할 수 있어서 편리하나 용탕압이 주형에 크게 가해지므로 주형에 용탕의 침투가 심해진다. 따라서 합금의 종류에 따라, 주입 온도의 높고 낮음에 의해 가장 적당한 용탕압을 부여할 수 있는 높이로 해야 한다.

이 방법에 있어서 최대의 결점은 주탕중에 있어서 주형의 갈라짐이며 갈라지면 그 주형군의 전부가 불량품이 된다. 주형이 갈라지지 않게 혹은 주형이 갈라져도 손해를 최소로 방지할 수 있는 공법으로 제작하여야 된다.

일반적인 셀몰드 주조에는 다음과 같은 공정 순서를 갖는다.

① 금형을 청소하고 이형제를 바른다.
② 기계를 가동 제어 조작하여 주형을 성형시킨다.
③ 주형에 중자를 넣는다.
④ 형을 조립하고 공기압으로 청소한다.
⑤ 주입장으로 운반하여 용탕을 주입한다.
⑥ 주입된 제품을 냉각시키고 덧살을 제거한다.

셀몰드의 성형과 소결 시간은 다음 [표 1-5]와 같다.

[표 1-5] 셀몰드의 성형과 소결시간

셀의 두께 mm 이하	금형의 가열 온도(℃ 이하)				균열로 내의 온도(℃ 이하)		
	180	200	220	250	300	350	400
	유지시간(min)						
5.5	0.20	0.17	0.14	0.12	0.78	0.68	0.57
6.0	0.23	0.20	0.17	0.14	0.87	0.75	0.64
6.5	0.27	0.23	0.20	0.17	0.96	0.84	0.71
7.0	0.30	0.26	0.23	0.20	1.06	0.92	0.78
7.5	0.35	0.30	0.26	0.23	1.17	1.00	0.86
8.0	0.40	0.35	0.30	0.26	1.28	1.10	0.93
8.5	0.45	0.39	0.34	0.30	1.38	1.19	1.02
9.0	0.50	0.44	0.39	0.34	1.48	1.28	1.10
9.5	0.56	0.50	0.43	0.38	1.58	1.37	1.17
10.0	0.62	0.55	0.48	0.42	1.70	1.45	1.25
10.5	0.68	0.60	0.53	0.46	1.80	1.55	1.32
11.0	0.74	0.66	0.58	0.50	1.90	1.64	1.40
11.5	0.81	0.72	0.64	0.55	2.02	1.73	1.50
12.0	0.88	0.78	0.70	0.60	2.14	1.82	1.60
12.5	0.94	0.84	0.76	0.66	2.27	1.91	1.70

3 셸 코어 제조법

셸 코어는 철합금 및 비철 합금의 셸몰드 주조, 금형 주조, 생사형 주조에 사용된다.

이런 종류의 코어는 일반 모래 코어, 석고 코어, CO_2 형 코어를 합하여 한 개의 주형에 사용하기도 한다. 생사형에 사용하는 코어는 사형과 같은 입도의 모래를 제작한다. 생사형으로 특수한 성질을 갖는 주물을 제작할 경우는 지르콘 샌드의 셸 코어를 사용한다. 이때 지르콘 샌드는 사용 후에 회수 재생이 불가능하다.

셸 코어는 셸몰드 주조, 석고형 주조, 금형 주조 등의 광범위한 용도를 갖는다. 셸 코어는 안정된 치수, 좋은 표면을 요구하는 복잡한 형상의 주물 제작이 가능하고 가공 작업을 줄이던가 가공하지 않고 사용할 수도 있어 주물의 다듬질 작업을 절약하여 능률적이고 경제적이다. 또 셸 코어 제작 공정을 간단히 기계화나 자동화로 할 수 있어 높은 생산성을 발휘한다. 현재 코어 제작은 구조적 특징에 따라 여러 종류의 코어 제작 방법이 있으며 코어 제작 형상의 복잡도에 따라 덤프식, 수직 낙하식, 블로잉식, 원심력식 등으로 분류된다.

1. 덤프식

덤프식은 형태가 간단한 돌기부나 접속부가 없는 코어의 제작에 이용된다. 이 방법에는 한가지 결점이 있다. 즉 형태가 복잡한 코어를 제작하는 경우 밀도가 균일한 코어를 얻기가 힘들다. 종래의 철합금 주물을 제작하는 경우에는 미립의 지르콘 샌드로 제작한 페이스트를 코어에 도포하여 이것을 가압 덤프식으로 사용하여 왔다.

2. 블로잉법

셸 코어의 가장 일반적인 제작법이다. 이 경우 셸 샌드는 개방 및 개폐 흡입계에서 코어 금형에 흡입된다.

[그림 1-16]은 레진 샌드의 개방 흡입계를 나타내고 있는데 공기 작동 밸브를 열면 압축 공기가 샌드 탱크에 들어가고 여기서 노즐의 개폐 핸들을 돌리면 공기는 레진 샌드를 끌어 들여서 고무 호스와 흡입 노즐을 통하여 코어 금형에 들어가게 된다. 이 후 압축 공기는 대기중에 배출된다.

블로잉 머신(blowing machine)은 흡입 분사를 바꾸기 위한 취환식 노즐을 가진 조절 밸브를 가지고 있다. 조절 밸브는 직접 샌드 탱크의 바닥에 접속되어 있다. 개방 흡입계에서는 코어 금형내에서의 송풍압의 감소와 압축 공기의 통과에 의해서 코어 금형의 마모가 극히 심하다. 따라서 높은 공기압은 마찰에 의한 손실이 거의 없어서 생산성을 높일 수 있기 때문에 분사의 분기관을 사용할 때에만 채용되고 있다.

개방 흡입계의 결함은 코어형의 충진에 있어서 수평면에서의 레진 샌드의 굴곡에 있다. 따라서 이 때에는 전용의 보호 자켓이 필요하게 되며 다소 기구가 복잡하게 된다.

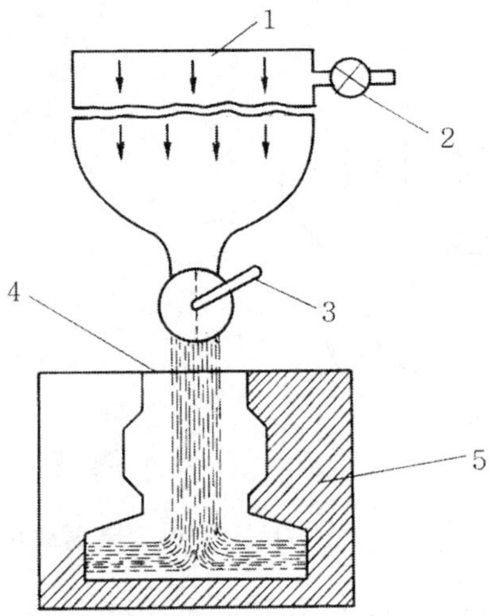

1. 샌드 탱크, 2. 작동공기 밸브, 3. 조절 밸브, 4. 흡입 구멍, 5. 코어 금형

[그림 1-16] **개방 흡입계의 구조**

한편 개폐 흡입계에는 레진 샌드의 분사가 코어 금형의 벽이나 그 안에 있는 여러 형태의 돌기부에 부딪쳐 방향을 바꿔가면서 균일한 충진도가 얻어지게 된다. 좁은 단면부나 에어 로크 등의 복잡한 코어 금형에서는 레진 샌드의 분사 작용이 여러 곳에 충돌되어 약해지므로 매우 큰 압력으로 블로잉하여야 한다.

개폐 흡입식의 블로잉 머신에서는 샌드 탱크의 입 프레이트에 코어 금형을 밀착시킨다. 개폐 흡입식 블로잉 머신은 흡입 방향에 따라서 톱 블로잉(top blowing)식, 언더 블로잉(under blowing)식 및 사이드 블로잉(side blowing)식으로 분류된다(그림 1-17, 1-18 참조).

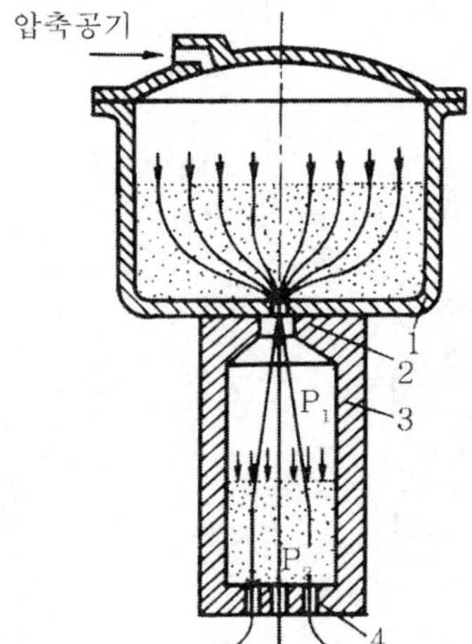

1. 샌드 탱크, 2. 흡입 구멍, 3. 코어 금형, 4. 공기배출구

[그림 1-17] **상부 블로잉식**

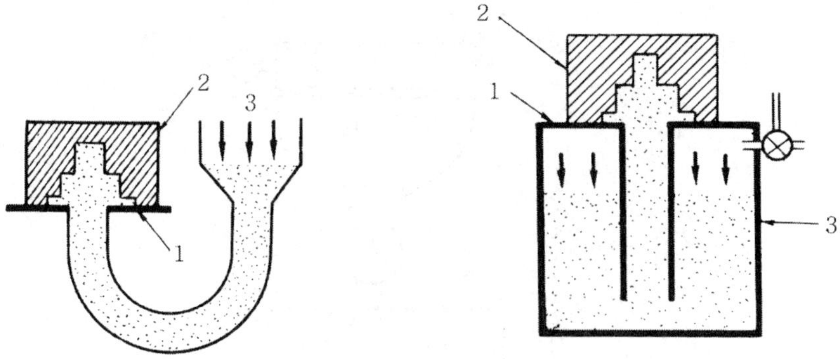

1. 플레이트, 2. 코어금형, 3. 모래탱크

[그림 1-18] **하부 블로잉식**

톱 블로잉식(불어 내리기식) 블로잉 머신은 레진 샌드나 화학 경화사에 의한 여러 가지 셸 코어의 제작에 널리 쓰이고 있다.

톱 블로잉식에는 압력으로 코어 금형에 레진 샌드가 흡입되며, 아래로부터 위로 레진 샌드가 블로잉된다. 언더 블로잉식 블로잉 머신에는 보통 가열 코어 금형을 사용하여 소형물의 셸을 제작하지만 대형물의 코어를 제작하는 경우에는 적당한 가압을 유지하여 필요한 두께의 셸을 형성한다. 이때의 미경화 레진 샌드는 압력을 제거하면 탱크 가운데로 낙하한다.

[그림 1-19]는 가열 성형 요소(삽입형)를 사용한 셸 코어의 제작법을 나타내고 있다. 이 방법에서는 치수가 정밀하고 가운데가 빈 코어가 제작된다. 이때의 성형 요소는 레진 샌드를 흡입하기 전에 코어 금형의 내부에 저장해 둔다.

삽입 금형의 용량(capacity)은 셸 코어 금형의 두께에 상당한다. 레진 샌드가 경화한 후 코어 금형에서 삽입 금형을 빼낸다. 사이드 블로잉식 블로잉 머신에는 샌드 탱크 ①에 장입구 ②를 통하여 정기적으로 레진 샌드가 보급된다(그림 1-20 참조).

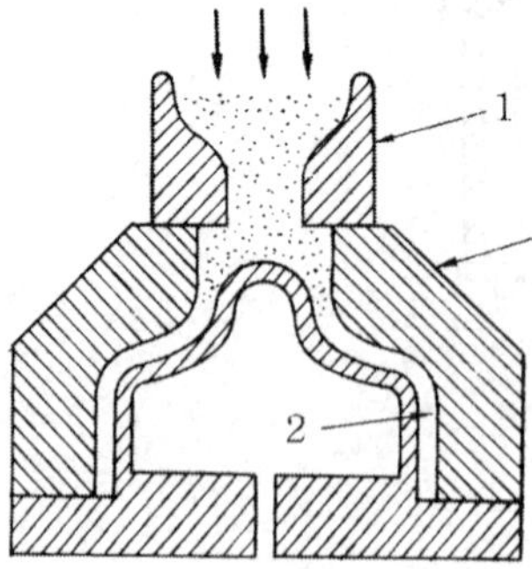

1. 샌드탱크 2. 가열성형장치 3. 코어금형

[그림 1-19] **삽입형 코어 제작법**

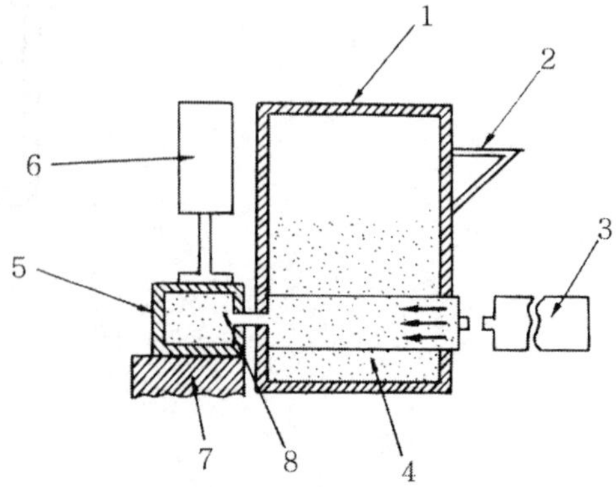

[그림 1-20] **사이드 블로잉식**

탱크중의 원통형 슬리이브 ④는 에어 실린더 ③의 작용으로 좌우로 이동하여, 정량의 레진 샌드가 코어 금형 ⑤에 흡입된다. 이때에 원통의 슬리이브가 가장 좌단에 이동하면 코어 금형은 에어 실린더 ⑥에서 테이블 ⑦에 눌려 부착되며 테이블과 함께 블로-노즐구에 합해진다.

여기서 슬리이브에 가압 공기를 불어 넣어 레진 샌드를 코어 금형에 흡입한다. 슬리브 내의 레진 샌드가 코어 금형을 충진하기에 충분할 경우에는 레진 샌드의 흡입을 반복한다. 사이드 블로잉식 블로잉 머신에서는 압축 공기가 비교적 소량의 레진 샌드에 작용하기 때문에 샌드 탱크 내의 레진 샌드가 걸려서 나오지 않는 일은 없다.

이러한 종류의 방법은 극히 효율이 높고 임의 형상의 양질의 코어를 제작할 수 있다.

3. 스파 블로잉법

이 방법은 대량 생산의 셸 코어의 제작에 사용되고 있다. 스파 블로잉 헤드(그림 1-21 참조)에는 샌드 탱크 ①이 있으며 벙커로부터 밑으로 정기적으로 레진 샌드가 보급된다. 탱크에는 캡(cap)을 설치하여 슬리브 ② (폭 0.5mm 이하의 슬릿트상의 구멍이 있다)로부터 불어 넣어지면서 압축 공기가 흡입된다. 이때에 종축 구멍 ③은 탱크 내의 레진 샌드를 압축하는 역할을 하여 벽과 레진 샌드의 마찰을 감소시킴과 동시에 레진 샌드의 중간 걸림을 없게 한다. 한편 횡축 구멍 ④는 원추 구멍 ⑤를 통하여 탱크로부터 코어 금형에 레진 샌드를 불어 넣게 된다. 탱크의 상부는 솔레로이드 밸브 ⑧로 폐쇄시킨다. 송풍을 시작하면 압축 공기는 저장 탱크 ⑦로부터 신속 작용 밸브 ⑥을 통하여 모래 탱크 ①에 들어가며 여기서 압력이 급격히 높아져 레진 샌드에 충격을 주어 원추 구멍 ⑤로부터 코어 금형에 레진 샌드를 불어 넣는다.

코어 금형에는 레진 샌드와 공기가 동시에 들어가고 이 공기는 원추 구멍 또는 코어 금형 본체의 배기 구멍을 통하여 배출된다.

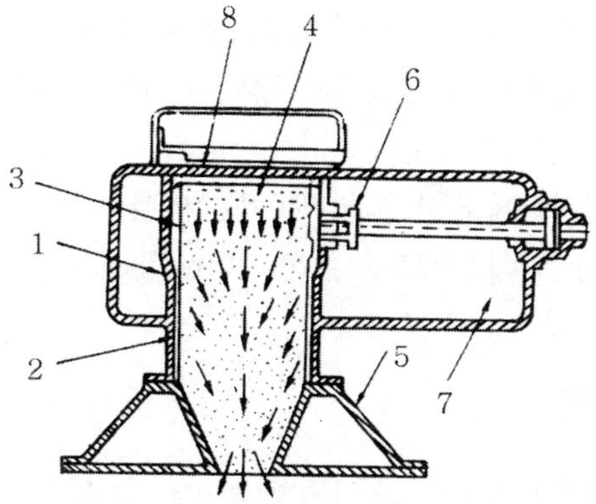

[그림 1-21] 스파 블로잉의 구조

가열로를 사용하지 않고 한 번의 조작으로 코어가 제작되는 셸 코어의 제조법은 큰 관심을 모으고 있다. 이러한 제작법은 전열식 코어 금형을 장치한 블로잉 머신(성형기)을 사용한다. 이러한 코어기의 구조에는 가열한 코어 금형 사이에 블로우 헤드의 왕복 운동 또는 폐쇄 코어 금형의 블로우 헤드 내의 레진 샌드의 과열과 소결을 방지하도록 배려하여야 한다. 대개의 블로잉 머신에는 약간의 변형을 가해서 개선할 수가 있다. 표준 코어 금형은 전열식 코어 금형으로 변경할 수 있다. 코어 금형의 연속적이며 균일한 가열을 위하여 축열기가 필요하다. 큰 물건의 코어 제작에는 내부와 외부에서 동시에 가열하는 방법으로 작업한다.

4. 원심력식 제작법

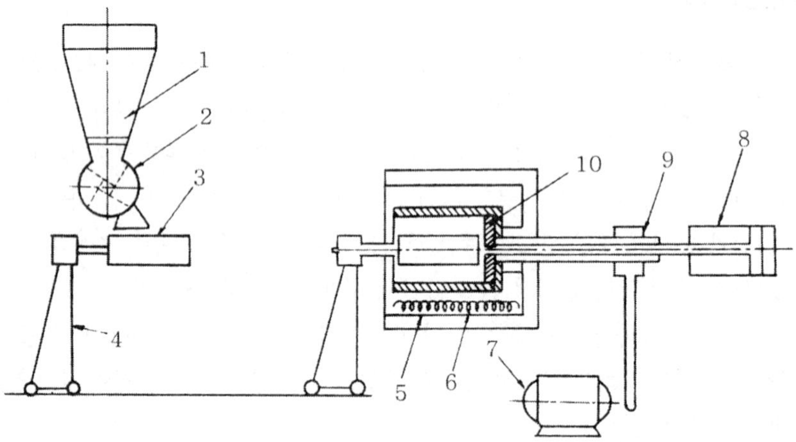

[그림 1-22] 원심력식 코어 제조기

셸 코어를 원심력으로 제작하는 원리는 원심력에 의한 코어의 성형 및 레진 샌드의 중합과 경화로 이루어진다. [그림 1-22]는 원심력식 코어 성형기를 나타낸다. 레진 샌드는 흡퍼 ①로부터 분배기 ②를 통하여 대차 ④에 고정한 장입 용기 ③에 넣어서 여기로부터 코어 금형의 개방된 공간 ⑤에 들어간다.

온도는 전열식로에서 일정하게 유지한다. 전동기 ⑦은 중공 샤프트 ⑨를 통하여 코어 금형에 회전 운동시켜 원심력을 주게 된다. 이때 완성품은 코어 실린더 ⑧에 연결된 이형판 ⑩을 사용하여 뽑게 된다.

5. 대형 셸 코어의 제작

복잡한 셸 코어 및 길이가 1.2m까지의 원통형 코어는 [그림 1-23]과 같은 대형용 셸 코어 제작 기계로 제작할 수 있다. 이 코어 기계는 내경 100mm의 수직 강관 ①로 이루어지며, 이때 $2.1kgf/cm^2$의 압축 공기를 캡의 파이프 ③을 통하여 수직관에 보낸다. 수직관의 하단에는 원추형의 조임관 ④를 붙여 내경 24mm로 줄여지게 되어 있다. 줄임관의 밸브 ⑤는 코어 금형의 레진 샌드의 충진량을 조절하기 위하여 사용한다. 밸브의 밑에는 노즐 ⑥을 접속시켜 금형이 충진시키게 되어 있다.

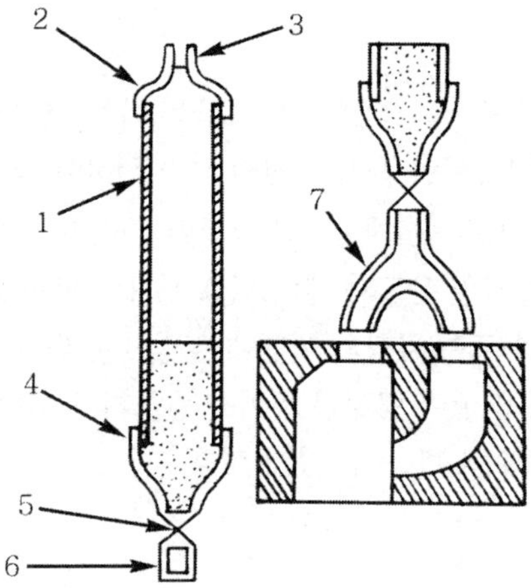

[그림 1-23] **대형용 셸 코어기**

코어 금형이 2개 이상의 블로잉 구멍을 가질 때에는 분지 노즐 ⑦을 사용한다. 한 개의 구멍으로 순차적으로 레진 샌드를 충진하는 경우 압축 공기의 적당한 압력은 약 $2kgf/cm^2$이다. 코어 금형에는 미리 이형제를 분무시켜 도포한 후 200℃까지 가열하며 같은 이형제를 재분무하여 신속히 조립하고 코어 금형에 레진 샌드를 블로잉하여 필요한 두께의 셸이 형성될 때까지 10초간 유지한다.

경화되지 않은 모래는 진동을 가하여 낙하시킨 다음 코어 금형을 다시 2분간 350℃의 노에 장입하여 코어 금형으로부터 코어를 뽑는다. 이 방법으로 제작된 코어는 표면이 깨끗하며 길이 1.5m 코어도 제작할 수 있다.

보통 셸 코어를 사용하면 모래 소비를 많이 줄이고 코어 제작 시간을 단축하기 때문에 대량 생산 뿐만 아니라, 소량 생산시에도 많이 이용되고 있다. 셸 코어 제조 공정은 200~300℃까지 금속제 코어 금형을 가열하고 이형제를 분무시킨 후 재가열하여 혼합된 레진 샌드를 충진시켜 성형하도록 30~60초 정도 경화한 후 남은 모래를 털어내고 코어 금형을 다시 노에 장입하여 가열시켜 셸을 경화시킨다.

코어 금형에서 뽑아낸 완성품은 밝은 갈색의 평활한 표면을 가지며 녹색 빛깔을 나타내는 것은 불충분한 가열을 의미한다. 또 암갈색의 경우는 과열되었을 때 나타나게 되므로 색깔에 유의하여 소결시키는 것이 중요하다(표 1-6 참조).

[표 1-6] **노내의 유지시간과 셸의 색깔**

100℃의 노내유지시간(Min)	시편의 색	인장강도(kgf/cm^2)
2	녹색 빛깔의 황색	13.3
3	암황색	18.8
4	밝은 갈색	18.9
5	〃	20.8
6	갈 색	23.3
7	〃	19.0
8	암갈색	18.0

6. 셸 코어의 제조 기술

셸 코어를 만들 때에는 먼지나 연소 물질이 없도록 금형을 깨끗이 청소하고 200~250℃의 노에 10~20분간 가열 후 작업하며, 코어 뽑기를 쉽게 하기 위하여 정기적으로 성형면에 이형제를 분무시켜 3~4분간 250~300℃에서 가열한 후 레진 샌드를 충진하여 작업한다.

레진 샌드는 코어 금형의 가열 온도와 셸의 필요 두께에 따라 15~20초간 코어 금형내에서 유지한다. 소정의 시간을 유지하면 코어 금형의 내면에 일정한 두께의 셸이 형성된다. 여기서 미소결된 모래를 코어 금형에서 제거하고 셸이 형성된 코어를 만들기 위하여 40~45초간 가열하면 강도가 상승하여 좋은 제품을 금형으로부터 뽑을 수 있게 된다.

7. 코어 프린트의 간격

코어의 충분한 지지와 팽창 등을 고려하여 코어 프린트의 간격을 설계한다. 용융 금속에 둘러싸이는 코어는 가장 작은 열 발산면을 가지므로 이러한 조건에서는 코어가 주형의 코어 프린트 부분보다 빨리 팽창하게 되고 코어 프린트의 간격이 충분하지 못할 때에는 주형에 균열이 발생하게 되고 주물에 용탕 누설이 일어나게 된다. 이러한 이유로서 코어의 팽창 작용을 약화시키기 위하여 충분한 간격을 줄 필요가 있다.

셸 코어를 생사형에 사용할 때에는 주형의 가축성이 코어의 팽창을 충분히 보상하므로 코어 프린트의 팽창대는 필요가 없다. 같은 이유로 융점이 낮은 금속 예를 들면 알루미늄이나, 마그네슘 합금을 셸몰드에 주입할 때도 팽창대는 필요없게 된다.

코어 작용부의 길이와 코어 프린트 길이의 비는 셸 주형에서는 6 : 1 정도로 하고 생사형 주형에 사용할 때에는 3 : 1 정도로 하면 적당하다.

Section
04 셸몰드의 금형 설계 및 제작 공정 관리

1 금형용 재료의 선택

금형은 300~400℃의 온도에서 반복 가열에 견딜 수 있는 낮은 열팽창 계수를 갖는 종류의 재료로 제작한다. 금형의 마모는 0.1~0.2mm 이하로 한다.

금형의 부착물 제작 재료의 선택은 마모도와 기계 가공비에 따라 좌우된다.

1. 알루미늄 합금

알루미늄 합금은 기계화를 수반하는 적은 양의 주물의 생산시(2,000개) 또는 시험용 금형을 제작할 때 사용된다. 또는 탕도계와 탕구계를 이 합금으로 사용한다. 알루미늄 합금은 비교적 연하기 때문에 주철제와 강제의 금형에 비해 수명이 짧다. 또 다른 금형에 비해 이형성이 좋지 않으며, 금형과 코어 금형의 청소는 표면이 상하지 않도록 주의해야 한다. 알루미늄 합금제 금형은 취급 방법을 올바르게 하면 5,000개의 셸몰드를 만들 수 있다.

2. 청동과 황동

청동과 황동의 합금은 가격이 비싸기 때문에 많이 사용되지 않는다. 황동은 극히 중요한 정밀 금형에만 사용된다. 그리고 아주 엷은 형의 셸몰드와 주형 뽑기가 어려운 것 등 복잡한 주형에서는 가장 적합한 재료이다. 청동이나 황동은 주철이나 강보다 높은 내식성을 갖는 것이 중요한 점이다. 청동, 황동 금형으로는 12만~15만개의 셸을 성형할 수 있다.

3. 주 철

주철제 금형 및 금형 부착물은 17만 5천 개~18만 개의 양산 제작을 위한 셸몰드형에 좋은 제품 윤곽을 부여한다. 그러나 주철제의 금형은 녹이 잘 슬기 때문에 보존하기 전에 예비 가열하고 왁스를 엷게 발라주어야 한다. 또한 주금형 및 코어 금형의 성형면이 높거나 다듬질할 필요가 있는 경우에는 크롬 도금을 하거나 정밀 연마하여 셸 주형 및 코어의 부착시 틈새가 없도록 금형을 제작하고 이와 아울러 열적, 기계적 내력을 높여 준다.

참고로 3.1%C, 1.9%Si, 0.8%Mn, 0.1%S 및 0.01%P를 함유하는 주철 금형 제작의 경우에는 가장 양호한 성질을 얻을 수 있다. 820℃에서 한시간 풀림을 하여 사용하면 다른 주철에 비하여 높은 내마모성을 가져 고급 다듬질 가공이 가능하다.

금형의 손상을 방지하기 위하여는 기계 가공을 하기 전에 인공 시효(500~550℃까지 가열하여 4~6시간 유지하여 60℃/h 속도로 냉각)를 실시한다.

주철제 금형은 셸의 이형성이 양호한 장점을 가지고 있다. 셸몰드 주물의 대량 생산시에 적당한 금형 재료로서는 펄라이트 주철(이중 용해법으로 정련함)이 가장 좋은데 이것은 금형 표면의 경도가 높고 비교적 적은 선팽창 계수를 가지고 있기 때문이다. 근래에는 회주철제 금형에서 구상 흑연 주철제 금형으로 만들어서 상기의 장점을 보강하여 사용하고 있다.

4. 강

주 금형 결합부 코어 금형 및 금형 상자 등은 탄소강 및 저합금강으로 제작한다. 이 경우 저탄소강으로서는 침탄 처리가 가능하다. 보통 0.1~0.4%C, 0.35~0.8%Mn을 함유한 탄소강으로 제작한다. 이 종류의 강은 가공성과 용접성이 극히 우수하다. 강재의 금형은 작은 물건이나 중형 주물의 대량 생산에 특히 유리하며 셸몰드의 양호한 표면을 부여하고 셸의 이형성을 좋게 한다. 사용중에 금형의 변형을 방지하기 위하여 주강 부품을 사용할 때에는 풀림하여 내부 응력을 감소시켜 사용한다.

2 금형 설계

금형 부착물의 설계는 구조의 특징(외형 치수와 중량, 윤곽 및 벽, 리브, 주조 가공 구멍 등의 치수)기계 가공의 가부와 부품의 합금 종류를 검토하여 만드는 것이 바람직하다. 그 외에도 완성 부품의 요구 사항 예를 들면, 치수의 정밀도, 표면 거칠기, 합금의 기계적 성질과 밀도, 부품의 다른 구역의 기밀성, 열처리 또는 피복과 결함의 보수 가능성 등에 대하여도 충분히 검토할 필요가 있다. 아울러 부품의 주조 방안을 검토하여(형내 위치의 선택, 분할면, 형내에서의 주조 부품의 배치와 치수)좋은 금형을 제작할 수 있도록 설계하여야 한다. 셸몰드법 주조 방안의 검토에 대해서는 원활한 용탕의 탕회와 압탕 및 방향성 응고를 보증하는 탕도, 압탕계의 선택에 유의하여야 한다. 코어를 사용하는 경우에는 간단한 합형과 코어를 지지할 수 있는 방안을 정할 필요가 있다.

주물의 제작 도면에는 다음의 사항을 기재하여야 한다. 주형의 외형 타법, 셸몰드의 중심선에 대한 제품의 배치, 형의 단면, 코어의 필요 치수, 모든 코어 프린트의 구조와 치수, 중자의 기준면, 합형용의 부착 핀, 탕도계, 압탕 및 라이저(riser)의 배치, 형상, 치수 또 작업 지시서에는 주조 합금의 선수축율(수축 여유), 주입 온도, 셸 머신, 코어 블로잉 머신의 형식을 기재한다.

금형은 필요한 강도를 가지도록 하며 될 수 있는 한 가볍게 한다. 그래서 금형은 그 내부 공간에 보강 리브를 붙여서 중량을 경감한다. 작은 물건의 금형은 대부분 일체형(monolith)주조로 제작한다. 주 금형과 코어 금형의 두께를 결정하는 데는 레진 샌드의 가열과 셸의 형성을 가능하게 하는 금형과 금형 취부 상자의 열균형에 유의할 필요가 있다. [그림 1-24]는 금형의 길이와 폭(A + B) 및 금형 제작용 합금에 대한 금형 두께의 관계를 나타낸 것이다. 금형의 두께는 12~15mm 이상으로 해야 한다.

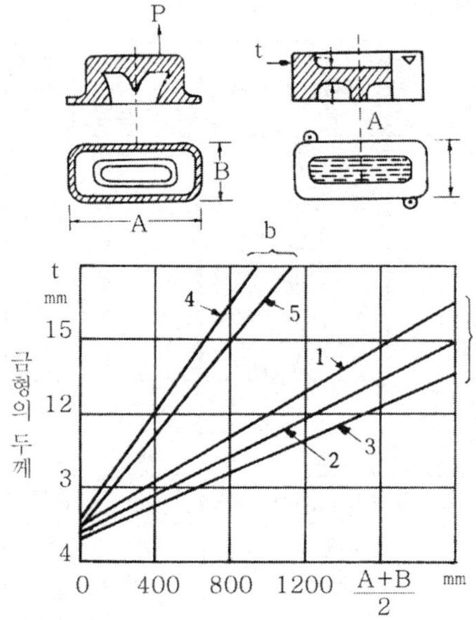

[그림 1-24] 주형(a)와 코어 금형(b)의 두께 t의 선택용 선도

그러나 작은 물건의 금형에서는 7~9mm의 두께도 허용된다. 보강 리브의 두께는 금형 살의 두께에 의해서 좌우된다(표 1-7 참조).

구조 방식에 의하면 리브의 형은 ① 아치(arch)형, ② 금형의 단면상에 배치하는 리브, ③ 금형의 단면하에 배치하는 리브로 분류된다. 커다란 수평면을 갖는 높이 100mm까지의 금형에서는 리브를 단면의 레벨에 놓으며, 높이 75mm 미만의 작은 물건과 중간 물건의 금형은 금형의 단면에서 5~10mm 올라간 리브를 갖고 또 뒷부분만이 높은 금형에서는 필요한 강도를 완전히 부여하는 아치형 리브를 부착한다. 이때의 리브는 최소 높이가 금형 본체의 두께의 5배 이상으로 한다. 금형 리브의 배분은 금형의 높이에 따라서 좌우된다.

금형의 높이(mm)	테이퍼
100 이하	1°30′
100이상 200 이하	1°
200 이상	0°30′

리브의 위치와 배치수는 금형의 외형 치수에 비례한다. 즉 금형이 클수록 리브의 간격을 크게 한다. 단 이때에는 전열 히타의 배치와 고정을 고려하여야 한다.

금형의 오목 부분에 이형 핀을 부착하는 경우에는 구배를 최소치로 하든가, 또는 0(zero)으로 한다. 금형의 설계에 있어서는 계산된 합금의 선수축(수축 여유)을 주어야 한다(표 1-8 참조).

[표 1-7] 보강 리브의 두께

두께(mm)		곡률반경(mm)	두께(mm)		곡률반경(mm)
금형벽	리브		금형벽	리브	
6	5	4	12	10	6
7	6	5	13	10	8
8	6	5	14	10	8
9	7	5	15	11	8
10	8	6	16	12	9
11	8	6	17	12	10

[표 1-8] 합금의 선수축율

합 금	선수축율(%)	합 금	선수축율(%)
회주철	0.5~1.2	주석브론즈	1.35~1.4
가단주철	1.2~2.0	알루미늄브론즈	1.5~1.6
펄라이트	1.2~2.0	알루미늄합금	1.0~2.0
페라이트	1.0~1.5	마그네슘합금	0.8~1.6
저탄소강	1.8~2.2	아연합금	1.0~1.5

셸에서는 주입시에 레진이 매우 급속히 연소하여 주형 및 코어의 강도가 낮아지기 때문에 철합금이나 구리 합금의 주조에서 일반 사형보다 가축성이 좋다.

또한 알루미늄 합금 및 마그네슘 합금의 주조에서는 용탕의 열이 셸의 파괴를 일으킬만큼 크지 않으며, 금속의 응고 수축에 대하여도 일반 사형만큼 잔류 강도를 발휘한다. 특히 이 현상은 셸몰드의 얇은 돌기부에서 성형되는 구멍이나 내부 용적을 갖는 주물에서 나타난다. 또 주물의 각 부분에서 수축율이 다르므로 주어진 구체적인 주물에 대한 수축율을 바로 결정하는 것은 거의 불가능하다.

리브나 마무리 가공을 갖는 주물, 특히 코어로서 성형되는 주물은 일반적으로 20~50%의 작은 수축율을 갖는다.

이러한 것 때문에 최초로 시험하는 주물에 있어서는 정확히 측정하여 금형 치수의 편차를 결정해서 각각의 치수에 보정을 가할 필요가 있다.

한 조(組)의 금형은 동일한 금형으로서 제작해야 하며, 수축의 차이가 상반되지 않도록 하여 치수의 차이가 생기지 않게 해야 한다. [표 1-9]는 각종 합금의 주조에서의 수축율을 표시한 것이다.

[표 1-9] 금형의 수축율(%)

금형재료	주물재료			
	주 철	강	구리합금	알루미늄합금
알루미늄합금	0.36	1.36	0.86	0.61
구리합금	0.50	1.50	0.99	0.75
강	0.66	1.66	1.16	0.91
주 철	0.68	1.68	1.18	0.93

주기적인 가열에 의한 금형의 수축 계산에 대해서는 가열 온도를 280℃로 하고 회주철, 강, 알루미늄 합금 및 마그네슘 합금의 수축율은 1, 2, 1.25 및 1.5%로 한다.

금형은 주형 내에서의 코어수의 감소를 고려하여 설계한다. 이때 간단한 금형은 2개의 부분으로 구성하며, 복잡한 금형은 3개 이상의 부분으로 구성한다. 하나로 된 구조의 금형은 높은 주물 정도와 양호한 주조품을 얻을 수 있다. 많은 경우에 셸몰드를 사용한 주금형의 정밀도는 0.05~0.1mm가 된다. 움직이는 것을 막기 위해 금형은 금형 부착판에 고정시킨다. 금형 부착판 위의 금형 배치는 약간의 기술적인 요인과 경제적인 요인을 고려하여 결정한다.

셸몰드용 금형의 한 가지 방법은 셸 머신에 부착하는 금형 부착판, 금형 부착판에 조립되는 금형, 셸의 이형 장치, 주탕용의 탕도계로 이루어지며, 또 블로잉 기구에 장치하는 경우에는 그 외에 흡입하는 장치를 포함한다.

일정한 치수의 금형 부착판에 붙여지는 금형의 수는 금형간의 최소 허용 간격에 의해서 좌우된다. 원형 금형은 장방형 금형보다 간격을 좁히며 탕도계 요소의 부분까지 배치한다. 이 외에 또 주물 단면이 클수록 금형의 간격을 크게 한다.

주입하는 온도도 금형의 배치 간격에 영향을 미친다. 이때에는 주입할 온도가 낮을수록 금형의 배치 간격을 좁힐 수가 있다.

최소의 구배와 큰 깊이를 갖는 금형을 붙일 경우에 금형의 배치 간격을 충분한 구배를 갖는 작은 주물에 비해서 이형 핀을 추가 배치하기 때문에 약간 크게 하여야 한다.

코어 프린트 치수는 코어의 규정 치수에 비해서 주형의 형을 합한 도면에 규정된 공간만큼 크게 한다. 금형에 루즈 피스(loose piece)를 사용할 때에는 루즈 피스와 이것의 고정법을 충분히 검토해야 한다. 예를 들면 주방으로 사용하는 제품부의 루즈 피스는 금형에 확실하게 고정시켜 금형에 레진 샌드의 충진 및 셸몰드의 성형시에 루즈 피스가 밀린 흔적을 남기지 않도록 해야 한다. 금형의 반형(半型)은 룩크핀으로 서로를 결합한다.

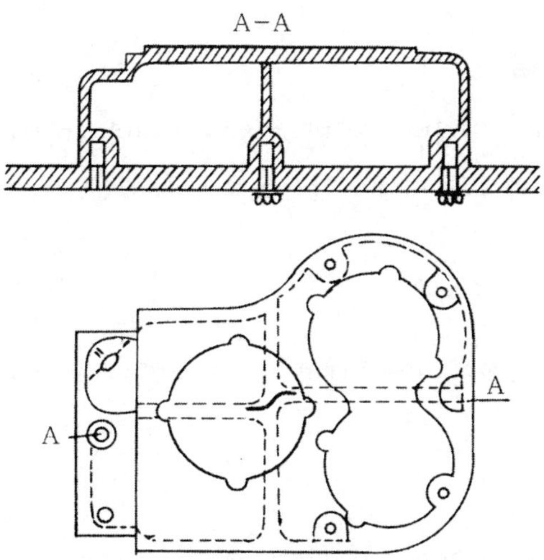

[그림 1-25] 금형을 고정하는 방법

금형의 위치 결정을 확실히 하기 위해서 룩크 핀의 간격을 가능한 크게 한다. 이때 금형의 빈 공간의 자리에 설치된 특수 보수에 핀을 관통시키는 것이 보다 편리한 접속 방법이다(그림 1-25 참조). 그리고 계속된 생산에서는 금형 재료로서 알루미늄재의 시험 금형을 채용한다.

3 금형 제작과 공정 관리

1. 셸몰드 금형의 제작법

(1) 전가공 금형(全加工 金型) : 성형면의 전면을 기계 가공으로서 마무리한다.

(2) 연마 금형 : 쇼 프로세스, CO_2법 등으로 금형 소재를 주조할 때 일부를 기계 가공하고 대부분은 손으로 마무리 연마를 한다.

짧은 기간에 금형을 제작할 필요가 있을 경우에는 연마 금형이 유효하지만 크기, 치수, 정밀도의 한계상 셸 금형에는 면가공(面加工)이 사용되고 있다.

전가공 금형을 제작하기 위해서는 다음과 같은 설비가 필요하다.

① 선반 : 보통 선반, 정면 선반
② 입형 프라이스반 : 파렛트식 생산형
③ 중반 : 복잡형, 광학 측정 장치부
④ 평삭반
⑤ 평면 연삭반
⑥ 공구 연삭반 등 소형 공작기
⑦ 측정 공구 등

2. 금형의 마무리 작업

전면 가공 금형의 소재는 성형면, 합형면, 부착면 등 전면을 마무리해야 하며, 과대한 마무리는 경제적으로 불리하기 때문에 표준 이상을 하지 않도록 해야 한다.

3. 가공 기준의 표시

금형의 부품은 치수, 형상의 기준에 대한 가공 기준면, 가공 기준선을 도면상에 표시한다.

4. 가공순서

금형을 가공하기 위해서는 가공 순서에 따라 제작한다. 따라서 소재를 구입하기 전에 가공 순서표를 작성하여 공작기, 작업 원리의 부하(負荷)를 계획적으로 조정하여 제작 기준을 단축하도록 한다.

5. 게이지의 제작

치수의 측정이 가능한 부분을 제외한 단면, 절단면, 이형상 등은 모두 게이지로 측정하여 가공한다. 금형의 작업 가운데 게이지의 제작은 중요한 것으로 정확한 다수의 게이지를 정함에 따라서 가공작업이 용이하며 금형의 정도가 현저히 향상된다. 게이지의 공차는 ±0.02 ~ ±0.05m/m 범위이다.

6. 금형의 수정법

금형의 가공 작업중에 측정 오차, 가공 오차 등의 치수 부족이 발생하는 경우에는 다음과 같이 수정한다.

① 소부품을 수정할 때에는 동일 재질의 얇고 작은 조각을 오차 부분에 매입시켜서 접합핀으로서 고정시킨다. 얇은 판을 매몰할 때 보수하는 판의 최소 두께는 5mm 이상이다.

② 수정을 요하는 면적이 넓은 경우에는 니켈계 저온 용접으로 한다.

7. 전기 가열 열원의 배선 및 가열용 히타의 배선

① 가열되는 금형의 내부와 주변의 적절한 공간에 배치한다.

② 열원의 단자부는 높은 온도에 잘 견딜 수 있도록 제작한다.

③ 금형의 이동, 충격 및 다른 나쁜 조건에서도 접속부가 잘 견디도록 해야 한다.

나쁜 조건하에서 적절한 행동을 하는 방법은 다음과 같다.

㉠ 전선의 재질과 전극 피복 재료를 잘못 선정하였을 때에는 아스베스토스(asbestos)피복으로 된 전선을 사용한다.

㉡ 커버로부터 노출된 피복선은 유리 테이프 또는 아스베스토스로 피복시킨다.

㉢ 노출된 나선과 단자의 산화를 방지하기 위해서 내열 도포재로서 도포한다. 도포재는 양도체이어야 하며 절연에 주의해야 한다.

㉣ 모든 배선이 완료되면 정밀히 검토한 후 통전하여 절연 저항치와 승온 상태를 측정한다.

Section
05 셸몰드 주조품의 불량과 대책

1 셸 주조품의 불량

양호한 주물과 불량품의 구별에 있어서 허용되는 것과 허용되지 않은 것의 결함의 구별은 주물의 용도, 주물의 성질 및 그 기술 규정에 의해 결정된다. 주물 결함은 셸몰드 주조 기술, 검토 완료된 기술의 도입, 최적의 재료, 장치 및 금형 부착물의 사용, 그리고 공정 등의 기술적 요인에 의해서 좌우된다.

주물 결함에 관한 가장 중요한 자료로는 결함틀에 나타난 주물 공장의 결함 보고서(검사부의 작업원에 의하여 기재된다)를 들 수 있다. 주물 제작 공정의 여러 가지 단계에서 나타나는 결함에 있어서는, 검사부의 책임자 또는 직장이 종합하여 보고한다.

각종 주물 결함에 관한 장기간의 연구로서 결함의 종류와 그 원인이 분류되며 결함의 방지법을 뚜렷이 알 수 있다. 셸몰드 주물은 부적당한 용해, 정련 조건과 주물 조건 및 금형의 가공, 제작 상태 등에 관련된 일반적인 결함외에 다음과 같은 특이한 결함을 일으키는 경우가 있다. 예를 들면 블로우 홀, 이물질 혼입, 탕회 불량, 불어남, 크랙, 수축공, 탕경, 소착 등이 있다.

건조하고 강하게 응고한 셸몰드로 제작된 주물에는 보통 생형 주물에 나타나는 끓음, 모래집, 흠집 등이 나타나지 않는다. 셸몰드에서는 수분이 없기 때문에 좋은 주물을 만들 수가 있다.

그리고 셸몰드는 주물이 응고할 때에 양호한 가축성을 발휘하기 때문에 주형과 코어가 신속하게 붕괴하여 주물의 열간 균열의 발생을 막는다. 그 외에도 주입이 낮은 온도에서 행하여지기 때문에 수축성의 주물 결함 발생율이 현저하게 저하된다.

1. 블로우 홀(blow hole)

블로우 홀은 주철과 강 및 비철 금속의 셸몰드 주물에 가장 잘 나타나는 결함이다. 이 결함은 일반적으로 원형의 형태로 보여지고 단체 또는 집합된 그룹의 상태로서 나타난다. 이러한 종류의 결함은 특히 마지막 주입 작업에 많이 발생된다.

셸몰드 주물에서 블로우 홀의 발생 원인은 다음과 같다.

① 주입시에 난류(亂流)가 일어날 수 있는 탕도계의 불합리한 구조와 배치.

② 레이들의 주입구가 지나치게 높을 때, 또는 탕구의 단면이 지나치게 클 때 생기는 용탕의 와류에 의하여 공기가 휩쓸려 들어감.

③ 셸몰드와 코어의 통기성을 나쁘게 하는 백 업(back up)재의 채용.

④ 통기성이 나쁜 미립사에 의한 셸의 두터움.

⑤ 용해용 원료의 저품질이나 부적당한 용해 조건에 의한 용탕 내의 높은 가스 함유량.

⑥ 지나치게 낮은 용탕 온도.

⑦ 가스가 배출 안될 정도의 급격한 주입.
⑧ 코어에서 가스 배출을 가능하게 하는 부적당한 주물 구조(다수의 수평면).

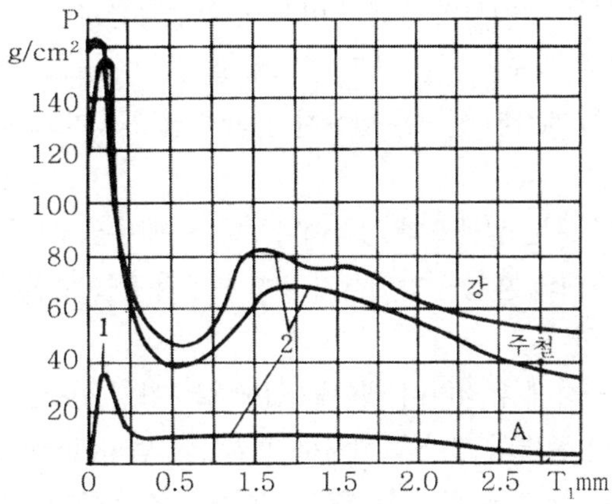

1. 1차 최대 압력
2. 2차 최대 압력

[그림 1-26] **주형용 금형과 가스 발생의 관계**

주물의 블로우 홀은 형의 강한 가스압에 의해서 생긴다. 용탕과 주형 또는 코어의 접촉은 레진의 연소에 의하여 현저하게 가스압을 높인다. 그 크기는 시간이 경과함에 따라 크게 변화한다.

가스에 있어서 2개의 최대 약점이 확인되었을 때 제1의 최대압은 주형과 코어의 전표면에 용탕이 다 찬 직후에 나타나고, 제2의 최대압은 약간 시간이 경과한 후에 나타난다(그림 1-26 참조).

제1의 최대 압점 다시 말하면, 가스 충격점이 생기는 것은 주형 및 코어와 용탕의 접촉 순간에 있어서의 현저한 가스 발생에 기인된다. 이때의 주물은 아직 용융 상태에 있어 압탕압이 적기 때문에 대단히 위험한 현상이다. 용탕을 낮은 온도에서 주입했을 때 주물의 표면에 작은 블로우 홀이 발생한다.

제1의 최대점에 있어서의 가스압이 극히 높을 때에는 끓는 형태의 블로우 홀이 발생한다. 반면에 제2의 최대압이 주물의 응고후에 나타난다면 그 가스압은 블로우 홀의 발생에 작용하지 않게 된다. 반대로 주물의 응고에 있어 얇은 응고층이 형성하여 있는 경우에는 가스의 압력 작용으로 응고각이 변형해서 표면 블로우 홀이 발생한다.

제2의 최대압의 크기는 용탕 온도 및 주물의 두께에 따라 좌우된다. 주입 온도가 낮은 합금에서는 제2의 최대압이 거의 일어나지 않는다. 때문에 비철 합금 주물(주입 온도가 낮음)내의 블로우 홀의 발생은 제1의 최대압 시기에 있어서만이 생기는 것이다. 주물의 블로우 홀의 방지책은 다음과 같다.

① 레진 샌드의 가스 발생율을 낮추어서 형과 코어로부터 가스 발생을 감소시킨다.
② 최적의 용탕압과 용탕 온도를 설정해서 주입 조건을 좋게 한다.
③ 탕도계의 구조와 배치를 바꾼다.

2. 슬랙(slag)의 혼입과 모래집

슬랙의 혼입과 모래집의 발생 원인은 탕도계내의 걸러주는 불순물 제거 시설 미비, 주입전 용탕내의 불충분한 교반과 레이들내에서의 슬랙의 미제거, 부적당한 주입 온도, 형벽에서의 모래의 떨어짐 등에 있다. 이러한 사락은 강도가 낮은 레진 샌드로 셀 주형이나 코어를 제작했을 때 잘 일어난다. 강도가 낮은 레진 샌드로서 제작된 셀형은 합형하기 전에 압축 공기로 불어내어 떨어진 모래를 불어 날려 보내는 것이 좋다.

모래집의 다른 원인으로는 셀몰드의 접착이나 보존시에 주입구로부터 분말이나 모래가 들어가는 것도 생각할 수 있다. 슬랙의 혼입을 방지하기 위하여는 용탕을 주입하기 전에 레이들 용탕면에서 슬랙을 제거하도록 해야 한다.

레이들은 언제나 깨끗하게 유지하며 레이들 입구에는 항시 신경을 쓴다. 회주철이나 가단 주철을 주입할 경우에는 이러한 종류의 결함을 제거하기 위하여 덤퍼(dumper)식 레이들을 사용하며, 한편 강이나 비철 금속을 주입할 경우에는 바렐형의 레이들을 사용한다. 탕도계의 올바른 설계도 또한 슬랙의 혼입을 방지하는 방법으로서 생각할 수 있다. 테이퍼를 붙인 주탕구, 스크린, 스트레이너 및 죠이의 설치는 슬랙의 혼입의 발생율을 크게 저하시킨다. 이때의 조이 설치는 주철 주물을 주입할 때에 양호한 효과를 발휘한다. 이물질 때문에 약간의 테이퍼를 붙여서 인게이트(ingate)를 배치하면 이물질 제거에 효과가 나타난다.

이러한 탕도법은 주형내에서 용탕의 유동 속도의 감소 및 슬랙 혼입의 감소에 좋은 결과를 나타난다. 비철 금속을 주조할 때에는 팽창 탕도계를 채용함이 바람직하다.

레이들 또는 주형에서 용탕이 이물질에 의한 슬랙의 혼입은 가장 많이 나타나는 주물 결함이다. 이때에 셀몰드 주물의 가공 여유가 극히 작기 때문에 주형에 모래 입자의 침입 및 주물 표면에의 부착으로 제품 표면에 반점구의 결함이 나타나게 된다.

3. 탕회 불량(misrun)

셀몰드 주조에서는 지금까지 나타난 원인 이외에 용탕의 충진에 미치는 셀몰드의 물리적, 화학적 성질(레진 샌드의 배합으로 결정)의 영향에 의하여서도 탕회 불량이 생긴다. 이때의 레진 함유량의 증가에 따라서 가스 발생량이 크게 증대하며 주형 용적의 용탕 충전성에 영향을 미친다. 그러나 레진 함유량이 증가하면 두꺼운 가스 개재층이 형성되어 용탕을 형의 벽으로부터 분리시켜 그의 마찰 계수를 감소시킨다.

4. 탕경(cold shut)

탕경의 결함은 주입시 주물의 관련 위치와 관련해서 주물의 수평면이나 수직면에 나타나며, 전자의 경우에는 주로 횡방향으로 나타난다.

주물의 수직벽의 탕경은 주입시 용탕의 흐름 방향에 관련하여 여러 가지 종류의 형상과 치수를 가지며, 탕경은 보통 동그란 모양을 띈 모서리를 갖는다. 탕경의 발생 원인은 다음과 같다.

① 주조 기술 규정과 주물 구조의 불일치.

② 용탕의 낮은 유동성.

③ 낮은 주입 온도.

④ 용탕의 유동을 방해하는 주입시에 형내에 발생한 가스의 압.

⑤ 주형의 완만한 충진.

이러한 모든 원인은 형의 각부에서 용탕의 조기 냉각과 응고를 가지게 한다. 탕도계에 기인하는 탕경을 방지하기 위하여 다음과 같은 조치를 취해야 한다.

㉠ 복잡한 주물을 제작할 때에는 수개의 탕구, 인게이트를 포함해서 주물의 각부의 용탕을 유도하며, 용탕을 균일하고 빠르게 주입하며, 형의 온도 상승을 될 수 있는 한 억제한다.

㉡ 인게이트의 부착 방향을 한 방향으로 하여 용탕의 충돌시 와류의 발생을 방지한다.

㉢ 얇은 면 또는 리브(핀)를 갖는 주물의 제작에 있어서는 얇은 면에 근접해서 또는 리브에 탕구 인게이트를 부착한다.

㉣ 얇은 주물을 주입할 경우에는 소정의 온도를 유지시키는 것뿐 아니라 용탕의 가열 온도를 일정하게 하여야 한다. 이때에는 주물의 벽이 얇고 복잡할수록 높게 가열하여 준다.

5. 표면 거칠음

표면 거칠음은 외부 결함의 종류에 속하며, 주물 표면의 거칠음을 말한다. 표면 거칠음은 셸몰드 또는 셸 코어의 국부 결함(들어간 것, 갈라진 것)의 결과로 발생한다. 이러한 종류의 결함은 주물의 치수를 불량하게 하고 제품의 외관을 손상시킨다.

주물의 표면 거칠기를 없애기 위해 금형의 마무리 작업과 주형의 제작(이형제의 부착)에 대하여 엄격한 검사 규정을 선정하며, 합형전에 압축 공기로 주형과 코어를 청소하고 검사한다.

6. 균열(crack)

주물의 균열은 그 발생 특성에 관련하여 열간 균열과 냉간 균열로 나뉘어진다. 균열은 육안 검사, X선 및 γ선 투과법, 자기 탐지법, 초음파 탐지법(투과 검사법) 그리고 수압 검사 등으로 발견할 수 있다.

잘 알려진 바와 같이 셸 주형 및 셸 코어는 초기의 파괴 강도나 벤딩 강도가 높지만 보통 사형의 가축성 보다 양호한 가축성을 가진다. 따라서 셸몰드 주물의 균열은 매우 드물다. 셸몰드 주물에 이러한 결함이 발생하였을 때에는 다음과 같은 원인이 있기 때문이다.

① 셸 주형과 코어의 강도 상승에 의한 가축성의 저하.

② 응고점 근처에서 높은 취성을 가진 합금의 채용.

이 때문에 용탕의 불균일한 수축의 결과로 균열이 생긴다. 셸몰드 주물의 균열을 방지하는 하나의 방법은 가축성의 증대에 있다.

7. 수축(shrinkage)

수축의 발생 원인은 부정확한 주물 구조(응고 과정에서의 불충분한 탕의 보급, 탕도계 요소의 부정확한 배치, 극단으로 높은 주입 온도)에 기인된다.

셸몰드에서는 주물의 성형 기간중 용탕의 열은 양호하게 단열되기 때문에 용탕의 보급이 일반 생형의 모래보다도 효과적으로 된다. 압탕이나 냉금을 함께 쓴 정상적인 탕회는 수축을 없애는 기본적인 수단이다. 보급이 불충분하면 주물 두께의 수축이 발생한다. 압탕의 역할은 수축에 대한 용탕 보급뿐 아니라 주물로부터의 가스나 비금속 개재물을 제거시키는 역할도 한다. 최후에 응고하는 주물의 두꺼운 부분에 압탕을 배치하면 양호한 압탕 효과를 얻을 수 있다. 셸몰드 주조의 경우에는 수직 합형면을 가진 형만이 개방 압탕을 설치할 수 있다. 분할면의 셸몰드에서는 맹압탕을 붙이도록 한다.

8. 소 착

셸몰드 주물의 소착 발생율은 용탕에 의한 주형벽의 침투 정도에 따라서 좌우된다. 소착은 강주물에 많이 나타나며, 주철 주물이나 구리 주물에서는 비교적 적다. 알루미늄 합금 주물에서는 보다 발생율이 낮다.

이러한 일은 강주물 주입시에 산화철과 레진 샌드의 실리카가 강의 융점보다도 낮은 융점의 융합물을 형성한다는 것으로서 설명된다. 이들의 규산염은 주입 온도에서 액상 상태로 이동하여 용융 금속에 의해 셸몰드 벽에 침투한다. 레진 샌드는 열전도성이 낮기 때문에 셸몰드의 가열층의 깊이는 비교적 적게 되며, 주물의 두께가 보이는 주형 가열부의 용탕이나 주형의 기공율에 의해서 좌우된다.

주형의 가열층에는 다음과 같은 현상이 일어난다.

① 침투에 의한 셸몰드의 성형면에서 모래 입자간의 가공에 대한 용탕의 침입.
② 용탕의 열작용에 의한 주형 표면층의 모래 입자의 용해.
③ 용탕내의 산화물에 의한 주형의 표면층 입자의 재화(滓化).

소착의 발생에 대하여는 레진 샌드의 배합만이 아니라 규사의 입도도 영향을 미친다. 이때에는 입자가 클수록 소착의 발생율이 높아진다. 때문에 용융 금속은 응고전에 비교적 거칠고 큰 입자 사이의 기공을 통해서 형의 중앙에 침입한다. 형의 기공에 용탕이 침입한 결과에 의해서 기계적 소착이 형성된다.

고온의 용탕 작용에 의한 주형 표면층 입자의 용해(주형의 모래 입자나 용탕의 산화물과의 화학 반응을 수반하지 않는다)에 의하여 열소착이 발생한다. 이때의 소착층은 팽창율의 차이에 의하여 주물 표면으로부터 쉽게 떨어진다. 주형 표면의 입자와 다른 성분의 화학 반응으로 재화가 발생하여 주물 표면에 치밀한 소결 표면(화학적 소착)이 생긴다.

열소착과 화학적 소착의 분리는 이러한 발생 원인이 똑같은 것들이기 때문(레진 샌드의 화학 성분과 광물 조성의 변화에 의한 그 내화성의 저하)이다.

레진 샌드의 내화성은, 배합물의 화학 성분과 광물 조성, 모래 입도, 형태 및 입도 분포에 의하여 결정된다. 모래 입도의 융점과 재화점(滓化點)은 사의 입도, 형태 및 입도 분포에 따라서 변한다. 형의 가열 속도가 일정할 경우 입도의 감소와 거친 각형 입자의 증가에 따라서 임계 온도가 빠르게 이루어진다.

배합사 내의 미립분이 많을 때 화학적 소착과 열소착의 발생율이 높아진다. 한편 치수가 큰 입도는 주형의 기공율을 증가시켜 주형 표면층의 기공에의 용탕 침입을 용이하게 하며, 따라서 기계적 소착이나 표면 거칠음의 발생율을 높이는 결과가 된다. 셸몰드 주조 현장에서는 소착의 방지를 레진 샌드의 경제적인 배합과 최적 주입 온도의 결정에 의하여 행하는 경우가 많다. 소착이 없는 강주물 제작에 있어서는 규사 혼합시 산성 재료보다는 현저히 적게 발생하는 염기성 재료를 레진 샌드로 배합함이 바람직하다. 이때의 지르콘 샌드나 크로마이트사 등의 축열능이 큰 주물사를 이용하면 양호한 결과를 얻을 수 있다.

주입시 용탕 온도는 각종의 소착 발생에 영향을 미친다. 이때에 소착은 용탕 온도의 상승에 따라서 증대한다. 또 소착은 중량 주물의 증대 및 중량 주물에 대하여 그 표면적의 비율 감소에 따라서 증대한다. 주형 용적에 대한 용탕량, 충진 시간도 이와 같은 소착의 발생에 영향을 미친다.

주형의 탕회의 장소는 주물의 형태에 의하여 좌우된다. 개개의 주물에는 주형 용적에 대한 충진시에 용탕이 흘러가는 장소가 있다. 따라서 이러한 장소는 보다 높게 가열되어 그러한 만큼 소착을 받기 쉽다. 소착을 방지하는 가장 효과적인 방법은 레진 샌드의 소착 방지 첨가제를 첨가시키는 것이다.

소착 방지 첨가제의 작용에 대하여는 두 가지의 견해가 있다. 제1의 견해는 첨가제 연소시 매연이 발생하여 그 내화성을 높인다는 것이며, 또 제2의 견해는 레진과 첨가제의 연소시에 발생한 가스가 주형의 기공내 및 주형 용탕사이에 가스 개재물을 형성하여 주형과 용탕의 직접 접촉을 막아주어 소착의 발생율을 낮춘다는 것이다. 그 외에도 매체의 환원 특성은 산화를 방지하며, 화학적 소착의 발생율을 감소시킨다. 이때에는 레진의 소착에 의하여 주형과 주물의 사이에 형성하며 용탕과 주형의 화학 반응을 막아주는 가스 필름에 유의할 필요가 있다. 그러나 용탕의 압탕압이 입도 사이에 용탕의 침입을 촉진시키기 때문에 침투의 빈도가 비교적 낮은 조건 아래에서도 소착이 발생한다. 특히 셸몰드를 마지막으로 주입할 때에는 압탕압이 아주 높아지기 때문에 주로 주물의 하부에 소착이 나타나게 된다.

2 환경 위생

셸몰드 조형과 주입시에 발생하는 가스와 냄새는 되도록 방산시키지 말고 모아서 연소하는 것이 좋다. 주조시의 가스 취기는 주입하는 형의 수가 적으면 주조 후 되도록 빈틈이 없이 상자를 덮는 것이 경제적이다. 급냉에 의해서 금속의 조직이 변하지 않는 것이라면 주입 후 응고한 시기에 살수하는 것이 좋다. 살수량은 형 분리시에 건조가 끝날 정도로 한다. 다량의 주형을 처리할 때에는 배기의 집합 장치를 만들어 이것을 연소한다.

익힘문제

01 셸몰드법에 대하여 쓰시오.

02 셸몰드법의 특성 중 장점과 단점을 쓰시오.

03 수지 코팅사(resin coated sand)의 제조 방법을 분류하시오.

04 냉간 혼련법과 열간 혼련법의 차이점을 쓰시오.

05 제1혼련과 제2혼련이란 무엇인가?

06 혼련기의 종류를 들고 쓰시오.

07 셸몰드법이 적용되는 것들을 쓰시오.

08 규사가 셸몰드용으로서 사용될 수 있는 구비 조건을 쓰시오.

09 이형제의 효과에 대하여 쓰시오.

10 셸몰드용 접착제의 종류를 쓰시오.

11 경화 온도가 셸의 강도에 미치는 영향을 쓰시오.

12 레진 샌드의 통기성 및 가스 발생에 대하여 쓰시오.

13 셸몰드 조형법의 종류를 쓰시오.

14 셸 조형시 금형의 온도는 몇 도가 이상적인가?

15 블로잉 조형법에서 블로잉 방향으로 분류하고 쓰시오.

16 배면 금형법(콘터드 셸몰드법)의 특징을 쓰시오.

17 일반적인 셸몰드 주조 공정 순서를 쓰시오.

18 셸 코어 제조 방법의 종류를 쓰시오.

19 개폐 흡입식 블로잉 머신을 흡입 방향에 따라 분류하시오.

20 스파 블로잉법에 대하여 쓰시오.

21 셸 시편의 색깔이 인장 강도에 미치는 영향을 쓰시오.

22 금형의 높이와 테이퍼 관계를 쓰시오.

23 금형 설계시 고려해야 할 사항을 쓰시오.

24 금형 가공 작업중에 측정 오차, 가공 오차 등이 발생하는 경우 수정법은 무엇인가?

25 블로우 홀의 발생 원인과 방지책을 쓰시오.

26 탕경의 발생 원인과 방지책을 쓰시오.

27 균열이 발생되는 원인을 쓰시오.

28 수축의 원인을 쓰시오.

29 소착의 원인과 방지책을 쓰시오.

30 코티드 샌드시험(coated sand test)의 종류를 들고 방법을 쓰시오.

31 셸몰드 주물의 균열 원인은 무엇인가?

Chapter 02

다이캐스팅 주조법

Section 01

개 요

1 다이캐스팅의 특성

다이캐스팅법은 정밀한 금형에 용융 합금을 압입하여 표면이 아주 우수한 주물을 얻는 방법이며, 일반적으로 다이캐스트기(diecast machine)를 사용해서 짧은 시간에 대량 생산하는 주조 방식이다.

다이캐스트기는 유압 구동을 주로 이용한 기계로서 유압 구동 중에 가스를 이용하여 펌프사출 대용으로 사용하기도 하고 수백 ~ 수천 톤의 강력한 형조임력을 높은 싸이클로 반복 작업하고, 압입 관계에서는 수백 도에 달하는 고온 금속 용탕을 사용하기 때문에 상당히 안전한 기계를 사용해야만 한다.

이와 같은 다이캐스트법의 특징은 일반적으로 다음과 같은 것을 들 수 있다.

① 충진 시간이 매우 짧다(0.02~0.7초 정도).

② 고속으로 충진한다(탕구 분사 속도 2~100m/sec 정도).

③ 고압을 주물에 건다(70~2,000kgf/cm^2 정도).

④ 정밀한 금형을 사용하고 냉각 속도가 빠르다.

⑤ 다이캐스트기를 사용하고 생산 속도가 빠르다.

또 다이캐스트법으로 주조한 주물도 다이캐스트 또는 다이캐스트 제품, 다이캐스트 주물 등으로 불리운다. 위에 기술한 주조법으로 주조된 주물도 역시 다음과 같은 특징이 있다.

① 주물 표면이 평활, 미려하며 일반적으로 표면 조도는 12S 이하가 된다.

② 금형에 의해 압입된 용탕이 급냉하므로 그 결정 입도가 작고 강도가 높은 주물이 만들어진다.

③ 고압으로 압입하므로 살 두께가 얇은 주물을 제조할 수 있고 재료비가 경감되어서 생산비가 저하한다.

④ 정밀도가 높으므로 가공 공수를 절감할 수가 있다. 동일 형상의 사형 주물에서 다이캐스트로 바꿈으로써 중량으로 40%, 절삭 가공 시간이 65% 절감한 예가 있다.

⑤ 코어를 사용해서 복잡한 형상의 주물을 주조할 수 있으나 주형이 강재이므로 언더 컷이 있는 주물의 주조는 곤란하다.

2 기원 및 발달 과정

옛날부터 전해오는 모래형 주조법에 비하여 다이캐스트의 역사는 겨우 1세기 밖에 안된다. 주조 기술을 역사적으로 보면 중력으로 모래형에 주입하는 주조에서 그 후 주물 표면의 우수한 주조법으로서 석고형이 발전되었다.

그러나, 주조법에 있어서는 주입한 주조품마다 형을 파괴하여야만 했다. 같은 형에서 부품을 대량으로 생산할 목적으로 금형을 사용한 주조법으로 발전하여 드디어는 용탕을 금형에 압입하여 정밀하며, 주물 표면이 양호한 주물을 만드는 주조법, 즉 다이캐스트법의 탄생을 보기에 이르렀다.

그 기원은 1838년 Burce에 의하여 발명되었다고 전해지고 있으며, 그 목적으로는 활자를 신속하고 대량으로 주조하는데 있었다. 더욱이 이 원리를 응용한 플린저기가 H.H.Doehler에 의하여 1905년에 완성되었다. 이것이 상업적으로 성공한 다이캐스트기의 최초라고 말하여지고 있다. 당시의 기계는 인력에 의한 수동식이었으나 그 후 수압 구동에서 유압 구동의 기계로 발전되고 1955년경 일본에서도 점차 유압 구동의 반자동기 등을 수입하여 그들을 모델로 한 기계를 개량 발전시켜 현재의 다이캐스트 공업의 기반을 이룩하였다.

다이캐스트기의 발전은 언제나 다이캐스트 합금의 개발과 평행하여 개량 진보하고 있으나 순도가 높은 아연 다이캐스트 합금의 국내 생산 개시와 같이 핫 체임버기의 수입, 국산화가 이루어져 오늘날 알루미늄 합금 다이캐스트에 대등한 성장을 보게 되었다. 다이캐스트기의 경향으로서 대형화, 자동화에 대한 노력이 이루어지고 있으며 형 조임력 2,000톤을 넘는 기계의 국산화도 실시되고 있으며, 또한 끊임없는 개선과 노력이 계속되어 앞으로 좋은 기계가 국산화될 것으로 기대된다.

Section

02 다이캐스팅용 주조기

1 주조기의 분류

1. 가압실 방식에 의한 분류

(1) 열가압실식(hot chamber)

열가압실식 다이캐스트기는 용탕을 형 내에 압입하기 위해서 가압실이 용탕 안에 있기 때문에 이렇게 불리우고 있다(그림 2-1 참조).

1시간당의 주조 회전수를 높일 수가 있으며 이 기계는 비교적 융점이 낮은 아연 합금, 주석 합금, 납 합금의 다이캐스트에 사용되고 있다.

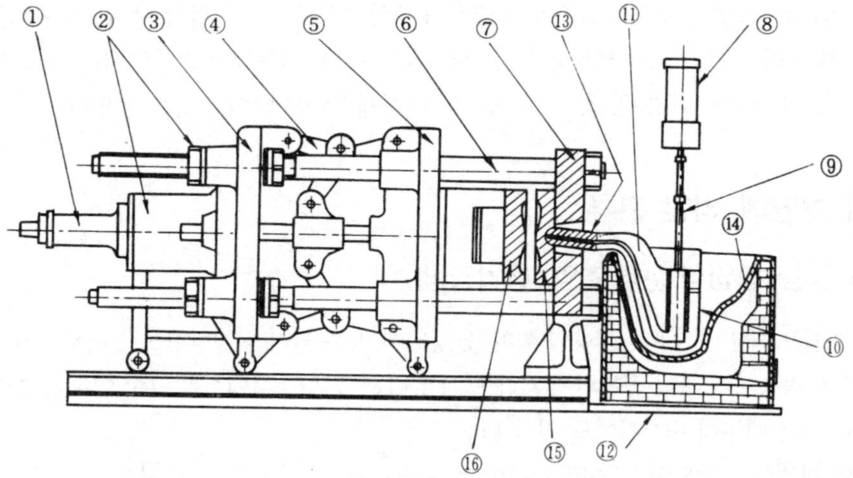

① 형합 실린더 ② 크래브(crab) ③ 크로스 헤드(cross head) ④ 토글 링크(toggle link)
⑤ 가동 금형 고정판 ⑥ 머시인 바(machine bar) ⑦ 고정 금형 고정판 ⑧ 압입 실린더 ⑨ 압입 플런저
⑩ 슬리브(sleeve) ⑪ 가압실(goose neck) ⑫ 보온로 ⑬ 노즐 ⑭ 도가니 ⑮ 고정 금형 ⑯ 가동 금형

[그림 2-1] 열가압실식 다이캐스팅기의 구조

(2) 냉가압실식(cold chamber)

냉가압실식 다이캐스트기는 가압실이 용탕안에 없고 가열되어 있지 않는다고 하여 이 명칭으로 불리워지고 있다(그림 2-2 참조).

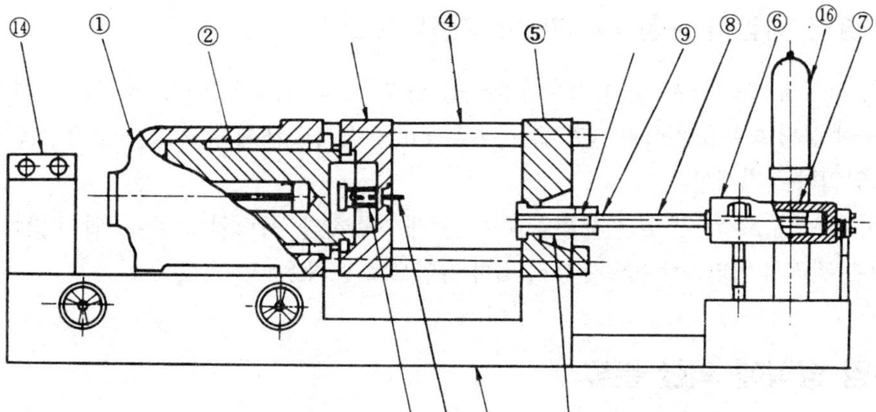

① 형합 실린더 ② 형합 아암(arm) ③ 가동 금형 고정판 ④ 머시인 바(mchine bar) ⑤ 고정 금형 고정판
⑥ 압입 실린더 ⑦ 압입 아암(arm) ⑧ 압입 플런져 로드 ⑨ 압입 플런저 ⑩ 슬리브(sleeve) ⑪ 압출 실린더
⑫ 압출 아암(arm) ⑬ 베드(bed) ⑭ 제어판 ⑮ 주입구 ⑯ 어큐뮬레이터

[그림 2-2] 냉가압실식 다이캐스팅기의 구조

용탕은 소형 레이들로서 수동으로 가압실에 주입 주조되기 때문에 용탕의 보급은 신속하게 행하여져야 한다. 최근에는 자동 급탕 장치 개발에 따라 용탕을 자동적으로 주입되는 것도 있다. 이 기계는 알루미늄 합금, 마그네슘 합금, 구리 합금의 다이캐스트에 많이 사용되고 있다.

2. 압입 방향에 의한 분류

(1) 수평 방향 압입식(횡형 조임, 횡압입형)

횡형 콜드 체임버기로서 금형의 설치 및 형조이기, 형열기가 횡방향으로 이루어지고, 압입도 같은 방향으로 작동하며 특히 금형의 설치가 쉽게 된다는 것과 소형에서는 고속 연속 주조가 되고, 기계의 안정이 좋기 때문에 대형기에도 적합하다.

조임 방법에는 직압도 있지만 최근에는 토글(toggle) 방식이 많이 사용되고 있다. 동력원으로는 공압도 있지만 유압이 많이 사용된다.

(2) 수직 방향 압입 수평형 조임식(횡형 조임, 압입형)(포락크식)

금형의 설치 및 작동은 횡형 다이캐스트기와 같으나 압입의 방법은 압입 피스톤이 종으로 되어 있고, 주조 후(압입)의 잔탕 고용체(biscuit)를 압출하기 위하여 카운터 피스톤(도아핀)이 장치되어 있다. 특히 센터 게이트(center gate)방식(탕구를 주조품의 중앙부에 붙임)의 주조 방안을 채용할 수가 있다. 동력원으로는 유압, 공압이 함께 사용되고 있다.

(3) 수직 방향 압입식 종형 다이캐스트기(엑케르트식)

횡형 다이캐스트기와는 달리 기계의 테이블 면적이 1/3~1/5정도이다. 소형의 기계가 많고 금형 개방 중에 용탕 보온을 위하여 석면 캡(asbest cap)을 슬리브 내에 넣고 그 안에 용탕을 퍼 넣어 형조임 후 압입하는 기계이다.

특히 인서트(insert)가 있는 제품을 주조하는데 적합하다. 동력원으로는 공압이 많이 사용되었으나, 보수 관리의 합리화로 1960년부터 점차 유압으로 변해 왔다.

3. 형조임 방식에 의한 분류

(1) 직압식

형조임 실린더에서 직접 램(ram)을 가동, 다이 플레이트에 접속시켜서 형을 조이는 방식이고 종형, 횡형에 사용되고 있다.

동력원은 유압, 공압으로 사용되고 있으며, 콜드 체임버기에 많이 사용되고 있다(그림 2-3 참조).

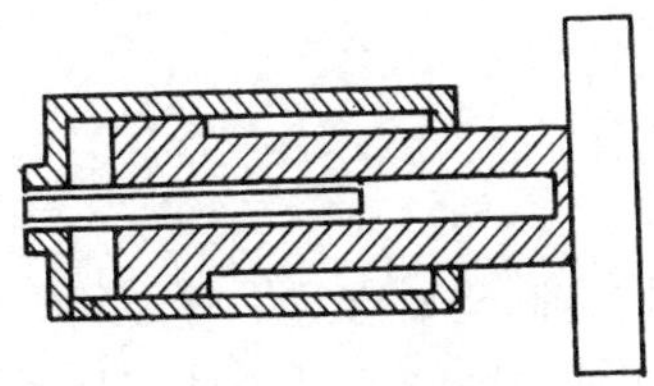

[그림 2-3] 직압식 형조임 기구

(2) 토글식(toggle)

토글식 기구를 사용하여 형조임, 형열기를 하는 다이캐스트기이며 횡형에 많이 사용되며, 동력원은 유압이 가장 많고 콜드 체임버식, 호트 체임버식 다이캐스트기로서 일반적으로 많이 사용되고 있다.

(3) 웨지 로크식(wedge lock)

웨지 로크식 형조임 기구는 [그림 2-4]에 표시한 것과 같이 형조임 실린더의 링크 C에 웨지(쐐기)를 연결해 놓고 형조임 스트로크의 마지막에 가까운 위치에서 링크 C를 열고 웨지를 프레임과 보조 다이 플레이트 사이에 삽입하고 높은 형조임력을 얻는 기구이다. 이 방식에는 많은 방법이 고안되어 있다.

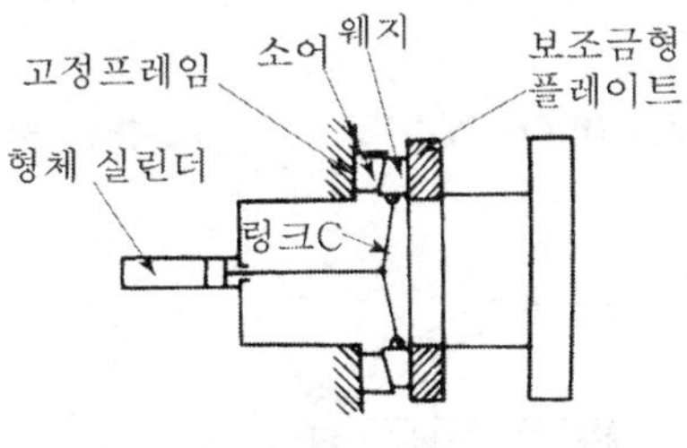

[그림 2-4] 웨지 로크식 조임 기구

(4) 콤비네이션식(combination)

콤비네이션식 형조임 기구는 토글식, 웨지 로크식 등과 직압식을 조합한 형조임식이고 이 방법에는 많은 종류의 것이 고안되어 있다(그림 2-5 참조).

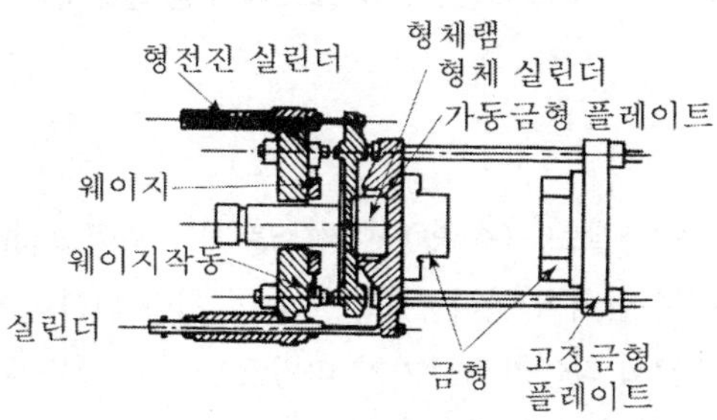

[그림 2-5] 콤비네이션식 조임 기구

4. 동력원에 의한 분류

(1) 수동식

수동식 다이캐스트기는 형의 개폐, 압입을 모두 수동으로 하고, 종형이 많으며, 형조임 기구로는 캠토글 또는 잭키가 사용되고 있다. 잭키식은 스크류 또는 랙크 피니온에 의하여 형을 개폐한다. 가동반은 잭키를 사용하여 조이는 방식이고, 압입에는 지레의 원리가 응용되어 적은 제품의 주조에는 가벼운 레바를 만드는데 따라서 큰 제품에는 무겁고 큰 레바를 이용한다(그림 2-6, 7, 8 참조).

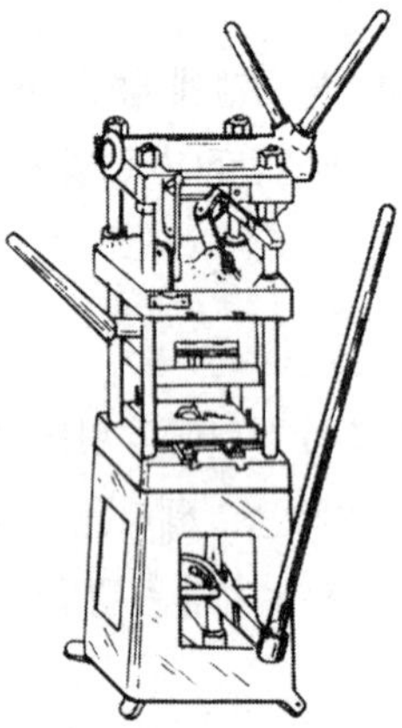

[그림 2-6] 수동식 콜드 체임버 다이캐스트

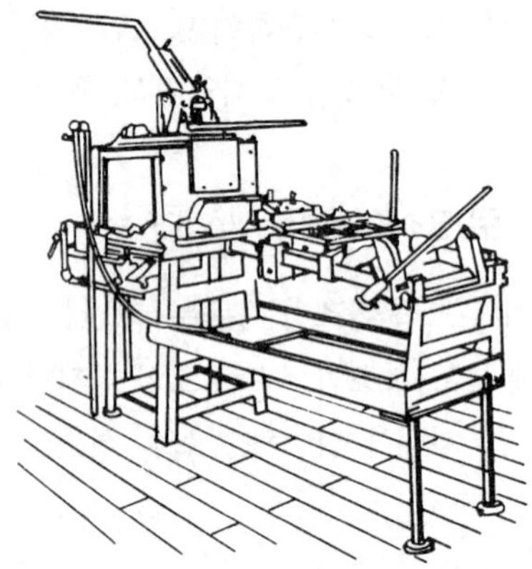

[그림 2-7] 수동식 핫 체임버 다이캐스트

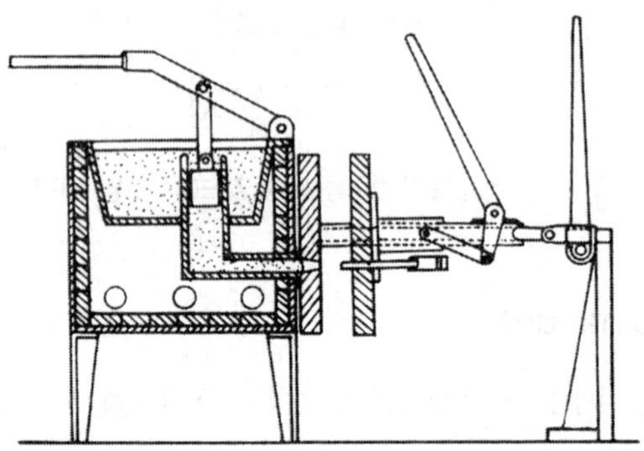

[그림 2-8] 소스식 수동 플런저형

(2) 수압식

수압식 다이캐스트기는 액켈트식(종형 다이캐스트기), 포락크식(횡형 조임, 종주입, 다이캐스트기)이 1930년경에 일본에 수입되어 전시중에는 이들이 개량 생산되어 왔으나, 1955년 이후에는 유압기기의 발달에 의하여 유압식 다이캐스트기가 나왔으므로 줄어들게 되었다. 수압 펌프에 의하여 작동압을 어큐뮬레이터에 압축하면서 형개폐나 압입을 한다.

(3) 유압식

유압식 다이캐스트기는 최근 특히 유압 기기의 개량 발전에 따라 고성능의 기구를 필요로 하는 다이캐스트 주조법에 적합한 전기 기기와 조합에 의하여 반자동 조작이나 전자동 조작의 다이캐스트기가 나오게 되었다.

특히 유압식 다이캐스트기를 작동하는 작동유는 안전 대책면에서도 불연성의 것을 사용하는 것이 바람직하다.

(4) 전동식(기계식)

전동식 다이캐스트기는 활자 주조기와 같이 전동기의 동력을 기계적 메카니즘(mechanism)에 의하여 작동하고 형개폐나 압입을 하기 때문에 대형기에는 적합하지 않다.

특히 작은 제품을 만들기 위하여 소형의 전동식 다이캐스트기가 사용되고 있다. 쇼트(shot)수도 1시간에 500~3,000쇼트로 적은 부품의 대량 생산에 적합하기 때문에 전문 생산에 한하여 사용되고 있다.

(5) 공압식

공압식 다이캐스트기는 콤프레샤에 의한 압축 공기로 압입 및 형개폐 작동을 하는 것이고 밸브, 에어 실린더 및 피스톤에 대한 연구의 결과로 밸브류는 극소형으로 결합, 급속 압입을 할 수 있다. 압입 피스톤 자체가 비교적 무겁기 때문에 쇼트(shot) 처리시에 충분한 운동 에너지가 플런저에 부여되도록 해야 한다. 공압식 다이캐스트기는 대량의 압축 공기가 필요하기 때문에 소형기가 많다.

2 주조기의 구조

1. 다이캐스트기 각부의 구조

(1) 형조임 장치

일반적으로 다이캐스트기의 크기는 형조임 능력을 톤(ton)수로 표시하고 있다. 콜드 체임버식의 형조임력은 압입력의 10배~20배 정도이며, 핫 체임버식은 20배~40배 정도가 보통이다. 다이캐스트기의 성능에 대해서는 형조임력과 압입력뿐만 아니라 압입 방식과 압입 속도가 중요하다.

다이캐스트기의 형조임 장치를 구조상 크게 분류하면 직압식, 토글식 기타의 형조임 장치로 나눌 수 있다.

1) 직압식 형조임 장치

형조임용 유압 또는 수압 실린더 내의 형조임 램에 가동반을 직결하고 형조임 램에 작용하는 유압 또는 수압에 의하여 직접 금형을 조이는 것을 직접식 형조임 장치라 한다.

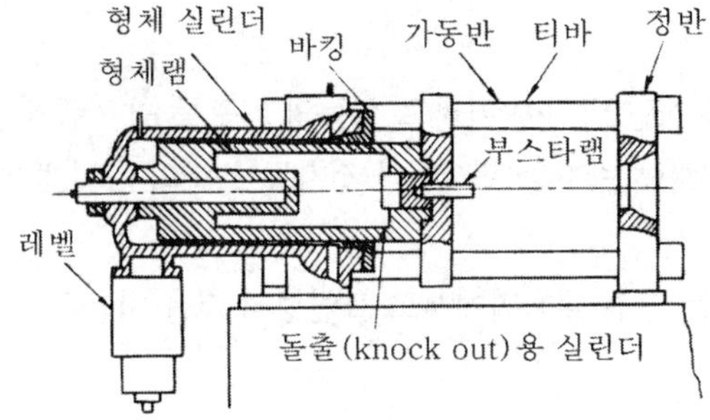

[그림 2-9] **부스터램식 형조임 장치**

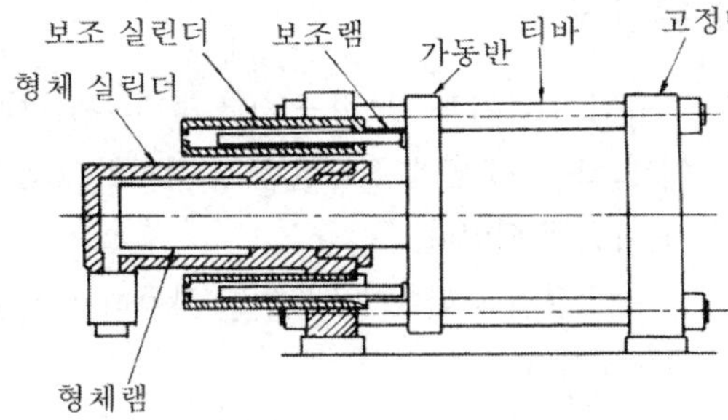

[그림 2-10] **보조 실린더식 형조임 장치**

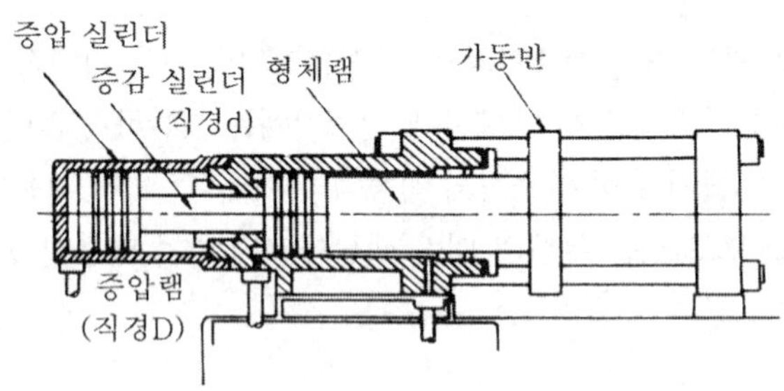

[그림 2-11] **증압 실린더식 형조임 장치**

형조임 압력의 계산은 형조임 램의 직경을 D(cm), 유압 또는 수압을 P(kgf/cm^2), 형조임력을 F(kgf)로 하면, 형조임력(F) = $\frac{\pi}{4}$×(램의 직경)^2×(유압 또는 수압) 예를 들면 램의 직경 30cm, 유압 150kgf/cm^2 일 때, 형조임력 = 0.785×30×30×150 = 105,975kgf으로 약 106톤이 된다.

직압식 형조임 장치에는 부스터램식, 보조 실린더식, 증압 실린더식이 있다(그림 2-9, 10, 11 참조).

2) 토글식(toggle) 형조임 장치

토글식은 액압이나 전동기 등의 동력원에 의해 발생된 힘을 토글 링크 기구에 의하여 확대하므로 큰 형조임력을 얻는 방식이다. 토글 기구에 있어서는 최초의 속도는 빠르고, 스트로크(stroke)의 끝에 가까워질수록 힘의 확대율이 증대되고 그 속도는 감소된다. 따라서 가동형과 고정형에 강한 충격을 주지 않고 강하게 형조임을 할 수가 있다.

그리고 형을 열 경우는 조일 때와 같이 처음에는 천천히 가동형이 열리기 때문에 주조된 제품이 고정형에서 조용히 분리되므로 변형이나 비틀림이 별로 생기지 않는다. 그러나 토글이 일단 늘어나면 그 이상 금형을 밀어줄 수 없다(그림 2-12 참조).

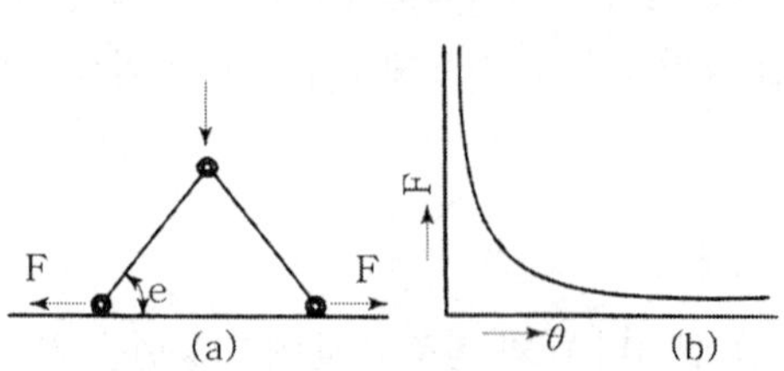

[그림 2-12] **토글 기구의 원리**

(2) 사출 압입 장치

1) 콜드 체임버기의 사출 기구

다이캐스트기는 용탕 금속에 강한 압력을 가하여 금형내에 압입하는 것이나 콜드 체임버기의 경우에는 용융 금속(용탕)에 걸리는 압력의 변화를 생각하면 다음과 같이 된다. 즉, 일반적으로 용탕에 걸리는 압력 변화와 시간과의 관계를 표시하면 [그림 2-13]과 같이 된다. 그림에서와 같이 시간은 쇼트 슬리브내 및 런너 게이트의 충진을 완료할 때까지는 그림의 a의 구역이다. 용탕의 압력은 그다지 높지 않으며 변화도 적다.

다음 이 게이트를 지나서 캐비티 내에 압입하기 시작하여 캐비티를 충진 완료할 때까지는 b구역이다. 이 구역에서는 게이트의 저항이 가해지기 때문에 압력은 약간 높아져 있다. 이 변화는 그다지 크지는 않다. 충진이 완료되면 압입력과 평형이 될 때까지 압력은 상승한다. 이것이 c, d구역이다. c점은 가압 장치의 관성에 의하여 충격으로서 압력 피크가 발생, 점차 d구역과 같이 감소하여 정적 압입력과 평형되는 압력이 된다. a구역에서는 공기가 말려 들어가는 것을 없애기 위하여 저속으로, b구역에서는 고속으로 압입하는 것이 좋고 d에 있어서의 정적 압력은 500~600kgf/cm^{2}가 좋다. b구역의 압입 속도는 직접 압입 효과에 영향을 주는 것이므로 요즈음에는 고속화되고 있다. 일반적으로 소형기에서 a구역은 특히 저속으로 하지 않고 단일 고속 전진시키는 경우가 많다.

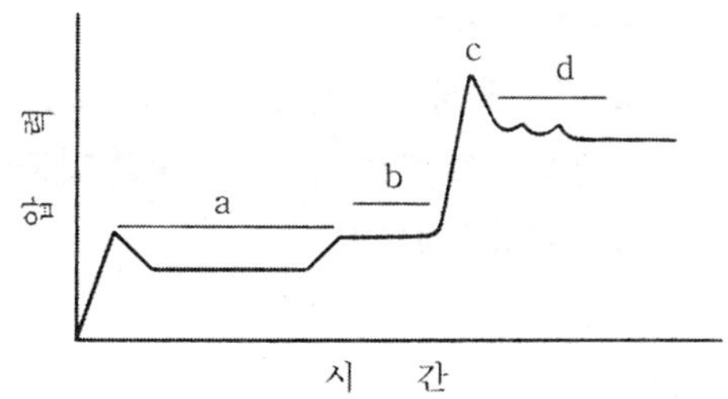

[그림 2-13] **압입 기구의 압력 변화**

2) 핫 체임버 압입 기구

핫 체임버 압입 기구에 있어서는 압력 변화가 [그림2-13]에 표시된 콜드 체임버기와 같으나 일반적으로 이와 같은 변화 특성을 취하지 않고 단순한 복동 램을 사용하고 있기 때문에 저속 구간 없이 압입하는 기구가 많다.

(3) 압출 장치

압출 장치에는 유압 램 압출식과 유압 실린더 압출식 및 기계적 압출식이 있다. 유압 램식은 유압 실린더를 가동반에 설치하여 램으로 압출하는 방식이다(그림 2-14 참조).

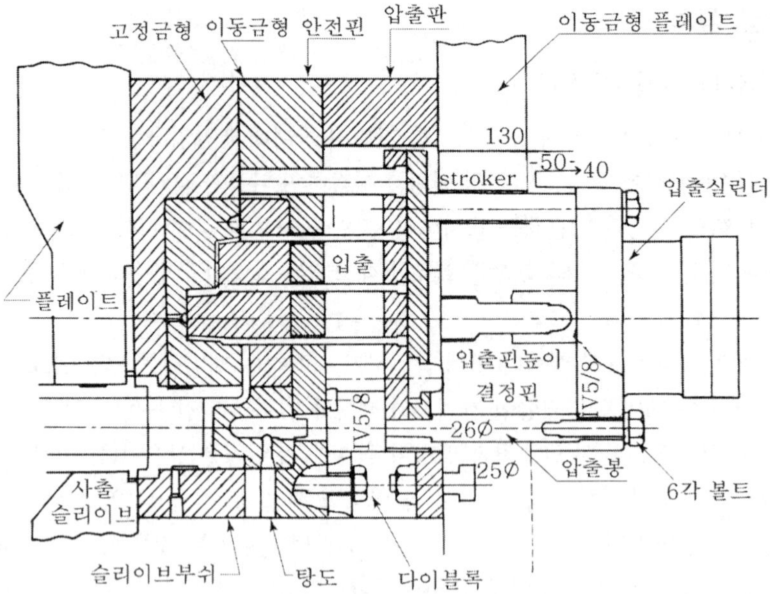

[그림 2-14] 유압 실린더 압출 장치

또 유압 실린더 압출식은 램을 가동반에 고정하여 실린더를 가동하도록 하는 것이고 유압 실린더에 설치한 로드(rod)로 압출하는 방식이다.

기계적 압출 방식은 다이캐스트기의 프레임에 설치한 범퍼(bum per) 또는 범퍼 로드(bum perrod)에 의하여 가동반의 후퇴시 가동 금형의 압출판을 눌러서 제품을 압출하는 방식이다. 기타 금형의 다이베이스(die base)에 압출 장치를 붙이는 것도 있다.

(4) 어큐뮬레이터(accumulator)

어큐뮬레이터는 1싸이클 중에서의 동작의 정지 시간을 이용하여 에너지를 출력하며, 사출량 펌프의 역할을 하는 고압 가스를 내장하는 장치이다. 따라서 그 취급을 잘못하면 큰 파괴력을 수반하는 재해 사고의 원인이 되기 때문에 충분한 대책이 필요하다(그림 2-15 참조).

(5) 코어 인발 장치(core pull 장치)

다이캐스트기에는 코어 인발 장치가 설치되어 코어가 쉽게 빠지도록 되어 있다.

그것은 코어 인발 장치용 밸브의 설치와 전기 배선을 바꿈에 따라 행할 수가 있다. 코어 인발 장치를 이용하면 다이캐스트기의 조작 순서를 바꾸어야 한다. 그 조작 순서는 많은 경우가 있지만 일반적으로 다이캐스트기에는 그것에 대응하여 절환 스위치로서 순서를 설정할 수 있도록 되어 있다.

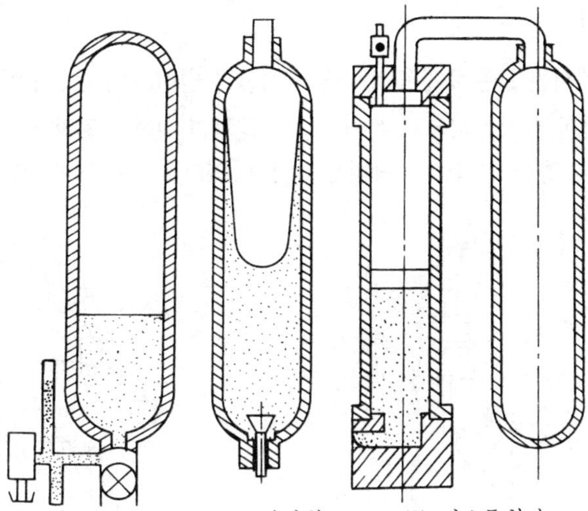

[그림 2-15] 어큐뮬레이터의 종류

(6) 다이캐스트기의 유압 계통

가장 많이 이용되고 있는 유압식 다이캐스트기의 기능을 알기 위해서는, 그 기계에 사용되고 있는 유압 기기의 구조와 기능을 알아야 하고 또한 그들 계기가 유압 배관으로 결합되어 기계에 조립되어 들어간 유압 계통이 어느 정도로 작동하고, 기계는 어떻게 운전되어 그 성능을 발휘하는가를 알 필요가 있다.

유압 계통에는 ① 유압 펌프 ② 압력 제어밸브 ③ 유압 회로 ④ 압력계 ⑤ 작동유 등이 있다.

(7) 전기 계통

기계의 유압 기구 코어 조작 개폐 등은 모두 펌프에 의한 유압 또는 수압과 그 회로의 제어 장치에 의한 것으로써, 자동 제어의 전기 회로는 매우 복잡하며 함부로 손을 대면 고장의 원인이 되기 때문에 주의하여야 한다.

전기 계통에는 ① 전동기 ② 전자 개폐기 ③ 스위치(switch) ④ 타이머(timer) ⑤ 퓨즈(fuse) ⑥ 전류계 및 전압계 ⑦ 제어반 등이 있다.

2. 다이캐스트기의 부속 장치

(1) 주입 용구

콜드 체임버기의 주입 용구에는 주입 실린더(metal sleeve), 압입 플런저, 플런저 팁(plunger tip) 및 국자 등이 있다. 주입 실린더에는 고열이 걸리고 또한 팁에 의한 마모 때문에 내열강 또는 질화강으로 제작하고 조질 처리한 후 사용하는 경우가 보통이다.

(2) 자동 급탕 장치

콜드 체임버기에서는 보온로에서 용탕을 주걱으로 슬리브의 주입구에 주입하고 있으나 이것을 다이캐스트기와 연결하여 자동적으로 레이들로 퍼올려 주입하는 기계적 방법과 밀폐한 용탕면에 공압을 가하여 일정량의 용탕을 압출 급탕하는 방법이 있다(그림 2-16, 17, 18 참조).

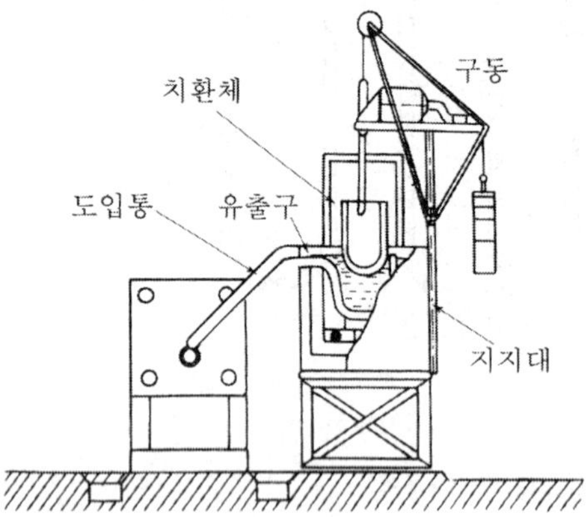

[그림 2-16] **치환식**

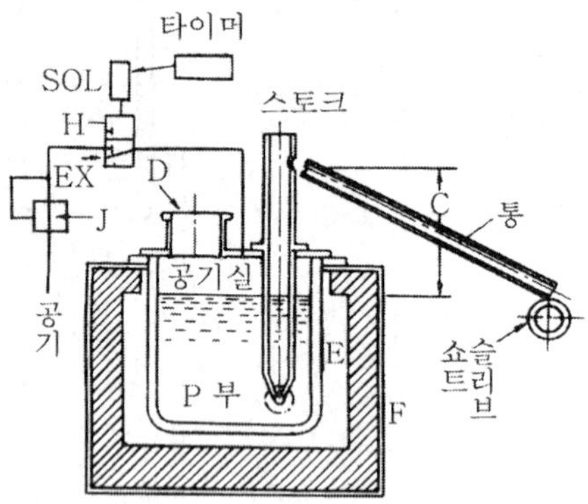

[그림 2-17] **공기압식**

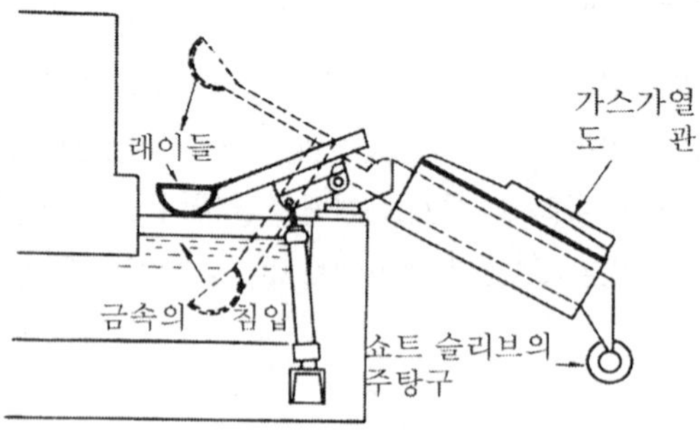

[그림 2-18] **국자식**

(3) 자동 제품 취출 장치

주조 후 제품을 뽑아내는데 다이캐스트기에 의하여 제어되어 압출 로드(rod)로 쳐 떨어뜨리는 2단 압출 장치가 있으나 특별한 취출 장치(공업 로보트 등)를 사용하여 제품을 뽑아내고 다음 공정의 프레스 등에 소요되는 인력을 줄이는 방법이 실시되고 있다.

(4) 이형제 자동 분사 장치

사람의 손으로 이형제를 도포하는 대신에 다이캐스트기에 연결되어 자동적으로 스프레이하는 장치로 스프레이 노즐을 적당한 장소에 설치 고정하는 방법과 금형 분할면에 이동시켜 스프레이하는 이동식이 있다.

(5) 자동 슬리브 윤활 장치

콜드 체임버기의 슬리브와 플런저 팁(plunger tip) 사이에 소착을 방지하기 위해 자동적으로 일정량의 윤활제를 도포하는 것과 자동적으로 윤활제가 도포되는 것이 있다.

(6) 자동 제품 취출 및 낙하 검지 장치

전 자동화가 행해질 때 자동 제품 취출 장치에 의해 완전히 금형에서 취출되었는지 또는 압출 장치에 의해 제품이 완전히 낙하한 것인지를 확인하는 장치에는 전기식, 개량식 등이 있다.

Section 03 다이캐스팅 금형 설계

1 개 요

다이캐스트는 재료, 다이캐스트기 및 금형의 3요소로 이루어지고 있다. 특히 금형은 다이캐스트 주조의 모체로서 금형의 품질 및 기능 수준은 제품의 품질 및 다이캐스트의 생산성을 결정하는 가장 중요한 요소가 된다. 금형의 설계와 제작에 있어서는 가지고 있는 모든 기술과 경험을 쏟아 넣는 노력이 필요하며, 실제적인 양산을 하려면 주조 작업 중의 취급, 보관 및 보수를 포함하여 한층 연구와 개선을 해야 할 점이 상당히 많다.

한편 기술의 발달로 무인화 조업을 궁극적인 목적으로 하여 실용화되어 왔지만, 뛰어난 자동화 장치를 가지고도, 금형의 성능이 나쁘면 그 기능을 발휘할 수가 없다.

따라서 타당한 가격과 충분한 기능을 가진 금형을 설계 제작하여 그 수명을 최고로 낼 수 있는 취급법을 숙달시키는 것이 중요하다.

2 금형용 재료의 선택

주조 작업 중에 금형에 작용되는 기계적인 충격, 열충격 및 기타의 작업 조건에서 오는 금형의 손상을 방지하고, 경제적인 조업을 위해 금형 재료는 다음과 같은 조건에 만족하여야 한다.

1. 균질성과 건전성

고압에 의한 고온의 용융 금속의 반복적인 주조 작업에 의해 금형의 표면에 존재하는 미세한 결함은 쉽게 확장되어 금형을 손상시키게 된다. 따라서 금형은 이러한 결점이 없는 건전하고 균일한 재질의 것을 사용하여야 한다.

즉 미세한 균열, 편석된 불순물, 비금속 개재물 또는 주조시의 편석이나 기공 등은 금형에 치명적인 영향을 미치므로 금형용 재료로는 최상품의 공구강을 사용하여야 한다.

2. 기계 가공성

금형의 기계 가공에는 시간과 경비가 많이 소요되므로 이를 줄이기 위해 금형용의 재료는 완전히 풀림된 강을 선택하여 기계 가공을 한 후에 열처리 한다. 금형의 공극부가 크거나 복잡한 경우에는 열처리 후에 금형이 뒤틀리는 수가 있으므로 주의하여야 한다. 이 때문에 아연 합금용 금형의 경우에는 열경화된 재료를 사용하거나 시효 경화강을 사용하는 경우도 있다.

3. 열충격에의 저항성

금형 손상의 원인 중 가장 큰 요인은 열충격에 의한 망상 균열의 생성이다. 이 형상은 금형 표면이 용융 금속과 접하면서 용융 금속의 온도와 거의 비슷하게 되는데 이에 요하는 시간은 불과 1/1,000초 이하이므로 금형의 표면과 금형 내부의 심한 온도 구배가 생기게 되고, 이에 따라 미세한 균열들이 생기게 된다. 그러나 이러한 망상의 생성은 인장 강도, 충격 강도, 연성, 열팽창율, 열전도도 등을 개선함으로써 지연시킬 수 있다.

4. 변경에 대한 저항성

금형의 경도가 충분히 높지 못하면 금형의 표면에 용탕 비산물에 의한 피닝(peening)이 생겨 금형의 수명을 단축시키게 된다. 또한 지나치게 높은 경도에서 인성이 낮으면 벽개 균열을 일으키게 되므로 적절한 기계적 성질을 지녀야 한다.

5. 용융 금속에 의한 침식 및 부식에 대한 저항성

다이캐스팅에서는 용융 금속이 고속 고압으로 금형에 주입되므로 금형의 표면이 마모될 뿐 아니라 용융 금속의 화학 작용에 의해서도 부식된다. 따라서 금형용 재료는 이러한 침식과 부식에 대한 충분한 저항성을 가져야 한다.

6. 열전도도

다이캐스팅의 생산 속도는 금형의 열전도도에 의해 크게 영향을 받는다. 즉 열전도도에 따라 용탕의 주입 후 응고까지의 시간이 결정되며 금형의 냉각 시간도 결정된다.

따라서 금형의 열전도도는 가능한 한 커야 한다.

7. 열팽창율

금형의 열팽창이 크면 제품의 치수가 부정확해지고, 앞서 말한 열충격에 의한 망상의 균열이 생성될 우려가 있으므로 열팽창율은 작을수록 좋다.

8. 열처리 중의 안전성

금형은 열처리를 하기 전에 완전히 가공이 끝난 상태이기 때문에 열처리 도중에 생긴 변형은 보수가 거의 불가능하다. 따라서 이러한 변형은 가능한 적어야 하며, 또한 열처리중 탈탄, 가탄 및 산화막의 생성 등이 없도록 하여야 한다. 이상의 요건을 충족시키는 재료는 [표 2-1]과 같다.

[표 2-1] **다이캐스팅 금형용 재료**

종류	KS 기호	화학성분(%)								용도
		C	Si	Mn	Cr	Mo	V	W	기타	
합금공구강D 4종	STD 4	0.25 ~0.35	0.40 이하	0.60 이하	2.00 ~3.00	-	0.30 ~0.50	-	-	Cu 합금용
〃 D 5종	STD 5	0.25 ~0.35	0.40 이하	0.60 이하	2.00 ~3.00	-	0.30 ~0.50	-	-	〃
〃 D 6종	STD 6	0.32 ~0.42	0.80 ~1.20	0.50 이하	4.50 ~5.50	1.00 ~1.50	0.30 ~0.50	-	-	Al, Mg, Zn합금용, 압출핀용
〃 D61종	STD 61	0.32 ~0.42	0.80 ~1.20	0.50 이하	4.50 ~5.50	1.00 ~1.50	0.80 ~1.20	-	-	〃
Cr-Mo강 3종	SCM 3	0.33 ~0.38	0.15 ~0.35	0.60 ~0.85	0.90 ~1.20	0.15 ~0.35	-	-	-	Zn 합금용
〃 4종	SCM 4	0.38 ~0.43	0.15 ~3.15	0.60 ~0.85	0.90 ~1.20	0.15 ~0.35	-	-	-	〃
합금공구강F2 종	STF 2	0.50 ~0.60	0.35 이하	0.80 ~1.20	0.80 ~1.20	-	-	-	-	슬라이드, 코어용, 삽입형금형용
〃 F3 종	STF 3	0.50 ~0.60	0.35 이하	0.60 ~1.00	0.90 ~1.20	0.30 ~0.50	-	Ni0.25 ~0.60	-	〃
탄소강단강품3종	SF 45	0.40 ~0.50	0.15 ~0.40	0.40 ~0.85	-	-	-	-	-	슬라이드, 코어용, 삽입형금형용
〃 4종	SF 50	0.45 ~0.55	0.15 ~0.40	0.40 ~0.85	-	-	-	-	-	〃

탄소공구강 2종	STC 2	1.10 ~1.30	0.35 이하	0.50 이하	–	–	–	–	–	리터언핀용
〃 3종	STC 3	1.00 ~1.10	0.35 이하	0.50 이하	–	–	–	–	–	가이드핀용, 리터언핀용
〃 4종	STC 4	0.90 ~1.00	0.35 이하	0.50 이하	–	–	–	–	–	가이드핀용, 가이드푸쉬용
〃 5종	STC 5	0.80 ~0.90	0.35 이하	0.50 이하	–	–	–	–	–	가이드핀용
〃 6종	STC 6	0.70 ~0.80	0.35 이하	0.50 이하	–	–	–	–	–	〃
〃 7종	STC 7	0.60 ~0.70	0.35 이하	0.50 이하	–	–	–	–	–	〃
고속도강 2종	SKH 2	0.70 ~0.85	0.35 이하	0.60 이하	3.50 ~4.50	–	0.80 ~1.20	17.00 ~19.00	–	압출핀용
합금공구강S 2종	STS 2	1.00 ~1.10	0.35 이하	0.50 이하	0.50 ~1.00	–	–	1.00 ~1.50	–	〃
〃 S 3종	STS 3	0.90 ~1.00	0.35 이하	0.90 이하	0.50 ~1.00	–	–	0.50 ~1.00	–	가이드핀용, 가이드푸쉬용, 압출핀용
고탄소강 Cr 강		0.95 ~1.10	0.15 ~0.35	0.50 이하	1.30 ~1.60	–	–	–	–	
Al, Cr, Mo 강	SAICM1	0.40 ~0.50	0.15 ~0.50	0.60 이하	1.30 ~1.70	0.15 ~0.35	–	–	Al0.70 ~1.20	리터언핀용

※ 각 재료에서 P. S는 모두 0.030 미만이어야 한다.

3 금형의 종류와 구조

1. 캐비티(Cavity)수에 따른 분류

① 단수(single) – cavity dies

② 다수(multy) – cavity dies : 프레스에서 한 개씩 트리밍할 때에 형상을 동결 치수로 만들어야 한다.

③ 복합금형(combination dies) : 세트(set)로 만드는 경우에 사용하나, 주조품의 생산량이 각기 다른 경우에는, 생산량 자체에 불균형(unbalance)이 생겨 간단한 커버나, 케이스 등과 같은 특별한 것외에는 별로 사용하지 않는다.

2. 구조에 따른 분류

① **직조식 금형** : 오목형에 직접 캐비티를 조각해 넣는 금형으로, 주조 소형 다이캐스팅기의 금형과 단납기로 한정된 생산용 금형에 적용된다. 대형으로 되면 열처리 비틀림이 크고, 정도의 유지가 어렵고, 형의 온도 조절도 쉽지 않다.

② **입자형**(삽입식) : 저급의 오목형재 속에 고급의 다이스강의 금형을 박아 넣는 구조의 것으로 현재 가장 널리 사용된다.

③ **공통 오목 형식** : 입자의 변형으로 삽입하는 치수를 동일한 한 개의 오목형으로 캐비티가 다수의 입자형을 공용으로 하는 구조의 금형이다.

④ **유니트 금형** : 표준 홀딩 블록(오목형)을 만들어 블록(block)의 조립부와 같은 크기와 같은 조립 방식으로 제작함으로써 주조시마다 필요한 금형 부위를 바꿔가면서 사용할 수 있는 금형, 즉 공용의 금형과 홀딩 블록에 맞추는 금형 부위가 여러 가지 모양과 기능을 가지고 있는 금형이다. 공용 금형은 제작비가 싸지만 주조시마다 삽입 부분을 바꿔야 하므로 공수가 많이 들게 되어 다종 소량 생산이 아닌 경우는 잘 쓰이지 않는다.

3. 다이캐스팅기에 따른 분류

사용하는 다이캐스팅기에 따라 다음과 같이 분류되나, 금형의 주입구와 탕도의 형상이 다를 뿐이다.

① 핫 체임버기(hot chamber)용 금형

② 콜드 체임버기(cold chamber)용 금형

㉠ 종형 다이캐스팅기용 금형

㉡ 종주입 횡형 다이캐스팅기용 금형

㉢ 횡형 다이캐스팅용 금형

4 금형의 설계

금형의 설계를 순서에 따라서 설명하면 우선 주물의 형상, 크기, 기타의 규격과 품질 등으로부터 생산량, 생산 기간 특히 금형 제작 기간, 주조 방법 검토, 사용할 주조기형 조립 방법, 금형 분할면, 금형당 제품 수량 및 금형의 종류를 결정하여 주입구, 런너 게이트, 오버 플로우, 가스 배출구 등의 배치를 결정한 다음 입자 및 코어의 크기, 압출 핀 및 가이드 핀의 위치, 크기 등의 개략을 결정한다. 이들 금형의 세부 항목이 결정되면, 다이 블록(die block)의 치수, 입자, 코어의 크기, 가이드 핀의 치수 등이 정해지게 된다. 그 다음에 세부 설계가 행해지고, 다소 치수가 변하는 수도 있으나, 코어 인발 장치, 냉각수 관, 압출 장치, 인서트(insert)의 지지 방법 등의 설계가 이루어진다.

1. 형삽입 방법과 금형 분할면의 설계

형삽입 방법은 주로 방안의 장에서 설명하지만, [그림 2－19]에 나타난 바와 같이 횡 삽입을 하면 그림 (a)에 표시한 것처럼 가동 코어를 가진 금형이 되며, 종방향 삽입을 하면 (b)처럼 되어 금형의 주조는 간단하게 된다. 그러나 주물의 품질, 원료에 대한 제품 비율 및 생산성 등에 따라서 형삽입 방법이 아주 다르기 때문에 주의해야 한다.

이와 동시에 형삽입 방법은 대부분의 금형 분할면을 결정하게 된다. 금형 분할면이라는 것은 고정 다이와 가동 다이의 경계로서, 금형 분할면이라고도 말하며, 일반적으로 형삽입 위치에 있어서, 투영 면적이 가장 큰 곳으로 잡는 것이 보통이다. 그것은 금형의 주조가 가장 간단하게 된다는 것과 게이트, 가스 배출구 등을 설치하기가 쉽기 때문이다. 그러나 탕흐름 플러쉬(flush) 발생 등을 고려하여 최대 투영 면적일지라도 그 분할면을 [그림 2－20]에 표시한 것처럼 다른 위치에 잡을 수도 있다.

금형 분할면은 단순한 평면으로 하는 것이 바람직하다. 일반적으로 주물의 형상을 다소 변경하더라도 단순한 평면으로 하는 것을 주물 설계라고 한다.

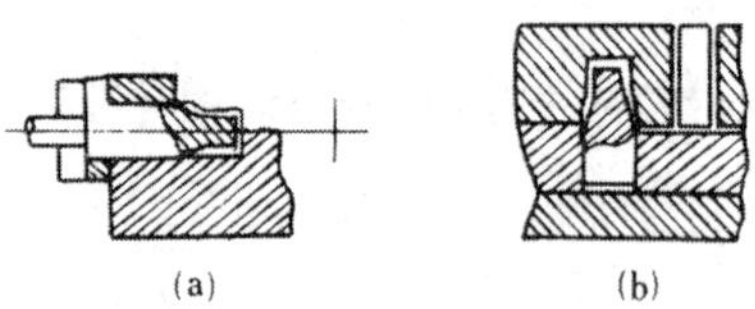

[그림 2-19] 형삽입 방법

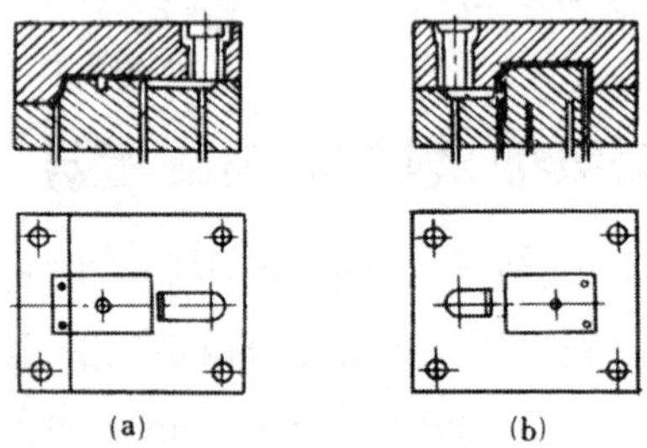

[그림 2-20] 금형 분할면

2. 주입구, 런너 게이트, 오버 플로우 및 가스 배출구의 위치

(1) 명칭(그림 2－21~24 참조).

랜드와 피이드로 탕구에서 캐비티(cavity)에 유입하는 탕흐름의 상태를 결정하는 중요한 부분이기 때문에 그림에 모형적으로 그 특징을 표시하였다.

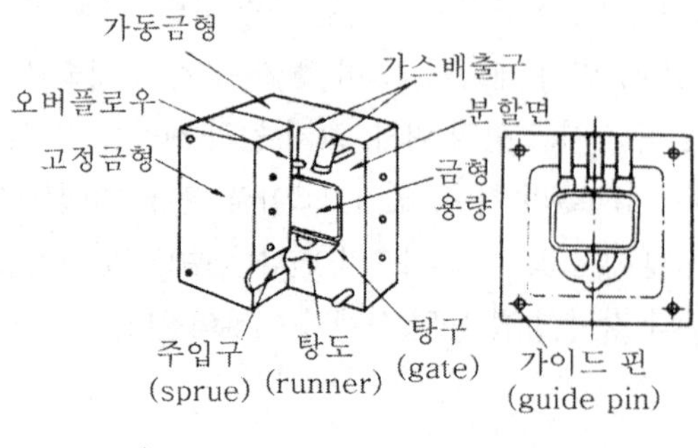

[그림 2-21] 금형의 각부 명칭

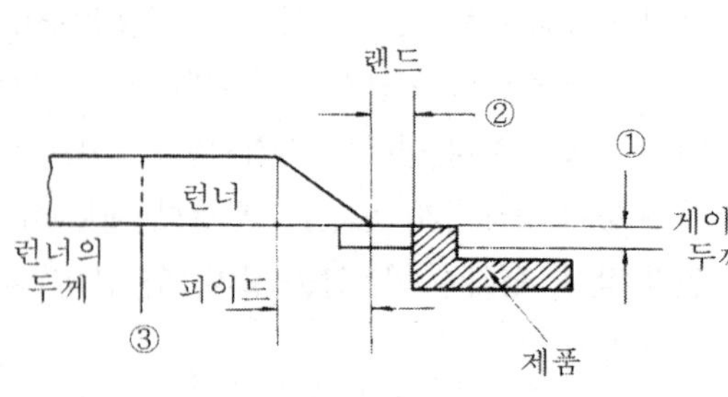

[그림 2-22] 런너 게이트 각부의 명칭

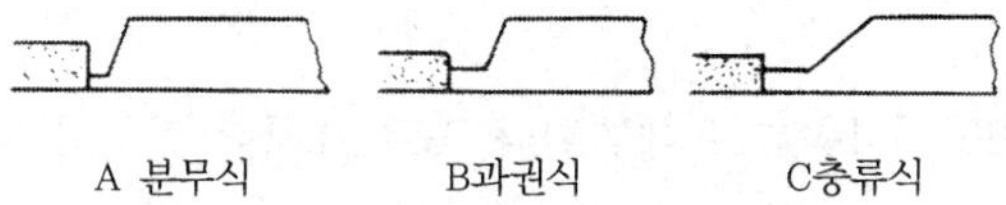

[그림 2-23] 랜드와 피이드의 영향

(2) 탕구의 형상

1) 평면 형상

제품의 형상에 따라서 여러 가지 복잡한 형상을 가지며, 예를 들면 [그림 2-24]의 A에 표시한 바와 같이 끝부분이 넓게 되는 것을 부채형 게이트라고 한다. B는 A의 반대이며, C, D는 A와 B의 조합형으로 어느쪽이라고 말할 수 없으나 미국에서는 캐비티의 결합부의 끝이 가는 것을 강조하여 델타(delta, Δ)게이트라고 부르고 있다.

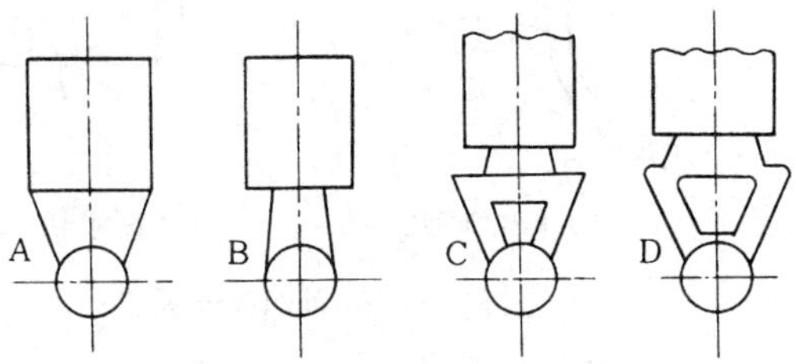

[그림 2-24] 탕구의 평면 형상

2) 입체 형상

게이트와 런너의 단면적 변화 상태에 따라서 유속이 변하기 때문에 단면적이 점차 증가하는 것을 감속형 게이트, 단면적이 점차 감소하는 것을 증속형 게이트, 단면적이 일정한 것을 정속형 게이트라고 부르고 있다(그림 2-25 참조). 일반적으로 볼 때 아연 합금의 경우는 정속 또는 감속형, 알루미늄 합금, 마그네슘 합금 및 구리 합금의 경우는 증속형을 쓰고 있다.

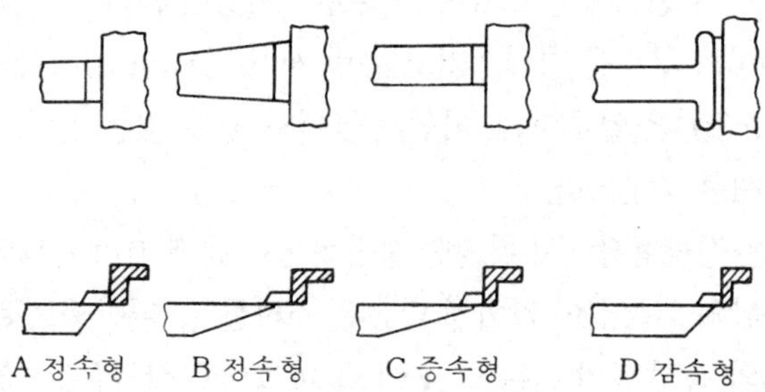

[그림 2-25] 런너의 형상과 유속 관계

3) 게이트의 종류

게이트는 [그림 2-26]의 4종류로 대별된다. B로 표시한 런너와 피이드를 게이트 랜드와 동일하게 고정형으로 한 모양을 많이 쓰고 있으며 트리밍(trimming)작업에 적합하다.

A, C 및 D는 완전 충진을 노려 용탕 흐름의 방향을 제품의 형상에 맞춘것이지만 A와 C는 트리밍(trimming) 작업 후에 밸트 샌드 등의 다듬질 작업이 필요하다. D는 손으로 자르게 만든 게이트로 손작업 후에 형 분할면을 기계 가공하는 제품에 적당하다.

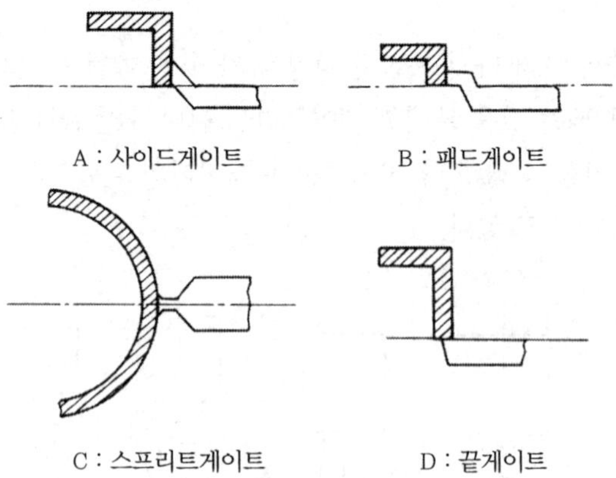

[그림 2-26] 게이트의 종류

4) 게이트의 위치

게이트의 위치는 후가공과 관련하여 신중히 결정해야 한다. 특히 아연 합금의 도금 제품은 도금 유효면에 게이트 자국의 다듬질이나 핀 홀의 문제가 가끔 일어나고 있다. 게이트를 두껍게 하면 프레스 작업에서 뜯기는 현상이 생기기 때문에 제거 방법을 사전에 결정하여 두께의 한계를 정하는 것이 중요하다.

5) 런너(runner)의 면적

제품이 크게 되면 런너 면적을 쓸모없이 크게하는 경향이 많다. 그 결과 회전재가 많아 재용해 손실이 크게 되므로 게이트 부분을 가열시키고 큐링 시간(curing time)을 연장하게 되어 생산성을 저해하고 있다. [그림 2-27]은 알루미늄, 아연 합금에서 볼 수 있는 런너의 형상을 나타낸 것으로 게이트 면적의 1.25~1.6배면 충분하다.

런너의 단면 형상은 정방형상에서 평평한 장방형으로 됨에 따라 용탕과 접촉하는 런너의 표면적이 크게 되기 때문에 용탕의 열손실이 많아져 탕온은 저하한다. 일반적으로 알루미늄 합금의 러너의 깊이 [그림 2-27]의 D와 폭의 W의 비는 1 : 4 이상, 마그네슘 합금은 2 : 5(1 : 2.5)이상으로 말하고 있으나 아연 합금에서는 특별히 규정되어 있지 않다.

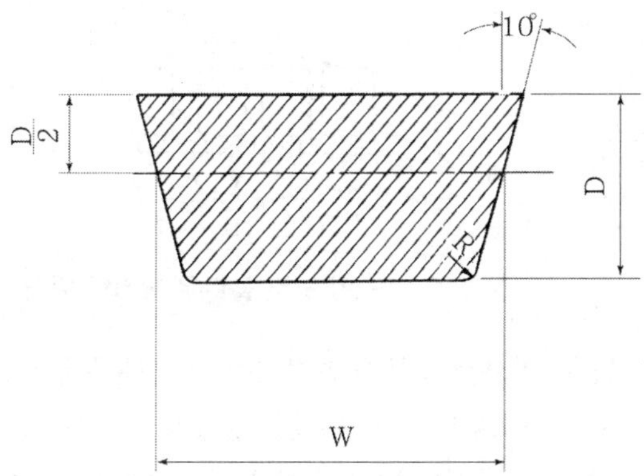

[그림 2-27] 런너의 형상

6) 런너의 방향성

캐비티에 대한 런너의 배치는 캐비티내의 용탕흐름 및 충전 방향을 결정하는 중요한 요소로 되어 있다. 런너 내의 용탕은 상당히 고속이기 때문에 관성이 크고, 피이드부분에서 방향이 급변해도 용탕의 방향성은 변하지 않는다. [그림 2-28]은 이 관계를 나타낸 것이다.

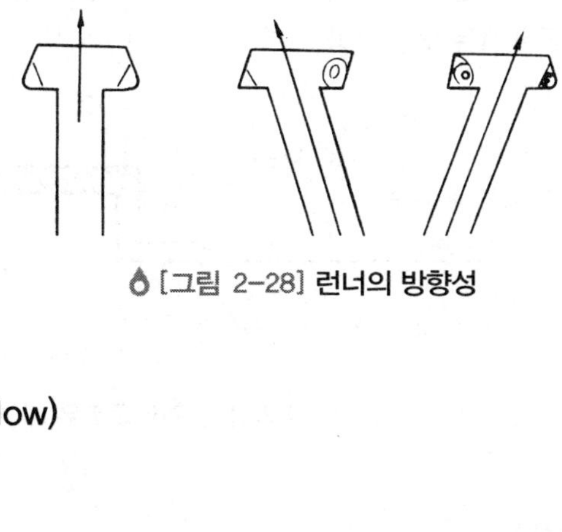

[그림 2-28] 런너의 방향성

3. 오버 플로우(Over Flow)

(1) 오버 플로우의 역할

오버 플로우는 공극부의 모서리나 용탕의 유입이 어려운 부분에 용탕을 끌어들이며, 산화물이나 기타의 불순물을 포착하고 기공의 역할도 있다.

(2) 크기와 위치

[그림 2-29]의 A에 표시한 것 같은 소수의 커다란 오버 플로우를 설치한 것보다 B에 표시한 것처럼 다수의 것은 오버 플로우를 설치하는 편이 좋다. 특히 박판의 제품일 때에는 캐비티를 통해서 오버 플로우 근처에 도달한 용탕은 냉각되어 유동성이 급히 떨어지기 때문에, 후속 고온 용탕에 쫓기어 남게되며, 용탕 흐름이 불안정하게 된다. 한 번 오버 플로우에 들어간 용탕이 게이트에서 역류하여 후속 용탕의 충전을 방해하는 경우도 있다.

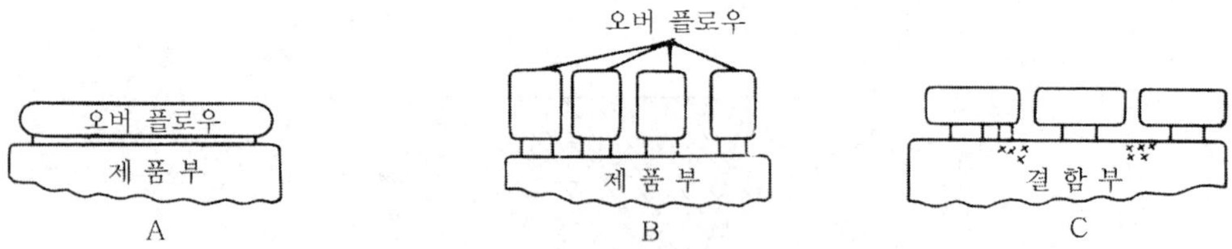

[그림 2-29] 오버 플로우 크기와 위치

B와 같이 적은 오버 플로우에서는 입구가 한정되어 있기 때문에 칠 메탈(chill metal)이 후속 용탕에 백 업(back up)되어 오버 플로우의 속에 유입될 수 있다. 또 여기를 넘어서도 오버 플로우 용적이 적기 때문에 전체적인 용탕 흐름상태는 별로 영향을 받지 않는다. 적은 오버 플로우라도 C처럼 가로로 길게 배치하면 중간에 결함이 나타나는 경우 오버 플로우를 추가 하더라도 필요한 개소에 설치하지 않고 A와 유사한 것으로 끝나 버린다. 따라서 추가의 여유분(spare)을 충분히 고려하여 결정해야 한다.

(3) 오버 플로우 게이트

오버 플로우 게이트의 총면적은 게이트 면적의 60~75%가 필요한 것으로 되어 있다. 게이트의 길이와 두께는 알루미늄 합금에서는 표준이라고 볼 수 없으나 아연 합금에서는 [그림 2-30]과 같다.

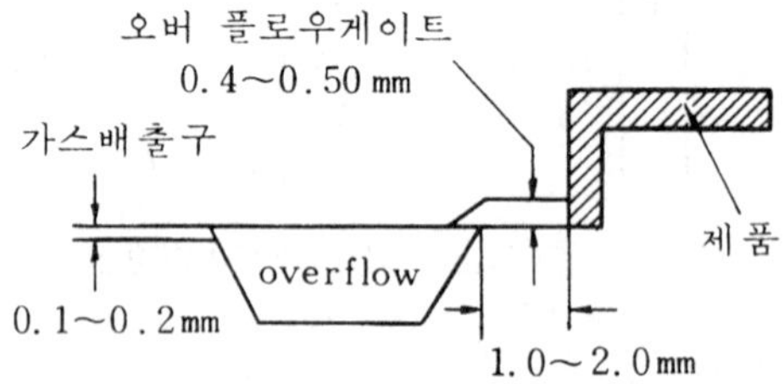

[그림 2-30] 아연 합금의 오버 플로우 게이트

4. 가스 배출구(air vent)

가스 배출구는 게이트 이상으로 중요한 것이기 때문에 종래의 게이트를 "주"로 하고 가스 배출구(air vent)를 "종"으로 생각하는 것은 좋지 않다.

① 위치 : 캐비티에 유입한 최초의 메탈에 의해 용이하게 폐쇄하지 않도록 설치하여야 한다.

② 단면적 : 게이트 면적의 50% 이상이 필요하다.

③ 효과적인 방법 : 가스 배출구의 두께를 크게 하면 그 효과는 올라갈지 모르나 분류(분사된 탕)를 금형내에서 누르면 캐비티의 완전 충전과 안전 작업을 저해하기 때문에 충분히 대책을 생각해야 된다(그림 2-31 참조). 금형 외측면에서 25mm까지를 0.1~0.15mm로 하고, 다음에 가스 배출구의 단면적을 점차 증대하여 용탕의 감속을 재고 flush의 비산을 방지한다. [그림 2-31]에 표시한 것처럼 A~B간을 일정한 두께로 하는 방법과 테이퍼 모양으로 잇는 방법이 있다.

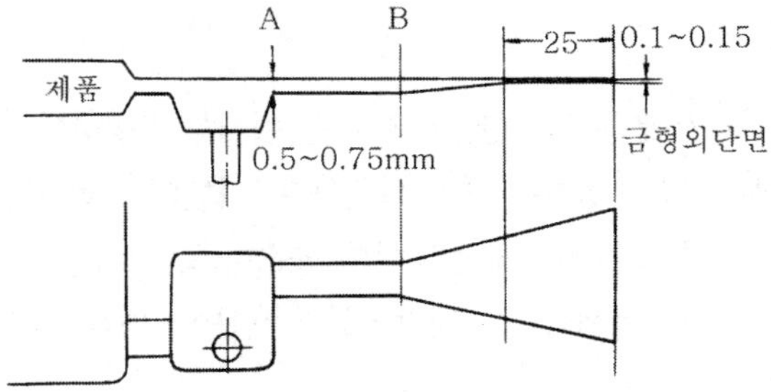

[그림 2-31] 효과적인 가스 배출구

5. 금형 셋팅 치수와 안내판 배치 및 설계

위와 같이 금형 분할면, 금형의 형식, 주입구, 런너 등의 배치에 따라 금형 분할면상의 면적을 결정하고 후에 사용하는 다이캐스트기의 규격, 압출 기구, 코어의 유무로서 금형 셋팅 치수(dies 치수)를 결정하고 안내 핀의 배치도 정확하게 결정한다. 일반적으로 캐비티 및 주입구, 런너 등의 범위와 금형 셋팅 치수와의 관계는 [그림 2-32]와 같다.

안내 핀은 캐비티와 주입구 등의 범위 밖에 설치하고, 일반적으로 dies의 4개의 모서리 부분에 설치하나 그 위치는 [그림 2-32]의 (b)에 표시한 곳이다.

코어식 금형에서는 코어 부분과 금형 셋팅 치수가 역시 같은 관계이지만 충분한 강도가 유지되도록 할 필요가 있다. 또 가공 금형의 두께는 die base post간의 거리를 고려하여, 압입시 압력에 충분히 견디도록 한다. 대형 금형이나 깊은 코어가 있는 경우에는 가동 코어가 많거나 코어가 파손되기 쉬우므로 특히 주의해야 한다.

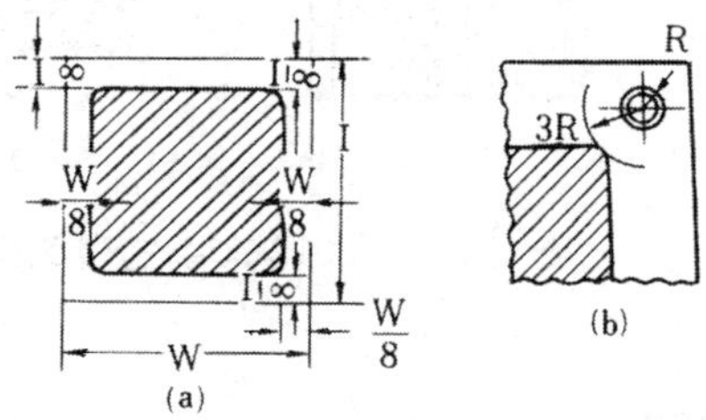

[그림 2-32] 다이 셋팅 치수 및 안내 핀의 위치

6. 수축율

제품과 동일한 치수로 캐비티를 조작하여 넣으면 작업 온도에 있어서 캐비티 치수(이하 금형 치수라 부름)는 온도 상승분만큼 열팽창하여 크게 된다. 이 치수에 메탈을 주입하면 합금의 열팽창 계수가 금형의 캐비티 치수보다도 크기 때문에 금형에서 이탈된 후의 자유 수축량 폭이 크게 되어 나오는 제품의 치수는 적게 된다. 금형 치수는 제품 치수의 어떤 비율 만큼 크게 조작하여 넣어야 한다.

7. 금형 온도 관리

금형 냉각은 금형 설계시에 온도가 상승하기 쉬운 위치를 가정하여, 경험에 의해 냉각수 관의 위치와 냉각 방식을 결정하고 많은 냉각수 관을 설치한다. 가열이 심한 곳은 많은 냉각수 관을 설치해야 하나, 많은 냉각 라인을 주조 작업시에 선택하여 통수하고, 수량을 조절하여 금형 온도를 결정하는 것이 실제 상태이다. 그러나 열해석법이 개발되었기 때문에, 냉각수 관의 위치와 수량은 이론적으로 결정할 수 있게 되었다.

이러한 방법에 의해 과학적으로 금형 냉각을 행할 필요가 있다. 이렇게 하여 냉각수 관의 위치가 결정되나 실제로는 복잡한 금형과 코어 등에는 생각처럼 냉각수 관을 설치할 수 없는 경우도 있어 냉각 기술이 문제시 된다. 냉각수 관에는 여러 종류가 있는데 직류식은 금형 전체의 냉각에 이용되고 순환식은 주입구 등에 효과적이며 분류식은 코어 핀(core pin)등 냉각에 이용된다(그림 2-33 참조).

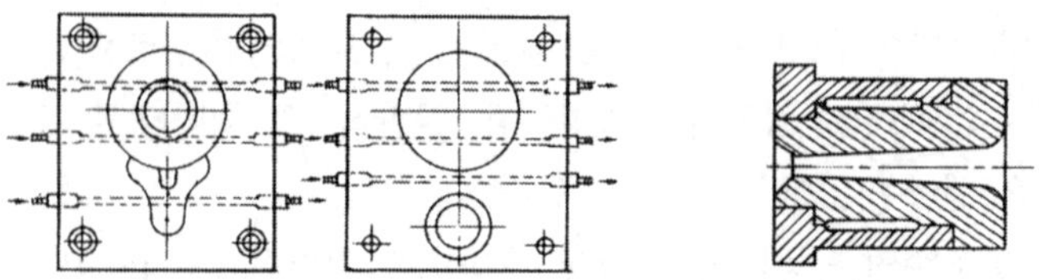

(A) 직류식 냉각수 관의 예　　(B) 순환식 냉각수 관의 예

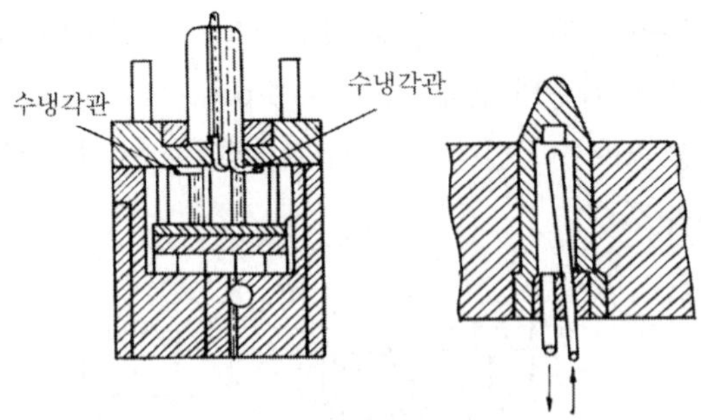

[그림 2-33] **냉각수 관의 종류**

8. 코어 및 코어 인발 장치

일반적으로 코어라면 가동 코어를 말하는 것이지만, 다이캐스트 금형에는 고정 코어, 가동 코어가 있다.

(1) 고정 코어

주물 압출 방향으로 인발되는 오목 부위나 구멍을 만들기 위해서 쓰이는 고정된 코어를 말한다. 이는 [그림 2-34]에서 보는 바와 같이 (a)의 경우는 코어를 쓰지 않는 경우이다. 고정 코어를 쓰는 경우는 강제의 금형을 복잡한 모양으로 가공하기가 곤란할 때, 이를 써서 간단하게 만들어 쓸 수 있다.

또한 금형의 가공 공수를 줄이고 정밀도가 높은 금형을 만들기 위해서도 쓰이며, 코어 등이 파손되는 경우 교체하기가 편리하다.

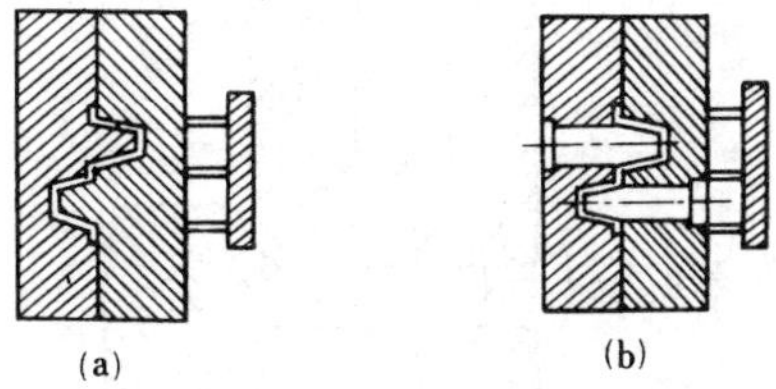

[그림 2-34] 고정 코어

(2) 가동 코어

주물의 외면에 있는 오목부, 구멍 등이 고정, 가동 다이의 개폐 방향에서는 성형할 수 없는 경우에 맞추어 행하여 주조가 순조롭게 되도록 해야 한다. 특히 주물은 주조 후에 수축하기 때문에 코어를 조이는 힘이 발생한다. 이 힘을 이겨내고 코어를 인발해야 되므로 코어 인발 장치는 강력해야 한다.

또 반복해서 사용할 때 정밀도를 유지하기 위해서는 삽입 위치, 인발 위치 등의 정도를 유지할 수 있는 위치이어야 한다. 따라서 코어의 크기, 치수, 조건 등에 따라 코어 인발 장치의 종류와 크기가 다르다.

[그림 2-35]는 코어 플러식의 예를 나타낸 것이다.

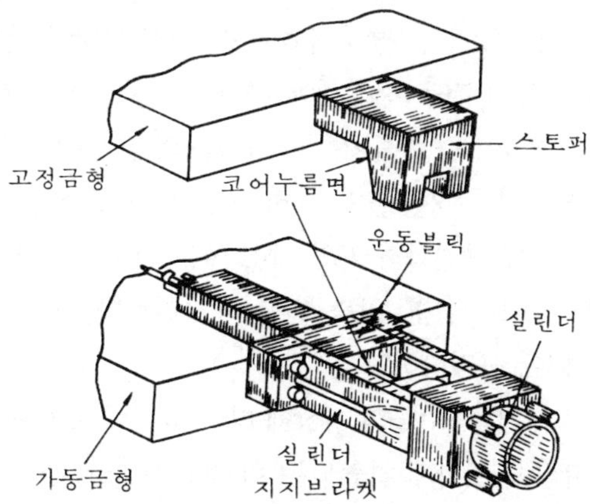

[그림 2-35] 코어 플러 방식의 코어 인발 장치

(3) 분할 코어

분할 코어는 일반적으로 제품 내부에 언더 컷이 있는 경우, 이 부분을 만들기 위해서 쓰이는 코어로서, 주물 속에 끼워져 있어 형을 열고 주물에서 형을 빼낼 때 주물에서 빠져나오는 코어이다. 일반적으로 다이캐스트에서는 언더컷이 있는 주물은 좋지 않으므로 이용하지 않는 것이 좋다(그림 2-36 참조).

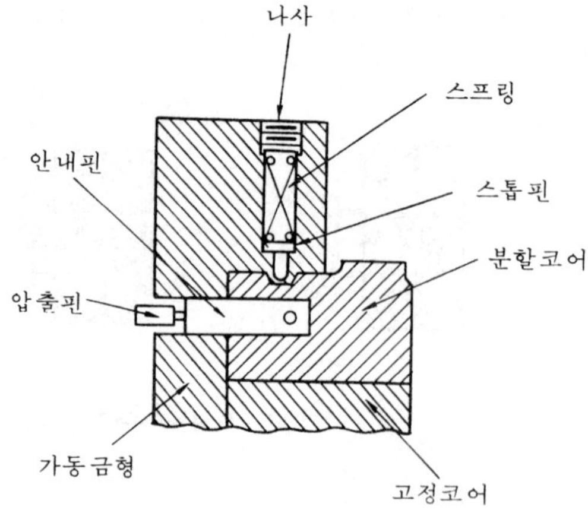

[그림 2-36] **분할 코어의 예**

9. 압출 핀 및 압출 장치

금형에 주입된 주물을 빼기 위해서, 압출 장치가 사용된다. 금형은 일반적으로 주조 후에 금형에서 압출될 때까지 수축하고, 금형을 조이는 힘을 발생한다. 이 힘에 견디면서 압출하기 위해서는 강력한 압출 장치가 필요하다.

이 압출 핀 및 압출 장치의 최대 역할은 주입된 주물을 변형시키지 않고 균일하게 금형에서 빼내는 것이며, 압출 핀의 위치, 배치 및 압출 장치의 종류 등 가장 적당한 것을 선정해야 한다. 또 압출 핀의 힘을 생각하여, 적당한 두께의 것을 선정해야 한다. 압출 핀의 크기는 일반적으로 적은 주물에는 4~6mm, 중간 주물에는 6~8mm, 큰 주물에는 10~15mm의 것이 이용된다. 압출 핀 속에는 [그림 2-37]에 표시한 것처럼 도중에서 핀의 직경을 크게 하는 것이 핀의 백 링(back ring)을 어느 정도 방지할 수 있다. 압출 핀은 KS4142에 규격화하고 있으며, 압출 핀 머리 부분의 형상은 그림(a)의 것이 가장 바람직하나 (b)의 형상의 것도 있다. 압출 핀를 제자리로 돌려 보내기 위하여 사용되는 리턴 핀(return pin)도 KS B4143에 규격화하고 있다.

주물에 대한 압출 핀의 배치는, 주물의 형상에 따라 금형에 고착하는 정도가 다르기 때문에, 그 고착하는 상황과 정도에 따라 균일하게 압출되는 위치에 배열한다. 또 압출 핀을 설치하는 주물의 각 부분에 대한 위치는 [그림 2-38]에 표시한 것처럼 A, C, D가 바람직하고, B의 위치는 바람직하지 않다. 이는 주물 B의 부분이 압출에 의해 국부적으로 부풀어 일어날 가능성이 있기 때문이다.

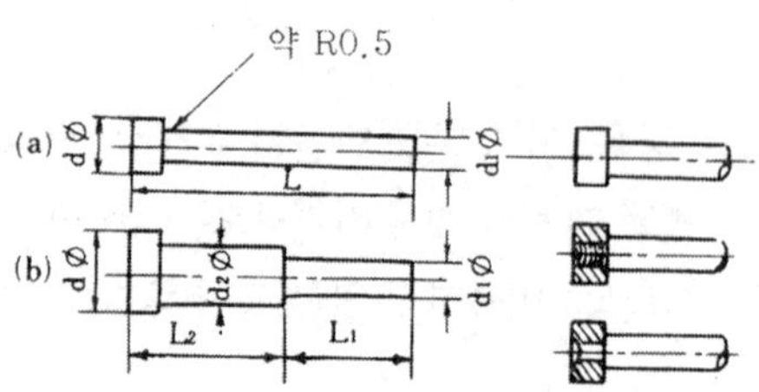

[그림 2-37] **압출 핀의 형상**

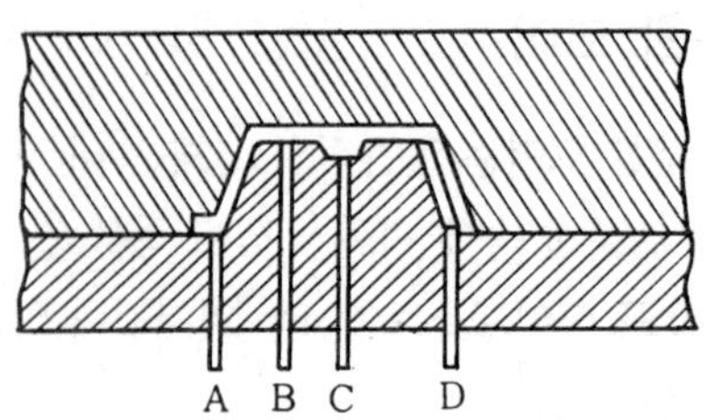

[그림 2-38] **압출 핀 설치 장소**

10. 인서트 지지법(insert supporter)

(1) 인서트의 기능

다이캐스트 합금 이상의 강도, 경도, 내마모성, 연성 및 기타 물리적 성질을 필요로 하는 제품에, 맞는 재질을 인서트로 하여 사용한다. 또 제품의 내부에 유체(가스, 기름, 물 등)를 환류하는 구멍으로, 기계 가공 또는 코어 빼기가 불가능 또는 곤란한 형상의 경우, 미리 이 형상에 형성된 파이프류를 인서트로 하여 사용한다.

(2) 인서트 지지법

용탕을 고압으로 충전하는 다이캐스트에 있어서는 인서트와 주조 합금의 결합력은 다른 주조법보다 훨씬 크다. 이 결합력은 인서트를 포함한 살 두께가 증가할수록 크게되지만, 너무 과대하게 되면 내부에 기포가 생겨, 오히려 결합력은 저하한다. 결합력을 확실하게 하기 위해서 매입한 부분을 언더컷으로 다듬질한다. [그림 2-39]는 언더컷으로의 형상과 결합 관계를 나타낸 것이다.

그림의 예는 나사부에 플러시(flush)가 침입하지 않도록, 나사 외경보다도 큰 2mm 높이의 단을 가지고 있으나, 강도(strength)가 요구될 때에는 나사내는 부분에서 적어도 4mm 이상의 랜드를 붙이는 것이 바람직하다.

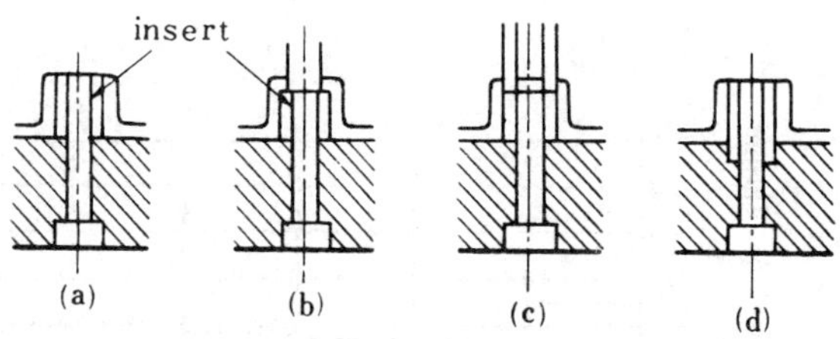

[그림 2-39] 인서트의 일반적 지지법

Section
04 다이캐스트 주물의 특징 및 설계

1 다이캐스트 주물의 특징

사형 주물이나 금형 주물과 전혀 다른 주조법으로 제조되는 다이캐스트 주물은 색다른 특징을 많이 가지고 있다. 그 중요한 것을 설명하면 다음과 같다.

1. 치수 정밀도

다른 주물에 비하여 치수 정밀도가 높고 또한 주물 표면이 평활하기 때문에, 그 정밀도에 대한 평가가 아주 좋고, 광범위한 분야에서 다이캐스트 주물이 이용되고 있다. [그림 2-40]은 주조 가공에 대한 일반 치수차와 다이캐스트에 대한 일반 치수차를 나타낸 것이다. 다음의 길이에 대한 치수 허용차, 금형 분할면에 직각 방향 및 형가동부의 치수 허용차로서 추가시킨 허용차를 [표 2-2]에 표시했다. 길이의 허용차로서는 금형에 조각된 부분을 가지고 정하는 허용 공차이다. 주물의 주요 부분은 정밀도가 높고, 중요하지 않는 부분은 정밀도를 낮게 정하여 수요자와 제조자 사이에서도 문제점이 없도록 하고 있다.

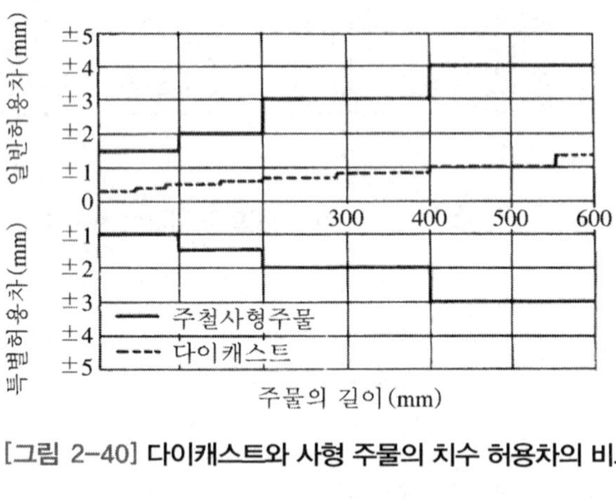

[그림 2-40] 다이캐스트와 사형 주물의 치수 허용차의 비교

[표 2-2] 다이캐스트의 길이의 허용차[중요하지 않은 부분(일반 허용 공차)] (mm)

제품의 길이	아연합금	알루미늄합금	마그네슘합금	동합금
25mm이하의 기준 허용 공차	±0.25	±0.25	±0.25	±0.36
25mm가 넘을 때 추가허용공차	±0.04	±0.05	±0.05	±0.08
25mm초과 300mm이하				
300mm를 초과하는 것	±0.025	±0.025	±0.025	-

[중요부분의 치수공차(정밀 허용 공차)]

제품의 길이	아연합금	알루미늄합금	마그네슘합금	동합금
25mm이하의 기준 허용 공차	±0.08	±0.10	±0.10	±0.18
25mm가 넘을 때 추가허용공차	±0.025	±0.04	±0.04	±0.05
25mm초과 300mm이하				
300mm를 초과하는 것	±0.025	±0.025	±0.025	-

2. 주물 표면

다이캐스트 주물 표면은 평활하고 깨끗해야 한다. 일반적으로 표면 조도는 12S 이하로 할 수 있다. 다른 주물과 비교해 보면 [그림 2-41]과 같다. 그러나 일부에는 탕흐름의 모양, 탕주름, 탕경계선 등이 남게 되어 완전히 균일한 주물 표면을 얻기 어려운 것도 많다. 대형 주물에서는 17S, 25S 정도의 것도 발생한다. 또 다수의 주물을 주조하면 금형에 귀갑상의 헤어 크랙이 생겨, 주물 표면이 나쁘게 된다. 알루미늄 합금에서는 이 헤어 크랙이 일반적으로 수 천 쇼트 정도에서 발생하나, 아연 합금에서는 수 만 쇼트에서 발생하는 것이 보통이다. 금형의 헤어 크랙에 의한 열균열의 흠발생을 적게 하기 위해서는 형다듬질을 충분히 할 필요가 있다. 또한 주조시의 조건, 강재의 종류, 주조하는 합금의 종류 등에 따라서 그 발생 정도가 다르다. 아연 합금 다이캐스트에서는 도금성이 주물 표면과 관계가 있어서, 균일하고 특징있는 주물 표면이 바람직하다.

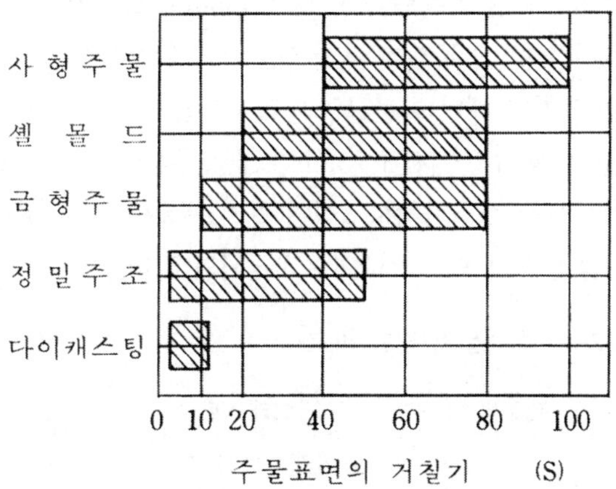

[그림 2-41] 각종 주물 표면의 거칠기

3. 살 두께

다이캐스트법에서는 살 두께가 얇고, 예각인 주물을 얻을 수 있다. 따라서 주물의 중량이 경감되고, 사형 주물에 비해 가격이 낮게 된다. 사형, 금형 주물에서는 2~4mm의 살 두께가 얇다고 생각되나 다이캐스트에서는 보통이며, 5mm 이상의 살 두께는 드물다.

알루미늄 합금에서 7mm 이상, 아연 합금 등의 저융점 합금에서 10mm 이상의 살 두께는 좋지 않다. 강도를 필요로 하는 경우에는 리브(rib)를 쓰며, 살 두께를 두껍게 하지 않도록 할 필요가 있다. 일반적으로 살 두께가 너무 얇아도 용탕 흐름이 나빠지기 때문에 [표 2-3]의 최소한의 살 두께 보다는 두껍게 하여야 한다.

[표 2-3] 다이캐스팅 최소 살 두께

die cast 주물의 표면적(cm^2)	저용융 중합금 (Sn, Pb, Zn) (mm)	고용융 경합금 (Al, Mg) (mm)	고용융 중합금 (Cu) (mm)
25 이하	0.6~1.0	0.8~1.2	1.5~2.0
25~100	1.0~1.5	1.2~1.8	2.0~2.5
100~500	1.5~2.0	1.8~2.5	2.5~3.0
500 이상	2.0~2.5	2.5~3.0	3.0~4.0

4. 다이캐스팅의 강도 및 조직

다이캐스트에는 금형에 의한 냉각 속도가 크고 또한 고압으로 응고하므로, 그 결정 입도가 상당히 작게 된다. 또 사형 주물의 응고는 일반적으로 칠(chill)층, 주상정, 입상정 등의 결정 입대를 만들어 응고하지만, 다이캐스트는 고속으로 분사되어 용탕이 흩어져 충전되기 때문에 마이크로 조직에서는 내외부의 차를 볼 때 각기 불균일하게 나타난다.

그러나 이를 현미경으로 보면 외측보다 0.05~0.3mm 정도까지 칠층이 보이고, 그 이내는 살 두께가 얇으면 균일하게 나타나며, 살 두께가 두꺼우면 내부쪽으로 결정이 크게 되는 것을 볼 수 있다. 이를 잘 살펴보면 결정의 크기가 대단히 불균일하고, 큰 입자와 작은 입자가 혼합되어 있다. 일반적으로 결정 입자의 크기는 사형 주물에서 1.25mm, 금형 주물에서 0.5~1.25mmm, 다이캐스팅에서는 0.013mm 정도이다. 다이캐스트 주물은 조직이 곱기 때문에 그 강도가 다른 주조법에 의한 주물에 비하여 높으며 알루미늄 합금에 대한 것은 [표 2-4]와 같다.

[표 2-4] 다이캐스트와 사형 주물의 강도 비교

구분 \ 제조법	다이캐스트	사형주물
시료(As Cast)	다이캐스트용 시료	KS 시료
인장강도(kgf/mm^2)	28	18
연신율(%)	2	1

2 다이캐스트 주물의 설계

1. 구 배

금형 분할면에 수직인 다이캐스트 주물의 측면은 구배를 줄 필요가 있다. 그 구배는 일정하지 않으며 사용 합금이나 측벽의 깊이 등에 따라 다르다. 측벽에 필요한 구배는 [그림 2-42]와 같으며, 그림에 나타낸 것은 내측벽의 구배로, 외측벽에는 그 1/2이 필요하다.

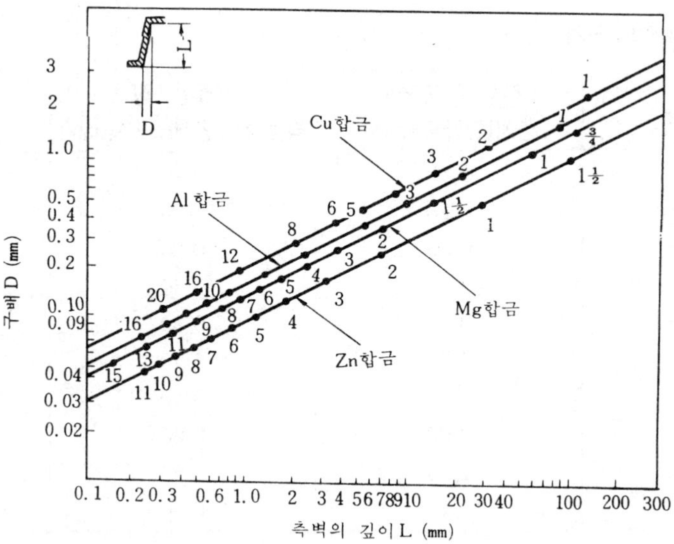

[그림 2-42] 다이캐스트의 측벽에 필요한 구배

2. 코어 구멍(core hole)

다이캐스트에 있어서는 아주 작은 구멍이나 부분도 주조할 수 있다. 예를 들면 취부 구멍, 나사 구멍, 작은 문자 등도 주조할 수 있다. 그러나 코어 구멍의 경우에는 그 깊이에 한도가 있으며, 그 한도는 [표 2-5], 표준 깊이는 [표 2-6]과 같다.

[표 2-5] 코어 구멍 깊이의 한도

합 금	구멍직경(mm)								
	3	4	5	7	10	13	16	20	25
	최대깊이(배)								
Zn합금*	3	3.5	4	4	4	4	5	6	6
Al합금*	2.5	3	3.5	4	4	4	5	6	6
Mg합금*	2.5	3	3.5	4	4	4	5	6	6
Cu합금				2	2.5	2.5	3	4	5

* 직경이 2.5mm보다 큰 코어에 대하여도 직경 대 깊이는 1 : 6으로 한다.

[표 2-6] 코어 구멍의 표준 깊이

합 금	구멍직경(mm)								
	3	4	5	7	10	13	16	20	25
	최대깊이(배)								
Zn합금	2	2	2	3	3	3	3.5	3.5	4
Al합금	1	1	1.5	2	2	2	2.5	2.5	3
Mg합금	1	1	1.5	2	2	2	2.5	2.5	3

[표 2-7] 표준평면도 공차

다이캐스트 치수 \ 항목	주조 후 평면도 공차(전합금)(mm)	비틀림교정 작업 후의 평면도 공차(mm)	적당한 절삭 여유(mm)
75	0.20	0.20	0.5
100	0.28	0.25	0.5
125	0.36	0.25	0.5
150	0.44	0.30	0.6
175	0.52	0.30	0.6
200	0.60	0.40	0.7
250	0.76	0.40	0.7
300	0.92	0.50	0.8
350	1.08	0.50	0.8
400	1.24	0.50	0.8

3. 평면도 공차 및 알맞은 다듬질 여유

[표 2-7]에 평면도 공차 및 알맞은 다듬질 여유를 표시하였다. 주조 후에는 평면도에 대한 공차가 많이 발생하지만, 이것을 완전히 없앨 수는 없기 때문에 비틀림교정 후에, 평면도 공차 이내로 들게 해야 한다. 또 다듬질도 경우에 따라 그 공차를 가산할 필요가 있다.

4. 필렛(fillet) 및 모서리(conner)

예리한 모서리나 갑작스런 단면의 변화는 탕회 불량, 균열 및 다공성의 주물을 만들게 되므로 이러한 부분에는 곡률을 주어야 한다. [그림 2-43]은 주물 두께에 따른 곡률을 표시한 것이다.

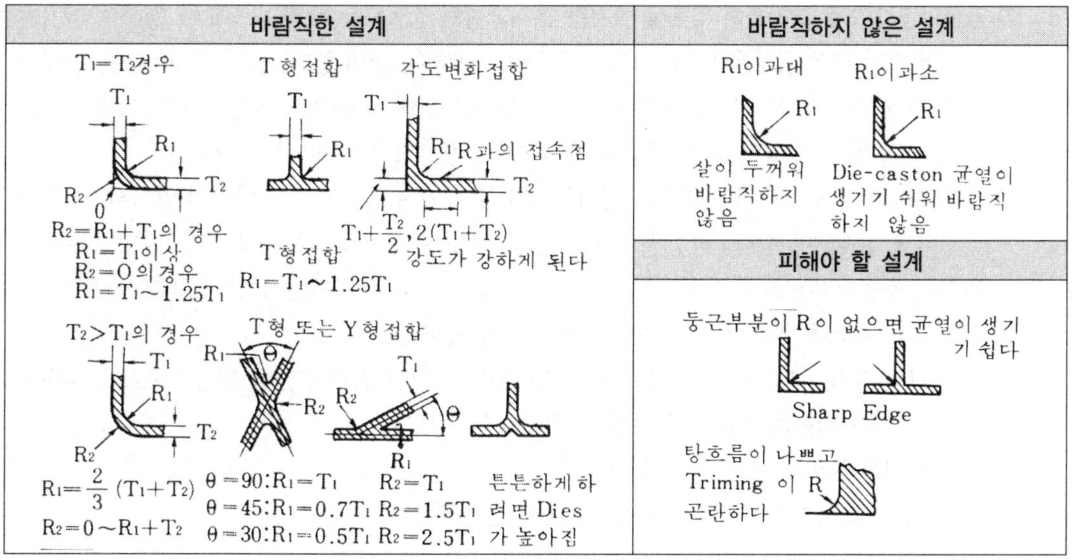

[그림 2-43] **필렛 및 모서리의 설계**

5. 다이캐스트 주물의 형상 설계

금형 설계에는 특별한 법칙이 없으나, 일반적인 관례가 있어서 이것에 따라 금형을 만들 수 있는 주물의 형상을 결정하는 것이 바람직하다. 고려해야 할 주물의 형상 설계는 다음과 같다.

① 금형 분할면의 위치, 상태를 고려하여 주물의 형상을 설계할 것.

② 금형 분할면은 단일 평면 또는 가능한 한 단순한 평면으로 하는 것이 바람직하다.

③ 가동 코어를 고려하여 주물의 형상을 설계할 것. 가동 코어의 배열, 크기, 인발 방향, 위치 등을 무리하게 설계하지 않고, 금형에 위치되도록 주물 형상을 설계하는 것이 바람직하다. 코어의 배열 등에는 일반적인 관례가 있어서, 관례에 따라 금형을 설계하지 않으면 실패하는 수가 있다. 그것은 주조시에 충격과 응력 등이 발생하여 주조가 어려워지는 경우가 있기 때문이다.

④ 주물의 이형을 고려하여 설계할 것 : 주조를 완료하여 형을 열 때 고정 금형에 주물의 일부가 고착하거나, 가동 금형에 다른 부분이 고착하면, 주물에 변형과 비틀림 등이 생기기 쉽고, 극단적인 경우에는 주물이 쪼개지기도 한다. 주물은 한쪽 금형에 고착하기 쉬운 형상으로 하는 것이 좋고 그 예는 [그림2-44]와 같다.

⑤ 탕구 및 가스 배출구 위치를 고려하여 주물을 설계할 것 : 금형 분할면 이외에는 게이트 및 가스 배출구를 붙일 수 없다. 따라서 주조 방안을 정하는 자유도가 적기 때문에, 그러한 것이 적당한 위치에 놓이도록 주물의 형상을 만드는 것이 바람직하다.

⑥ 금형 및 코어의 강도를 고려하여 주물을 설계할 것 : 금형의 수명을 극단적으로 단축시키는 것과 같이 강도가 약한 부분이 발생하지 않도록 주의 할 필요가 있다. 예를 들면 [그림 2-45]와 같이 표시하는 경우가 바람직하다.

⑦ 금형의 정밀도를 고려하여 주물을 설계할 것 : 금형의 정밀도는 주물의 정도에 영향을 미치기 때문에 정밀도가 좋은 금형을 만들 수 있는 주물을 설계하는 것이 좋다. 금형 공작이라는 면에서 보면 공작 기계에서 정밀도가 잘 나오는 주물의 형상을 말하는 것으로, 예를 들면 [그림 2-46]에서 보는 바와 같이 형상이 약간 바뀌므로, 금형의 정밀도가 크게 달라지게 된다.

⑧ 주물의 살 두께를 고려하여 주물을 설계할 것 : 살 두께는 일률적으로 단면에 있어서 될 수 있는한 균일하게 설계해야 한다. 강도의 문제가 있을 때에는 리브(rib) 등으로 보강하여 살 두께가 두꺼워지는 것을 피한다. 두꺼운 살 두께부에는 표면이 움푹 패이는 현상이 생기기 쉽다.

⑨ 주물 또는 금형에 응력 집중이 생기지 않도록 주물을 설계할 것.

⑩ 압출 핀의 크기, 위치, 주물의 강도 등을 고려하여 적당한 위치에 압출 핀용 보스(boss)자리, 리브(rib)등이 설치되도록 주물의 형상을 고려할 필요가 있다.

⑪ 주물의 형상은 리브 등을 충분히 이용할 것.

⑫ 언더컷을 고려하여, 언더컷을 제거한 주물을 설계할 것.

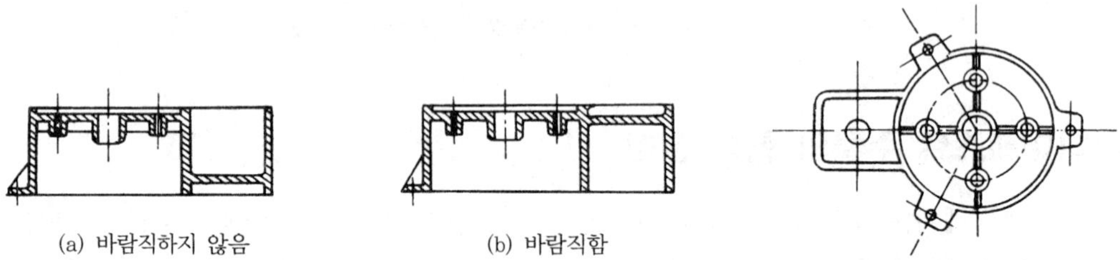

[그림 2-44] 가동 금형에 고착법

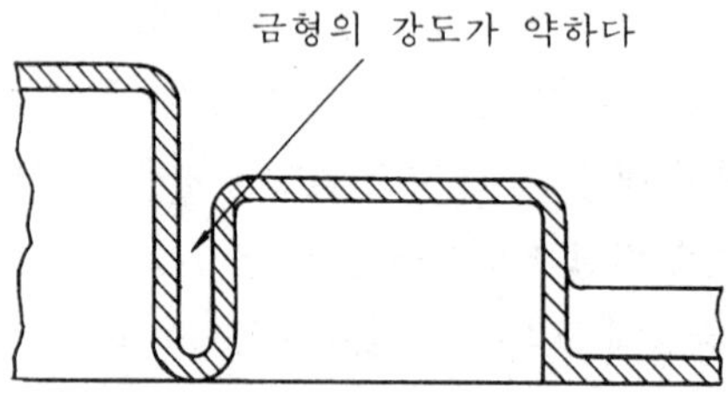

[그림 2-45] 금형 강도의 부족

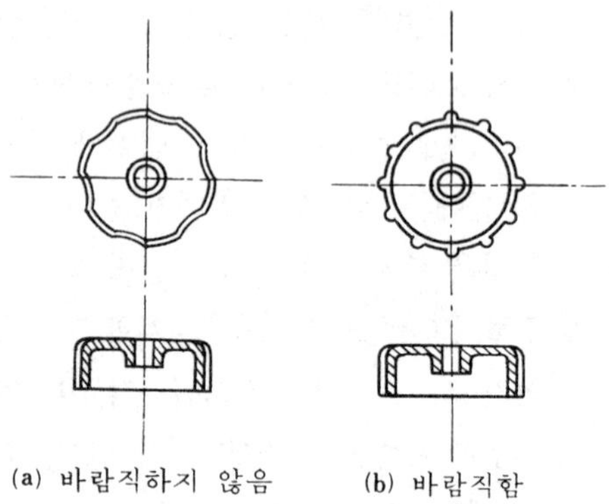

[그림 2-46] 정밀도의 설계

3 주조 기술의 기초

1. 주조 압력

주조 중에 있는 사출 실린더의 압력을 계기로 측정하면 [그림 2-47]과 같은 그림이 얻어진다. 여기에서 주조 중에서의 각부 마찰을 무시하면, 주조 중(임의 시간) 용탕에 걸리는 압력 P'c는 다음과 같은 식으로 표시된다.

$$P'c = \frac{As}{Ac}Ps \quad \cdots\cdots (1)$$

• As : 사출 실린더 면적, • Ac : 플런저 단면적, • Ps : 사출 실린더 압(임의 시간)

일반적으로 주조압이라고 하는 것은 사출 종료시의 실린더 내의 종압(Ps)으로서 이것은 식 (2)와 같이 표시된다.

$$Pc = \frac{As}{Ac}Ps \quad \cdots\cdots (2)$$

• Ps : 실린더 압(終壓)

이 주조 압력은 다이캐스트 제품의 품질에 가장 영향을 미치는 것으로, 또 주조시 필요한 형조임 능력을 산출하는 데에도 이용되는 수치이다.

[그림 2-47]에서 용탕 충진 중에 걸리는 P의 압력도 중요하고, 이 압력은 용탕이 게이트에서 분출할 때 가해지는 압력으로, 주조 방안을 검토하는데 참고 수치가 된다.

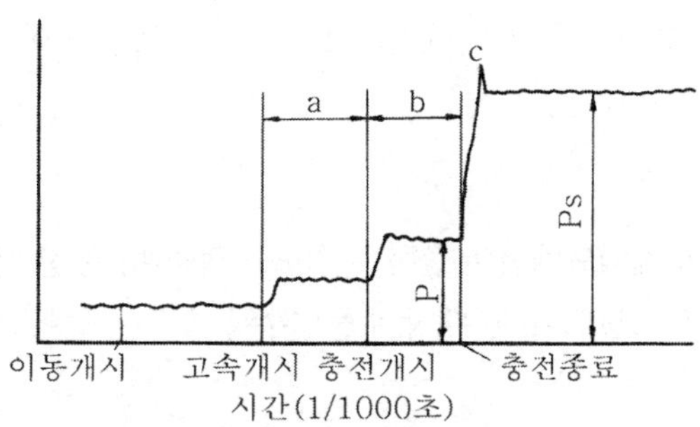

• a구간 : 사출실린더의 피스톤이 이동을 개시하여 sleeve내 및 런너가 용탕으로 충전되는 구간
• b구간 : 용탕이 게이트에 도달하여 캐비티를 충전하는 구간
• c점 : 플런저가 전진하여 종점에서의 충격압
• d점 : c의 압력 픽크가 감소하여 사출 실린더내의 압력과 상응하는 종압

[그림 2-47] 실린더의 압력 측정

이 압력도 주조 압력이라고 부를 수 있어서 혼동하기 쉽기 때문에, 사출시에 용탕에 직접 가해지는 압력으로 이해하는 것이 좋다. 사출시 용탕에 직접 가해지는 용탕 압력은 다음 식 (3)에 의해 구해진다.

$$Pc = \frac{As}{Ac}P \quad \cdots\cdots (2)$$

• P : 실린더 내의 압력, • Pc : 직접 용탕에 걸리는 압력

[그림 2-47]의 압력 곡선은 주조시의 경과 시간으로 다음과 같은 것을 알 수 있다.

① 플런저(plunger)가 움직이기 시작하여 충진 개시까지의 시간.

② 캐비티를 용탕이 충진하는데 요하는 시간.

③ 충진후의 최대 압력(packing 압).

2. 주조 방안 개설

(1) 게이트 면적

게이트 면적을 구하는 식은, 옛날부터 많이 제시되고 있다. 게이트 면적은 주입 충진 시간이나 주입 속도와도 관련되기 때문에, 이론적으로 이들과 관련된 계산식에 의해서 구해야만 된다.

(2) 충진시간

충진 시간은 제품의 크기나 두께에 따라 결정되고, 충진 과정 중에 얇은 두께부가 응고하지 않은 허용 시간을 선택한다. 충진 시간은 일반적으로 0.01~0.1초 범위이다.

(3) 게이트 속도

게이트 속도는 용탕이 게이트에서 분출하는 속도를 말하며, 충진 시간에 따라 결정하고, 일반적으로 그 속도는 20~60m/sec정도이다. 대형 주물일수록 속도는 늦어진다.

(4) 충진 길이

충진 길이는 살 두께와 충진 속도에 영향을 받는다. [그림 2-48]은 충진 길이와 두께, [그림 2-49]는 충진 길이에 대한 살 두께를 게이트 속도와의 관계로 나타낸 것이다.

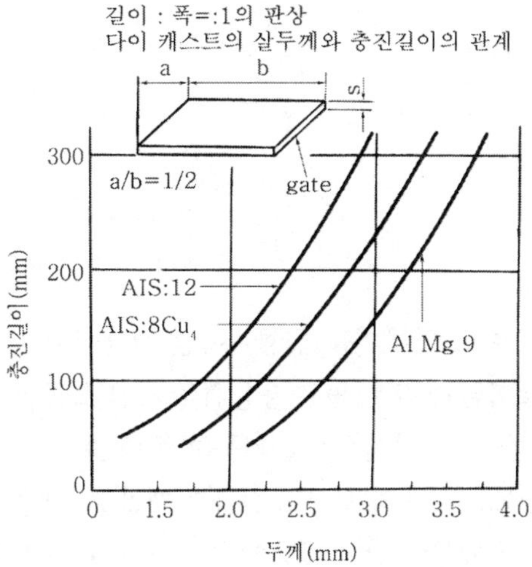

[그림 2-48] 충진 길이와 두께

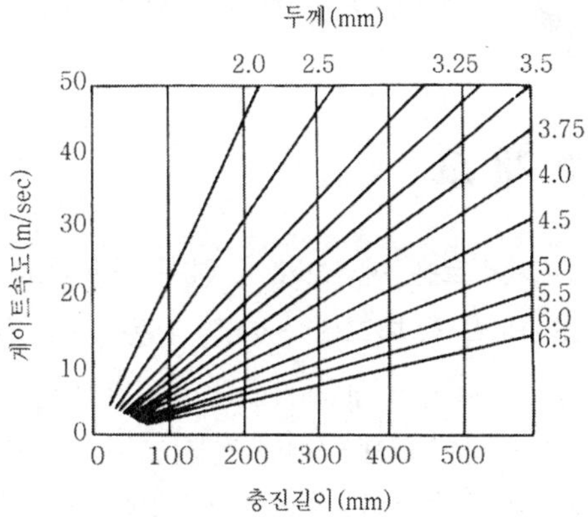

[그림 2-49] 충진 길이와 게이트 속도

3. 주조 방안

주조 방안이란, 주형속에 캐비티를 조립하여 넣고 주입구, 런너, 게이트를 통하여 캐비티의 어디에서 어떻게 용탕을 압입할 것인가, 또 오버 플로우, 에어 벤트를 어떻게 설치하여 캐비티 내의 가스가 빠져 용탕을 충진할 것인가 등 금형 제작에 맞춰서 금형 내에 조립하여 넣는 주조 방법의 계획을 말한다.

다이캐스트는 주형으로 금형을 쓰기 때문에 금형 방안, 게이트 방안 등의 명칭으로도 불리고 있다. 주조 방안은 구체적으로 형의 조립법, 금형 분할면의 선정, 런너, 게이트, 오버 플로우, 에어 벤트 등의 결정을 말하며, 특히 주입 실린더의 직경과 금형 냉각 방안 등을 포함하는 경우도 있다.

주조 방안의 계획에 맞추어, 양질의 주물을 다량 생산하기 위해서는 다이캐스트에서 일어나는 제 현상을 알고 또 이해할 필요가 있다. 또 압입 이론, 용탕 흐름, 응고 등의 열적 현상 등을 기초로 하여 그것을 종합하여 기술적으로 해결할 필요가 있다.

주조 방안의 검토 중 특히 중요한 것은 캐비티 전체를 통해서 용탕을 어떻게 잘 흐르게 할 것인가 하는 것으로 여러 방법 등을 이용하여야 한다.

Section

05 다이캐스팅용 합금

1 개 요

다이캐스트용 합금으로서 현재 사용되고 있는 것은 주로 알루미늄 합금, 아연 합금이고, 그 외에 Pb−Sn계 합금, 마그네슘 합금, 황동 등이 있다. 최근 철합금과 같은 높은 용융점을 가진 합금의 주조에도 견디는 다이스 재료나 주탕 설비가 개발되어 이들 합금의 다이캐스트도 가능하게 되었다.

아연 합금이 크게 늘어난 것은, 고순도 아연의 제련과 Zn−Al계의 고강도 합금의 개발로, 알루미늄 합금에 비하여 비중이 크지만, 용융점이 낮고 주조성이 좋기 때문에 얇은 제품이 가능하고 또한 기계 가공성도 뛰어나며, 도금 등의 표면 처리도 용이하고, 핫 체임버기의 사용에 의해 생산성이 좋고, 자동화도 용이하기 때문이다. 그러나 이 합금은 납, 카드뮴, 주석 등의 불순물이 어느 정도 이상으로 되면 입간 부식을 일으키기 때문에 취급을 엄중히 하고, 규격 성분을 엄수해야만 한다.

알루미늄 합금은 좋은 다이스 강의 개발과 콜드 체임버기의 발달로 보다 건전한 다이캐스트 제조가 가능하게 되었기 때문에, 가장 많이 사용되고 있다. 일반적으로 주조성이 좋고 비중이 작기 때문에 얇은 두께의 주조와 부품의 경량화에 적용되고 있다.

마그네슘 합금은 실용 합금 중 가장 비중이 작고 비강도도 크지만, 용융 상태에서 산화하기 쉽고 연소할 위험이 있다. 이 결점은 베릴륨의 첨가로 개량할 수 있으나 내식성에도 문제가 있어 장래는 그 사용이 기대되고 있지만, 현재는 많이 사용되지 않는다.

Pb−Sn계 합금, 황동 등은 특수한 용도의 부품 제조에 쓰이고 있다.

2 아연 합금

1. 아연 합금의 다이캐스팅

고순도 아연을 기본으로 한 다이캐스팅용 아연 합금은 용융점이 낮고(386.1℃ : ZDC1, 386.6℃ : ZDC2), 주조 온도(390~420℃)에서 철을 침식하지 않고, 핫 체임버기로 주조가 가능하며, 생산성이 높고, 주물 표면이 아름답고, 치수 형상을 고정밀도로 할 수 있고, 기계적 성질도 뛰어나고, 내식성이 좋은 도금을 할 수 있는 등 뛰어난 특성이 있기 때문에 알루미늄 합금과 더불어 다이캐스트 합금으로 널리 이용되고 있다. 또한 아연 합금은 일반적으로 사용되고 있는 다른 다이캐스트 합금에 비해 가장 얇은 두께로 정밀한 주조가 가능하다. 또한 4% Al−Zn 합금은 알루미늄과 아연의 공정점이 가까이에 있기 때문에 용탕 흐름이 양호하고 용탕의 산화도 적고, 고온에 있어서 연신율이 크며, 강도가 낮고 주조 변형이 적다.

2. 다이캐스팅용 아연 합금의 규격과 물리적, 기계적 성질

합금 성분으로서 알루미늄과 구리가 주성분이며, 필요 성분으로서 소량의 마그네슘을 첨가한다. 기타 납, 카드뮴, 주석 등의 불순물은 미량이라도 입간 부식의 원인이 되기 때문에 엄중한 관리가 필요하다.

[표 2-8] 다이캐스팅용 합금의 물리적, 기계적 성질

항목	합금명칭 KS기호 JIS기호	알미늄합금						아연합금		Mg합금
		일반용합금			특수용합금			특수용	일반용	일반용
		AIDC 1	AIDC 7	AIDC 8	AIDC 2	AIDC 3	AIDC 5	1종	2종	-
		ADC 1	ADC 10	ADC 12	ADC 3	ADC 5	ADC 7	ZDC1	ZDC2	
특성 및 성질	인장강도(kgf/mm^2)	*29.5 (24.5)	*33.0 (30.2)	*33.7 (30.2)	*32.3 (30.1)	*31.6 (28.8)	*23.2 (21.0)	(33) 28	(29) 25	23.9
	항복점(kgf/mm^2)	14.8	17.6	19.0	17.6	19.0	11.2	-	-	16.2
	(0.2%변형)	1.8	2.0	2.0	3.0	7.5	5.0	5(7)	10(10)	3
	연신율(%)	17.6	19.7	19.7	19.0	19.7	13.4		-	14.1
	전단응력(kgf/mm^2)	13.4	13.4	13.4	13.4	16.2	12.0	-		9.8
	피로강도(kgf/mm^2)									
	비중	2.65	2.71	2.70	2.63	2.57	2.65	6.7	6.6	1.80
	융점(℃)	580	590	580	600	620	630	386.1	386.6	600
	열전도율(C.G.S)	0.29	0.23	0.23	0.27	0.23	0.34	-	-	0.17
	열팽창계수(deg^{-1}) (20~200℃)	21.4×10^{-5}	21.8×10^{-6}	21.0×10^{-6}	22.0×10^{-6}	25.0×10^{-6}	23.2×10^{-6}	27.4×10^{-6}	27.4×10^{-6}	26×10^{-6}
	전기전도율(구리표준)	31	23	23	29	24	37	26	26	10
특 징		내식성 및 주조성 양호	기계적 성질 및 절삭성 양호	기계적 성질 및 주조성 양호	내압성 양호	내식성 극히 양호	리베팅 성이 양호	두께가 얇은 곳에서 정밀도가 좋으며 전기도금성 양호		가볍고 압축에 강하다.

아연 합금 다이캐스팅의 물리적, 기계적 성질(표 2-8참조)은 다이캐스트한 시험값으로서, 기계적 성질은 주조 방법과 주조 조건에 따라서 차이가 있으며, 콜드 체임버기에 의한 주조는 [표 2-8]과 같은 연신율을 얻기는 사실상 어렵다.

3 알루미늄 합금

1. 알루미늄 합금의 다이캐스팅성(표 2-9 참조)

① 주조성, 생산성으로 볼 때 Al-Si계, Al-Si-Cu계의 합금이 주로 이용됨.

② 내식성인 점에서는 Al-Mg가 이용됨.

③ 일반적으로 다이캐스트 생산성으로 볼 때 필요한 다이캐스트 성질은 다음과 같다.

㉠ **용융점이 낮을 것** : 용탕 온도가 높으면 금형의 충진성은 향상되나 금형의 마모가 빠르다. 그래서 금형 온도와의 차가 적게되며 냉각되는 율이 적고 충진 시간의 영향이 적게 되는 것이다.

㉡ **용탕 흐름이 좋을 것** : 캐비티에 충진 능력이 클수록 좋으며, 복잡하고 얇은 큰 제품에 특히 중요하다.

㉢ **수축 구멍이 적을 것**(제품의 기밀성) : 응고 수축이 적고 압탕 효과가 좋아야 한다. 마그네슘은 수축을 크게 하고 철, 티타늄, 니켈, 규소는 이를 적게 한다.

[표 2-9] 알루미늄 합금 다이캐스팅성과 기타 특성

합 금	특성 KS기호	용해온도 범위 (℃)	Die Cast의 주조성				기타특성						
			내열간 균열성 (a)	기밀성 (b)	다이스 충진능력 (c)	다이스에 대한 비용 착성(d)	내식성 (e)	기계 가공성 (f)	연마성 (g)	전기 도금성 (h)	양극 처리 외관 (i)	화학적 산화 피막 강도(j)	고온 강도 (k)
일반용	ALDC 1	570~580	1	1	1	2	3	4	5	3	5	3	3
	ALDC 7	540~590	2	2	2	1	4	3	3	1	3	5	2
	ALDC 8	520~580	2	2	1	3	4	3	3	2	4	4	2
특수용	ALDC 2	560~600	1	1	1	3	2	3	3	1	3	3	1
	ALDC 3	540~620	5	5	4	5	1	1	1	5	1	1	4
	ALDC 5	570~630	2	3	3	4	3	5	4	2	2	3	5

※ 1(좋음) ⇄ 5(나쁨)

㉣ **고온 균열이 적을 것** : 다이캐스트는 급냉된 금형에 고착하기 때문에 열간 취성이 있으면 다이캐스트하기가 어렵다. 고온에서 취성이 적고, 연신율이 큰 합금으로 고체 수축이 적을 것, 즉 열팽창 계수가 적을 것 등이 필요하다. 또 불순물 등의 영향이 크다.

㉤ **금형에 고착하지 않을 것** : 게이트로부터 분사된 용탕은 고속이므로 용탕의 온도가 상승하여 금형에 고착하기 쉬운 성질이 있다. 이를 방지하기는 어려우나, 줄이기 위해서는 철성분을 소량 사용한다.

㉥ **주조 비틀림이 적을 것** : 주조 비틀림이 많으면 강도에 영향을 주고, 변형을 일으켜 바람직하지 않다. 열팽창 계수, 고온에서의 항복점, 연신율 등에 영향을 많이 준다.

㉦ **수축률이 적을 것.**

2. 다이캐스팅용 알루미늄 합금의 규격과 물리적, 기계적 성질(표 2-8 참조)

지금부터 통칭 DV는 Die Cast Virgin, DS는 Die Cast Secondary라 칭한다.

① D1V, D1S는 실루민 합금이라고 칭하고, 내식성과 주조성이 좋기 때문에 얇은 두께의 대형에 사용되지만, 절삭성이 약간 나쁘다. 카메라, 쌍안경 등에 사용된다.

② D2V, D2S는 1종보다 주물 표면이 양호하고 기계적 성질이 좋다. 7종, 8종에 비해 금속 광택의 지속성이 좋지만 주조성이 약간 나쁘다. 펌프 바디, 카메라 프리즘에 사용된다.

③ D3V, D3S는 하이드로 날륨 합금으로 다이캐스트용 알루미늄 합금 중 내식성이 가장 좋지만 응고 수축이 크고 탕회전이 나쁘며 수축이 생기기 쉽기 때문에 다이캐스트가 곤란하다. 이 합금은 양호한 양극 산화 피막을 나타낼 수 있다. 크랭크, 케이스, 샤시도어키, 카메라 바디 등에 사용된다.

④ D4V, D4S는 주조성은 나쁘지만 내식성이 좋고 기계적 성질이 좋다. 극히 특수한 용도로만 사용된다. 핸들, 레버류, 스위치, 박스류, 브라켓류 등에 사용된다.

⑤ D5V, D5S는 전연성이 좋으나, 조여야 할 부품 등에 사용하는 다이캐스트는 곤란하다.

⑥ D7V, D7S는 고규소 라우탈 합금으로 기계적 성질이 좋고 절삭성도 12종에 비해 좋다. 크랭크 케이스, 다이나오 커버, 케이싱 등에 사용된다.

⑦ D8V, D8S는 함동 실루민으로 기계적 성질 및 주조성이 좋기 때문에 널리 이용되고 있다. 선풍기, 스텐드, 클러치 하우징, 미션 케이스, 실린더 헤드 커버, 체인 케이스, 스테이터 커버 등에 사용된다.

4 마그네슘 합금

1. 합금의 종류와 화학 성분 및 다이캐스팅

마그네슘 합금 다이캐스트에 대해서 KS에서는 규정하고 있지 않으나 미국의 ASTM규격에는 AZ 91A와, 불순물이 다소 많은 AZ 91B가 있다. AZ 91A는 다우메탈이라고도 부른다. 마그네슘 합금은 용탕의 흐름이 양호하고, 얇은 주물도 주조 되지만, 비중이 작기 때문에 열용량이 적고, 고온 취성이 있어서, 균열이 발생하기 쉬워 다이캐스트성이 나쁘다. 또한 응고 수축과 열팽창 계수가 크며, 금형 온도가 너무 높아도 보스나 리브 등에 표면 수축이 발생하기 쉬워 주조상 기술을 요한다.

이 합금은 용융 상태에서 산화하기 쉽고, 공기와 접촉하면 연소한다. 따라서 용해할 때에는 산화 방지제로 커버하여 행하고, 주조할 때는 [그림 2-50]과 같이 후드(hood)를 보온로 위에 덮고 후드 내의 용기에 Mg합금을 넣고, SO_2가스를 발생시켜 이 가스로 용탕 표면을 씌워 산화를 방지한다. 또 후드에서 메탈 슬리이브에 SO_2가스를 보내며, 후드 구멍으로 합금을 뽑아 메탈 슬리이브에 넣어 콜드 체임버기로 주조한다.

최근에는 [그림 2-51]과 같이 SO_2가스로 용탕 표면을 커버한 핫 체임버기로 주조하기도 한다.

마그네슘 다이캐스트는 전 다이캐스트 중에서 가장 가볍고 기계 가공도 용이하다. 마그네슘 합금 다이캐스트는 알칼리 용액에는 침식되지 않지만, 산에는 침식되어 방청 처리를 하여야 한다.

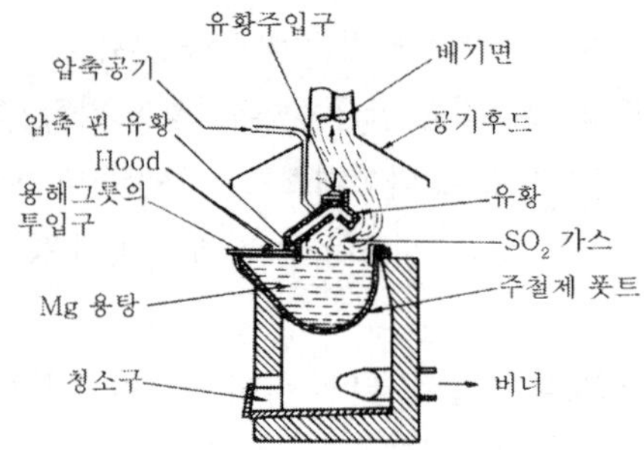

◆ [그림 2-50] 보온로

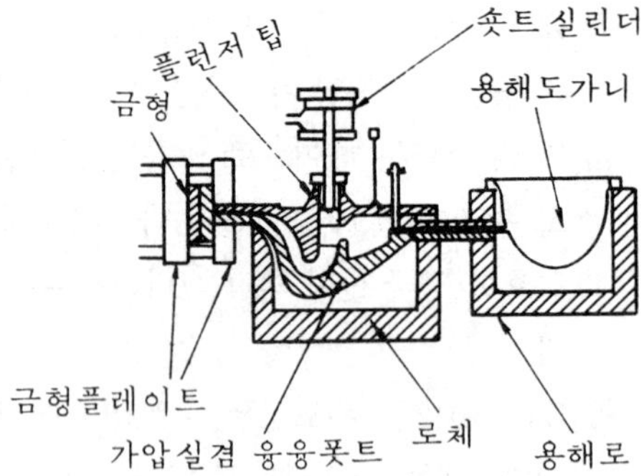

◆ [그림 2-51] Mg합금 다이캐스팅의 핫 체임버법

2. 마그네슘 합금의 성질과 특성

마그네슘 합금은 열전도율과 전기 전도율이 구리나 알루미늄 합금보다 낮고 기계적 성질도 뒤떨어지나, 강도 특히 압축 강도가 높으며, 에너지 흡수성이 좋다. AZ 91 A 합금의 기계적 성질은 [표 2-10]과 같다.

절삭성이 대단히 좋아서 알루미늄보다 고절삭이 가능하다. 만약 산화물이 섞이면 직접 공기 등에 접촉되어 산화가 일어나므로 주의해야 한다.

◆ [표 2-10] 마그네슘 합금의 표준 합금(AZ91에 해당)

표준합금	화학성분(%)							
	Al	Zn	Mn	Si	Cu	Ni	기타불순물의합계	Mg
	8.3~9.7	0.4~1.0	0.13~0.5	0.50 이하	0.1 이하	0.03 이하	0.3 이하	잔부

물리적 · 기계적 성질 (참고치)	항목	단위	값
	인장강도	kgf/mm^2	23.9
	항장강복점(0.2%변형)	kgf/mm^2	16.2
	연신율%(50mm에 대하여)	%	3
	전단강도	kgf/mm^2	14.1
	항압강복점	kgf/mm^2	15.5
	최대항압력	kgf/mm^2	40.8
	피로강도	kgf/mm^2	9.8
	비중		1.8
	용융점	℃	600
	열전도율	CGS	0.17
	열팽창계수(20~200℃)deg^{-1}		27.4×10^{-6}
	전기전도율(구리를 표준으로 한 %)		10

5 구리 합금

다이캐스팅용 구리 합금은 [표 2-11]과 같이 3종의 합금이 있으며, 그 화학 성분은 표에서와 같다.

6 : 4 황동은 널리 쓰이고 있으며 그 기계적 성질은 좋은 편이다. 구리 합금은 용탕 흐름이 좋으나 핀홀이 발생하기 쉽고, 고온 취성이 있어 균열이 생기기 쉽기 때문에 너무 복잡한 형상의 주조는 곤란하다. 그러나 주조 방안, 주조 기술에 따라서, 이 난점을 극복할 수 있다. 보온 중에 아연이 타서 성분이 변화할 수 있기 때문에 합금 성분, 불순물 등에 주의해야 한다. 또 금형의 수명이 짧기 때문에 그 재질은 텅스텐강을 쓰는 것이 좋다.

[표 2-11] **다이캐스팅용 구리 합금의 종류와 화학 성분**

원소기호	Z 30 A	ZS 331 A	ZS 144 A
구리(Cu)	57.0 이상	63.0~67.0	80.0~83.0
규소(Si)	0.25 이하	0.75~1.25	3.75~4.25
납(Pb)	1.25 〃	0.25 이하	0.15 이하
주석(Sn)	1.50 〃	0.25 〃	0.25 〃
망간(Mn)	0.25 〃	0.15 〃	0.15 〃
알루미늄(Al)	0.25 〃	0.15 〃	0.15 〃
철(Fe)	0.25 〃	0.15 〃	0.15 〃
마그네슘(Mg)	–	–	0.01 〃
기타불순물	1.25 이하	0.50 이하	0.25 〃
아연(Zn)	30.0 이상	나머지	나머지

6 납(Pb) 및 주석(Sn) 합금

납 및 주석 합금의 종류와 성분은 [표 2-12]과 같다. 그러나 여러 가지 특수한 용도에 따라서 그에 알맞은 합금이 쓰이고 있다. 예를 들면 프로판 가스 메타용에서는 주석 50%, 안티몬 25%, 납 25%의 합금 등이 쓰이고 있다. 고주석 합금은 적산 전력계 등에 쓰이는 문자 기어에 사용하는 정도이다.

[표 2-12] **주석 합금의 종류와 성분**

종 류	Sn	Sb	Cu	Pb	불순물			
					Fe	As	Zn	Al
1	90~92	4~5	4~5	0.35 이하	0.08이하	0.08이하	0.01이하	0.01이하
2	80~84	12~14	4~6	0.35 〃	0.08 〃	0.08 〃	0.01 〃	0.01 〃
3	64~66	14~16	1.5~2.5	17~19	–	0.15 〃	0.01 〃	0.01 〃
4	4~6	14~16	0.50 이하	79~81	–	0.15 〃	0.01 〃	0.01 〃
5	–	9.25~10.75	0.50 이하	89~91	–	0.15 〃	0.01 〃	0.01 〃

Section
06 다이캐스트 작업법

1 냉가압실식 다이캐스트 작업법

1. 개 요

다이캐스트는 용탕에 압력을 가하여, 금형의 게이트에서 고속으로 극히 짧은 시간에 분출시켜 용탕이 응고하기 전에 금형의 구석구석까지 충전시켜 주물 표면이 곱고, 치수 정밀도가 높고 얇은 두께로 복잡한 고강도의 제품을 만드는 방법이다.

이것을 대별하면, 콜드 체임버 다이캐스트법과 핫 체임버 다이캐스트법으로 분류된다. 전자는 알루미늄 합금, 마그네슘 합금, 구리 합금 등의 용융점이 높은 합금 다이캐스트이고, 후자는 아연, 납, 주석, 합금 등 용융점이 낮은 합금 다이캐스트에 쓰여진다.

주조 작업이 부적당하게 되면 탕흐름 불량이나, 탕주름 혹은 핀 홀이 생겨 불량 발생의 원인이 되기 때문에 주입 온도, 용탕과 금형의 열평형, 압입압력, 압입 속도 등이 주조 작업상 중요한 조건이 된다. 다이캐스트 작업의 순서는 금형 청소 → 이형제 도포 → 형닫기 → 주탕 → 압입 → 큐링(curing) → 형열기 → 압출 → 제품 취출이 1싸이클(cycle)로 되어 있고, 코어 플러를 사용하는 인발 코어가 있는 경우에는 형닫기, 형열기 전후에 코어 넣기와 빼기가 더해진다. 양호한 주조 방안일 것과, 다이캐스트이 선정이 옳아야 하는 것은 물론이지만 주입 온도, 금형 온도, 압입 압력, 압입 속도, 이형제의 도포, 싸이클 시간 등에 있어서 안전 상태에 관한 최적 조건을 발견하여 표준화함과 동시에 작업 표준서를 작성, 이것을 잘 관리해 주는 것이 주조 작업의 요점이다. 다이캐스트 주조의 개시에 앞서, 우선 제일 먼저 해야 되는 것은 다이캐스트의 기종 선정이다.

다이캐스트기의 기종 선정에 있어서는 다음과 같은 사항을 고려하여야 한다.

① 다이캐스트하는 제품의 투영 면적에 필요한 압입 압력을 걸어 형이 떨리지 않을 만큼 충분한 형조임력이 있는가?
② 제품의 중량에 대하여 충분한 용탕을 주입할 수 있는 숏 슬리브의 직경이 얻어지는가?
③ 형열기 스트로크가 제품의 두께, 제품의 압출에 대하여 충분한가?
④ 금형의 크기가 티이바(tie bar)간격, 다이 취부 플레이트에 대하여 충분한가?
⑤ 제품의 형상에 대하여 충분한 압입 능력, 사출 속도가 얻어지는가?
⑥ 사출 위치 및 형조임력의 중심과, 제품부의 레이아웃은 적절한가?
⑦ 기타, 사출 및 압출 등에 대하여 상세하게 계산하여 조사한 다음, 충분한 여유를 가지는 조건에서 다이캐스트를 결정하는 것이 필요하다.

2. 용탕의 준비

(1) 보온로

보온로의 목적은 깨끗한 용탕을 소정의 주입 온도로 유지하는 것이고, 따라서 온도 조절이 용이한 구조로 자동 조절 장치를 갖추는 것이 바람직하다. 적어도 온도계를 항상 장착하여 온도 관리를 정확히 행할 필요가 있다. 일반적으로 도가니로가 사용되고 열원으로서 중유, 등유, 가스, 전기 등이 사용된다.

도가니로는 일반적으로 주철로가 사용된다. 보온로, 주철로 등의 크기는 다이캐스트의 크기, 제품의 크기 등으로부터 결정되지만, 온도의 안정성에서는 노의 크기가 클수록 온도 조절이 쉽고, 적어도 1시간 이상의 연속 작업에 알맞은 정도의 용량이 필요하다.

(2) 용 탕

원칙적으로 보온로에서는 용탕을 오염시키는 조작을 행해서는 안 된다. 별도의 용해로에서 깨끗한 용탕을 예열된 레이들로 운반하여 보급하지만, 보온로에 급탕할 때에 공기가 흘러 들어가지 않도록 특히 주의하여 흘려 넣고, 또 산화물이나 슬랙이 혼입되지 않도록 해야만 한다.

냉금 장입(cold charge)에서는 깨끗한 잉고트를 사용하고 탕온 변화를 작게하고 수분이나 습기를 제거하기 위해서는 반드시 예열하여 소량씩 투입하는 것이 필요하다.

또한 불량품이나 런너 등 회전제를 직접 보온로에 돌려 보내는 것은 절대로 피해야 한다.

3. 금형의 준비

(1) 금형의 점검

금형 취부시에 먼저 그 금형에 사용할 수 있도록 충분히 정비되었는지를 점검한다.

특히 다음 사항에 유의해야 한다.

① 슬리브와 금형과의 관계 치수 검토.
② 압출 핀, 리턴 핀, 인발 코어 등의 작동 및 압출 관계 치수, 관계 위치의 검토.
③ 가이드 핀과 가이드 구멍의 끼워맞춤의 양부 검토.
④ 냉각수 관의 배열과 통수의 검토.
⑤ 전 주조시에 있어서 부적합한 곳의 수정여부.
⑥ 금형의 두께, 평행도, 형조립상의 잘못 등의 유무.
⑦ 캐비티 표면의 결함 유무.

(2) 금형 취부 작업

금형은 이동형과 고정형을 별개로 취부하는 경우와 조립하여 취부하는 경우가 있다. 금형이 크고 크레인(crane)의 용량이 충분하지 않는 경우, 전자의 방법에 의하나 일반적으로 후자의 방법이 이용된다. 어느 경우에서나 먼저 최초에 고정형을 다이캐스트의 고정 플레이트에 취부하고, 다음에 가동 플레이트를 서서히 전진시켜 가동형을 가동 플레이트에 취부한다. 이때 압출 장치의 연결과 조정을 동시에 완전하게 행하는 취부가 끝나면 각부를 잘 점검하고 후에 확실하게 취부 볼트를 조인다. 금형의 취부에 있어서는 다음 사항에 주의하여야 한다.

① 금형의 조임력이 균등하게 되도록 한다. 티이 바(tie bar)의 조임 너트는 제품의 투영 면적의 크기나 금형의 열팽창을 고려하여, 적당한 눈금만큼 더 조이도록 하지만, 티이 바에 걸리는 힘이 균등한지, 또는 소정의 형 조임력이 나오는지를 알기 위해서는 텐션 미터(tension meter)를 이용하는 것이 좋다.

② 금형 온도가 상승함에 따라, 열팽창하여 형조임력에 변화를 가져오기 때문에 그 조정을 할 필요가 있다.

③ 금형의 취부에서 걸리거나 헐거운 곳이 없는가를 작업 도중에 가끔 점검할 필요가 있다.

④ 금형에 코어가 많은 경우에는 압출 장치를 포함하여, 그 조작 순서가 틀리지 않도록 주의하고, 조작 순서에 따라서 작동하는지를 다시 한번 점검할 필요가 있다.

(3) 냉각수로

금형에 통수하는 경우의 준비 사항으로 다음 사항에 주의하여야 한다.

① 금형의 냉각 통로 연결 방법이나, 통수 방향이 표준 작업에서 나타난대로 행하고 있는지, 불통개소, 물이 새는 곳이 없는지 등을 확인한다.

② 냉각수의 배출 구멍의 위치는 다이캐스트기에 취부된 금형보다도 높게 하고, 금형내의 냉각수 구멍은 언제나 만수가 되도록 하는 것이 바람직하다. 또 각 배수 구멍을 한 곳에 모아 통수 상태를 한눈에 알 수 있도록 하는 것이 좋다.

③ 주조개시 초기에는 피스톤, 주입구, 분류자와 게이트 부분에 적당한 양만 통수하고 형온이 상승함에 따라 점차로 그 외 부분으로도 통수한다. 형온이 상승하는데 아주 낮은 온도의 물을 통수하는 것은 금형의 균열 원인이 되기 때문에 피해야 한다.

④ 주입구, 탕도, 게이트부는 각각의 독립된 수로로 하여, 단독 조절이 가능토록 한다. 기타 수로의 조절도 제각기 설치된 콕크에 의해 행하도록 한다. 한 개의 메인 콕크로 나오도록 해 놓으면 통수를 일시 정지하는 경우, 메인 콕크를 잠그면 되고 다시 통수를 할 때 각 수도의 미량 조정의 수고가 떨어진다.

(4) 금형의 예열

금형의 열충격에 의한 균열 방지, 주조 초기의 공타를 적게 하고, 용탕 흐름의 향상, 압출 핀, 코어 핀 파손 등의 금형 사고를 방지할 목적으로 주조 시작에 앞서서, 금형을 반드시 예열할 필요가 있다. 예열 온도는 캐비티 표면에서 알루미늄 합금의 경우 150~250℃, 아연 합금에서는 150~220℃ 정도가 바람직하다. 이때 금형 각부를 될 수 있는 한 서서히 균일하게 가열하도록 하고, 특히 가는 핀이나 돌출부, 각진부는 과열되기 쉽기 때문에 매우 주의해야 한다. 국부적인 과열을 피하기 위해, 금형에 적당한 형상의 저압 가스 버너 또는 적외선 히타 등을 사용하여 서서히 가열하는 것이 중요하다.

4. 시험 주조

새로운 금형이 완성되면, 실제로 다이캐스트기에 부착하여 시험 주조를 행하고 제품의 치수 정도, 건전성, 형조각 공작 정도의 여부, 금형의 동작, 게이트 방안, 주조 조건, 생산성, 후가공의 난이 등에 대하여 상세하게 조사 검토하여 결함이 있으면 철저하게 수정, 개선하고 양산에 대비하여 작업 표준이나 검사 기준이 확실하게 지시될 수 있도록 준비해 놓을 필요가 있다. 시험 주입은 때때로 수회에 걸쳐서 실시해야 하지만 특히 첫 회의 시험 주입 실시에 대해서는 다음 사항에 주의해야 한다.

① 예열 전에 금형 각부 특히 가동 부분의 청소, 점검, 윤할을 충분히 행할 것.
② 예열은 서서히 가열하고, 과열된 부분이 없도록 주의할 것.
③ 예열 후 세밀하게 작동 상황을 점검하여 가동 코어, 압출 핀이 긁히지 않도록 할 것.
④ 최초 주입을 행하는 경우에는 주위의 작업자에게 미리 알려 형분출면 등으로부터 용탕이 분출하여 화상 등을 입히지 않도록 할 것.
⑤ 최초 주입시에는 밸브를 줄여 캐비티 부분에 걸리는 압력을 떨어뜨릴 것.
⑥ 시험 주입은 주조가 최적 상태로 되기까지 계속하여 행하지만, 그 때의 주조 조건 즉 탕온, 형온, 형냉각 조건, 압입 압력, 압입 속도, 증속 위치, 증압 압력, 칠 타임, 주조 싸이클 등의 최적의 조건을 가능한 한 정기적으로 파악하여 기록하고 작업 표준서를 작성하여야 한다.

5. 주조 작업

시험 주입에 합격하여 양산에 들어갈 경우에는 시험 주입에서 파악된 주조 제조건에 의해 만들어진 작업 표준서를 기준으로 하여 그것을 충실히 지켜서 작업한다.

(1) 금형의 청소

다이캐스트 작업중에 금형의 표면이나 가동 코어의 슬라이드부 등에 플러시(flush)가 생기는 것이 보통이지만, 이들은 제품의 정도를 해치기도 하고, 금형의 고장 원인이 되기 때문에 매회 주의하여 제거해야만 한다.

(2) 이형제, 윤할제의 도포

용탕이 타서 붙는 것을 방지하고, 형으로부터 떨어지는 것을 쉽게 하기 위하여 이형제를 사용한다. 이형제에는 유성과 수용성이 있고 각각 여러 종류가 있지만 제품에 따라서 선택하고, 적당한 농도의 것을 살포한다. 특히 게이트 부분이나 용탕 흐름의 관계로 보아 소착하기 쉬운 곳 등에는 농도가 짙은 이형제를 칠하고, 그 외에는 병용하는 것이 좋다. 어떻든 이형제는 쇼트마다 필요한 최소량을 캐비티면에 균등하게 도포하는 것이 좋다.

윤할제는 가동 코어, 압출 핀, 리턴 핀 등의 슬라이드 부분, 압입 슬리브, 플런저 팁의 윤할을 위하여 필요한 것이지만 그 사용량을 최소한으로 억제해야 한다. 너무 과다하면 용탕중에 윤할제나 그 가스가 혼입하여 그대로 캐비티 내에 압입되어 불량의 원인이 된다.

(3) 용탕 주입 및 쇼트(shot)

필요로 하는 일정량의 용탕은 주입 온도의 불균일을 가능한 작게하고 산화물 등이 혼입되지 않도록 주의하여 주탕하는 것이 중요하고, 콜드 체임버기에서는 통상 손에 의한 급탕 작업으로 매회 국자로 주탕하는 것이 보통이다.

주입 온도는 제품의 형상, 살 두께, 합금의 종류에 따라 각기 다르지만, 일반적으로 알루미늄 합금에서는 610~700℃, 아연 합금에서는 390~425℃이다. 고온 주조를 하면 살이 얇은 경우에도 탕회전이 좋고, 좋은 주물 표면이 얻어지지만, 한편으로는 가스 흡수를 증가시키고 핀 홀을 발생시키며, 살이 두꺼운 부분에서는 수축을 일으키며 금형을 빨리 손상시킨다. 살이 두꺼운 제품은 일반적으로 저온에서 주조하지만 너무 온도가 낮으면 보온로 속에 편석을 발생시켜 하드 스폿(hard spot)의 원인이 된다. 주탕이 끝나면 쇼트로 옮겨지나, 쇼트 기구는 속도가 일정한 것과 증속, 증압하는 것이 있다. 어느 쪽이든 금형 청소, 이형제의 도포, 주탕, 쇼트까지의 작업은 손작업에 의한 경우에 작업자에 따라 그 속도에 개인차가 있지만 작업 표준서의 표준 싸이클에 맞추어 신속히, 규칙적으로, 일정 속도로 작업하는 것이 중요하다.

(4) 응고 기다림(curing)과 형열림

쇼트가 완료되면 캐비티 내에 용탕이 응고하고, 제품을 취출해도 일그러지거나 파손되지 않은 온도까지 기다려야 하지만, 그 시간은 제품의 형상, 크기, 두께 등에 따라 각각 다르다. 큐링 시간이 너무 길면 응고 수축력에 의해 제품을 압출하기 어렵게 되기도하고, 제품이 얇은 경우에는 밀어낼 때 가끔 제품이 파손되기도 한다.

또 시간이 너무 짧으면 응고가 불충분하여 제품이 일그러지기도 하기 때문에 쇼트 후에는 가능한 한 빨리 취출 온도까지 냉각시키는 것이 필요하며, 그렇게 하기 위해서는 금형의 냉각을 충분히 하여 가능한 한 낮은 주입 온도, 일정량의 주탕 등이 바람직하다. 설정된 응고 기다림 시간이 지나면 통상 금형은 자동적으로 열린다.

(5) 제품의 압출과 취출

가동반이 정위치까지 돌아오면 제품은 압출 장치에 의하여 가동형으로부터 압출된다. 유압 압출은 동작이 느리며 취출 동작으로의 연결도 무리가 없다. 압출 장치로 압출된 제품은 횡형의 다이캐스팅기에서는 통상 압출 핀으로 지지된 상태로 이동 금형으로부터 압출된다. 작업자는 집게 또는 뻰치 등에 의해 손으로 취출한다. 이 경우 제품에 압출 핀이 파고 들어가 있으면 뽑아내기가 곤란하고, 뽑아낸다 하더라도 제품이 일그러지는 수도 있으므로 제품에 파묻혀 들어가지 않도록 압출 핀의 길이를 적당히 조절할 필요가 있다.

2 열가압실식 다이캐스트 작업법

1. 개 요

핫 체임버 다이캐스트기에는 보온로, 용해 포트, 가압실(gooseneck) 사출장치가 하나로 구성되어 있기 때문에 콜드 체임버처럼 쇼트마다 주탕할 필요가 없고, 쇼트 후 자동적으로 가압실에 유입하여 다음 쇼트의 준비를 완료한다.

가압실에 유입된 용탕의 온도는 용해 포트의 온도와 같기 때문에 주입 온도는 용탕 온도를 관리하는 것처럼 아주 정확하게 유지할 수가 있으며, 또한 다음과 같은 특징이 있다.

① 산화물을 포함하지 않은 청정한 용탕.
② 주입 온도차가 적은 것.
③ 용탕을 흡입하는 작업이 없다(시간 단축)
④ 사출 압력이 낮다.

2. 용탕의 준비

(1) 보온로

보온로는 핫 체임버 다이캐스트기에 부속되어, 가압실을 둘러싼 용탕을 소정의 주입 온도로 유지하는 노이다.

보온로를 용해로 겸용으로 할 수도 있으나, 이 경우에는(cold charge 방식) 용탕의 온도를 작업 표준내로 지키기가 어려워 용탕의 온도 차가 크게 되고, 용탕의 소비량이 많은 경우에는 공급 부족을 일으키게 된다. 핫 챠지(hot charge) 방식에서는 별도의 용해로에서 용탕을 공급하기 때문에, 용탕 온도를 ±5℃ 이내로 지키기 쉽다.

(2) 용탕

보온로에 있어서는 용탕을 오염시키지 않도록 해야 한다. 핫 챠지에서는 별도의 용해로에서 용해 진정 및 청정한 용탕을 예열한 용기로 운반하여 보급하지만, 보온로에 급탕할 때에는 공기를 끌어 들이지 않도록 특히 조용히 흘려 넣고, 또 산화물이나 슬랙이 혼입되지 않도록 주의해야 한다. 아연 합금 용탕의 온도는 통상 390~415℃ 사이의 최적 온도를 설정하는 것이 바람직하다. 보온로에 있어서는 플럭스(flux) 처리는 행하지 않는다.

3. 금 형

(1) 금형의 준비

금형을 다이캐스티기에 부착하여 주조 개시 후에 수정을 필요로 하거나, 또는 적은 양을 주조하였을 때 압출 핀의 고장으로 금형을 다이캐스트기에서 분리하는 것은 시간의 낭비이며, 특히 대형기에서는 손실이 크다. 그러므로 금형을 취부할 때에 충분히 정비와 점검을 해야 한다.

(2) 플런저와 슬리브

핫 체임버 다이캐스트기의 주조 작업에서 작업이 중단되거나 종료시에는 반드시 플런저 부분을 분해하여 놓아야 한다. 이것을 담궈 놓은 채로 장시간 놓아 두었다가 그대로 용해 작업을 계속하면 플런저와 가압실의 슬리브에 마모를 발생시켜 작동이 불가능하게 되는 수가 있다. 플런저를 로드로부터 빼내어 즉시 헝겊 조각으로 표면을 잘 닦아서 깨끗이 하여 놓아야 한다.

(3) 노즐(nozzle)의 취부

노즐은 가압실에 의해 다이스에 용탕을 압입하는 관으로서, 고온 고압의 용탕이 반복해서 통과하기 때문에 그 취부를 확실하게 하지 않으면 용탕이 분출하여 대단히 위험하다. 노즐을 취부하고 나서, 가스 버너로 용탕이 굳지 않도록 균일하게 가열한다.

용탕을 통하는 구멍면의 온도는 420℃쯤이 좋지만 측정이 불가능하므로, 노즐의 바깥 둘레가 엷은 적색이 될 정도로 고르게 가열하여야 한다. 노즐을 가열하고 나서 다시 한번 조인다.

4. 주조 작업

금형의 예열, 시험 주조, 금형의 청소, 이형제 및 윤할제의 도포, 응고 기다림과 형열림, 제품의 압출과 취출 등은 콜드 체임버 다이캐스트 주조법과 비슷하므로 이를 생략하고 쇼트에 대하여 설명하고자 한다.

(1) 쇼트(shot)

핫 체임버기에서는 한 번 또는 여러번의 쇼트로 노즐이 막히는 수가 많다. 금형을 예열하여도 주입구나 캐비티부가 적당한 온도로 되지 않고, 노즐도 적당한 온도로 되지 않는 경우가 많은데 이는 금형과 노즐 접촉면에서 열을 빼앗겨 노즐의 선단에서 합금이 응고해 버리기 때문이다.

주조 개시시에 주의해야 할 점은 다음과 같다.

① 용탕 온도를 높게 한다(작업 표준서의 지정 온도가 390℃ 정도로 되어 있어도 처음에는 높게 하고, 안정이 되면 지정 온도로 한다).

② 노즐을 약간 높게 가열한다.

③ 고정형에 탕구(sprue)가 끼이지 않게 하기 위해 탕도(sprue spreader)에만 소량의 물이 통하게 한다.
④ 고정형에는 구석구석 이형제를 도포한다.
⑤ 플런저 타이머(plunger timer)와 금형 타이머(die timer)를 짧게 설정하고, 동작을 빠르게 하여 쇼트 싸이클을 짧게 주조한다.

형온이 상승함에 따라 냉각수 밸브를 조정하여, 탕온, 금형타이머, 플런저 타이머를 지정대로 하고, 쇼트 싸이클도 표준대로 하여 생산에 들어간다. 작업을 쉴 때에는 고정형 탕구의 냉각수를 정지시키되, 여러번 주조하고 나서 쉬도록 하면 다음번 쇼트시에 노즐이 막히지 않는다.

Section
07 다이캐스트 제품의 불량과 그 대책

1 내부 결함의 원인과 그 대책

1. 기 포

기포는 깊이나 크기에 따라 여러 가지가 있으나, 외관상에는 거의 나타나지 않으며, 일반적으로 살 두께가 두꺼운 부분에 생기기 쉽다. 기포는 살 두께에 대한 용탕의 공급 부족이나 가스가 원인이기 때문에 대책으로서는 주입 온도를 내리고, 압입 압력의 증가, 게이트의 변경(두께 및 위치), 가스 구멍의 변경, 부분적인 냉각의 증가, 설계의 변경 등을 생각할 수 있다. 또한 가스가 찬 기포에 대해서는 게이트와 가스 구멍의 변경, 주입 온도의 변경, 이형제의 도포량, 도포 방법을 개선하면 좋다.

2. 충진 부족

게이트부가 빨리 응고하기 때문에 캐비티의 부분에 충분히 용탕이 흘러가지 못하는 것이 원인이며, 대책으로서는 게이트와 런너의 용량을 크게 하고 또 용탕 흐름의 방향을 검토하여 게이트 위치를 변경한다. 또한 게이트부에서의 충진 거리가 길 때, 충진 속도가 늦을 때에도 충진 부족을 일으킨다.

2 표면 결함의 원인과 그 대책

1. 탕주름

금형 온도가 낮을 때나 용탕 온도가 낮을 때, 또한 충진 시간이 길 때, 또는 이형제 도포량이 많을 때 등에 생긴다. 이것은 표면의 극히 얇은 부분에 가늘게 이어지는 주름 같이 되어 나타나는 현상이다.

이 원인은 압입 시작시에 유입한 용탕이 금형면에 냉각되어 응고되지만, 충진 완료시에 후속 용탕의 열량으로 인해 재용해되지 않기 때문에 일어나는 것으로 생각된다. 탕주름의 깊이는 극히 얇기 때문에, 기계적인 강도상에는 문제가 없으나 도금이나 도장품의 경우에는 버프(buff) 공수를 늘리게 하고, 부풀음의 원인이 되기 때문에 가능한 한 탕주름이 없는 제품을 만들어야 한다.

대책으로서는 다음과 같다.

① 탕주름이 있는 장소의 형온을 200℃ 전후로 되도록 한다(오버 플로우를 붙이거나 크게 하고 전열이나 가스로 가열한다).
② 용탕 온도를 높게 한다(425℃ 이하).
③ 충진 시간을 짧게 하기 위해 플런저 속도를 빨리한다.
④ 이형제의 종류를 변경하고 도포량을 줄인다(이형제가 많은 경우에는 형온을 내리는 수도 있다).
⑤ 게이트의 변경 등이다.

이것을 조합하여 행할 필요가 있다. 특히 1mm 이하의 얇은 제품은, 제품의 크기는 적어도 큰 능력이 있는 다이캐스트기로 플런저 경도를 크게 하는 편이 좋은 경우도 있다(충진 시간이 짧아지게 된다).

2. 탕경(cold shut)

용탕 온도, 금형 온도가 낮은 경우 압입 압력, 압입 속도가 부족한 경우에 일어나는 현상으로 용탕이 금형 내를 흐르는 사이에 열량을 상실한다. 또 선단부에 산화막을 형성하여 최후의 합류점에서 녹아 합쳐지지 않고 응고하여, 깊게 연결된 주름으로 되어 주물 내부까지 침입하고 때로는 구멍이 나는 수도 있다. 대책으로서는 압입 속도를 빠르게 하고, 압입 압력을 올리고, 금형 온도, 용탕 온도를 올리는 것 등이다. 또한 개선되지 않는 경우에는 게이트 단면적을 늘린다. 분류의 합류점 부근에 오버 플로우를 설치 또는 게이트 위치를 변경하고 이에 따른 위치에 오버 플로우를 설치하는 등의 대책을 행한다.

3. 소착(burning)

금형의 국부적인 과열에 따라 금형과 용탕이 용착하기 때문에 일어나는 현상으로 가는 코어나 나사의 아래 구멍쪽의 가는 코어 핀 등에 생기기 쉽다. 또 게이트의 뒤쪽의 부분이나 용탕이 최후에 충진되는 장소의 형면에 합금의 가루가 서서히 쌓이는 수가 있으나, 이 현상은 게이트의 변경, 압입 압력과 사출 속도의 증대, 충진 시간의 단축을 행하므로써 개선할 수 있다.

또한 캐비티 내의 형면에 가스가 머무르는 곳에 이형제의 가스가 퇴적하거나, 조그맣게 움푹 패이기도 하며, 적은 부풀음을 생기게 하지만, 이것은 게이트의 유입 방향, 오버 플로우, 가스 구멍의 개선으로 해소될 수 있다. 그 외도 금형에 연질화나 침유를 실시하는 것도 한 방법이다.

4. 표면 거침

금형의 열균열(heat crack), 금형 캐비티면에서의 용탕 부착 등 캐비티의 표면 조도가 그대로 제품의 표면에 나타나는 현상으로, 대책으로서는 부착물의 제거와 형연마 등이 있으나 열균열(heat crack)은 금형을 교체하는 방법 이외의 것은 없다.

5. 변 색

부적당한 이형제를 사용함에 따라, 이형제의 함유물이 주물의 표면을 변색시키는 현상으로 이형제를 적당한 것으로 변경하는 방법 외에는 없다.

6. 움푹패임

금형 표면의 국부적 과열이 원인이며, 과열된 부분의 응고가 늦어져 체적이 감소하기 때문에 표면이 움푹 패이게 되어 나타나는 현상으로, 살 두께가 국부적으로 두꺼운 곳에 많이 발생한다.

대책으로서는 금형 온도를 관리하여, 과열 부분에 쇼트 냉각을 하든지 설계를 검토하고 특히 살 두께부는 단면 두께가 완만하게 변화하도록 변경한다. 또한 게이트 형상, 위치 등을 변경한다.

7. 균 열

빼기 구배의 부족, 불균일한 수축, 예리한 각, 부적당한 압출 장치 등이 원인이며 일반적으로 제품의 어느 일정한 부분에 나타난다. 대책으로서는 설계를 검토하고 기능상 지장이 없는 한 라운드를 크게 준다. 리브를 붙이고, 빼기 구배를 크게 하고, 압출 위치의 변경 또는 증설 등을 한다.

8. 수축공

제품의 코어 부분에 발생한다. 이것은 금형 각부가 과열하기 때문에 발생한다. 적은 라운드를 붙이거나 과열부의 냉각법을 연구한다.

9. 게이트부의 기포

게이트부, 오버 플로우 게이트부에 적은 기포가 발생하는 수가 있다. 이것도 게이트 랜드부의 과열에 의해 생기기 때문에 과열하지 않도록 형상을 변경하든가 수냉한다.

3 치수상의 결함 원인과 대책

치수상의 결함은 [표 2-13]에 표시한 6종류로 분류되지만, 경우에 따라서는 더 많은 종류로 분류된다. 치수 불량 중에는 오작, 금형 수정의 잘못, 코어 핀 굽음 등도 포함된다. 또 결함의 정도, 발생 상황 등에 따라서 치수 불량, 변형 또는 소정의 치수보다 두꺼워 지는 것을 생각할 수도 있는 경우가 있으나 그 때는 상태에 따라 판단하게 된다. 예를 들면 코어 핀이 굽으면 주물의 구멍이 타원으로 되어 치수 불량과 피치(pitch) 불량으로 되지만, 심하게 핀이 굽었을 때에는 제품의 일부를 깎아내어 소정의 치수보다 얇아지게 되고, 코어 핀이 끊어지면 핀 구멍이 막히게 되어, 소정의 치수보다 두꺼워지게 된다. 따라서 이같은 결함 발생의 원인은 어떤 경우에도 거의 같은 모양으로 되어 그 대책도 같게 된다. 이들의 결함은 직접적으로는 금형에 맞지 않기 때문에 발생하는 경우가 많고, 금형의 설계, 제작 및 보수 등의 금형에 관한 기술, 제품 설계 기술 등에 가장 큰 영향을 준다. 또 실제로는 다이캐스트기의 부적당, 주조 작업의 잘못 등에 의해 발생하는 경우도 있다. 금형에는 상당히 심한 정(正), 부(負)의 열충격과 큰 힘이 보태어져 반복 사용되기 때문에 1개소라도 그들 응력이 견딜 수 없는 곳이 있으면 사용 불능으로 된다. 금형은 충분한 강도가 있고, 힘에 대한 균형을 오래 유지할 수 있는 견고한 것이어야 한다.

[표 2-13] 치수 불량의 원인과 대책

세 분	원 인	대 책
오작	• 도면 치수의 오기 • 검사의 잘못 • 금형 수정 잘못	1. 검토 system을 개정하여 도면관리를 충분히 한다. 2. 시작시 충분히 검사한다. 특히 곡면 접합부의 두꺼운 살부분 등에는 절단 또는 특별검사를 실시한다. 3. 검사원의 단순한 잘못으로 누락된 사항이 없도록 반복검사 system을 행한다. 4. 금형 수정은 협의하여 수정부분을 명확히 하여 행한다. 재검사는 수정후 및 재시험 주조후 행한다.
치수불량	• 금형 및 금형조립 방법 잘못	1. 금형조립 잘못이 없는가 조사하여 수정한다. 2. 조립볼트를 푸는 방법 등에 있어서 정상적인 조립이 되어 있지 않은지 조사하여 수정한다. 3. 인서트와 마스터 금형의 사이에(그림), 표면상태의 양부, 간격 등을 조사하여 수정한다.
	• 입자 핀 및 코어 핀 굽음	1. 주조중 검사기준에 따라 검사하여 수정 또는 교환한다. 또 정기적으로 핀을 교환한다. 2. 충분한 금형예열 및 주조작업표준 엄수 3. 게이트 방향변경, 입자 핀 및 코어 핀의 냉각 고려등 주조방안 검토 변경. 4. 제품의 수축을 고려, 제품의 형상을 변경한다. 5. 핀의 재질 및 강도를 검토하여 변경한다.
	• 금형의 마모	1. 마모부분을 수정한다. 2. 게이트의 위치, 금형 구조, 주조방안을 검토하여 수정한다. 3. 금형의 재질 및 강도를 검토하여 변경한다.

• 금형온도, 제품온도 등의 변화에 따른 수축 변화 • 금형의 국부가열	1. 주입온도, 주조, 싸이클, 개폐시간, 금형온도, 금형냉각 등 주조조건을 조사하고 작업표준에 나타나 있는 수치를 엄수한다. 2. 용탕의 성분을 조사하여 엄수한다. 3. 국부가열하여 국부적으로 지나친 수축을 할 때는 그 부분의 냉각수량, 게이트위치, 용탕의 성분 등을 수정한다.
• 금형의 강도부족	1. 금형의 강도를 검토하여 보강한다. 2. 금형 설계를 검토하여 변경한다. 3. 제품 형상을 검토하여 변경한다.

4 재질상의 결함 원인과 대책

재질상이 결함에는 하드 스폿(hard spot), 재질 불량, 산화물의 혼입 등의 결함이 있다. 하드 스폿은 사형 주물 등에는 거의 발생하지 않고, 주로 다이캐스트에 발생하는 특징이 있다. 하드 스폿에는 비금속성의 것부터 금속성의 것까지 있고, 또 급냉에 따른 조직적인 것 등 그 종류가 많기 때문에, 방지책을 충분히 검토하여야 한다. 각각의 하드 스폿에 대한 방지책이 다르기 때문에 방지법을 그르치면 방지할 수 없다. 또 어떤 종류의 하드 스폿은 방지할 수 있어도 다른 하드 스폿이 발생하여 그 방지책이 좋지 못한 것이 있다.

재질 불량은 주성분이 규격 범위를 벗어난 원료, 불순물이 규격치보다 많은 원료, 더욱이 부주의한 용해 작업에 따른 용해, 보온시의 불순물을 증가시켰을 때 등에 발생한다. 또 서로 다른 이종 재료로 제조하는 경우에도 발생한다. 일반적으로 성분이 극단적으로 벗어난 경우 이외에는 제품이 그대로 불량품으로 되는 것이 적다. 그러나 규격이 엄밀한 제품 또 기계적 및 화학적 성질이 특히 요구되고 있는 것과 같은 경우에는 불량품으로 된다.

알루미늄은 공기 등에 접촉되어 곧 산화하고, 산화 피막을 형성하여 주조와 더불어 제품 내에 넣으면 강도를 저하시키게 된다. 또 주물 표면에 있어서도 탕경 등의 원인이 된다. 산화막이 제품내에 존재하면, 그 단면이 피막상으로 되어 하드 스폿이 나타난다. 주조시에 용탕 메탈 슬리브의 용류 등은 엄격히 주의할 필요가 있다. 이들 재질상의 원인과 대책은 [표 2-14]와 같다.

[표 2-14] 재질상의 결함 원인과 대책

	원 인	대 책
비금속성 하드 스폿	용탕표면의 산화물 혼입	1. 용탕 표면의 산화물을 꼭 제거한다. 2. 주조시 용탕 표면의 불순물은 주입시키지 않는다. 3. 국자, 용해 용수의 산화물은 제거해 둔다. 4. 철, 도가니의 표면은 청정하게 하고 라이닝을 해 둔다. 5. Al과 반응하지 않는 라이닝재를 사용한다.
	용탕과 연돌과의 반응물 혼입	1. 내화 벽돌, 몰탈 가루 등 알루미늄과 반응하기 어려운 것을 이용한다. 예를 들면 고알루미나질 연돌 2. 노체의 연돌은 정기적으로 치환한다.
	비금속 개재물 혼입	1. 적당한 탈산제 선택과 탈산처리를 충분히 행한다. 2. 규소 원료의 양질 등을 사용한다. 3. 진정 시간을 충분히 한다.
	용탕과 라이닝재와의 반응물 혼입	1. Al과 반응하지 않는 라이닝재를 이용한다.
	이물	1. 회전재에 이물, 다른 재료가 들어가지 않도록 관리한다. 2. 회전재에 기름, 흙, 먼지 등이 붙지 않도록 한다. 3. 노 수리후 몰탈가루 등을 넣지 않는다. 4. 도가니, 용해 용구의 산화물, 철, 녹 등을 제거한다. 5. 용해로 주조기 주위의 청결을 유지한다.
금속성 하드 스폿	미용해된 규소의 혼입	1. Al-Si계 합금의 용제시 규소의 세분은 하지 않는다. 2. 합금 성분 조성시 규소를 바로 용탕에 넣지 말고 필히 모합금에 넣는다. 3. 용제에 고온으로 장시간 걸어, 규소를 충분히 녹여 퍼지게 한다.
	초정 규소의 결정이 발달한 것의 혼입	1. 주조 온도의 차가 적게하고, 꼭 완전 용융상태로 되도록 한다. 2. 냉금장입 때 빌렛트의 용탕이 응고되지 않도록 한다. 3. 규소 초정이 발달하기 쉬운 성분을 아주 적게 한다.
	금속간 화합물 결정이 발달한 것의 혼입	1. 용탕 온도가 고온·저온으로 되지 않도록 온도차를 적게 한다. 2. 합금 성분, 불순물의 양에 주의하고 불순물이 증가하지 않도록 한다. 3. 금속 화합물이 발생한 재료는 고온으로 올려 용해하고 불순물이 적도록 소량씩 사용한다.

익힘문제

01 다이캐스트법의 특징을 쓰시오.

02 다이캐스트 주조기의 가압실 방식에 의한 분류를 하고 쓰시오.

03 열가압실식(핫 체임버)과 냉가압실식(콜드 체임버)의 차이점을 쓰시오.

04 형조임 방식에 의한 분류를 하고 쓰시오.

05 다이캐스트의 크기는 어떻게 나타내는가?

06 다이캐스트기의 구조를 쓰시오.

07 램의 직경이 50cm, 유압 150kgf/cm^{2}일 때 형조임력을 계산하시오.

08 다이캐스트기의 부속 장치들은 어떤 것이 있는가 쓰시오.

09 다이캐스트 금형용 재료의 선택 기준을 쓰시오.

10 다이캐스트 금형 설계시 고려하여야 할 사항을 쓰시오.

11 다이캐스트 금형의 각부 명칭을 그림으로 나타내시오.

12 다이캐스트의 주조 방안에 대하여 쓰시오.

13 금형을 취부할 때에 특히 주의하여야 할 사항은 무엇인가?

14 다이캐스트용 합금의 종류를 쓰시오.

15 금형 온도, 주조 싸이클, 냉각 수량의 관리에 대하여 쓰시오.

16 다이캐스트기의 주조 압력에 대하여 쓰시오.

17 다이캐스트기의 기종 선택시 고려해야 할 사항을 쓰시오.

18 다이캐스트 금형 점검시 유의해야 할 사항을 쓰시오.

19 다이캐스트기 운전 전에 필히 실시하여야 할 점검 사항을 쓰시오.

20 다이캐스트기의 시험 주조시 주의하여야 할 사항을 쓰시오.

21 표면 결함의 종류와 원인, 대책을 쓰시오.

22 내부 결함의 종류와 원인, 대책을 쓰시오.

23 치수상의 결함 원인과 대책을 쓰시오.

24 재질상의 결함 원인과 대책을 쓰시오.

Chapter 03 인베스트먼트 주조법

Section 01 인베스트먼트 주조법의 개요

1 개 요

인베스트먼트 주조법(로스트 왁스)의 주형은 주조하고자 하는 제품과 같은 형상의 왁스 원형 둘레에 내화물의 피복층을 형성시킨 뒤 왁스 원형을 용출(熔出)함으로써 만들어진다. 인베스트먼트 주조법에는 많은 방법이 있는데 일반적으로 솔리드 몰드법과 세라믹 셸몰드법으로 구분된다.

인베스트먼트 주조법의 역사는 오래되며 중국이나 이집트에서는 약 2000년 전부터 공예품이나 동상 등에 사용하여 왔다. 공업적으로 사용할 수 있게 된 것은 구미에서는 1940년 경부터이고 일본에서는 1950년 경부터이다.

현재 가장 널리 사용되고 있는 것은 세라믹 셸몰드법이며 일부 솔리드 몰드법이 사용되고 있다. 인베스트먼트 주조법의 기술적인 발전 경과를 더듬어 보면 [표 3-1]에서 보는 바와 같다.

[표 3-1] 인베스트먼트 주조법의 기술적 발전

항목 / 요소	원형재료	원형성형기	주형용 내화물: 초층인베스트먼트용내화물	주형용 내화물: 제2층이후인베스트먼트용내화력	조형법과 점결제	탈 왁스법	용해법
구성비	왁스 블렌드	유압 세미솔리드	지르콘	용융석영 몰로카이트	세라믹 셸몰드	스팀오토 클레이브	중형유도 진공 대기
	왁스 플라스틱 블렌드	리키트		소성점토	졸 본드 / 에틸 실리 케이트 본드	쇼크히이트 호트에어	소형유도 대기 진공
	플라스틱	자동화 여러개금형 세미솔리드	용융석영	비용융석영		웨트스팀	대형유도 진공
	워터 에멀젼	유압 빌리트 압출	블로카이트	알루미나	에틸실리 케이트블록 알칼리실리 케이트블록	유전체 연소	대형유도진공
	에어 에멀젼	공압 리키트 세미리키트	알루미나	지르콘 뮬라이트	포스페이트 블록	호트솔벤트 페이퍼	간접아아크대기 로킹아아크 X-L프로세스 자동저주

인베스트먼트 주조법은 각종 정밀 주조법 중에서 가장 복잡한 주조품을 가장 높은 정도(精度)로 만들 수 있는 방법이다. 다른 방법에 비해 그 특징으로는 다음과 같은 것이 있다.

① 주형이 일체형이며, 형상적인 제한이 없고 복잡한 것이나 중공(中空)부분을 지닌 것 등을 높은 치수 정도로 만들 수 있다.

② 주형의 내화성이 풍부하며 거의 모든 재질을 주조할 수 있고 주물 표면도 아주 곱다.

③ 주형은 가스 발생 물질을 함유하지 않고 진공 용해 주조에 적합하다.

④ 기계 가공비를 절감한 양산품의 대량 생산도 가능하다.

특히 형상이 복잡하거나 재질이 강해서 기계 가공에 많은 공수를 필요로 하거나 기계 가공이 불가능한 제품 등을 만들 때, 혹은 1개의 복잡한 부품을 만들기 위해 여러개의 적은 부품을 조립하거나 용접해서 제작한 제품을 일체의 주조품으로서 만들 때 등에 인베스트먼트 주조법은 효과적이다. [표 3-2]는 인베스트먼트 주조법의 용도 예를 나타낸 것이다.

[표 3-2] 인베스트먼트 주조법의 용도 예

기 종		부품명	중요한 사용재료
항공기관계	제트엔진부품	노즐, 로터, 하우징	Ni, Co, 초내열합금, 스테인리스, Ti합금
	기체부품	날개기구, 조정장치 등의 프레임 조인트	스테인리스(303, 316), Mg합금 스테인리스(410, 17-4 pH), Al 합금(356) 등
	계기류부품	각종 계기의 프레임, 새시, 기타	스테인리스(303, 316), Mg 합금(Az91), Cu 합금(Be-Cu)
내연기관부품		예열실분구, 과급기 임펠러 등	내열스테인리스(310), N-155
사무기기, 컴퓨터부품		레버, 핑거, 래치트, 기어프레임, 기타	Al합금(356), 공구강, 보통강, 스테인리스, Cu 합금
전기, 통신기기, 모터부품		각종 프레임, 도파관, 스위치, 기어, 자석, 캠, 스프로키트	Cu 합금(고전도 Cu, Be-Cu), Al 합금(356), 스테인리스, 인버어, 자석강
식품기계, 제지기계, 화학기기부품		캠, 홀더, 어태치먼트, 디스크 플레이트, 임펠러, 밸브	각종 스테인리스(17-4 pH등), Ti 합금, Cu 합금(황동) 등
섬유기계부품		캠, 레버, 래치트, 가이드홀더	보통강, 저합금강, 스테인리스
총화기, 병기부품		방아쇠, 가늠쇠, 톱스냅	저합금강, 스테인리스(17-4 pH등), Al, Mg, Cu 합금
펌프, 콤프레셔부품		임펠러, 노즐, 조인트케이스, 기어케이스	Al 합금, 스테인리스(17-4 pH등), Cu 합금(황동) 등
기 타	공작기계부품, 자동차부품, 광학기기부품, 스팀터빈부품, 공업용 미싱부품, 의료기기부품, 농기구부품, 원자기기부품 등		

2 인베스트먼트 주형법의 종류

인베스트먼트 주조법(inveatment casting process)을 크게 분류하면 솔리드 주형법(solid mold process)과 세라믹 셸 주형법(ceramic shell mold process)으로 나뉜다.

솔리드 주형법과 세라믹 셸 주형법의 차이는 [그림 3-1]에서 보는 바와 같이 단지 주형을 형성시키는 방법만 다를 뿐 왁스 원형(wax pattern)을 제작하여 조립하는 방법이나, 형성된 주형 내부의 왁스를 녹여 내고 그 공간에 용탕을 주입하는 것은 마찬가지이다. 이렇게 왁스를 녹여 낸다고 하여 인베스트먼트 주조법을 일명 로스트 왁스법(lost wax process)이라고도 한다.

최근에는 고온에서 주입되는 용탕 압력을 얇은 두께로서도 견디어 낼 수 있는 각종 점결제(binder), 저팽창 내화물, 피복 방법 등이 개발되므로서 세라믹 셸 주형법을 많이 사용하고 있다.

세라믹 셸 주형법이 솔리드 주형법보다 유리한 점을 열거하면 다음과 같다.

① 내화물의 사용량이 현저하게 줄어들므로서 주조 원가가 낮다.

② 주형이 가벼워지므로 취급이 용이하고 솔리드 주형법보다는 큰 제품을 주조할 수 있다.

③ 주형이 얇기 때문에 솔리드 주형법보다 주입 후 열방출이 신속하고 균일하며 이 때문에 어떤 합금에서는 기계적 성질이 향상된다.

④ 주조 결함의 발생이 적다.

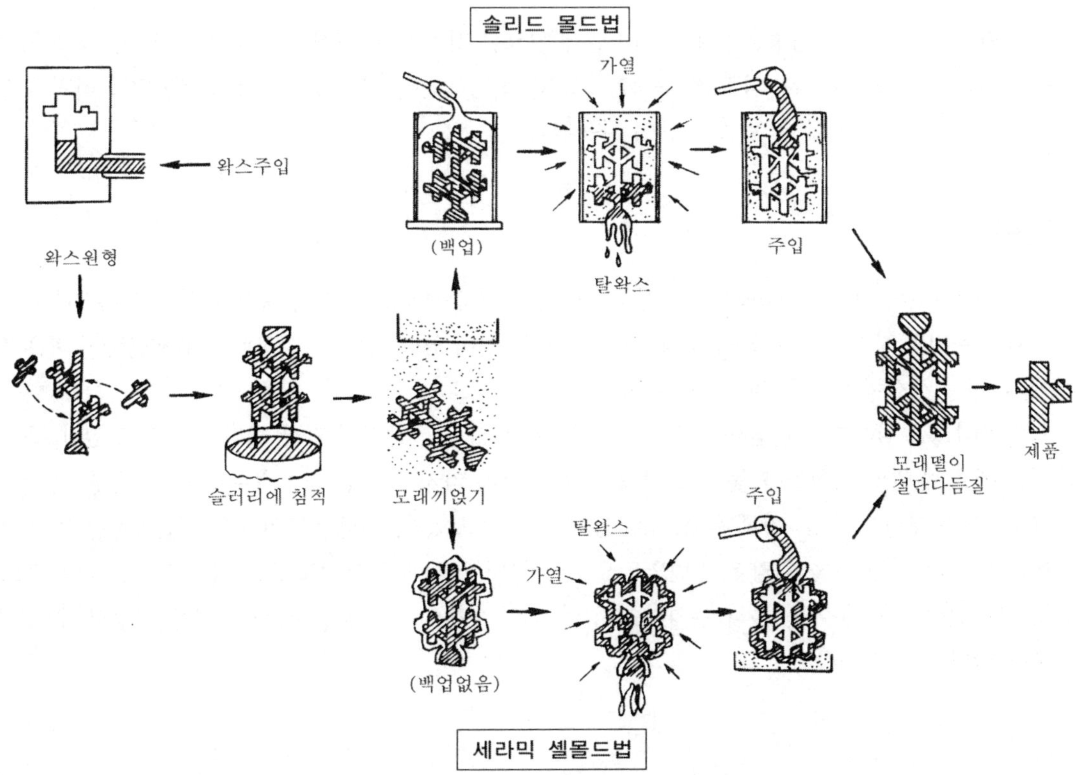

[그림 3-1] 인베스트먼트 주조법의 기본적인 제조 공정

⑤ 치수의 정밀도가 높다.
⑥ 주형의 피복 작업이 단순 반복 작업으로 이루어지므로 주형 작업 공정을 자동화할 수 있다.

최근의 세라믹 셸몰드법의 발달은 생산성의 향상이나 코스트가 낮아질 뿐만 아니라 주조품의 품질 향상 특히 기계적 성질의 향상에 크게 공헌하고 있다. [표 3-3]은 그 일례를 표시한 것이다.

[표 3-3] 세라믹 셸몰드법과 솔리드법에 의한 기계적 성질의 비교

기계적성질	항 목	세라믹셸	솔리드몰드
816℃ 21.1kgf/mm^{2}에 있어서의 러프처 강도(8회의 평균값)	러프처시간(h)	111.8	86.2
	연신율(%)	10.1	19.2
상온 인장시험(12회의 평균값)	인장강도(kgf/mm^2)	80.5	71.0
	내력(kgf/mm^2)	53.4	49.2
	연신율(%)	9.2	11.0

3 제조 공정

1. 주원형(master pattern)

주원형은 왁스 원형 성형용의 형을 만드는데 필요한 것이며, 주원형의 형상이나 치수는 제조 공정 중에 생기는 주형이나 금속의 팽창 수축을 고려하여 정해진다. 주원형의 재질로서는 가공하기 쉬운 알루미늄 합금, 구리 합금, 탄소강 등이 사용된다.

2. 금형(die)

금형에는 주원형을 사용하되 저융 합금, 석고, 수지 등으로 주원형의 형상과 치수를 복제해서 만들어지는 것과 직접 기계 가공에 의해서 만들어지는 것이 있다. 전자는 시작품이나 생산량이 적은 것에, 후자는 생산량이 많은 것에 사용된다.

일반적으로 알루미늄 합금이나 강을 사용한 기계 가공의 금형이 가장 널리 사용되고 있다. 최근에는 왁스 원형의 성형율을 높이기 위해 금형도 여러 가지로 고안되어 다수개 잡이 금형, 수냉식 금형, 연속 개폐식 금형, 일체 원형 금형 등이 사용되고 있다. 인베스트먼트 주조법에서는 왁스 원형의 양부가 직접 주물의 양부에 반영되므로 금형의 제작에 있어서도 표면의 다듬질, 치수 정도, 형 맞춤면의 정도 등에 충분히 주의하여 성형 후의 수정이 필요없는 왁스 원형을 성형할 수 있게 해야 한다.

3. 왁스 원형(wax pattern)

왁스 원형의 성형은 액체 또는 페이스트상의 왁스를 인젝션 머신기에 의해 금형에 주입함으로써 이루어진다. 최근에는 왁스 응고시의 수축을 작게 하기 위해 수지 분말이나 공기를 혼입시키는 방법도 이용되고 있다. [표 3-4]는 왁스 원형 재료의 성분 및 용융점을, [그림 3-2]는 왁스 원형 재료의 열적 성질을 표시한 것이다.

[표 3-4] 왁스 종류와 성분과 융점

성분(%) \ 종류	1	2	3
파라핀왁스	60	35	30
카르나우버왁스	25	10	30
셀레진왁스	10	-	20
밀납왁스	5	55	10
다마알수지	-	-	10
용융점(℃)	50	70	49

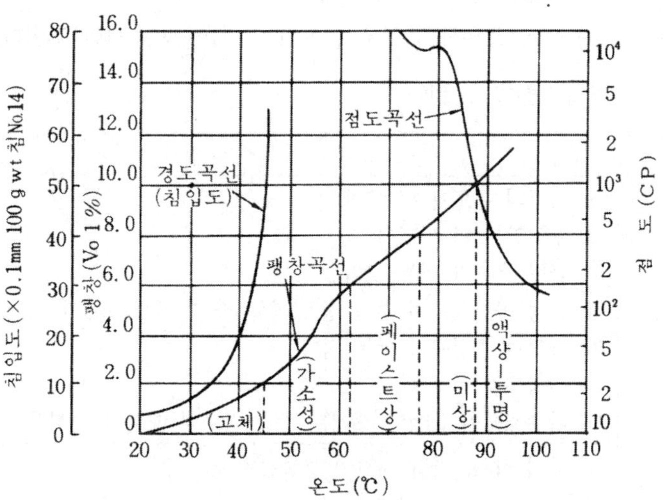

[그림 3-2] 왁스 원형 재료의 열적 성질

왁스는 온도 상승에 따라서 점도가 감소하여 팽창한다. 그래서 온도의 변화는 왁스 원형의 치수나 변형에 영향을 미치므로 성형, 조립, 보존 등의 작업은 항온(보통 22±2℃정도)의 실내에서 행하여진다.

왁스 원형 재료는 [그림 3-3]과 같이 응고 형식에서 크게 세가지 형식으로 나눈다. A형식의 왁스는 넓은 응고 온도 범위를 가지고 페이스트 상으로 주입된다. 이 형식의 왁스는 주입 온도 변화에 유동성에 영향을 적게 받고 온도 관리가 용이하다. B형식의 왁스는 응고 온도 범위가 좁고 용융 온도도 낮다. 일반적으로 슬랙의 상태에서 고압으로 주입된다. 이 형식은 변형이나 수축이 적고 좋은 왁스 원형이 만들어진다. C형식의 왁스는 응고 온도 범위가 좁고 용융 온도가 높으므로 일반적으로 액상으로 주입된다.

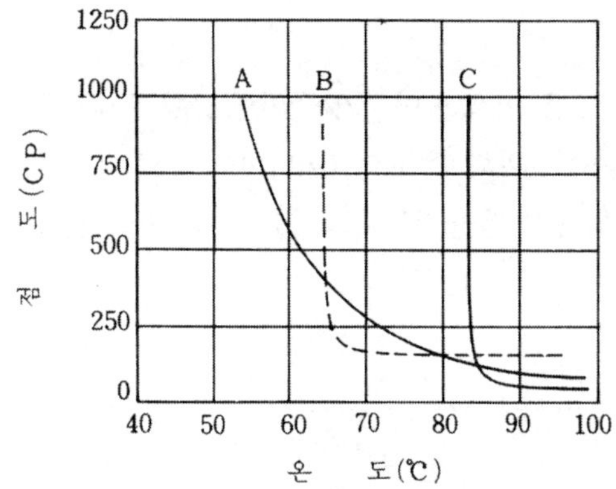

[그림 3-3] **왁스의 응고 형식**

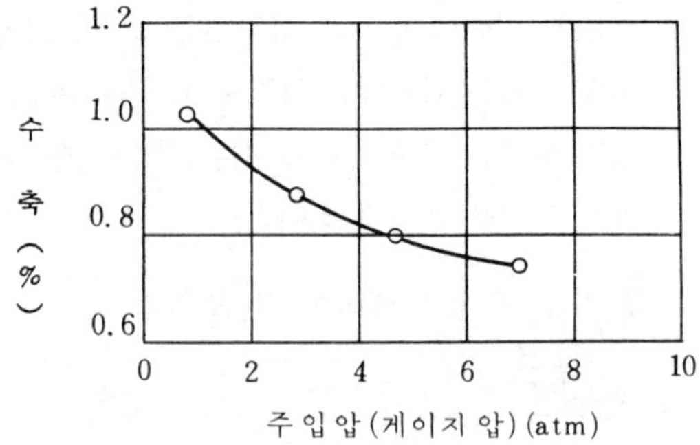

[그림 3-4] **수축과 주입압의 영향**

왁스 원형의 성형에 있어서는 그 치수나 형상을 안정시키기 위해 금형 온도, 왁스의 주입 온도, 주입압, 이형 시간 등을 일정하게 하여야 한다. [그림 3-4]는 왁스 원형 성형시의 수축에 부여하는 주입압의 영향을 나타낸 것이다. 주입압은 종래에는 비교적 저압으로 7~15kgf/cm^2이었으나 최근에는 고압을 사용하는 경향이 있으며, 50~70kgf/cm^2를 사용하고 있다.

[표 3-5]는 왁스 원형에 발생하기 쉬운 결함과 그 원인을 표시한 것이다.

[표 3-5] **왁스 원형의 결함과 그 원인**

결함의 종류	원인
왁스 회전 불량	(1) 왁스의 온도가 너무 낮다. (2) 주입압이 너무 낮다. (3) 금형 온도가 너무 낮다. (4) 금형 공간으로의 주입 경로(형상, 크기, 위치 등)가 적절치 않다. (5) 금형의 주입구가 너무 작다. (6) 이형제가 너무 많다. (7) 다수개잡이 금형일 때에는 주입 경로의 배분이 전체적으로 밸런스를 잃고 있다.
면수축 우묵	(1) 주입 압력, 가압 시간이 불충분하다. (2) 주입 온도가 너무 높다. (3) 주입구의 장착위치가 나쁘다. (4) 주입구가 너무 작다. (5) 금형 온도가 너무 낮다. (6) 왁스 원형의 이형이 너무 빠르다. (7) 공기(기포)의 말려 들어감.
표면 거치름 주름	(1) 이형제가 너무 많다. (2) 금형 온도가 너무 낮다. (3) 주입 압력이 너무 낮다. (4) 주입 속도가 부적당하다. (5) 주입구가 너무 작다. (6) 노즐경(인젝션 머신의)이 너무 작다.

왁스경 흐름 주름	(1) 주입 온도가 너무 낮다. (2) 주입압이 부적당하다. (3) 금형의 게이트의 부적당한 위치와 부적당한 방향에 의해서 생기는 왁스의 주입 속도가 너무 빠르거나 너무 늦음.
기 포	(1) 물(증기), 공기의 말려 들어감. (2) 왁스의 유입시 흩어짐.

4. 코어(core)

인베스트먼트 주조법에 의해 가느다란 구멍이나 중공 부분을 지닌 주조품을 제조할 때에는 각종의 코어가 사용된다. 왁스 원형에 있어서 중공으로 할 때에는 금속 코어나 솔루블 왁스 코어(soluble wax core)가 사용된다. 솔루블 왁스 코어는 수용성의 폴리에틸렌 글리콜 등으로 되어 있으며 수중(혹은 5% H_2SO_4 수용액)에서 용출된다.

그러나 이와 같은 중공 부분의 형상이 너무 복잡하지 않은 것에 한정되며 복잡한 것에는 세라믹 코어(ceramic core)가 사용된다. 세라믹 코어는 지르콘, 용융 실리카, 알루미나, 알루미늄 실리케이트와 같은 비교적 팽창이 적고 내화성이 우수한 내화 분말을 사용해서 주조하고자 하는 주물의 중공 부분에 맞춰서 성형한 뒤 고온으로 소성해서 만들어진 코어이다. 이 세라믹 코어는 주물이 만들어진 뒤 가성소다 또는 플루오르산 등으로 용출된다. 최근에는 제트 엔진이나 가스 터빈의 블레이드류에 복잡한 중공 부분을 지닌 냉각 날개의 사용이 많아져서 세라믹 코어는 그 제조에 없어서는 안될 것으로 되어 있다.

세라믹 코어의 이용은 최근의 큰 기술적 발전의 하나이며, 이로 인해 종래 제조가 불가능하였던 복잡한 중공 부분을 지닌 주물을 제조할 수 있을 뿐만 아니라 보통의 중공 주물에서도 중공 부분의 주물 표면의 향상, 치수 정도의 향상, 불량률을 감소시킬 수 있다.

5. 왁스 원형의 조립

왁스 원형은 제조부분 외에 탕구, 탕도, 게이트가 되는 부분의 것도 만들어져서 일체의 왁스 원형이 조립된다. 이것은 보통 트리(tree) 또는 클러스터(cluster)라고 불리우고 있다. 이 트리의 방안은 이른바 탕구계 방안이 되는 것이며, 그 설계에 있어서는 용탕의 성질, 주물의 크기나 형상, 주조 조건 등 많은 요인을 고려해서 올바른 지향성 응고가 행하여질 수 있게 하여 수축, 용탕 회전 불량 등의 결함이 제품에 생기지 않게 해야 한다. 보통 탕구계 방안은 두 세가지의 기본적인 방안에 관해서 시험한 뒤에 결정할 때가 많다. 탕구계 방안으로서는 일반적으로 가지 게이트나 휠 게이트 등이 많이 사용되나 주물이 작고 형상이 간단할 때에는 할로우 스프루(hollow sprue)방식이라고 하는 방안이 사용되고 있다. 이 방법은 주조 실효율이 향상될 뿐만 아니라 트리의 조립 작업, 코팅 작업을 합리화할 수가 있고 가격적으로도 유리하다.

6. 주형의 제작

인베스트먼트 주조법의 주형은 트리 주위에 내화물층을 형성시킨 뒤 트리를 용출시킴으로써 만들어진다. 트리의 내화물층의 피복은 코팅 혹은 인베스트먼트라고 불리우며, 내화성 바인더와 내화물 미분말로 된 슬러리의 침지(dipping)와 내화물 입자의 끼얹기(스터코우, stucco)에 의해서 행하여진다.

(1) 코팅

1) 바인더

인베스트먼트 주조법에 사용되는 내화성 바인더로서는 테트라 에틸, 오르토 실리케이트, 에틸 실리케이트 40, 콜로이달 실리카, 규산염 등이 있는데 현재 가장 많이 사용되고 있는 것은 에틸 실리케이트 40과 콜로이달 실리카이다. 에틸 실리케이트 40은 사용시 [표 3-6]과 같은 배합비이며 알콜, 물, 산촉매를 사용해서 가수분해한다. [그림 3-5]에서 보는 바와 같이 pH 1~2 부근이 가장 길며 일반적으로 이 부근의 pH로 조정된다. 콜로이달 실리카는 에틸 실리케이트와 같은 전처리가 필요 없으며 그대로 사용된다.

[표 3-6] 에틸 실리케이트40의 바인더의 배합(%)

SiO_2 농도(%) \ 배합	에틸실리케이트40	변성알콜	물	촉 매
20	43	52	4	1
24	54	38	7	1
30	70	21	8	1

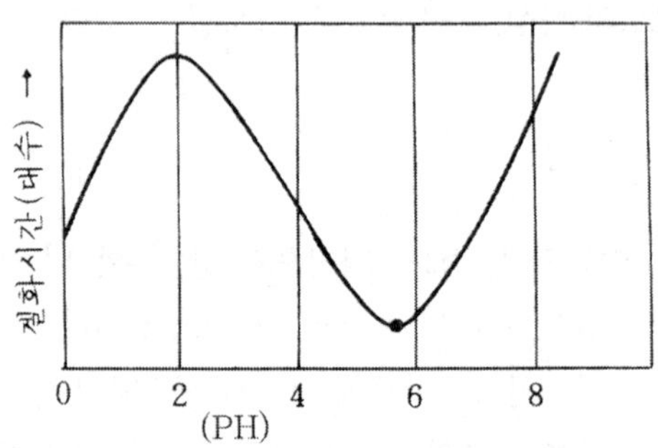

[그림 3-5] 겔화 시간과 pH의 관계

2) 슬러리와 스터코우재

슬러리는 바인더에 325 메쉬 정도의 내화물 미분말을 혼합해서 만들어진다. 인베스트먼트 주조법의 주형 제조에 있어서 슬러리 및 스터 코우재로서 사용되는 내화물 성질은 [표 3-7]과 같다.

[표 3-7] 인베스트먼트 주조용 주형 재료의 성분과 융점

성분	Al_2O_3	SiO_2	Na_2O	Fe_2O_3	TiO_2	CaO	MgO	ZrO_2	융점(℃)
석 영	0.11	99.8	–	0.033	0.022	tr	tr	–	1,700
용융석영	0.05	99.9	–	0.02	0.015	0.01	0.005	–	1,700
용융알루미나	99.5	0.3	0.35	0.03	0.015	0.05	0.005	–	2,060
알루미나(결정)	99.0	0.1	0.02	0.4	–	0.07	–	–	2,060
지르콘(A)	–	34.0	–	0.1	0.25	–	–	65.0	2,300
지르콘(B)	0.79	max 32.23	–	max 0.04	max 0.2	–	–	min66.32	2,300
지르코니아(안정화)	0.39	0.35	–	0.19	0.21	3.52	0.46	94.6(+HfO_2)	2,690
칼슘, 알루미나이트	79.0	0.1	0.5	0.3	–	18.0	0.4	–	1,700
소성점토	41.6	52.8	1.2	1.5	2.5	0.3	0.4	–	–
프린트입자	47.5	47.7	0.9(total Alkali)	1.1	2.5	0.2	0.2	–	–
무라이트(용융)	76.2	23.0	0.44	0.13	0.11	0.06	–	–	1,810(분해)
무라이트	73.5	22.4	–	0.9	3.2	–	–	–	1,810(분해)
카이아나이트	57~60	37~41	–	0.08~0.4	1.2	0.3	0.3	–	1,550(용융)
몰로카이트	42~43	54~55	Na_2O 0.1 K_2O 1.5~2.0	0.75	0.08	0.1	0.1	–	

(※ 슬러리용 미분말 및 스터코우재로서 사용된다)

슬러리에 있어서의 바인더와 내화물 분말의 배합에는 슬러리의 작업성이나 주형(셸)의 강도 등에 밀접하게 관계된다. 또 그 내화물 분말의 입도 분포는 슬러리의 성질(점성, 비중 등) 및 주형의 강도에 크게 영향을 미치므로 일정한 입도 분포인 것이 사용되어야 한다. 보통 슬러리의 성상 관리는 pH, 비중, 점성에 의해서 행하여진다. 점성의 측정에는 Zahn Cup(No.4, No.5)이나 Ford Cup이 사용된다.

[표 3-8]은 세라믹 셸의 제작을 위한 슬러리와 스터코우재의 일례를 표시한 것이다. 슬러리의 교반에는 프로펠러식 교반기나 용기 회전식 교반기 등이 사용된다.

[표 3-8] 세라믹 셸몰드용 슬러리, 스터코우재

항목 \ 슬러리의 종류		슬러리A	슬러리B	슬러리C	슬러리D
슬러리	콜로이달실리카(ℓ) (SiO_2 30%)	13.6	11.3	11.3	36.3
	지르콘분말(325메쉬) (kgf)	45.3	45.3	40.8	물로카이트분말 45.3
	계면활성제(cc)	10	10	10	–
	기 타	–	물 4.5ℓ	실리카 4.5kgf 물 4.5ℓ	–

성상(性狀)	점성(s)	(Zahn Cup #5) 9~11	물 8~10	실리카 물 9~11	同 9~14
	비 중	2.90~2.95	2.70~2.75	2.65~2.70	1.75~1.85
용 도		대형물로서 특히 강한 셸을 필요로 할 때	일반용	코어를 포함한 주물에서 가성 소다 등으로 코어를 제거하는 것	Cu, 경합금의 전층용 혹은 Fe, 기타의 합금의 백업용
스터코우입(粒)		제1~2층용 지르콘샌드 제3층 이후 소성지르콘			몰로카이트업

3) 코팅 작업

슬러리에 침적된 트리는 슬러리의 피막층이 건조하기 전에 스터코우재가 끼얹여진다. 스터코우 재료는 셸의 주물과 닿는 내층부에는 65~100메쉬의 작은 입자, 외부의 백 업층에는 30~50메쉬의 거친 입자가 사용된다. 내화물입의 스터코우 방법으로서는 입자가 빗물처럼 떨어지는 낙하식과 용기 바닥으로부터의 공기 흐름에 의해서 입자를 부유시키는 플루우다이즈드 베드식(고체 유동 상식 : 固體流動床式)이 있다.

코팅층의 건조는 항온 항습의 실내에서의 자연 건조 외에 터널식 건조 장치를 사용해서 온도, 습도를 조정한 공기를 강제 통풍하는 방법도 이용되고 있다. 또 에틸 실리케이트 바인더일 때에는 암모니아 가스를 사용해서 겔화를 일으키게 하여 급속히 경화시키는 방법이 코팅 공정의 단축 방법으로 사용되고 있다. [그림 3-6]은 건조 속도에 부여하여 공기의 온도와 유속의 영향을 나타낸 것이다.

세라믹 셸의 건조 강도는 건조가 진행하면 급속히 증가한다.

세라믹 셸몰드법에서는 코팅을 4~10회 반복하여 3~10mm 정도 두께의 내화물층을 형성시킨다. 한편 솔리드 몰드법에서는 코팅을 끝낸 트리는 금속성의 주형틀에 넣어지고 바인더를 함유한 내화물입으로 백업된다. 백 업재의 바인더로서는 에틸 실리케이트, 알루미나 시멘트, 규산염, 인산염, 석고 등이 사용된다. 이 백업재의 건조는 30~35℃로 1~4일간에 걸쳐서 행하여진다.

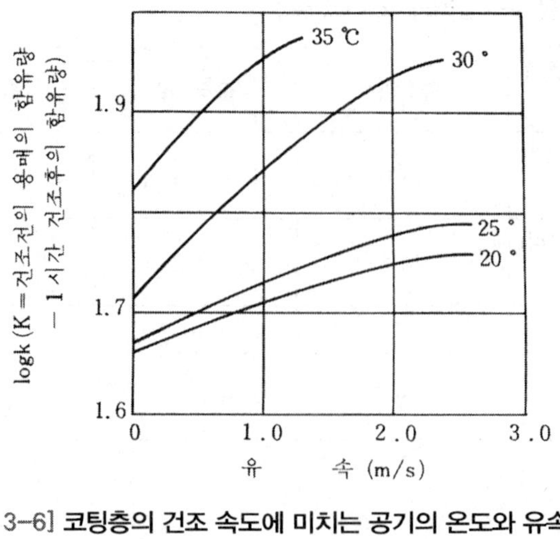

[그림 3-6] 코팅층의 건조 속도에 미치는 공기의 온도와 유속의 관계

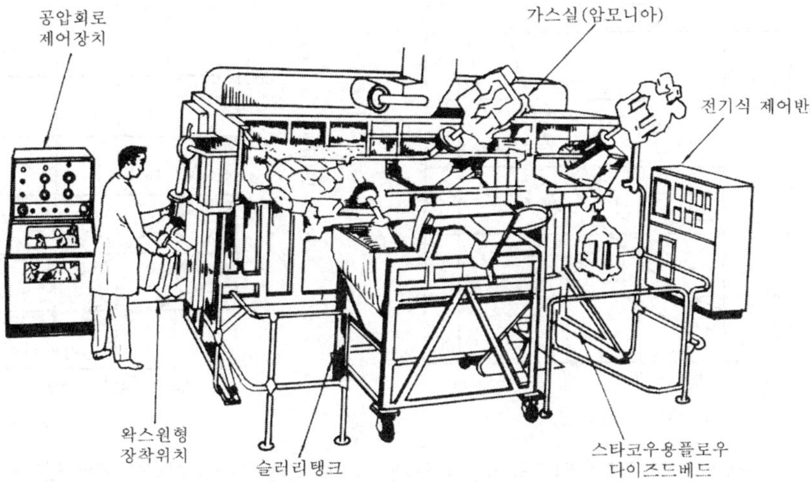

[그림 3-7] 배치식 오토매틱 셸 몰딩머신

최근에는 코팅 작업의 기계화, 자동화가 진행되어 영국, 미국 등에서는 오토매틱 셸 몰딩머신에 의한 세라믹 셸의 제조가 보급되고 있다. [그림 3-7]은 오토매틱 셸 몰딩머신을 나타낸 것이다.

이 장치는 왁스형 중량(왁스형 + 코팅층) 약 55kgf까지의 트리 12개를 약 1시간으로 7회 코팅할 수 있다.

(2) 탈 왁스

일반적으로 왁스 원형의 제거에는 열을 가해서 용출하는 방법이 사용된다. 현재 사용되고 있는 주된 탈 왁스 방법의 일반적 성질은 [표 3-9]와 같다. 열충격법과 오토클레이브법에 의한 탈 왁스일 경우 코팅층의 건조도와 탈 왁스시의 세라믹 셸에 있어서의 크랙의 발생 경향은 [그림 3-8]과 같은 관계가 있다.

최근에는 오토클레이브 탈 왁스법이 탈 왁스 시간도 짧고, 왁스의 회수율도 좋으며 연기 발생도 없는데다 양질의 셸이 얻어지므로 널리 사용되고 있다.

[표 3-9] 각종 탈 왁스법의 비교

조건 \ 탈왁스법	열충격법	오토클레이브법	열탕법	저온가열법
가열장치	전기로, 가스로, 중유로	오토클레이브 (수증기)	열탕	저온로, 열풍로 (전열)
탈왁스온도(℃)	900~1100	120~150	95~100	100~150
탈왁스시간(min)	3~10	10~20	15~45	3~10
왁스의 회수	그리 좋지않다 (50~80%)	좋다(80~90%)	좋다(80~95%)	좋다(80~95%)
비고	생산성이 가장 좋다. 매연이 심하다.	경제적, 생산성도 좋다. 대부분 이 방법을 사용	자동주형 제조장치에 사용	솔리드법에만 사용된다.

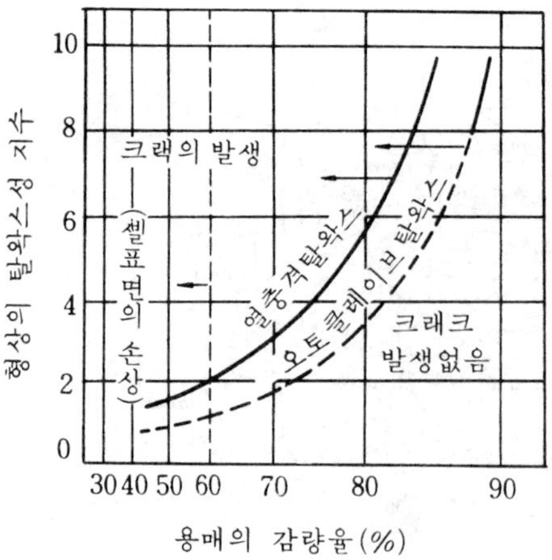

[그림 3-8] 세라믹 셸의 건조도와 크랙의 발생 관계

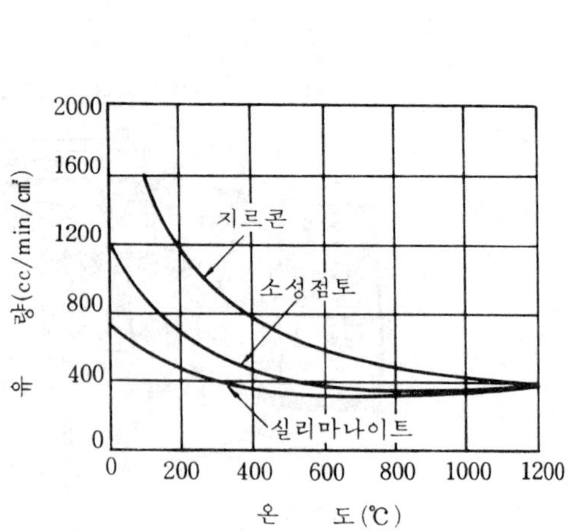

[그림 3-9] 세라믹 셸에 있어서의 주형온도와 통기성 관계

(3) 소성과 예열

탈 왁스가 끝난 주형은 부착된 왁스나 불완전 연소의 카본을 제거하고 또 주형을 강화하는 동시에 적절한 통기성을 부여하기 위해 800~1100℃의 고온의 소성로에서 30분~1시간 소성된다.

세라믹 셸몰드법에서는 보통 백 업을 행하지 않고 세라믹 셸만으로 주입될 때가 많은데 주형의 냉각을 방지하기 위해 내화물입이나 석면, 카올 등을 사용해서 보온할 때도 있다. 일반적으로 인베스트먼트 주조법에 의해 만들어지는 주물은 형상이 복잡한 것이 많으므로 용탕의 유동성을 저하시키지 않게 600~1000℃ 정도의 높은 주형 온도로 주입된다. 주형의 통기성은 주형의 온도, 주형 재료의 종류에 따라서 변하는데 일반적으로 주형 온도가 높아지면 통기성은 저하된다(그림 3-9 참조).

7. 용해와 주입

인베스트먼트 주조법에 있어서의 용해에는 대기 용해, 분위기 용해, 진공 용해가 사용된다. 저합금강, 스테인리스강, 내열강이나 Fe기, CO기의 내열 합금에서는 대기 또는 Ar 기류 속에 있어서의 간접 아크로와 고주파 유도로가 사용된다. 특히 최근에는 이와 같은 초내열 합금을 사용하는 경우가 많다. 최근의 진공 용해 주조는 상하 2실로 나뉘는데 위가 용해실, 아래가 주형실이며 별도로 진공이 가능하므로 연속적으로 용해 주입을 행할 수도 있다. 주입 방법으로서는 치주법, 반전 가압법, 흡입 주조법, 원심 주조법 등이 있는데, 제품의 형상, 용탕의 종류 등에 다라서 적절한 방법이 택하여진다. 주입에 있어서는 주입 온도, 주형 온도에 특히 주의해야 한다. 즉 필요 이상으로 주입 온도가 높으면 유동성은 좋아지나 조직이 조대화하여 기계적 성질이 저하한다. 또 소착, 블로우 홀 등도 발생하기 쉬우며 주물 표면도 나빠진다. 주형 온도는 용탕 회전 불량이 생기지 않는 범위에서 낮은 편이 냉각 속도가 빨라지며 기계적 성질이 좋아진다. [그림 3-10] 및 [그림 3-11]은 용탕이 유동성에 부여하는 주입 온도, 주형 온도, 주입 속도의 영향의 일례를 나타낸 것이다.

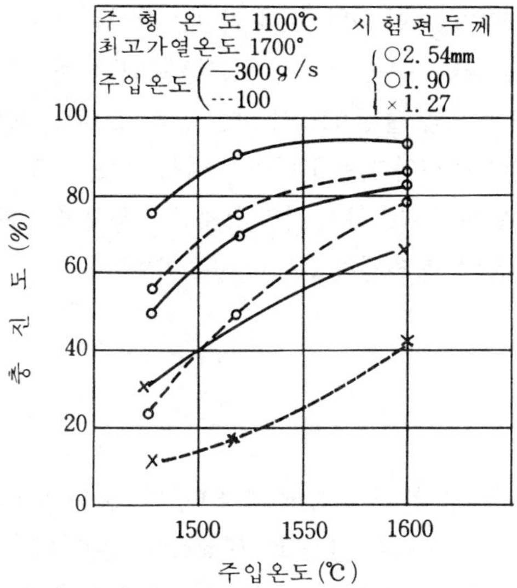

[그림 3-10] 용탕의 유동성에 미치는 주입 속도와 주입 온도의 영향(재질 : C 0.2%, Cr 22.5%, Ni 11.5%, W 2.7%, Fe 나머지)

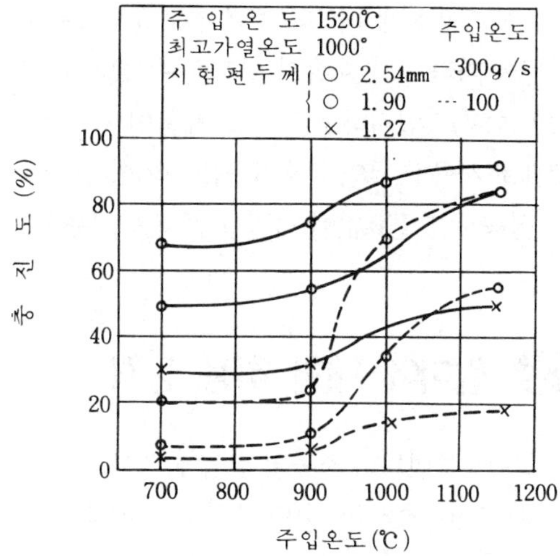

[그림 3-11] 유동성에 미치는 주형 온도와 주입 속도의 영향(재질 : C 0.2%, Cr 22.5%, Ni 11.5%, W 2.7%, Fe 나머지)

8. 후처리 및 검사

주입 후 주물이 냉각한 뒤 형분리를 행하는데 이것에는 진동 해머(에어 해머), 워터 블라스트 등이 사용된다. 샌드 블라스트, 숏 블라스트, 바렐 연마, 베이비 그라인더 등을 주입해서 주의 깊게 행한다. 세라믹 코어나 잘 떨어지지 않은 셸의 제거에는 500~550℃의 용융 가성 소다나 30~80%의 플루오르화 수산 수용액(실온)속에 침지 또는 50% 가성소다 수용액으로 오토클레이브 속에서 처리하는 방법 등이 있다.

Section

02 인베스트먼트 주조품의 공차

인베스트먼트의 주조품은 그 특징에서 보는 바와 같이 어떤 범위의 허용 공차를 지닌 치수를 기계 가공하지 않고 주방 상태에서 얻는데 있으므로, 기계 가공 도면을 제시하여 주조를 의뢰할 경우가 많으며, 또한 기계 가공 도면의 각종 치수 및 허용 공차를 검토하여 인베스트먼트 주조법으로 대치할 경우가 많다. 그러므로 도면에 기재된 각종 기호를 먼저 이해하고 각 치수별로 그 허용 공차를 검토하여 인베스트먼트 주조로서 바로 얻어질 수 있는 치수와 후가공을 요하는 치수를 반드시 사전에 검토하여 인베스트먼트 주조용 도면을 작성하여 주문자의 확인을 받은 후에 생산에 임하여야 한다. 이때 가공을 요하는 치수는 가공 여유를 합의하에 되도록 주문자가 요구하는 가공 여유를 붙여 주는 것이 좋다. 왜냐하면 주문자의 사용 장비에 따라 가공 여유가 달라질 수 있기 때문이다. 또한 제품 설계자도 사전에 인베스트먼트 주조품의 공차 범위를 인지하므로서, 그 제품이 가지는 각종 치수의 용도와 기능에 따라 인베스트먼트 주조한 주방 상태로 사용할 것인지 후가공을 거쳐야 할 것인지를 판단하여 과도하게 정밀 공차를 적용하여 제품 원가를 상승시킬 필요없이 적절한 공차를 적용하므로서 제품의 제조 원가를 절감할 수 있다.

1 길이에 대한 허용 공차

인베스트먼트 주조품의 길이에 대한 일반 공차는 치수, 형상, 재질 등에 따라 다르나 보통 25mm까지는 ±0.25mm를 적용하며 추가로 5mm씩 늘어남에 따라 일반 공차 역시 ±0.05mm씩 늘어난다. 그러나 주조 업체의 시설, 자재, 기술 및 공정 관리에 따라 다음 [표 3-10]에 표시한 바와 같이 정밀 공차 혹은 초정밀 공차까지 얻을 수 있다.

인베스트먼트 주조품의 공차 변화 요인은 다음과 같다.

① 왁스 혹은 플라스틱 원형의 사출 온도, ② 사출 압력, ③ 사출 금형의 온도, ④ 주형재료의 종류, ⑤ 주형 소성 온도, ⑥ 주입 후 응고 속도, ⑦ 트리에 부착된 위치, ⑧ 열처리 등 이상과 같이 인베스트먼트 주조법에는 공차 변화 요인을 많이 가지고 있다. 그러나 일반적으로 제품의 형상, 크기, 재질 등에 따라 적용 공차가 다소 차이는 있으나 정밀 공차 혹은 초정밀 공차 범위 내로 주조를 하여야 할 경우에는 제조 원가가 상승된다.

[표 3-10] 인베스트먼트 주조품의 길이에 대한 공차

(단위 mm)

치 수	일반공차	정밀공차
12.7 까지	± 0.18	± 0.08
25.4 까지	± 0.25	± 0.13
50.8 까지	± 0.35	± 0.20
76.2 까지	± 0.41	± 0.25
101.6 까지	± 0.48	± 0.30
127 까지	± 0.55	± 0.36
152.4 까지	± 0.64	± 0.38
177.8 까지	± 0.71	± 0.41
203.2 까지	± 0.79	± 0.43
228.6 까지	± 0.86	± 0.46
254 까지	± 0.94	± 0.48
최대공차	± 1.02	-

2 평면도

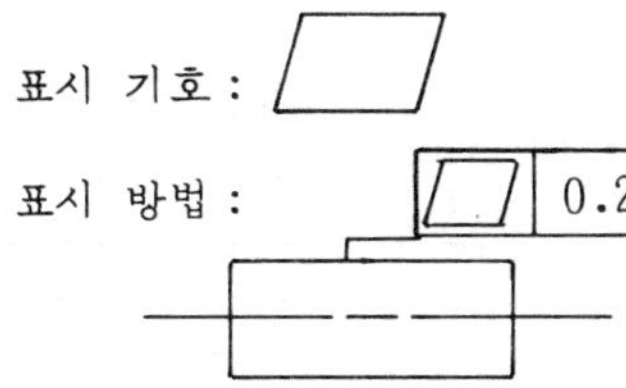

평면도는 단지 형상 공차로서 한면을 인디케이트(indicator)로 측정했을 때 기본면보다 가장 높은 곳의 공차와 가장 낮은 곳의 공차의 절대치의 합을 말한다. 그 예는 [그림 3－12]와 같다. 인베스트먼트 주조법에서는 왁스 원형이나 주조품의 가운데 부분이 접시처럼 오목하게 들어가는 면수축이 가끔 발생한다. 이러한 현상을 디시(dish)현상이라 부르는데 왁스 원형이나 주조품이 응고시 체적 수축을 하여 두꺼운 부위의 가운데에 주로 발생한다. 이 디시 현상의 발생 원인과 대책은 차후 왁스 원형 불량의 종류와 원인에서 상세히 설명된다.

인베스트먼트 주조에서 얻어질 수 있는 평면도 공차는 다음 [표 3－11]과 같다.

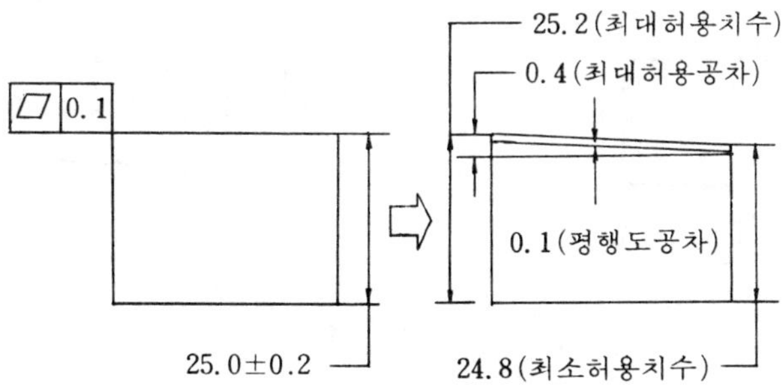

[그림 3–12] 평면도

[표 3–11] 인베스트먼트 주조품의 평면도 공차

(단위 mm)

길 이	주방상태	주조 후 기계적으로 교정할 경우
25 까지	± 0.2	± 0.1
50 까지	± 0.4	± 0.15
75 까지	± 0.5	± 0.2
100 까지	± 0.6	± 0.3
125 까지	± 0.7	± 0.4
150 까지	± 0.8	± 0.5

3 진직도

표시 기호 : —

표시 방법 :

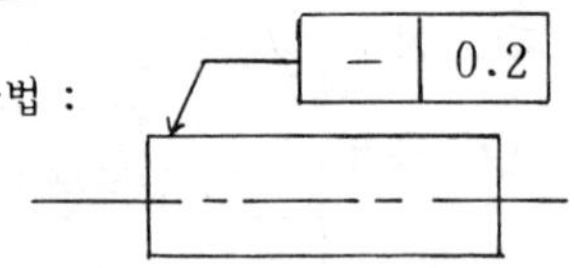

진직도 역시 형상 공차로서 환봉이나 사각판의 기본 축에 대하여 벗어난 정도를 말하는데 일반적으로 환봉이나 사각판의 휘어짐 허용 관계를 표시하는데 많이 쓰인다. 그 예는 [그림 3-13]과 같다. 인베스트먼트 주조에서는 진직도 공차를 지키는데 많은 문제점을 안고 있다. 왜냐하면 굵고 짧은 제품은 잘 휘어지지 않으나 얇고 긴 제품은 휘어지는 경향이 있으므로 상당히 신경을 써야 한다. 그러므로 인베스트먼트 주조품 설계시 기능에 영향을 주지 않는 범위에서 가늘고 긴 부위에 보강대를 붙여줌으로 휨을 방지할 수 있다. 그러나 주조 후 열간 교정, 냉간 교정 등의 기계적 방법으로 교정을 하면 정밀한 진직도를 얻을 수 있다(표 3-12 참조).

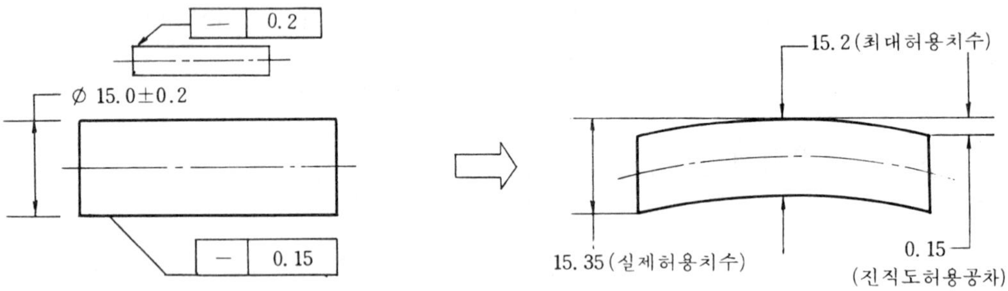

[그림 3-13] **진직도**

[표 3-12] **인베스트먼트 주조품의 진직도 공차**

(단위 mm)

길 이	주방상태	주조 후 기계적으로 교정할 경우
25 까지	± 0.2	± 0.15
50 까지	± 0.4	± 0.25
75 까지	± 0.6	± 0.3
100 까지	± 0.7	± 0.4
125 까지	± 0.8	± 0.5
150 까지	± 0.9	± 0.6
환 봉	25mm당 ± 0.1mm씩 가산	

4 평행도

표시 기호 : ||

표시 방법 :

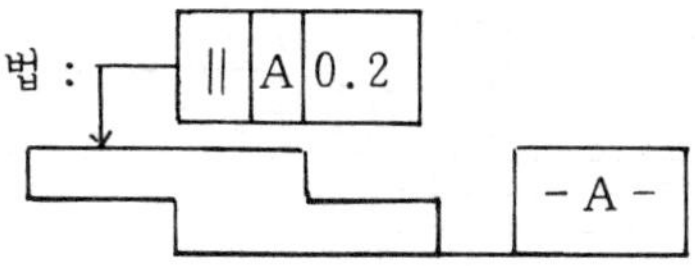

평행도는 어떤 기준면에 대하여 평행 상태를 나타내는 공차로써 측정 방법은 평면도 측정 방법과 같으나 단지 기준면에 대한 상대적 공차라는 것이 다르다. 인베스트먼트 주조품의 형상이 [그림 3-14]와 같을 경우에 "X" 부위가 가장 두꺼운 부위이므로 "Z"와 같은 게이트를 "X" 부위에 부쳐야 한다. 그러나 왁스 원형을 사출 후 응고시 또는 용탕 주입 후 응고시 "X" 부위가 가장 두꺼우므로 가장 많이 수축하고 "Y" 부위는 두께도 얇고 특히 그 주위가 내화물로 쌓여 있으므로 저항을 받아 수축이 작게 되어 [그림 3-15]와 같이 된다. 이러한 경우 최초 견본 제작시에 얻어진 데이터를 이용하여 금형을 [그림 3-16]과 같이 제작하거나 주조 후 [그림 3-17]과 같이 치구를 사용하며, 재질에 따라 열간 혹은 냉간 교정을 하기도 한다. 인베스트먼트 주조에 있어서 평행도 공차는 제품의 형상에 따라 크게 변할 수 있으므로 일정하게 규정하기 힘들다. 그러나 [그림 3-14]와 같은 형상의 경우에는 길이(L) 25mm당 폭(Y)의 평행도 공차는 0.25mm 정도이다.

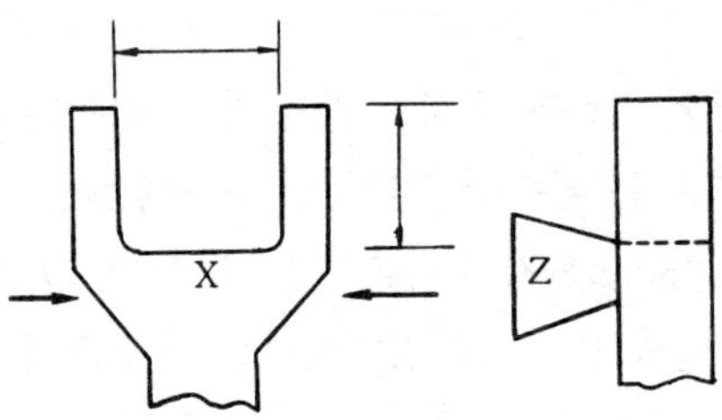

[그림 3-14] **평행도 공차(1)**

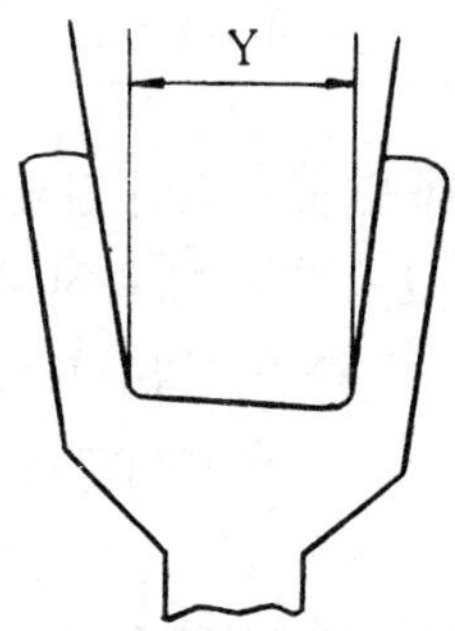

[그림 3-15] **평행도 공차(2)**

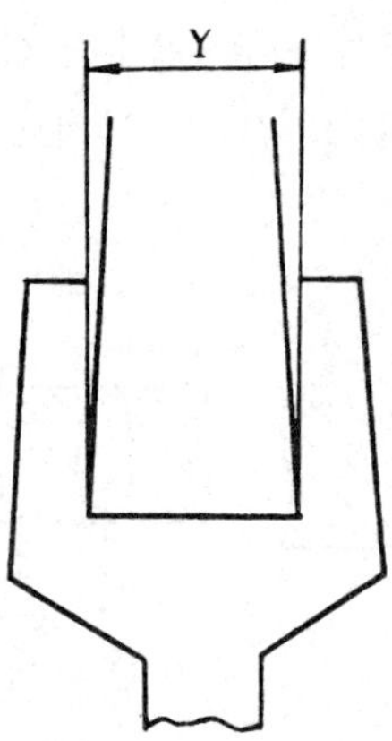

[그림 3-16] **평행도 공차(3)**

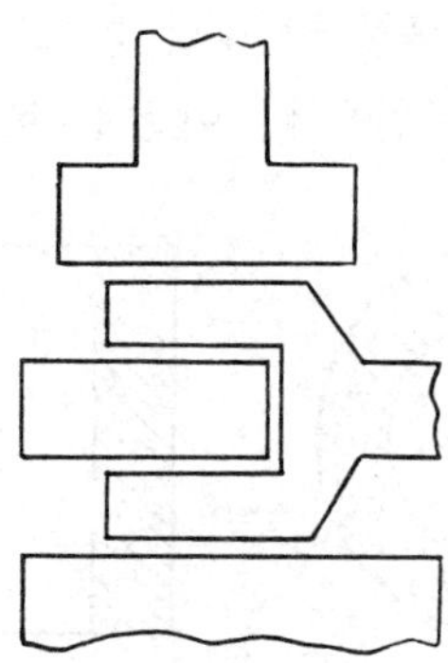

[그림 3-17] **평행도 공차(4)**

5 진원도

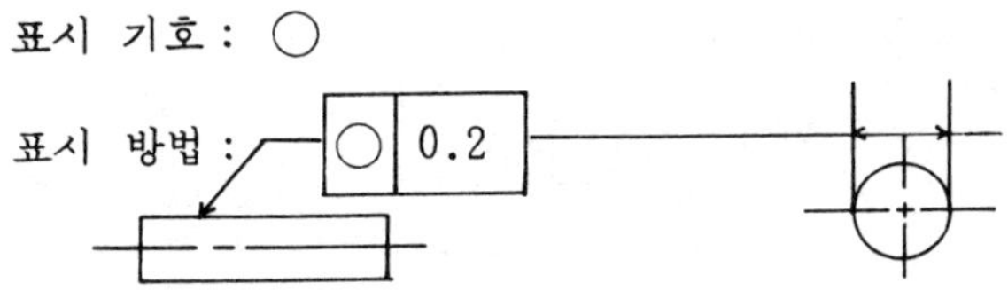

진원도는 원을 360℃ 회전시키면서 인디케이트로 측정하여 진원보다 플라스 쪽으로 벗어나는 최대치와 마이너스 쪽으로 벗어나는 최대치와의 절대치의 합으로 나타낸다.

인베스트먼트 주조품의 진원도 공차는 다음 [표 3-13]과 같다.

[표 3-13] **인베스트먼트 주조품의 진원도 공차**

(단위 mm)

외 경	진원도
12.7까지	0.254
25.4까지	0.381
38.1까지	0.508
50.8까지	0.635
그 이상일 경우	길이에 대한 공차 적용

그러나 가운데 빈 곳이 없이 전체가 금속으로 차 있을 경우와 가운데 구멍이 있을 경우 그때마다 외경의 공차가 달라질 수 있으며, 특히 내경의 경우에는 둘러싸여 있는 금속량이 대칭일 경우에는 플러그 게이지(plug gage)로 측정할 경우 12mm 이하의 치수에서 ±0.08mm까지 공차를 얻을 수 있다. 그러나 큰 구멍은 응고 수축으로 인하여 [그림 3-19]와 같은 현상이 발생하므로 제조 업체에서는 이를 고려하여야 한다.

[그림 3-19]의 (A)에서와 같이 구멍의 상부와 하부는 거의 정확한 치수가 얻어질 수 있으나 중간 부위는 다소 커지는 경향이 있다. 그러므로 플러그 게이지로 검사할 경우에는 중간 부위가 무시되므로 아주 근소한 공차까지 얻을 수 있다. 이러한 현상은 구멍이 길수록 단면 두께가 두꺼울수록 심하게 나타나며 중간 부위에 수축공이 발생할 경우도 있다. 특히 [그림 3-19]의 (B)에서와 같이 국부적으로 두꺼운 부위가 있으면 그 부위에서는 이런 현상이 더욱 심하게 발생한다.

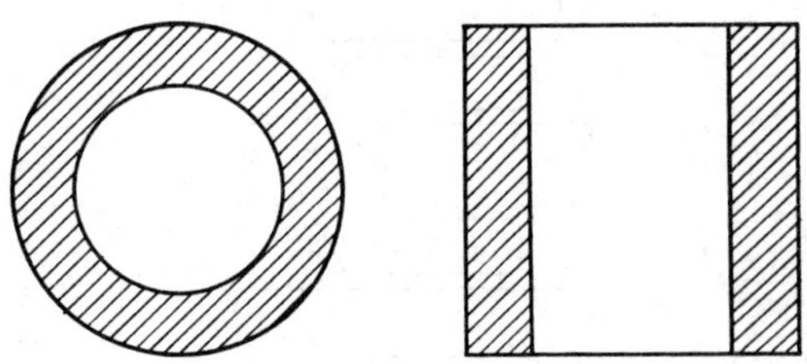

[그림 3-18] **외경 진원도**

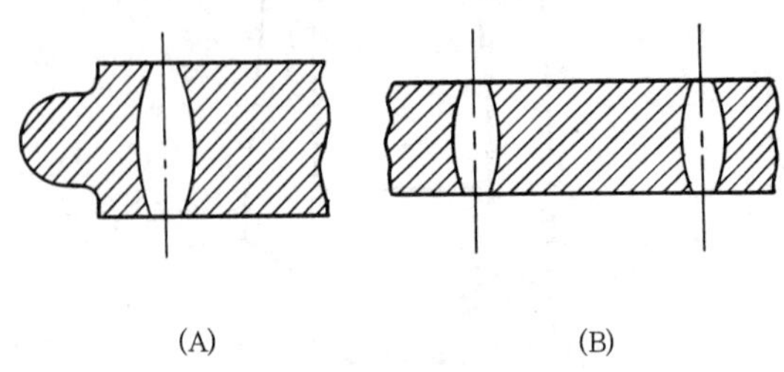

[그림 3-19] **내경 진원도**

이상과 같은 현상을 고려한 인베스트먼트 주조품의 내경 공차는 다음 [표 3-14]와 같다.

[표 3-14] 진원도

(단위 mm)

내 경	진원도
직경 2.5 ~ 6.5	0.3
직경 6.6 ~ 12.5	0.4
직경 12.6 ~ 25.0	0.5
직경 25.1 이상	0.5가산 / 25당

6 동심도

표시 기호 : ◎ 또는 ⊙

표시 방법 :

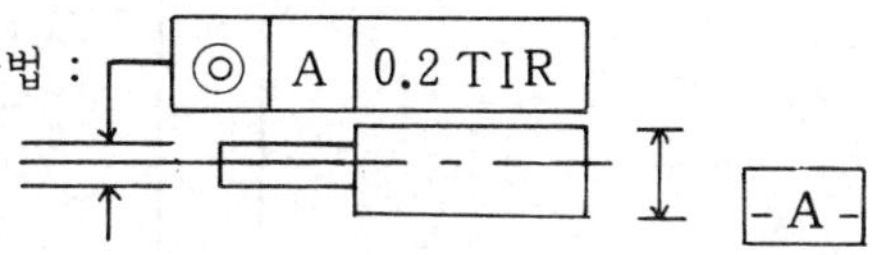

2개 이상의 원으로 형성되어 있는 제품에 있어서 기준원의 중심축에 대하여 벗어난 정도를 나타내는 공차이다. 이를 일명 편심도라고도 한다. [그림 3-20]의 (A)는 진원도는 맞으나 동심도가 맞지 않은 경우이며, [그림 3-20]의 (B)는 진원도는 벗어나나 동심도는 맞는 경우를 나타낸 것이다.

인베스트먼트 주조품에 있어서 동심도 공차 적용은 큰 원(A)와 작은 원(B)의 차이(A-B)에 대하여 25.4mm당 0.127mm씩 동심도 공차를 적용하여 길이 25.4mm당 0.127mm씩 공차를 추가시켜 주어야 한다. [그림 3-21]에서 보는 바와 같이 외경 75mm, 내경 50mm, 길이 100mm일 경우에 동심도 공차 적용은 75mm-50mm = 25mm 그러므로 0.127mm를 적용한다.

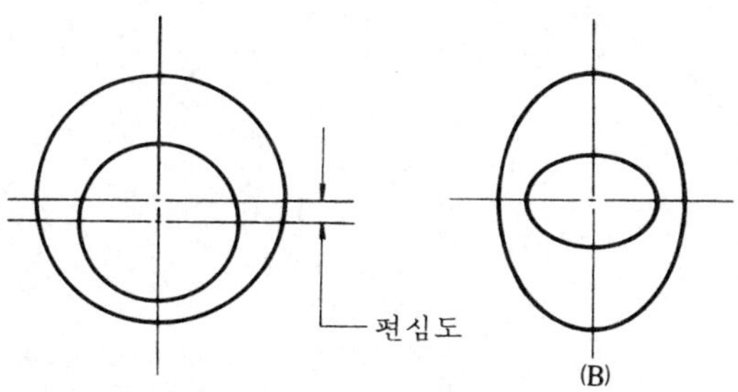

[그림 3-20] 진원도와 동심도

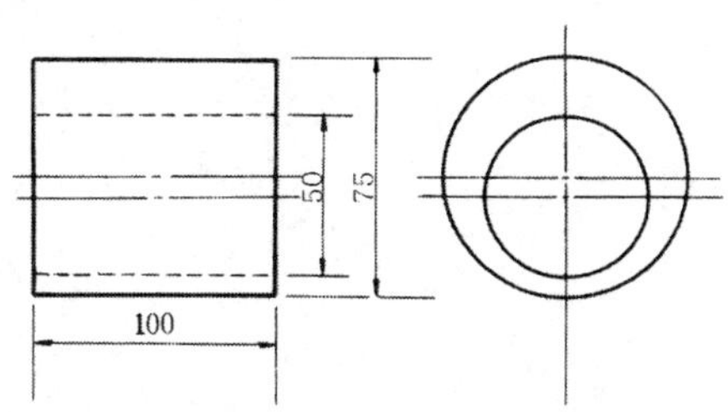

[그림 3-21] 동심도 공차 적용

7 수직도

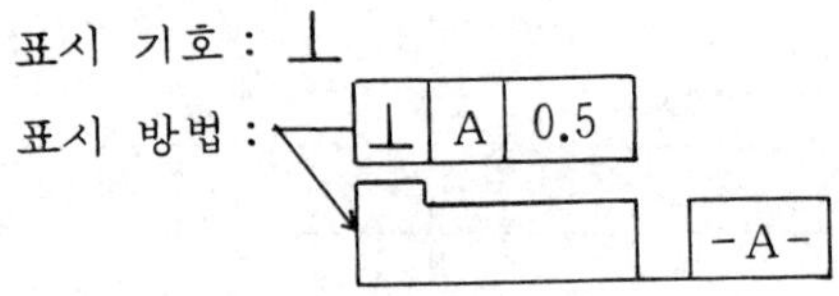

수직도를 규정할 때에는 일반적으로 기준면이 측정하고자 하는 면보다 길어야 하며 3곳에 툴링 포인트(tooling point : 제품을 안치시키는 점)를 정해 주어야 한다. [그림 3-22]와 같은 경우 수직도 공차는 길이 25.4mm당 0.2mm를 적용한다. 예를 들어 B면의 길이가 75mm(X)라고 하면 A면은 75mm보다 길어야 하며 0.2mm~0.6mm 범위까지 수직도 공차를 얻을 수 있다. 그러나 교정을 하면 그보다 작은 공차까지 얻을 수 있다.

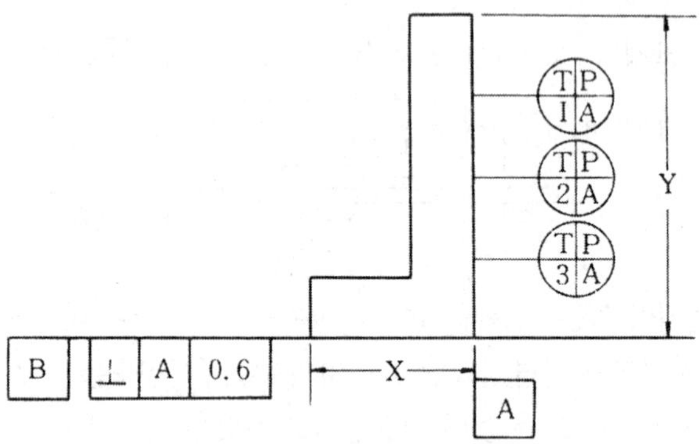

[그림 3-22] 수직도

8 각도 공차

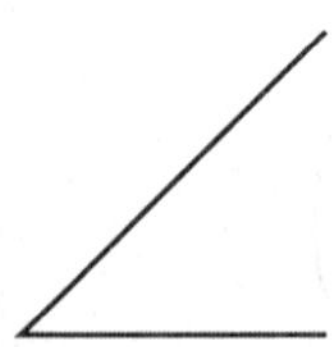

표시기호

각도 공차는 보통 형상에 따라 현저하게 달라질 수 있다. [그림 3-23]에서 A와 같은 각도는 주조 후 교정할 수 없다. 그러나 최초 견본 제작시 공정 시험을 거쳐 데이터에 의거 금형을 수정한 후 주조하면 정밀한 각도를 얻을 수 있다. B 또는 C와 같은 각도는 주조 후 교정을 할 수 있다. 인베스트먼트 주조품으로서 일반적으로 얻어질 수 있는 각도 공차는 ±1/2° ~ ±1° 이다.

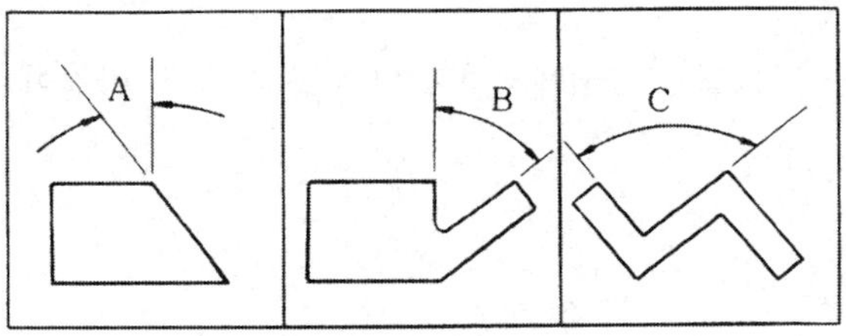

[그림 3-23] 각도 공차

9 기타 형상의 공차 적용

1. 구부러진 구멍

기계 가공에서는 거의 불가능한 구멍을 인베스트먼트 주조법으로 해결해 낼 수 있는 장점은 있으나 주조 후 후가공을 할 수 없으므로 양산 작업 전에 충분히 검토하여 주문자에게 그 공차를 제시해 주어야 한다. 일반적으로 소류블 왁스(soluble wax)나 세라믹 코어를 사용하여 구멍을 만드는데 차후 손질이 어려우므로 [그림 3-24]에서와 같이 길이 공차, 직경 공차 모두 일반 공차의 2배를 적용한다.

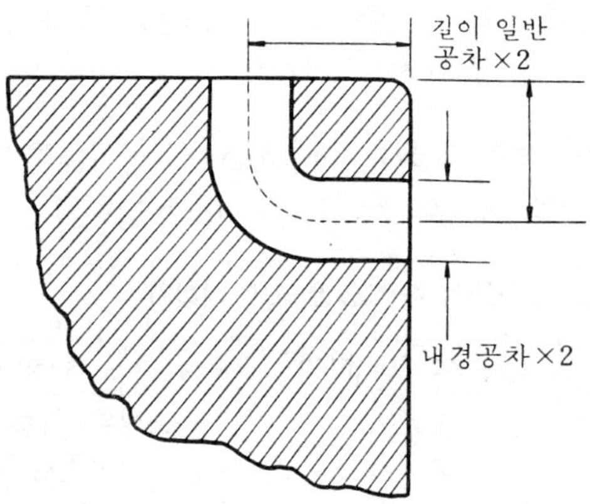

[그림 3-24] 구부러진 구멍

2. 곡 면

인베스트먼트 주조용 도면을 작성할 때는 왁스 원형이나 주조품이 응고시에 체적 수축을 일으킨다는 것을 고려하여야 하며 특히 곡면일 경우에는 다음 사항을 고려하여 주조 도면을 작성하여야 한다.

(1) 곡면이 오목한 경우

디시 현상을 고려하여 [그림 3-25]에서와 같이 주조 후 곡면 반경이 작아지는 것을 고려하여야 한다.

(2) 곡면이 볼록한 경우

[그림 3-26]에서와 같이 주조 후 곡면 반경이 커진다는 것을 고려하여야 한다.

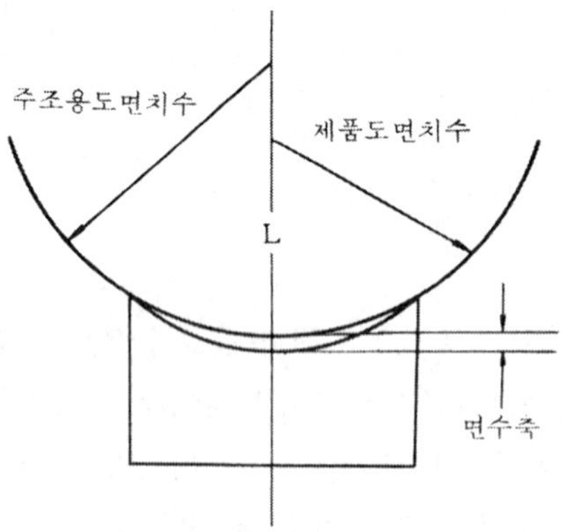

[그림 3-25] 곡면이 오목한 경우

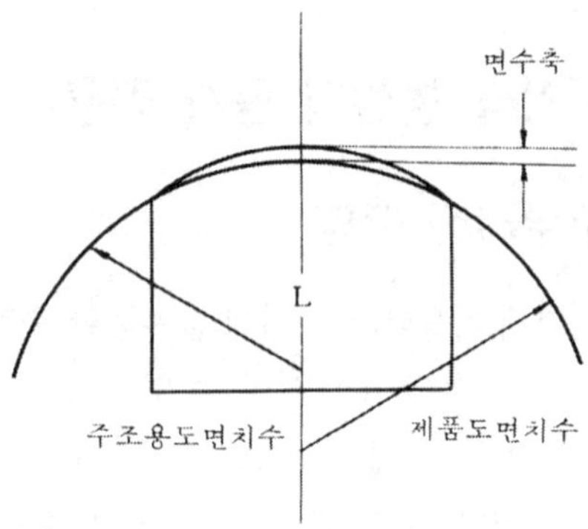

[그림 3-26] 곡면이 볼록한 경우

3. 표면 거칠기

인베스트먼트 주조품의 표면 거칠기는 사용하는 내화물의 종류, 입도, 제품의 크기, 재질 등에 따라 다르나 일반적으로 재질별로 분류하면 [표 3-15]와 같다.

[표 3-15] 인베스트먼트 주조품의 각 재질별 표면 거칠기

재 질	표면거칠기(RMS)	재 질	표면거칠기(RMS)
마그네슘 합금	60 ~ 100	코발트-크롬 합금	80 ~ 100
알루미늄 합금	60 ~ 100	스테인리스강	90 ~ 125
구리합금	60 ~ 100	저합금강	90 ~ 125

Section

03 인베스트먼트 주조품의 설계 및 주조 방안

1 설계 및 주조 도면 작성시 고려 사항

인베스트먼트 주조법으로서는 거의 어떠한 형상도 주조해 낼 수 있으나 기능상으로 허용되는 범위 내에서 다음에 열거하는 사항들을 고려하면 보다 제조 원가가 싼 주조품을 얻을 수 있다. 부적당이라는 것은 주조가 불가능하다는 뜻이 아니고 그러한 형상으로 주조하려면 제조 원가가 더 높아진다는 뜻이다.

1) [그림 3-27]의 (A)의 그림과 같이 구멍 형상을 구부러지게 주조하여야 할 경우에는 쇼류블 코어나 세라믹 코어를 사용해야 하므로 제조 원가가 상승되며, (B)와 같이 직선 구멍이 서로 만나는 형상일 경우에는 [그림 3-28]과 같이 메탈 코어(metal core)로서 쉽게 왁스 원형을 제작할 수 있다.

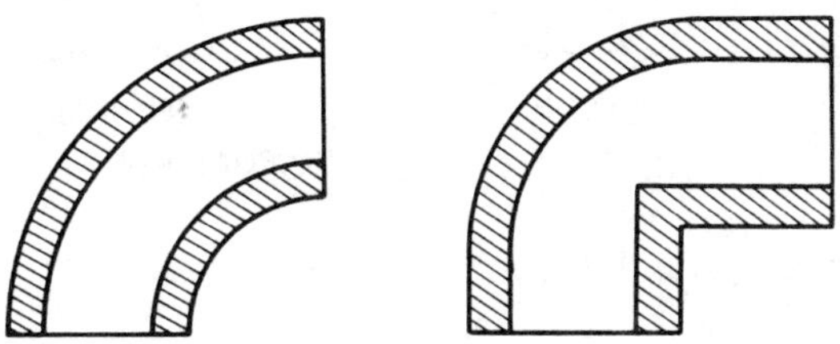

(A) 부적당 (B) 적 당

[그림 3-27] 엘보우

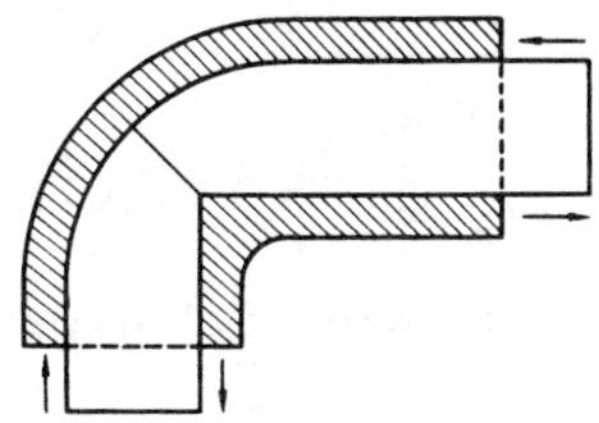

[그림 3-28] 메탈 코어 사용

2) [그림3-29]의 (B)의 그림과 같이 단면 두께를 분산시킴으로써 내부 결함을 방지할 수 있다.

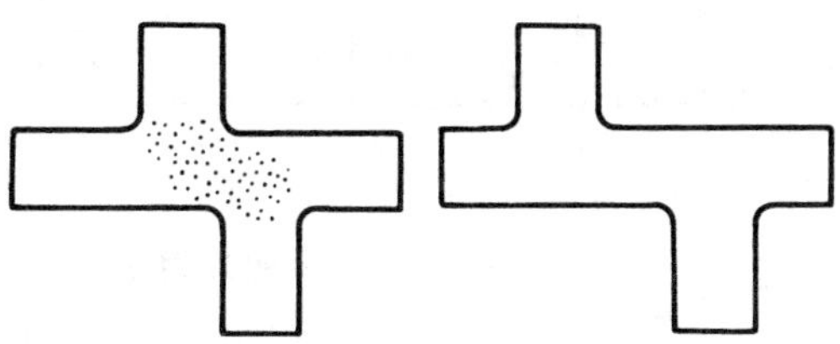

(A) 부적당 (B) 적 당

[그림 3-29] 단면 두께

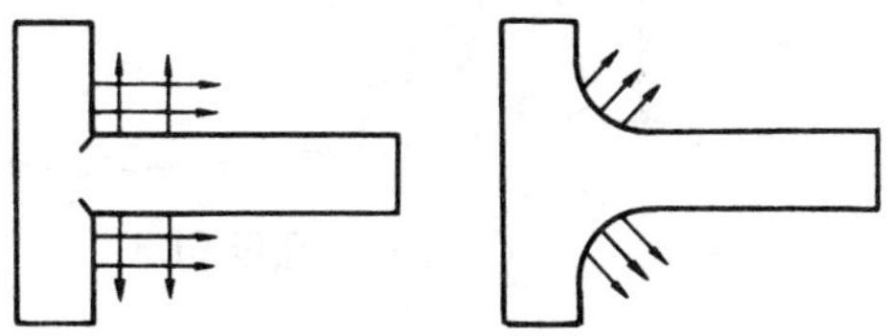

(A) 부적당 (B) 적 당

[그림 3-30] 모서리 부분

3) [그림 3-30]의 (B)의 그림과 같이 모서리 부분의 곡선을 가능한 한 크게 해주는 것이 좋다.

4) [그림 3-31]의 (A)의 형상이 인베스트먼트 주조법에서 부적당한 이유는 슬러리에 침지시 내부에 공기 주머니(air pocket)가 생겨 불량 발생의 원인이 되므로, (B)의 형상으로 하는 것이 좋다. 또한 (A) 형상의 경우 내부 코어를 잡아주는 곳이 하나 뿐이므로 코어가 이동하거나 넘어져 제품 두께에 변화가 생길 우려가 있다.

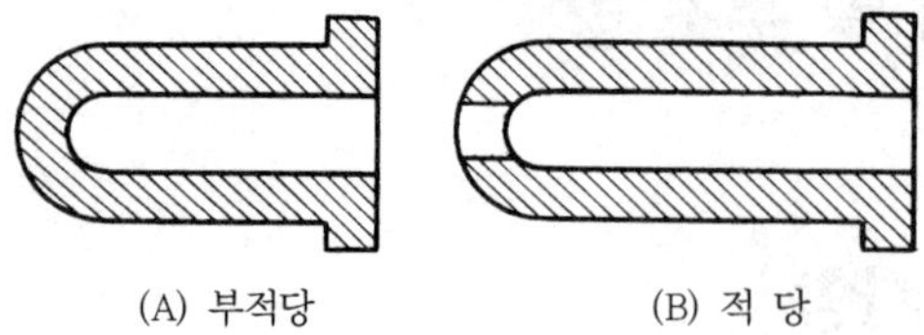

[그림 3-31] ㄷ자형

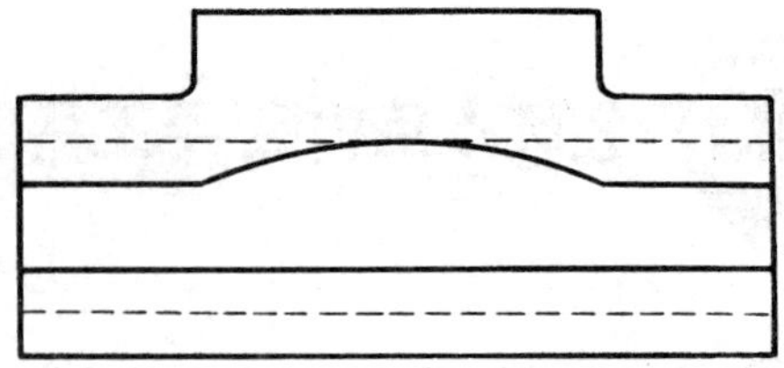

[그림 3-32] 내부 구

5) [그림 3-32]에서와 같이 외곽 두께의 변화가 큰 주조품의 내부 구멍은 가공 여유를 주는 것이 좋다.

6) [그림 3-33]에서와 같이 가능하면 일정한 두께를 유지해 줌으로써 좋은 금속 조직을 얻을 수 있다.

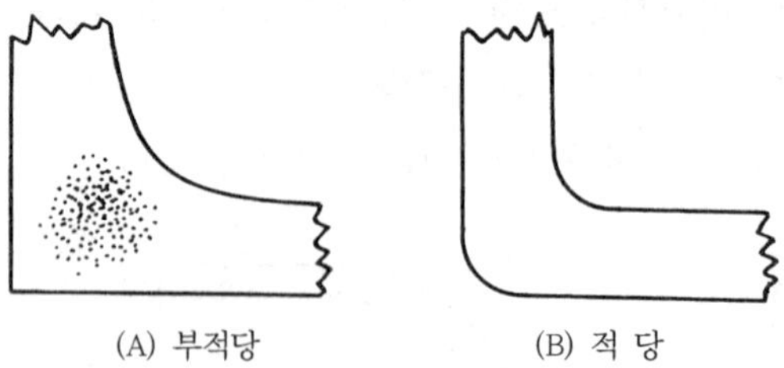

[그림 3-33] ㄴ자형

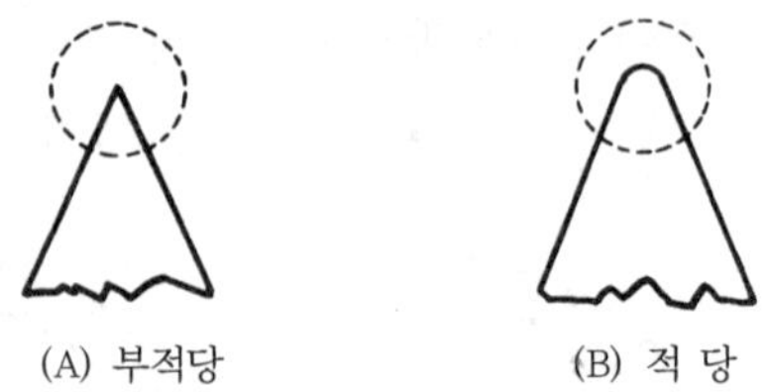

[그림 3-34] 모서리 형상

7) [그림 3-34]에서와 같이 날카로운 모서리는 최소 R 0.8이상 주는 것이 좋다.

8) [그림 3-35]에서와 같이 기능과 강도를 저하시키지 않는 범위 내에서 중량을 감소시켜 주는 것이 좋다.

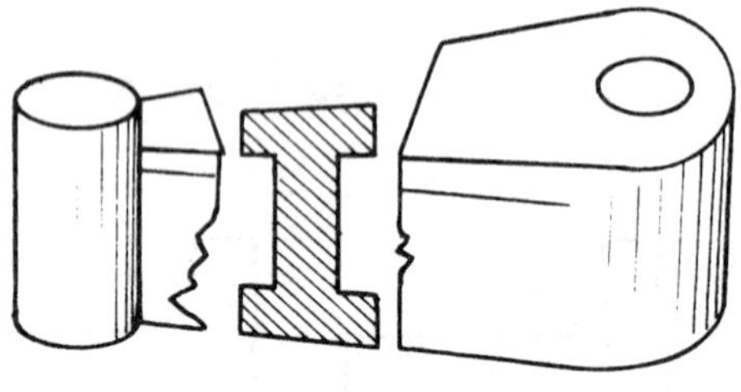

[그림 3-35] 중량 형태

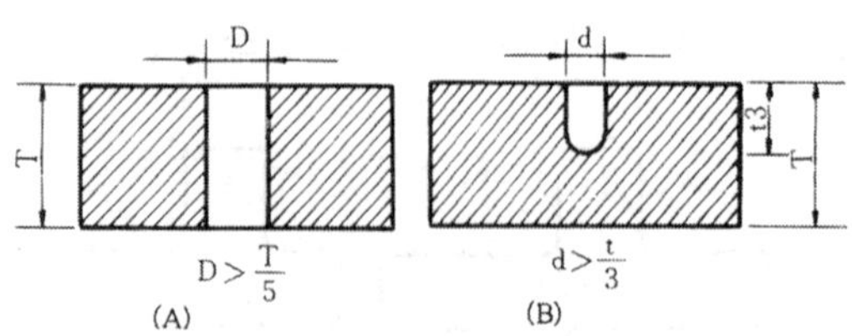

[그림 3-36] 구멍의 형태

9) 일반적으로 인베스트먼트 주조법으로 얻을 수 있는 최소 직경은 1mm 정도이며, [그림 3-36]의 (A)와 같이 양쪽이 개방되어 있는 경우에는 직경의 5배까지 구멍 내부를 내화물로 피복할 수 있으나 [그림 3-36]의 (B)와 같이 한쪽이 막힌 경우에는 직경의 3배까지 내화물 피복이 가능하다. 그러나 이를 초과할 때에는 세라믹 코어를 사용해야 한다.

10) [그림 3-37]에서와 같은 나사의 주조는 가공이 불가능한 재질일 경우나 정밀도가 낮아도 무방할 경우를 제외하고는 기계 가공으로 나사를 내는 것이 좋다. 왜냐 하면 나사 부위에 돌출 부위가 있으면 안되므로 제품의 분할선을 깨끗이 제거하여야 하나 이 작업이 매우 힘들다.

분할선을 완전히 제거하였다 하더라도 그 정밀도가 매우 떨어지기 때문이다.

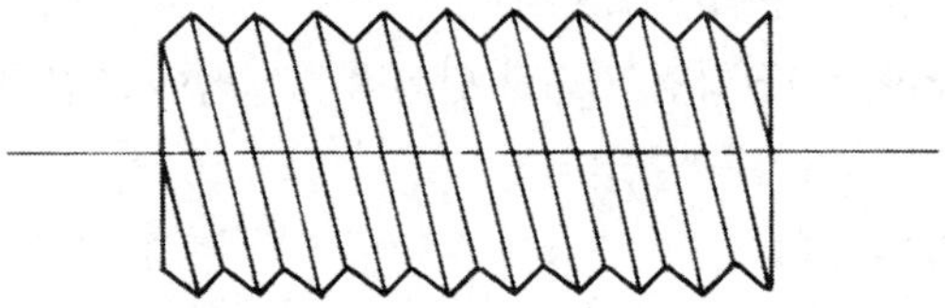

[그림 3-37] 나 사

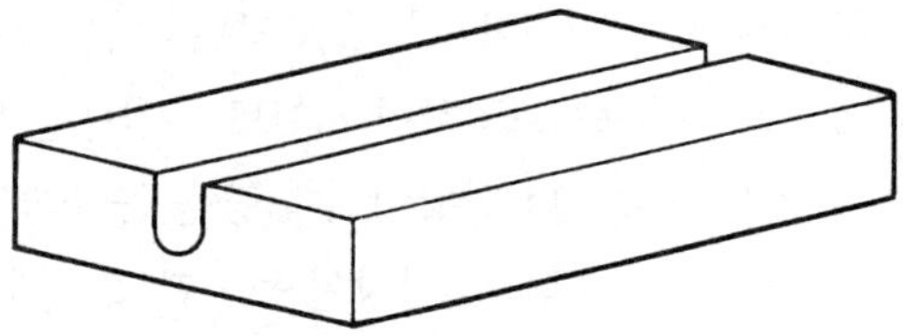

[그림 3-38] 홈

11) [그림 3-38]에서와 같은 좁고 깊은 홈은 세라믹 코어를 사용하지 않고는 내화물 피복이 어렵다. 그러나 보통 홈의 깊이가 폭의 2배를 초과하지 않을 경우에는 세라믹 코어를 사용하지 않고도 내화물 피복이 가능하다.

12) [그림 3-39]의 (A)와 같이 상당한 넓이를 가진 평활한 평면이나 곡면을 미세한 결함없이 주조하기란 어렵다.

그러므로 중간에 리브(rib)나 보스(boss)를 붙여주는 것이 좋다. 그러나 이것을 허용하지 않을 경우에는 주조 후 연마해 주거나 기계 가공을 하여 평활하게 해주는 방법도 있다. 그러나 연마나 기계 가공이 용이하지 않는 재질일 경우에는 결함의 허용 크기와 수량을 사전 협의해 둘 필요가 있다.

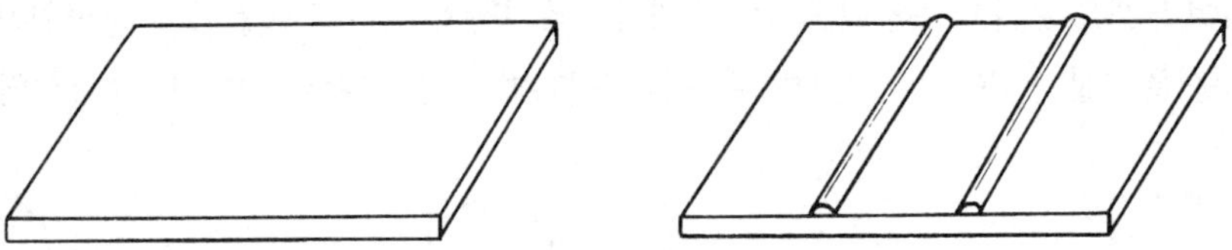

(A) 부적당　　(B) 적 당

[그림 3-39] 면

13) 글자나 입체 마크

인베스트먼트 주조품의 설계시 문자를 많이 넣을 수는 있으나 제품의 상면이나 하면에는 문제가 없지만 분할선이 있는 면에는 피하는 것이 좋다. 왜냐 하면 금형 제작시 슬라이드 코어(slide core)를 사용해야 함으로 금형 제작비가 높아진다. 보통 문자의 폭은 0.5mm이상이 좋으며 깊이는 폭의 2배 이하가 적합하다.

2 게이트 및 압탕 방안

좋은 품질의 인베스트먼트 주조품을 생산하기 위해서는 게이트 방안(gating) 및 압탕 방안(risering)이 매우 중요하다. 따라서 이것을 얼마나 잘 구상하느냐에 따라 주조품의 품질, 제품 회수율, 생산의 경제성 등이 결정된다. 따라서 이 주조 방안 설계에 대한 문헌이나 기술 자료는 매우 빈약하나 다음과 같은 원칙에 의해 게이트를 위치시키면 좋은 결과를 얻을 수 있다.

① 게이트는 마지막으로 응고되는 부위, 즉 가장 두꺼운 부위에 위치시켜야 한다.
② 급탕 거리를 고려하여 게이트나 압탕을 위치시켜야 한다(급탕 거리란 단면적이 일정한 조건에서 1개의 게이트나 압탕이 수축량을 공급해 줄 수 있는 거리를 말한다).
③ 게이트는 절단 및 사상이 용이한 곳에 위치시켜야 한다.
④ 게이트는 탈 왁스가 용이한 곳에 위치시켜야 한다.
⑤ 게이트는 주입시 용탕 와류가 생기지 않고 쉽게 차 들어갈 수 있는 곳에 위치시켜야 한다.
⑥ 게이트는 왁스 원형의 침지와 내화물 피복이 용이한 곳에 위치시켜야 한다.
⑦ 게이트는 금형 작업이 용이한 곳에 위치시켜야 한다.
⑧ 게이트는 제조 원가상 최소로 (1개가 최상) 부착시키는 것이 좋다.

3 최종 응고점을 찾는 법

수축공이 없는 주조품을 얻기 위해서는 제품, 게이트, 런너의 순서로 응고가 진행되어야 한다. 왜냐 하면 수축공은 최종으로 응고하는 부위에 생기기 때문이다. 마찬가지로 주조품 자체에서도 얇은 곳에서부터 응고하기 시작하여 두꺼운 곳이 나중에 응고하므로 게이트는 가장 두꺼운 곳에 붙이는 것이 원칙이다. 간단한 방법으로 가장 두꺼운 부분을 찾아 내는 방법으로는 원 그리기법을 이용하는데 간단한 예는 [그림 3-40]과 같다.

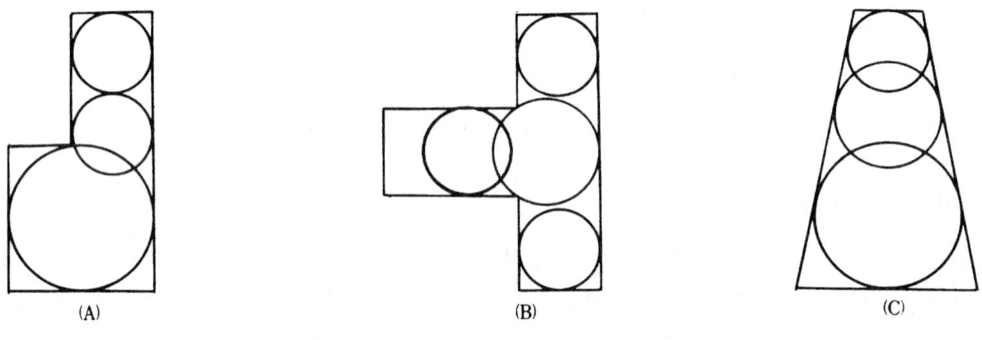

[그림 3-40] 최종 응고점을 찾는 법

[그림 3-40]에서와 같이 원을 그려봄으로써 원이 제일 큰 부분의 중심이 최종으로 응고하는 곳이라는 것을 쉽게 알 수 있다. 그러나 이 원칙은 반드시 맞는 것은 아니다. 이것은 다음에 설명할 열집중 효과와 급탕 거리가 고려되어 있지 않기 때문이다. 예를 들면 [그림 3-41]의 (A)와 같이 두 면이 만나는 곳이나 (B)와 같은 T형 연결 부위에서는 방출열이 서로 교차하여 냉각이 제한되므로 응고가 지연된다. 그러므로 실제로 최종 응고점은 원의 중심이 아니라 [그림 3-42]에서 보는 바와 같이 최종 응고 위치(즉, 수축공 예상 발생 위치)가 열교차 부위쪽으로 옮겨지게 된다. 그리하여 주조 후에는 모서리 수축공 또는 열간 균열이 모서리 부위에 발생한다. 이를 방지하기 위해서는 [그림 3-43]과 같이 교차 부위의 곡면을 크게 해 주어 열방출이 용이하도록 하여 최종 응고점을 원의 중심으로 이동시킨다. 이 부위에 게이트를 위치시키면 수축에 의한 결함을 방지할 수 있다.

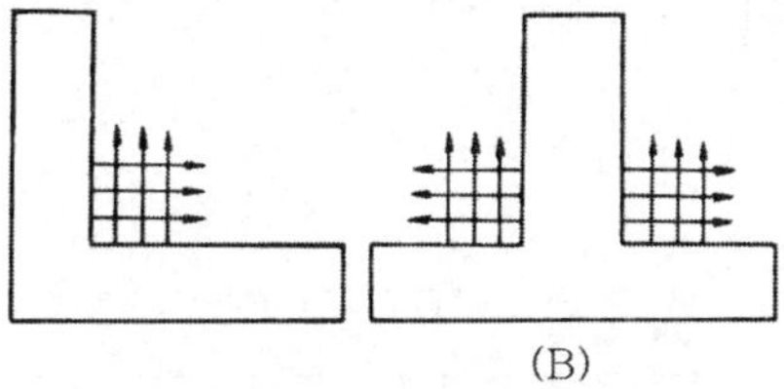

[그림 3-41] 열집중 효과

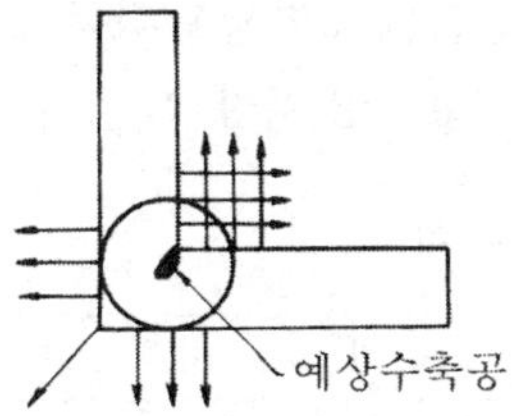

[그림 3-42] 최종응고 위치

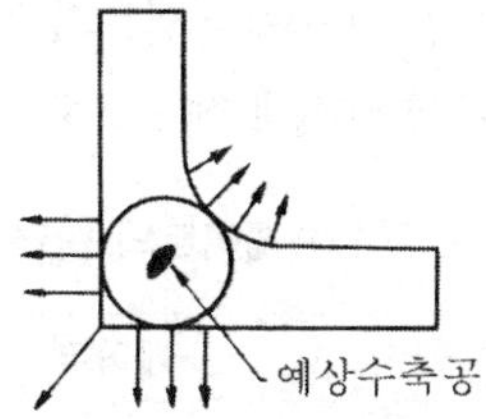

[그림 3-43] 최종 응고점

4 게이트의 형태

양호한 주조품을 얻기 위해서는 [그림 3-44]와 같이 가능한 한 게이트를 짧고 경사지게 하는 것이 좋다. 전술한 바와 같이 양호한 주조품을 얻기 위해서는 주조품이 먼저 응고한 후에 게이트가 응고되도록 하여 수축공이 게이트 내부에 생기도록 하는 것이 좋다. [그림 3-44]에서 보는 바와 같이 경사를 줌으로써 열교차가 격렬히 일어나 게이트의 응고를 지연시켜 주는 효과는 물론, 원이 크게 그려질 수 있으므로 최종 응고점을 게이트 쪽으로 이동시켜 준다. 특히 가장 두꺼운 부분에 게이트를 부착시켰으므로 완전한 방향성 응고의 효과를 얻을 수 있어 양호한 주조품을 얻을 수 있다.

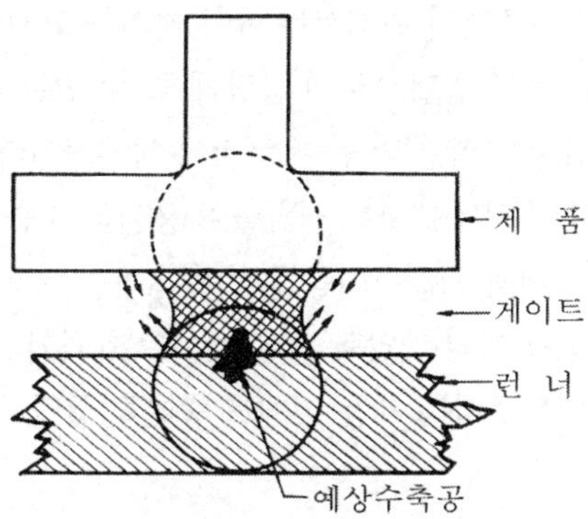

[그림 3-44] 완전한 방향성 응고

5 게이트의 단면적과 길이

게이트의 단면적과 길이는 상호 깊은 관계가 있다. 불가피하게 게이트 길이를 길게 해야 할 경우에는 상대적으로 게이트의 단면적을 키워 주어야 하는데 어떤 일정한 공식에 적용시키기는 어렵다. [표 3-16]은 인베스트먼트 주조법으로써 평판형의 제품을 같은 크기의 주입 컵과 런너에서 게이트의 직경과 길이를 변화시키면서 결함 여부를 시험해 본 결과이다. 표에 나타난 바와 같이 게이트의 직경과 길이에는 상호 밀접한 관계가 있다는 것을 알 수 있다. 게이트의 길이가 짧아지면 직경을 줄일 수 있으며, 길이가 길어지면 게이트와 제품의 연결 부위에 결함이 발생할 확률이 높아진다. 이때에는 게이트의 직경을 키워 주거나 경사지게 해주므로서 결함 발생을 감소시킬 수 있다.

[표 3-16] 게이트의 단면적과 길이 관계

게이트		재 질		
직 경	길 이	IC 304	IC 410	IC 8620
20	25	양 호	양 호	양 호
20	20	양 호	양 호	양 호
15	25	양 호	수축공	수축공
15	20	양 호	수축공	양 호
12	25	수축공	수축공	수축공
12	20	수축공	수축공	수축공
12	12	양 호	수축공	양 호
12	6	양 호	양 호	양 호

6 급탕 거리와 끝 효과

주조품 내부에 수축공이 없도록 주조하기 위해서는 급탕 거리를 고려하여야 한다. 급탕 거리란 단면적이 균일한 주조품에서 한 개의 게이트나 압탕으로서 급탕해 줄 수 있는 최대 거리를 말한다. 그러므로 급탕 거리 범위 내에서는 게이트나 압탕을 한 개만 붙이는 것이 경제적이다. [그림 3-45]에서 보는 바와 같이 평판이나 봉과 같은 형상에서의 끝 부분에서는 열방출이 용이하여 중심 부분보다 빨리 응고한다. 이와 같이 끝 부분에서 응고가 신속히 전개됨으로서 최종 응고점이 게이트 쪽으로 이동되어 급탕 효과를 증대시켜 주는 것을 끝효과라 하는데 급탕 거리는 압탕 혹은 게이트 효과가 있는 거리와 이 끝 효과를 합한 것이다. [그림 3-46]은 한 개의 게이트로서는 제품 전체를 충분히 급탕시켜 주지 못할 경우에 2개의 게이트를 사용한 경우를 나타낸 것이다.

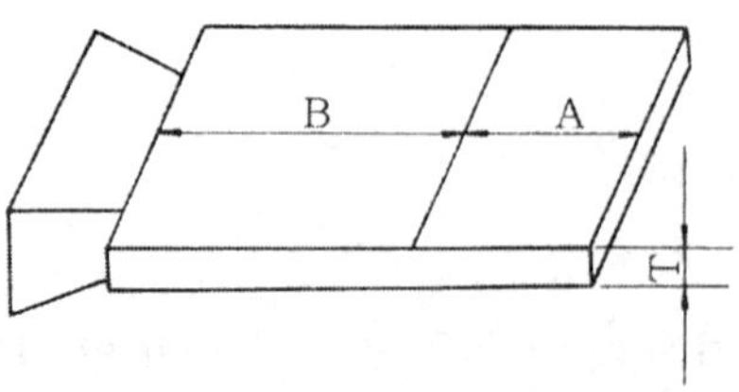

[그림 3-45] 평판의 형상

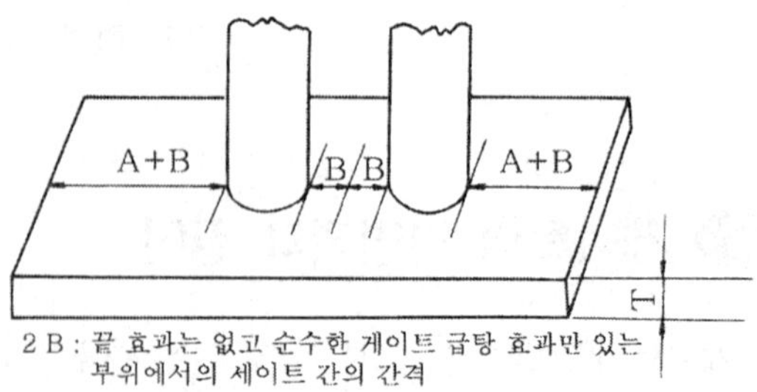

[그림 3-46] 2개의 게이트를 사용한 경우

[표 3-17] 두께, 주형 및 주입 온도, 재질별의 급탕 거리

<table>
<tr><td rowspan="4">두께</td><td rowspan="2">두께(T)</td><td colspan="2">급탕거리</td></tr>
<tr><td>끝 효과가 있는 경우</td><td>끝 효과가 없는 경우</td></tr>
<tr><td>3mm~12mm</td><td>8 T</td><td>6 T</td></tr>
<tr><td>12mm 이상</td><td>6 T</td><td>4 T</td></tr>
<tr><td rowspan="4">주형 온도</td><td rowspan="4">• 규격 : 직경 6mm~25mm 환봉
• 재질 : IC 1020
• 주입온도 : 1650℃</td><td>주형온도</td><td>급탕거리</td></tr>
<tr><td>1100℃</td><td>8 D</td></tr>
<tr><td>870℃</td><td>6.5 D</td></tr>
<tr><td>650℃</td><td>6 D</td></tr>
<tr><td rowspan="3">주입 온도</td><td rowspan="3">• 규격 : 직경 6mm~25mm 환봉
• 재질 : 순철
• 주형온도 : 870℃</td><td>주입온도</td><td>급탕거리</td></tr>
<tr><td>1800℃</td><td>8 D</td></tr>
<tr><td>1650℃</td><td>3 D</td></tr>
<tr><td rowspan="6">재질</td><td rowspan="4">• 규격 : 직경 5mm~20mm 환봉
• 재질 : 탄소강
• 주입온도 : 1650℃</td><td>재질</td><td>급탕거리</td></tr>
<tr><td>IC 1095</td><td>8 D</td></tr>
<tr><td>Ic 1020</td><td>6.5 D</td></tr>
<tr><td>순 철</td><td>3 D</td></tr>
<tr><td rowspan="2">• 직경 : 3mm~20mm 사각봉
• 주형온도 : 820℃
• 주입온도 : 1620℃</td><td colspan="2">급탕거리</td></tr>
<tr><td colspan="2">2 T + 25mm</td></tr>
</table>

[표 3-17]은 인베스트먼트 주조에 있어서의 두께별, 주형 온도별, 주입 온도별 및 재질별로 급탕 거리를 측정한 시험 결과이다. 이상의 시험 결과에 있어서 급탕 거리는 다음과 같은 요소에 의하여 증가될 수 있다.

① 주형 온도를 상승시키면 급탕 거리는 증가된다.

② 주입 온도를 상승시키면 급탕 거리는 증가된다.

③ 고탄소강이 저탄소강보다 급탕 거리가 길다.

④ 오스테나이트계 스테인리스강보다 마르텐사이트계 스테인리스강이 급탕 거리가 길다.

7 수축공 결함

인베스트먼트 주조품에서 발생되는 수축공 결함을 요약하면 [그림 3－47]과 같다.

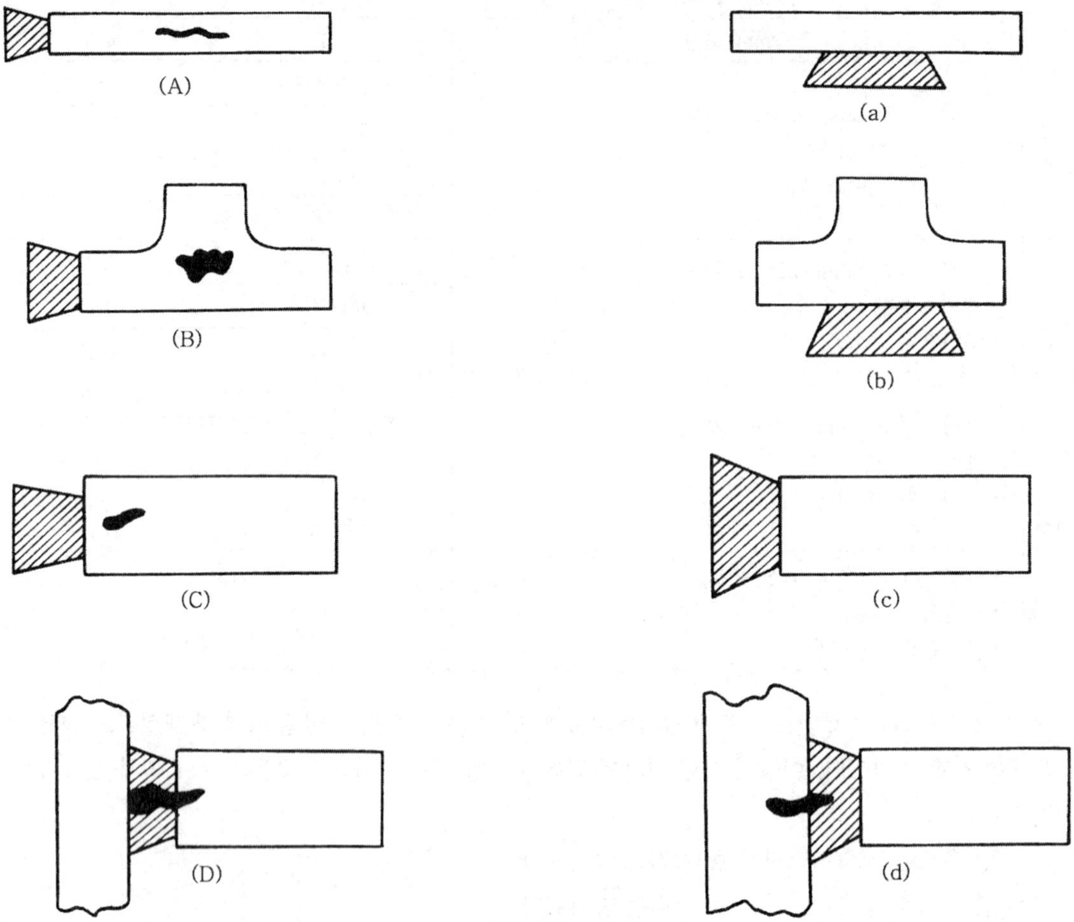

[그림 3-47] 수축공 결함의 종류

① 원인 : 급탕 거리가 미치지 못했을 때(그림 A)
   대책 : 급탕이 용이한 위치로 게이트를 옮겨주어야 한다(그림 a).
② 원인 : 최고 응고 위치에 게이트를 위치시키지 않았을 때(그림 B).
   대책 : 최종 응고 위치로 게이트를 옮겨 주어야 한다(그림 b).
③ 원인 : 게이트가 너무 작을 때(그림 C).
   대책 : 게이트의 단면적을 키워 주어야 한다(그림 c).
④ 원인 : 런너의 단면적이 너무 작을 때(그림 D).
   대책 : 런너의 단면적을 키워 주어야 한다(그림 d).

Section
04 금 형

1 금형 재료 및 제작 방법

① 알루미늄 합금 2024-T6, 6061-T6, 7075-T6 등을 기계 가공하여 금형을 제작한다.
② 알루미늄 합금 6061-T6나 7075-T6을 기계 가공한 후 아노다이징(anodizing) 처리하여 사용한다.
③ 코어나 인서트(insert)와 같은 활동 부위는 탄소강을 사용하기도 한다.
④ 탄소강을 바로 기계 가공하여 금형을 제작하기도 한다.
⑤ 저융점 합금이나 베릴륨 - 구리 합금을 주조하여 금형을 제작하기도 한다.
⑥ 치수보다 형상을 중요시하는 공예품이나 이와 유사한 제품의 경우 실리콘 고무를 주조하여 사출형을 제작하기도 한다.

이상과 같은 인베스트먼트 주조용 금형 제작 방법에는 여러 가지가 있으나 일정하고 정확한 치수를 지닌 제품을 연속적이고 장기적으로 생산하려면 알루미늄 합금(특히 7075-T6)을 기계 가공하여 금형을 제작하는 것이 가장 좋다.

2 금형의 품질

제품의 형상 및 치수의 공차는 거의 금형의 품질에 좌우되므로 최소한 다음에 기술하는 사항을 지켜야 한다.

① 금형의 형상 및 치수의 공차는 도면 공차의 10% 이내로 제작되어야 한다.
② 최종 다듬질은 왁스 원형이 빠져 나오는 방향으로 해야 한다. 즉, 분할면에 대하여 수직으로 하여야 한다.
③ 경사면이 아닌 다른 부분의 표면 거칠기는 63Rms 이하로 손질되어야 한다.
④ [그림 3-48]에 나타나 있는 역경사나 언더컷은 허용되지 않는다.
⑤ 금형은 왁스 원형이 빠져 나올 때 변형을 일으키지 않고 쉽게 빠져 나올 수 있도록 제작되어야 한다.

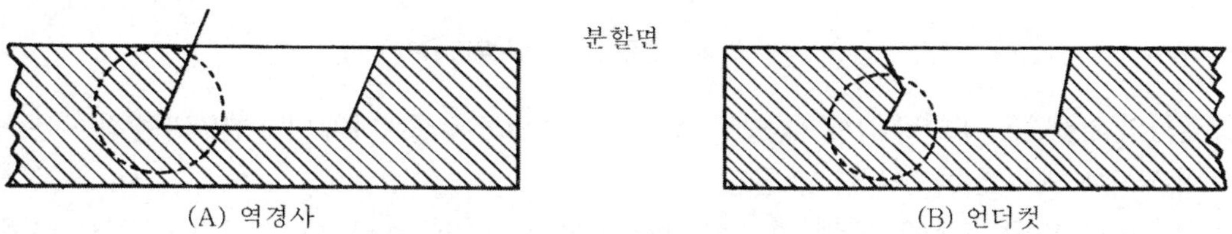

[그림 3-48] 역경사와 언더컷

3 금형의 설계 및 기계 가공 작업 표준

① 분할선은 제품의 형상, 공차, 생산성, 금형 가공 등의 난이도 등을 충분히 고려한 다음 결정하여야 한다.

② 금형의 크기(상형 또는 하형)는 최소 70mm×100mm, 두께 50mm 이상이 되는 것이 좋다.

③ 캐비티(제품 형상을 금형 내부에 파놓은 공간)와 금형 외곽까지의 거리는 최소 20mm이상 되어야 한다(그림 3-49 참조).

④ 4개의 조립용 경사 핀 중 한 개를 10mm 정도 벗어나게 위치시키고 그 부분의 모서리를 약 10mm 가공해 주므로서 상·하형이 잘못 조립되는 것을 방지할 수 있다(그림 3-50 참조).

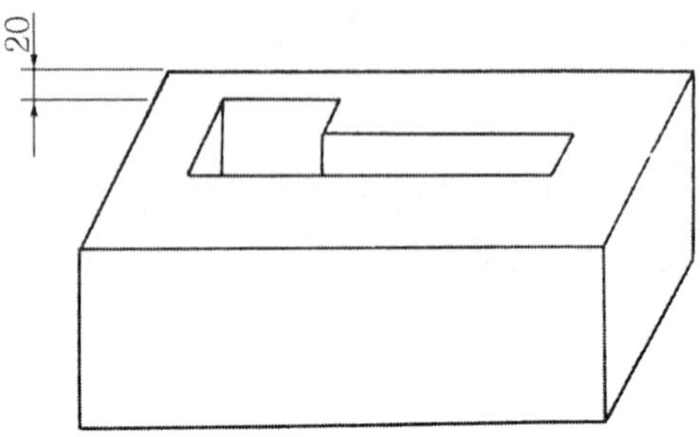

[그림 3-49] 캐비티와 외곽 거리

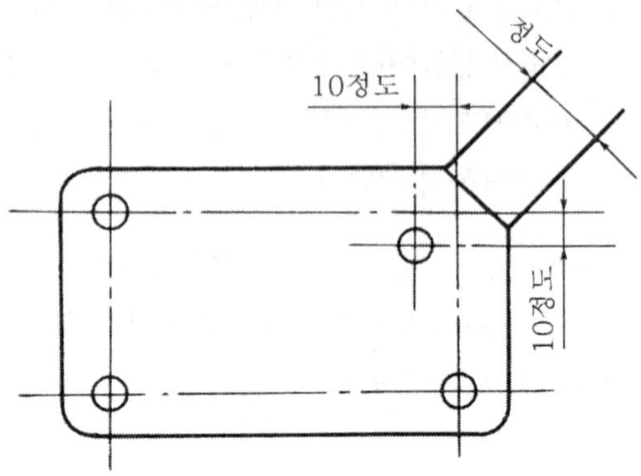

[그림 3-50] 경사 핀

⑤ 하형에는 경사 핀을 프레스 피트(press fit)로 고정시키고, 상형에는 슬립 피트(slip fit)로 고정시켜야 한다(그림 3-51 참조).

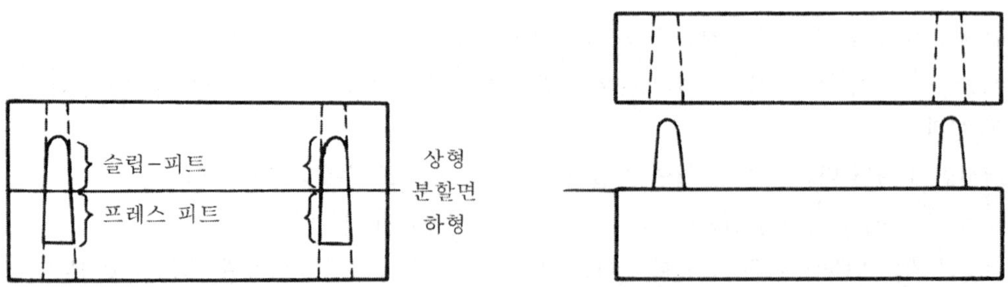

(금형이 조립되었을 때) (금형이 해체되었을 때)

[그림 3-51] 형합 및 분리시의 금형

⑥ 금형의 외곽면은 가공 및 검사 기준면으로 이용될 수 있도록 캐비티의 어느 한면과 수직 혹은 평행이 되도록 해야 한다(그림 3-52 참조).

⑦ 모든 메탈 코어는 금형을 해체하기 전에 먼저 빠져나오는 것이 좋다. 단, 금형 구조상 부득이한 경우는 제외한다(그림 3-53 참조).

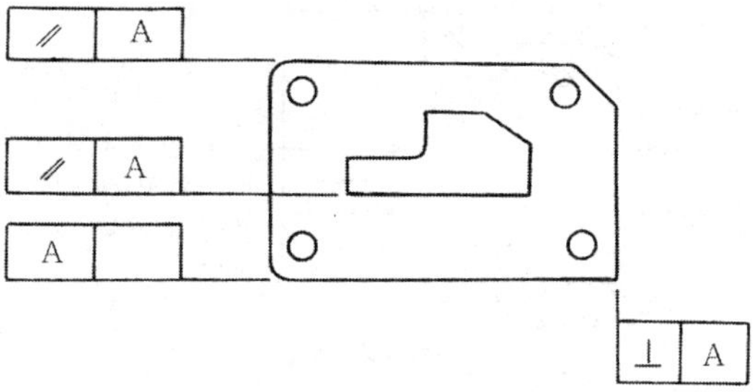

[그림 3-52] **금형의 외곽면**

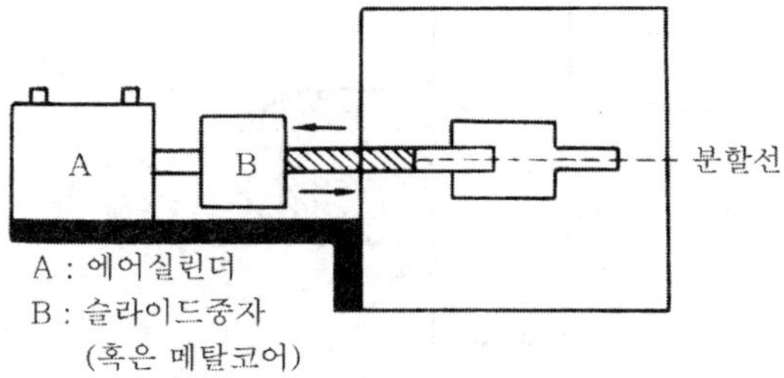

[그림 3-53] **메탈 코어 사용 예**

⑧ 메탈 코어는 특별한 경우를 제외하고는 코어 프린트를 만들지 않는 것이 좋다(그림 3-54 참조). 왜냐하면 코어 프린트 부분에 왁스 등의 이물질이 들어가 치수 변화를 일으키기 때문이다(그림 3-55 참조).

⑨ 분실의 우려가 없도록 메탈 코어는 가능한 한 금형에 부착시켜 놓는 것이 좋다.

⑩ 메탈 코어나 인서트는 틀린 방향으로 조립했을 때에 조립이 되지 않도록 설계되어야 하며 또한, 여러 개의 메탈 코어가 조립될 경우 위치가 서로 바뀌었을 때에도 조립이 되지 않도록 설계되어야 한다.

⑪ 메탈 코어나 인서트가 쉽게 조립될 수 있도록 금형 부위에 리드(lead)를 해주는 것이 좋다.

⑫ 메탈 코어 고정 핀을 여러 개 사용해야 할 경우에는 동일 크기로 하여 어느 부분이나 공통으로 사용할 수 있도록 설계하는 것이 편리하다.

⑬ 캠 로크(cam lock)는 경화된 알루미늄 합금이나 강으로 제작되어야 하며 사출할 동안 메탈 코어가 움직이지 않도록 충분한 크기로 설계되어야 한다.

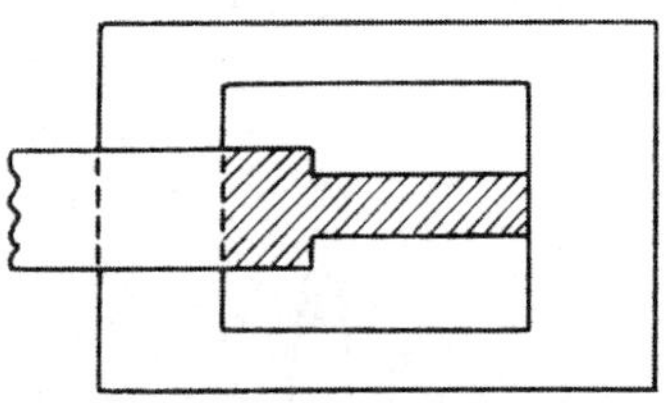

(코어 프린트가 없는 경우)

[그림 3-54] **코어 프린트(무)**

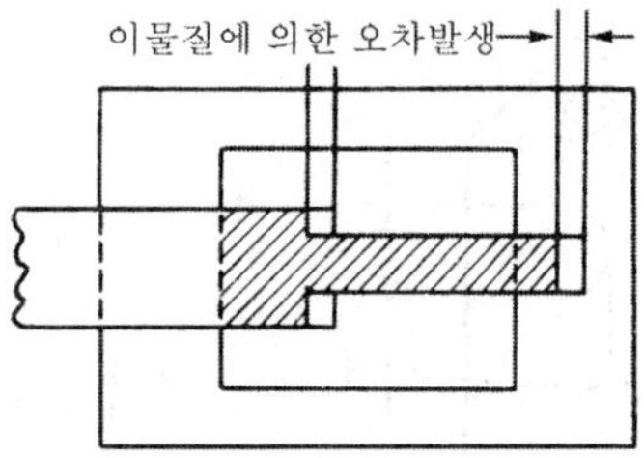

(코어 프린트가 있는 경우)

[그림 3-55] **코어 프린트(유)**

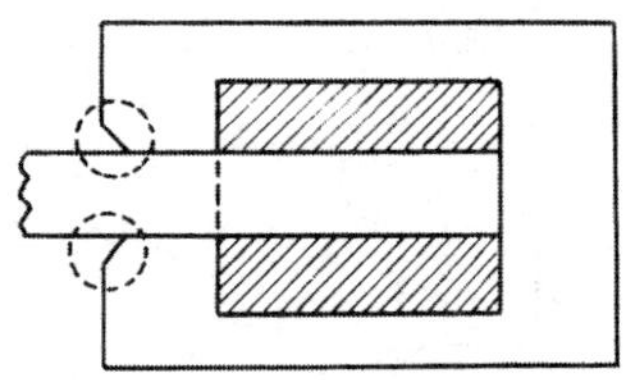

[그림 3-56] **리드 부착**

⑭ 에어 실린더를 이용한 슬라이드 코어는 슬라이드 면과 재질을 달리하는 것이 장시간 작동으로 인해 마모되어 서로 갉아 먹는 것을 방지할 수 있다. 또는 같은 재질일지라도 서로 경도를 달리함으로써 같은 효과를 얻을 수 있다.

⑮ 게이트의 바깥 부분, 즉 런너와 연결되는 부위의 모서리는 날카로워야 하며, 제품 부위와 연결되는 부위는 최소 R1 이상 주어야 한다(그림 3-57 참조). 왜냐 하면 런너와 연결되는 게이트의 모서리 부분에 라운드(round)가 있으면 왁스 원형 조립 후 연결 부위에 언더컷이 생겨 용탕 주입시 세라믹 혼입 불량의 원인이 된다(그림 3-58 참조).

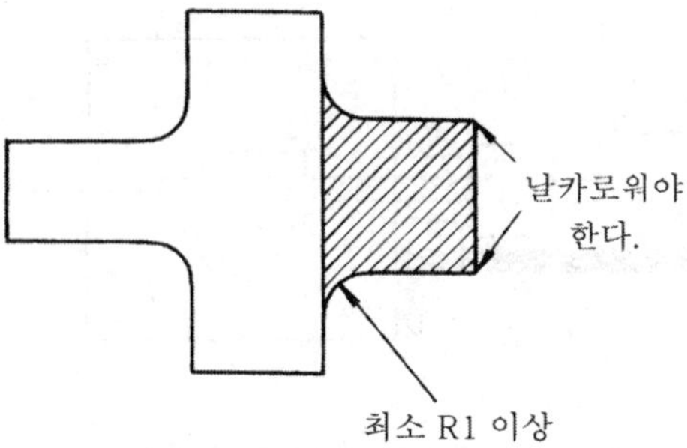

[그림 3-57] **라운딩**

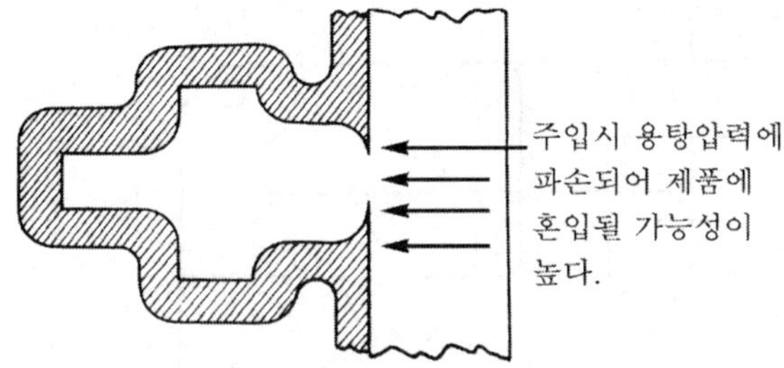

[그림 3-58] **세라믹 혼입 불량 원인**

⑯ 왁스 주입구는 반드시 분할면에 있어야 하며 제품의 크기, 사출기의 조건에 따라 보통 직경 6~10mm 정도로 한다.

⑰ 왁스 주입구는 게이트 부위로 연결시켜야 한다. 그러나 불가피하게 제품 부위에 직접 사출을 하여야 할 경우에는 기능상으로 중요한 부위가 아니고 손질이 용이한 부위에 연결시켜야 한다.

⑱ 왁스 사출구의 주위로 직경 50mm 정도(사출기의 노즐과 접촉되는 부위)는 면이 평탄하고 깨끗하여야 하며 분할면의 금형 외곽 모서리는 라운드가 없이 날카로워야만 사출시 왁스가 새어 나오지 않는다.

⑲ 자동 금형이든, 수동 금형이든 스크류 드라이버(screw driver)로 쉽게 상·하형이 해체될 수 있도록 하형의 분할면에 [그림 3-59]와 같이 홈을 내어 주어야 한다.

⑳ 취급상 안전을 위하여 금형의 외곽 모서리를 날카롭게 해서는 안 된다(단, 분할면의 외곽 모서리는 날카로워야 한다).

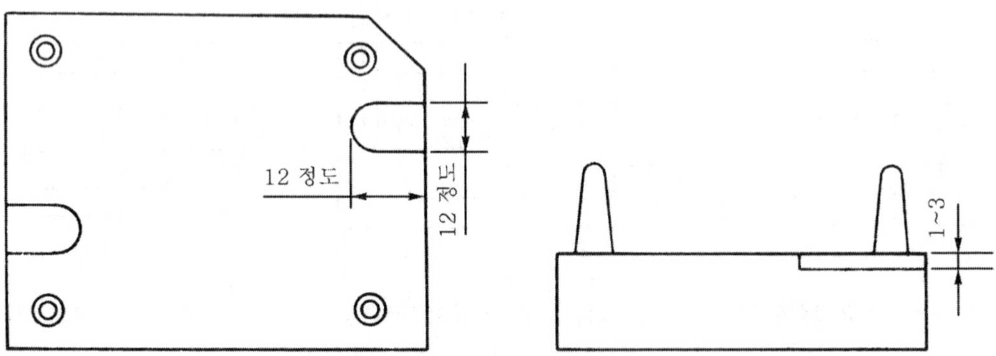

[그림 3-59] **분할면의 홈**

㉑ 제품 축출 핀을 사용할 때에는 금형을 보호하기 위하여 안전 핀을 2개 이상 설치하여야 한다(그림 3-60 참조). 이때 사용되는 모든 핀은 반드시 강으로 만들어져야 하며 어떠한 경우에라도 알루미늄 핀을 사용해서는 안 된다.

㉒ 금형 제작이 완료되면 금형 외곽의 일정한 부위에 금형 고유 번호, 제작 년월일, 제작자 표시를 해두어야 한다.

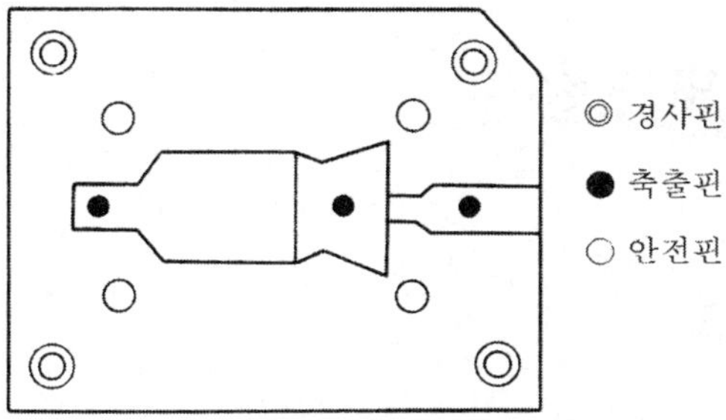

[그림 3-60] **축출 핀 및 안전 핀 설치**

4 금형의 관리 및 보관

1. 작업 전 금형 관리

모든 금형과 메탈 코어는 작업 전에 미리 손으로 조립해 보아서 상・하형이 잘들어 맞는지, 코어가 잘 움직이는지 등을 확인하여야 한다. 잘들어 맞지 않거나, 잘 움직이지 않을 때에는 무리한 힘을 가하지 말고 금형이나 코어를 해체한 후 원인을 분석하여 수정하여야 한다.

2. 작업 중 금형 관리

작업 중 캐비티 내부에 왁스 조각이 끼어서 잘 빠져 나오지 않을 경우에는 무리한 방법으로 제거시킬려고 하지 말고 캐비티를 보호하여야 한다. 또한 금형의 분할면을 수시로 닦아 내어 왁스나 이물질이 없도록 해야 한다. 분할면상에 왁스 조각이나 이물질이 있으면 금형의 합형 상태를 나쁘게 하여 제품의 치수를 변화시키며, 금형이 변형되는 원인이 되기도 한다.

3. 금형의 보관

작업 종료 후 금형을 보관할 시에는 다음과 같이 하여야 한다.

① 금형을 솔벤트로 깨끗이 닦은 후 캐비티 내부에 이형제를 분무시켜 준다.
② 코어나 인서트를 손으로 조립한 후 금형의 상・하형을 조립하여 보관한다.
③ 재사용시 발견이 용이하도록 금형 보관실 내에 작업 고유 번호별로 보관해 두어야 한다.
④ 대부분의 금형은 가공이 용이하고, 내식성이 강한 알루미늄 합금으로 되어 있다.
그러나 잘못 취급하면 상하기 쉬우므로 조심스럽게 취급하여야 한다. 강으로 되어 있는 코어나 핀 부분은 방청 처리한 후 그리스(grease)로 피막을 씌워 녹을 최대한 방지하여야 한다.

Section

05 원형의 사출 및 조립

1 원형의 구비 조건

원형 재료의 구비 조건은 다음과 같다.

① 유동성이 좋을 것. ② 표면이 매끈하고 평활할 것. ③ 응고시 수축이 적고 연화 용융 온도까지의 팽창율이 적을 것. ④ 응고 시간이 짧을 것. ⑤ 작업 및 보관시에 변형이 적을 것. ⑥ 상온에서 강할 것. ⑦ 비결정질일 것. ⑧ 소성 후 회분을 이루는 불순물의 함유량이 적을 것. ⑨ 값이 쌀 것.

일반적으로 인베스트먼트 주조용 원형 재료는 왁스 단일종을 많이 사용하나, 때로는 왁스 플라스틱 혼합물 혹은 플라스틱 단일종으로 사용될 때도 있다.

2 왁스의 종류

인베스트먼트의 원형 재료 중 왁스를 가장 많이 사용하므로 그 종류에 따른 설명은 다음과 같다.

1. 왁스의 응고 형식에 의한 분류

원형 제작에 사용되는 왁스를 응고 범위 내에서 온도 변화에 따른 점도로서 분류해 보면 [그림 3-61]에서 보는 바와 같이 대체적으로 다음 세가지로 나눌 수 있다.

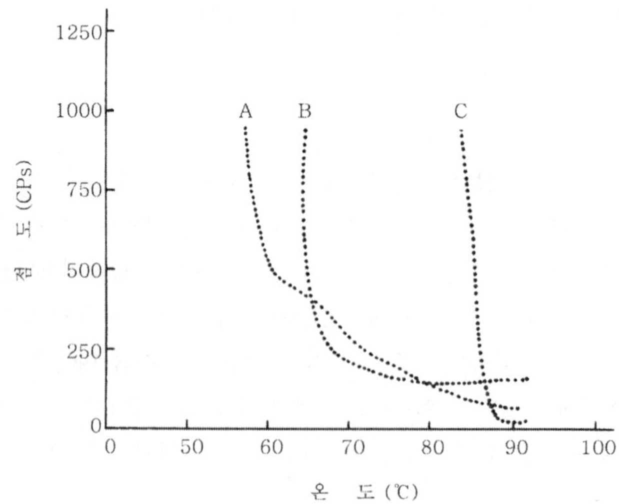

[그림 3-61] 왁스의 응고 형식

(1) A응고 형식 : 넓은 응고 온도 범위를 가지고 있으므로 다음과 같은 특징이 있다.

① 온도 변화에 따라 유동성이 급격히 변하지 않으므로 사출 온도의 관리가 용이하다.
② 반고체 상태에서 사출되어야 한다.
③ 두꺼운 부분에 면수축이 발생하기 쉽다.

(2) B응고 형식 : 용융점이 비교적 낮고 좁은 응고 범위를 가진 왁스로서 다음과 같은 특징이 있다.

① 온도 변화에 따라 유동성이 급격히 변하므로 사출 온도의 관리가 힘들다.
② 반액체 상태에서 고압 사출되어야 한다.
③ 변형, 두꺼운 부분의 면수축이 비교적 적게 발생한다.

(3) C응고 형식 : 용융점이 높고 좁은 응고 범위를 가지고 있으므로 다음과 같은 특징이 있다.

① B응고 형식과 마찬가지로, 온도 변화에 따라 유동성이 급격히 변하므로 사출 온도의 관리가 힘들다.
② 액체 상태에서 사출되어야 한다.
③ 얇고, 균일한 두께를 지닌 제품에 적합하다.

2. 필러(filler)유무에 의한 분류

(1) 언필드 왁스(unfilled wax)

① 필러 성분이 첨가되어 있지 않는 일반적인 왁스로서 왁스의 재생율이 높다.
② 일반적으로 체적 수축율이 높아 두꺼운 부위에 면수축 발생 확률이 높다.
③ 반고체 상태에서 사출된다. 그러나 왁스 제조 업체별로 다소 성질이 다르며 반고체 또는 액체 상태로 할 경우도 있다.

(2) 필드 왁스(filled wax)

① 유기물이 첨가되어 있으므로 체적 수축율이 적고, 상온에서 강도가 높고 변형이 적으므로 정밀 치수를 요하는 제품 제작에 많이 사용된다.
② 응고 시간이 빠르다. 따라서 생산성도 높다.
③ 왁스 재생이 힘든 것이 결점이다.

3. 사용 용도에 의한 분류

(1) 원형용 왁스(pattern wax)

제품이 될 왁스 원형 제작에 사용되는 왁스를 말한다.

(2) 런너용 왁스(extruded wax shape 또는 stick wax)

요구하는 굵기와 길이대로 공급받을 수도 있고 편상(flake)으로 공급받아 제조 업체에서 요구하는 형상으로 제작하여 사용할 경우도 있다. 이 런너용 왁스는 탈 왁스시 원형용 왁스보다 먼저 녹아 나와야 하므로 원형용 왁스보다 연화 온도가 5~10℃ 낮아야 한다.

(3) 수선용 왁스(patch wax)

왁스 원형에 생긴 면수축이나 흠집, 기포 등을 보수할 때 사용하는 왁스를 말한다.

(4) 접착용 왁스(glue wax 또는 stick wax)

원형 왁스와 런너, 런너와 주입 컵 등 왁스를 서로 접착시킬 목적으로 사용되는 왁스로서 접착력이 매우 강하다.

3 왁스 원형의 사출 온도 결정

일반적으로 원형 왁스의 사출 온도와 용융점, 연화점 등을 왁스 공급처에 알려 준다. 그러나 이 사출 온도는 사출기의 사출 형식, 사출 압력 등에 따라 달라질 수 있으므로 사출 온도의 결정은 실제로 작업하는 현장에서 보유하고 있는 사출기의 조건에 따라 시험을 거쳐 결정하는 것이 가장 좋다. 일례를 들면, 용융점이 72℃인 필드 왁스를 사출 압력 10kgf/cm^2, 노즐 하향식 사출기에서는 65℃의 반액체 상태에서 사출을 해야 하나 사출 압력 40kgf/cm^2, 노즐 수평식 사출기에서는 40℃의 반고체 상태에서 사출할 수 있다. 그러나 사출 온도를 결정할 때 주의할 점은 가능한 한 낮은 온도 범위에서 사출하는 것이 왁스의 체적 수축이 적어 보다 정밀한 치수를 얻을 수 있다.

4 왁스 원형의 제작

1. 원형 왁스의 용해

① 왁스 용해용 탱크 내부를 깨끗이 청소한 후 왁스를 넣는다.
② 탱크 내부의 온도를 왁스의 용융점에 맞춘 후 용해를 시작한다.

③ 탱크 내부의 교반 날개를 회전시킨다. 이때 분당 회전수는 12~18이 적당하다.
④ 왁스가 완전히 용해되어 용융점까지 도달했을 때 40메쉬(mesh)의 체로 혼입되어 있는 찌꺼기를 걸러 낸다.
⑤ 일단 걸러진 왁스는 왁스 사출 온도로 조정되어 있는 왁스 탱크로 옮긴다.
⑥ 이 탱크의 내부에서도 역시 교반 날개를 계속 회전시켜 주어야 한다.
⑦ 왁스의 온도가 사출 온도로 균일하게 되었을 때 사출기로 옮겨 사용해야 한다.

2. 사출기 작동법

사출기는 각 제작 회사별로 그 종류가 다양하다. 먼저 노즐의 위치와 운동 방법에 따라 분류해 보면 상향식, 하향식, 수평식 등이 있으며 압력의 공급 방법에 따라 분류하면 유압식, 공압식, 공기압식, 펌프식 등이 있으며 사출 압력 범위 또한 매우 넓다. 그러므로 다음에 기술하는 사출기의 작동법은 어느 사출기에나 적용되는 공통 사항이다.
① 금형을 사출기에 안치한 다음 사출기의 노즐 구멍과 금형의 왁스 주입구를 정확히 맞추어야 한다.
② 작업 시간 전에 금형이 잘 열리고 닫히는지, 코어가 정확히 들어가는지, 상·하형이 완전히 형압되는지, 캐비티 부분에 긁힌 자국이나, 오물이 없는지 확인하여야 한다.
③ 이형제를 얇고 균일하게 분무시킨다.
④ 왁스를 사출한다. 이때 사출 온도, 압력, 유지 시간 등을 점검한다.

3. 작업 중 왁스 원형 검사

금형에서 사출 후 왁스 원형을 빼내었을 때 작업자가 다음 사항을 항상 검사해 봄으로서 다량의 불량을 사전에 예방할 수 있다.
① 왁스 내부에 공기가 혼입되어 원형이 부풀어 오른 것.
② 연속적으로 모서리 부위가 파손되어 나오거나 왁스 원형이 완전히 성형되어 나오지 않은 것.
③ 금형에서 빠져 나올 때 변형이 생긴 것 등.
이상과 같은 불량이 발생할 때에는 즉각 대책을 수립하여야 한다.

4. 왁스 원형의 보수

왁스 원형이 트리(tree)로 조립되기 전에 먼저 손질 과정에서 다음과 같은 결함은 보수되어야 한다.
① 분할선의 높이가 너무 높거나 플래쉬(flash)가 있는 것은 칼로서 조심스럽게 긁어내어야 한다.
② 면수축이 있는 부위에는 수선용 왁스를 바른 후 제품 높이와 같도록 조심스럽게 긁어내어야 한다.
③ 기포나 흠집 역시 수선용 왁스로 보수한다.
④ 표면 주름은 헝겊에 삼염화 에틸렌을 묻혀 닦으면 제거된다.

5. 코어 이용법

인베스트먼트 주조법에서는 다음과 같은 코어를 이용하여 제품의 내부 공간을 만든다.

(1) 메탈 코어

다음 [그림 3-62]에서 보는 바와 같이 금속제로 만들어진 비소모성 코어로서, 일직선 또는 회전 운동으로 내부 공간을 만들 수 있다. 이 방법이 내부 공간을 만드는 방법 중 가장 경제적이므로 가능한 한 이 방법이 적용될 수 있도록 설계하는 것이 바람직하다.

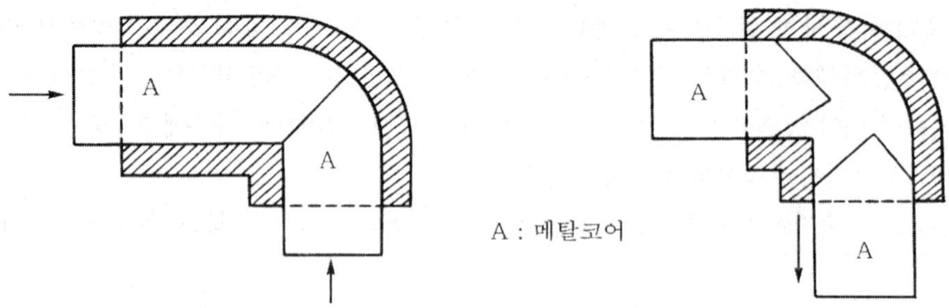

(A) 사출시 (B) 사출후

[그림 3-62] 사출시와 사출 후의 메탈 코어

(2) 세라믹 코어

금속 코어로서 내부 공간을 만들 수 없는 형상이거나, 금속 코어로서 공간을 만들 수 있으나 내화물이 피복될 수 있는 충분한 공간이 없을 때 적용하는 방법으로서 이미 세라믹으로 성형되어 있는 코어를 금형에 넣고 그 주위를 왁스로 사출하는 방법(그림 3-63 (가) 참조)과 금속 코어를 이용하여 먼저 내부 공간을 만든 후 세라믹 코어를 손으로 밀어 넣는 방법(그림 3-63 (나) 참조)의 두 가지가 있다.

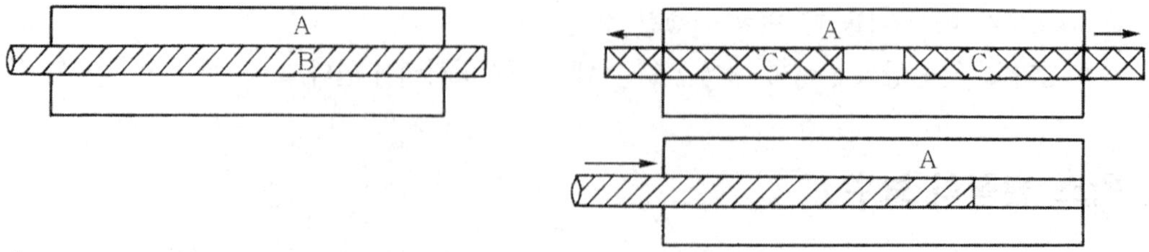

(가) (나)

[그림 3-63] 세라믹 코어 사용 예

5 왁스 원형 결함의 종류와 발생 원인

1. 면수축

평행부의 가운데 부분이 움푹 들어가는 현상으로서 특히 단면 두께가 두꺼운 곳에서 많이 발생한다. 일명 디시 또는 싱크라고 한다. 그 발생 원인은 다음과 같다.

① 사출 압력이 낮을 때, ② 사출 후 가압 유지 시간이 불충분할 때, ③ 사출 온도가 너무 높을 때, ④ 사출 속도가 너무 느릴 때, ⑤ 왁스 주입구의 위치 선정이 잘못 되었거나 주입구 크기가 너무 작을 때, ⑥ 체적 수축율이 큰 왁스를 사용했을 때.

2. 표면 주름

다음 원인에 의하여 왁스 원형 표면에 주름이 발생한다.

① 와류가 발생하기 쉬운 위치에 왁스 주입구를 설치했을 때, ② 왁스 주입구가 너무 작거나 주입 속도가 너무 느릴 때, ③ 왁스 주입 온도가 너무 낮을 때, ④ 왁스 사출 압력이 너무 낮을 때, ⑤ 왁스 주입 온도는 높으나 금형 온도가 상대적으로 너무 낮을 때, ⑥ 이형제를 과도하게 분무했을 때.

3. 기 포

왁스 원형 표면 또는 표면직하에 발생하는 기포는 다음 원인에 의하여 발생한다.

① 왁스 주입구의 위치가 잘못되어 사출되는 왁스가 금형 내벽에 부딪히면서 비산할 때, ② 사출 속도가 너무 빨라 캐비티 내에 있던 공기가 채 빠져 나가지 못했을 때, ③ 왁스내에 기포나 수분이 이미 함유되어 있는 것을 사용했을 때.

4. 왁스 성형 불량(non-fill)

왁스 원형이 완전히 성형되지 않았을 때에는 다음의 원인에 의하여 이 현상이 발생한다.

① 왁스 온도가 너무 낮을 때, ② 사출 압력이 너무 낮을 때, ③ 금형 온도가 너무 낮을 때, ④ 왁스 주입구 위치가 잘못되었을 때, ⑤ 주입구가 너무 작을 때, ⑥ 캐비티 내의 공기가 빠져 나가지 못했을 때, ⑦ 이형제를 과도하게 분무했을 때, ⑧ 한 금형 내에 여러 개의 캐비티가 있을 경우에 그 주입 구조의 배분이 잘못 되었을 때.

5. 플래시(flash)

왁스 원형의 분할선에 얇은 왁스 날개가 달려 있는 경우는 다음과 같다.

① 금형 제작이 잘못 되었거나 변형이 되었을 경우에 금형의 상하형이 완전히 밀착되지 않은 상태에서 왁스 원형을 사출했을 때, ② 사출기에 금형이 정확히 안치되지 않았을 때, ③ 금형의 분할면에

이물질이 끼어 상하형이 완전 밀착되지 않은 상태에서 왁스 원형을 사출했을 때, ④ 사출 압력보다 상하형 합형 압력이 상대적으로 낮을 때.

6. 칩(chip)

금형에서 왁스 원형이 빠져 나올 때 원형의 일부분이 떨어져 나간 상태를 말하며 그 원인은 다음과 같다.

① 금형에 언더컷의 역경사가 있을 때, ② 원형 축출 핀의 배치가 불합리할 때, ③ 캐비티 내에 이물질이나 왁스 조각이 끼어 있는데 이를 제거하지 않고 계속 사출했을 때, ④ 사출 후 금형에 빠져 나올 때까지는 이상이 없었으나 그 후 취급 부주의에 의하여 왁스 원형끼리 서로 충돌하여 발생하는 경우도 많다.

6 왁스 원형의 검사

사출된 모든 왁스 원형은 조립에 앞서 다음과 같은 기준에 의거하여 검사되고 보수되어야 한다.

1. 합격, 불합격 판정 기준

① 균열은 허용되지 않는다.
② 피트(pit)나 기포와 같은 결함 중 직경이 0.2mm이하, 깊이가 0.1mm이하인 경우에는 불량으로 간주하지 않는다.
③ 결함의 크기가 두께의 25%이하이며 깊이가 직경의 50% 이하인 결함은 불량으로 간주하지 않는다.
④ 여러 개의 결함이 집합되어 있을 때 각 결함간의 간격이 그 결함 중 가장 큰 결함의 직경보다 작을 때 그 결함의 집합체는 한 개의 큰 결함으로 간주한다.
⑤ 면수축의 허용 범위는 도면 치수에 의거 합격, 불합격 판정을 한다.
⑥ 일반적으로 기계 가공 부위의 왁스 원형 결함은 허용되므로 보수하지 않는다(단, 그 결함 깊이가 기계 가공 여유보다 깊을 경우에는 예외이다).

2. 보수 부위의 확인

전술한 기준에 의거 결함 부위가 보수되었는지 확인하여야 하며 일단 보수가 된 부위라 할지라도 정확히 보수되었는지 재확인하여야 한다. 또한 보수 작업을 하는 동안 또 다른 부위를 손상시키지 않았는지 확인을 하고 조립 준비를 하여야 한다.

7 왁스 원형의 조립

1. 왁스 틀(wax frame) 제작

왁스 원형의 크기, 형상에 따라 한 개에서 수백 개까지 원형이 부착될 수 있도록 만들어진 것을 왁스 틀이라 한다. 이 왁스 틀의 모양과 크기는 각 인베스트먼트 주조 업체마다 공정 특성에 따라 다양하다. 그러나 여러 개의 형을 한 곳에 조립하여 동시에 주조하므로서 1회 주입으로 많은 양의 주조품을 얻어내는 목적은 같다.

2. 왁스 원형의 조립

제작된 왁스 틀에 원형을 다음과 같은 순서로 조립한다.

(1) 원형 조립 순서

① 왁스 원형의 게이트 부분에 전기 인두를 접촉시켜 가열시킨다.
② 왁스 원형을 접착시키고자 하는 위치의 스틱에 전기 인두를 접촉시켜 가열시킨다.
③ ①과 ②의 동작을 동시에 실시하여 전기 인두를 슬라이딩시키면서 빼내어 왁스 원형을 정확한 위치에 접착시킨다.
④ 접착 부위에 생긴 틈이나 기포를 전기 인두로 왁스를 녹여 메워 주거나 용융 왁스를 붓으로 찍어 발라서 메운다.
⑤ ①에서 ④까지의 동작을 반복 실시하여 요구하는 숫자대로 왁스 원형을 왁스 틀에 부착시킨다.
⑥ 탈 왁스가 잘 되지 않는 형상은 [그림 3-64]와 같이 탈 왁스 보조 통로를 붙인다.

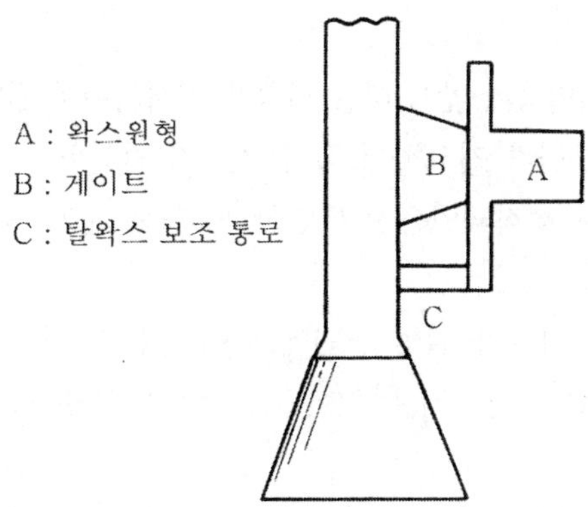

[그림 3-64] 탈 왁스 보조 통로 부착

(2) 왁스 원형 조립시 주의 사항

① 왁스 원형 중 전기 인두가 접촉되는 게이트 하단 부위 이외의 제품 부위에는 절대로 전기 인두가 닿아서는 안된다.
② 왁스 원형은 일정한 간격을 유지하여 일직선으로 조립되어야 한다.
③ 왁스가 과열되어 왁스 방울이 밑으로 떨어지게 해서는 안된다. 특히 이미 조립되어 있는 왁스 원형의 제품 부위에 왁스 방울이 떨어지게 해서는 안된다.
④ 제품의 구조상 어느 방향으로든 탈 왁스가 잘 되지 않는 부위에 게이트가 부착되어 있을 경우에는 탈 왁스 보조 통로를 붙여 주거나 가능한 한 [그림 3-65]와 같이 탈 왁스가 잘 되는 방향으로 조립하는 것이 좋다.
⑤ 주입 후 제품 절단이 용이하도록 왁스 원형을 조립하여야 한다.

이상과 같이 왁스 틀에 원형이 조립되어 완성된 것을 왁스 트리(wax tree) 혹은 클러스터(cluster)라고 부른다.

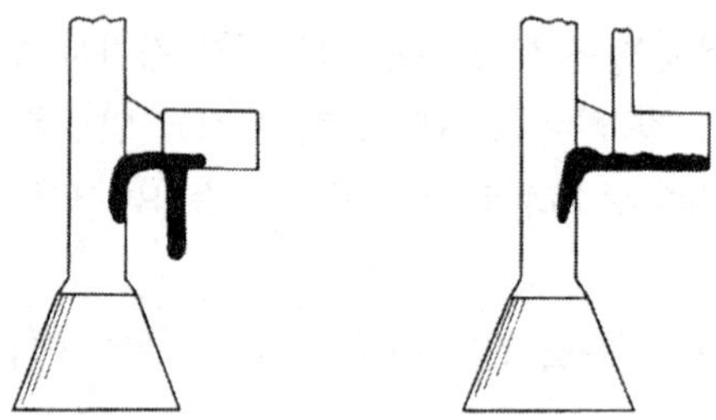

[그림 3-65] **탈 왁스가 잘되는 방향으로 조립**

3. 왁스 트리의 검사

이 왁스 트리는 내화물 피복에 앞서 다음 사항을 검사하여야 한다.
① 스틱과 스틱의 접착 부위가 견고하게 잘 붙었는지 확인한다.
② 왁스 원형과 스틱이 잘 접착되었는지 확인한다. 특히 게이트와 스틱 사이에 좁은 틈이 없는지 확인한다.
③ 손질시에 긁어낸 왁스 가루가 원형 표면에 붙어 있는지 확인한다.
④ 손상된 원형이 붙어 있지 않은지 확인한다. 손상된 원형은 제거시키거나 완전히 보수하여야 한다.
⑤ 원형이 일정하게 잘 배열되었는지 확인한다. 정규 배열에서 이탈된 원형은 용탕 주입 후 절단시 제품이 손상될 우려가 있다.

이렇게 검사된 트리는 작업 번호, 재질 번호, 작업자 번호 등을 표시한 후 깨끗한 곳에 보관하여 다음 공정 이동에 대기한다.

Section

06 주형 제작

1 주형 제작에 쓰이는 재료

1. 점결제(binder)

인베스트먼트 주조에 사용되는 점결제는 다음과 같은 조건을 구비하여야 한다.

① 점결제는 왁스를 용해시키거나, 서로 반응하지 않고 서로 잘 접착되어야 한다.

② 점결제는 상온에서나, 주형의 소성 온도, 용탕 주입 온도에서도 내화물 입자를 서로 단단히 결합시켜 줄 수 있는 능력을 지니고 있어야 한다.

③ 점결제는 내화물과 반응하여 저융점의 공정 물질을 생성시켜서는 안된다.

④ 점결제는 주입 금속과 반응을 일으켜서는 안된다.

이상과 같은 조건에 가장 잘 부합되는 점결제로서 현재까지 일반적으로 가장 많이 사용되고 있는 점결제는 콜로이달 실리카 점결제(colloidal silica binder)와 가수 분해된 에틸실리케이트 점결제(prehydrolized ethylsilicate binder)이다(표 3-18, 3-19 참조).

[표 3-18] 콜로이달 실리카 점결제

규 격	성분 및 성질
무수규산(SiO_2)	30~31%
입자크기	8~20$m\mu$
표면적	200~370mm^2/g
비중(20℃)	1.2
점도(25℃)	3~5 CPS
Na_2O	0.6% 이하
PH	9.5~10.5
수 분	70%
색 깔	투명 유백색 액체
빙 점	0℃
안정성	반영구적
냄 새	없 음

[표 3-19] 에틸 실리케이트 점결제

규 격	성분 및 성질
무수규산(SiO_2)	17~21%
비 중	0.91~0.92
점 도	5 CPS
색 깔	무색투명 액체
빙 점	-22℃
발화점	약 240℃
산함유량	약 0.05%
안정성	20℃에서, 밀폐된 용기내에 있을 경우 약 6개월

(1) 콜로이달 실리카 점결제의 장단점

장 점

① 가수 분해하지 않고 바로 사용할 수 있다.
② 건조 후 내화물 결합 강도가 에틸 실리케이트 점결제보다 우수하다.
③ 보존 기간이 반영구적이다.

단 점

① 주성분이 물이므로 건조하는데 시간이 많이 걸린다. 그러므로 마지막 피복 작업을 하고 건조시키는데 상당한 시간이 소요된다.
② 이로 인하여 생산성이 낮다.

(2) 에틸 실리케이트 점결제의 장단점

장 점

① 암모니아 가스로 경화시키면 빠른 시간 내에 경화된다. 그러므로 마지막 피복을 하고 경화시키는데 불과 몇 시간 걸리지 않는다.
② 이로 인하여 생산성이 높다.

단 점

① 콜로이달 실리카 점결제보다 값이 비싸다.
② 아무리 잘 밀폐해 놓아도 6개월 이상이 지나면 변질의 우려가 있다.
③ 알콜이 혼합되어 있으므로 화재의 위험성이 높다. 그러므로 항상 취급 및 관리에 유의하여야 한다.

이상과 같은 장단점을 고려하여 1~2차 피복 작업은 비록 건조 시간은 많이 걸리지만 3차부터 최종 피복 작업(7~10차)까지는 에틸 실리케이트 점결제를 많이 사용한다.

2. 내화물

주형 제작에 사용되는 내화물을 크게 분류하면 슬러리 배합용과 주형 피복용 2가지로 나눌 수 있다.

(1) 슬러리 배합용 내화물

① 지르콘 분말(zircon flour) : 팽창 수축이 적고 또한 열팽창 계수가 적으며 잘 처리된 지르콘은 해리 온도가 1760℃까지 되므로 직접 용탕이 닿는 1~2차 침지용 슬러리 배합용으로 많이 사용된다.

② 불투명 석영 유리 분말(fused silica flour) : 고순도의 무수 규산을 용융시켜 단일 산화물로 만든 유리로서 열팽창 계수는 가장 낮다. 그러나 어떤 불순물과 반응하여 결정화되면 크리스트바라이트가 되므로 변태를 수반한 이상 팽창을 일으켜 주형 균열, 치수 변화 등을 일으키거나 어떤 합금에 있어서는 용탕 표면에서의 화학 반응 또는 결정을 조대화시키는 경우가 있다. 그러나 표면 굴곡이 많은 제품이나 구멍이 많은 제품일 경우에 주조 후 염욕 처리가 잘 되므로 1~2차용 슬러리 배합시 지르콘 분말과 반반씩 섞어서 사용할 때도 있다.

③ 고알루미나 샌드 및 분말 : CaO, MgO, Fe_2O_3가 높으면 알카리도가 높아져 에틸 실리케이트 점결제와 배합시 슬러리의 조기 겔(gel)화의 원인이 되어 슬러리의 사용 수명이 짧아지며 또한 내화도도 떨어진다. 주로 에틸 실리케이트 점결제와 배합하여 백 업(back up : 보통 2차 이후 최종 피복까지의 작업)용 슬러리 제작에 많이 사용된다.

일반적으로 200메쉬의 분말과 60~80메쉬의 입자를 일정비로 섞어 배합하므로서 주형 강도를 상승시켜 주며 또한 통기성도 향상시켜 준다.

(2) 피복용 내화물

① 지르콘 샌드(zircon sand) : $ZrO_2 + SiO_2$ 성분이 98.5% 이상이며 비중은 4.2~4.5, 입자의 크기는 60~80메쉬 정도이다.

② 고알루미나 샌드(high alumina sand) : 고알루미나 분말과 같으나 제품 향상에 따라 60~80메쉬, 25~40메쉬 등의 입자로 주로 백 업용 주형 피복제로 사용한다.

2 1~2차 피복 작업

1. 슬러리 배합 용기

슬러리의 주된 성분은 액상 점결제와 고체상 내화물이다. 그러나 이 내화물은 비중이 크므로 배합 후 슬러리를 장시간 정체시켜 놓으면 가라앉아 침지하게 된다. 그러므로 이러한 내화물 침지 현상을 방지하고, 배합 성분이 균일하게 배합되도록 하기 위하여 슬러리는 항상 교반을 시켜 주어야 한다.

슬러리 교반 방법에는 용기를 정지시켜 놓고 외부에서 프로펠러를 슬러리 내에 삽입시켜 회전시키는 방법과 [그림 3-66]에서 보는 바와 같이 용기 내에 삼각판을 가로 질러 놓고 용기를 회전시키는 방법이 있다. 이렇게 용기를 회전시켜 슬러리를 배합하면 배합이 균일하고 외부 공기의 혼입이 적다. 그러나 다량의 슬러리를 배합해야 할 경우는 프로펠러법을 많이 사용한다. 그리고 이때 사용되는 배합 용기는 스테인리스강이나 폴리에틸렌 용기를 사용하여야 한다.

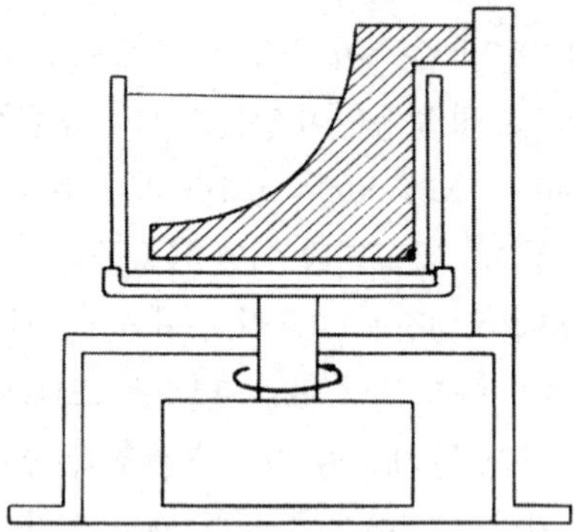

[그림 3-66] **슬러리 배합 용기**

2. 슬러리 배합법

슬러리 배합 조성은 제품의 크기, 형상 등에 따라 점도를 달리하는 경우가 있으나 일반적으로 콜로이달 실리카 점결제로 1~2차 피복용 슬러리를 배합할 때는 [표 3-20]의 조성으로 배합한다.

[표 3-20] **슬러리 배합 조성**

콜로이달 실리카	19.8%
지르콘 분말(200~300메쉬)	80%
계면 활성제	0.05%
소포제	0.15%

슬러리의 배합 순서와 방법은 다음과 같다.

① 배합 용기와 측정 기구를 깨끗이 청소한다.
② 배합된 모든 재료를 소요량만큼 미리 측정해 둔다. 이때 소포제와 계면 활성제는 메스실린더로 정량해 두는 것이 정확하다.
③ 먼저 점결제를 2/3정도 용기에 붓는다. 이때부터 회전시켜 주어야 한다.
④ 지르콘 분말 전량을 붓는다. 이때 주의할 점은 한꺼번에 모두 쏟아 부으면 덩어리가 많이 생기므로 천천히 조금씩 부어야 한다.
⑤ 나머지 점결제 1/3정도 용기에 부은 후 1시간 동안 배합시킨다.
⑥ 계면 활성제와 소포제를 넣는다.

⑦ 점결제와 내화물이 완전히 배합되고 배합시 혼입된 기포가 완전히 제거되려면 최소 8시간이 소요되므로 배합 후 8시간 이후부터 작업을 시작하여야 한다.
⑧ 8시간 후 점도를 측정했을 때 25~40초(Zahn No. 4 Cup)가 일반적으로 많이 사용하는 점도이다.

3 1차 슬러리 피복 작업

(1) 1차 슬러리 피복

왁스 트리를 다음과 같이 하여 1차 슬러리를 피복시킨다.
① 왁스 트리를 약 30°로 하여 천천히 슬러리 속으로 밀어 넣는다.
② 왁스 트리를 빼내어 잉여 슬러리를 흘러내리게 한다.
③ 이때 슬러리가 균일하게 피복되지 않아 왁스 표면이 보이거나, 구멍 내에 공기 주머니가 생겨 슬러리가 피복되지 않을 때에는 반복 작업을 실시한다.

(2) 1차 샌드 피복

1차 슬러리 피복을 하여 왁스 트리 표면에 피복된 슬러리가 마르기 전에 내화물 샌드를 입혀야 한다. 이렇게 샌드를 입히는 작업을 스터코(stucco)라 하는데 스터코 하는 방법에는 두 가지 방법이 있는데 첫째는 바닥에 40~50메쉬의 체가 부착된 용기를 공중에 달아 놓고 그 속에 60~80메쉬의 내화물 샌드를 넣은 후 용기에 진동을 주면 이 내화물 샌드가 비오듯이 떨어진다. 이 속에 왁스 트리를 넣고 내화물 샌드를 피복시키는 레인 스터코(rain stucco)법이 있으며, 둘째로는 샌드가 담겨 있는 용기 바닥으로 공기를 불어 넣어 모래를 공중으로 띄워 놓은 상태에서 왁스 트리를 집어 넣어 샌드를 피복시키는 플루다이즈드 베드(fluidized bed)법이 있다.

일반적으로 1차 피복은 좁은 홈이나 구멍 부위까지도 피복이 잘 되는 레인 스터코법을 많이 쓰며 1차 피복 이후 최종 피복까지는 플루다이즈드 베드법을 많이 사용한다.

(3) 1차 샌드 피복 후 건조 작업

이렇게 콜로이달 실리카계의 점결제로 배합된 슬러리로 1차 피복이 끝난 주형은 실내 온도 21~25℃, 상대 습도 60~80% 되는 건조실에서 최소 4시간 이상 건조 후 2차 피복 작업에 들어간다.

4. 2차 피복 작업

1차 피복된 셸(shell)이 완전히 건조된 후 똑같은 방법으로 2차 피복을 한다. 단지, 2차 피복 후 최소 10시간 이상 건조한 후 3차 피복 작업을 하여야 한다.

3 백 업 피복 작업

1. 슬러리 배합법

백 업용 슬러리 역시 작업 조건에 따라 다소 차이는 있으나 일반적으로 백 업용 슬러리의 조성은 [표 3-21]과 같다.

[표 3-21] 백 업용 슬러리의 조성

에틸 실리케이트 점결제	28%
고알루미나 분말(200~300메쉬)	50%
고알루미나 샌드(60~80메쉬)	21.8%
계면 활성제	0.17%
소포제	0.03%

배합 순서 및 방법은 전술한 방법과 동일하나, 배합 완료 후 백 업용 슬러리 배합시 혼입된 기포를 완전히 제거시킬 필요가 없으므로 배합 후 30분 후면 작업을 개시하여도 된다.

단, 작업 전에 점도를 검사하여 15~20초(Ford 4-B) 범위 내에 있는 것이 좋다.

2. 백 업 샌드 피복 및 경화 작업

백 업 피복 후 주형을 경화시키는 방법에는 공기 강제 송풍에 의한 경화법과 에틸 실리케이트를 암모니아 가스로 겔(gel)화시키는 방법이 있는데 이 암모니아 가스로 겔화시키는 방법에도 밀폐 용기 내에 주형을 넣고 암모니아 가스를 집어 넣는 방법과 2~3%의 암모니아 가스 농도를 유지시킨 터널을 콘베이어로 통과시키는 방법이 있다. 이들 방법 중 능률적이고 생산성이 높은 방법은 암모니아 터널 통과법이다. 다음에 설명하는 피복 작업은 이 방법을 기준으로 한 것이다.

① 먼저 2차까지 피복된 셸이 완전히 건조되었는지, 셸에 균열이 가지 않았는지, 왁스 원형이 떨어져 나가지 않았는지 확인한다.
② 주형을 조용히 흔들어 표면에 허술하게 붙여 있는 샌드가 떨어지게 한다.
③ 주형을 슬러리에 조용히 담근다.
④ 주형을 끄집어 내어 잉여 슬러리를 흘러내리게 한 후 푸루다이즈 베드에서 즉각 스터코 한다.
⑤ 이렇게 스터코된 주형을 콘베이어에 걸어 암모니아 터널로 통과시킨다.
⑥ 주형이 요구하는 두께가 형성될 때까지 상기 작업을 반복한다.
⑦ 이렇게 피복이 완전히 끝난 주형은 마지막으로 슬러리에 디핑(dipping)만 하고, 샌드를 입히지 않는다. 이 작업을 실러 디핑(sealer dipping)이라고 한다.
⑧ 완전히 피복이 끝난 주형은 최소 12시간 이상 공기 강제 송풍실 내에서 건조시킨 후 탈 왁스시킨다.

4 탈 왁스 작업

탈 왁스 방법에는 가열된 액체 속에 주형을 침지시켜 왁스를 녹여 내는 법, 삼염화 에틸렌을 가열시켜 발생하는 증기로 왁스를 녹여 내는 법, 고압 가마(auto clave) 내에서 수증기로 녹여 내는 법, 마이크로 웨이브(micro wave)로 녹여 내는 법 등이 있으나, 가장 중요한 기본 원칙은 왁스가 팽창되기 전에 또는 팽창되지 않도록 하여 왁스를 녹여 내어야만 주형에 균열이 발생하지 않는다. 그러므로 가장 빠른 시간 내에 압력을 가해 왁스의 팽창을 저지시켜 주면서 수증기의 열로 왁스를 녹여 내는 고압 가마 탈 왁스법이 현재까지는 가장 많이 사용되고 있다. 탈 왁스시 고압 가마 내에 걸리는 압력은 7~8kgf/cm^2이며 탈 왁스시간은 왁스의 종류에 따라 다소 차이가 있으나 평균 20~30분이면 충분하다.

5 주형 균열 발생 원인

탈 왁스 전 또는 탈 왁스 후의 주형에 발생하는 균열은 다음과 같다.

① 주형 피복 작업장의 온도 및 습도의 변화가 심할 때.
② 피복한 내화물층이 건조되지 않은 상태에서 다음 피복 작업을 계속했을 때.
③ 건조가 충분히 되지 않는 주형을 탈 왁스 하였을 때.
④ 탈 왁스시 고압 가마 내의 압력이 낮아 왁스 팽창을 저지시키지 못했을 때.
⑤ 노후화된 점결제를 사용하여 피복했을 때, 점결력이 낮아 주형의 강도가 떨어지므로 탈 왁스 후 주형에 균열이 발생한다.

6 불량의 종류와 원인

1. 버클링(buckling)

앞서 피복한 내화물층이 건조 또는 경화되지 않은 상태에서 다음 피복을 계속한 후 탈 왁스하였을 때, 일부 피복층이 분리될 경우가 있다. 이러한 상태에서 주형을 소성하여 용탕을 주입하면 분리된 주형층이 용탕쪽으로 밀려 들어가거나 바깥쪽으로 밀려 나온 상태를 말한다. 특히 이 현상은 표면적이 적은 넓은 평판 부위에 많이 나타난다.

2. 벌징(burging)

주형 피복시 좁은 홈이나 작은 구멍을 피복할 때 주의하지 않으면 홈이나 구멍의 중간 부위까지 내화물이 균일하게 피복되지 않고, 홈이나 구멍 입구가 먼저 막혀 버리는 경우가 있다. 이러한 현상을 브릿지(bridge)라 한다. 이렇게 브릿지가 생긴 이후부터는 구멍이나 홈 내부가 계속 피복이 될 수 없으므로 중간 부위의 내화물층은 매우 얇다. 이러한 상태에서 탈 왁스 후 용탕을 주입하면 주입되는 온도와 압력에 의하여 구멍 내부의 얇은 부위가 밀려 나오게 된다. 이렇게 구멍이나 홈의 중간 부위에 혹처럼 튀어나와 있는 것을 벌징이라 한다.

3. 제품 표면의 거칠음과 금속 침투 현상

1차 피복용 슬러리의 점도가 너무 낮을 때, 1차 스터코용 샌드의 입자 굵기가 너무 굵을 때, 너무 오래된 슬러리로 1차 피복을 했을 때에 나타난다.

Section 07 주형의 소성

주형의 소성은 ① 탈 왁스 후 주형 내부에 남아 있는 잔류 왁스를 완전히 태워 없애기 위하여, ② 주형을 소결시켜 강도를 높여주기 위하여, ③ 주형을 예열시켜 주기 위하여 보통 800~1100℃까지 주형을 가열시켜 준다.

솔리드 주형은 두께가 두꺼워 열전도 속도가 늦기 때문에 천천히 온도를 상승시키지 않으면 주형에 균열이 발생한다. 그러나 세라믹 셸 주형은 바로 800~1100℃로 가열된 소성로에 장입하여도 균열이 발생하지 않는다. 그러나 주형이 크고, 형상이 복잡한 주형은 균열의 우려가 있으므로 서서히 가열해 주어야 한다. 소성 시간은 언필드 왁스보다 필드 왁스를 사용한 주형이 길다. 일반적으로 필러 성분을 완전히 태워 없애는 데는 800~1100℃에서 2시간 이상이 걸린다. [그림 3－67]은 각 내화물의 온도 상승에 따라 팽창율을 나타낸 것이다. 여기서 각 내화물별로 팽창율이 큰 온도 범위에서는 서서히 가열하여야 균열이 발생하지 않는다. 그러나 팽창율이 완만한 범위에서는 온도를 급상승시켜도 균열이 발생하지 않는다.

1 소성로에 장입시 주의사항

소성로에 장입시 주형 내에 불순물이 혼입되지 않기 위해서는 다음 사항에 주의하여야 한다.

① 주형 운반 기구는 항상 깨끗이 관리하여야 한다.
② 주형은 항상 주입 컵이 아래로 향하게 하여 취급하여야만 불순물 혼입을 방지할 수 있다.
③ 소성로에 장입시 주형간의 간격은 최소 50mm 이상 유지하여 서로 충돌로 인한 주형 균열이나 파손을 방지하여야 한다.

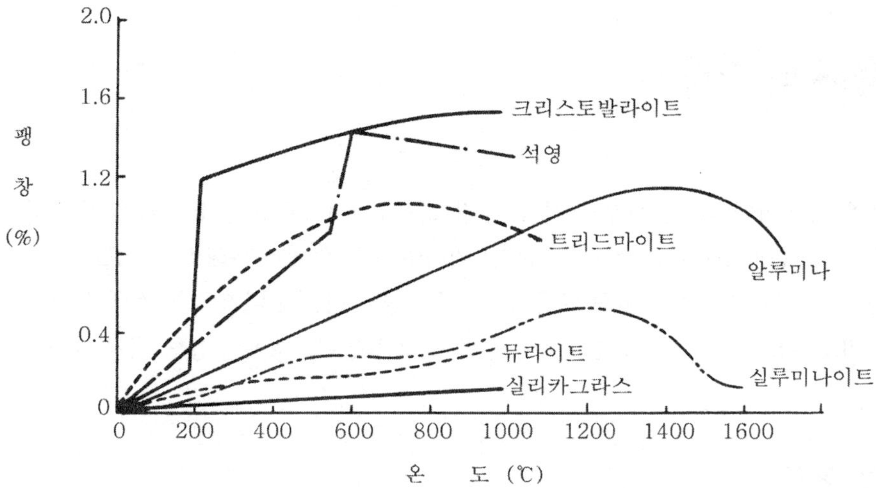

[그림 3-67] 각종 내화물의 온도 상승에 따른 팽창율

2 단열재 피복

주입시 탕회 불량이나 수축공 발생 우려가 있는 부위에 세라믹 파이버 브랭켓(ceramic fiber blanket)과 같은 단열재를 씌워 불량을 방지시키는 방법도 많이 이용된다.

① 두께가 얇아 탕회 불량의 우려가 있어 그 부위의 셸 외부에 단열재를 씌운 경우에는 주입 후 단열재를 즉각 제거해야 한다.

② 내부 수축공을 방지하기 위하여 런너, 게이트 혹은 압탕에 씌운 단열재는 제품이 완전히 응고할 때까지 씌워 두어야 한다.

3 주형 균열

소성완료 후 주입 직전에 주형의 결합이 발견되었을 때에는 다음과 같이 조치하여야만 주형 균열을 방지할 수 있다.

① 제품 부위의 일부가 떨어져 나간 것과 같은 결함은 그 부위를 즉각 내화 몰탈로 보수 후 소성로에 신속하게 재장입하여야만 온도의 급강하에 의한 주형 균열을 방지할 수 있다.

② 주형을 냉각시켜야 할 경우에도 소성로에서 서냉시켜야만 역시 온도 급강하에 의한 주형 균열을 방지할 수 있다.

Section
08 용해 및 주입

주로 니켈계 내열 합금(인코넬계 합금)은 고온 강도를 유지시켜 주는 원소인 알루미늄, 티타늄 등이 대기중의 산소, 질소 등과 결합하는 것을 방지하기 위하여 진공 중에서 용해 및 주입을 한다. 그러나 일반 탄소강, 저합금강, 스테인리스강, 코발트계 내열 합금, 일부 니켈계 내열 합금(스테라이트계) 등은 일반적으로 대기 또는 아르곤 가스 보호 분위기에서 주로 고주파 유도로에서 용해, 주입한다.

1 주입 온도

[표 3-22]는 주형 소성 온도 950℃~1050℃에서의 각 재질별 주입 온도를 나타낸 것이다. 그러나 이 주입 온도는 제품의 두께, 형상, 주형 소성 온도에 따라 달라질 수 있으나, 주형 소성 온도를 조정하는 것보다 주입 온도를 조정하는 것이 좋다.

[표 3-22] 각 재질별 주입 온도

재 질	주입온도
탄소 및 저합금강	1590℃~1640℃(1680°를 초과하지 말 것)
크롬계 스테인리스강	1580℃~1630℃(〃 〃)
니켈-크롬계 스테인리스강	1570℃~1620℃(〃 〃)
니켈 합금	가능한 한 1560℃를 초과하지 않는 것이 좋다.
코발트 합금(스텔라이트계)	1620℃~1670℃
코발트 합금(기타)	스텔라이트 - 9 1450℃~1600℃

2 용해(고주파로)

1. 탈산제 첨가 방법 및 시기

① 노내에 첨가할 탈산제 양을 정량 계근해 둔다.

② 용해가 시작되면 조금씩 주기적으로 첨가하다가 완전히 용해가 되고 주입 온도에 도달하면 남은 양을 전부 노내에 첨가한다.

③ 레이들에 첨가할 탈산제 전량을 주입 레이들 바닥에 넣고 출탕시킨다. 이때 발생하는 와류에 의하여 탈산제가 균일하게 확산되어 탈산 효과가 크다.

2. 용해 작업 순서

① 재료 장입 전에 먼저 라이닝의 상태 즉, 균열 여부, 마모 상태, 흠집 여부, 건조 상태 등을 점검하여야 한다.

② 노내에는 이물질이 없어야 하며 노벽에 슬랙이 과도하게 붙어 있어서는 안된다.

③ 재료를 장입하여 용해를 시작한다.

④ 전술한 탈산 방법에 의하여 탈산시키면서 용해를 계속한다.

⑤ 슬랙을 완전히 제거한 후 용탕 온도를 측정하고 화학 분석용 시편을 채취하여 분석 의뢰한다.

⑥ 분석 결과에 따라 어떤 원소를 추가로 첨가하여야 할 때 그 정량 범위는 100kgf 용해당 ±0.1g 오차내로 측정하여 첨가하여야 한다.

⑦ 분석 결과가 합금 규격내에 들면 용탕을 출탕 온도까지 상승시킨다.

⑧ 슬랙을 완전히 제거한 후 용탕 온도를 측정한다.

⑨ 주입 레이들에 탈산제를 넣고 출탕시킨다.

3 주 입

① 출탕 전에 주입 레이들은 이미 1200℃ 이상으로 예열되어 있어야 한다.

② 출탕시 주입 레이들 용량의 3/4만큼 용탕을 받는 것이 주입하기 편리하다.

③ 레이들을 주입 컵에 최대한 가까이 대고 빠르게 그러나 조용히 주입하여야 한다.
이때 주의할 점은 주입 도중에 멈추거나, 용탕이 밖으로 튀어나가지 않도록 주의한다.

Section

09 후처리

주입이 완료된 주형은 완전히 응고된 후 처리하여야 한다. 주형은 녹-아웃 머신(knock-out machine)으로 셸을 제거한 뒤 절단 지석으로 제품의 게이트를 절단한다. 이렇게 절단된 제품은 표면에 잔류해 있는 내화물이나 표면 스케일을 60~90 메쉬의 샌드나 쇼트(shot)로 블라스팅(blasting)하여 완전히 제거시킨다. 이때 블라스팅이 잘 되지 않는 홈 속이나 구멍 속의 내화물, 세라믹 코어 등은 600~620℃의 염욕에서 녹여낸다. 그 후 주조품은 다음 공정을 거쳐 완성된다.

1 게이트 사상 작업(gate grinding)

게이트는 주로 연마석이나 샌드 벨트(sand belt)에서 그라인딩하여 제거하는데, 잔류 게이트의 높이를 결정해 두어야 한다. 일반적으로 기계 가공이 있는 부위에 게이트가 붙어 있을 경우에는 0.2~0.5mm의 잔류 게이트를 남겨도 되나 기계 가공이 없는 부위의 게이트는 완전히 제거시켜야 한다. 이때 주의할 점은 반드시 도면을 참조하여 허용 공차를 벗어나지 않도록 해야 한다.

2 교 정

인베스트먼트 주조품은 대체로 복잡하고, 까다로운 형상이 많으며 특히, 가늘고 긴 형상의 경우에는 왁스 원형의 사출, 조립 또는 용탕 주입 후 응고 과정에서 변형이 생기는 경우가 많다. 이렇게 변형된 주조품은 재질, 제품 형상 등에 다라 열간 또는 냉간 교정을 한다.

대량 생산품의 경우에는 주조품을 치구에 안치시킨 후 프레스로 교정하나 소량 생산품의 경우에는 망치로 교정할 경우도 있다. 주의할 점은 균열이 발생하지 않도록 주의하여야 한다. 그 외에 제품 사양에 따라 열처리, 가공 등의 후공정을 거쳐 검사 부서로 인계하여 각종 검사를 실시하여야 한다.

3 각종 검사법

[표 3-23]은 인베스트먼트 주조품의 일반적인 검사 항목을 나타낸 것이다.

[표 3-23] **인베스트먼트 주조품의 각종 검사법**

구 분	내 역
화학적 성질	화학 성분 시험 등
기계적 성질	인장, 경도, 굴곡, 충격 시험 등
열처리 및 현미경 조직 시험	주방 상태, 소둔 상태, 소입·소준 상태, 금속 조직의 종류 및 입자 크기 등
치수 검사 및 표면 육안 검사	도면 치수 검사 및 허용 공차, 잔류 게이트 높이, 표면 거칠기, 표면 육안 검사 등
비파괴 시험	형광 침투 탐상 시험, 자분 탐상 시험, 초음파 탐상 시험, 방사선 투과 시험 등
기타 검사	게이지에 의한 주요 치수 검사 등

익힘문제

01 인베스트먼트 주조법에 대하여 쓰시오.

02 인베스트먼트 주조법의 특징을 쓰시오.

03 인베스트먼트 주형법의 종류를 들고 쓰시오.

04 세라믹 셸 주형법이 솔리드 주형법보다 유리한 점을 쓰시오.

05 인베스트먼트 주조 공정을 쓰시오.

06 왁스의 응고 형식을 3가지로 분류하고 쓰시오.

07 인베스트먼트 주조품의 공차 변화 요인을 쓰시오.

08 인베스트먼트 주조품으로서 일반적으로 얻어질 수 있는 각도 공차는 얼마인가?

09 동심도의 공차에 대하여 쓰시오.

10 인베스트먼트 주조품의 설계 및 주조 도면 작성시 고려하여야 할 사항을 쓰시오,

11 게이트 및 압탕 방안에 대하여 쓰시오.

12 최종 응고점을 찾는 방법에 대하여 쓰시오.

13 게이트의 단면적과 길이에 대하여 쓰시오.

14 급탕 거리가 증가될 수 있는 요인을 쓰시오.

15 금형 설계에서 캐비티와 금형 외곽까지의 거리는 최소 얼마이상 되어야 하는가?

16 원형 재료의 구비 조건을 쓰시오.

17 왁스 주입구는 반드시 분할면에 있어야 하며, 제품의 크기, 사출기의 조건에 따라 다르지만 일반적으로 직경은 얼마 정도로 하여야 하는가?

18 왁스 원형 결함의 종류와 발생 원인에 대하여 쓰시오.

19 왁스 원형 조립시 주의 사항에 대하여 쓰시오.

20 왁스 트리의 검사는 어떤 사항을 검사하여야 하는가?

21 점결재의 종류를 들고 성질을 쓰시오.

22 주형 제작에 사용되는 내화물을 크게 분류하고 쓰시오.

23 캐비티 내부에 왁스 조각이 끼어져 잘 빠져 나오지 않을 때 제거시키는 방법을 쓰시오.

24 내화물 샌드를 피복하는 방법을 쓰시오.

25 탈 왁스 방법의 종류를 들고 쓰시오.

26 탈 왁스 전 또는 탈 왁스 후 주형에 균열이 발생되는 원인을 쓰시오.

27 소성로에 장입시 주의 사항을 쓰시오.

28 주입 후 주형 불량으로 인해 발생되는 불량의 종류와 원인을 쓰시오.

29 이형제 사용시 주의할 점을 쓰시오.

30 작업 종료 후 금형을 보관할 때에는 어떻게 하여야 하는가?

Chapter 04 기타 주조법

Section 01 쇼오 프로세스

1 쇼오 프로세스의 특징

쇼주형법은 일종의 정밀주조법으로서 영국의 고고학자인 N. Shaw 및 C. Shaw 형제가 로마시대 유물을 복제하기 위하여 수축하지 않고 통기성이 좋은 정밀내화물 주형으로서 개발한 것이다. 이 방법의 가장 특이한 점은 생형주형의 표면을 급가열함으로써 미세한 균열(haircrack)을 균일하게 하여 주형을 건조할 때 일어나는 주형의 수축을 방지함과 동시에 통기성을 좋게 한다는 점이다. 또 이 주형법에서는 점결제인 규산졸이 겔(gel)화하는 도중에 탄력성이 남아 있을 때 원형을 빼내므로 경사가 없거나 심어지는 약간의 역경사(이 경우는 탄성 원형을 써야 함)인 원형이라도 사용가능하다는 이점이 있다. 이 밖에 이 주형이 갖는 장단점은 다음과 같다.

① 복잡한 모양이나 곡면도 잘나온다.
② 크기에 제한이 없다.
③ 원형재료에 제한이 없다.
④ 치수가 정밀하고 주물표면이 아름답다.
⑤ 용탕주입시 열팽창에 의한 주형의 변형이 거의 없다.
⑥ 인베스트먼트주형법과 달리 분할형이다.
⑦ 대량생산이 어렵고, 주형재료비가 비싸다.

이 주형은 각종 기어류, 라이너 등 정밀주조품과 다이스용, 프레스용, 셸주형용, 플라스틱용 등의 각종 금형 제작에 이용되고 있다.

2 제조 방법

1. 원 형

쇼오 프로세스에 있어서 원형의 치수 정도와 표면의 양부는 직접 부물에 영향을 미치므로 충분한 정도와 평할도가 요구된다. 쇼오 프로세스의 원형 재료로서는 양질의 목재, 플라스틱 및 금속류가 사용되고 있다. 그 밖에 탄성 원형으로서 특수한 것에 실리콘 고무 등을 이용하면 매우 편리하다. 금속은 가장 치수 정도가 좋고 표면의 평활도가 좋은 것이 만들어진다. 금속의 종류에 관해서는 특히 제한은 없으나 우선 절삭성이 좋고, 가공 다듬질이 용이하며, 녹슬지 않는 재료가 좋다.

2. 주형 재료

쇼오 프로세스의 점결제는 에틸 실리케이트를 가수 분해한 규산졸이다. 내화물은 그 조건으로서 열팽창이 적고 변태점이 없으며, 용융 금속과 반응하지 않고 또한 쇼오 슬러리로 했을 때의 유동성이 양호한 것이 좋다. 현재 사용되고 있는 내화물은 지르콘, 알루미나, 샤모트, 용융 실리카, 올리빈 샌드, 탄화 규소 등이다. 이와 같은 내화물의 선택은 용탕의 온도, 성분, 제품의 가격 등에 따라서 정해진다. 일반적으로 용탕 성분에 따라서는 알루미나, 용융 실리카 등의 사용도 필요하게 된다. 이 밖에 내화물에 요구되는 중요한 요소로서 입도 구성이 있다. 이 입도 구성이 나쁘면 주형이 변형하거나 표면에 조대한 크랙이 발생하여 주형의 치수 정도를 저하시키는 원인이 된다.

3. 조형법

쇼오 프로세스형의 제작법은 두 가지 방법으로 구분된다. 그 분류는 [그림 4-1]과 같다. 즉 한 가지는 쇼오 슬러리만으로 주형을 만드는 방법이다. 이 방법은 쇼오 프로세스의 기본적인 조형법인데 현재는 작은 제품을 실험적으로 제작하는 정도에 그치고 있다. 그 조형법은 [그림 4-2]와 같다.

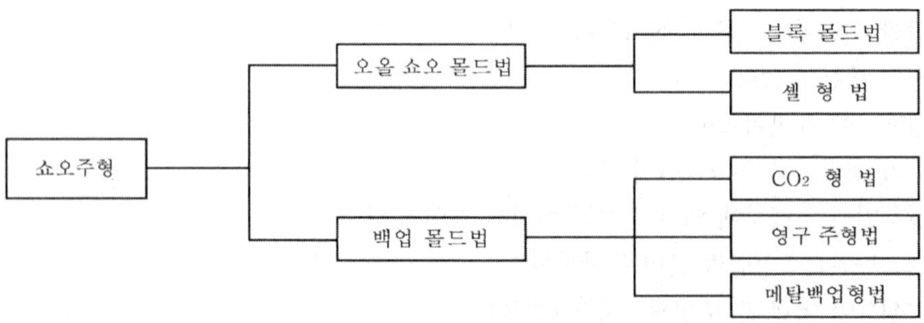

[그림 4-1] 쇼오 조형법의 종류

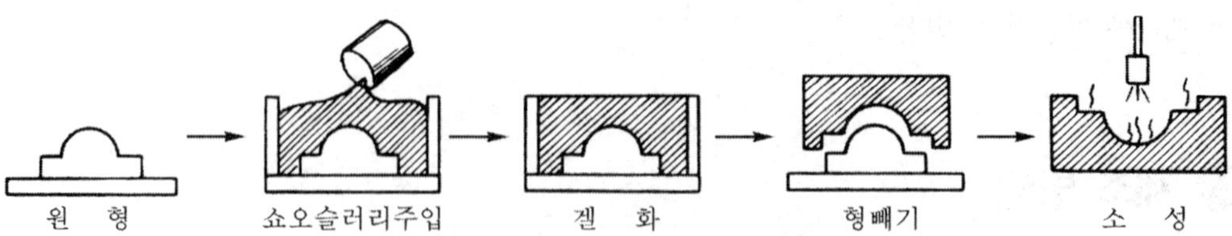

[그림 4-2] 오올 쇼오 몰드 주형의 조형 공정

또 한 가지 방법은 미리 백 업 몰드를 제작해 놓고 이것에 쇼오 슬러리를 페이싱하여 주조를 만드는 방법이다. 이 방법은 현재 가장 널리 이용되고 있다. 이 방법도 백업 주형의 재료와 제작법에 의해 세 종류로 분류된다. 첫째는 샤모트, 규사, 용융 실리카 등을 CO_2법으로 제작하는 방법, 둘째는 샤모트, 지르콘, 알루미나, 탄화규소, 흑연 등을 주로 하고 점결제에 규산졸, 실리카졸, 인삼염, 알루미나 시멘트 등에 의해서 제작하는 영구 주형법, 셋째는 금속으로 백 업 주형하는 메탈 백 업 조형법이다. 이와 같은 세 가지 방법은 각각 장점과 단점이 있으며 따라서 각각 특색을 살려서 사용되고 있다. 첫째의 CO_2 형법에 의한 백 업형일 때는 제작이 가장 간단하여 널리 이용되고 있으며, 특히 소량 생산에 적당하다. 둘째의 영구 주형법은 CO_2 형법보다도 훨씬 내용 수명이 길고, 정도도 좋으므로 양산품의 제조에 이용된다. 셋째의 메탈 백 업형법은 강도가 세고 내구성이 풍부하며 가장 양산적이지만 가스 빼기 대책이나 소성 방법, 온도 등 세밀한 점에서 면밀한 관리가 필요하다. 따라서 제품의 치수 정도는 다른 두 가지 방법에 비해서 훨씬 정확하다. [그림 4-3]은 CO_2 법에 의한 백 업 주형을 이용한 쇼오 주형의 조형법에 관한 것이다.

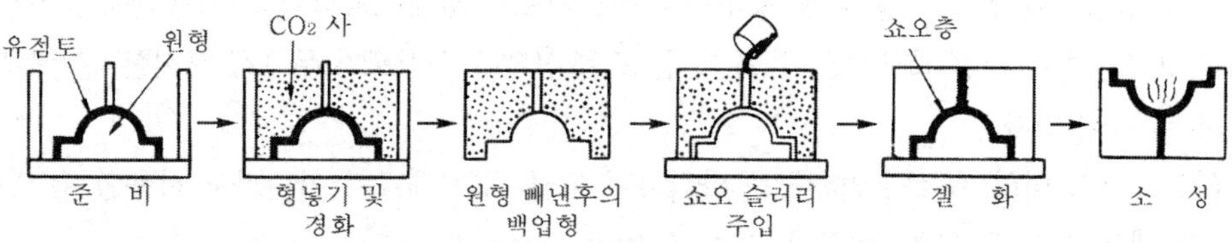

[그림 4-3] 백 업 쇼오 주형의 제조 공정

먼저 정반에 원형을 놓고 원형의 전면에 쇼오의 페이싱을 행하고자 하는 두께와 거의 같은 두께로 유점토 등을 균일하게 피복한 다음 틀을 짜고 모래를 넣은 뒤 CO_2 가스로 경화하여 형 빼기를 한 뒤 원형에서 유점토 등을 제거하고 나서 원형에 이형제를 바른다. 먼저 제작해 놓은 백 업형을 원형에 덮으면 그 사이에 공간이 생긴다. 이 공간에 쇼오 슬러리를 유입하여 슬러리가 겔화해서 경질 고무상으로 된 시점에서 형 빼기를 한다. 빼낸 주형은 버너 등으로 쇼오층을 재빨리 균일하게 가열해서 급속 건조를 행한 다음 2차 소성에 의해서 주형속에 잔존하는 가연성 물질을 완전히 제거하면 CO_2 법에 의한 쇼오 콤퍼지트 주형이 만들어지게 된다. 이와 같은 방법으로 상하형을 제작하여 완전히 조립한 뒤 주조하면 아름다운 쇼오 주물이 얻어지게 된다.

CO_2 법으로 백 업형을 다량 제작할 때는 석고 등을 이용해서 백 업의 전용형을 제작해 놓은 방법을 취한다.

Section
02 발포 정밀 주형법

1 발포 정밀 주형법의 특징

이 정밀 주형법은 점결제로서 규산졸(콜로이달 실리카졸)을 이용해서 이것에 염산기겔화 촉진제를 첨가한 뒤 내화 재료를 첨가하여 잘 혼련해서 슬러리를 만들고, 이것을 원형에 유입해서 조형하게 되는데, 여기서 쇼오법과 다른 것은 점결제속에 미리 소량의 기포제를 첨가하여 슬러리를 교반 혼련할 때 내부에 무수한 소기포를 생기게 해서 원형에 주입하여 슬러리가 응결한 뒤 원형을 빼내서 방치 또는 가열 건조 중에 기포간에 발생하는 갈라진 금에 의해서 주형의 수축 또는 팽창에 의한 변형을 흡수하고자 하는 것이다. 즉 쇼오법은 변형을 방지하는데 급속 가열에 의해 미소 갈라짐이 발생하는 것을 특색으로 하는 것에 대하여 발포 정밀 주형법은 주형속 에 미리 무수한 소기포를 개재시켜서 이런 기포간에 갈라짐을 자연 발생적으로 생기게 하는 것을 특색으로 하고 있다. 또 주형속에 소기포가 무수히 개재한다는 것은 이외에도 다음과 같은 것이 있다.

① 주형 소성시 내화 재료의 열팽창을 완화하여 고급 내화 재료가 아니라도 사용할 수 있다.
② 내화 재료의 입도, 입형, 비중 등의 차에 의한 편석을 방지할 수 있다.
③ 슬러리의 유동성을 더욱 좋게 하고 균질한 충진이 가능하다.
④ 주형속에 틈새가 많으므로 내화 재료가 미세해도 통기성이 좋다.
⑤ 공극율이 높다는 것은 주형의 단열성을 증가시키고, 주입 금속이 서냉되므로 변형이 적다.

따라서 주형의 강도가 높고 각종 금형 소재의 주조 및 일반 정밀 주조품의 구조에 응용하여 비교적 싸게 제조할 수가 있다. 특히 기계 기공이 곤란한 형상이 고경도 재질의 금형 제작에 효과가 크다.

2 주형 재료

1) 점결제

규산 무수물의 초미립자(10~20μ)를 분산시킨 규산졸(수용액)을 사용한다. 규산졸에는 규산 20~40%의 것이 있으며 pH는 모두 9.5전후이지만 겔화 시간의 조정이 용이하여 보통 규산분 20%의 것이 사용된다.

2) 기포제

기포제에는 알킬벤젠 술폰산소오다 또는 알킬알릴 슬폰산 소오다 등을 주성분으로 한 활성제가 사용된다.

3) 겔화 촉진제

규산졸은 알카리, 산, 염 및 전해액의 존재에 의해 겔화하는데 겔화 시간의 장단을 임의로 조정하기 쉬운 점에서 염화 암모늄이 사용된다.

4) 내화 재료

모든 내화 재료를 사용할 수가 있는데 주철 또는 주강을 주조할 때에는 3~8호의 규사와 지르콘사 및 270 메쉬의 규석 분말 또는 300메쉬 80%이상 통과의 지르콘 분말을 적당히 배합한 것이 많이 사용된다.

3 조형법

1) 슬러리의 주입

형넣기는 미리 이형 및 소포 효과를 부여하기 위한 표면 처리를 행한 원형을 형합한 틀내에 슬러리를 유입하여 겔화 후 이형한다. 이것에 의해서 주형 표면에 기포가 없는 깨끗한 것을 얻을 수 있다.

2) 주형의 소성

성형 후의 주형은 4~24시간 방치한 후 노에 넣고 소성한다. 소성 온도는 650~900℃로 온도가 높은 편이 주형 강도로 높다. 단, 주형이 클 때는 형속의 함유 수분도 많으므로 300℃로 1~2시간 유지한 뒤 승온한 것이 좋다. 소성 후는 450℃정도까지 서냉한 뒤 꺼내서 바로 주입한다.

Section 03 석고 주형법

석고는 보통 조각, 미술품, 장식품 등에 일반적으로 사용되고 있지만 금속공업에서도 석고의 이용이 많다. 석고의 주성분은 $CaSO_4 \cdot 2H_2O$이며 이론상 조직은 CaO가 32.57% SO_3가 46.51%가 되며 이것은 구리, 금, 은을 위시하여 이것보다 저융점의 비철합금의 주형으로서 사용되었으며 인베스트먼트 주조용의 재료로 사용되나 상하형의 주형재료로서도 깨끗한 표면, 정밀한 치수를 얻을 수 있으며 특히 제2차대전 후 석고의 새로운 처리법이 발전되어 정밀주조의 용도가 넓어졌다. 석고를 소성하면 다음식과 같이 소석고가 된다.

$$CaSO_4 \cdot 2H_2O \rightarrow CaSO_4 \cdot \frac{1}{2}H_2O + 1\frac{1}{2}H_2O$$

이 소석고는 수화경화성이 있어 물과 혼합하여 방치하면 석고가 생성 경화되며 이것을 120℃이상에서

잠시 가열하면 다시 소석고가 되고 200℃이상에서 가열하면 경석고($CaSO_4$: 무수물)로 된다. 경석고는 물과 반응하지 않는다. 주형으로 사용하기에는 소석고에 주형의 균열을 방지하기 위해 활석, 경화촉진제나 또는 경화를 지연시키는 첨가제, 규사의 가열건조시 팽창량을 조절하기 위하여 석탄등을 첨가한다. 이것에 물을 혼합, 매치플레이트(match plate)식 원형(대부분 금형)위에 흘러 수분간으로 경화되면 형을 빼내어 200~300℃에서 완전히 무수물로 될 때까지 소성한다. 이 상태에서 비로소 주형으로 사용될 수 있다.

석고주형의 처리법으로서 가압기에서 가열 가압하여 실시하는 방법이 있다. 소성 후 일단 경화된 석고주형($CaSO_4 \cdot 2H_2O$)을 가압기 안에서 처리하면 보통의 β소석고와는 다른, 결정립이 큰 α소석고($CaSO_4 \cdot \frac{1}{2} H_2O$)로 되어 통기도가 크게 된다. 이것을 상온에 방치하면, 다시 석고($CaSO_4 \cdot 2H_2O$)로 되어 230℃ 부근에서 가열건조한 후 주입한다. 통기도가 양호하므로 완전히 무수화할 필요는 없다. 석고는 계면활성제 등을 혼합하고 공기로서 기포를 발생시켜 성형에 사용하면 통기도가 양호한 주형을 얻을 수 있으며 건조하여 사용할 때도 있다. [그림 4-4]는 석고주형의 제작공정을 나타낸 것이다.

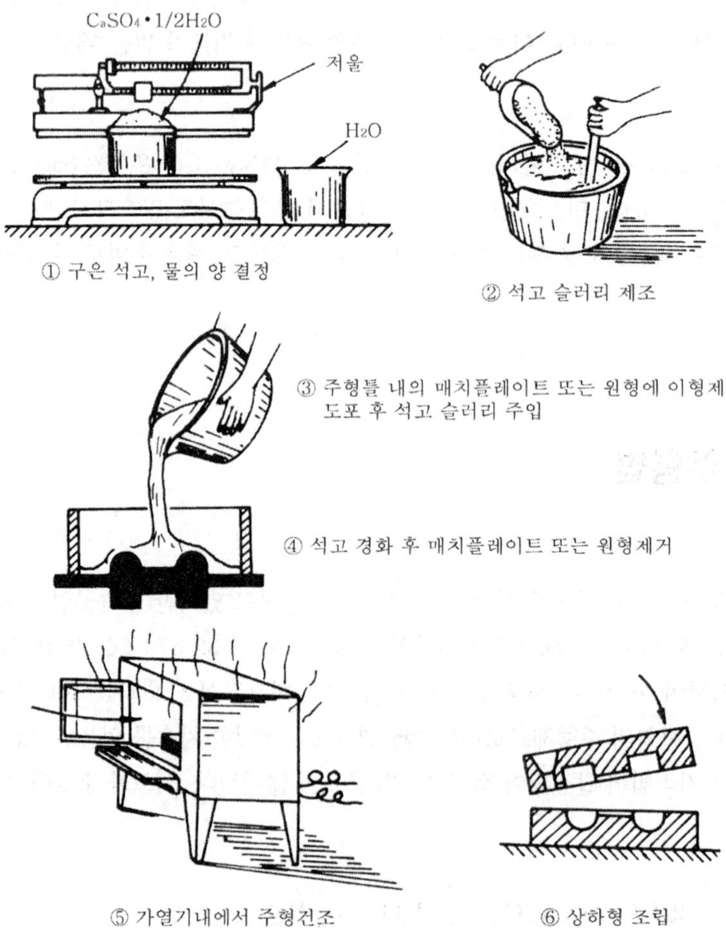

[그림 4-4] 석고주형의 제작 공정

Section

04 풀 몰드법(full mould process)

풀 몰드법은 원형으로서 목형이나 금형을 사용하지 않고 그대신 발포성 폴리에틸렌으로 만든 원형을 사용해서 조형하는 방법이다. 이 원형은 한 번 밖에 사용할 수 없는 로스트패턴(lost pattern)에 속한다. 조형이 끝나도 이 원형은 빼내지 않으며 주물사에 매몰한 그대로의 주형 속에 용탕을 주입하게 된다. 그러면 이 원형은 열에 의해서 소실되어 중공부가 생기게 되고 여기에 용탕이 충전되어 주물이 생산된다. 즉 원래의 원형과는 달리 기화성(氣化性) 원형을 주형 속에 그대로 남겨 놓게 되기 때문에 풀몰드법 또는 무공동(無空洞, cavityless) 주조법이라고 한다. 이 방법에서는 발포성이 폴리에틸렌의 발포비율, 원형의 표면처리 조건, 주조방안, 주형사, 주입온도 등이 주물의 품질에 크게 영향을 미친다.

발포성 폴리에틸렌으로 만든 원형은 다음과 같은 특성을 갖는다.

① 가벼우므로 대형원형도 쉽게 운반할 수 있다.

② 가공성이 좋다.

③ 접착에 의해서 부품을 간단히 부착 조립할 수 있다.

④ 원형의 분할, 코어프린트 등이 필요없다.

⑤ 제작기간이 짧다.

익힘문제

01 쇼오 프로세스의 원리를 쓰시오.

02 쇼오 프로세스의 특징을 쓰시오.

03 쇼오 프로세스의 조형법을 분류하고 쓰시오.

04 오올 쇼오 몰드 주형의 제조 공정을 쓰시오.

05 쇼오 프로세스의 응용 분야에 대하여 쓰시오.

06 발포 정밀 주형법이란 무엇인가 쓰시오.

07 발포 정밀 주형법의 특징을 쓰시오.

08 발포 정밀 주형 재료 중 기포제의 역할에 대하여 쓰시오.

09 공극율이 주형 강도 및 변형량에 미치는 영향을 쓰시오.

10 촉진제의 첨가량과 겔화 시간의 관계를 쓰시오.

11 석고 주형법에서 석고 응고 과정을 쓰시오.

12 풀 몰드법의 원리를 쓰시오.

Part 02

특수주조법

Advanced Casting Processes

Chapter 01 금형주조법

Section 01 금형주조법의 원리와 특징

1 금형주조의 개요

금형주조란 permanet mold casting, gravity die casting, kokillenguss라고도 불리운다. 즉 금속제의 주형에 용탕을 중력에 의해 주입하여 제품을 만드는 방법을 말한다. 이 주조법은 노동력의 경감, 생산성의 향상, 대량생산을 위해 필연적으로 생겨난 방법으로서 특히 유럽에서 사형주조(砂型鑄造)와 다이캐스팅과의 사이에서 육성 발전되어 근래에 더욱 발전 성행하게 되었다.

Sb계 합금과 경금속합금은 물론 동합금이나 주철에도 널리 이용되고 최근에는 가단주철, 주강 등에도 응용하게 되었다.

경금속 분야에서 금형주조의 채용은 특히 용이하고 사형주조보다도 생산성, 건전성(soundness)이 특히 높아 하루 1,000개 이상을 생산하면 경제성도 충분히 있다.

동합금 분야에 있어서도 용해문제와 합금문제를 해결하면 대단히 이용가치가 높아질 것이다. 이미 유럽에서는 경합금과 유사한 방법으로 동합금 금형주조가 성행하고 있다. 주철의 금형주조에서는 이미 독일 TGL규격에 GGK의 기호로 등록되어 있을 정도이다.

금형주조에 의한 주철제품은 조직이 치밀하여 내압성, 내마모성이 우수한 것이 얻어진다. 가단주철과 주강은 어닐링(annealing, 풀림)시간이 현저히 단축되고, 그 기계적 성질도 향상된다.

금형주조에는 이와 같은 여러 가지의 이점이 있으나 여기에 적합한 합금이라든가 독자적인 주조방안에 대한 경험 부족, 혹은 금형 제작비가 높다는 것 때문에 처음으로 이 방법을 채용하는 경우에는 대단히 주저하게 된다.

금형주조에는 경험에 의한 현장기술에 의존하는 비중이 극히 많다. 따라서 구미지역과 같은 선진국에서는 오랜 기간에 걸쳐 풍부한 경험을 가지고 있지만 우리나라에서는 역사가 짧고 경험이 부족한 실정이다. 그러나 경제성이 우수하기 때문에 우리나라에서도 이 점을 극복하게 되면 금형주조가 선진 외국과 같이 성행될 것이다.

2 금형주조의 경제적 관찰

[그림 1-1] 알루미늄주물에 있어서 사형과 금형과의 원가를 대비한 것인데 양자의 지금량이 같다고 하면 $2kg_f$의 제품 500개의 경우에 금형주조가 수지가 맞는다는 것을 잘 알 수 있다. 다이캐스팅과 금형주조 중 어느 것을 채택할 것인가는 [표 1-1]에 나타난 여러 가지 점을 고려해서 선택해야 하지만, 일반적으로 사형주물보다 금형주물이 고품위이고 유리하다는 것을 다음에 열거한 내용으로 확인할 수 있다.

① 생산성이 높다.
② 불량률이 적다.
③ 치수정밀도가 높다. 따라서 절삭가공 여유를 줄일 수 있다.
④ 작업장 면적이 작아도 된다.
⑤ 작업환경이 좋다.
⑥ 설비비가 작게 든다.
⑦ 금형의 급냉효과에 의해 기계적 성질이 향상된다.
⑧ 주물표면이 깨끗하다.
⑨ 작업자의 훈련시간이 짧다.

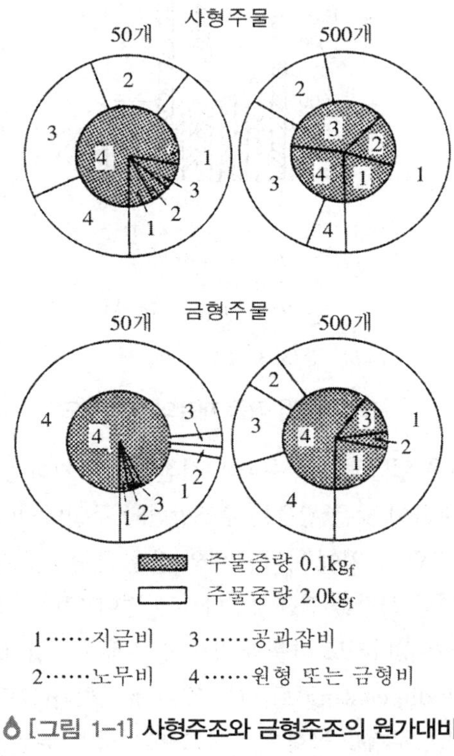

[그림 1-1] 사형주조와 금형주조의 원가대비

[표 1-1] 구조용 부품의 제조방법과 그의 성격

성격 \ 제조방법	용 접	단 조	사형 주조	정밀 주조	압력금형 주조	중력금형 주조	저압주조
강 도	○	○	×/△	△	×	△	△－○
조직의치밀성	○	○	×/△	△	×	○/△	△－○
표 면	△/○	○	×/△	○	○	△	○/△
윤곽의 예리성	○	○	×/△	○	○	△	△
양산의경우치수정밀도및균일성	○	○	×/△	○	○	△	△
양극산화	△/○	△/○	×	△	－	○	○
내압성	○	○	△	△	×	△/○	△－○
대량생산	×－△	○	×－○	○	○	△/○	△－○
양산태세까지의시간	○	×	○	△	×	△	△
금형 및 설비비	○	×	○	△	×	△	△
복잡한형상의적부	△	△	○	×/△	○	△/○	△－○

○…최적, △…보통, ×…부적, ×/△…경우에 따라, × 또는 △, △－○…△과 ○의 중간

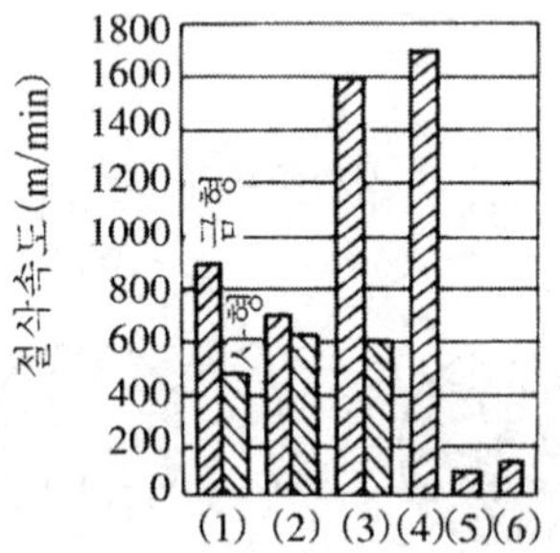

[그림 1-2] 각종 재료의 절삭속도

②항의 불량률이 감소하는 것은 일반적으로 주물의 건전성이 증가하는 것을 의미한다.

사형주조의 경우보다 제품회수율이 낮은 경우는 주조방안과 주입방법이 합리적으로 선택되지 않았기 때문이다. 또 ⑦항과 관련해서 [그림 1-2]에 나타난 바와 같은 금형주물은 절삭속도를 향상시키고 또 치수정밀도가 개선됨으로써 기계가공 시간을 단축시킨다는 이점이 있다. 그러나 금형주조는 반드시 만능이라고는 할 수 없다. 다만 수량이 많더라도 다음과 같은 경우에는 가압금형주조(pressure die casting)에 비하여 중력금형주조(gravity die casting)로 하는 것이 유리하다(그림 1-3, 4참조).

① 형상이 복잡한 것(예를 들면, 주형을 금형으로 하고 빼기 나쁜 부분에는 샌드코어(sand core)를 사용한다.)

② 기계가공을 요하는 부분이 적고 흑피부가 많은 것

③ 중량 경감률이 작은 것

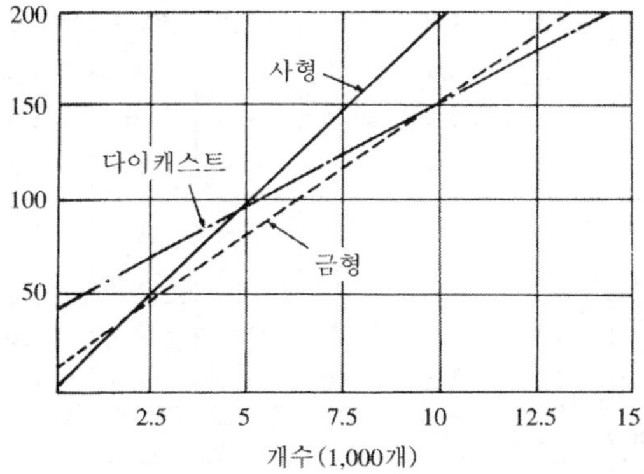

[그림 1-3] 알루미늄합금의 주물의 각종 제작법에 따른 원가비교

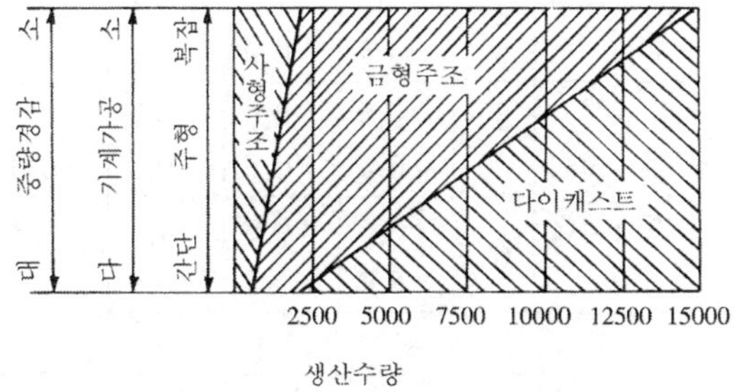

[그림 1-4] 각 주조법의 적용범위

또 사형주조에 비해서 다음과 같은 점이 불리하다.

① 금형의 제작에 많은 시간을 요하며, 금형 완성 후에도 주입방법이 확립되어 건전한 주물이 얻어지기까지는 많은 시간을 요한다.

② 제품중량에 한계가 있어 알루미늄합금에서는 50kgf, 주철에서도 턴테이블(turn table)방식의 금형주조기의 경우 50kgf 정도까지이다.

③ 단속적인 금형작업에 적합하도록 독자적인 용해설비를 고려하지 않으면 안 된다.

④ 주철에서는 대개의 경우 어닐링할 필요가 있다.

⑤ 동합금의 경우 현재로서는 금형주조에 적합한 것은 극히 특정한 합금에 한정된다.

3 금형주조품의 특징

1. 치수공차

알루미늄합금의 금형주조에 있어서 치수공차는 독일 DIN규격에 의하면 [표 1-2]와 같다. 이 정밀도는 대략 셸몰드(shell mold)와 비슷하다. [표 1-2]의 C_1공차그룹은 분할형내에 있는 치수들의 공차이고 C_2는 금형의 분할면에 걸리는 부분의 공차 또는 코어를 넣는 부분의 치수들에 대한 공차이다.

[표 1-2] 알루미늄주물의 치수공차에 관한 DIN 규격

			길이, 폭, 높이(mm)										
치수범위			<50	50~80	80~120	120~180	180~250	250~315	315~400	400~500	500~600	600~800	800~1,000
수조형	공차 그룹	A_1	+1 −0.8	+1.2 −0.9	+1.4 −1.1	+1.6 −1.3	+1.8 −1.5	+2.1 −1.6	+2.3 −1.8	+2.5 −2	+2.7 −2.2	+3 −2.4	+3.3 −2.6
		A_2	+1.6 −1.2	+1.9 −1.5	+2.2 −1.7	+2.5 −2	+2.9 −2.3	+3.2 −2.6	+3.6 −2.9	+4 −3.2	+4.3 −3.4	+4.7 −3.7	+5.2 −4.2

기계조형	공차 그룹	B1	+0.8 -0.6	+0.9 -0.7	+1.1 -0.9	+1.3 -1	+1.5 -1.2	+1.6 -1.3	+1.8 -1.4	+2 -1.6	+2.2 -1.7	+2.4 -1.9	+2.6 -2.1
		B2	+1 -0.8	+1.2 -0.9	+1.4 -1.1	+1.6 -1.3	+1.9 -1.5	+2.1 -1.6	+2.3 -1.8	+2.5 -2	+2.7 -2.2	+3 -2.4	+3.3 -2.6
금형	공차 그룹	C1	+0.5 -0.4	+0.6 -0.5	+0.7 -0.6	+0.8 -0.6	+0.9 -0.7	+1 -0.8	+1.2 -0.9	+1.3 -1	+1.4 -1.1	+1.5 -1.2	+1.7 -1.3
		C2	+0.8 -0.6	+0.9 -0.7	+1.1 -0.9	+1.3 -1	+1.5 -1.2	+1.6 -1.3	+1.8 -1.4	+2 -1.6	+2.2 -1.7	+2.4 -1.9	+2.6 -2.1

두께(mm)					
치수범위			<6	6~10	10~18
수조형	공차 그룹	A1	±1.2	±1.6	±2
		A2	±1.6	±2.3	±3
기계조형	공차 그룹	B1	±0.6	±1.2	±1.8
		B2	±0.8	±1.5	±2.2
금형	공차 그룹	C1	±0.4	±0.6	±0.8
		C2	±0.6	±0.8	±1.0

2. 결정립의 미세화

열전달이 좋은 금형 중에 주입하면 결정립이 미세하게 되고, 따라서 기계적 성질이 향상된다. 즉 경도 및 인장강도가 증가하고(표 1-3, 그림 1-5 참조), 특히 알루미늄합금의 금형주물에서는 규소와 공존하는 마그네슘의 영향이 매우 크다.

이것은 Mg_2Si의 존재와 금형의 급냉효과로 인해 담금질(quenching)에 의한 시효경화와 비슷한 경향이 생기기 때문이다. 또 이와 유사한 것은 공정 실루민(silunmin)의 금형주조에도 나타난다.

즉 공정 실루민을 Na으로 개량 처리하고 사형주조하는 경우, 개량처리 이후의 경과시간이 너무 길어지면 그 효과가 감소하여 조대(粗大)한 유리규소의 결정이 조직 중에 나타나고, 기계적 성질이 저하하지만 금형주조의 경우는 사형의 경우보다 경과시간이 훨씬 길어도 무방하다.

[표 1-3] 라우탈(lautal)의 성분과 기계적 성질(E. Bertram)

구 분	인장강도(kgf/mm²)	연신율(%)	경도(H_B)
사형주물	16~20	1~3	65~80
금형주물	17~22	1~3	70~100

Si 5.5~7.0%, Zn < 2.0%, Mg < 0.3%, Cu 2.0~4.0%, Fe 1.0%, Pb < 0.3%, Mn 0.4~0.6%, Ni < 0.5%, Al 나머지

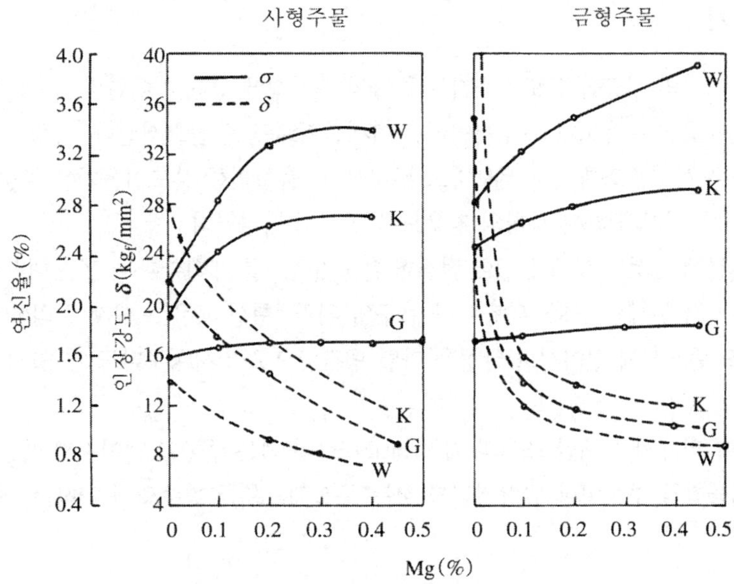

G=주방상태, K=담금질 및 상온시효, W=담금질 및 고온시효

[그림 1-5] 라우탈(lautal)의 사형 및 금형주물의 강도 비교

3. 건전성

금형의 급냉효과에 의해서 용탕의 가스 흡수나 응고시의 수축에 기인하는 결함을 현저히 감소시키고 기계적 성질과 내압성이 향상된다.

알루미늄합금의 금형주물은 용탕 중의 흡수가스를 급냉에 의해서 강제고용하기 때문에 가스에 의한 기공(pinhole)이 현저하게 감소한다.

또 알루미늄 중 액상선과 고상선과의 사이, 즉 응고온도범위가 큰 합금은 그 응고형식이 죽같은 상태(mushy state)로 되어 용탕 중의 가스에 기인하지 않고, 응고구간에 유래하는 미세한 수축공이 많이 생긴다.

그러나 금형에서 급냉의 정도가 증가함에 따라 응고 메커니즘(mechanism)은 표피 생성형의 합금에 가까운 응고양식을 나타내게 되어 응고구간에 유래하는 미세한 수축공의 발생이 없어진다. 더욱이 다이캐스팅과 같이 주입시의 공기혼입에 의한 결함을 유발하지 않는다. 따라서 이런 양자의 효과가 상승작용하여 금형주물은 사형과 다이캐스팅에 비하여 건전성이 높고 내압성이 우수하다. 주철에 있어서도 다공질의 미세공은 금형주조에서는 현저히 감소되어 미세한 피치의 나사부분의 취약화를 쉽게 방지할 수 있다.

4. 온도기울기

주물의 응고시의 적당한 온도기울기는 주물의 건전성에 크게 기여한다. 즉 압탕 또는 탕구방향으로서의 방향성 응고는 응고구간에 기인하는 미세한 수축공을 감소시킨다. 금형주조에 있어서 온도기울기의 영향은 사형주조에 있어서보다도 뚜렷하다. 불합리한 온도기울기는 주물의 열간균열, 수축공 등의 결함을 생기게 하며 사형의 경우보다 현저히 나타난다.

그렇기 때문에 금형의 설계에 있어 적절한 온도기울기를 계획한다는 것은 대단히 중요하고 주물의 두께에 따른 금형두께의 변화, 압탕이나 탕구의 위치, 형상 혹은 도형제에 의한 냉각속도의 조절이 중요하다. 또 주조시에 있어서도 금형을 가열 냉각함으로써 사형보다도 더 쉽게 온도기울기를 제어할 수 있다.

금형주조에 의해서 미세한 조직과 기공(pinhole)이 적은 주물이 얻어지기 때문에 양극산화처리를 하는 알루미늄합금 주물이나 법랑처리를 하는 주철제품은 금형주조에 의하는 예가 많다.

4 금형주조의 기초

금형주조품에 제일 자주 나타나는 결함은 주조균열(열간균열 및 수축균열), 탕계(탕경), 수축공(shrinkage cavity), 표면기포(표면에 생긴 기공), 기공(blowhole) 등이다. 이들 결함의 원인으로서 주조합금의 영향, 금형주조의 영향이 큰 인자이기는 하지만 그 이상으로 주조시의 열적 평형이 대단히 큰 영향을 준다.

금형을 조작하는 경우, 한 번 건전한 제품이 얻어지는 열적 조건을 찾아내면 항상 똑같은 상태를 유지하면서 작업하는 것이 금형조업의 원칙이다. 그러나 건전한 제품이 얻어지는 열적 조건의 결정은 실제의 경우 그 인자가 너무 많기 때문에 단순히 산출할 수 없다. 그래서 각각의 금형에 대해서 실험과 경험에 의하지 않으면 안되는 경우가 대단히 많다. 따라서 여기서는 통칙을 서술하기로 한다.

1. 주입주기와 금형의 두께

용탕이 주입될 때 두꺼운 금형보다는 얇은 금형쪽이 빨리 가열되지만 주물을 금형에서 꺼낸 후에 얇은 금형은 빨리 식는다. 그렇기 때문에 동일 작업주기에서 얇은 금형과 두꺼운 금형에서는 어느 쪽이 보다 높은 평균온도를 지속할 수 있는가는 추정할 수 없다.

주입주기는 주물의 두께, 금형의 두께, 주입온도에 의해서 결정되고, 이것은

① 주입에서부터 주물을 꺼낼 때까지의 시간

② 주물을 꺼낸 후 금형을 열어놓은 채로 놓아두는 시간

③ 주입에 앞서 금형을 닫아놓은 채로 두는 시간으로 분류된다.

이것들에 관한 구드윈(Goodwin)과 헌시커(Hunsicker)의 흥미있는 연구가 있다. 이들은 균일한 단면을 갖는 장방형의 주철금형 중에 AC_4종에 상당하는 356합금을 주입하고 금형은 대기 중으로의

대류, 전도, 복사에 의해서만 냉각되도록 하였다.

전술한 ②와 ③은 주물의 종류, 작업의 종류 및 금속의 종류에 따라 다르기 때문에 여기서는 똑같이 배분했다. 그래서 열역학적 평형상태가 얻어질 때까지 주기적인 주입을 하여 금형온도에 미치는 주물의 두께와 금형을 여는 속도의 영향 및 주물의 응고시간의 영향을 조사하였다.

그 결과는 [그림 1-6]에 나타난 바와 같으며 4종류의 주기시간에 대하여 평형상태에 달할 수 있었다. 일정시간에 주입횟수가 많아지면 그에 따라 온도가 상승하고 응고가 지연된다고 하는 것은 상식적인 것이다. [그림 1-6]과 [그림 1-7]로부터 여러 가지 금형두께와 주물두께를 조합한 경우의 금형온도의 결과가 얻어진다. [그림 1-9]의 왼쪽곡선은 최저 금형온도의 각 값에 대해서 주물이

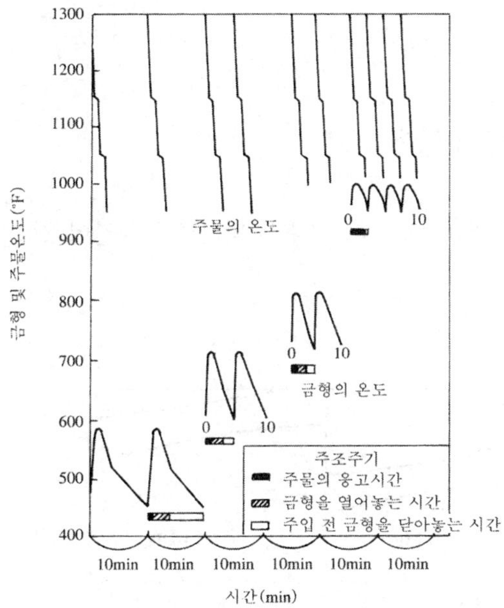

[그림 1-6] 각종 주입주기에 따른 금형 및 주물의 온도변화

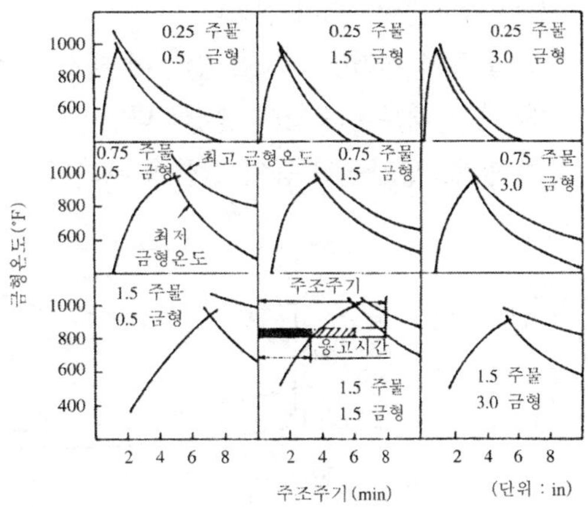

[그림 1-7] 금형온도 및 응고시간에 미치는 주조주기의 영향

완전히 응고하는 시간을 나타낸다. 이 곡선과 최저 금형온도 곡선의 교점에 해당하는 주조속도는 작업의 최대속도를 나타낸다는 것을 알 수 있다. 따라서 이것보다 빠른 주기의 주입은 불가능하다.

[그림 1-7]에서 보면 금형온도, 주물의 응고시간, 작업의 최대속도가 금형의 두께보다도 주물의 두께변화에 따라 보다 현저하게 영향을 받는 것이 확실하다.

실제의 경우, 금형의 조작시간은 주물이 응고하는 데에 필요한 시간에 따라 정해진다. 이런 것은 특히 수동식으로 설계된 금형에서는 중요한 인자이다.

[그림 1-8]은 주입주기가 8분인 경우에 있어서 금형두께의 영향을 나타낸 것으로서, 여기에서 두꺼운 금형은 얇은 금형보다도 저온에서 조작된다는 것을 알 수 있다. 따라서 두꺼운 금형의 경우 응고시간도 짧아져서 [그림 1-10]과 같이 된다. 즉 주기가 4.5분인 경우 19mm 두께의 주물은 25mm 두께의 금형 중에서 165초 동안에 응고하며, 이것에 비해서 50mm 두께의 금형 중에서는 100초 동안에 응고한다.

이 그림에 의하면 금형두께의 영향은 제품의 두께가 두꺼울수록 또 조작속도가 빠를수록 큰 것을 알 수 있다. 따라서 주물의 두께가 두꺼운 경우나 조작속도를 빨리 하고자 하는 경우일수록 설계할 때에 금형두께에 유의할 필요가 있다.

[그림 1-10]은 [그림 1-7]에서부터 [그림 1-9]까지의 결과를 종합적으로 정리한 것으로서 주입주기의 결정에 가장 영향이 있는 인자는 주물의 두께이다. 물론 주형두께의 변화도 무시할 수 없다. 13mm에서부터 76mm로 두께가 두꺼워지면 최대 작업속도가 약 40% 증대하는 것을 볼 수 있다.

이상과 같이 두꺼운 금형은,

① 주기시간을 단축할 수 있다(작업능률이 올라간다).
② 저온에서 주입되기 때문에 금형의 수명이 길다.
③ 주기시간의 변동에 둔감하다.
④ 작업중단시 그렇게 빨리 식지 않는다.

위와 같은 이점이 있는 동시에 다음과 같은 결점이 있다.

① 예열시간이 오래 걸린다.
② 최초의 건전한 제품을 얻는데 시간이 걸린다(열적으로 평균상태가 되기까지 시간이 걸린다).
③ 자중 때문에 조작이 불편하다.
④ 탕계, 열간균열 등의 결함이 생기기 쉽다.

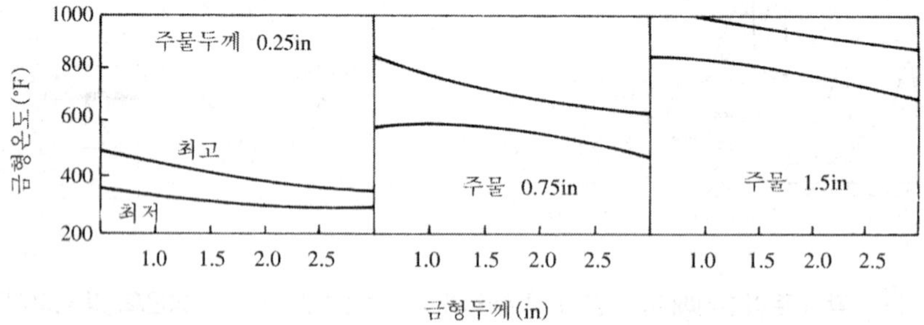

[그림 1-8] 최고 · 최저 금형온도에 미치는 주물두께, 금형두께의 영향

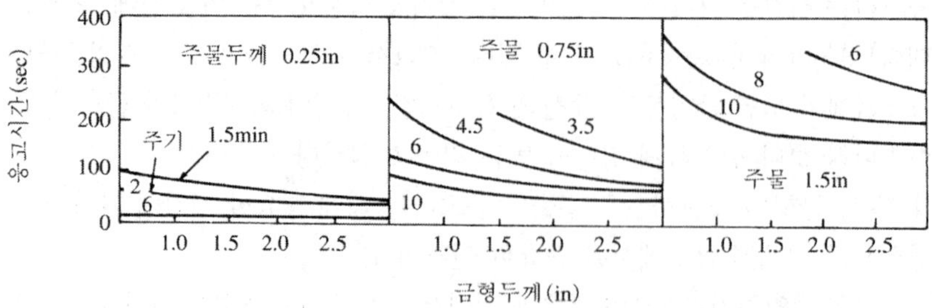

[그림 1-9] 응고시간에 미치는 금형두께, 주물두께의 영향

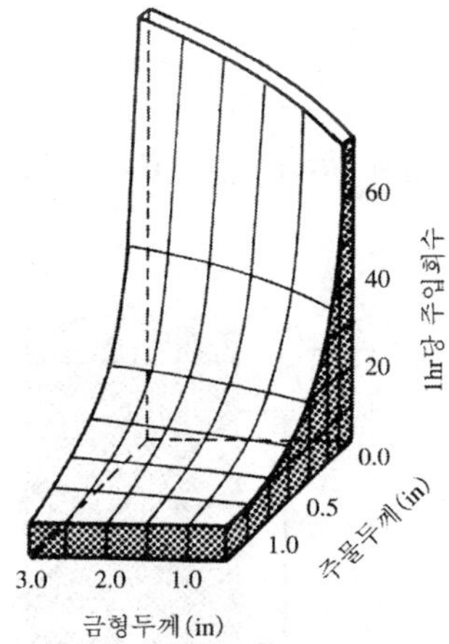

[그림 1-10] 주물두께, 금형두께 및 주입주기와의 관계

따라서 금형두께의 선정에서는 제품의 형상, 제품에 요구되는 성질, 조작방법(수동인가, 기계적 조작인가)의 검토가 필요하지만 알루미늄합금의 경우 일반적으로 주물두께의 2~5배가 사용된다.

주물의 온도기울기를 최종응고부분 쪽으로 방향을 갖도록 하기 위해서는 주물의 두꺼운 부분은 국부적으로 금형을 두껍게 하고, 또 탕구나 압탕부의 금형은 특별히 5~10mm의 얇은 두께로 한다는 것은 의미가 있는 일이다. 그러나 금형의 두께만으로서 조업주기를 제어하거나 방향성 응고를 하도록 하는 것은 어렵고, 응고가 너무 빠른 부분이나 특히 늦은 부분에는 주조 중에도 외피로부터 항상 가열하든가, 반대로 과열되는 부분에는 스프레이(spray)에 의해 수냉을 하는 등 조업상의 고안이 필요하다.

이와 같은 고안에 의해서 보완될 수 있기 때문에 금형두께를 15mm를 일정하게 하고 있는 예도 있다. 주철 또는 그 밖의 철계의 주조 합금의 경우는 금형두께가 주물의 조직과 기계적 성질 및 금형의 수명에 미치는 영향이 대단히 크다.

2. 금형주조에 있어서의 열전달

보통 금형주조에서는 금형의 열전달이 중요한 인자가 된다.

[그림 1-11]에 있어서 d는 금형두께, θ_t은 주입금속의 온도이다. 열전달의 기초 편미분 방정식은 식 (1-1)과 같다.

$$\frac{\partial\theta}{\partial t} = k\left(\frac{\partial^2\theta}{\partial x^2}+\frac{\partial^2\theta}{\partial y^2}+\frac{\partial^2\theta}{\partial z^2}\right) \qquad (1-1)$$

여기서,

- k : 온도확산율 $= \frac{K}{c\rho}$
- K : 열전도도

- c : 비열
- ρ : 비중

식 (1-1)에서 θ는 y방향, z방향에 무관하므로 $\partial^2\theta/\partial y^2 = 0$, $\partial^2\theta/\partial z^2 = 0$으로 되어 식 (1-1)은 식 (1-2)로 된다.

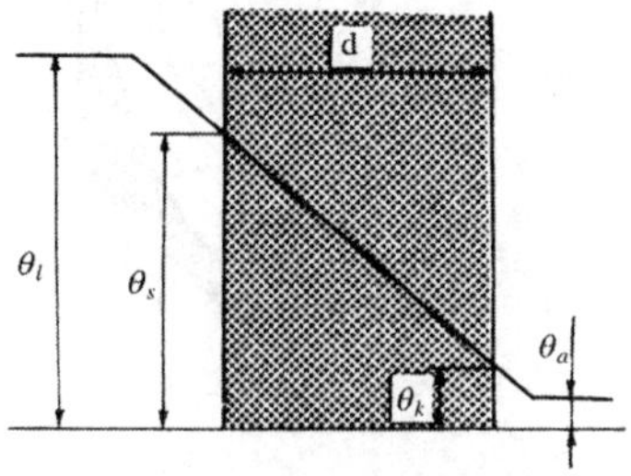

[그림 1-11] 금형벽에 있어서의 온도 기울기

$$\frac{\partial\theta}{\partial t} = k \cdot \frac{\partial^2\theta}{\partial x^2} \quad \cdots\cdots (1-2)$$

[그림 1-11]과 같이 열전도도가 정상상태가 되고, 금형의 양벽면의 표면온도가 θ_s, θ_k인 경우 θ는 시간 t에 무관하므로 식 (1-2)는 식 (1-3)으로 된다.

$$\frac{\partial^2\theta}{\partial x^2} = 0 \quad \cdots\cdots (1-3)$$

경계조건으로서

$$\left.\begin{array}{l} x = 0\text{에 있어서 } \theta = \theta_s \\ x = d\text{에 있어서 } \theta = \theta_k \end{array}\right\} \quad \cdots\cdots (1-4)$$

식 (1-3)의 해는 $\theta = Ax + B$인 것으로부터 식 (1-4)를 대입하면 다음과 같다.

$$B = \theta_s$$

$$A = \frac{\theta_k - \theta_s}{d}$$

$$\theta = \frac{\theta_k - \theta_s}{d}x + \theta_s \quad \cdots\cdots (1-5)$$

단위시간에 표면적 F로부터 전도하는 열량 Q는

$$Q = -K \cdot \frac{\partial\theta}{\partial x} \cdot F \quad \cdots\cdots (1-6)$$

로 되고, 식 (1-5)에서 $-\partial\theta/\partial x = -(\theta_k - \theta_s)/d$이므로

$$\theta = K \cdot \frac{\theta_s - \theta_k}{d} \cdot F \ \text{cal/sec} \quad \cdots\cdots (1-7)$$

지금 금형 양벽면에 있어서 열전달률을 $\alpha_1 \alpha_2$라 하면 동일 표면적 F에 있어서 단위 시간에 대한 관류열량(貫流熱量)을 생각하면, 온도 $\theta\iota$인 용탕으로부터 표면온도 θ_s인 금형에 흐르는 열량 Q는 식 (1-8)과 같이 된다.

$$Q = \alpha_1(\theta_\iota - \theta_s) \cdot F \quad \cdots\cdots (1-8)$$

또 두께 d인 금형내를 흐르는 열량도 Q와 같기 때문에 식 (1-9)와 같이 된다.

$$Q = \frac{K}{d} \cdot (\theta_s - \theta_k) \cdot F \quad \cdots\cdots (1-9)$$

더욱 표면온도 θ_k로부터 온도 $\theta\alpha$인 대기 중에 흐르는 열량도 Q와 같이 되어 식 (1-10)으로 된다.

$$Q = \alpha_2(\theta_k - \theta\alpha) \cdot F \quad \cdots\cdots (1-10)$$

식 (1-8), (1-9), (1-10)으로부터 θ_s, θ_k를 없애면 식 (1-11)과 같이 된다.

$$Q = \frac{\theta\iota - \theta\alpha}{1/\alpha_1 + d/K + 1/\alpha_2} \cdot F \quad \cdots\cdots (1-11)$$

여기서,

$$K = \frac{1}{1/\alpha_1 + d/K + 1/\alpha_2} \quad \cdots\cdots (1-12)$$

이라면

$$Q = K \cdot (\theta\iota - \theta\alpha) \cdot F \quad \cdots\cdots (1-13)$$

이 K를 열관류율이라 부른다. 식 (1-8), (1-9), (1-10)으로부터

$$\theta_s = \theta\iota - \frac{K}{\alpha_1}(\theta\iota - \theta\alpha) \quad \cdots\cdots (1-14)$$

$$\theta_k = \theta\alpha - \frac{K}{\alpha_2}(\theta\iota - \theta\alpha) \quad \cdots\cdots (1-15)$$

이 식 (1-11), (1-14), (1-15)로부터 열전도율 K, 용탕으로부터 금형으로의 열전달계수 α_1, 금형두께 d, 금형에서 대기로의 열전달계수 α_2, 용탕온도 $\theta\iota$, 공기온도 $\theta\alpha$ 등을 알게되면 금형표면온

도 θ_s, θ_k를 구할 수 있다.

바큘릭(J. Vaculik)은 식(1-7)에서 t시간에 표면적 F로부터 전도하는 열량 Q_0는 식 (1-16)과 같이 된다고 하였다.

$$Q_0 = F \cdot \alpha_1 \cdot \Delta\theta \cdot t \quad \cdots\cdots (1-16)$$

이 식에 의해서 생기는 부정확한 점은 실제의 경우 그다지 중요하지 않다.

여기서,

- F : 주물의 표면적(cm^2),
- α_1 : 금형의 내벽에 미치는 열전달계수($cal/cm^2 \cdot sec \cdot ℃$),
- $\Delta\theta$: $\frac{\theta\iota + \theta_s}{2} - \frac{\theta\alpha + \theta_k}{2}$ = 주물의 평균온도와 금형의 평균온도의 차
- t : 시간(sec)

이 중에서

- $\theta\iota$: 주입온도(℃),
- θ_s : 금형으로부터 꺼낼 때의 주물의 온도(℃),
- $\theta\alpha$: 주입하지 않은 상태의 금형온도(℃),
- θ_k : 주물을 꺼냈을 때의 금형의 온도[℃ = $\theta\alpha$ + (20 - 50℃)]를 의미한다.

또 주물을 끄집어낼 때까지 금형과 용탕의 접촉에 의해서 식 (1-17)에 상당하는 열량을 흡수한다.

$$Q = G \cdot C \cdot \Delta\theta\iota_s + G \cdot Uc \quad (1-17)$$

여기서,

- Q : 용탕으로부터 주어진 열량(cal),
- G : 주물의 중량(g),
- Uc : 잠열(cal/g),
- C : 비열(cal/g · ℃),
- $\Delta\theta\iota_s$: 주입온도와 꺼낼 때의 온도차(℃)이다.

여기서 $Q_0 = Q$라 한다면

$$F \cdot \alpha_1 \cdot \Delta\theta \cdot t = G(C \cdot \Delta\theta\iota_s \cdot Uc) \quad \cdots\cdots (1-18)$$

$$\therefore t = \frac{G(C \cdot \Delta\theta\iota_s + Uc)}{F \cdot \alpha_1 \cdot \Delta\theta} \quad \cdots\cdots (1-19)$$

이 t는 주입 후 금형에서 주물을 빼낼 때까지의 시간이다.

이 경우에 있어서 바큘릭은 열전달계수 α_1은 0.222cal/cm^2 · sec · ℃이었지만 곧 이어 0.00721

로 저하한다고 보아서 평균치 $\alpha_1 = 0.030\mathrm{cal/cm^2 \cdot sec \cdot ℃}$를 제안했다.

이상과 같은 계산에 의해서 주물을 꺼내는 시간의 설정 또는 꺼내는 시간을 설정했을 때의 주입온도 또는 금형온도의 선정이 가능하며 그 한 예는 다음과 같다.

[계산 예]

100×150×80mm의 동합금판을 금형으로부터 취출하는 데 가장 유리한 시간을 구하기로 한다.

- 주물의 중량(G) = 975g,
- 비열(C) = 0.116cal/g · ℃,
- 잠열(Uc) = 44cal/g,
- 주물면적(F) = $340\mathrm{cm^2}$,
- 열전달계수(α_1) = $0.03\mathrm{cal/cm^2 \cdot sec \cdot ℃}$

따라서,

$$\varDelta\theta\iota_s = 950(℃) - 700(℃) = 250(℃)$$

$$\frac{\theta\iota + \theta_s}{2} = \frac{950 + 700}{2} = 825(℃)$$

$$\frac{\theta\alpha + \theta_k}{2} = \frac{300 + 330}{2} = 315(℃)$$

$$\varDelta\theta = 825(℃) - 315(℃) = 510(℃)$$

따라서, 판의 취출시간 t는

$$t = \frac{G(c \cdot \varDelta\theta\iota_s + Uc)}{F \cdot \alpha_1 \cdot \varDelta\theta} = \frac{975(0.116 \times 250 + 44)}{340 \times 0.03 \times 510} = 13.7(\mathrm{sec})$$

즉, 주입 후 13.7초만에 주물을 취출하면 된다.

그리고 대형의 고가의 금형을 제작하는 데 있어서 그의 예비적 실험으로서 원형을 이용하는 경우, 혹은 형태가 유사한 주물을 대형화하는 경우의 예비지식을 얻기 위해서는 열전도의 상사율(相似率)을 응용할 수 있다.

현재 실물과 원형 사이에 다음과 같은 관계가 있는 경우, $\ell_1/\ell_2 = \varnothing$ 를 치수비, $\theta_1/\theta_2 = \delta$를 온도비, $t_1/t_2 =$ 乙 을 시간비라 한다.

구 분	실 물	원 형
치 수	ℓ_1	ℓ_2
온 도	θ_1	θ_2
시 간	t_1	t_2

실물 및 원형의 온도확산율을 각각 $k_1 = K_1/c_1 \cdot \rho_1$, $k_2 = K_2/c_2 \cdot \rho_2$라 하면

$$\frac{t_1k_1}{\ell_1{}^2} = \frac{t_2k_2}{\ell_2{}^2} = F_0 \quad \cdots\cdots (1-20)$$

의 열학적인 관계가 도출된다. 이 F_0를 푸리에(Fourier)수라고 부른다. 또한 표면의 조건이 비슷하기 위해서는 h=α/k(α는 열전달계수, k는 열전도율)이라 하면

$$h_1\ell_1 = h_2\ell_2 = B_i \quad \cdots\cdots (1-21)$$

의 관계가 성립하여 이 B_i를 비오(Biot)수라 부른다.

이것들의 F_0, B_i 두 정수가 모두 같을 때는 실물과 원형간의 열전도상태는 완전히 비슷하게 되고 또 1/10의 원형, 즉 ∅ =10을 만들 때 만약 이 온도확산율의 비가 $k_1/k_2 = 2$라면 $t_1/t_2 = 10^2 \times 1/2 = 50$으로 되고 원형에서 실물의 온도변화를 50배의 완만한 속도로서 관찰할 수 있게 된다.

다음에 응고시간에 관한 시보리노프(Chvorinov)의 법칙을 기술하지 않으면 안된다. 일반적으로 주형에 의한 열흡수는 포물선법칙에 따르고 시간 t의 사이에 흡수된 열량 총계 Q는 식 (1-22)와 같다.

$$Q = 1.128\sqrt{Kc\rho}\,(\theta_s - \theta_o)\sqrt{t} = \varepsilon\sqrt{t} \quad \cdots\cdots (1-22)$$

여기서, · θ_s는 금속과 주형계면의 온도, · θ_o는 주형의 최초의 온도이다.

주형에 의하여 흡수된 열은 응고시에 방출되는 용융잠열과 같기 때문에 시간 t에 응고하는 금속의 두께 α는

$$\alpha = \frac{1.128\sqrt{Kc\rho}\,(\theta_s - \theta_o)}{L\rho'}\sqrt{t} \quad \cdots\cdots (1-23)$$
$$= \beta \cdot \sqrt{t}$$

β는 응고정수라 부르며 [표 1-4]의 값으로 된다. 이 표에서 알루미늄과 동은 주형 속에서 거의 같은 속도로 응고하고 마그네슘(Mg)은 알루미늄(Al)보다도 빨리 응고하는 것을 알 수 있다.

여기서 시보리노프는 주형에 의해 흡수된 열량 Q와 응고하는 사이에 주물 전체에 의해서 방출되지 않으면 안되는 열량을 같다고 생각함으로써

$$t = C \times (V/A)^2 \quad \cdots\cdots (1-24)$$

를 유도했다. 여기서 C는 정수, A는 주물의 표면적, V는 주물의 체적이다.

[표 1-4] 비철금속의 응고정수(cm/ $\sqrt{sec}$)

비철금속	응고정수
알루미늄	66.0
동	63.5
마그네슘	127.0
아 연	58.4
동-10% Al	68.5

동합금, 알루미늄합금, 마그네슘합금에 있어서 C의 비는 20 : 17 : 8이다. 동일온도, 동일성분, 동일두께의 경우 금형주조한 주물이 사형보다도 빨리 응고하는 것은 물론이지만 실제의 사형 및 금형의 열적 성질은 상술한 이론치보다도 떨어진다. 그 이유는 응고과정 중에 주입 금속과 금형 사이에 공극이 생기기 때문이다.

이 양자의 비교를 오볼렌체프(E. D. Obolencev)는 약 3 : 1이라 하였고 아브라이딩스(K. M. Ableidings)는 $\alpha = \beta\sqrt{t}$ 에서 금형주조의 경우는 β = 22, 사형의 경우는 β = 10으로 하고, 22^2 : 10^2 = 4.8 : 1이라고 하였다.

3. 금형재료

금형재료에 있어서 상식적으로 싸게 구입할 수 있는 것으로는 철합금이 있다. 그러나 여러 가지 주입금속에 따라 금형으로서 요구되는 성질을 잘 인식하고 적절한 금형재질을 선택해야 한다.

일반적으로 금형재료에 요구되는 성질로서는

① 내마모성이 풍부할 것
② 가공성이 좋을 것
③ 열팽창이 작을 것
④ 온도확산율이 높을 것
⑤ 고온 피로강도가 높을 것 등이다.

상기 ①항 및 ②항에 있어서 금형은 철솔(wire brush)에 의한 청정, 주입금속의 밀착, 금형의 개폐 등에 의한 핀(안내핀, 고정핀)의 마모 때문에 적당한 내마모성이 필요하고, 한편 양호한 기계가공성도 요구되므로 HB 200~250이 권장된다. 그렇기 때문에 약 0.3~0.4μ의 층상(lamellar)간격을 갖는 펄라이트 기지(pearlite matrix)의 편상 흑연주철이 적합하다.

[표 1-5] 각종 주철의 열팽창계수(×10^{-6}/℃)

편상흑연주철	9(20~100℃)	13~14(20~700℃)
구상흑연주철	10~12(20~100℃)	
페라이트 가단주철		10~17(20~800℃)
펄라이트 가단주철		13.5(20~700℃)

③항에 있어서 주입금속의 치수정밀도를 유지하고 팽창수축에 의한 금형의 균열발생을 막기 위해서 가능한 한 팽창계수가 작은 재질이 좋다. [표 1-5]에 각종 주철의 열팽창계수를 나타내었지만 여기서도 편상흑연주철이 적합함을 알 수 있다.

④항에 있어서 온도확산율 a는

$$a = \frac{K}{c \cdot \rho} cm^2/sec \quad \cdots\cdots (1-25)$$

로서 온도상승률 또는 온도전도율이라고도 부른다.

여기서, K는 열전도율, c는 비열, ρ는 비중이다.

열전도율과 온도확산율이 차이점은 [그림 1-12]와 같고, 양자의 차이점은 암코(armco)철에 있어서 더욱 현저하다. 금형에 있어서 열전달의 문제는 열전도도 K보다도 a에 의해서 영향을 받는다. 이것은 전술한 열전도도의 기본방정식의 계수로서 온도확산율을 사용하게 되면 이해가 된다.

[그림 1-12]에서 보면 철금속 중에서 편상흑연주철이 우수함을 알 수 있다.

⑤항에 있어서 금형주조를 계속할 때 특히 철합금 주입용 금형에서는 금형의 여러 곳에 균열이 발생한다. 이 원인은 다음과 같다.

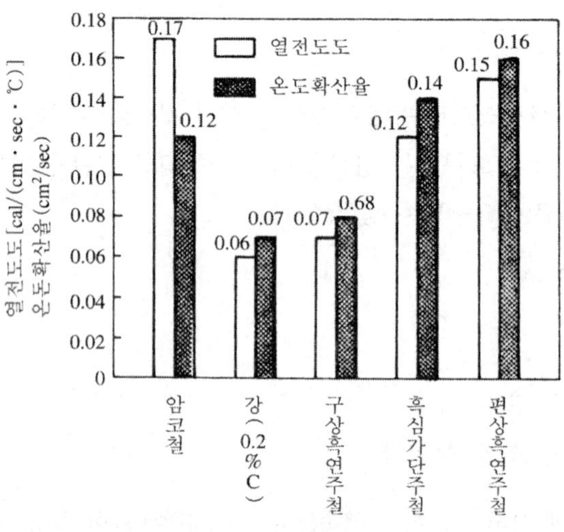

[그림 1-12] **철의 열전도도 및 온도확산율**

㉠ 팽창, 수축의 반복에 의한 응력의 발생, 주철합금형재의 경우 흑연과 기지조직(펄라이트)의 열팽창의 차에 의해 응력이 발생하여 균열의 원인이 된다.

㉡ 조직의 불가역적인 분해에 의한 응력의 발생, 즉 펄라이트는 600℃의 온도에서 페라이트와 흑연으로 분해하고 Ac_1점 이하의 범위에서 이 과정은 불가역이다.

㉢ 조직의 내부산화에 의한 응력의 발생

파일(E. Feil) 및 프라쎄(K. H. Prasse)에 의하면 주철이 온도상승과 함께 흑연을 따라 산소가 내부로 침입하여 체적의 증가, 조직의 파괴가 일어난다. 이때의 편상흑연은 구상흑연의 경우보다도 산소가 침입하기 쉬운 상태이나 균열의 발생은 구상흑연의 경우보다 적다.

팀머베일(H. Timmerbeil)에 의하면 이 산소에 대한 저항력과 열전도의 관계는 비례하고, 중간 정도의 크기를 갖는 편상흑연이 가장 유리하다고 한다.

[그림 1-13]은 각종 주철의 고온에 의한 성장률을, [그림 1-14]는 피로한계를 표시하였다.

이상을 종합하면 펄라이트 기지의 중간 정도의 크기를 갖는 편상흑연주철, 특히 Ni-Mo, Cr-Mo을 함유하는 편상흑연주철이 금형에서 가장 적당하다는 것을 알 수 있다.

주입금속의 종류에 있어 각각 다음 성분의 주철이 권장되고 있다.

P와 S는 금형의 수명에 영향을 미치기 때문에 될 수 있는 한 작은 편이 좋다. 응력제거 열처리는 소형으로서 금형의 두께가 두꺼운 경우에는 필요없지만 대형으로서 두께가 얇은 금형에서는 빼놓을 수 없다. 일반적으로 500~550℃×3~4hr의 어닐링을 한 다음 가공하면 치수정밀도가 좋다.

금형의 수명은 경합금 주입의 경우 20,000~50,000회 정도이고 도형제를 써서 보수를 하면서 사용하면 70,000~80,000회도 가능하다. 주철 주입의 경우는 10,000회 정도이고 이때 균열의 발생이 일어나고 사용불능이 된다.

금속코어는 심한 열적 충격을 받으며, 기계적 강도를 크게 요구한다. 또 금속코어 부분을 수냉하는 작업상의 필요가 생기기 때문에 경합금 주입의 경우 0.5%이하의 탄소를 함유하는 탄소강이나 2.5% Cr, 0.2% V의 Cr-V강을 사용한다.

동합금과 철합금 주입용의 경우에는 코어는 Cr-Mo강, W을 4~10% 함유하는 강과 Co 2%의 합금강을 이용하는 것도 좋지만 복잡한 형상의 것은 모래코어를 이용하는 편이 현명하다. 이것들은 어닐링한 상태로서 가공한 후 열처리 경화하면 좋다.

경합금 주입용의 금형에서 양극 산화처리한 경합금금형이 이용되는 예도 있다. 이는 경합금의 우수한 열전도도와 용이한 가공성을 가지고 있다는데 착안한 것으로서 균일한 결정립과 치밀한 주조조직을 갖는 주물이 얻어진다.

마르첼(K. Mar chal)에 의하면 주철금형에 주조한 것보다도 경합금금형에 주조한 것이 인장강도, 경도, 충격치가 향상되고 더욱이 단일 주물내에서의 경도의 불균일성이 감소한다고 한다.

또 양극산화피막은 단열적이고 고온강도가 낮은 금형 내면을 보호하지만 그 층의 두께는 2~3μ에 불과하기 때문에 도형을 생략할 수는 없다. 양극산화피막은 또한 다공질이기 때문에 도형의 접착을 유리하게 한다. 그러나 알루미늄의 큰 열팽창 때문에 치수정밀도에 난점이 있으므로 피스톤 등과 같이 흑피표면을 절삭하는 물건에 적합하다.

또 경합금은 강도가 낮고 금형이 변형되기 쉬우므로 금형의 형상을 틀모양으로 하게 되면 그의 수명을 연장할 수가 있다.

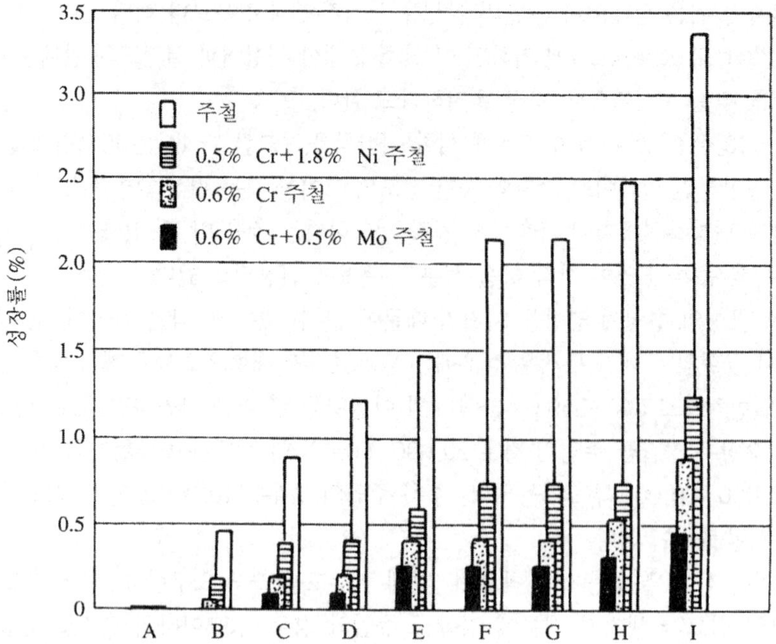

A : 580℃ × 4Hr : 205℃까지, 노냉 20.5Hr
B : 790℃ × 1.5Hr : 205℃까지 노냉, 20Hr
C : 925℃ × 3Hr 상온까지 냉각 1.5Hr : 다시 790℃까지 가열 3Hr 유지 : 260℃까지 노냉, 19Hr
D : 925℃ × 10.25Hr : 공냉
E : 900℃ × 1Hr : 815℃가지 노냉, 1Hr 유지 : 550℃까지 노냉, 3Hr 유지 : 815℃까지 재가열, 2Hr 유지 : 260℃까지 노냉, 20Hr
F : 825℃ × 2Hr × 260℃까지 노냉, 20Hr
G : 650℃ × 6Hr : 260℃까지 노냉, 16Hr
H : 815℃ × 6Hr : 305℃까지 노냉, 18Hr
I : 925℃ × 2Hr : 760℃까지 노냉, 925℃까지 재가열, 2.5Hr 유지 : 120℃까지 노냉, 38Hr

[그림 1-13] 비합금 및 합금주철의 각종 열부하에 의한 흑연 성장률

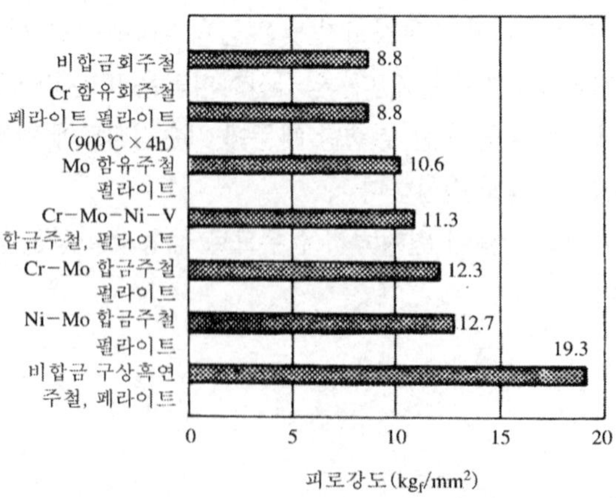

[그림 1-14] 각종 주철의 피로한계

(1) 경합금용으로서

원 소	표 준	W. Lott 권장	R. Irmann 권장
C	3.45~3.7	3.3~3.6	3.5
Si	2.3~2.9	1.8~2.3	2.0
Mn	0.4~0.8	0.8~1.0	0.5
P	< 0.5	< 0.12	< 0.5
S	< 0.12	< 0.09	< 0.1

(2) 동합금용으로서

원 소	범 위
C	3.4~3.5
Si	1.6
Mn	0.7
P	0.25
S	0.08
Mo	0.6

(3) 철합금용으로서

원 소	W. Szubinski 권장	J. Czikel 권장	F. Neumann 권장
C	3.3~3.5	2.97	3.2±0.2, Cr0.3±0.1
Si	1.2~2.2	2.39	2.0±0.2
Mn	0.6~0.8	1.13	1.0±0.1
P	< 0.1	0.15	< 0.2, Mo 0.6±0.1
S	< 0.05	0.14	< 0.1

4. 도 형

금형표면의 도장(도형)은 다음과 같은 역할을 하기 때문에 빼놓을 수 없는 작업이다.

① 주물표면의 결함을 감소시킨다.

② 금형표면의 마모를 방지한다.

③ 제품을 금형에서 쉽게 이탈시킬 수 있다.

④ 금형에 발생하는 급격한 열응력을 감소시킨다.

⑤ 금형의 급냉작용을 완화시킨다.

만일 도형을 하지 않으면 주물 표면에 기공(gashole)의 결함이 가끔 나타나고, 용탕의 유동이 나빠지며(표 1-6참조), 금형벽면과 벽면으로부터 떨어진 위치에서의 용탕의 냉각속도가 너무 차이가 나기 때문에 수축공이나 열간균열의 경향이 증대한다.

상술한 ④, ⑤항은 철합금의 금형주조에 있어서 중요한 인자로서 고온의 용탕으로 인하여 금형의 내표면은 급격한 팽창을 일으키고 주입 순간에 최고의 응력에 달한다. 이 응력은 금형에 균열을 발생시켜 그 수명을 급속히 단축시킨다.

[표 1-6] 용탕온도 680℃, 금형온도 300℃에 있어서의 알루미늄합금의 유동길이(spiral test)

구 분	도형없음(mm)	강력한 도형(mm)
순 알루미늄	400	1,050
Al-5% Si-Mg	410	1,170
Al-12% Si	730	1,860

코주빈스키(O. J. Kozjubinsky)에 의하면 그 응력과 도형의 열전도도와 두께와의 관계를 [그림 1-15]와 같이 나타내고 있다.

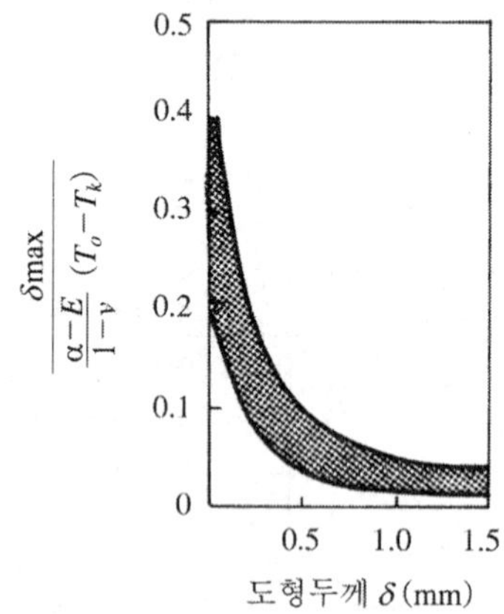

[그림 1-15] 주입시 금형에 발생하는 최대열응력

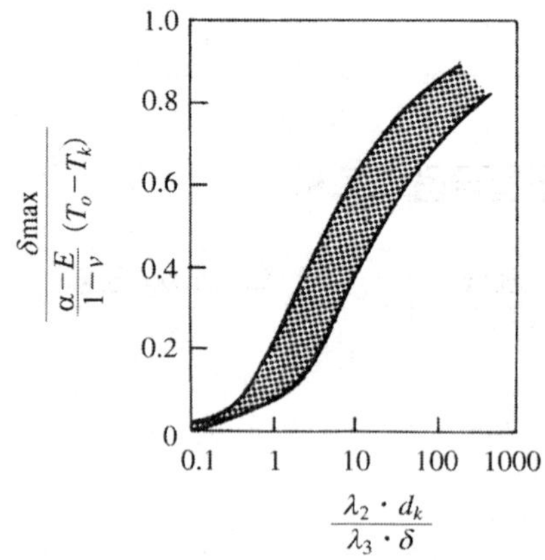

[그림 1-16] 금형의 도형두께와 최대 열응력의 관계

앞 그림에서

- σ_{max} : 금형 내면의 최대열응력,
- α : 금형재의 선팽창계수,
- E : 금형재의 탄성률,
- ν : 금형재의 푸아송(Poisson)수,
- T_o : 주물의 표면온도
- T_k : 금형온도,
- λ_2 : 도형의 열전도도,
- λ_3 : 금형재의 열전도도,

• d_k : 금형의 두께,

• δ : 도형의 두께.

λ_2 = 0.24kcal/m · hr · ℃, λ_3 = 40kcal/m · hr · ℃, d_k = 30mm일 때 도형두께 δmm와 최대응력과의 관계는 [그림 1-16]과 같이 된다.

또 주철용탕의 경우 그 백선화경향과 서로 어울려 전술한 ⑤항의 인자는 극히 중요한 요소이다. [그림 1-17]은 도형(塗型)의 여부에 따른 용탕과 금형에서의 열의 흐름을 나타낸다.

$$\beta = \frac{\text{도형의 열전도도}(\lambda)}{\text{도형의 두께}(\delta)} \text{kcal/m}^2 \cdot \text{hr} \cdot ℃$$

β는 주물과 금형사이의 열교환계수를 의미한다. 더욱이 주철용탕의 경우 금형 내표면에 [표 1-7]과 같은 황의 확산이 일어나서 이것이 또 금형의 취화와 균열의 원인이 되므로 도형의 중요성이 더욱 인식된다.

금형 도형제의 성분 및 도형방법은 주입금속에 따라 제각기 다르다.

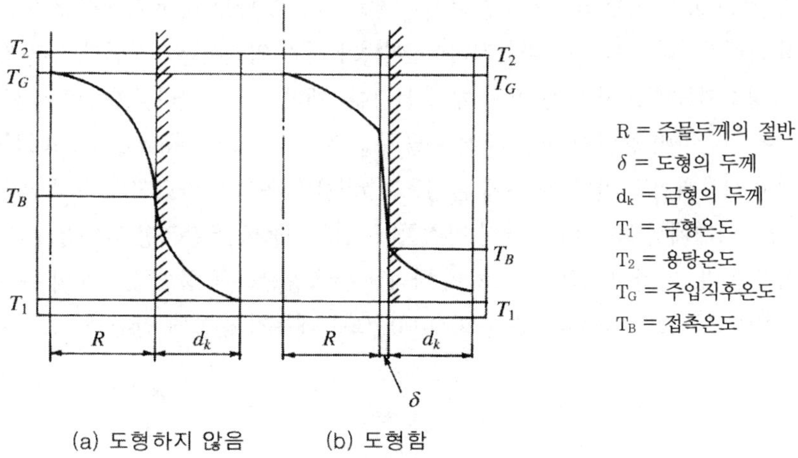

[그림 1-17] 용탕과 금형 사이의 열의 흐름

[표 1-7] 주철주입용 금형에서의 황의 확산(Janssen)

금형 No.	S(%)		
	금형의 내표면	금형중심	금형의 외표면
1	0.321	0.119	0.115
2	0.251	0.101	0.103
3	0.186	0.098	0.098

Section
02 알루미늄합금의 금형주조

1 금형과 금형주조기

1. 금형재의 제작방법

알루미늄합금의 금형은 일반적으로 회주철로써 만들고 있으며, 특별히 금형재로서 사용하기 위하여 주철성분을 조절할 필요까지는 없다.

가장 일반적으로 이용되고 있는 금형제작법은 금형공간(cavity)부분을 조각기구로써 완전히 조각하는 방법이지만 이 방법으로서 제작이 불가능한 경우는 금형을 제품에 따라 적당히 분할해서 조각한 다음 조립하는 방식을 택하는 것이 편리하다. 이 분할면은 결과적으로는 금형공간부의 배기공 역할을 하게 되어 주물을 만들기 쉽게 한다.

간편한 제작방법으로는 금형의 공간부를 주방상태의 표면 그대로 하여 작동부분과 조립부분의 평면만을 간단히 기계가공하는 방식이 바람직하다. 이렇게 하기 위해서는 CO_2법과 같은 적당한 방법으로서 다수의 금형소재를 주조한 다음 이 중에서 선정한 1개만을 사용한다든가 금형두께가 두껍고 금형공간의 형상이 간단하며 중량이 적을 때에는 금형공간부를 모래코어(sand core)대신에 철제 금속코어를 도형해서 사용하기도 한다. 이때에 금형조재(粗材)의 응고가 완료되는 즉시 금속코어를 적열상태에서 [그림 1-18]에서 보는 바와 같이 발취한다. 알루미늄합금 주조용 금형은 10/1,000의 주물자를 사용하여 만든다. 따라서 [그림 1-18]에 나타낸 금형공간부를 형성할 원래의 목형의 수축여유는 2중 수축여유이므로 (10/1,000) × 2 = 20/1,000으로 해두지 않으면 안된다.

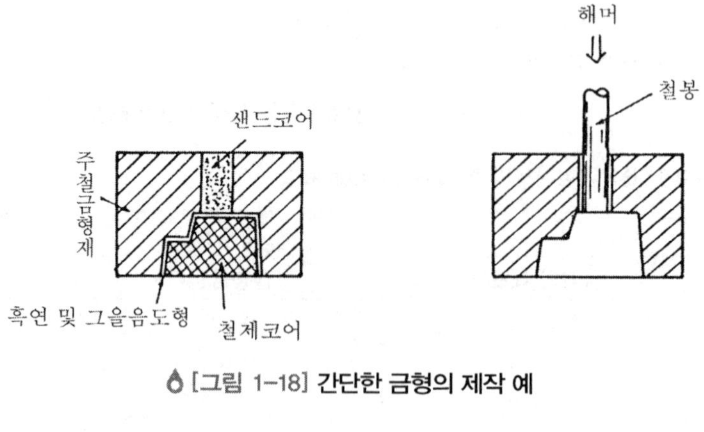

[그림 1-18] 간단한 금형의 제작 예

2. 코어(中子, core)

경합금 금형주조에 있어서 코어가 간단한 형상일 경우에는 금속제 코어가 사용되지만 복잡한 것에는 사형(shell core, CO_2 core, oil sand core)이 많이 사용된다. 물론 치수정밀도와 경제성의 관점에서나 소착 등의 결함을 피하기 위해서라는 점에서도 금속제 코어가 바람직하지만 어떤 때는 샌드코어를 채용하는 편이 좋은 경우도 있다. 즉,

① 물품의 온도기울기상의 관점에서 서냉할 부분에는 샌드코어를 쓴다.

② 두께의 현저한 불균일이 있을 경우 두꺼운 부분에 금속제 코어, 얇은 부분에 샌드코어를 쓴다.

③ 탕구로부터 용탕이 직접 낙하하는 부분에는 샌드코어를 사용한다.

복잡한 형상의 코어를 금속제로 하는 경우 그 제작의 복잡성, 주조 조업상의 곤란, 결함이 쉽게 발생한다는 것 때문에 값이 싼 샌드코어에 의존하기 쉽지만 처음에는 샌드코어에 의해서 제조하여 보고, 여러 가지의 주조 조건을 조사한 다음 치수상 또는 경제상의 관점에서 금속제 코어로 이행하는 것이 현명하다.

금속제 코어에 샌드코어와 같은 효과를 갖도록 도형을 두껍게 한다든가 단열성 도형을 사용한다든가 또는 항시 가열을 한다든가 하는 등의 노력이 있어야 할 것이다. 이 경우 샌드코어에 있어서 가장 중시되는 통기도에 대해서는 고려할 필요는 없지만 배기공을 모서리 부분에 다수 설치하여 외기와 연결시키는 것이 중요하다.

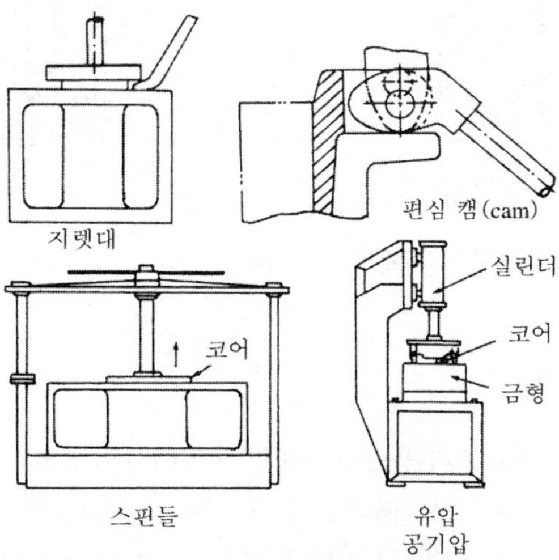

[그림 1-19] 금속코어의 발취기구

또 두께가 두꺼운 부분에는 끼움쇠(insert)를 사용하여 사형주조에 있어서 칠(chill)과 같은 효과를 갖게 하는 경우도 있다. 이 목적을 위해서는 끼움쇠를 2개 이상 준비하여 냉각된 것을 그때그때 바꿔 끼우도록 한다.

금형 구성상 코어의 구조를 나타내는 예는 [그림 1-19]와 같이 원시적인 것에서부터 유압실린더까지 여러 가지 방법이 있다.

3. 발취 및 배기장치

제품을 금형에서 발취하기 위한 압출은 다이캐스팅과 같다. 제품의 발취구배가 크고 형상이 간단하며 용탕의 응고수축에 의하여 금형부분이 조여지게 되는 형상이 아닌 경우는 압출장치를 설치할 필요는 없고 어느 한쪽의 반형(半型)에 부착한 제품을 집게로 빼내면 된다.

금형주물에서는 주탕에 의한 금형내에 가스의 발생이 없고, 금형공간내의 공기만을 쫓아버리면 된다는 점에 유의해야 된다. 경사주입은 배기에 유리하지만 일반적으로는 배기공을 붙이지 않아도 대개 합형면, 코어의 코어프린트(core print)부분 등에서 자연히 배기가 된다. 그러나 모서리부분에서는 공기가 압축 잔류되기 때문에 예리한 각이 얻어지기 어렵고 R3이상의 큰 R를 갖는 제품이 만들어지는 경우가 있다. 그와 같은 결함이 발생하는 장소에는 [그림 1-20]과 같이 상부 주위에 배기공을 만들어 넣는 경우가 많다. 하부의 모서리에 생기는 R는 공기의 압축에 의하는 것보다는 오히려 금형에 의한 냉각 효과 및 용탕의 표면 장력 때문에 발생하는 것이다. 따라서 금형주물에 있어서 중요하지 않은 모든 각진 부분에는 R1정도를 허용하는 것이 바람직하다.

[그림 1-21]과 같이 금형에 실시한 도장(도형)에 의해서 배기공의 선단이 가리워져도 공기는 도형막을 뚫고 나가지만 배기공은 그때그때 빼내서 청소할 필요가 있다.

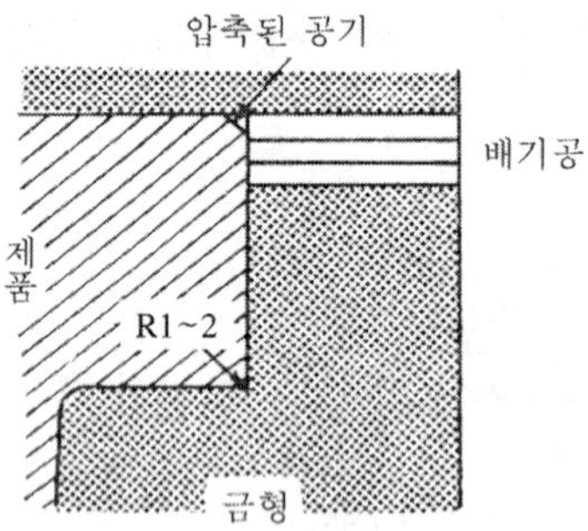

[그림 1-20] 금형제품의 모서리

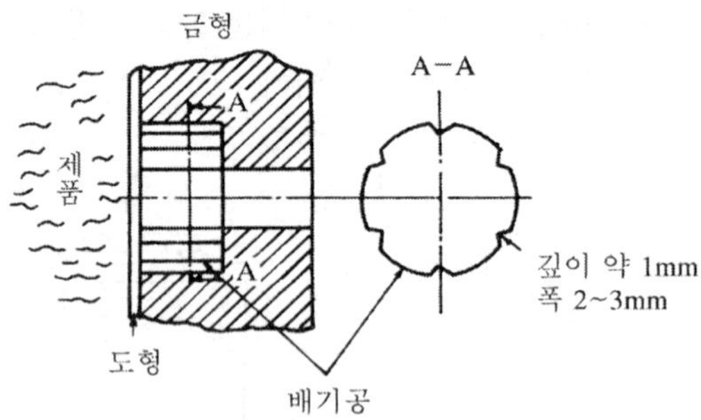

[그림 1-21] 배기구

4. 체결장치 및 안내핀

다이캐스트(die cast)와는 달리 용탕은 중력만에 의해서 유입되기 때문에 그 압력은 미미하며 소형으로서 수직분할금형의 경우는 금형의 손잡이를 손으로 눌러 2개 형을 합형하는 것만으로 족하다.

수평분할의 경우는 상형을 올려놓은 것만으로도 족하며 이 외에 어떤 체결력을 가할 필요는 없다. 체결기구의 한 예를 [그림 1-22]에 나타내었는데 이것은 일반적으로 수직분할금형의 체결에 사용되는 것이다. (a)의 방법이 간편하게 이용되고 있으며, 대개 모든 금형에 이용되지만 넓은 분할면을 갖는 금형의 경우에는 체결압력이 균등하게 걸리도록 적당한 위치에 여러 개를 배치하지 않으면 안된다.

(b)의 방식은 테이블(table) 위에서 대형의 금형을 이동하는 것에 사용되지만 이것도 (a)를 병용하는 것이 좋다. 그 외에 기계화에 따라 공압실린더, 유압실린더를 이용하는 예도 많다.

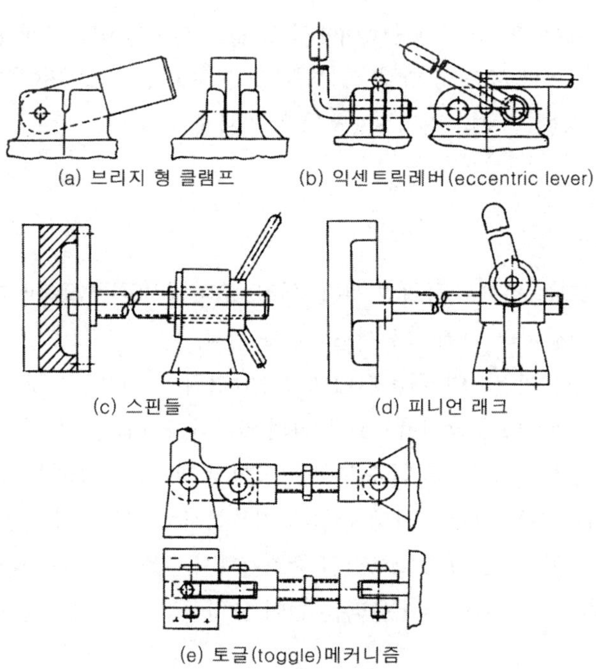

[그림 1-22] 금형의 체결기구

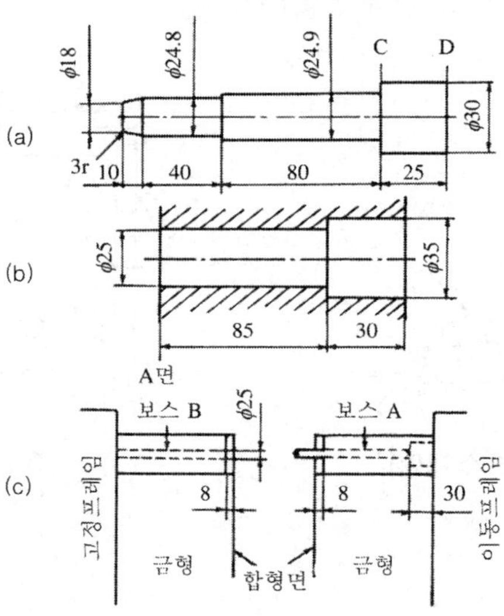

(a) 가이드핀
(b) 가이드핀이 장입되는 보스A의 구멍치수
(c) 전체 조립도

[그림 1-23] 금형합형 가이드핀 예

[그림 1-23]에 전형적인 가이드핀을 예시하였다. 핀을 보스A 중에 헐거운 형태로서 넣은 다음, 금형을 이동프레임에 고정시킨다. ∅24.9부를 A면으로부터 내부로 약 5mm 박아 넣어, 핀이 보스B의 구멍 ∅25에 들어갈 때에는 핀의 저면 D는 프레임의 접착면에 눌리어 붙게 된다.

또 금형을 열 때에는 핀 C면은 보스A내에서 5mm의 사이를 이동하게 된다. 이렇게 해서 핀의 ∅24.9부분, 보스B의 ∅25 구멍이 항상 직선임에도 불구하고, 결코 핀이 끼어 물리는 일이 없다. 또 보스A, B 모두 금형분할면보다 각각 8mm 낮은 위치에 있다.

5. 주조기계

금형주조의 기계화는 무거운 금형의 개폐, 체결, 코어의 발취, 제품의 취출작업 등이 주로 되어 있으며 또한 주조방안에 따라 기계화가 시도되기도 한다.

[그림 1-24~30]에 이것들의 예를 나타내었다. [그림 1-24]는 초보적인 것으로 이동 금형 K_2는 정반 P 위에서 핸들 E에 의해 닫혀지고 H에 의해 열린다. [그림 1-25]는 대형의 금형에 이용되는 것으로서 핸들 H에 의해서 프레임 B 위에 부착된 금형이 개폐되고 스핀들 S로서 K를 상하로 움직이고 KV에 의해 기계의 프레임 전체와 함께 금형이 기울어져서 경사주입을 할 수가 있다.

[그림 1-26]은 수평분할금형의 초보적인 주조기로서 수동의 수직형 다이캐스팅의 기구와 아주 비슷하다. 우선 상형 금형을 위로 밀어올리는 핀이 움직이고, 다음에 제품을 밀어올려 뽑아내는 핀이 움직이게 된다.

[그림 1-27]은 공기 혹은 유압실린더에 의한 금형의 개폐를 나타내었으며 (a)는 2개의 램에 따라 이동금형이 움직이고 (b)는 정반상을 움직인다.

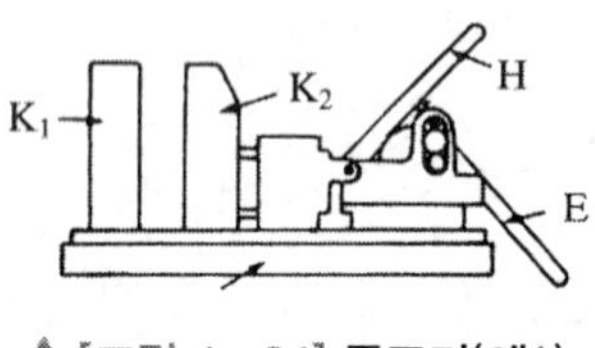

[그림 1-24] 주조기(예1)

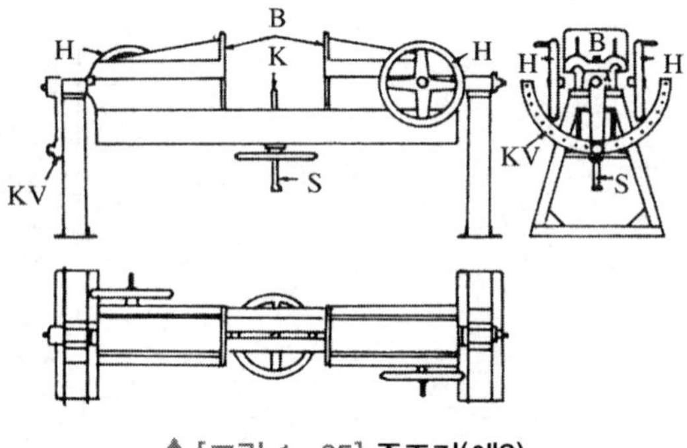

[그림 1-25] 주조기(예2)

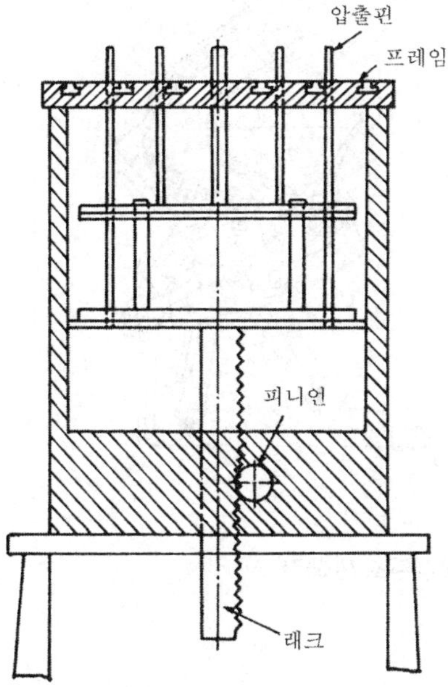

[그림 1-26] 수평분할형 주조기(예3)

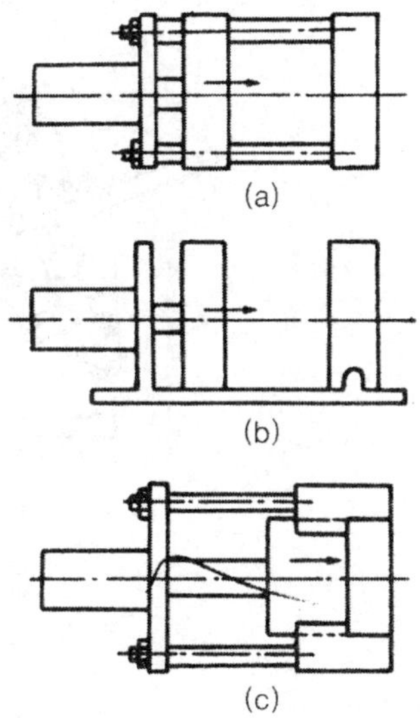

[그림 1-27] 주조기(예4)

[그림 1-28]은 대형 금형의 피니언 래크(pinion rack)기구에 대한 개폐로서 A는 고정측 프레임, B는 똑같이 피니언 래크 방식에 의해 코어를 빼는 기구이다. 그러나 래크는 자동적으로 브레이크가 듣지 않아서 폐쇄압력을 가하는 데에는 부적당하므로 앞에서 설명했던 체결방법을 병용하는 편이 좋다.(그림 1-22참조)

[그림 1-29]는 슬라이드 플레이트(slide plate) 위에서 피니언 래크방식으로서 금형이 개폐되고 주조방안에 따라 슬라이드 플레이트와 금형 전체가 공압실린더에 의해서 기울어지는 방식을 나타냈다. 이 그림은 주탕개시 때의 위치이고 페달을 밟으면 동시에 탕구측으로부터 주탕을 개시하고, 3방향 콕이 움직여서 공압실린더의 공기압이 제거되고, 서서히 플레이크는 수평위치로 되돌아간다. 이 시점에서 주입이 완료하도록 주량을 가감한다.

[그림 1-30]은 최근의 금형주조기를 나타낸 것이다. 이것은 저주파 가열식 보온로에 직결된 금형에 노를 기울임으로써 주탕되도록 설계되어 있다.

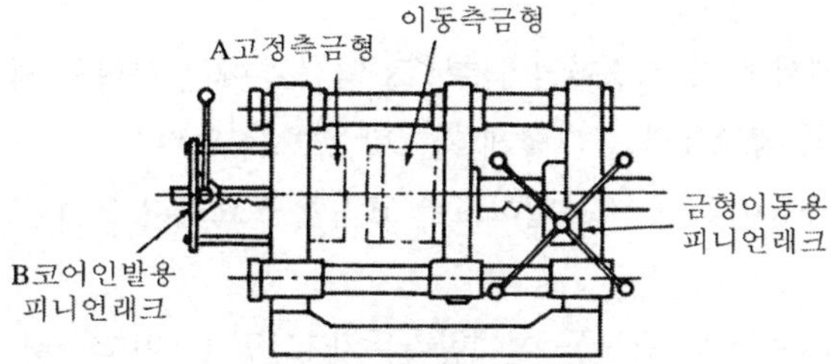

[그림 1-28] 주조기(예5)

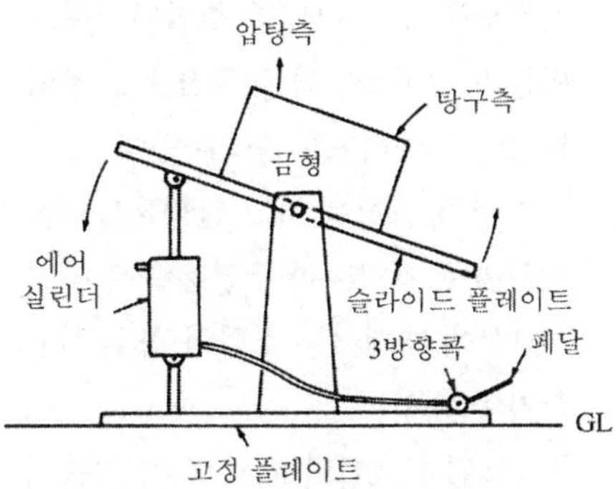

[그림 1-29] 경사주탕 주조기(예6)

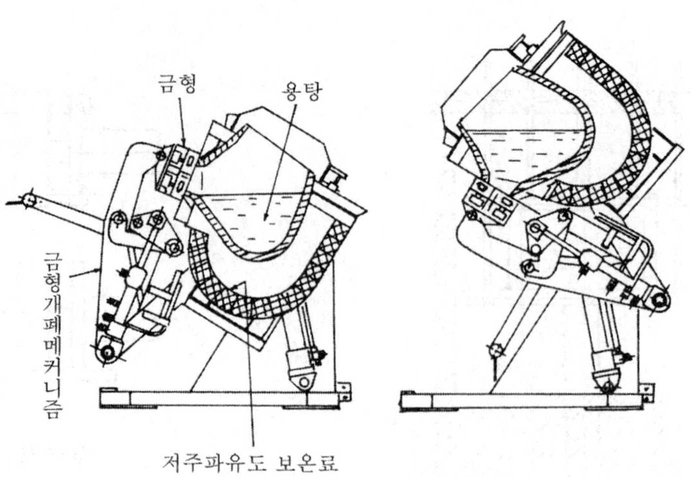

[그림 1-30] 최신 금형주조기(예7)

2 주조방안

기본적인 방안은 사형의 경우와 같지만 그의 냉각효과, 조업상의 요구 등에 따라 독자적 방안을 사용한다. 즉,

1) 금형은 사형과 달리 열전도도가 높기 때문에 용탕의 온도저하가 빨라서 점성과 표면 장력이 상승되어 주형충전능력이 불충분하게 되기 쉽다.
2) 금형의 강성이 높기 때문에 용탕의 유동저항에 의해서 발생하는 가스량이 많아진다.
3) 제품두께가 많이 다를수록 금형의 냉각효과에 의한 결함이 발생하기 쉽다.

이상과 같이 주조방안상으로 볼 때 본질적인 어려움이 있다. 그러나 사락(砂落) 등의 모래에 의한 결함이 없다는 이점도 있다. 따라서 상술한 세 가지 점에 대한 대책으로서 다음과 같은 사항들이 고려될 수 있다.

(가)에 대해서는 브룬후버(Brunhuber)에 의하면 금형주조에 있어서의 용탕의 냉각능력은 금형의 열전도율 뿐만 아니라 주입된 금속으로부터 금형으로의 열공급능력에 밀접된 관계가 있다. 즉 알루미늄의 열공급능력은 주철제 금형의 열전달보다도 현저히 크기 때문에 이 경우에는 오히려 어느 정도 단열적이라고도 할 수 있다.

따라서 도형을 하고 금형온도 300℃정도에서 행하는 경합금 금형주조의 경우에는 사형의 경우에 비하여 용탕의 주형충전능력에 미치는 금형의 냉각효과를 그렇게 의식할 필요는 없다.

(나)에 대해서는 소형의 경우보다도 더욱 용탕이 조용히 유입하도록 고려할 필요가 있으며 그렇게 하기 위해서는

① [그림 1-31]의 (f)와 같이 곡률이 높은 특수형상의 탕도를 설계한다든가 [그림 1-31]의 (a), (b), (d)와 같은 직선 탕도를 피하도록 한다.

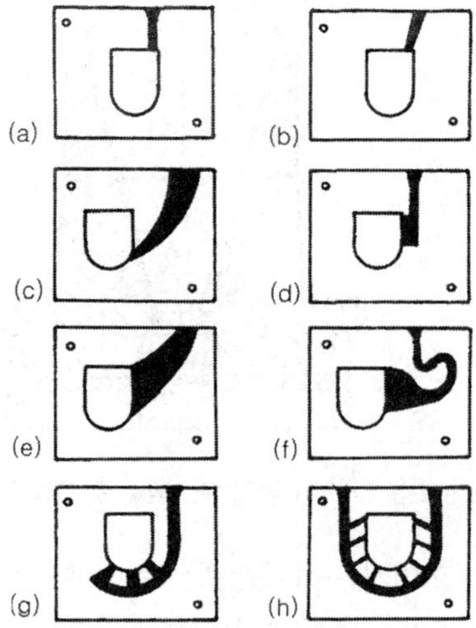

[그림 1-31] 금형주조의 탕구방안

② [그림 1-29], [그림 1-32]와 같이 경사주입법을 채용한다.
[그림 1-29]는 주탕 중에 경사의 위치로부터 원위치로 되돌아간다. [그림 1-32]는 경사된 그 상태에서 주탕하여 끝나는 것이다.

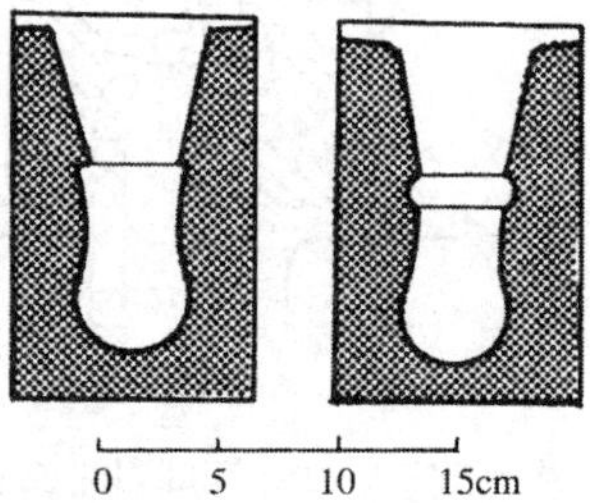

[그림 1-32] 경사주탕한 금형주물

③ 수평분할금형의 경우에는 깔대기를 사용하는 등의 대책이 필요하다.

[그림 1-33]에서 깔때기는 용탕의 정류(靜流)를 얻는 역할과 또는 압탕의 대용역할을 한다. 단, 이 경우에는 합금이 액상선과 고상선 사이의 응고완료 직전에 압탕을 나사같이 돌려 끊고 깔때기를 떼어버린다. 그림의 a부위는 돌려 끊기 위해서 붙여놓은 것이다.

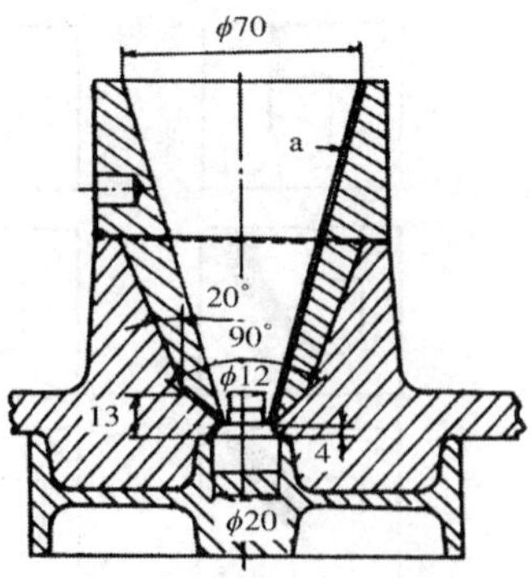

[그림 1-33] 풀리(Pulley) 탕구방안 예(깔때기형)

[그림 1-34]는 수직분할금형이기는 하지만 똑바로 위에서 주탕하는 형식이기 때문에 깔때기에 의하여 정류를 얻어야 한다. 이 경우에는 주탕 중에 금형내의 액면이 올라가는 동시에 깔때기를 집어올린다.

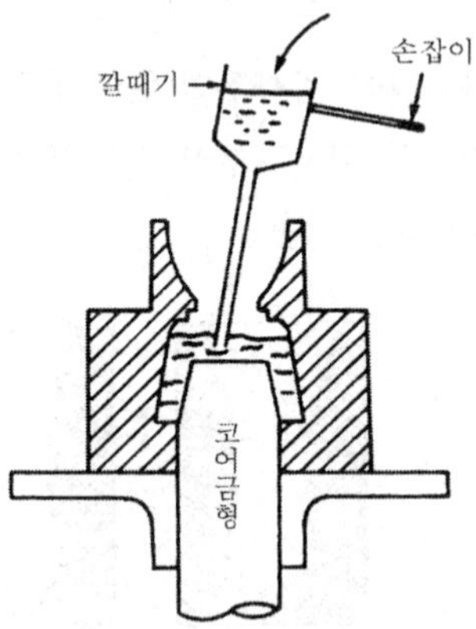

[그림 1-34] 깔때기에 의한 금형주입

(다)에 대해서는 될 수 있는 대로 제품의 두꺼운 부분에 설치하는 것이 중요한 원칙이다(그림 1-33, 34 참조).

금형의 강성 때문에 이와 같이 사형과 비교해서 일견 대담한 방안이 채용되지만 한편으로는 주입 시에 경사법과 깔때기의 사용 등 세심항 주의를 하지 않으면 안 된다. [그림 1-31]에 있어서,

(a)는 용탕의 교란이 심해서 불가능하다.

(b)는 경사이기 때문에 다소 가능하다.

(c)는 정류는 얻어지지만 응고의 방향성이 안좋다.

(d)는 난류가 되고 가스의 발생이 많아 부적당하다.

(e)는 정류가 얻어지고 응고의 방향성도 좋고 건전한 주물이 얻어지지만 주조수율이 나쁘다.

(f)는 양호하다.

(g)는 주물의 두께가 얇고, 두께가 비교적 균일한 넓은 평면인 주물에 적당하다.

(h)는 (g)와 같은 내용이다(그림 1-35 참조).

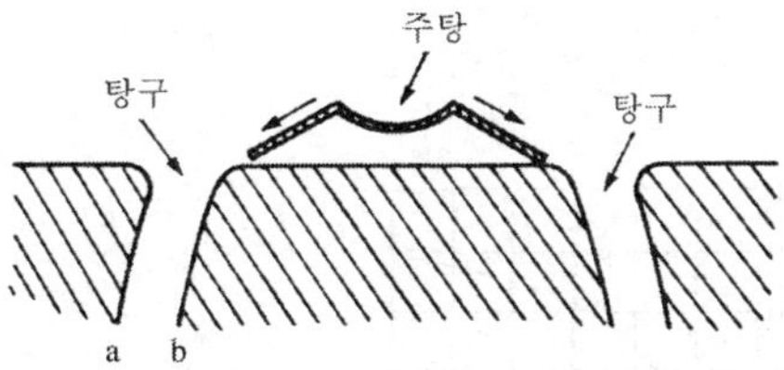

[그림 1-39] 양쪽 탕구의 합리화

단 (g), (h)와 [그림 1-35]와 같이 탕도를 바깥쪽으로 경가지게 하는 편이 슬래그 제거(제재)를 위해서 좋고, 양쪽이 탕구로부터 똑같은 양이 주탕되도록 고려해서 장치를 하는 것이 좋다.

탕구내에서 발생하는 가스는 a측에 모이게 되어 금형공구(cavity)내에 들어가지 않게 된다.

3 합 금

경합금 금형주물에 사용되는 합금은 합금의 조성에 따라 나타나는 주조결함, 즉 주조균열, 탕계, 수축공, 기공 등을 살펴봄으로써 합금의 조성범위를 이해할 수 있으므로 이들에 대하여 설명하기로 한다.

1. 열간균열(주조균열)

열간균열의 주원인은 응고온도 범위와 응고조건이다. 응고조건은 주입온도와 금형온도의 관계이다. 합금의 열간균열경향을 조사하는 시험편에는 싱어 제닝스(Singer & Jenings)의 것 및 아스벡(O. Abeck)의 것(그림 1-36 참조) 등이 있다. 이들은 모두 합금성분을 변화시키면서 두꺼운 부분과 얇은 부분의 경계 부근에 발생하는 균열의 총길이를 측정한 것이다.

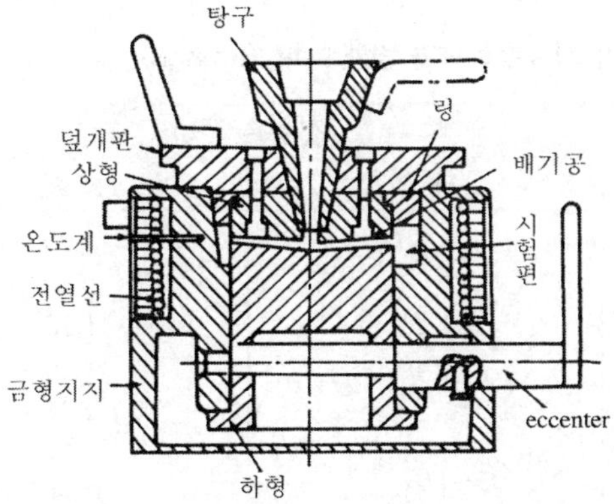

[그림 1-36] 열간균열시험을 위한 금형장치

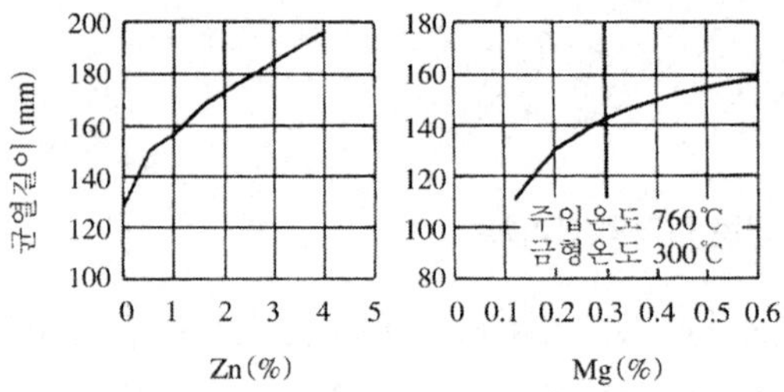

[그림 1-37] 6% Si, 3% Cu를 함유한 알루미늄 합금의 열간균열에 미치는 Mg, Zn%의 영향

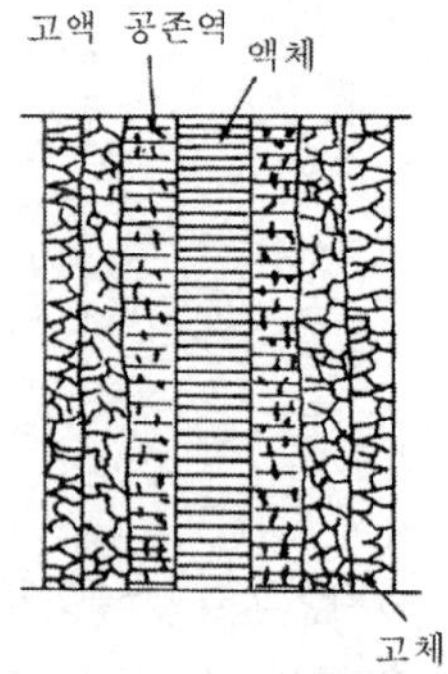

[그림 1-38] 금형주조에 있어서의 응고온도 범위가 넓은 합금의 응고양식

규소 6%, 동 3%의 라우탈 합금에 있어서의 Mg%, Zn%의 변화에 따른 열간균열에 발생경향을 [그림 1-37]에 나타내었다. 이 발생기구에 대해서는 타카세(Takase) 및 삭스(G. Sacks)의 연구가 있지만 후자는 [그림 1-38]에 있어서의 고체와 액체공존역의 강도 및 연신율이 대단히 적고 열적으로 취약한데 반해 이미 완전 응고한 부분은 고체수축에 의해서 이 두 구역간에 응력이 발생하여 열간균열을 만든다고 해석하고 있다. 특히 금형에 있어서는 그 열전도 때문에 고체수축의 경향이 사형(砂型)보다도 크고, 금형벽면과 벽면에서 먼 부분의 냉각속도가 크게 다르므로 열간균열이 발생하기 쉽다.

2. 수축균열(주조균열)

열간균열과는 달리 두께차이가 없는 얇은 부분에도 발생하고 특히 코어부와 R(round)부위 등 주물의 수축이 방해될 때에 일어나는 균열이다. 합금의 수축이 큰 것이 균열발생의 위험이 크게 되고, 그 수축량은 [표 1-8]과 같이 합금의 종류에 따라 큰 차이가 있다.

[표 1-8] 알루미늄합금의 자유수축량과 방해수축량(Irmann)

합 금	선수축량(%)		감 소 (%)
	자 유	방 해	
5.7% Si	1.35	1.29	5
9.8% Si	1.24	1.20	4
11.9% Si	1.21	1.13	7
5.9% Cu	1.40	1.19	15
10.1% Cu	1.33	1.11	16
6.5% Mg	1.21	1.15	5
10.2% Mg	1.11	0.90	19

일반적으로 주형 속에서의 합금은 그의 수축이 방해당하고 있지만, [표 1-8]은 [그림 1-39]의 시험편을 써서 자유수축을 방해시킨 경우의 수축량을 표점간에서 측정하고 자유 수축시킨 경우의 수축량과 비교한 것이다. 수축방해에 의해 수축량이 감소하지만 그의 감소량이 큰 합금일수록 수축균열의 발생위험이 당연히 크게 될 것이다.

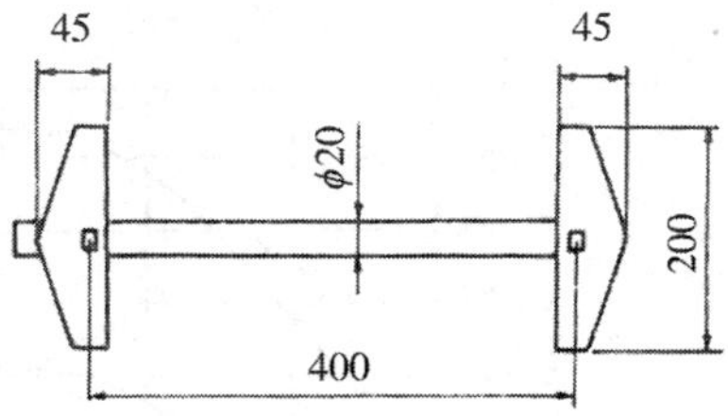

[그림 1-39] 수축균열용 시험편

3. 주형충전능력

금형의 모서리부분에 용탕이 잘 충만하는가 안하는가 또 탕계가 발생하는가 안하는가는 금형의 온도와 표면상태만이 아니고, 합금 그 자체의 점성 및 표면장력도 그것에 영향을 주는 큰 인자가 된다.

일반적으로 [그림 1-40]과 같은 순금속 및 공정은 유리하지만 [그림 1-38]과 같이 응고구간의 증대에 따른 유동저항 때문에 유동성이 저하한다.

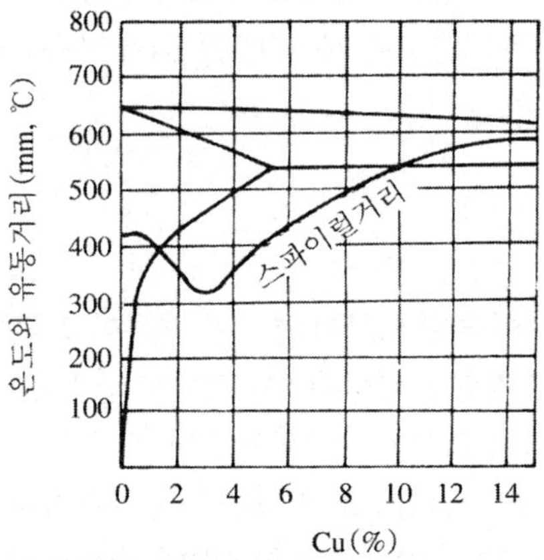

[그림 1-40] Al-Cu 합금의 Cu%에 의한 유동성의 변화

또 [그림 1-41]과 같이 어떤 한계온도 이상은 용탕중의 산화물의 증가 때문에 유동성은 저하하게 되고 [표 1-9]와 같이 반복해서 용해하는 경우도 같다.

[표 1-9] 순알루미늄의 반복용해의 영향(주입온도 680℃, 금형온도 350℃)-Irmann

용액회수	스파이럴 길이(mm)
1	420
2	350
3	320

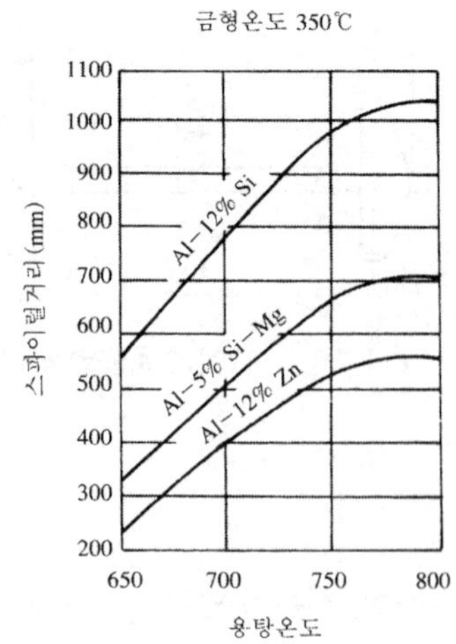

[그림 1-41] Al합금의 유동성에 미치는 용해온도의 영향

특히 금형주조에 있어서는 그 성격상 용탕은 오랫동안 보온 유지해야 하기 때문에 여기에 관심을 둘 필요가 있다. 따라서 750℃ 이상의 주입온도를 요하는 경우는 대량의 용탕은 따로 용해한 다음 금형의 옆에 설치한 용량이 적은 보온로에 계속적으로 옮겨 보충하도록 하여 그때그때 플럭스(flux)처리하는 것이 바람직하다.

4. 수축공과 기공

수축공의 경향은 합금성분에 의한 영향이 큰 것은 물론이고 금형주조나 사형주조 여하에 관계하지 않는 요소가 크지만, 이들의 경향은 금형주조에 있어서 강조되어 나타난다.

어떤 합금을 선택하는가를 주조성의 관점에서 뿐만 아니라 강도, 부식조건 등의 제조건에 의해서 종합적으로 검토되는 면도 있고, 금형주조의 경우 특히 주목하지 않으면 안될 점으로서는 기공의 원인이 되는 마그네슘을 들 수 있다. 마그네슘 함유량의 증가에 따라 탕구계의 사소한 결점에 의해서 주입 중에 금형내에서 MgO를 주성분으로 하는 가스의 발생으로 인하여 기공의 발생이 많아진다.

또 [그림 1-37]에서와 같이 마그네슘의 증가와 더불어 응고구간의 폭이 넓어지고, 결정립의 조대화가 일어나고 열간균열이 증대한다.

따라서 경화능 기타의 이유에서 마그네슘을 필요로 하는 경우, 될 수 있는 한 소량으로 하든가 혹은 베릴륨 등의 첨가를 하든가 주입방법을 고안해서 MgO의 발생을 가능한 한 방지하지 않으면 안된다.

금형주조의 경우 사형보다도 급냉효과가 있기 때문에 예를 들면 경화능 때문에 마그네슘을 첨가하는 경우라도 그 양은 소량으로 족하다.

이상 말한 주조균열의 경향과 주조충전능력, 수축공, 기공 등의 경향으로 보아 KS규격에 명시된 주물용 마그네슘합금 중 3종 A, 4종 A, 4종 C 및 8종 A는 금형주조에 더욱 적합하고 2종 A, 2종 C 및 4종 B는 그 다음으로 쉽지만 1종 A, 5종 A, 6종 A, 7종 A 및 7종 B는 비교적 곤란하다는 것을 알 수 있다.

금형주조를 채용하는 시점에 있어서 선진 각국의 금형주조용 알루미늄합금의 예를 참조하여 KS규격에 구애받지 않고 Si%, Mg%, Cu%의 함량을 변화시켜 시도해 보는 것도 좋을 것이다.

4 주조작업

주조방안에서 설명한 바와 같이 금형주물에서 나타난 결함은 열과 밀접한 관계를 가지고 있다. 따라서 금형온도와 주입온도가 이들에 대하여 어떻게 영향을 미치고 있는가를 살펴본 다음, 작업공정의 순서에 따라 주조작업법을 설명하기로 한다.

(1) 주조균열

금형온도의 상승, 주입온도의 저하와 더불어 열간균열이 감소해지는 것을 [그림 1-42]와 같이 나타내고 있다. 그러나 금형온도의 상승과 더불어 금형의 급냉효과의 특징이 없어진다.

그림 [1-43]과 같이 기계적 성질은 저하한다.

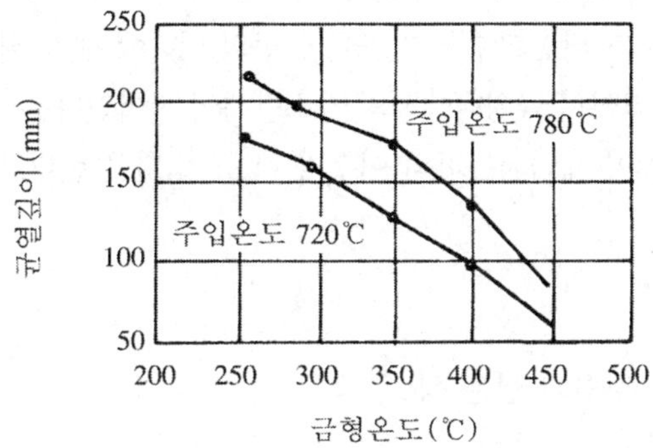

[그림 1-42] 금형온도, 주입온도와 열간균열의 관계

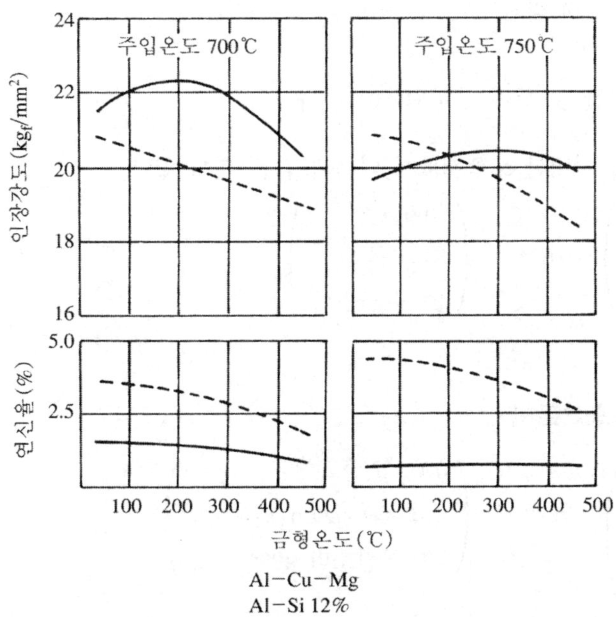

[그림 1-43] 금형온도와 주입온도에 의한 기계적 성질의 변화

(2) 주형충전능력

금형온도, 주입온도의 상승과 더불어 증가하는 것은 명백하다.(합금의 주형충전능력 참조)

(3) 수축경향

두께가 두꺼운 부분에서는 응고를 빠르게, 두께가 얇은 부분은 응고를 느리게 하든가 압탕이나 탕구부의 응고를 최후에 하도록 하는 온도기울기 또는 국부적인 온도조절이 수축공을 감소하게 하는 요인이 된다.

(4) 기공(blowhole)

흑피직하 1~2mm의 장소에 기공이 있는데 이것을 압탕부로 가도록 하는 대책을 강구해야 한다.

주입온도 및 금형온도가 상승할수록 기공이 금형의 벽쪽에 생길 위험은 적다. 이것은 주입온도가 낮을 때에 산화 경향이 적어서 금형내에서의 가스발생이 적어진다는 것과는 모순되는 현상이나 금형에서는 금형벽에서 기공이 제거되는가의 여부가 더 큰 영향을 준다.

1. 도형법

금형의 도형제로서는 다음과 같은 성질, 즉

① 균일하게 도포될 것
② 피막이 강인해서 반복 사용할 수 있을 것
③ 금속을 부식시키지 않을 것
④ 윤활성이 있을 것
⑤ 단열성이 우수한 것 등이 구비되어야 한다.

이러한 조건을 구비한 도형제로서 다음과 같은 것이 있다.

(50% 고령토, 45% 물, 5% 규산소다) 또는 (15% 활석, 84% 물, 1% 규산소다)

특히

1) 열전도가 좋은 도형으로서

(40g 고령토, 60g 흑연, 60g 붕산, 1,000g 물) 또는 (50% 토상흑연, 50% 300mesh 인상흑연, 5% 규산소다 용액)

2) 열전도가 나빠서 서냉시키는 도형으로서

$$\left(\begin{array}{l}\text{120g 정제백토}\\ \text{40g 붕산}\\ \text{1,000g 물}\end{array}\right)$$

3) 견고한 도장 또는 중간열전도성의 도형으로서

$$\left(\begin{array}{l}\text{150g 정제백토}\\ \text{50g 규산소다}\\ \text{1,000g 물}\end{array}\right) \text{ 또는 } \left(\begin{array}{l}\text{100g 정제백토}\\ \text{50g 인상흑연}\\ \text{50g 규상소다}\\ \text{1,000g 물}\end{array}\right)$$

[표 1-10] 금형도형제와 응고시간

도료명	응고시간(sec)
Die coat 34	60
Die coat 36	37
Die coat 38	16
Produck	24
Duck No. 395	38
Supperoid	36
Isolite	40

이들의 도형제 성분에 따라서는 용탕의 냉각속도의 변화가 현저한 것이 있고 [표 1-10]에 여러 가지 도형제를 사용한 200±20℃의 금형에 680~700℃의 AC7A합금을 주입하였을 때 응고에 요하는 시간을 비교하여 나타내었다. 따라서 금형상태에 따라 또는 국부적으로 도형제를 각각 사용한다는 것은 의의가 있는 일이다. 그런데 도형을 실시하는 데에는 숙련과 기술을 요한다.

우선 금형표면의 녹이나 전회에 실시한 도형을 철솔(wire brush)이나 사포(sand paper)로 잘 닦아낸 다음 기름 등의 유기물을 제거할 수 있는 온도(300℃ 전후)로 예열을 한다. 도형은 금형온도 150~200℃에서 분무하여 도형하고 다음에 헝겊으로 평활하게 골고루 문지른다. 이것은 분무(spray)에 의해 불균일한 도형표면을 수정하는 것을 의미한다. 다음에 두 번째로 200℃ 전후로 가열한 후 금형과 스프레이건(spray gun)의 거리를 최초의 경우보다도 더 크게 잡고 가볍게 분무한다. 필요에 따라서는 이상의 조작을 되풀이한다.

이 경우 주의할 점은 다음과 같다.

① 붓으로 바르는 것은 피한다.

② 절대로 금형이 식은 상태에서 도형해서는 안 된다.

③ 분무하는 동안 금형온도가 저하하고, 도형의 수분이 극히 단시간이라도 금형표면에 잔류하는 기미가 보이면 즉시 도형을 정지하고 다시 금형을 가열해야 한다.

④ 이러한 번잡을 피하기 위하여 최초로부터 금형온도를 지나치게 올릴 경우 (300℃이상) 도형이 벗겨져서 금형에 잘 칠해지지 않든가 거칠은 표면이 되든가 한다.

상기 ①의 방법은 금형제품의 표면에 붓자국이 나타나 미관을 헤치고 ②의 방법으로 시공된 도형은 가령 도형 중에 점결제가 함유되어 잘 도장된 것같이 보여도 금형을 주입하기 전에 예열할 때나 최초의 주입시에 반드시 국부적으로 박리(spalling)가 일어난다. 또 주입작업까지의 도중에 도형과 금형표면과의 사이에 녹이 생겨 이것이 주입할 때 가스를 발생하게 하여 기공(gashole, blowhole)의 원인이 된다.

③의 방법도 위와 동일한 이유에 연유한다. 그러므로 금형의 공간 표면을 위로 하고, 그 아랫면으로부터 가열하면서 도형하는 것이 좋다. 이 경우 금형의 합형면에 부착한 도형은 도형 종료 후 종이로 충분히 제거해 두는 것이 주물의 치수정밀도 유지를 위해서 바람직하다.

도형의 두께가 변화하면 냉각능력에 상당한 차이를 일으키므로 제품두께가 두꺼운 부분에는 엷게 바르고, 두께가 엷은 곳은 두껍게 도장하는 등의 조절이 필요하다.

또 압탕효과를 크게 하고자 할 때는 탕구나 압탕부에 5mm정도로 도형하는 경우도 있는데 이는 용탕이 주탕될 때에 충격완화도 될 수 있다. 도형두께를 정밀하게 측정하고자 할 경우 자기측정기(magnetic thickness gauge)를 사용한다.

이상의 결과 압탕부가 [그림 1-44]와 같이 변화를 일으킨다. [그림 1-44]의 (b)의 수축상태가 이상적이며, 급냉될수록 (a)의 상태가 진행된다. (a)의 상태의 압탕을 갖는 금형주물은 반드시 결함이 내부에 있다. 언제나 금형의 냉각속도가 일정하도록 도형두께는 일정해야 한다.

도형이 지나치게 두꺼우면 제품치수가 일정하지 않게 되고, 작업 도중에 껍질이 벗겨져서 외관이 불량하게 되기 때문에 작업을 장시간 중단하게 되는 결과를 초래한다. 도형의 두께는 일반적으로 0.3mm이하로 조절해야 하며, 이전의 도형 위에 겹으로 도형하는 것들은 반드시 피해야 한다.

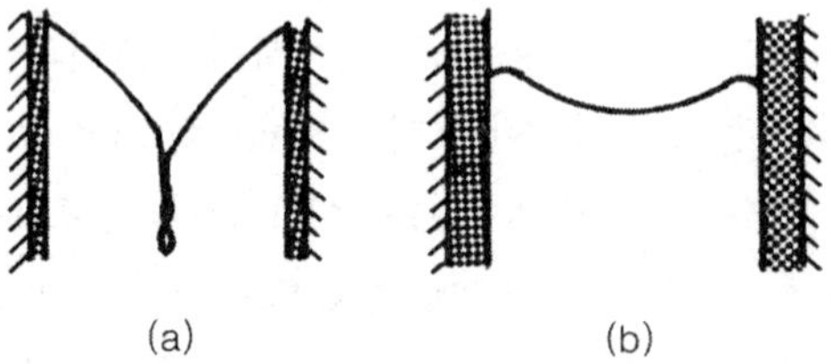

[그림 1-44] 도형두께에 의한 압탕수축 상황의 변화

2. 금형의 예열

도형이 끝나면 금형의 예열을 하며 여기에는 여러 가지 방법이 있다. 예열온도는 적어도 350~400℃이며, 최초에는 주조작업시보다도 다소 높은 온도로 하여 둔다. 그리하여 일정주기의 규칙적 주입을 시작하면 금형온도는 자연히 처음에 결정하여 둔 정상온도(약 300℃)로 되나 만약 처음에 정상상태의 온도보다도 낮은 온도에서 개시하면 높은 금형온도에서 출발하는 경우보다도 정상상태로 되기 어렵다.

대형의 금형은 일반적으로 작업 중에도 가열할 필요가 있다. 이상과 같은 처리를 하여도 정상상태로 되기까지에는 작업 초기의 2~5개의 제품은 불량품이 되고 만다.

3. 주입작업

시험제작에 있어서는 어떠한 정상상태에서 건전한 제품이 되는가를 파악한 다음, 그의 작업표준에 따라 작업을 하여야 한다. 그에 대한 예를 들면 다음과 같다.

- **금형온도** : 300℃
- **주입온도** : 750℃
- **주입시간** : 10~12초
- **코어를 끌어내는 시간** : 주입 후 1분 10초
- **금형을 여는 시간** : 주입 후 1분 45초
- **제품을 꺼내는 시간** : 주입 후 2분 10초
- **수냉시간** : 20초
- **다음의 주입개시** : 주입 후 3분 30초

이상과 같은 내용으로 작업하기 위해서는 시계를 보면서 작업하여야 한다. 이 주기의 결정은 각 금형마다 경험 또는 실험에 의하여 결정할 수 밖에 없다.

경우에 따라서는 2가지의 주기가 가능하기도 하고 시간의 여유가 많은 경우도 있다. 이러한 때에는 될 수 있는 대로 최대경제속도로서 해야 하나 신중하여야 한다. 왜냐하면 주입주기가 짧게 되면 그에 수반하여 금형의 정상상태의 온도가 높게 유지되게 되고, 그리하여 응고가 지연되어 시간이 연장되기 때문이다.

도형을 얇게 하거나 두껍게 하거나 또는 바깥으로부터의 가열에 의하여 될 수 있는 대로 균일한 응고 및 응고의 방향성을 갖도록 해야 하지만, 그렇게 해도 불충분한 경우에는 과열된 부분이나 두께가 두꺼운 부분을 분무(spray)로써 수냉한다. 이때 사용하는 물은 될 수 있는 대로 깨끗한 것을 사용한다.

주입시간은 숙련에 의하여 결정된 일정시간내에 실시한다는 것은 용이하지 않지만, 이를 위해서는 깔때기를 사용하든가 출탕조절을 하든가 하여 소기의 목적을 달성할 수 있다. 깔때기는 철판, 주철, 단열(isolate) 벽돌 등으로 만들고 이로써 용탕이 균등하게 조용히 주입된다. 주입방법에 따라서는 처음에는 완만하게, 나중에는 급속히 주입하는 등 변화가 있는 방법을 취하는 경우(경사주입에 많다)도 있으나 깔때기는 이 경우에 부적합하다.

일반적으로 두께가 두꺼운 주물은 저온의 용탕을 급속히 주입하고, 큰 평면을 갖고 두께가 얇은 것은 고온의 용탕(경우에 따라서는 800℃ 이상의 주입온도가 있다.)을 주입시간을 길게해서 주탕한다. 큰 평면을 갖고 두께가 얇은 물건을 급속히 주입하면 용탕온도나 금형온도가 상당히 고온이라도 내부의 공기가 탕 속에 들어가게 되어 탕계나 구멍을 생기게 한다.

일반적으로 밑에서부터 층상으로 응고시키며 위쪽에 도달하는 방법을 이용하면 주물살결은 균일한 광택이 있고, 탕류(湯流)의 흔적이 없는 미려한 것이 된다.

금형의 역기울기부분에 사용되는 끼움쇠(insert)는 주물에 붙은 채로 끄집어내지만 거기에 물을 부으면 끼움쇠가 수축되어 용이하게 떨어지고, 끼움쇠의 냉각효과도 증대한다. 금속코어는 주물의 응고 후 너무 냉각되기 전에 뽑아내는 것이 필요하며, 집어빼기가 곤란하게 된 경우는 그때마다 도형

을 해야 한다. 금속코어가 제품내에 남아서 빠지지 않는 경우는 즉시 용탕을 제품 위에 부어 팽창시키면 빼낼 수가 있다.

샌드코어를 사용하는 경우 금형과 사형의 냉각효과가 서로 다르므로 사형면에 수축공, 그밖의 결함이 발생하는 경향이 심하다. 이것을 방지하기 위해서는 사형에 냉금을 이용하든가 금형온도를 높게 유지시킨다. 즉 금형의 냉각능력을 사형의 것에 비슷하게 하든가 또 금형내에 모래입자가 떨어지는 경우에 일어나는 주물표면의 모래개재물(sand inclusion)결함을 방지하는데 주의가 필요하다. 여기에는 샌드코어를 넣고 금형을 일시적으로 합형시켰다가 금형을 일단 열고 압축공기로 불어낸(air cleaning) 다음 다시 본격적으로 금형을 닫고서 재차 압축공기로 불어냄으로써 청소한다. 이때 금형의 팽창을 고려하여 샌드코어의 코어 프린트(core print)를 계산해 두어야 한다.

4. 용 해

통상적인 사형주조의 용해로를 사용할 수 있으나 한번 용해한 용탕을 장시간 보온하지 않으면 안된다는 점과 주입하는 사람이 항상 노 옆에서 작업하여야 된다는 점 등의 특수성을 고려해야 한다. 일반적으로 반사로 또는 전기로에 의해서 대량 용해한 용탕을 금형 옆에 설치한 보온로에 배탕하고, 거기서 그때그때 플럭스(flux)처리를 하는 것이 좋다. 특히 저주파 유도로가 최적이고 지금의 장입실과 출탕실로 구분된 채널 타입(channel type)의 저주파로가 온도제어나 하절기작업의 관점에서 볼 때 가장 바람직하다.

Section 03 동합금의 금형주조

1 금형과 금형주조기

동합금의 금형재료로서는 몰리브덴을 함유한 주철(GC 25~30)의 열처리된 주철이 이용되고, 코어의 금형으로서는 똑같이 몰리브덴을 합금한 내열강 또는 크롬, 몰리브덴, 텅스텐을 함유한 인장강도 110~120kgf/mm^{2}의 내열강이 사용된다.

헨슨(D. Hanson)과 펠 월폴(W. T Pell-Walpole)에 의하면 금형재료로서 탄소분(예를 들면 주철과 같은)을 많이 함유한 것은 유해한 가스를 발생시키고, 이것이 주물표현을 매끄럽지 못하게 하며 용탕의 흐름을 교란시키고 주변부의 기공(pinhole)을 야기시킨다. 특히 이 현상은 인 또는 유황이 높은 주철제 금형에 동함량이 높은 합금을 주입하는 경우에 현저하다고 한다.

동합금은 알루미늄합금에 비교하여 용융점이 높고 점성도 높다. 또한 금형의 냉각능력을 고려할 때 강 또는 주철제 금형재료의 열전도와 동합금제 금형재료의 열전도와의 차이는 알루미늄합금의 경우와 비교해서 큰 차이가 없으므로 용탕의 열량이 금형에 의하여 흡수되기 쉽고, 특히 황동주물의 경우 이 경향이 더욱 현저하다.

그러므로 용탕이 난류에 의하여 금형벽에 생기는 비말(飛沫)은 급냉 응고하기 쉬워서 후속되는 용량이 이것을 용해하기가 곤란하다. 용탕의 점성을 감소시키거나 또는 이것들의 비말을 재용해시키게 될 수 있도록 용탕온도를 높인다는 것은 아연증기의 증가와 아연의 산화를 촉진하게 되고, 이것들이 금형표면에 부착하여 주물표면을 거칠게 하며, 후속되는 주입을 곤란하게 한다.

금형제작의 기본적인 원칙은 알루미늄의 경우와 별로 다를 것이 없으나 주입할 때에 유속을 감소시키고, 주입구를 낮추어 가능한 한 층류가 되도록 하기 위해서 경사주조를 채용하고 있다. 경사각도에 대해서는 알루미늄합금의 경우와 동일하나 작은 금형의 경우는 그 경사각도를 [그림 1-45]와 같이 금형의 밑면에 만들고, 한쪽 손으로는 경사를 원위치로 복귀시키면서 다른 한손으로 주입한다.

경사주조에 의해서 층류가 되도록 함과 동시에 주입을 하면서 경사위치를 수평으로 복귀시킨다는 것은 점성이 높은 용탕에다 기계적으로 유동성을 증가시키는 것과 같다.

한편 용탕의 주입에 따라 금형공간내의 공기를 될 수 있는 대로 쉽게 제거하기 위해서 배기공을 여러 개 설치하는 것이 좋다.

청동이나 동의 함유량이 높은 황동의 경우는 열간균열의 위험성이 크므로 밀어내든가, 두드리지 않으면 빠지지 않는 형상의 금속코어의 사용은 금물이다. 따라서 이 경우 대단히 간단한 형상 밖에는 사용할 수 없다.

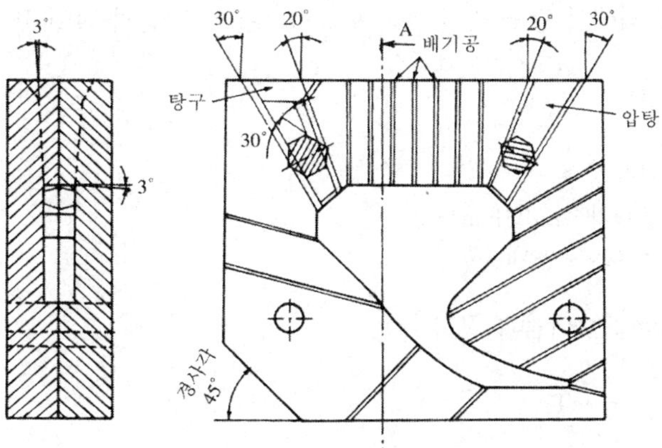

[그림 1-45] 동합금 금형주조의 경사각

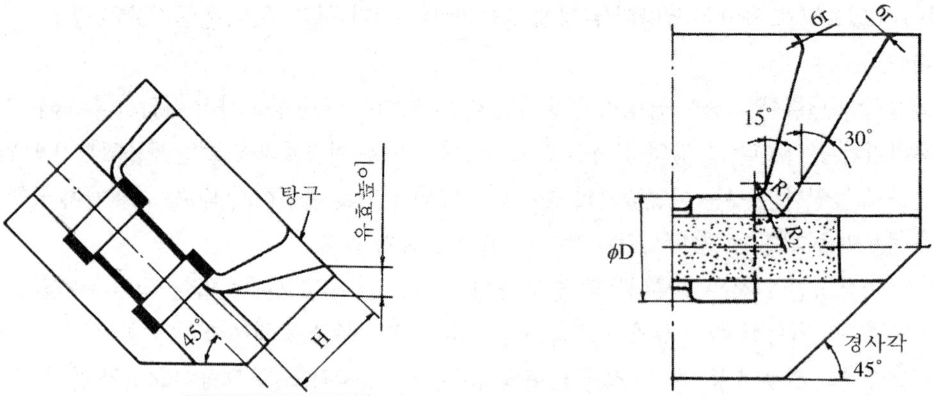

∅D	<20	20~30	30~45	45~60	60~80	80~110
R_1	3	4	5	6	7.5	8
R_2	10	12	15	18	20	23

[그림 1-46] **황동밸브주물 금형도(단위 : mm)**

2 주조방안

경사주입에 있어서의 탕구 내의 유동상태를 브룬후버(Brunhuber)는 다음과 같이 설명하고 있다. 베르누이(Bernoulli)법칙에 의해서 탕구 내의 유속 V_A(cm/sec)는 다음과 같이 표시된다.

$$V_A = \xi\sqrt{2gH}$$

여기서, • ξ : 속도상수
• g : 중력가속도(981cm/sec^2)
• H : 유효탕구높이(cm)

이때에 탕구면적 S_A (cm^2)는 다음과 같다.

$$S_A = G/V_A \cdot \gamma \cdot T$$

여기서, • G : 주물중량(kgf)
• γ : 주물의 비중(kgf/cm^3)
• T : 주입시간(sec)

황동의 경우, $\gamma = 0.0084$kgf/cm^{3}이므로

$$S_A = 2.7\,G/\xi \cdot T \cdot \sqrt{H}$$ 이다.

여기서, $G/T = \varepsilon$은 주입속도(kgf/sec)이고, [그림 1-46]과 같은 주조방안, 즉 두께가 얇은 황동제 벨브주물의 경우 ξ = 0.27로 하면 $S_A = 10\varepsilon/\sqrt{H}$ 가 된다. 이것을 나타낸 것이 [그림 1-47]이다.

[그림 1-48]과 같은 방안의 경우는 $\xi = 0.45$로 하면 $S_A = 8.5\varepsilon / \sqrt{H}$ 로서 [그림 1-49]와 같은 결과를 얻게 된다.

따라서 [그림 1-50]과 같은 두께 6mm, 중량 0.9kgf의 밸브를 1.5초내에 주입을 하는 경우, H = 46mm, ε = 0.6kgf/sec이므로 [그림 1-47]로부터 S_A = 280mm^{2}이 얻어진다. 동합금 금형주조는 일반적으로 작은 금형이 많고 1~2kgf의 제품은 큰 편이다. 따라서 주입시간도 짧아진다.

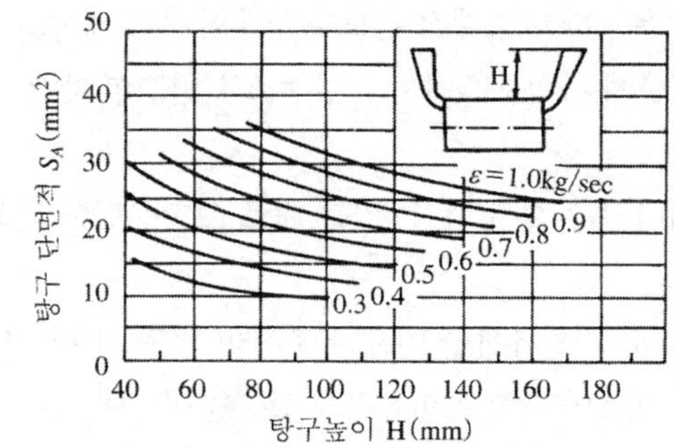

[그림 1-47] 동합금 밸브금형에서 탕구와 주입속도의 관계

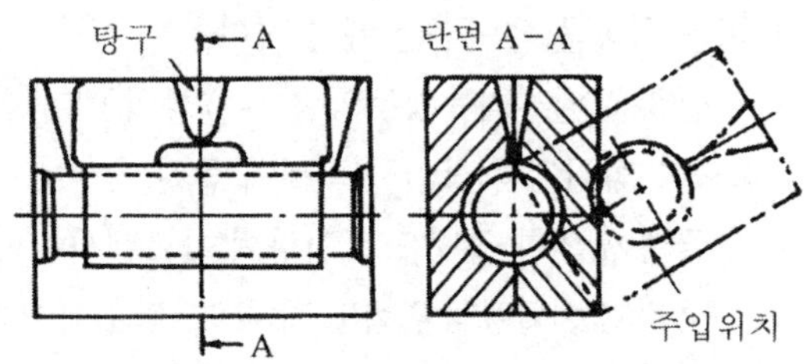

[그림 1-48] [그림 1-46]에서 탕구가 중앙에 있는 경우

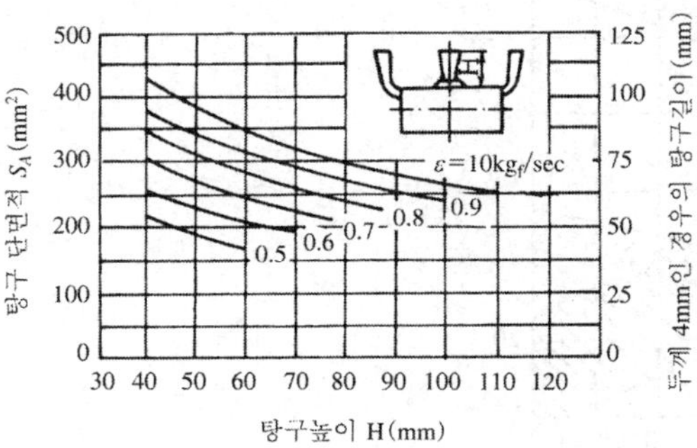

[그림 1-49] [그림 1-48]에서 주입속도와 탕구의 관계

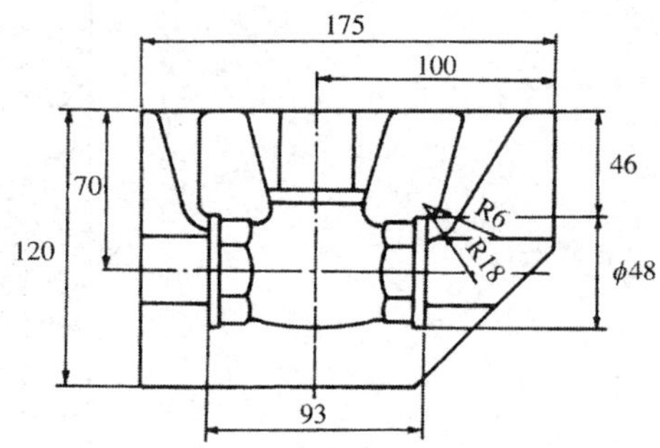

[그림 1-50] 밸브용 금형 예

3 주조합금의 성분

청동, 연청동, 규소청동은 열간균열 발생의 경향이 강하고, 동함유량이 많은 7~3황동에 상당하는 황동주물은 유동성이 부족하기 때문에 금형주조가 부적당하여 6-4황동에 상당한 청동과 알루미늄청동이 널리 이용되고 있다. 앞의 네 개는 간단한 소형의 것에 간혹 이용되고 있는 정도에 지나지 않는다.

1. 6-4 황동

0.25~0.4%의 알루미늄을 첨가한 61~63% 동이 이용되고, 주입할 때에 유해한 아연의 산화물이 Al_2O_3에 의해 억제되며, 알루미늄은 인장강도를 증진시킨다. 알루미늄 대신에 규소를 첨가해도 좋

다. 또한 규소를 함유시킨 톰백(tombac : 81%Cu, 4.5%Si, 나머지Zn)도 금형주조에 적당하다. 그러나 알루미늄이나 규소의 첨가에 의해 용탕이 난류되어 산화물의 슬래그가 생기기 쉬우므로 주조방안을 잘 고려하는 것이 필요하다. 0.05%의 비소(As)첨가가 아연의 산화를 저지시킨다는 예도 있다.

2. 알루미늄청동

표피생성합금과 유사한 응고를 나타내고, 주조성이 우수하고 기계적 강도나 고온에서의 내산화성에 있어서 청동이나 7-3황동보다도 훨씬 우수하기 때문에 사형주조에서 금형주조로 변경할 때 알루미늄 청동을 채택하는 예가 많다.

금형용 알루미늄청동의 경우 β상의 대량 출현을 피하기 위해서 될 수 있는 대로 Al함유량이 낮은 8~9% 범위에서 작업하는 것이 좋다.

금형에 의한 급냉으로 인하여 마르텐사이트(martensite)와 유사한 미세한 조직이 되도 사형에 비하여 자기 어닐링의 위험도 적다. [그림 1-51]은 기계적 성질에 대한 Al함유량의 영향을 나타낸 것이다.

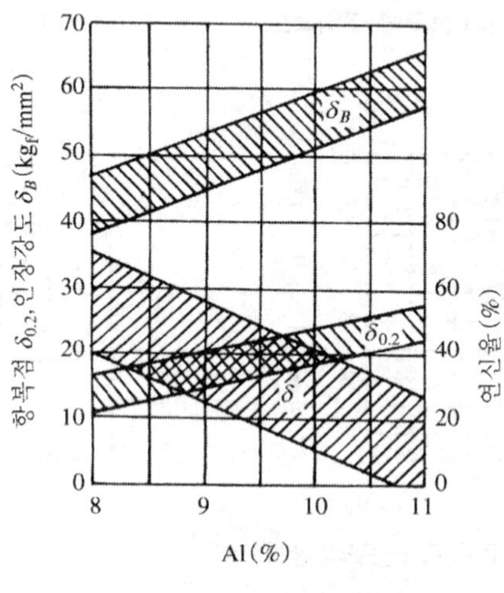

[그림 1-51] 알루미늄청동 금형주물의 기계적 성질

이 합금은 결정미세화와 연신율의 향상을 위해서 3~5%의 니켈, 철, 망간을 첨가하는 것이 좋다.

[표 1-11]에 브룬후버(Brunhuber)가 권장하는 금형주조용 동합금의 예를 들었다. 그 외에 크롬 1~1.1%를 함유한 Cr동이 또한 금형 중의 유동성, 주형충전능력이 좋고 열간균열도 적다. 황동의 주조용 금형과 동일한 방법으로 금형주조에 적합하다. 청동이나 7-3황동에서도 4.5% 알루미늄을 첨가하든가 규소를 첨가함으로써 충전능력을 향상시킬 수 있으나 다공성, 금속간 화합물, 취성 및 열간균열 때문에 널리 권장하기 어렵다.

[그림 1-52]는 금형주조용 동합금의 시험편 채취용 금형을 나타낸 것이다.

[그림 1-53]은 타투어(A. Tatur)에 의한 수축공 측정용 금형과 그것에 주입한 샘플을 나타낸 것이다. 쉴라터(R. Schlatter)는 샘플의 수축공의 깊이, 수축공의 형상, 수축공의 표면상황 등으로부터 금형온도나 주입조건의 적·부적합, 즉 주조합금이 금형주조에 적합한가 아닌가를 알아보는 척도로 삼고 있다.

[표 1-11] 금형주물용 동합금

합금용	성분(%)	허용성분(%)	용 도
황동합금	Cu 60~64 Al 0.3~0.7 Zn 나머지	Ni 0.5 Sn 0.3 Fe 0.8 (Fe + Sn) 0.8 Mn 0.2 Pb 1.5	내압용 밸브 (valve)
특수황동	Cu 61~63 Al 4~5 Fe 2~3 Mn 2~3 Zn 나머지	Ni 0.5 Sn 0.1 Pb 0.2	인성이 큰 주물용
톰백 (tombac)	Cu 80~82 Si 4~6 Zn 나머지	Sn 0.1 Pb 1.0 Fe 0.4	
인콜린 (incolin)	Cu 75~79 Sn 4~5 Zn 4.5~5.4 Pb 2~3 Ni 3.8~4.5 Mn 2~5	Al 4.5 Fe 0.8 P 0.05	내식성, 내해수성
알루미늄 청동	Cu 78~90 Al 9~11 Fe 0.5~5	Ni 5.0 Mn 2.0 Sn 0.2 Pb 0.2	형상이 간단한 금형주물

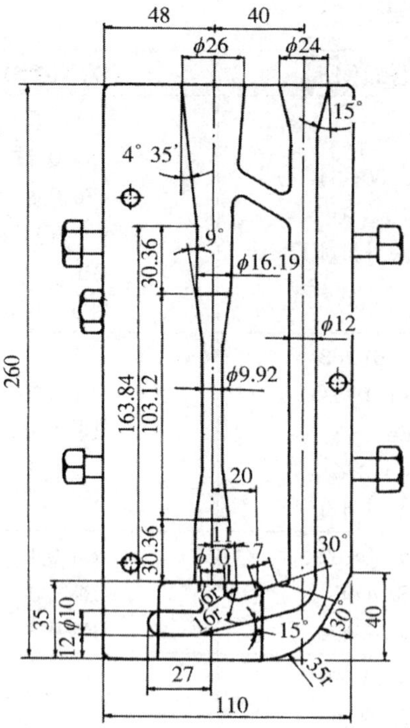

[그림 1-52] 동합금용 시험편 금형

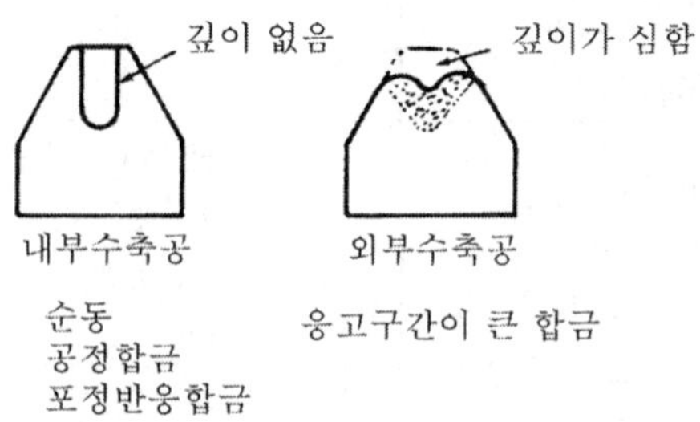

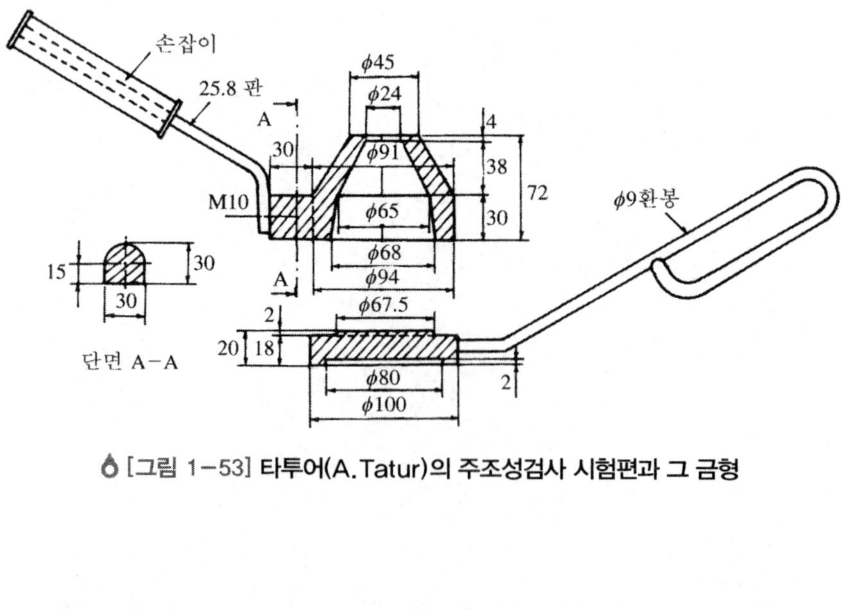

[그림 1-53] 타투어(A.Tatur)의 주조성검사 시험편과 그 금형

4 주조작업

너무 급격한 금형의 냉각효과를 감소시키기 위해서 금형의 온도를 올리는 것은 황동계의 경우에는 문제가 된다. 왜냐하면 금속표면에 부착한 아연증기 또는 아연산화물을 없애고 새로 도형하면서 주입을 계속하는 경우 높은 금형온도와 도형은 양자가 서로 상반하는 인자이기 때문이다.

브룬후버(Brunhuber)는 주입할 때마다 금형을 도형액 중에 침지시키는 법을 권장하고 있다. 즉 주입 후 400℃로 가열된 금형을 흑연, 탄산석회, 점토, 알루미나, 산화아연, 산화납, 활석 모래 등을 혼합한 도형액 중에 침지하면 도형액은 끓게 되어 앞에 실시한 주조과정에서 금형에 잔류하고 있는 도형은 세척되고, 산화물의 잔류물은 제거되며, 금형을 들어올림과 동시에 형면에는 새로운 도형피막이 형성된다. 침지시간은 금형의 크기에 따라서 다르나 다음에 주입할 금형온도가 약 250℃가 되도록 조절한다.

[그림 1-54]에 알루미늄청동의 금형온도와 기계적 성질의 관계를 나타내고 있지만 이 경우 일반 금형주조에서는 250~400℃의 금형온도, 침지금형의 경우 250℃가 좋다. 황동의 경우는 약간 낮아 150~200℃를 권장할 수 있다. 전자의 주입온도는 1,100℃, 후자는 1,000℃ 부근이 좋다. 응고시간은 적은 금형의 경우 20초, 큰 것의 경우는 60초 정도이다.

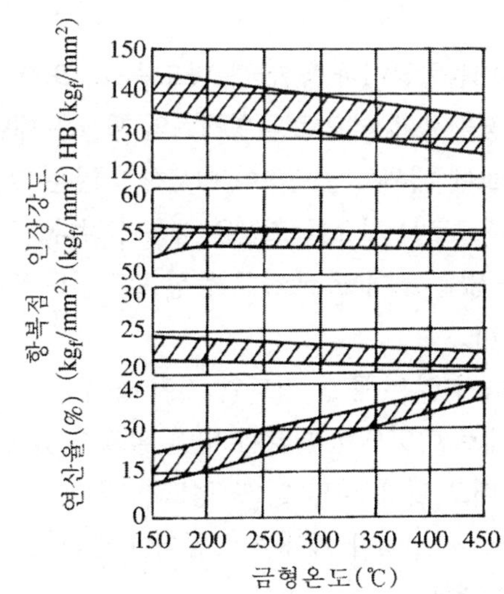

[그림 1-54] 기계적 성질에 미치는 금형온도의 영향(알루미늄 청동 9.3%)

Section

04 철합금의 금형주조

근래에 주물의 대량생산 또는 원가절감을 목적으로 철계의 주물에 대해서도 금형주조를 이용하기에 이르렀고, 특히 러시아나 독일에서 성행하고 있다. 철계합금은 금형에 의한 급냉으로 인하여 경합금이나 동합금과 비교되지 않을 정도로 조직이 변화한다.

따라서 철계합금의 금형주조는 금형의 냉각효과와 조직의 관계가 중요하다. 이러한 조직변화는 한편으로는 유리하게 된다. 즉 주철의 질량효과를 감소시키고 가단주철 또는 주강 등의 어닐링시간을 현저하게 단축시키고, 흑연이나 결정립을 미세화하여 강도를 향상시킨다.

1 금형과 금형주조기

1. 금형재질

철합금의 주입온도는 알루미늄합금이나 동합금보다도 높고, 또한 황의 확산도 있어 [표 1-12]에 나타낸 바와 같이 금형의 수명을 짧게 하므로 금형재료의 재질은 대단히 중요한 것이다.

일반적으로 Fe-C계의 주물에 대해서는 조직이 미세하지 않은 일반적인 편상흑연주철이 금형소재로서 이용되고 있다. 금형재료로서 필요한 조건은 다음과 같다.

① 시멘타이트(cementite)가 없는 조대(coarse)한 층상 펄라이트 또는 펄라이트(pearlite), 페라이트(ferrite)조직이어야 한다.

② 흑연은 A_2, A_3형의 미세하지 않은 중간 정도의 것이 좋다.

③ 유황함량도 될 수 있는 대로 0.05%까지 낮게 내릴 필요가 있다.

④ 인(P)함량은 될 수 있는 대로 낮게 하되 0.1% 정도가 좋다.

⑤ 금형의 내외면에 열점(hot spot)이나 게재물이 없어야 한다.

⑥ 금형의 재질이 치밀하여야 한다.

탄소강은 [표 1-12]에 나타난 바와 같이 수명이 짧다. 탕구나 모서리부분과 같이 강한 열충격을 받는 부분은 국부적으로 과열상태가 되어 망상균열이 발생한다. 이것은 일반적으로 내부 응력과 더불어 고온에서 일어나는 주철의 성장, 흑연편을 따라 침입하는 산화성 가스에 의한 표면산화에 기인한다. 또한 금형표면은 도형제 또는 용탕이 갖고 있는 황에 의해 표면의 분해가 촉진된다(표 1-5참조).

금형표면을 알루미나이징(aluminizing)하는 것은 내열성의 향상과 함께 황에 대해서도 유효하며 황은 Al_2S_3로 된다.

[표 1-12] 철합금에 대한 금형의 수명

주물의 크기	금 형	수 명
	편상흑연주철금형	강제금형
소	5,000이상	500~1,000
중	1,000~5,000	300~500
대	200~500	100~250
특 대	50~200	20~50

2. 금형두께

금형의 두께가 주물의 조직에 미치는 영향은 금형온도, 주입온도, 주물성분에 관련하는데 백선화 경향을 방지하기 위해서는 될 수 있는 대로 얇은 것이 좋지만 열적 변화에 견딜만큼의 두께가 필요하다.

[그림 1-55]는 금형두께가 다름으로써 생기는 온도변화를 나타내나 지나치게 두꺼운 금형의 경우 용탕의 체적수축에 의한 금형과 주물간의 간격이 발생하기 때문에 금형온도는 별로 상승하지 않는다. 이 간격발생의 시점에서는 주물의 열은 복사에 의해서 금형에 전달되는 것이다. 실제의 금형주물의 응고가 시보리노프(Chvorinov)의 법칙에서 벗어나는 것은 이것이 원인이 되나 역으로 금형두께가 지나치게 얇은 경우는 [그림 1-55]에 나타나는 바와 같이 이미 응고한 외피층이 재차 고상선 이상의 온도로 상승할 수 있다.

[그림 1-56]은 백선화에 미치는 금형두께의 영향을 나타낸 것인데 규소량이 적을수록 칠(cull, 冷金)효과에 미치는 금형두께의 영향이 현저하다. 이와 같이 주철의 경우에 있어서 칠효과는 금형두께보다도 용탕성분 또는 금형온도, 주입온도의 영향이 더 크다.

금형두께를 결정하는 데에는 오히려 금형수명과 기능적인 관점에서 생각하는 것이 좋고 다음 예와 같이 주물의 두께에 비례하여 선택한다.

가단주철용 금형의 경우는 백선화를 조장하고 금형의 수명을 위해서 이들보다도 금형을 두껍게 한다.

구 분	주물두께(mm)	금형두께(mm)
페트리첸코 (Petritschenko)	20	10~30
	20~50	20~35
	50 이상	주물두께의 50~70%
이스라엘 (H. Israel)	30~50	1:3 ~ 1:1.5
	60~150	1:1.2 ~ 1:1
	150~400	1:1 ~ 1:0.75

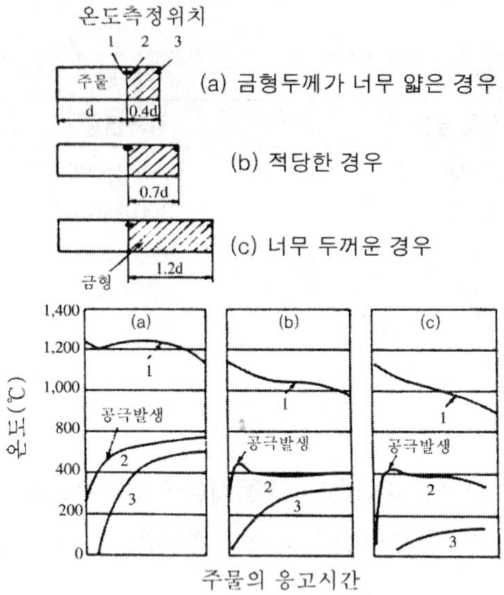

(a) 금형두께가 너무 얇은 경우
(b) 적당한 경우
(c) 너무 두꺼운 경우

[그림 1-55] 응고속도에 미치는 금형두께의 영향

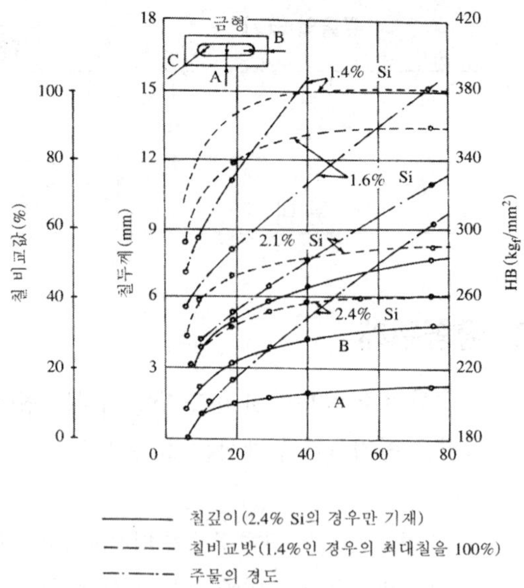

[그림 1-56] 탄소량이 일정하고 규소량이 각각 다른 경우 칠(chill) 및 경도에 미치는 금형두께의 영향 (J. Sturm)

3. 금형의 구조와 금형주조기

금형의 구조는 본질적으로 경합금의 경우와 동일하나 주입온도가 높은 경우에는 금형의 급격한 팽창으로 인하여 일어나는 열변형에 특히 주의한다. 그 때문에 금형은 항상 리브(rib)를 갖는 상자형으로 만들어야 하고, 팽창에 의해서 생기는 금형면의 벌어짐을 방지하기 위해서 강력한 체결기구가 필요하다. 여기에는 [그림 1-57]과 같은 쐐기, 스프링 볼트(spring bolt), 토글(toggle)기구, 유압, 공기압을 이용한다. 이때의 압력은 6기압 이상을 필요로 한다.

금형의 합형면의 간격은 소형의 얇은 두께의 주물의 경우에는 0.04mm, 주강에서는 0.15mm, 대형주물의 경우에는 0.5mm 정도이다. 또는 대형의 경우 [그림 1-58]과 같이 3mm 정도의 여분을 설치한다.

소형주물용 금형의 전형적인 예를 [그림 1-59]에 나타냈다. 이와 같이 내면에 ∅15mm 정도의 사마귀와 같은 돌기나 리브(rib)를 설치하고, 송풍기에 의한 공기 또는 압축공기로 공냉하는 것이 좋다. 다이캐스팅에서 실시하는 수냉은 금형의 수명을 해치므로 권장할 수 없다.

배기는 본질적으로 경합금의 경우와 동일하나 좀더 간단한 제품의 최상부 혹은 공기가 폐쇄되는 모서리부분의 상단에 [그림 1-60]에 의한 핀을 금형에 박는다. 이 핀의 지름은 장소 또는 필요에 따라 변화한다.

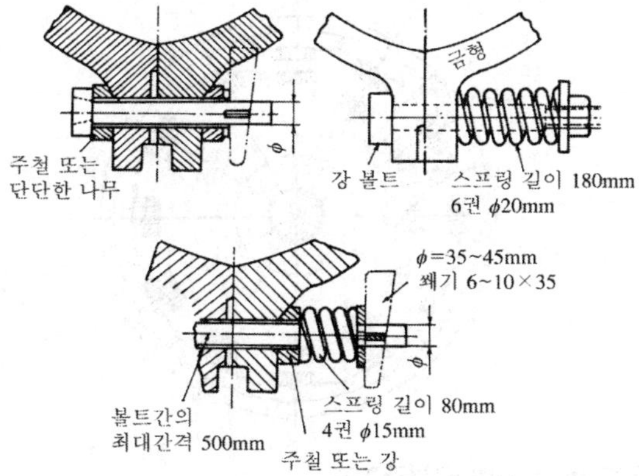

[그림 1-57] **주철용 금형의 체결기구(H. Israel)**

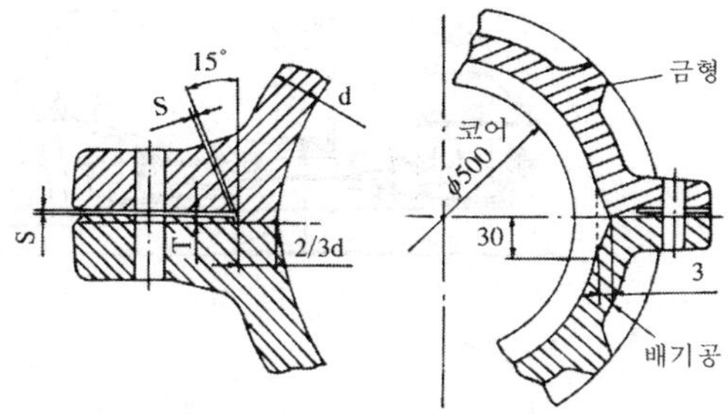

[그림 1-58] **주철용 금형의 구조(H. Israel)**

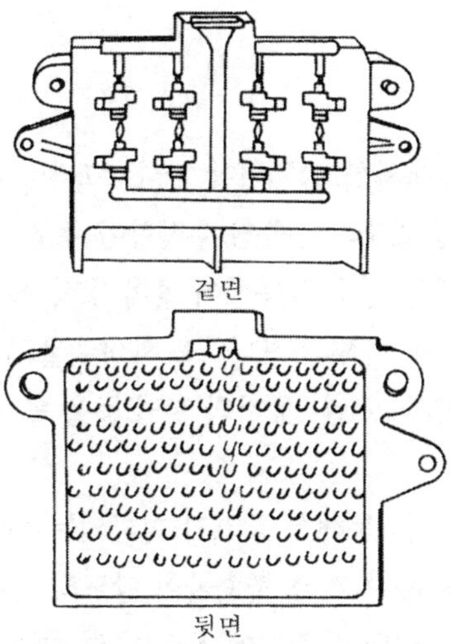

[그림 1-59] **주철용 금형의 구조**

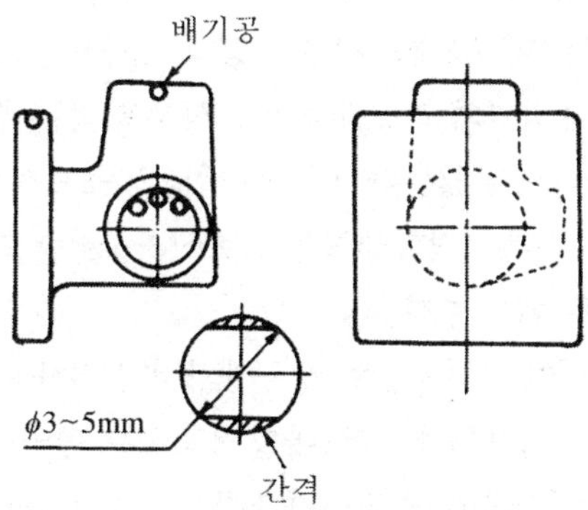

[그림 1-60] **주철금형용 배기핀**

경합금의 경우와 같이 제품 발취용, 녹 오프핀(knick-off pin)은 불필요하고, 응고 후 한쪽 금형에 부착한 주물을 발취하면 된다.

[그림 1-61]은 대표적인 주철용 금형주조기를 나타낸 것이다. 이것은 이튼(Eaton)사의 것으로서 12대의 금형이 턴테이블(turn table)방식으로 회전하고, 전체의 지름 5m, 설치면적은 17m×34m이다. 주입으로부터 주물을 발취할 때까지 냉각시간은 주물의 두께나 치수에 따라 회전시간을 90~300초로 조절할 수 있다. a는 주입, b는 주물의 발취, e는 코어를 붙이는 장소이다.

통상 이들의 장소에는 각 1명씩 3명의 작업자로 족하다. c는 금형 내면을 압축공기로 청소하고, d는 도형하는 장소이며, 이들은 모두 턴테이블의 회전을 이용하여 자동적으로 작동된다.

금형의 개폐는 압축공기로 이루어지고 금형이 개폐 이동하는 프레임(frame)은 상자모양의 단면을 가지고 있으며, 이 공간은 중앙에 보이는 굴뚝모양의 풍상에 연결된다. 그 상부에는 강력한 송풍기(blower)가 있어 12대의 금형의 내면을 통해서 공기를 빨아 올리고, 금형 내면의 사마귀같은 돌기에 의해서 금형을 냉각시킨다. 주물의 중량은 수 g으로부터 11kgf정도로서, 두께는 0.5~50mm이다.

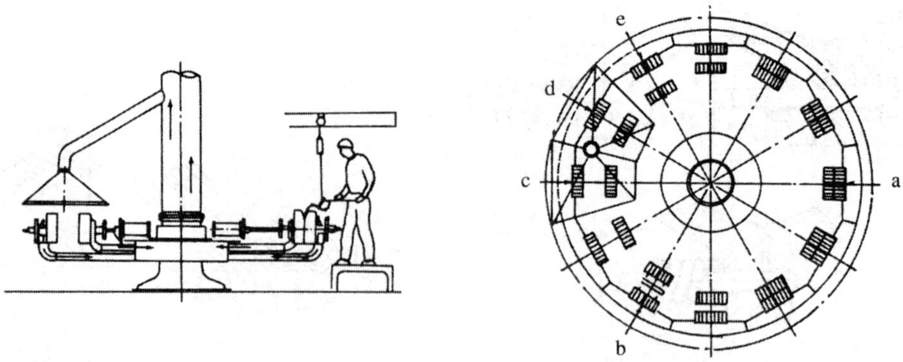

[그림 1-61] 이튼(Eaton)사의 금형주조기

2 주조방안

경제적인 면에서 볼 때 한 금형내에는 최대수량의 주물을 배치하도록 해야 한다. 그러나 대형의 주물에서는 1형당 1개의 경우도 있다. 탕구방안은 일반적으로 금형조작의 능률상 수직형이 주로 사용된다. 그리하여 약간의 과공정(過共晶)성분을 갖는 주철용탕을 주입하는 경우 유동성이 좋아지고, 응고수축을 거의 나타내지 않는다. 따라서 압탕의 필요성은 타금속의 경우에 비해서 작다. 또 사형주물의 경우보다도 적다. 주철은 경합금처럼 드로스(dross)를 만들지 않으나 용탕의 교란, 공기의 흡입 등을 될 수 있는 대로 최소로 해야 한다.

압력이 걸리지 않는 탕구계가 바람직하고, 압탕이나 배기구를 통해서 공기가 치환되는 데에는 충분한 시간이 필요하다. 탕도내를 통과하는 탕의 유속은 슬래그(slag)나 기타 불순물이 탕도의 상부에 부착하여 탕이 깨끗하게 되려면 최대속도가 30cm/sec이다. 또한 형내의 돌출부에 용탕이 격돌하는 것을 피하고 모래코어(sand core)의 파손을 줄이기 위해서는 주입구에 있어서의 유속을 적게 해야 한다.

이상과 같은 점에 유의하여 탕구계가 적당하게 만들어지고 주입온도와 금형온도가 잘 관리되면 순조로운 결과가 얻어질 것이다.

일반적으로 이용되는 3종류의 탕구계를 [그림 1-62]에 나타내었다.

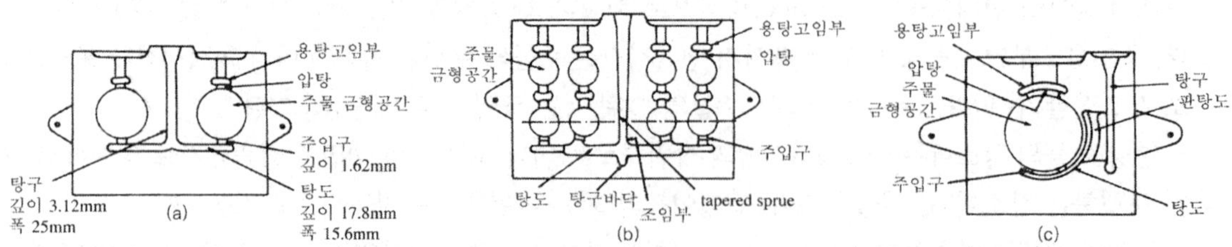

[그림 1-62] 주철주입용 금형의 방안(H. U. McClelland)

1) (a)의 경우

변화하는 인자는 주입구의 폭과 주입구의 수뿐이며 제품의 개수, 용탕의 중량, 주입주기 등에는 무관하다. 주입구는 두께 1.6~1.9mm, 탕구는 폭 25mm, 두께 6.2mm, 탕도는 폭 15.5mm, 두께 7.3mm이다. 편평거(扁平秬)형상의 탕구는 와류나 이것에 의한 공기흡입을 방지하기 위한 것이다.

주입시간은 주입구의 폭을 변화시켜 조정하고, 시험제작과 경험에 의해서 결정된다.

탕구내 조임부(choke)의 단면적을 증대하면 주입시간이 짧아져서 탕구내에 결함을 생기게하여 가스나 불순물에 의한 주물결함을 일으키기 쉽다.

2) (b)의 경우

이 탕구계에서는 주입시간, 탕구하부의 조임부의 단면적, 테이퍼(taper)탕구의 상부단면적, 주탕컵이나 탕도 및 주입구의 단면적을 고려해야 한다. H. U. McClelland에 의하면 조임부의 단면적 C 및 탕도의 단면적 R은 다음과 같이 계산된다.

$$C = W/t \times K/\sqrt{H} \times 0.44$$

여기서,
- $H = h - h'/2$: 유효탕구의 높이(mm)
- h : 포링컵(pouring cup)내의 용탕의 상단면(top level)으로부터 조임부(choke)까지의 거리(mm)
- h′ : 주물의 높이(mm)
- W : 주물중량(kgf)
- t : 주입시간(초)
- K : 마찰에 의한 마모, 중력가속도, 금속밀도, 각각의 주물의 관례에 따른 보정상수 0.2 또는 0.2이하

$$R = \frac{W}{t \times D \times V \times N} \times 0.08$$

여기서,
- W : 주물중량(kgf)
- t : 주입시간(초)
- D : 용탕밀도 0.22
- V : 탕도내의 용탕의 속도(mm/sec)
- N : 탕도의 분기수

탕도에 있어서의 유속은 30cm/sec이하로 유지하는 것이 바람직하고, 탕도의 길이가 짧은 경우는 이 속도를 조절하기 위해서 탕도수를 증가시킬 필요가 있다.

각 주입구를 통과하는 탕류량이 같아지도록 주입구와 탕도를 관련시키는 것은 중요하다. 탕구의 상부 단면적은 조임부(choke)의 단면적보다 약 30% 크게 하고, 각각의 주입구 면적은 조임부의 면적에 3 또는 4를 곱하여 주입구의 수로 나누면 된다. 그리하여 상술한 C, R로부터 조임부 : 탕도 : 주입구의 면적비는 1 : 3 : 3 또는 1 : 4 : 4로 된다.

3) (c)의 경우

원통형의 케이스(case)류에 많이 이용되는 방안으로는 탕구는 ∅8.3~12.5mm, 판상 탕도는 6.2~8.7mm 두께, 탕도의 지름은 8.3~12.5mm로서 판탕도쪽에서 조여지도록 하고 주입구의 단면적은 판탕도의 단면적은 2배 이상으로 한다.

금형주조에 있어서의 주철용탕은 응고수축이 거의 없다. 그것은 응고에 있어서 공정(共晶)의 오스테나이트(austenite)의 수축을 보완할 필요가 발생하기 전에 이로운 흑연이 형성되고, 또한 금형벽의 강성때문에 금형공간의 팽창이 일어나지 않음으로써 주물이 응고 완료할 때까지 압탕에 용탕이 잔존할 필요가 없다.

여기서 압탕의 목적은,

첫째, 주입온도로부터 응고온도까지의 냉각에 있어서의 액체수축을 보완하고

둘째, 금형공간 내의 공기를 빼고

셋째, 주입할 때의 형온도를 유지하고

넷째, 금형공간의 가득히 충만되었는가를 가늠하기 위해서이다.

3 주조합금의 성분

1. 주 철

금형주조한 주철은 백선화경향이 강하고 칠(chill)이 발달하기 쉬운 것은 당연하며, 그 결과 경도가 현저하게 상승하고 절삭가공이 어려워진다. 이것을 방지하기 위해서는 주입작업, 도형, 열처리 등을 적절히 해야 한다. 어닐링을 될 수 있는 대로 단시간에 끝내어 칠(chill)이 적고 흑연이 잘 발달한 조직을 얻도록 하는 것이 바람직하다. 작업조건의 선택에 따라서는 주방상태로서 기계가공한 것 같은 조직이 얻어질 수 있다.

주철의 조직은 냉각속도와 불가분의 관계에 있고, 그 냉각속도를 지배하는 인자는 다음과 같다.

① 금형두께
② 금형의 열전도도
③ 주물두께
④ 금형온도
⑤ 주입온도
⑥ 주물의 취출온도
⑦ 도형의 두께와 종류

일반적으로 공정이나 약간의 과공정을 갖는 용탕을 주입하고, 어닐링하여 페라이트(ferrite)조직으로 한다.

금형주조에 있어서(C + Si)함유량은 사형의 경우 4.5~5.5%에 비해서 6.0~6.5%를 필요로 한다. 이 가운데 탄소는 3.2~3.8%를 필요로 한다.

두비닌(Dubinin)이 제시한 [그림 1-63]에 의해서 탄소와 규소의 관계는 분명해진다. 즉 냉각속도가 클 때일수록 흑연화에 대한 탄소의 영향이 크고, 탄소 1%의 증가는 주물의 칠(chill)을 25~30% 감소시킨다. 그래서 규소량이 적은 경우일수록 탄소량의 증가에 의한 칠(chill)의 감소는 크다. 즉 흑연화에 미치는 탄소의 영향은 규소량의 증가와 더불어 감소한다.

냉각속도가 클수록 규소량은 높아져야 하지만 3.2~3.5% 이상으로 증가하는 것은 칠(chill)의 감소효과가 적어지므로 의미가 없다. 두비닌에 의하면 이것은 탄소량이 낮은 경우 규소만을 증가하는 것은 탄소의 확산이 규소에 의해서 저해되고, 시멘타이트가 증가되기 때문이라고 한다.

[그림 1-64]는 금형주조에 있어서의 탄소, 규소, 망간의 성분과 냉각조건 및 조직파괴의 관계를 나타낸 것이다. 망간 또는 유황은 MnS의 형성에 의해 칠(chill)효과의 현상이 변한다. 0.8%까지 망간은 유황과 화합물을 형성함으로써 칠(chill)효과를 감소하게 하나 1% 이상 망간은 1%마다 15% 만큼 칠을 증가시킨다.

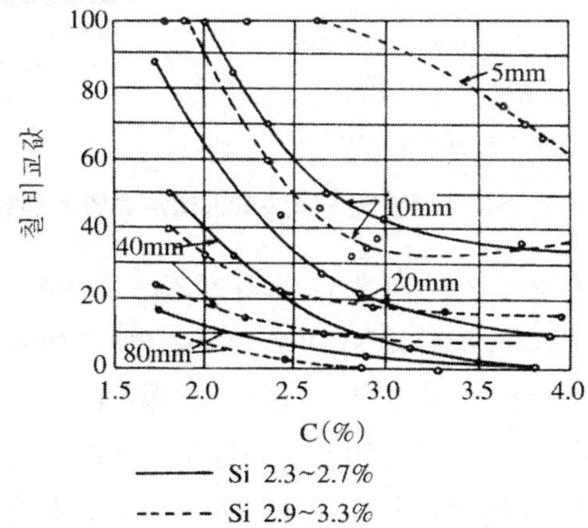

[그림 1-63] 여러 가지 두께를 갖는 주물의 칠(chill)에 미치는 탄소의 영향

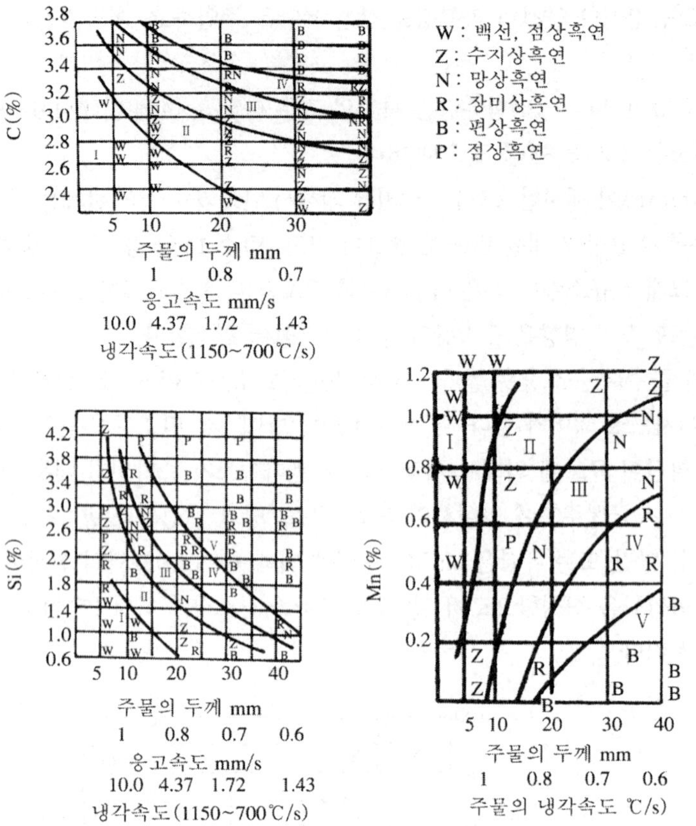

[그림 1-64] **주철의 성분 및 냉각속도에 따른 흑연의 변화(N. P. Dubinin)**

냉각속도가 큰 경우 유황에 의한 시멘타이트의 증가는 현저하고 유황이 1% 증가할 때마다 칠(chill)은 48% 증가한다. 그리하여 유황은 0.12% 이하로 억제되어야 한다. 인의 영향도 또한 냉각속도와 밀접한 관계가 있으나 냉각속도가 작은 경우는 큰 영향은 없고, 냉각속도가 커짐에 따라 그 영향은 커지고 인의 증가와 더불어 칠(chill)은 감소한다. 그러나 한편 인은 열간균열이나 인의 석출(phosphorus sweat, 玉汗)을 발생시키므로 인을 0.3% 이하로 할 것을 미차일리디(Michailidi)는 주장하고 있으나 페트리첸코(Petritschenko)는 유동성의 향상을 위해서 다소 증가하여 0.6% 이하로 억제할 것을 권장하고 있다.

권장되는 성분으로서 영국에서는 C 3.3%, P 0.5%, Si 2.5%, S 0.1%, Mn 0.5%.

이것은 900~300℃의 어닐링 노냉에 의해서 HB150~180인 페라이트조직을 얻었다. 8~14mm 두께의 주물에서 채취한 이 시험봉은 인장강도가 22~26kgf/mm^{2}인 페라이트조직을 얻었다. 그리고 0.25kgf · m/mm^{2}의 충격치를 얻었다.

스투름(J. Sturm)은 C 2.8~3.6%, P 0.2~0.6%, Si 1.6~3.4%, S 0.12% 이하, Mn 0.4~0.8%.

를 권장하고 있으나 이것보다 탄소, 규소가 많아지면 주방상태에서 페라이트의 형성이 많아지고 강도저하, 금형충전능력의 악화를 초래하며 키쉬(kish)흑연이 형성된다고 한다.

또 페트리첸코(Petrischenko)는 다음과 같이 권장하고 있다.

두께	C(%)	Si(%)	Mn(%)	P(%)	S(%)
15mm까지	3.2~3.5	2.4~3.0	-	0.3~0.5	0.1 이하
15mm 이상	3.2~3.5	1.9~2.4	0.6 이하	0.2~0.3	0.1 이하

그리고 웨이라우치(N. Weirauch), 데니센코(G. Denisenko)는 다음과 같이 권장하고 있다.

인장강도	최소주물두께	C(%)	Si(%)	Mn(%)	P(%)	S(%)
12~28	8~50mm 50~100mm	3.2~3.6 3.2~3.6	2.5~3.0 2.2~2.5	0.3~0.6	0.5	0.12
18~36	12~40mm 40~100mm	3.2~3.5 3.2~3.5	2.2~2.5 1.9~2.2	0.5~0.8	0.3	0.10
24~44	15~50mm 50~100mm	3.0~3.3 3.0~3.3	2.0~2.1 1.6~1.9	0.7~1.0	0.2	0.10

2. 가단주철

금형의 급속한 냉각속도 때문에 백선조직을 용이하게 얻을 수가 있으므로 일반 사형의 경우에는 (C + Si) = 3.9%를 넘어서는 안되지만 금형의 경우는 훨씬 높게 할 수 있다.

슐츠(Schülz), 스토츠(Stotz), 도노치(Donoch)등에 의하면 사형주물에 있어서 통상적인 규소량보다도 규소를 증가시키면 흑연화시간이 길어지나 임계량인 1% Si보다 많아지면 현저하게 단축된다고 한다. 그리고 사와무라(Sawamura)의 "주입 후의 냉각속도가 빠를 때는 흑연화시간이 1/3~1/4까지 단축된다"고 하는 이론이 금형가단주철에 있어서의 어닐링시간 단축의 기초가 되고 있다.

[그림 1-65]는 사형과 금형에 동일한 용탕을 주입한 것의 기계적 성질의 변화를 나타낸 것이다. 여기서 보면 금형시험편의 유리 시멘타이트의 완전분해에 필요한 시간은 40~50hr이고 사형은 120hr인 것을 알 수 있다. 그리고 금형제품이 사형제품보다 낮은 경도를 가리킨다.

지켈(J. Czickel)은 규소량이 많은 백선의 어닐링시간이 짧게 단축되는 모양을 조사하기 위해서 회선화의 한계까지 규소량을 0.5%씩 증가해서 (Si 0.5~3%)[그림 1-66]과 같은 5종류의 어닐링시간을 선택했다. 그 결과 Ⅰ-Ⅲ에서는 모든 규소에 대해서 시멘타이트가 완전히 분해되고 규소 1%이상의 경우는 어닐링 Ⅳ, 1.5% 이하의 경우는 어닐링 Ⅴ로서 충분하다. 즉 1.5% 이상의 규소를 함유한 금형가단주철의 경우 제1단 흑연화를 완료하는데 950℃에서는 불과 1hr이면 되는 것을 보여주고 있다.

이들의 기계적 성질은 다음과 같다.

① 인장강도

㉠ Si 1% 이하의 경우 … 사형보다 높다.

㉡ 1.3~1.5% Si의 경우 … 사형과 같다.

㉢ Si 2% 이상 … 사형보다 높다.

② **경도** : 인장강도와 똑같은 경향이며, HB160~200내에 있다.

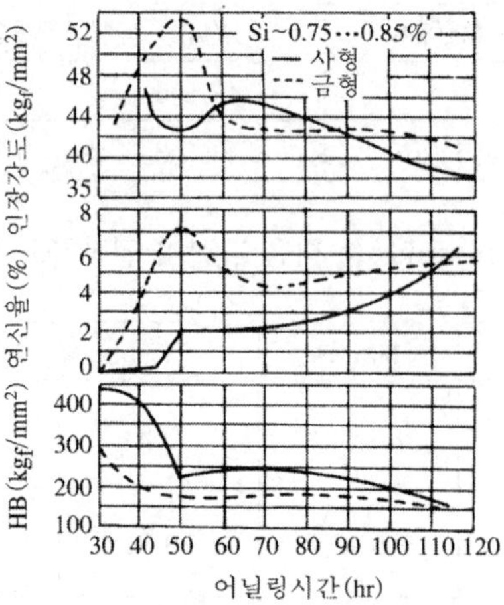

[그림 1-65] **가단주철의 기계적 성질에 미치는 어닐링시간의 영향**

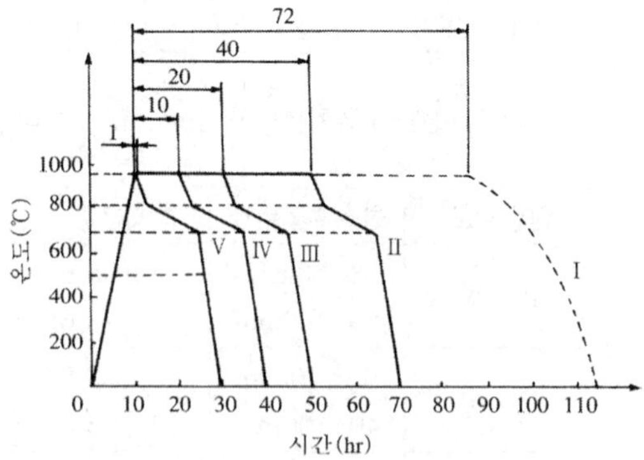

[그림 1-66] **금형가단주철의 어닐링시간**

③ 연신율

㉠ Si 함유량이 낮은 경우 … 사형보다 크다.

㉡ Si 함유량이 높은 경우 … 사형보다 작다.

3. 주 강

금형주조한 강의 조직에는 전형적인 세 가지 구역이 형성된다. 즉 금형벽과 접하는 최외각부는 입상의 미세한 결정(chill晶)을 나타내고 그 다음은 기둥모양의 결정이 형성되어 축이 열류면에 수직이 된 구역을 이루고 중심에서 재차 입상이 된다. 순금속 또는 균일한 고용체에 있어서는 결정립의 크기와 그의 기계적 성질간에는 밀접한 관계가 있으나 탄소강에서는 그 상황이 다르고, 결정립의 미세화와 강도와는 비례관계에 있지 않다.

금형에 의한 냉각효과의 증대와 더불어 결정립이 미세화할수록 인장강도는 다소 저하하나 충격치는 현저하게 향상되고 경도와는 관계가 없다. 그것보다도 기계적 성질에 더욱 현저하게 영향을 미치는 것은 인(P)이다. 인장강도, 항복점, 연신율 및 충격치를 현저히 저하시킨다. 즉 인은 강 중의 확산속도가 낮기 때문에 최초 응고된 부분에는 최후에 응고되는 잔액부분보다 현저하게 인이 적다. 이 편석은 초정의 편석보다도 심하고 그 농도차는 γ구역에 있어서의 어닐링, 소위 불림(normalizing)에 의해서 균일화된다. 또 인은 페라이트의 결정격자 중에 침입하여 격자를 팽창시키고, 소성변형을 방해하므로 냉간균열이나 취성을 야기시킨다. 사형주물에 있어서는 주상결정의 입계에 나타나는 인의 편석은 어닐링에 의해서 확산 균일화되지 않으나 금형의 경우에는 용이하게 균일화된다. 이것이 금형주강의 연신율, 충격치 및 단면수축률을 향상시키는 최대의 원인이다. 즉 인의 분배가 초정의 정출에 의해서 결정되고, 이 초정이 미세하면 할수록 인의 분포가 균등하게 된다. 따라서 냉각속도가 클수록 이것은 촉진되는 것이다. 왜냐하면 인의 분포는 γ고용체의 형성시에 영향을 받아 페라이트 중의 인의 함유량은 인이 미세하고 균일하게 분포될수록 적어지게 되므로 빨리 냉각되어 미세한 결정이 얻어지는 경우에는 인의 편석이 방해되기 때문이다.

4 주조작업

1. 도형법

[그림 1-67]은 도형두께에 의한 칠(chill)의 감소, [그림 1-68]은 여러 가지 도형제의 영향을 나타내었다. [표 1-13]에 나타낸 도형재료의 물리적 성질 가운데 그을음의 단열성은 주목할 만한 가치가 있다.

도형제의 조건으로서는 다음과 같은 점을 들 수 있다.

① 금형 속에서 주물이 소착하는 것을 방지하기 위해서 될 수 있는 대로 내화성이 있어야 한다.
② 단열작용을 필요로 하므로 열전도도가 낮은 것이 좋다.
③ 화학적으로 상당히 안정해야 된다. 즉 주입할 때 다량의 가스를 발생시켜서는 안된다.
④ 금형표면에 용이하게 도포되는 것으로서 양호한 강도를 필요로 한다.
⑤ 심한 온도변화에 의한 박리(spalling)를 방지하기 위해서 금형재료와 유사한 팽창계수를 갖는 것이 좋다.
⑥ 기계적인 마찰에 의해서 다시 용이하게 벗겨지는 것이어야 한다.

하지(下地)도포로는 금형의 수명을 연장시키기 위한 내화재료, 샤모트분말이나 지르콘(Zr)분말을 규산소다를 점결제로 해서 도포하고, 상도포(上塗布)는 열전도도가 낮은 그을음도형을 하는 것이 크게 효과가 있는 방법이고, 그을음은 흑연을 유리시키는 촉매작용을 한다. 이 경우 하지도형은 그날의 작업을 시작할 때 한번만 실시하고, 그을음칠은 주입할 때마다 아세틸렌화염으로 그을음칠(spary)을 한다. 아세틸렌화염은 가능한 한 불완전연소를 하도록 하고 그을음이 잘 부착되도록 한다. 이 그을음은 두껍게 부착하여도 잘 밀착되면 주물치수에 변화가 일어나는 일이 없고, 주입 후 다음 그을음을 칠하기 전에 압축공기로 오래된 그을음을 불어낼 때 용이하게 제거된다.

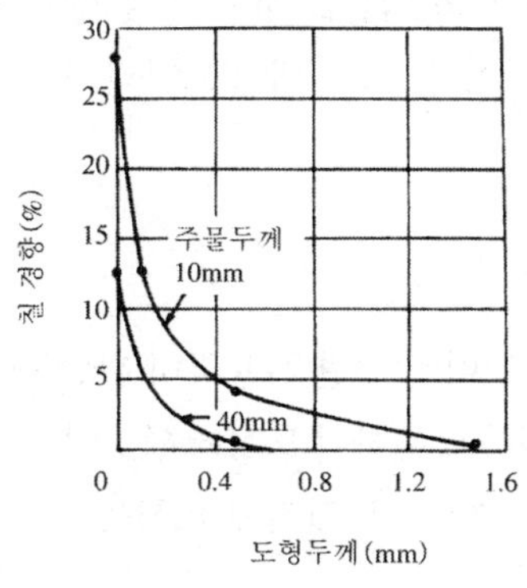

[그림 1-67] 칠(chill) 경향에 미치는 도형두께의 영향(J. Sturm)

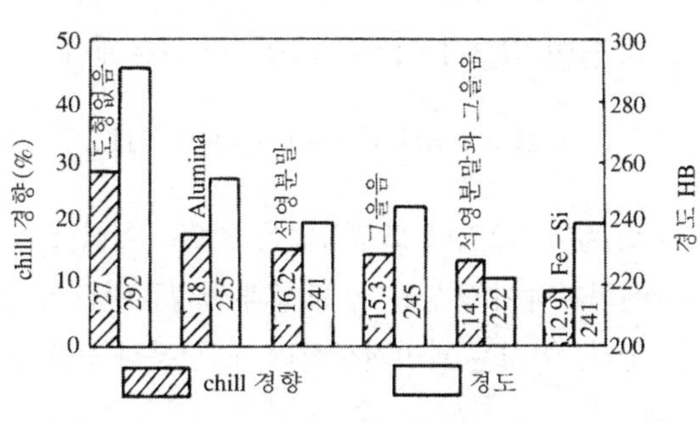

[그림 1-68] 칠 및 경도에 미치는 여러 가지 도형제의 영향(J. Sturm)

[표 1-13] 각종 도형재료의 물리적 성질

도형재료	용융점(℃)	밀도(kgf/dm³)	열전도도 (kcal/m · h · ℃)	선팽창계수 ($\beta.10^{-4}$)
석영분말	1,400~1,720	1.4~1.5	0.23	0.08
내화점토	1,400~1,740	1.85	0.85	0.06
chammotte분말	1,600~1,700	1.85~2.2	0.71	0.10
asbestos분말	-	2.1~2.8	0.15~0.19	-
alumina	2,050	3.9	0.58	0.08
산화chrome	1,990	4.0	1.24	0.08
산화zircon	2,600	5.5	1.40	0.084
산화titanium	-	3.8	0.22	-
kaolin	1,785	2.4~2.6	0.75	0.05~0.15
산화아연	2,000	5.5	0.27	-
석회분말	-	2.2	0.10	-
규산calcium	-	1.8~2.6	0.19	-
talc	1,700	-	0.18~0.25	-
흑 연	3,500	1.8~2.3	4.11	0.022
목 탄	-	1.4~1.5	0.13	-
silicon carbide	2,250	3.2	0.18	0.050
그을음	-	0.19	0.03~0.06	-
규산소다	-	-	0.12	-

도형재료의 점결제로서는 규산소다가 가장 좋다. 규산소다 자체는 열전도도가 낮고, 그 혼합물은 전체 도형제의 열전도도를 낮춘다. 왜냐하면 이것은 열에 의해서

$$Na_2SiO_3 \rightarrow Na_2O + SiO_2$$

로 분해되어 SiO_2와 Fe_3O_4와 결합하여 금형표면에 모노실리케이트(monosilicate $2FeO \cdot SiO_2$) 또는 다이실리케이트(disilicate $FeO \cdot SiO_2$)를 만들며, 이것은 용해하기 쉬우므로 금형표면에 유리상(glass)형태의 물질을 만들기 때문이다. 그러나 Na_2O는 용제의 역할을 하고, 도형제의 융점을 저하시키므로 Na_2O비가 작은 규산소다를 사용하는 것이 효과적이다. 그 이외에 도형의 주요 구성물질로서 물이 있으나 이것은 570℃의 고온에서

$$2Fe + 3H_2O \rightarrow Fe_2O_3 + 3H_2$$

로 된다. 그러나 도형작업은 300℃ 이하에서 이루어지므로 이 산화반응은 극히 완만하여 표면에만 산화피막이 생성된다. 도형과 금형표면간의 점착성을 개선하기 위하여 도형에 활성제를 가하는 수도 있다. 이것은 과망간산칼리 또는 봉사 등으로서 $KMnO_4$은 200℃의 가열에 의해서

$$2KMnO_4 \rightarrow K_2MnO_4 + MnO_2 + O_2$$

로 분해되고 이 O_2가 금형표면의 침윤(浸潤, wetting)을 향상시키고 용제로서 작용한다.

붕사는 똑같이 양호한 용제로서 금속산화물을 용이하게 용해하여 금형표면에 대해서 양호한 결합을 하게 한다. 콜레스니첸코(A.G. Kolesnitchenko)는 안정한 도형제로서 3층으로 되는 도형을 권장하고 있다. 최외층은 그을음으로써 주입할 때마다 새로이 실시한다. 중간층은 내화성의 흑연, 그 내부에는 단열성이 우수하고 또한 금형과 양호한 점착을 나타내주는 도형을 실시한다. 이상의 것 외에 페로실리콘(ferrosilicon), 흑연, 칼슘실리콘(calciumsilicon), 알루미늄분말 등의 접종제를 도형제에 첨가시키는 방법들이 시도되고 있으나 용탕이 금형내에서 급속하게 응고하므로 효과가 약하고 실제적인 의의는 별로 없다. 도형두께가 두꺼워질수록 칠의 감소는 크나 도형의 박리 또는 주물치수에 대해서 악영향을 미치므로 0.2~0.5mm 정도를 권장하고 있다.

2. 주입온도

주철에 있어서의 주입온도는 주물두께 및 금형온도와 더불어 응고속도를 결정하고, 칠 또는 경도에 미치는 영향이 크다. 작고 얇은 주철주물은 1,400℃, 크고 두꺼운 것은 1,250~1,300℃에서 주입한다. 이 경우 칠 또는 경도에 미치는 주입온도의 영향에 대해서 상반된 두 의견이 있다. 그 하나는 주입온도가 올라갈수록 응고속도는 감소하고, 칠이 적게 된다는 의견으로 이것은 주입온도를 높임으로써 미리 금형이 고온으로 가열되어 있다는 것도 의미하게 된다. 다른 하나는 칠이나 경도는 주입온도의 상승과 더불어서 증가한다는 것인데 이것은 일반통념과 상반되는 것이다.

이 상반된 의견은 주입까지의 과열온도와 그 시간이 다르다는 것이며 과열온도와 주입온도의 차가 적을수록 칠이 적어진다는 것이다. 그리하여 과열온도를 일정하게 하여 주입온도를 1,250℃로부터 1,450℃로 높이면 백선응고를 감소시키고 조대한 흑연이 생성하여 시멘타이트가 감소하게 된다. 그러나 주입온도를 필요 이상으로 높이는 것은 문제가 된다. 왜냐하면 주입온도가 높고 응고속도가 낮아지면 수축량이 증대하고 주변부 부근에 기공(gashole)이 발생되기 쉽기 때문이다. 일반적으로 응고속도가 클 때에는 단시간에 두꺼운 응고층이 형성되어 이것이 높은 내부 분압에 견딜 수 있으나 응고속도가 작은 경우는 얇은 응고층이 재융해 현상을 나타내어 기공이 발생하기 쉽다. 용탕은 적어도 1,400℃ 이상으로 승온하고 주입온도는 될 수 있는 대로 낮은 편이 좋다. 주물의 품질 및 주형의 수명을 고려하여 두비닌(N.P.Dubinin)은

$$\text{주입온도} = 1{,}350 - 3\alpha(℃), \quad \bullet\ \alpha : \text{주물의 두께}$$

를 권장하고 단, 주입온도는 최저 1,250℃가 되어야 한다고 한다.

3. 금형온도

금형온도는 주입온도와 밀접한 관계가 있고 주철의 조직에 큰 영향을 미친다. 그렇게 고온으로 가열되어 있지 않은 금형은 고온으로 가열된 금형보다도 보다 고온의 용탕을 필요로 하고 주입온도와 금형온도와의 차이는 1,000℃ 정도가 좋다. 600℃ 이상으로 가열된 금형에 주입하면 주물 중에 기포

(gas porosity)가 형성된다. 그 이유는 주물표면의 응고속도가 지연되어 금형으로부터의 가스의 유리 및 고온에 있어서의 금형표면의 격렬한 산화 때문이다.

[그림 1-69]는 강도에 미치는 금형온도의 중요성을 보여준다. 따라서 두께가 얇은 주물용 금형은 고온으로 예열하는 것이 바람직하고 두비닌에 의하면 주물두께 α와 관련해서

$$금형온도 = 470 - 26 \cdot \alpha(℃)$$

를 권장하고 있다.(단 최저금형온도는 50℃)

금형온도는 주조작업 중에는 일정하게 유지해야 하며 압축공기나 송풍기의 공기에 의한 냉각을 생각하지 않으면 안 된다. 다이캐스트(die cast)의 경우와 같은 수냉은 금형의 수명을 짧게 하므로 권장할 수 없다. 가단주철의 경우 용이하게 백선조직을 얻기 위해서 금형온도를 낮게 유지시킬 필요가 있다.

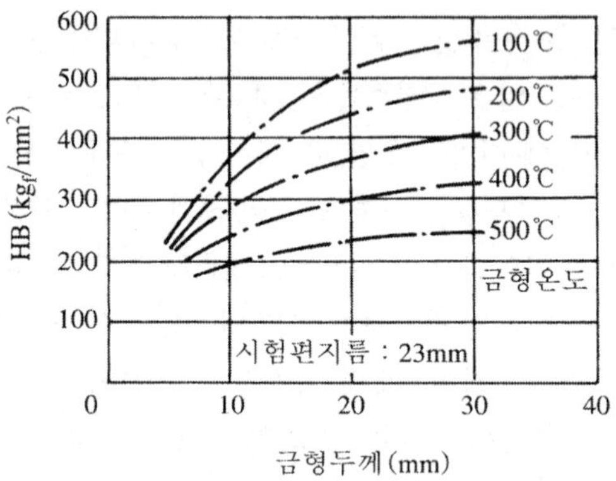

[그림 1-69] 금형 두께와 금형온도 및 주물경도와의 관계(J. Sturm)

4. 발취온도

[그림 1-70]에서 보면 950℃에서 금형으로부터 발취하여 공기 중에서 냉각한 것은 1,000℃로 승온하고, 건조사형 중에서 냉각한 것은 1,100℃로 승온하는 것을 알 수 있다. 이것은 금형으로부터 발취 후 주물 내부의 열에 의해서 주물표면층의 온도가 상승하는 것이고, 즉 자기풀림에 의한 칠의 감소를 의미한다. 이것은 (C + Si)%를 1.2~1.5%만큼 상승한 것과 같은 효과이고 또 응고속도가 2~2.5mm/초 감소한 것과 동일한 효과이다. 이 경우 주물의 내부조직은 큰 영향을 받지 않는다. 반대로 금형내에서 그대로 500℃ 이하에서 냉각된 주물은 금형이 모든 열을 내장하고 있지 않으므로 공기 중에서 냉각한 것보다도 냉각속도가 작게 된다. 그러나 공석변태점 이하에 있어서 냉각속도의 감소는 이미 조직변화에는 영향이 없고 응력감소만이 있을 뿐이다. 그러나 너무 빨리 발취하게 되면 주물에 강한 산화막이 형성되는데 1,000℃의 경우는 900℃의 경우의 20배의 산화가 된다. 더구나 주물의 내측모서리에 인(P)공정의 편석이 발생하고, 주물의 변형이나 균열의 위험을 수반한다.

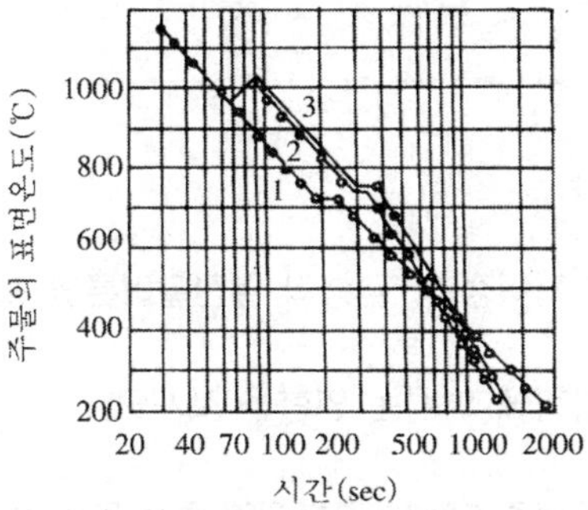

1. 주물을 그대로 금형 내에서 냉각
2. 주물을 금형에서 꺼낸 후 공냉
3. 주물을 금형에서 꺼낸 후 건조 사형 중에서 냉각

[그림 1-70] **금형에 주입한 주철의 냉각방법에 의한 주물 표면의 냉각곡선**

두비닌은 발취온도 = 1,025 − 20 · α(℃)로 정하고 α는 주물두께로서 최저 발취온도는 780℃를 권장한다. 그러나 두께가 얇은 주물에 대해서는 이와 같은 작업방법이 그렇게 유효하지 않다. 왜냐하면 주물은 주입 후 극히 단시간 사이에 800℃ 이하로 되어 버리고 탕구계는 아직도 용융상태에 있기 때문이다. 가단주철의 경우는 응고수축이 크고 2%의 것도 있으므로 응고하면 900~1,000℃에서 즉시 발취할 필요가 있다.

5. 주물의 형상

금형주조의 기초이론과 금형의 두께에 대한 설명에서 시보리노프(Chvorinov)의 법칙이 일률적으로 모든 주물에 적용되지 않는다는 것을 기술하였지만 파쉬키스(V. Paschkis)와 두비닌에 의하면 냉각속도가 비교적 완만하고 용탕과 주형 사이의 열의 흐름이 적은 경우에만 응고시간을 비교, 판단하기 위하여 이 법칙을 적용할 수가 있다. 왜냐하면 냉각이 급속한 경우에는 거의 주물의 표피부분만이 급속히 냉각한 응고거동을 보일 뿐 내부에서는 일반적인 응고시와 같이 냉각이 완만하게 일어나기 때문이라고 한다.

따라서 금형의 경우에는 기초이론에서 기술한 응고상수의 영향이 크고, 주물의 내부만이 시보리노프의 법칙에 따르게 된다. 결국 금형주조에서의 주물의 냉각과정은 사형에서보다도 열의 흐름의 시간적인 변화가 급격한데 이는 용탕의 열용량과 응고상수 그리고 금형의 열용량과 열전도도에 따라 대세가 결정된다. 그래서 금형과 같은 짧은 응고시간의 경우에 과열전의 온도 θ_1, 과열온도 θ_2, 그때의 응고시간을 각각 t_1, t_2라 하면

$$\theta_1/\theta_2 = t_1/t_2$$

가 성립한다. 따라서 용탕의 과열에 의해서 응고시간의 증대를 기하고 칠을 감소시킬 수 있으므로 용탕은 최소한 1,400℃ 이상으로 올리고 주입온도는 가급적 낮게 하는 것이 좋다. 그러나 동일한 성분, 동일한 과열온도를 갖는 용탕을 형상이 각각 다른 주형에 주입할 경우 칠이 달라지는 것은 어쩔 수 없다. 즉 삼각형 단면의 칠이 최대이고 원형단면의 것이 최소로 된다.

익힘문제

01 금형주조법과 다이캐스팅의 차이점과, 금형의 열전달이론을 쓰시오.

02 금형주조법에서 도형제가 금형에 미치는 영향을 쓰시오.

03 알루미늄합금과 철합금의 금형주조에서 근본적인 차이점을 쓰시오.

04 사형주물보다 금형주물이 우수한 점을 쓰시오.

05 금형재료에 요구되는 성질을 쓰시오.

06 금형의 도형제로서 구비해야 할 조건을 쓰시오.

07 금형재료로서 필요한 조건을 쓰시오.

08 금형의 주조방안에서 압탕의 목적을 쓰시오.

09 주철의 조직에서 냉각속도를 지배하는 인자를 쓰시오.

Chapter 02

저압주조법

Section

01 저압주조법의 원리와 특징

저압주조법은 low pressure(die) casting에서 유래되어 저가압주조법이라고도 부르며, L.P.D 또는 L.P.C라고 약칭되고 있다. 저압주조법에 있어서 주탕수단은 밀폐한 용기 내의 용탕면에 비교적 작은 정압을 가스형태로 가하여 용기바깥으로 개방되어 있으면서 용탕 중에 삽입된 급탕관을 통해서 중력과 반대방향으로 용탕을 밀어올려 급탕관 상단에 밀착되어 설치된 주형에 주탕하는 주조법이다.

[그림 2-1]은 주조장치의 개략도를 나타낸 것이다. 이 저압주조장치는 보온로, 도가니, 급탕관삽입구 또는 용탕보급구를 가진 밀폐용 뚜껑, 급탕관(stoke), 주형, 주형개폐장치, 가압가스(보통압축공기)의 주입·배기구, 가압제어장치 등의 기본적인 부분으로 되어 있고 구조상 비교적 간단하다. 밀폐된 도가니 내의 풍량을 제어하고 압축공기를 불어넣고 용탕면에 0.15~0.7kgf/cm^2 정도의 압력을 천천히 가하면 용탕은 급탕관 내를 상승하여 그 상단에 밀착되어 장치된 금형 내에 밀어올려서 주형의 공간을 충전한다. 소정시간 가압을 하였다가 압력을 제거하면 주형내의 용탕은 이미 응고했지만 탕구 밑으로는 아직 용해된 상태로 있게 되어 그대로 급탕관을 역류하여 도가니 내에 낙하한다. 그런 다음에 주물을 주형에서 RJsosek. 여기서 주조작업의 1사이클(cycle)이 완료한다.

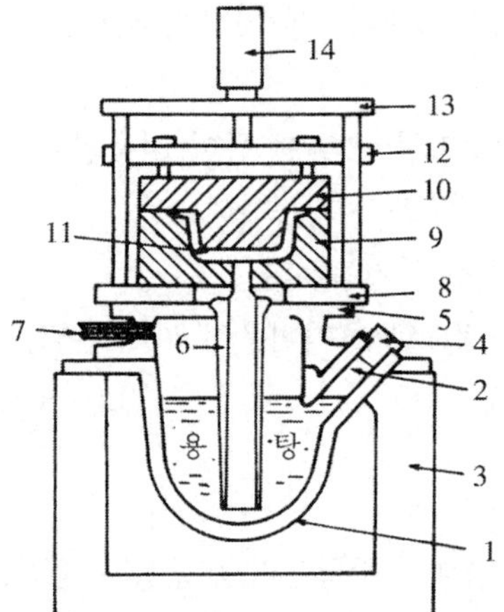

1. 용탕보유도가니
2. 용탕보급구
3. 용탕보온로
4. 보급구 마개
5. 도가니뚜껑
6. 급탕관
7. 압축공기입구관
8. 다이베이스
9. 하형(금형)
10. 상형(금형)
11. 제 품
12. 상부다이플레이트
13. 상부 프레임
14. 금형작동기구

[그림 2-1] 저압주조장치의 개략도

주형은 중력금형주조의 경우와 마찬가지로 금형을 사용하지만 CO_2형, 셸(shell)형, 또는 흑연형도 사용된다.

코어(core)에는 금속형, 셸형, 푸란계수지(furanresin)형 등이 사용되고 있다. 이와 같이 저압주조법에서 사용하는 주형은 중력금형주조법과 유사하지만 주탕방법이 종래의 모든 주조방법과는 다르고 중력과 반대방향으로 주입속도를 제어하면서 주탕하는 주조법이다.

따라서, 가압금형주조(die casting)와 중력금형주조(gravity casting)의 중간의 방법이 아니고 새로운 제 3의 주조방법이라고 생각해야만 한다. 저압주조법은 알루미늄합금 뿐만 아니라 동합금, 철강 등의 비교적 고융점의 합금에도 적용되고 있으며 다음과 같은 장점과 단점이 있다.

1. 장 점

① 주조수율이 특별히 높다.
중력금형주조법에서는 대량의 탕구, 압탕 등을 필요로 하기 때문에 제품주물의 2.5~3배 정도의 양을 용해하여야 하고 주조수율이 50~60%이며, 다이캐스팅에서는 주조수율이 75~80%정도인데 반하여 저압주조법은 90~98%에 달하므로 용탕량과 용해비가 크게 절감된다.

② 건전한 주물이 생산된다. 비교적 쉽게 방향성응고가 되는 것으로 기공, 수축공의 발생이 적고 밀도가 높으며 기계적 강도의 신뢰성이 높다.

③ 깨끗한 주물이 만들어진다. 도가니가 밀폐되고 용탕은 내부에서 급탕관내를 조용히 상승하고 공기와의 접촉이 적기 때문에 용탕의 산화가 적고 (산화물의 영향에 대한 염려가 적다.) 산화물의 혼입위험이 없다.

④ 치수정밀도가 높고 표면이 양호하다. 중력금형주조와 같은 정도이다.

⑤ 대부분의 경우 압탕이 불필요하고 압탕, 탕구절단 등의 후가공비가 절감된다.

⑥ 주탕속도를 넓은 범위에 걸쳐서 자유로이 제어할 수 있다.

⑦ 장치 및 조작의 자동제어화가 용이하고 1인이 2~3대의 조작이 가능하고 또 개인의 숙련도에 좌우되지 않고 항상 균일한 주물이 얻어진다.

⑧ 주형에는 금형 이외에 흑연형, 셸형, 푸란계수지형, CO_2형 등이 사용된다.

⑨ 비교적 복잡한 형상의 물건 또는 얇은 주물의 주조가 가능하다.

⑩ 대형주물, 빌릿(billet), 슬래브(slab) 등의 주조가 가능하다.

⑪ 설비비가 비교적 싸고 중력금형주조와 같은 정도로 초기비용이 싸게 든다.

2. 단 점

① 생산성이 좋지 않다. 작은 물건의 경우 장치 1대, 1주형당의 생산성은 중력금형주조법과 대략 같은 정도이고 다이캐스팅의 1/3~1/6이다.

② 사용되는 합금의 종류가 제약된다.

③ 전반적으로 엄격한 관리가 필요하다.

④ 제품중간에 목 부분이 있는 경우에는 밑에서 밀어올리기가 어렵다. 경우에 따라서는 금형주조법보다 못한 경우도 있다.

Section

02 저압주조법의 발달과정

저압주조법의 개발은 의외로 오래되었고, 이미 1910년 케나우(A.L.J Quenau)에 의하여 전기저항 가열도가니를 사용한 알루미늄청동, 망간청동의 저압주조법이 개발되었고 1911년에는 E.F. Lake에 의한 납합금, 주석합금에 있어서의 저압주조의 특허가 발표되었다.

1917년 알루미늄용의 저압주조가 프랑스에서 발표되고 그 후로 1922년에 Societe montupet & Cie에 의해 또 1924년에는 독일의 아에게(AEG)에 의해 다시 1933년에도 특허출원이 있었다. 이 특허는 [그림 2-2]에 나타낸 바와 같이 용탕보급구가 밀폐되어 있는 것으로 용탕면을 압축공기로 가압하면 용탕이 급탕관을 통해 주형으로 상승함과 동시에 용탕보급구의 용탕도 상승하고 따라서 보급구의 외벽을 주형보다도 높게 하지 않으면 안 되는 것 이외에는 현재 사용되고 있는 저압주조법과 본질적인 차이가 없다. 그러나 이 방법은 확립이 되지 못했다.

1937년 영국에서는 밀폐로를 사용해서 불활성 가스분위기 아래서 마그네슘을 용해시켜 노내의 압력을 높여서 노뚜껑을 통해서 용탕내에 삽입한 관에서 용탕을 레이들로 옮기는 데에 저압주조법을 응용해서 제2차 세계대전 중 주로 소이탄 제조를 위해 마그네슘을 대량 용해하는 데 이용되었다. 또 단조품에 비해 가공시간을 양 2%까지 감소시키기 때문에 항공기용 엔진의 알루미늄합금제 핀(fin)이 달린 실린더 헤드의 제조에까지 진척되었지만 결국은 중력금형주조법보다 생산성이 미치지 못하게 되어 중지되었다.

제 2차 세계대전 후 영국의 루이스(E.C. Lewis)는 이 방법을 개선하고 1945년 알루마스크(Alumasc)사를 설립하고 알루미늄합금의 저압주조제품을 시장에 내놓아 성공했다. 저압주조법이 새로운 생산기술로서 주조에서 인정된 제일의 분야가 되었다. 여기서는 우선 최초로 알루미늄주물의 집기류 제품에서 출발하여 종래의 주철제가 차지하고 있는 해수용품류, 아주 새로운 분야로서 알루미늄합

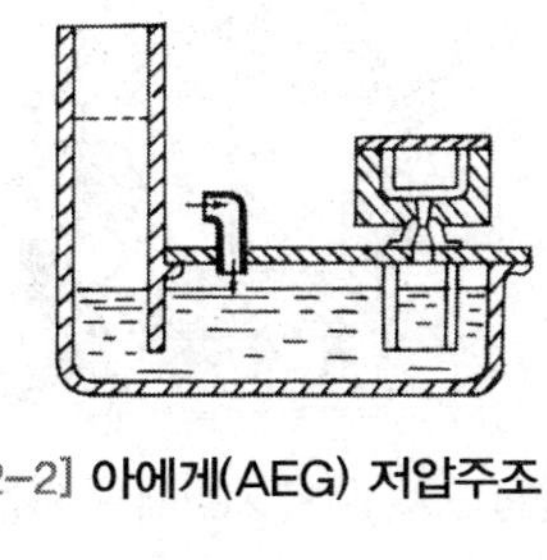

[그림 2-2] 아에게(AEG) 저압주조 장치(1933)

금주물제 맥주통의 개발에 성공하고 드디어 일반기계 부품에 진출했다. 맥주통은 지금까지는 목재뿐이었지만 이 알루미늄합금제의 것은 통의 반을 따로따로 주조해서 아르곤용접에 의하여 일체로 만들고 내면에는 플라스틱 코팅(coating)을 실시하고 있다. 크기는 20ℓ부터 250ℓ까지 여러 가지가 있고 최대 용량이 250ℓ인 통은 지름 71cm, 높이 86cm, 중량 80kgf 정도이다.

1950년에 이 기술은 버거(J. Berger)에 의해 오스트리아에 도입되어 유럽에도 이 방법이 설시되었다. 1956년 독일의 칼 슈미트사는 알루마스크사로부터 기술제휴를 받고 연구개발의 결과 소형승용차의 알루미늄합금제 실린더 헤드를 제조하기에 이르렀다. 동시에 1956년 소련에 있어서도 베들리(V.K. Bedeli)는 레이들 없는 저압주조법으로 길이 1,000mm, 두께3.5mm의 알루미늄합금제 신호탄의 제조에 성공하였으며, 이 방법에서는 가압제어의 문제가 극히 중요한 것을 강조하였다.

1957년 미국 최대의 자동차회사 GM의 시보레 부문에서는 콤팩트・카에 미국 최초의 공냉리어 엔진을 채용하기 위해서 여러 가지로 조사 검토하여 저압주조기에 의한 생산을 결정하고 1958년 칼・슈미트사와 실린더 헤드의 생산에 대한 협정을 맺었다. 그러나 크랑크・케이스에 있어서는 이 회사도 경험이 없기 때문에 40kgf정도의 대형물의 생산에 경험이 풍부한 알무마스크(Alumasc)사와 직접 기술제휴를 했다. 이리하여 기업가스에 이르기까지 콤팩트・카의 엔진부품의 주조에 저압주조법을 사용하는 것을 결정하고 새로운 공장에 약 80대의 저주파유도로를 가진 저압주조기를 설치했다. (그림 2-3참조)

이 제너럴・모터스사에서의 저압주조법 채용은 전 세계 특히 자동차공업계에 큰 영향을 미치고 이 방법이 급속히 주목을 끄는 직접적인 계기가 되었다. 그간 알루마스크사에서는 와일드 바필드(Wild Barfield) 전기로 제작회사와 공동으로 저압주조용 저주파유도로를 개발하고 루트스(Rootes)사의 소형승용차의 실린더・블록의 제품에도 저압주조법이 채용되고 있다.

일본에서도 이미 1939년에 지금의 저압주조기와 같은 기구를 갖고 금속가압주조기의 특허가 공고되었지만 공업화까지는 미치지 못했다.

1961년경부터 저압주조법에 대해 관심이 급격히 높아지고 야나자와는 경자동차용 공냉핀이 붙은 실린더 헤드의 생산에 성공했다. 그 후 공동연구를 목표로 저압주조법연구회가 결성되고 이 방법의 발전 보급이 촉진되었다. 현재는 수십개 회사가 양산에 채용하고 많은 경우는 20대 정도의 저압주조기를 설치하고 각종의 공냉 또는 수냉의 실린더 헤드, 클러치 하우징, 브레이크 드럼 등의 자동차부품을 중심으로 이 밖에 각종 임펠러, 케이스, 커버, 이음쇠, 브라켓, 피스톤 등의 생산이 행해지고 있다.

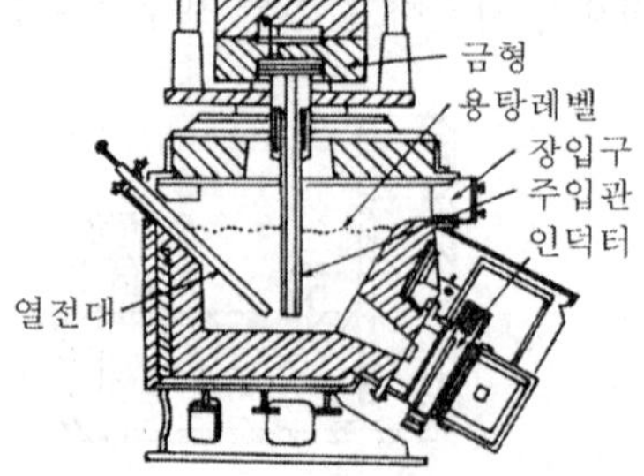

[그림 2-3] 시보레 - 저압주조기

Section
03 저압주조의 이론

저압주조법은 방법상으로 보아 주탕속도를 정량적으로 제어하는 방법이지만 주입과정 및 주조결과에 미치는 가압력, 풍량, 가압속도 등의 영향에 대해서는 충분한 연구가 이루어지지 않았다. 그러나 그동안 산발적으로 발표된 내용을 정리하여 저압주조시의 제현상에 대해서 기초적 고찰을 하기로 한다.

1 가압력

저압주조법의 독특한 특색은 가스압력에 의해 도가니내의 용탕을 밀어올리고 주형내에 충전하는 것이므로 가압력의 크기는 용탕상승능력과 압탕효과를 지배하고 제품의 양부에 영향을 미치는 주요인자의 하나이다.

[그림 2-4]에 나타낸 저압주조장치에 있어서 다음과 같은 식 (2-1)이 성립한다.

- ΔP : 노내압력의 증가분(kgf/cm^2) (통상 게이지 압력)
- ΔH_S : ΔP에 의한 최초의 탕면에서의 용탕상승높이(cm)
- ΔH_A : ΔP에 의한 최초의 탕면위치에서의 탕면저하(cm)
- S : 급탕관(혹은 주형)단면적 (cm^2)
- A : 가압용탕면적 (cm^2)
- r : 용탕비중(g/cm^3)
- Σh : 수력학적 손실 head (cm)

$$\Delta H_S + \Delta H_A + \Sigma h = \frac{1,000}{r} \cdot \Delta P$$

$$A\Delta H_A = S\Delta H_S$$

$$\Delta P = \frac{r}{1,000}(1+\frac{S}{A})\Delta H_S + \Sigma h$$

통상 Σh는 작기 때문에 무시한다.

$$\therefore \Delta P = \frac{r}{1,000}(1+\frac{S}{A}) \cdot \Delta H_S \quad \cdots\cdots (2-1)$$

따라서 저압주조법에 있어서 ΔH_S를 최초의 용탕면으로부터 제품 상단까지의 헤드차이라 하였을 경우 식 (2-1)을 만족시키는 ΔP의 값이 압탕효과를 나타나게 하기 위한 압력을 더해주는 것이 필요하다.

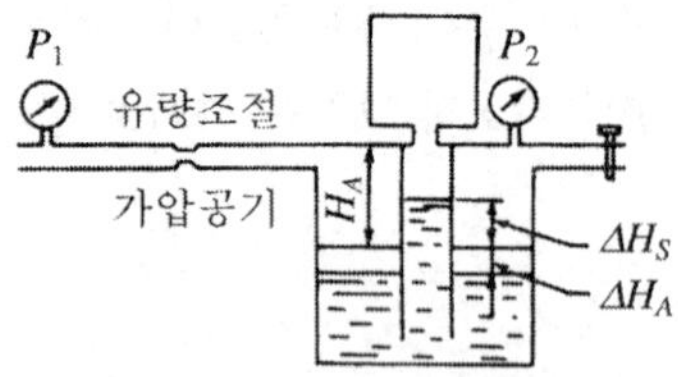

[그림 2-4] 저압주조장치의 원리도

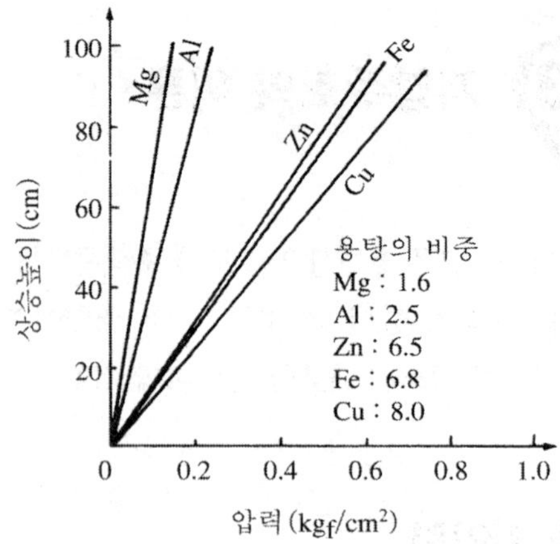

[그림 2-5] 압력과 용탕의 상승높이(평형상태)

주조의 반복에 의해 탕면이 저하되면 필요로 하는 ΔP도 당연히 커지게 되고 A가 커지는 만큼 탕면저하율도 작아진다. [그림 2-5]는 각종 금속용탕의 상승높이와 가압력과의 관계를 나타낸 것이다. 알루미늄합금의 경우 제품상단과 탕면과의 헤드차는 작업개시할 때에 40~60cm의 것이 많지만 실제로 적용되는 가압력은 0.15~0.50kgf/cm^{2}정도이다. 40~60cm를 상승시키는 데 필요한 압력은 0.10~0.15kgf/cm^{2}고 주조의 반복에 의해 20~40cm의 탕면저하를 고려하더라도 0.2~0.5kgf/cm^{2}의 가압력은 금형주물의 압탕높이가 10~15cm인 것에 비교해서 압탕효과가 큰 것을 알 수 있다.

2 스플래시 현상

도가니내의 압력을 급격히 상승시키면 급탕관내를 상승하는 용탕은 관성 때문에 그 이동속도가 늦어지며, 도가니내 압력이 비교적 높아지면서 급격히 이동을 개시하여 탕구로부터 용탕이 분출하여 소위 스플래시(splash)현상을 나타내고 주조결함의 원인이 된다. 가압속도가 큰 경우도 같은 현상을 나타낸다.

3 풍량, 가압속도와 충전시간

유량조절방식에 의한 가압제어에는 [그림 2-6]에 나타낸 것과 같이 고압측(설정압력 P_1kgf/cm^2 게이지기압)으로부터 저압측의 밀폐도가니(도가니내 압력 P_2, 처음 게이지기압 O)내의 압력차(P_1-P_2)에 의한 공기의 흐름, 즉 풍량은 유량조절밸브에 의해 조절되고 있다. 풍량은 (1)$P_2+1<0.527(P_1+1)$의 경우는 P_2에 관계없이 P_1에만 비례하고, (2) $P_2+1 \geq 0.527(P_1+1)$의 경우는 (P_1-P_2)가 작아짐에 따라 감소한다.

따라서 실제의 조업에서 실시되고 있는 설정압력 P_1은 0.5kgf/cm^{2}게이지기압 혹은 그 이하가 많기 때문에 (2)의 경우에 해당되고 [그림 2-6]에 나타낸 것같이 P_2의 증가에 따라 풍량은 감소한다. 이 결과

탕면저하에 의해서 도가니내 공간의 증가와 더불어 가압속도는 시간에 따라 감소하게 된다. 풍량과 가압속도 및 충전시간과의 관계는 각각 [그림 2-7], [그림 2-8]에 나타낸 것과 같다.

실측 및 후술하는 계산에 의한 결과의 어느 것이든 직접적인 관계를 갖고 있다는 것은 명백하다. 이것들의 결과는 풍량을 정량적으로 제어하는 것보다 가압속도 혹은 충전시간을 정량적으로 제어할 수 있음을 나타내고 있다.

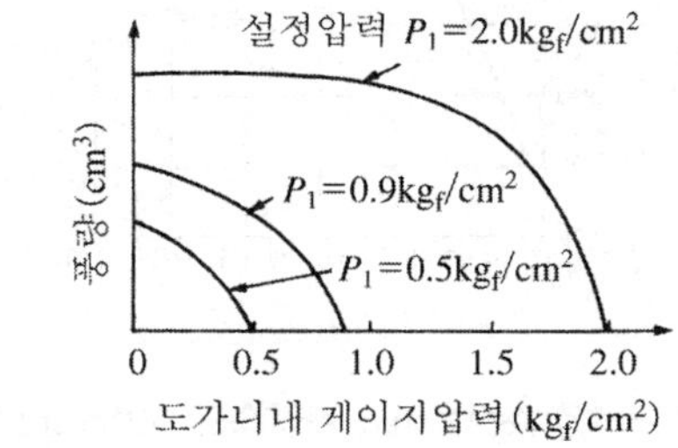

[그림 2-6] **도가니내 압력증가와 풍량과의 관계**

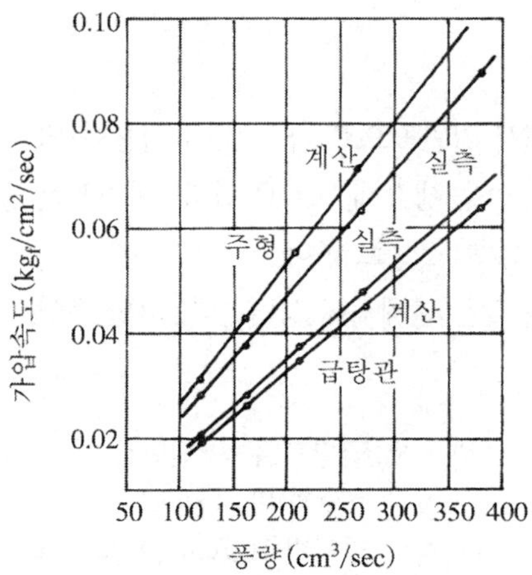

[그림 2-7] **풍량과 가압속도와의 관계**

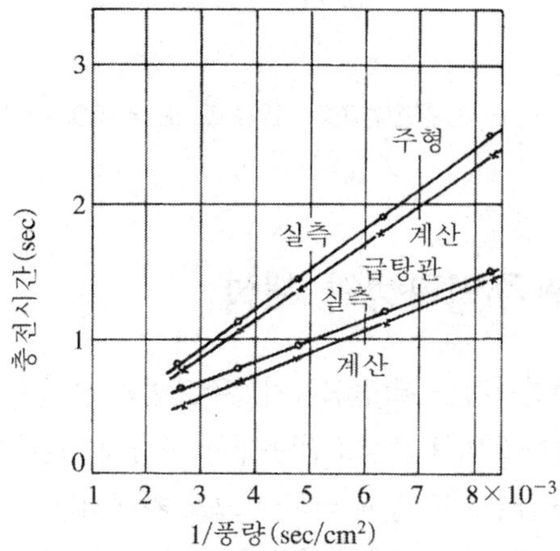

- 공간체적 4800cm^3
- 가압용탕면적 90cm^3
- 주 형 3.3cm^2 × 28cm
- 급탕관 16cm^2 × 11cm
- 용탕밀도 2.4g/cm^3
- 용탕온도 700℃
- 풍량겉보기온도계수 1.75

[그림 2-8] **풍량과 충전시간과의 관계**

4 가압속도와 충전높이

금형에 용탕을 충전할 때 냉각에 의한 점성의 증대, 응고층의 발달 또는 용탕이 주입될 때의 수력학적 저항, 형내 공기의 배압 등을 모두 무시할 수 있는 경우에는 가압속도에 관계없이 충전높이는 1항에 기술한 대로 가압력의 크기에만 관계되고 있다. 그러나 얇은 주물의 경우는 배압을 없앤 저항을 무시할 수 없고 충전높이는 가압속도에 영향을 받는다. [그림 2-9], [그림 2-10]에 환봉형 및 판재형 주물시험편에서의 실험결과를 나타내었지만 금형온도가 실제 생산의 경우에 비해서 낮다. 충전되는 높이는 금형온도와 용탕온도에도 달려있지만 가압속도가 작은 경우는 충전되는 높이에 한계가 있다.

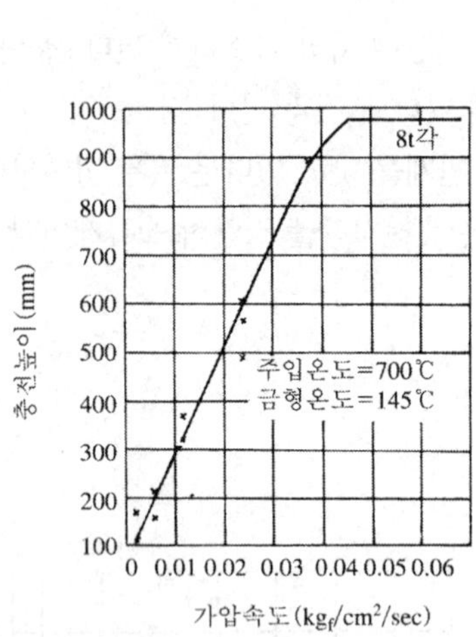

[그림 2-9] 충전높이와 가압속도(t8 ×100mm평판)

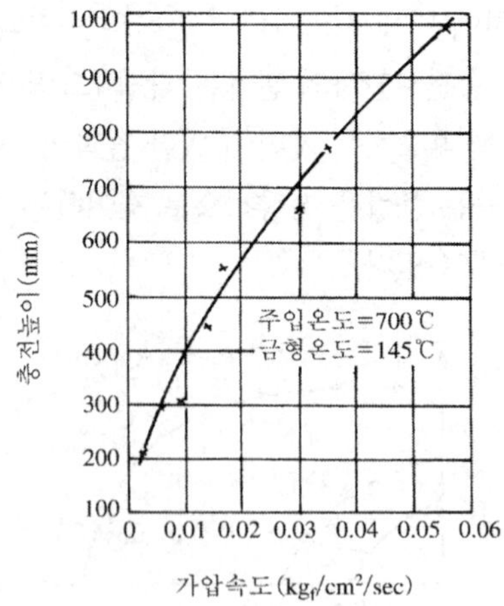

[그림 2-10] 충전높이와 가압속도(ϕ25mm환봉)

5 주입과정의 해석

주입과정을 제어하는 저압주조법의 본질을 이해하기 위해서 일반적으로 가장 많이 실용화 되고 있는 압력차에 의한 유량조절방식 중 풍량에 의한 주입과정의 해석법을 생각해 보기로 한다. 여기서는 충전높이가 금형온도 등에 의하여 크게 지배되는 조건은 존재하지 않는 것으로 한다.

[그림 2-4]에 대해서 다음과 같이 가정한다면 식 (2-2)와 같은 관계식이 성립한다. 다만 풍량은 도가니내의 압력이증가해도 일정한 경우이다.

- ΔP : Δt후의 도가니 내의 압력의 증가분(kgf/cm^2)
- P : 처음의 도가니 내 압력(kgf/cm^2)
- P_0 : 1(kgf/cm^2)
- Δt : 가압송풍시간(sec)
- F : 풍량(cm^3/sec)(1(kgf/cm^2, 상온) ... 일정
- C : 겉보기의 풍량온도계수
- A : 가압용탕면적(cm^2)
- S : 급탕관(주형) 단면적
- r : 용탕의 비중(g/cm^3)
- ρ : 공기비중(g/cm^3)(1(kgf/cm^2, 상온)
- ΔH_A : ΔP에 의한 탕면저하(cm)
- ΔH_S : ΔP에 의한 탕면상승(cm)
- H_A : 도가니 내의 공간높이(cm)

$$\frac{\Delta P}{P} = \frac{\rho(CF \cdot \Delta t - \frac{P}{P_0} A \Delta H_A)}{\frac{P}{P_0}\rho(AH_A + A\Delta H_A)} \quad \cdots\cdots (2-2)$$

용탕이 흐르는 차이의 수력학적 저항손실을 무시하고 용탕은 압력과 평형하게 상승하는 것이라면 전술한 식 (2-1)이 성립되므로 다음의 두 개의 식이 성립된다.

$$\Delta t = \frac{1}{CF}\left[\frac{r}{1,000}(1+\frac{S}{A})\Delta H_S(AH_A + S\Delta H_S) + P \cdot S\Delta H_S\right] \cdots\cdots (2-3)$$

식 (2－3)에서 ΔH_S에 급탕관 높이를 대입하면 Δt는 용탕의 급탕관 충전시간이고, 식 (2－4)에서 $\Delta t=1$이라 놓으면 ΔP는 급탕관 충전시에 있어 가압속도이다.

$$\Delta P \fallingdotseq \frac{CF\Delta t}{AH_A + \frac{AS}{A+S}\cdot\frac{1,000}{r}\cdot P} \quad \cdots\cdots (2-4)$$

마찬가지로 식 (2－3)에서 ΔH_S를 주형의 높이, S를 주형의 수평단면적, P를 주형에 용탕이 유입하기 시작하는데 필요한 압력이라 놓으면 Δt는 주형충전시간을 나타내고, 식 (2－4)도 마찬가지로 $\Delta t=1$이라 놓으면 ΔP는 주형충전에 있어서의 가압속도를 나타낸다.

식 중의 C는 1기압, 상온에서 풍량이 도가니 내의 고온 때문에 가열되어 외관상 가열된 분량만큼 높은 압력으로 작용하는 비율을 나타낸다. 이는 1보다 크지만 이들에 대한 실용규모의 저압주조기에 있어서의 데이터는 전혀 없다. 보통 소형의 실험장치에 있어서 용탕온도 700℃에서 1.5~1.7 정도이다.

[그림 2－7], [그림 2－8]에 나타낸 계산치는 식 (2－3), 식 (2－4)에 의한 것으로서 실험치와 일치한다. 즉 주형 혹은 급탕관 충전시간은 풍량의 역수와 직선관계를 나타내고 가압속도는 풍량과 직선관계를 나타내고 있으며 이러한 고찰로써 주입과정의 해석이 가능하다. 이들의 관계식을 이용하면 주조 사이클의 진행에 따른 탕면저하의 영향, 제품, 급탕관 및 도가니등의 차이에서 오는 영향 등도 정량적으로 추정 가능하다.

상기와 같은 동일 풍량에 있어서 급탕관, 주형에 있어서의 각 충전시간, 그때의 가압속도는 일정한 관계가 있지만 서로 다르다는 것이 명백하다. 단순한 차압유량조절방식에서는 주형충전시간 혹은 주형충전시에 있어서의 가압속도를 소정의 것으로 결정하면 급탕과에 있어서 다른 것은 필연적으로 규정되고 그 역도 성립된다.

6 주형충전시간과 탕구의 크기

식 (2－3) 및 식 (2－4)에 표시한 바와 같이 급탕관 탕구 각각의 부분을 충전하는데 필요한 시간은 각각의 단면적×높이에만 관계한다. 주형충전시간을 고려하는 경우에는 그 자체의 단면적×높이에만 관계하고 통로가 좁아지고 넓어지는 데에 따른 저항 등을 무시하면 이것 이전의 용탕의 흐름에 맞는 급탕관 및 탕구의 단면적에 무관계하다는 것이 결론지어진다. 이것은 중력주조법에서는 결코 볼 수 없는 저압주조법의 큰 특징이다.

[그림 2－11]에 나타낸 바와 같이 저압주조법, 상주법과 하주법을 비교해 보기로 한다.

용탕 대신에 물을 사용한 동일 주형의 경우 탕구의 영향을 [표 2－1]에 나타내었다. 저압주조만 실측치와 계산치를 표시하고 상주, 하주의 경우는 다음과 같은 계산치에서 간략화하기 위해 유량계수는 무시한다.

상주의 경우 $t=\dfrac{V}{I\cdot v}=\dfrac{V}{I\cdot\sqrt{2gh}}$

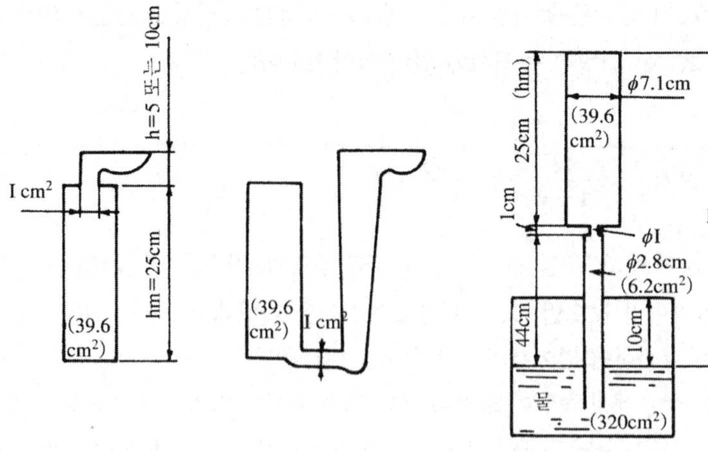

(a) 상주법 (b) 하주법 (c) 저압주조법

[그림 2-11] **주형충전시간에 영향을 주는 주조방법**

$$하주의\ 경우\ t = \frac{2 \cdot M}{I \cdot \sqrt{2g}} (\sqrt{ht} - \sqrt{ht - hm})$$

단, t : 주형충전시간

I : 탕구단면적

g : 중력가속도

h : 주입면에서 주형상단까지의 높이(head)

ht : 전체 주입높이(total head)

V : 주형체적

v : 속도

hm : 주형높이

M : 원형단면적

상주법, 하주법 모두 주형충전시간은 탕구면적과 역비례하고 있는 것이 확실하고 어느 방법에 의해서도 주입과정을 자유로이 제어하는 것은 불가능하다. 이에 대하여 저압주조법에서는 [표 2-1]에서 볼 수 있는 바와 같이 충전시간에 대한 탕구단면적의 영향을 무시할 수도 있고 탕구가 커도 주입속도는 풍량에만 좌우되며 압탕효과를 잘 나타내기 위한 주조방안의 수립이 쉽다.

[표 2-1] **각종 주조법의 충전시간에 대한 탕구의 영향**

주조법	I 상 주 법		II 하 주 법		III 저 압 주 조 법		
탕구높이(head) cm(I, II) / 풍량 cm^3/sec(III) / 탕구 단면적 cm^2	5	10	5	10	130	170	245
2.27	4.4	3.1	2.6	2.2	9.8	7.4	5.2
3.46	2.9	2.1	1.7	1.4	10.3	7.6	5.3
4.9	2.1	1.5	1.2	1.0	10.1	7.5	5.3
6.2	1.6	1.1	0.9	0.8	10.0	7.4	5.2
					(9.2)	(7.0)	(4.9)

(주)단위 : sec, ( )안은 계산치

Section

04 알루미늄합금의 저압주조법

1 저압주조기

저압주조기의 기본적 구조는 [그림 2-1]에 나타낸 것과 같지만 기능적으로는 금형지지 개폐기구, 용탕보온기구, 공기가압 제어기구의 주요부분으로 구분된다.

(1) 금형지지 개폐기구

금형의 주조와 열적 조건은 중력금형주조의 경우와 아주 비슷한 것으로 금형개폐기구와 특별히 다른 점이 없다. 급탕관 및 도가니의 점검, 금형의 탈착이 용이함과 동시에 급탕관과 금형과의 사이에 기밀을 유지하는 것이 중요하다. 간단한 형상의 주물의 경우는 탕구가 하측에 있고 수평분할형이 사용되기 때문에 금형의 개폐는 상형만이 상하방향으로 이동하지만 제품이 복잡해지면서 수평개폐기구를 병용하는 경우도 많아졌다. 작동원으로서 공압, 수압, 유압, 수동 등이 있지만 유압을 이용하는 경우가 가장 많다.

(2) 용탕보온기구

보온로는 용탕보온도가니, 용탕보급구, 급탕관, 삽입공, 압축공기의 도입 및 배기구를 가진 밀폐용 뚜껑으로 구성된다. 보온로의 열원으로 중유, 가스, 전기저항 또는 저주파유도에 의한 방법이 있지만 온도의 제어를 용이하게 그리고 정확하게 하기 위해서는 전기적 방식이 좋다. 저주파유도로는 소용량의 경우는 가격이 다소 높다. 도가니와 급탕관은 보통 용탕에 접하고, 특히 급탕관 내는 주조할 때마다 용탕이 오르내리기 때문에 이것들의 재질 및 그 도형제의 선정은 중요하다. 재질로는 용탕에 침식당하지 않고 기계적 강도나 열충격에 견디고 또 저렴한 것이 최적이지만 이런 것들의 조건을 만족하는 것은 개발되어 있지 않는다.

현재 일반적으로 도가니 급탕관에는 회주철이 많이 사용되고, 고급주철이나 특수강을 급탕관에 사용하는 것도 시험하고 있지만 반드시 이것들의 수명이 길어지는 것같이 보이지는 않는다. 현재의 실정으로는 도가니와 급탕관 모두가 도형제의 종류와 도형방법의 양부에 의해 내구시간이 좌우되고 있다. 도형제에는 탄산칼슘과 규산소다의 용액이 매우 많이 사용되며 그 금형의 양부가 저압주조의 작업능률에 미치는 영향은 크다.

도가니의 용량은 100~300kgf의 것이 많고 그 형상도 지름/높이의 비가 작아서 높이가 큰 것은 주조를 반복하게 될 때 용탕면은 크게 저하하고 가압조건에도 영향을 주게 되므로 지름/높이의 비가 크고 높이가 낮은 것이 바람직하다.

급탕관은 보통 한 번 사용되지만 주조품의 크기, 형상에 따라 두 번 사용하는 경우도 있다. 안지름은 60~100mm의 것이 많고, 탕구에 접하는 상단을 좁게 하는 경우도 많다.

알루미늄합금 용탕에 침식당하지 않는 것으로서 알루미나계, 흑연계 등의 내화물도 시험되고 있지만 기계적 강도와 기밀성, 가격 등 문제점이 많다. 용탕온도의 조절법으로서 용탕 중에 열전대를 삽입하고 온도를 재는 직접검출방식, 도가니벽 온도 또는 노내의 온도를 측정하여 제어하는 간접검출방식이 있다. 전자에서는 삽입열전대 보호관에 대해서 급탕관과 똑같이 도형을 필요로 한다. 저주파유도로를 사용하는 경우는 철판 외피의 흑연도가니를 내장하고 양자의 사이의 틈에 흑연분말을 채워서 열전도를 좋게 한다. 흑연도가니는 알루미늄합금 용탕의 침식을 막고 용탕 중의 철분의 증가를 막는다.

(3) 공기가압 제어기구

저압주조법 특유의 기구이고 주탕속도를 제어하기 위해서는 용탕면에 가하는 공기압력의 크기와 가압(加壓)방식을 소정대로 제어하지 않으면 안 된다. 용탕의 주형내의 충전성, 충전속도와 유입상태는 도가니 내의 용탕면에 가해지는 압력의 크기 및 그 상승속도(가압속도, kgf/cm^2・sec)에 따라 직접 좌우되는 것으로서 저압주조법에 있어서는 가압제어기구가 더욱 중요시되고 있다.

용탕면에 급격히 어떤 크기 이상의 압력이 가해지고 또 도가니 내의 송풍량이 많아지는 경우, 즉 가압속도가 커지는 경우는 용탕이 급탕관을 따라 금형내로 분출되는 스플래시 현상과 끓어오름 현상을 일으키게 되어 이런 것이 주조결함의 원인이 된다.

따라서 가압제어 방식에 있어서는 압축공기의 유량을 조절하는 밸브를 열 때 처음에는 압축공기가 조용히 도가니 내로 들어가게 하는 것, 가압속도를 쉽게 변화시키는 것, 최고가압의 설정이 용이하고 변화시킬 수 있는 것, 이들의 재현성이 확실한 것 등의 조건을 만족시키는 것이 필요하다.

이런 이유로 대별해서 감압 밸브와 유량조절 밸브의 조합에 의한 유량조절방식, 보다 정밀한 도가니내 압력의 상승속도 자체를 자동제어하는 자동압력조절방식의 두 가지 형식이 개발 실용되고 있다.

압력의 설정은 고정밀도의 감압밸브를 수동으로 조정하고 유량은 오리피스를 유량조절 밸브로서 제어하고 이것들을 타이머 전자밸브로 조합시킨 더욱 간단한 1단 가압 방식의 회로도를 [그림 2－12]에 나타내었다.

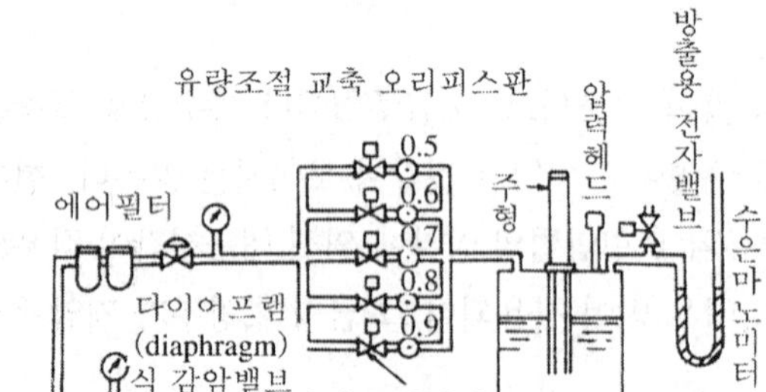

[그림 2－12] 유량조절식 1단 가압회로도(각 오리피스(orifice)의 지름이 다른 것을 적당히 단독 또는 몇 개를 동시에 선택함)

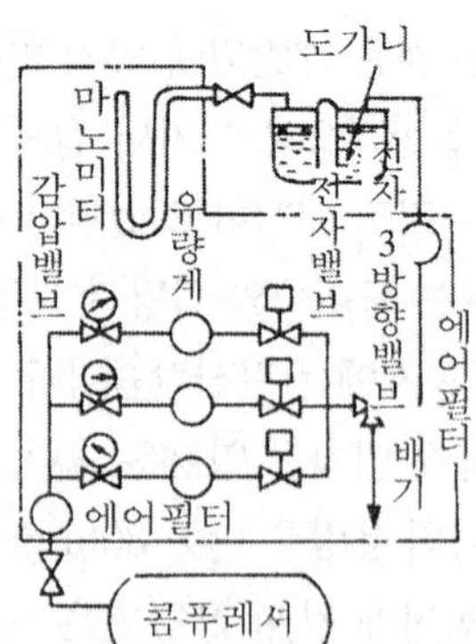

[그림 2－13] 유압조절식 다단 가압회로도

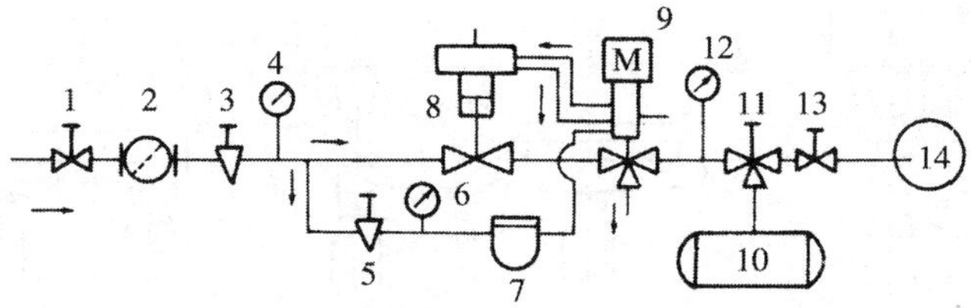

1. 스톱밸브	2. 필터(filter)	3. 감압밸브	4. 압력계
5. 감압밸브	6. 압력계	7. lubricator	8. 제어밸브
9. 특수 마그넷(magnet)	10. 압력계	11. 밸브(삼방향)	12. 탱크
11. 전환밸브	14. 노	13. 스톱밸브	14. 마그넷

[그림 2-14] **압력조절식 가압회로도(3way valve)**

[그림 2-13]은 각각 적당한 조건으로 설정한 [그림 2-12]와 같은 회로를 둘 혹은 세 개 병렬해 놓은 다단가압방식이고, [그림 2-17]의 가압곡선도에 나타낸 바와 같은 1차 가압, 2차 가압과 같이 가압속도가 바뀌어진다.

[그림 2-14]는 특수한 자동압력조절 밸브를 사용한 압력조절방식이다. 이외에 프로그래밍컨트롤 방식의 가압장치도 개발되어 있다. 원리적으로는 압력조절방식이 유량조절방식보다는 정밀한 가압 제어가 되지만 보통 생산에는 간단한 유량조절 방식으로도 큰 지장은 없다. 즉 유량조절에 일정 단면적의 오리피스를 사용한 병렬회로를 선택하는 방식은 간단하고 재현성도 좋다.

2 금 형

저압주조에 있어서 금형은 중력금형주조의 경우와 기본적으로는 거의 동일하다. 그러나 탕도와 압탕 등은 대개 불필요하고 탕구와 주입구가 똑같다. [그림 2-15]는 금형분할법, [그림 2-16]은 주조방안의 일례를 나타낸 것이다.

금형재질로서는 보통주철, 미하나이트주철이 일반적으로 쓰여지고 가이드핀, 압출핀 등에는 탄소강, 다이스강이 사용된다.

코어에는 금속제 이외에 셀(shell)형 또는 더욱 붕괴성이 우수한 푸란계수지 코어가 자주 사용된다.

도형제로서는 도가니나 급탕관의 경우에서와 같이 탄산칼슘과 규산소다의 수용액이 쓰이고 있다.

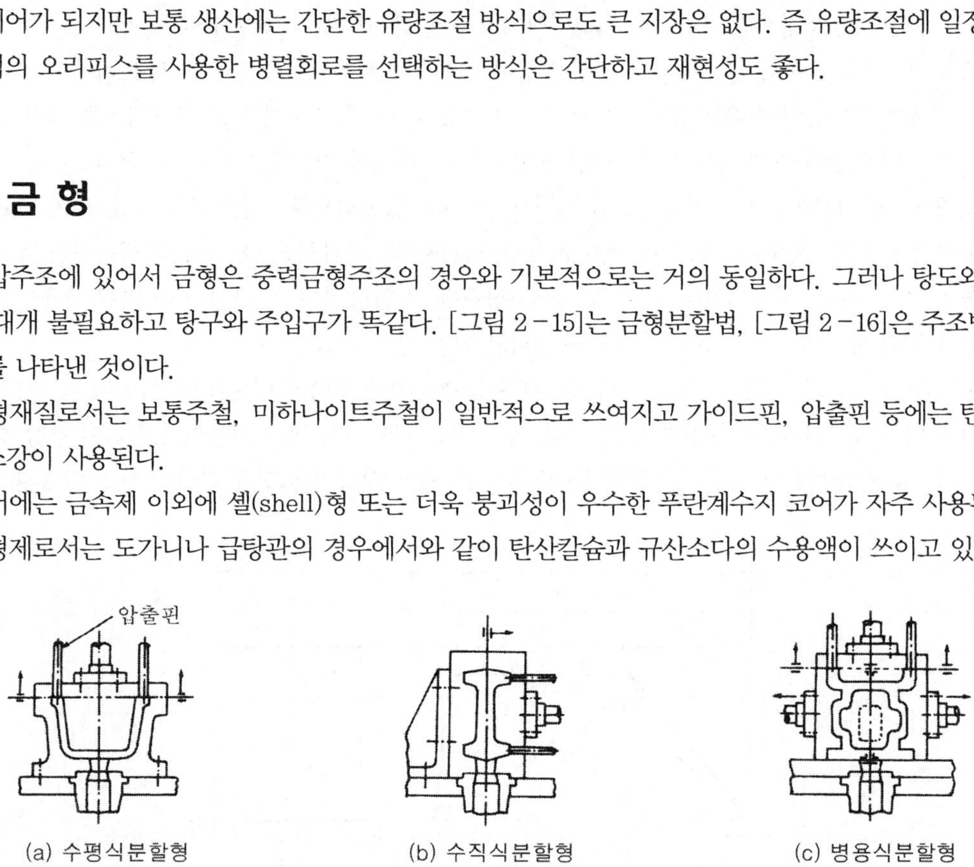

(a) 수평식분할형 (b) 수직식분할형 (c) 병용식분할형

[그림 2-15] **금형분할법**

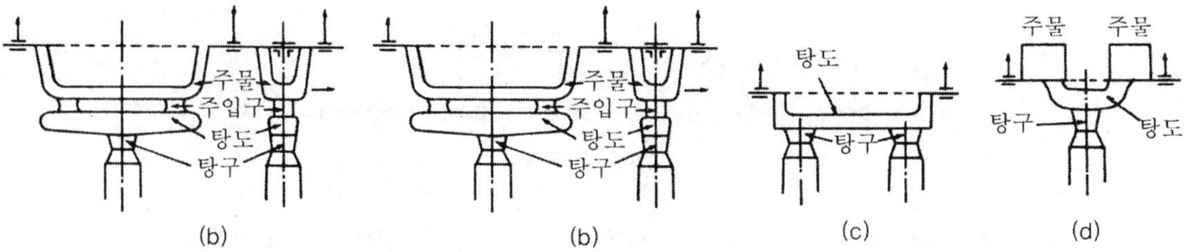

[그림 2-16] 주조방안

3 주조작업

알루미늄합금의 경우 적당한 금형온도는 300~400℃이고 금형 하부쪽이 열원에 가까이 관계하므로 자연히 50~100℃ 정도 높고 방향성응고를 시키는데 좋은 온도기울기를 나타낸다. 용탕온도는 670~750℃의 범위이다.

금형을 폐쇄한 후 가압을 시작하면 도가니 내 압력의 상승과 함께 용탕은 급탕관 내를 조용히 상승하고 주형내를 충전한다. 소정시간 가압을 유지하였다가 압력을 제거하면 주형속에서부터 탕구부까지의 용탕은 응고하지만 탕구부 이하 급탕관 내의 용탕은 용융상태로 있는 것으로 용탕은 다시 도가니에 거꾸로 돌아간다. 금형은 얼마동안 그대로 유지하며 냉각을 기다렸다가 금형을 개방하고 주물제품을 꺼낸다. 금형을 청소하고 다시 금형을 폐쇄하고 주조작업을 반복한다. 이것이 저압주조의 1사이클이다.

[그림 2-17]은 1사이클의 가압곡선도를 나타낸 것이다. 일반적으로 가압력으로는 0.15~0.7kgf/cm^2 정도이고 적당한 가압속도는 0.025~0.060kgf/cm^2·sec이다. 가압시간, 유지시간, 냉각시간 등은 각각의 제품의 형상, 치수, 두께에 따라 실험적으로 결정된다. 가압방법은 1단가압이 더 많이 사용되고 있지만 수냉 실린더 헤드의 주조에 3단 가압이 채용되고 있는 실례도 있다.

저압주조법은 상술한 바와 같은 주조방법이기 때문에 금형주조법과 비교해서 주조 제조건의 관리는 한층 더 주의를 필요로 한다. 주철제의 도가니나 급탕관을 사용하는 경우 이들이 침식되어 용탕 중의 철분이 증가하고 주조결함의 원인이 되므로 도가니와 급탕관에 적당한 도형을 하여 철분을 일정치 이하로

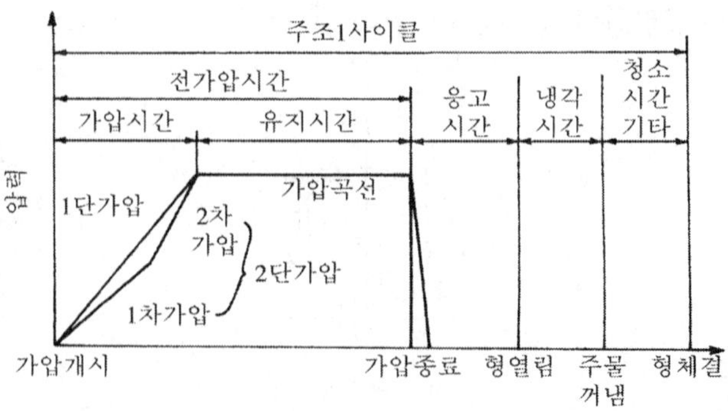

[그림 2-17] 주조1사이클과 가압곡선도

관리하는 것이 중요하다. 주조의 반복에 의해서 도가니내의 용탕면은 저하하고 제품까지의 높이차가 커지기 때문에 가압력을 증대하는 등 가압조건을 변화하는 경우도 있고, 용탕면의 저하가 어느 수준에 달하면 탕면을 먼저 상태로 유지하기 위하여 용탕을 보급한다.

4 주조 실례

1. 실린더 헤드의 주조 예

2기통 4사이클 수냉 실린더 헤드 제품의 규격서와 요구되는 품질특성은 각각 [표 2-2], [표 2-3]과 같다.

[표 2-2] 실린더 헤드의 규격

재 질	중량(kgf)	치수(mm)		
AC4B Cu : 3.0, Si : 9.0 Fe : 0.7 이하	3.34	최대치수	살두께	
		283×165×94(높이)	실린더-취부면	기 타
			10~14	4~6

[표 2-3] 품질특성

내기밀성(상용)	치수정밀도(mm)		표 면 조 도		발취구배
1~1.5kgf/cm^2	일반공차	구멍내 피치 공차	연소실면, 흡・배기공내면	기타	2°
	±0.3~±1.0	±0.5	25s 이하	35s 이하	

(1) 저압주조법의 채용 이유

1) 중량 및 용적에 비해서 표면적이 크고 또 형상변화가 아주 복잡한 형태이고 주탕방법의 적부가 제품의 양부에 영향이 크므로 종래의 금형주조보다 주탕을 적절하게 조정할 수 있다.

2) 실린더 취부면측은 두껍고, 그 면을 하형으로 하면 직접 탕구에 접하게 되어 두꺼운 부분에의 압탕효과가 크다.

3) 중량에 비해서 최대치수가 작고 탕구 위치와 주물의 최대높이 및 최선단과의 거리를 짧게 설정할 수 있어 압탕의 효과가 크다.

4) 압탕, 탕도 등이 불필요하고 탕구는 1개소에서 족하기 때문에 주조 후의 탕구절단, 지느러미(fin) 제거 등의 후처리공수가 줄어들며 주조수율도 약 97%로서 특별히 크다는 이유로 저압주조법을 적용한다.

(2) 주조방안과 주조조건

1) 금형은 제품형상에 따라 하형, 수평형, 상형으로 분할되고 수평 및 수직의 유압기구에 각각 수평형, 상형이 부착되며 하형은 도가니 밀폐뚜껑에 고정된다. 금형개방때 주물제품은 상형에 고착하는 것으로서 유압을 써서 압출핀에 의해서 끄집어낸다.

금형의 제원은 [표 2-4]와 같다.

[표 2-4] **금형의 제원**

	주요형 재질	중량(kgf)	개폐 스트로크(mm)	가스배기
하 형	SKD6 퀜 칭	44	-	1. 평면부에는 ∅ 5~8구멍에 6각 봉을 박아넣은 배기구 19개 수(상형에 한함) 2. 분할면 및 인서트와의 마주치는 면에는 0.5mm깊이 3각 홈을 5~15mm피치로서 설치
수평형 우	미하나이트(meehanite)주물	30	150	
좌	〃	32	150	
상 형	〃	52	290	
압출기구부	SKD6, S45C, SS41	25	압출 스트로크 90	압출핀 요동부 여유는 ∅ 0.1~0.3

(주) 압탕, 탕도는 없음

2) 급탕관

① 재질 : 주철, GC25

② 위치 및 수 : 도가니의 중심부에 1개소

③ 안지름 : 상부... ∅ 70mm, 하부... ∅ 80mm

3) 탕 구

① 위치 및 수 : 2개의 연소실 사이의 실린더 취부면에 1개소

② 치수 : 조임부 단면적 ··· 11cm^2(최대폭 42mm), 확대부 단면적 ··· 20cm^2(최대폭 60mm), 높이 ··· 30mm, 조임부와 급탕관 상단과의 연결테이퍼부의 높이 ··· 30mm

4) 코어용 점결제 : 재킷부에는 탈사를 쉽게 하고 원가를 낮추기 위해 푸란계수지를, 흡·배기구에는 주물표면의 평활도를 유지하기 위해 페놀계수지(phenol resin)를 사용한다.

5) 주조기

① 도가니 용량 : 최대 용해량(알루미늄 170kgf)

② 보온로 : 30kW전기저항로

③ 1사이클은 전자동조작, 단 코어는 자동사이클의 시동 전에 손으로 설치한다.

④ 가압제어방식 : 1단가압유량조절식(오리피스 ∅ 6mm)

⑤ 기계조작 : 1인 2대

6) 도형제 : 도형제의 종류, 도포방법 등은 [표 2-5]와 같다.

7) 금형표면온도

① 상형 : 330~360℃

② 수평형 : 340~360℃

③ 하형 : 360~400℃

[표 2-5] 도형제의 성분과 도포방법

구 분	배합성분(용적비)			도포방법	두께(mm)	사용기간
	탄산석회	규산소다	물			
형표면	3	1	6	스프레이	0.05~0.3	500사이클
탕구부	3	2	5	스프레이 및 필도(筆塗)	0.5~1.0	〃
stoke	3	2	5	필도(筆塗)	〃	72hr
도가니	3	2	5	〃	0.5~1.5	〃

④ 탕구부근 : 380~420℃이다.

8) 용탕온도는 690~720℃이다.

9) 가압력은 0.1~0.2kgf/cm^2, 용탕량 170kgf에서 조작을 개시하며 15개(약 50kgf) 주조시마다 용탕 50kgf을 보급하여 탕면저하를 방지한다.

10) 제품발취온도는 약 360℃이다. 단 탕구부근은 약 410℃이다.

11) 주조사이클은 6분이며, 즉 전가압시간 240초, 응고・냉각시간 60초, 코어세팅 30초, 기타 30초이다.

12) 주조수율은 약 97%(제품중량 3.34kgf, 탕구부중량 0.06~0.16kgf, 평균 0.11kgf)이다.

13) 제품불량의 원인 : 수압누설, 유동성 불량, 코어에 의한 결함 등이다.

2. 그 밖의 제조 예

저압주조제품과 주조조건, 저압주조에 의한 실린더 헤드의 주조조건의 예를 [표 2-6], [표 2-7]에 나타내었다.

[표 2-6] 저압주조제품과 주조조건

부품명	가 압 (kgf/cm^2)	주입온도 (℃)	주입시간 (sec)	1 사이클 (sec)	단 위 중 량 (g)
bell 금 구	0.7	720	360	480	8,000
end plate	0.5	720	30~40	60~80	1,500
impeller (大)	0.5	720	20~40	50~70	600
impeller (中)	0.5	720	20~40	50~70	450
impeller (小)	0.5	720	20~40	50~70	250
cylinder head	0.5	720	25~35	40~70	1,200
pump 본 체	0.5	730	20~30	40~70	310

[표 2-7] 저압주조에 의한 실린더 헤드의 주조조건

품 명	가 압 (kgf/cm^2)	주탕온도 (℃)	주탕시간 (sec)	응고시간 (sec)	냉각시간 (sec)	1사이클 (min)	탕구중량 (약) (g)	탕구/단중(약)	단위중량 (g)
A 좌	0.05~0.2	±5,700	40~90	50~60	40~60	3.00~3.30	55	1/18	835
A 우	0.05~0.2	±5,700	40~90	50~60	40~60	3.00~3.30	55	1/18	835
B	0.1~0.3	690~700	30~40	50	0	2.00	20	1/17	340
C 좌	0.1~0.4	720	90~120	60	90	4.00~4.30	70	1/17	1,175
C 우	0.1~0.4	720	90~120	60	90	4.00~4.30	70	1/17	1,175
D	0.05~0.2	660	30~50	30	20	1.30~2.00	40	1/20	800
E	0.05~0.2	660	30~50	30	20	1.30~2.00	40	1/20	790
F	0.1~0.4	700	90~120	60~90	30~40	3.30~4.00	30	1/34	1,125
G 좌	0.3~0.8	±5,720	120~150	120~150	0	5.30~6.00	100	1/22	2,190
G 우	0.3~0.8	±5,720	120~150	120~150	0	5.30~6.00	100	1/22	2,190

3. 콜베어 엔진부품의 제조 예

시보레 부품의 마쎄나 공장은 레이놀스사의 알루미늄 제련공장에서 용탕을 그대로 운반하여 용탕장입식(hot charge)으로 이것을 그대로 주물에 사용하는 근대화된 공장으로서 저압주조법에 많은 자동제어를 도입해 1인이 2~3대의 주조기를 조작해서 실린더 헤드, 크랭크 케이스, 오일 필터, 제너레이터 어댑터, 리어 엔진, 하우징, 기어 박스 등을 만든다.

사용합금은 모두 356합금(7% Si, 0.3Mg, A1나머지, AC4C에 상당)이며, 이것들의 조업조건은 [표 2-8]과 같고, 주조방법은 [표 2-9]와 같다.

[표 2-8] 저압주조법에 의한 시보레 콜베어 부품의 제조조건

부품명	압 력 (kgf/cm²)	전 가압시간 (sec)	응고시간 (sec)	생산량 (개/hr)	사용주조기 (대/1인)
좌 크랭크 케이스	0.28~0.49	190~200	80	10	3
우 크랭크 케이스	0.28~0.42	180~195	70	10	3
리어 엔진 하우징	0.28~0.42	150~170	50		
실린더 헤드	0.21~0.35	300	120	6	2

[표 2-9] 시보레 콜베어 부품의 주조방법 분류

주조방법	부품명
저압법	crank case, rear engine housing, oil filter, generator adapter, cylinder head, clutch housing
금형법	piston, cam shaft
다이캐스트법	flywheel housing, crank case cover, bracket, oil cooler adapter, automatic transmission starter, clutch housing

4. 저압주조주물과 금형주조주물의 비교

저압주조법을 적용하고 있는 제품의 대부분은 종래의 중력금형주조에 의해 제작되었다.

다이캐스팅을 포함해서 제품이 어느 주조법에 더 적합한가는 요구되는 품질, 형상, 생산량 등과도 연관되지만 저압주조법과 상대가 되는 것은 중력금형주조법이라 할 수 있다.

[표 2-10] 저압주조주물과 중력금형주물의 비교

<table>
<tr><th colspan="2" rowspan="2">품명 / 주조법 / 항목</th><th colspan="4">승용차용(클러치 하우징)</th><th colspan="4">경운기용(크랭크 케이스)</th></tr>
<tr><th colspan="2">중력금형주조</th><th colspan="2">저압주조</th><th colspan="2">중력금형주조</th><th colspan="2">저압주조</th></tr>
<tr><td colspan="2">재 질</td><td colspan="2">AC2B－F</td><td colspan="2">AC4B－F</td><td colspan="2">AC4B－F</td><td colspan="2">AC4B－F</td></tr>
<tr><td>제품중량 (소재)</td><td>제품중량</td><td>4.1kgf</td><td rowspan="2">55 : 45</td><td>3.6kgf</td><td rowspan="2">82 : 18</td><td>2.9kgf</td><td rowspan="2">44 : 56</td><td>2.9kgf</td><td rowspan="2">83 : 17</td></tr>
<tr><td>주입중량 (탕구압탕포함)</td><td>탕구중량</td><td>7.4</td><td>4.4</td><td>6.7</td><td>3.5</td></tr>
<tr><td colspan="2">코어의 유무</td><td colspan="2">없 음</td><td colspan="2">없 음</td><td colspan="2">셀코어 : 1개</td><td colspan="2">셀코어 : 1개</td></tr>
<tr><td colspan="2">형상의 상이</td><td colspan="2"></td><td colspan="2">보스부에 구멍이 있음</td><td colspan="2"></td><td colspan="2"></td></tr>
<tr><td colspan="2">다이제작공수(比)</td><td colspan="2">100</td><td colspan="2">※ 90</td><td colspan="2">100</td><td colspan="2">※ 90</td></tr>
<tr><td colspan="2">주조사이클(min)</td><td colspan="2">5.5</td><td colspan="2">5.5</td><td colspan="2">5</td><td colspan="2">6</td></tr>
<tr><td colspan="2">용탕 온도범위(℃)</td><td colspan="2">730~770</td><td colspan="2">690~710</td><td colspan="2">700~750</td><td colspan="2">720~740</td></tr>
<tr><td colspan="2">주형 온도범위(℃)</td><td colspan="2">330~360</td><td colspan="2">400~440</td><td colspan="2">300~350</td><td colspan="2">430~460</td></tr>
<tr><td colspan="2">주조작업인수</td><td colspan="2">2</td><td colspan="2">1</td><td colspan="2">2</td><td colspan="2">1</td></tr>
</table>

기계가동률(%)	75%	65%	75%	65%
운반개수(比)	100	※120	100	※140
후가공(탕구절단트리밍 등)(比)	100	※ 60	100	※ 40
제조원가(比)	100	※ 92	100	※ 95
개략도	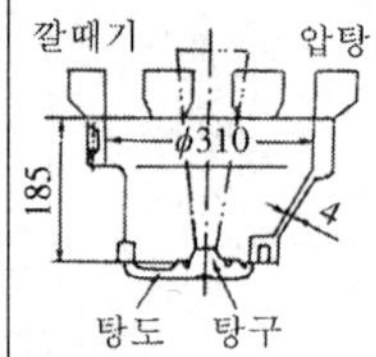	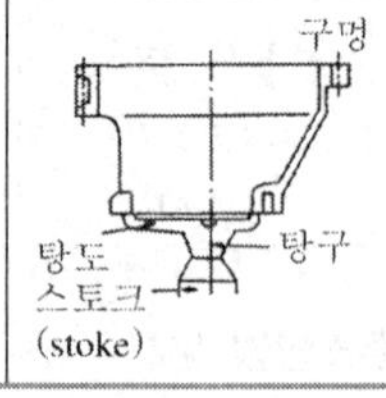	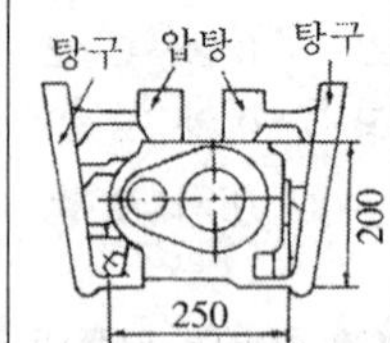	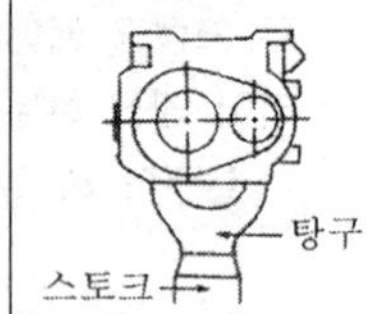

(주) 표 중의 비율은 ※표쪽이 우위

[표 2-10]은 실례에 의해 양자를 비교한 것이다.

5 주조용 합금

저압주조법에 적합한 알루미늄합금으로서 유동성이 우수한 A1-Si계 합금을 세계 각국에서 가장 많이 사용하고 있다. 일본에서는 AC2A, 2B, 3A, 4B, 4C, 4D, 7A, 7B, ADC12에 상당하는 합금 등이 쓰이며 각종 공냉 및 수냉 실린더 헤드, 실린더 블록, 클러치 하우징, 풍차, 브레이크 드럼, 풍동커버 등이 제조되고 있다. 미국에서는 무엇보다도 356합금(AC4C상당)이 실린더 헤드, 크랭크 케이스, 하우징류 등에 쓰이고 있으며 서독에서는 각종 날개가 달린 실린더 헤드 등에 GASi12(Cu)가, 영국에서는 실린더 블록, 실린더 헤드에 LM9(AC4A상당)이 사용되고 있다.

6 저압주조주물의 품질

저압주조법에서는 도가니에서 깨끗한 용탕이 주형하부로부터 조용히 금형 내에 유입하는 것으로서 주형 내의 공기 혹은 가스의 제거는 금형일 때보다 쉽다. 따라서 주물 내에 공기와 산화물 등의 영향이 적다. 또 전술한 바와 같이 금형의 하부가 상부보다 50~100℃ 정도 높은 온도기울기가 자연히 만들어지기 쉬우므로 금형 내에 충만한 용탕은 초입 탕에 해당하는 상부부터 점차 아래쪽으로 향해서 지향성 응고를 하는데 알맞고 탕구부가 최후에 응고할 때까지 가압효과가 있다. 이 결과 수축공(shrinkage cavity)이 없는 정밀하고 건전한 주물이 만들어진다. 따라서 대부분의 경우 압탕이 거의 불필요하게 된다. 그 예로서 실린더 헤드를 저압주조할 경우 용탕중량 8.1kgf을 가지고 제품중량 7.93kgf의 주물이 얻어지므로써 98%의 주조수율을 얻었던 실례가 있다.

저압주조주물의 치수정밀도는 종래의 금형주조주물과 같은 정도이고 다이캐스팅 주물과 셸형주물의 대략 중간이라 할 수 있다. 제품외관은 금형쪽의 도형의 양부에 좌우되지만 중력금형주조보다 다소 양호한 것 같다. 푸란계수지형 코어를 사용한 주물의 안쪽 표면은 가압효과가 큼으로써 오히려 금형주조품보다 다소 나빠지는 경향이 있다. 이와 같이 주물이 건전하게 되므로 저압주조제품의 기계적 성질은 [표 2-11]에서처럼 양호하다.

[표 2-11] 기계적 성질(재질 ADC12 상당, 주조상태)

구 분	인장강도(kgf/cm^2)	연신율(%)	경도(HB)
저압주조물 실체	22~25(평균 23)	5.4~7.2(평균 6.4)	67~79(평균 73)
시험편(부착)	22	4.0	72

저압주조에 있어서 표준적인 기계적 성질을 결정하기 위해서 각종 시험편에 대해서 치수, 형상에 따라 시험하고 있지만 단순한 형상의 시험편을 완전히 만족한 상태로 주입한다는 것은 금형주조의 경우와 같이 매우 곤란하다. 환봉형 및 판형 시험편에 있어서의 예는 [표 2-12]와 같다.

[표 2-12] 환봉형 및 판형 시험편의 기계적 성질(재질 AC4B 상당, 주조상태)

시험편형상	주조방법	금형온도 (℃)	도형제	인장강도 (kgf/mm^2)	연신율 (%)	경도 (HB)
∅ 20mm × 200mm 환봉	저압(수직주입)	상부380~400 하부400~430	탄산칼슘 + 규산소다 + 물	18.0	1.3	74.1
	저압(수평주입)	420~430		18.5	1.7	78.4
	중력(수직주입)	300~320		20.4	1.2	78.9
	주형(舟型)	70~90		20.5	1.6	78.3
5mm × 132mm 판	저압(수직주입)	300	콜로이드상, 흑연	24.7	4.1	79.6
			질 석	21.6	3.5	75.1
		350	콜로이드상, 흑연	23.9	4.4	76.0
			질 석	20.6	3.1	73.8
		400	콜로이드상, 흑연	21.3	3.6	72.9
			질 석	20.0	3.0	73.2

※ (주) ; 합금조성(%)		Si	Cu	Fe	Al
	환봉형	9.32	2.37	0.66	나머지
	판 형	9.0	3.0	0.1	

Section

05 기타금속의 저압주조

1 철강의 저압주조

강주물의 분야에 저압주조법을 응용한 예로는 미국의 그리핀 휠사(Griffin Wheel Co.)의 주강제 철도용 차륜의 제조가 있다. 차륜의 중량은 약 328kgf이고 그의 성분은 C 0.65~0.85%, mn 0.60~0.85%, Si > 0.15%, P < 0.05%, S < 0.05%이다.

주형에는 지르콘사(zircon sand)를 도형한 흑연을 사용하는데 그의 수명은 약 1,000회 정도이다. 장치는 [그림 2-18]과 같고, 원리는 알루미늄합금의 경우와 똑같다.

압탕이 일정한 높이까지 올라가면 가압공기를 빼낸다. 이때 플런저가 내려가서 급탕관 내의 용탕이 낙하한다.

주탕온도는 1,622℃로서 약 20초면 주형에의 충전이 완료된다. 1일 3교대 작업으로서 하루 480개의 생산량을 올릴 수 있다고 한다. 이 외에도 두께 127~152mm, 폭 686~1,321mm, 길이 2,440,~7,920mm의 슬래브(slab)를 제조하는 데 이용되어 탄소강뿐만 아니라 스테인리스강에도 활용된다.

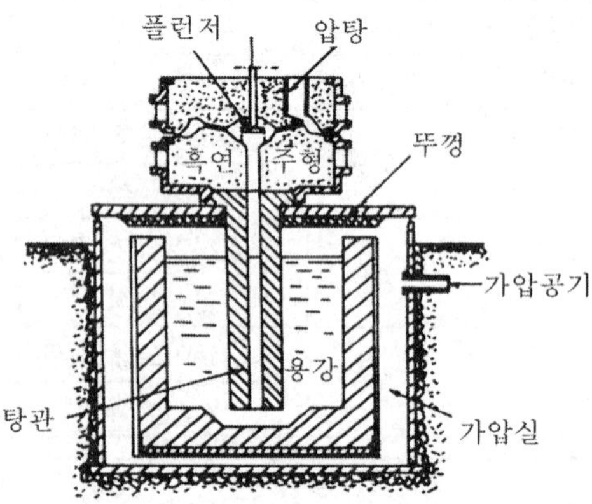

[그림 2-18] 주강제 차륜의 저압주조장치

2 동합금의 저압주조

청동 슬리브(sleeve)의 제조에는 저압주조를 이용하고 있다.

주형에 동판의 수냉재킷을 사용하여 가압시간을 조절함으로써 임의의 두께를 갖는 슬리브를 만들 수 있다. 바깥지름 50mm, 두께 10mm, 길이 50mm의 청동(82.3% Cu, 5.34% Sn, 8.0% Zn, 3.3% Pb) 슬리브는 1,060~1,100℃에서 주입된다.

익힘문제

01 다른 주조법에 비해서 저압주조법의 큰 장점을 쓰시오.

02 저압주조법의 단점을 쓰시오.

03 저압주조법의 품질에 영향을 주는 제반 요인들과 그 대책을 쓰시오.

04 저압주조법에서 용탕의 보온기구를 쓰시오.

05 알루미늄합금을 저압주조하기 위한 기본적 구조와 금형 및 주조작업법을 쓰시오.

06 저압주조 주물과 금형주조 주물을 비교하시오.

07 철강 및 동합금의 저압주조에 대하여 쓰시오.

Chapter 03 원심주조법

Section 01 원심주조의 종류와 용도

원심주조(centrifugal casting)는 주입할 때 주형이 회전하여 주입한 용탕에 원심력을 작용시키고, 이 원심력의 효과를 이용하여 좋은 품질의 주조품을 싼 제조비로 만드는 것을 목적으로 하는 특수주조의 한 방법이다. 제품의 형상에 따라 원심력의 이용방법이 다르며, 일반적으로 세 가지 종류로 나누어진다.

1 진원심주조(true centrifugal casting)

액체를 원통상의 용기에 넣어서 [그림 3-1]과 같이 수직 또는 수평축의 주위로 회전시키면 액체는 용기 내벽으로 밀려서 중공(中空)으로 된다. 이 원리를 사용해서 단면이 원형모양을 한 수도용 주철관, 실린더 라이너(cylinder liner), 부싱(bushing), 슬리브 베어링(sleeve bearing) 등의 관상 또는 환상의 제품을 주조할 때 코어를 사용하지 않고 만들 수 있다. 그리고 제품두께는 주입되는 용탕의 양에 따라 조절된다.

주물은 내부에 기공 또는 수축공 등의 결함이 없고 재질도 치밀하게 된다.

따라서 기계적 성질도 양호하고 품질이 안정된다.

또한 [그림 3-2]와 같이 코어를 사용하지 않기 때문에 생산성이 좋고 압탕과 탕구가 필요없기 때문에 주조수율도 높고 원가가 싸다.

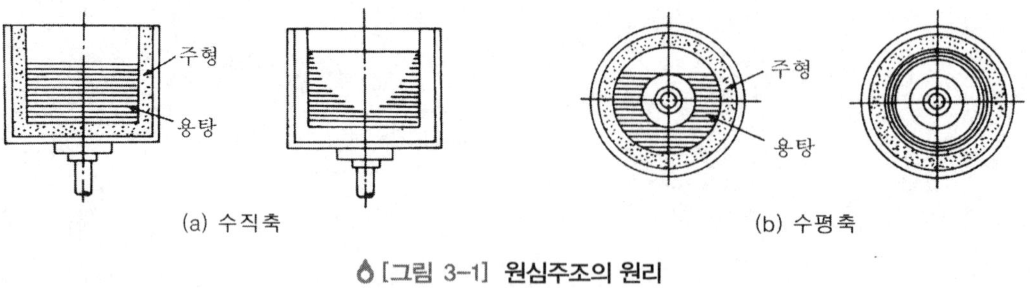

[그림 3-1] 원심주조의 원리

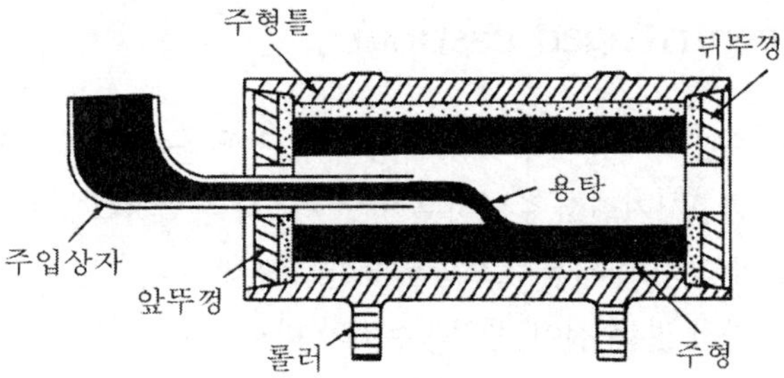

[그림 3-2] 진원심주조

2 반원심주조(semi centrifugal casting)

원판상의 치차, 차륜, 풀리(pulley), 시브(sieve), 스프로킷(sprocket) 등은 대칭축을 회전축으로 하여 수직축의 주위로 주형을 회전시키면서 중앙의 탕구로부터 용탕을 주입하여 만든다.

용탕은 원심력에 의해 중앙의 탕구로부터 외주쪽으로 압축되면서 주형에 채워진다. 용탕에는 원심력이 작용하고 있기 때문에 도중에 단면이 얇아도 탕구로부터 외주로 향한 압탕효과가 잘 작용하여 탕구가 압탕의 작용을 한다.

제품의 전체면이 주형에 의하여 만들어진다는 점이 진원심주조와 다르다.

이 방법은 주조수율을 높이는 것이 목적이다. 이 주조수율을 더욱 더 좋게 하기 위하여 주형을 포개 쌓아서 쌓아올리는 형(stack)으로 하고 될 수 있는 한 많은 주물을 주입할 수 있게 한다. 그러나 [그림 3－3]에서 보는 바와 같이 기공(blowhole), 수축공(shrinkage cavity) 및 비금속개재물을 없애는 효과는 진원심 주조만큼 기대할 수 없다.

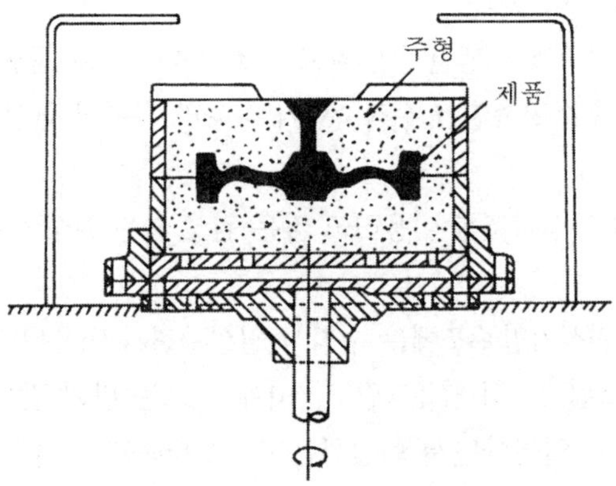

[그림 3-3] 반원심주조

3 원심가압주조(centrifuged casting)

불규칙한 형상의 제품을 중앙의 탕구로부터 방사상의 탕구에 붙여서 배치하고 탕구를 회전축으로 하여 수직축의 주위로 주형을 회전시키면서 주입하는 방법으로서 주입압력을 증가시키는데 원심력을 이용한다는 점에서 [그림 3-4]와 같이 반원심주조와 비슷한 주조법이다.

주물의 축을 회전축으로 하지 않는 점이 반원심주조와 다르다.

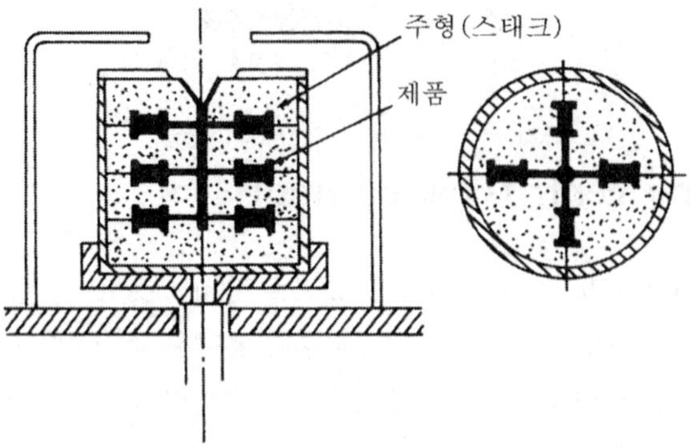

[그림 3-4] 원심가압주조

진원심주조나 반원심주조와 같이 주물 그 자체를 특정한 형상으로 한정시키는 일은 없으나 탕구의 주위에 배치시킨 주물은 동일형상이거나 아주 비슷한 형상의 주물이어야 하며, 회전시에 균형(balance)이 잡히지 않아서 발생하는 진동을 피하도록 하는 것이 바람직하다.

일반적으로 작고 간단한 형상의 주물을 만들 때 사용된다. 탕구는 주물이 응고할 때까지 주물의 용탕을 보급할 수 있도록 충분히 크게 만들어져야 하고 또 외주로부터 중심의 탕구에 가까와질수록 단면을 크게 하여 방향성응고를 하도록 해야 한다.

이상 세 가지 방법 중 진원심주조는 생산성이 좋고 주조수율도 높고 품질도 좋아서 매우 많이 이용된다. 또 주형의 회전축의 방향이 수평축인가 수직축인가에 따라 수평식 원심주조기와 수직식 원심주조의 두 가지로 분류된다.

긴 관상의 주물에는 수평식 원심주조를 이용하고 짧은 원상 혹은 환상의 주물에는 수직식 원심주조를 이용한다.

일반적으로 반원심주조와 원심가압주조에는 수직식 원심주조가 이용된다.

특수한 원심주조로서는 [그림 3-5] 및 [그림 3-6]에서 보는 바와 같이 회전축이 경사진 것, 수평축으로 회전하다가 수직축으로 일어나면서 회전하는 것, 수평축과 수직축이 동시에 회전하는 것 등이 있다.

그러나 공업적으로는 수평축 원심주조가 훨씬 더 많이 이용된다.

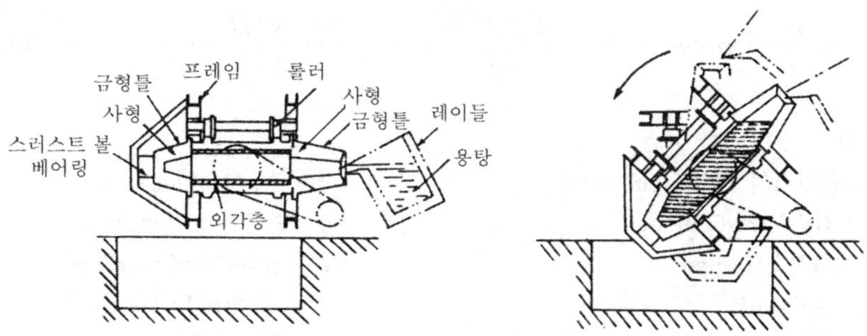

[그림 3-5] 수평축회전에서 수직축회전으로 이행하는 원심주조

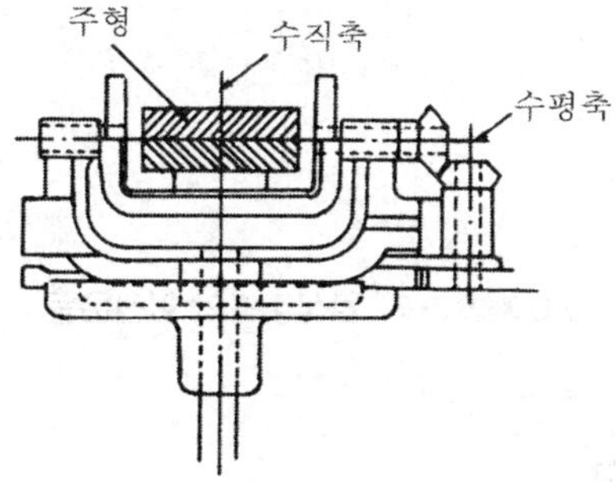

[그림 3-6] 수평축회전과 수직축회전을 동시에 하는 원심주조

Section

02 원심주조의 이론

1 주형의 회전속도

원심주조에서 주입된 용탕의 각 점은 [그림 3-7]에서 보는 바와 같이 등속 원운동을 한다. 따라서 각 점의 속도 v는 거의 일정하고 반지름 r인 원으로 되어 다음의 관계식이 성립한다.

$$a = vw \quad \cdots\cdots (3-1)$$

$$rw = v \quad \cdots\cdots (3-2)$$

$$a = \frac{v^2}{r} = rw^2 \quad \cdots\cdots (3-3)$$

$$w = \frac{2\pi N}{60}, \quad N = \frac{60}{2\pi} w \quad \cdots\cdots (3-4)$$

$$F = m\frac{v^2}{r} = mrw^2 = m \cdot \frac{4\pi^2 N^2 r}{60^2} = m \cdot \frac{2\pi^2 N^2 D}{60^2} \quad \cdots\cdots (3-5)$$

여기서,

- a : 원심력의 가속도(cm/sec^2)
- v : 원주속도(cm/sec)
- w : 각속도(radian/sec)
- g : 중력가속도(cm/sec^2)
- N : 회전속도(rpm)
- F : 원심력(kgf · cm/sec)
- m : 질량(kgf)
- W : 중력(kgf · cm/sec^2)
- r : 회전반지름(cm)
- D : 회전지름(cm)

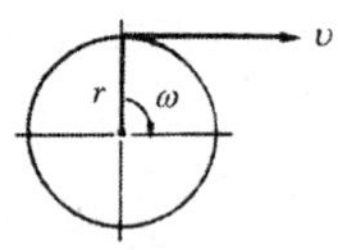

(a) 등속원운동

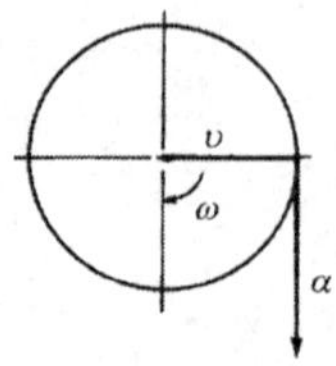

(b) 원심력의 가속도

[그림 3-7] **원심주조의 회전운동**

1. 수평식 원심주조의 경우

수평식 원심주조로서 관(pipe) 형태의 주물을 만들 때는 원심력을 중력보다 크게 하지 않으면 안 되기 때문에 다음과 같은 관계가 있다.

$$mrw^2 \geq mg \quad \cdots\cdots (3-6)$$

이론적으로는 $mrw^2 = mg$, 즉 각속도 $w = \sqrt{g/r}$ 가 되고 최소회전속도는 다음과 같다.

$$N = \frac{60}{2\pi}\sqrt{g/r} = \frac{30\sqrt{2}\sqrt{g}}{\pi} / \sqrt{D} \fallingdotseq \frac{423}{\sqrt{D}} \quad \cdots\cdots (3-7)$$

이 회전속도는 용탕이 가속되어 평형상태에 달하여 회전하고 있을 때에 필요한 원심력에 상당하는 것이다. 그러나 용탕을 주입하면 이 용탕은 주형면과의 마찰력에 의하여 표면이 가속되고, 다시 용탕은 점성에 의해서 내부로 향해서 점차 가속되어 회전이 전달되어 가는 것으로서, 용탕과 주형간의 슬립(slip) 또는 용탕의 점성 때문에 실제의 회전속도가 계산상의 최저회전속도보다 훨씬 높지 못하면 내측의 회전속도가 낮아지게 되어 용탕이 완전히 주형의 내면에 부착되지 않고 작은 방울이 되어 낙하한다.

비스너(Wiesner)는 실험적으로 실제로 필요한 회전속도 N(rpm)과 지름D(cm)에 관하여 다음의 관계식을 구했다.

$$N = \frac{2{,}369}{\sqrt{D}} \quad \cdots\cdots (3-8)$$

그러나 일반적으로는 원심력이 중력의 몇 배가 되는가 하는 중력배수 G를 구하여 다음의 관계식으로부터 회전속도를 구하고 있다.

$$F = m \cdot \frac{2\pi^2 N^2 D}{60^2} \quad \cdots\cdots (3-9)$$

$$W = m \cdot g \quad \cdots\cdots (3-10)$$

$$G = \frac{F}{W} = \frac{2\pi^2 N^2 D}{60^2 g} = \frac{DN^2}{1,787 \times 10^2} \quad \cdots\cdots (3-11)$$

여기서,

- G : 중력배수(number of times gravity)
- F : 원심력(g · cm/ sec^2)
- N : 회전속도(rpm)
- m : 질량(g)
- W : 중력(g · cm/ sec^2)
- D : 제품의 지름(cm)
- g : 중력가속도(980cm/ sec^2)

실제의 원심주조로는 중력배수를 보통 사형의 경우 60~75G, 금형의 경우 40~50G로 결정하여 회전속도를 구하고 있다.

또한 [그림 3-8]에서 보는 바와 같이 목적에 따라서는 130G 정도까지 높게 할 때가 있다.

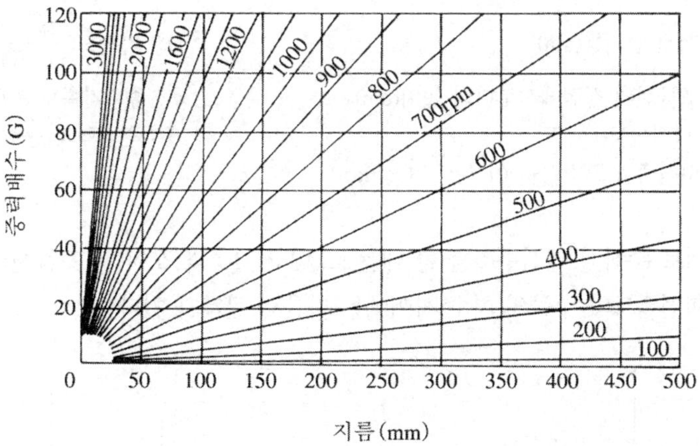

[그림 3-8] 회전속도와 지름의 관계

2. 수직식 원심주조의 경우

수직식 원심주조에서 원통상의 주형을 회전시키면서 용탕을 주입하면 [그림 3-9]와 같이 중앙이 오목하게 들어가게 되어 가운데가 비고 이 용탕의 표면은 다음의 관계식으로부터 그 단면의 형상이 포물선으로 되는 것을 알 수 있다(그림 3-10참조).

$$F = mxw^2 \quad \cdots\cdots (3-12)$$

$$W = mg \quad \cdots\cdots (3-13)$$

$$mxw^2 = R \cdot \sin\theta \quad \cdots\cdots (3-14)$$

$$mg = R \cdot \cos\theta \quad \cdots\cdots (3-15)$$

$$\tan\theta = \frac{xw^2}{g} \quad \cdots\cdots (3-16)$$

$$\frac{dy}{dx} = \tan\theta = \frac{xw^2}{g} \quad \cdots\cdots (3-17)$$

$$dy = \frac{w^2}{g} xdx \quad \cdots\cdots (3-18)$$

$$y = \frac{w^2}{2g}x^2 = \frac{2\pi^2 N^2}{60^2 g}x^2 \quad \cdots\cdots (3-19)$$

여기서,

- F : 원심력(g · cm/ sec²)
- W : 중력(g · cm/ sec²)
- x : 회전 반지름(cm)
- w : 각속도($\frac{2\pi \cdot \text{rpm}}{60}$)
- y : 포물선의 정점에서부터의 높이(cm)
- g : 중력가속도(980cm/ sec²)
- N : 회전속도(rpm)
- R : 원심력과 중력의 합력(g · cm/ sec²)
- θ : 수직축과 R방향이 이루는 각(radian)

그러나 실제로 수직식 원심주조를 할 때는 [그림 3-10]과 같이 이 포물선의 일부를 이용하고 있다. 이 경우 회전속도와 주물의 치수 사이에는 다음의 관계가 있다.

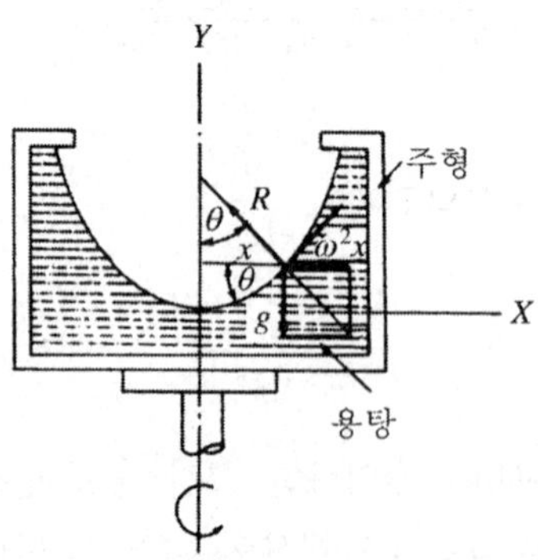

[그림 3-9] 수직식 원심주조에 있어서 용탕 자유 표면의 계산

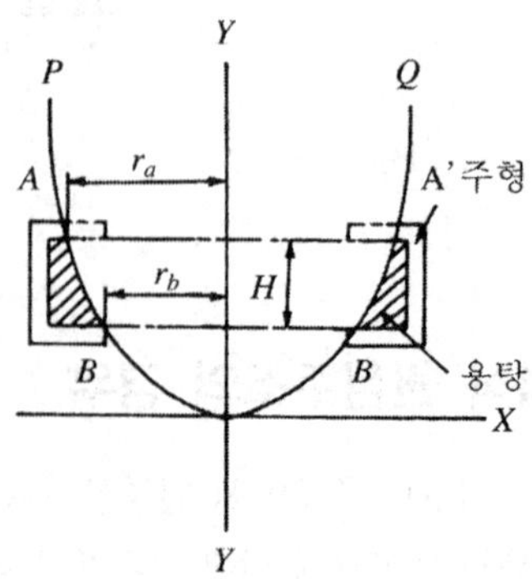

[그림 3-10] 수직식 원심주조에 있어서 용탕의 실제상태

$$y_a = \frac{2\pi^2 N^2}{60^2 g} r_a^2 \quad \cdots\cdots (3-20)$$

$$y_b = \frac{2\pi^2 N^2}{60^2 g} r_b^2 \quad \cdots\cdots (3-21)$$

$$H = y_a - y_b = \frac{2\pi^2 N^2}{60^2 g} (r_a^2 - r_b^2) \quad \cdots\cdots (3-22)$$

$$N = \sqrt{\frac{60^2 g}{2\pi^2}} \cdot \sqrt{\frac{H}{r_a^2 - r_b^2}} \fallingdotseq 423\sqrt{-\frac{H}{r_a^2 - r_b^2}} = \frac{423}{\sqrt{D}} \quad \cdots\cdots (3-23)$$

여기서 • N : 회전속도(rpm)
• H : 제품의 높이(cm)
• r_a : 상단의 내경(cm)
• r_b : 하단의 내경(cm)
• y_a : 포물선의 정점에서부터 상단까지의 높이(cm)
• y_b : 포물선의 정점에서부터 하단까지의 높이(cm)
• g : 중력가속도(980cm/sec^2)

따라서, 주물의 상단과 하단의 내경차이를 적게 하기 위하여 회전속도를 증가하지 않으면 안된다는 것을 알 수 있다.

이 회전축을 [그림 3-11]에서 보는 바와 같이 경사각도 α만큼 경사시킬 때에는 다음과 같은 관계식이 성립한다.

$$N = 423\sqrt{\frac{1}{r_a - r_b} \times H\sin\alpha} \quad \cdots\cdots (3-24)$$

여기서, H : 제품의 높이다.

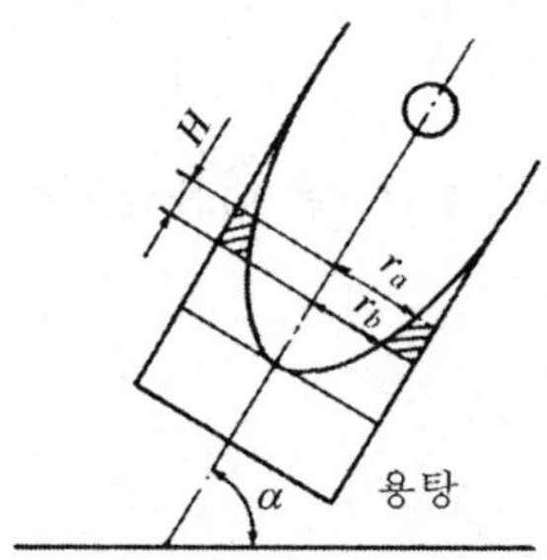

[그림 3-11] 경사식 원심주조에 있어서 용탕의 실제 상태

그러나 이와 같이 하여 구해진 회전속도는 이론적으로 최소치이고 실제로 주강과 같은 응고속도가 큰 주물을 만들 때에는 약 25% 증가한 회전속도가 주어져야 한다. 일반적으로는 75G정도의 회전속도로 한다. 또한 반원심주조 및 원심력 가압주조에는 주물의 외경 쪽의 원주속도가 사형일 때 140~180m/min, 금형일 때 300m/min의 속도가 된다.

이 회전속도와 원주속도의 관계는 다음과 같이 된다.

$$N = \frac{V}{2\pi R} \quad \cdots\cdots (3-25)$$

여기서 • N : 회전속도(rpm)
• V : 외경부에서의 제품의 원주속도(m/min)
• R : 주물의 반지름(m)

2 주형이 받는 응력

원심주조에는 주형에 용탕을 주입하면 용탕에 원심력이 작용하고 주형벽을 반으로 갈라 놓으려는 응력이 주형벽내에 발생한다. 이 응력이 주형의 강도를 초과하면 주형이 파괴된다. 또 주입된 용탕이 응고를 시작하면 외주에 응고층이 생기고, 이 응고층은 수축에 의하여 주형면으로부터 떨어져 나간다. 그리고 이 응고층과 주형면 사이에 공극이 생기고 원심력에 의하여 내측에서 용탕의 내압이 응고층에 작용하고 응고층을 반으로 갈라 놓으려는 응력이 발생한다.

주물의 균열은 이 응력이 응고층의 강도를 초과할 때 생긴다. 이 주형의 파괴와 주물의 균열은 어느 것이나 같은 원리에 의하여 발생하는 것으로서 이 경우의 압력과 응력간의 관계는 [그림 3-12] 및 [그림 3-13]에서 살펴볼 때 다음과 같은 관계가 성립함을 알 수 있다.

$$F = mw^2r \quad \cdots\cdots (3-26)$$

$$P = \int_{r_c}^{r} (\frac{\rho}{g}dr)w^2r = \int_{r_c}^{r} \frac{\rho}{g}w^2rdr = \frac{\rho}{g}w^2\frac{r^2 - r_c^2}{2} \quad \cdots\cdots (3-27)$$

따라서, 주형(또는 응고층)이 받는 압력 Pm은 다음과 같이 된다.

$$\begin{aligned} P_m &= \frac{\rho}{g}w^2\frac{(r_m^2 - r_c^2)}{2} \\ &= \frac{\rho}{g}(\frac{2\pi N}{60})^2\frac{(r_m^2 - r_c^2)}{2} \\ &\fallingdotseq \frac{(r_m^2 - r_c^2)N^2\rho}{178,731} \quad \cdots\cdots (3-28) \end{aligned}$$

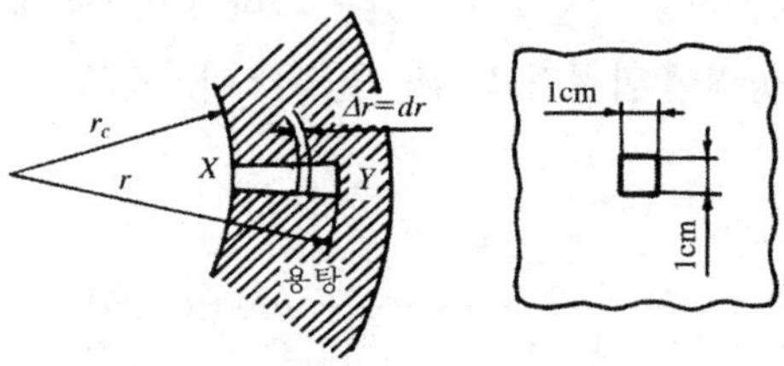

[그림 3-12] 원심력, 원심압의 계산

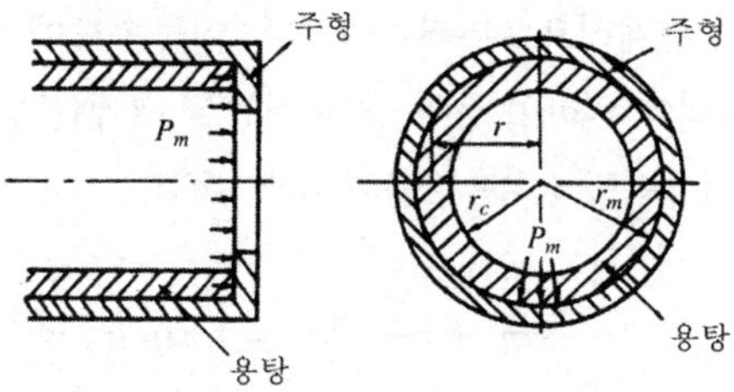

[그림 3-13] 주형이 받는 압력의 계산

여기서,

- P_m : 주형 또는 응고층이 받는 압력(F/cm^2)
- r_m : 주형 내면 또는 응고층 내면의 반지름(cm)
- N : 회전속도(rpm)

$$f_m = P_m r_m \fallingdotseq \frac{r_m(r_m^2 - r_c^2)N^2\rho}{178,731} \quad \cdots\cdots (3-29)$$

단위길이당의 주형(응고층)을 갈라 놓으려는 인장하중 f_m 은 상기와 같다.

또 주형의 단면을 미는 하중 fe 는

$$fe = \frac{1}{2}P_m\pi(r_m^2 - r_c^2)$$

$$= \frac{1}{2}\frac{\rho}{g}(\frac{2\pi N}{60})^2\frac{(r_m^2 - r_c^2)}{2}\pi(r_m^2 - r_c^2)$$

$$\fallingdotseq \frac{(r_m^2 - r_c^2)^2 N^2\rho}{113,784} \quad \cdots\cdots (3-30)$$

로 된다.

3 원심력에 의한 편석

원심주조에는 용탕에 원심력이 작용하고 있기 때문에 용탕 속에 떠다니고 있는 가벼운 비금속개재물은 바깥쪽으로부터 안쪽으로 이동하여 내면에 집중한다. 이 경우 이런 것들의 비금속개재물은 스토크스(stokes)의 법칙에 따라 용탕 속을 이동한다. 즉 비금속개재물이 용탕속을 이동하는 속도 v와 비금속개재물이 용탕으로부터 받는 저항력 R사이에는 다음과 같은 관계가 있다.

$$R = 6\pi\eta r v \quad \cdots\cdots (3-31)$$

여기서,

- R : 비금속개재물이 받는 저항력
- v : 비금속개재물의 이동속도
- η : 용탕의 점성계수
- r : 비금속개재물의 반지름

이 관계식으로부터 저항력은 이동속도에 비례하여 증가하는 것을 알 수 있다. 따라서 비금속개재물이 원심력에 의하여 용탕 중에 이동할 때에는 원심력과 저항력이 합쳐지고 어느 일정한 이동속도에 달한다. 이 이동속도 v_0는 다음과 같이 된다.

$$\frac{4}{3}\pi r^3(\sigma-\rho)\alpha = 6\pi\eta r v_0 \quad \cdots\cdots (3-32)$$

$$v_0 = \frac{2}{9}\cdot\frac{r^2(\sigma-\rho)}{\eta}\cdot\alpha \quad \cdots\cdots (3-33)$$

여기서,

- v_0 : 비금속개재물의 이동속도(cm/sec)
- α : 원심력의 가속도(cm/sec^2)
- r : 비금속개재물의 반지름(mm)
- η : 용탕의 점성계수
- σ : 용탕의 밀도(g/cm^3)
- ρ : 비금속개재물의 밀도(g/cm^3)

따라서 용탕의 점성이 작고, 용탕과 비금속개재물의 밀도차, 원심력의 가속도, 비금속개재물의 지름 등이 클수록 비금속개재물이 이동하기 쉽다는 것을 알 수 있다. 그의 한 예를 [표 3-1]에 나타내었다.

[표 3-1] **용탕(철)과 비금속개재물의 밀도차(용탕(철)의 밀도 σ=7.1)**

비금속개재물	비금속개재물의 밀도(σ) (g/cm^3)	밀도의 차($\sigma-\rho$) (g/cm^3)
SiO_2	2.3	4.8
$FeO \cdot SiO_2$	3.0	4.1
$MnO \cdot SiO_2$	3.6	3.5
Al_2O_3	3.9	3.2
MnS	4.0	3.1
$2MnO \cdot SiO_2$	4.1	3.0
$2FeO \cdot SiO_2$	4.3	2.8
FeS	4.6	2.5
MnO	5.5	1.6
FeO	5.9	1.2

또한 용탕으로부터 초정이 정출하기 시작하면서 초정과 용탕의 비중차이가 있을 때 똑같은 편석이 생긴다. 초정이 용탕보다 가벼울 때는 안쪽에, 무거울 때는 바깥쪽으로 이동하여 주물에 성분상의 편석이 일어난다. 실제로는 이러한 비금속개재물과 초정은 크기 이외에 그 형상도 저항력에 영향을 미친다. 저항이 적은 형상의 것은 현저한 편석을 일으킨다.

Section
03 원심주조장치

1 주형 회전장치

일반적으로 원심주조의 주형을 회전시키는 장치에는 다음 세 가지 방법이 있다.

1. 직접구동식 주조기

주형 또는 주형의 회전축에 직접 회전을 전달하는 형상의 기계이다. 수평식 원심주조에는 [그림 3-14]와 같이 주형의 외주에 치차를 부착하고 이 치차에 따라 회전하는 포신용의 독일식 원심주조기, 주철관용 드라바드 프로세스(Delavaud process)의 원심주조기(그림 3-29 참조), [그림 3-15]와 같이 주형의 일단에 부착한 회전축을 베어링으로 고정하고 이 회전축에 전동기를 직접 연결하든가 풀리를 끼우고 벨트를 걸어서 회전을 전달하게 하는 편지식 원심주조기가 있다.

수직식 원심주조기로는 [그림 3-16]과 같이 주형의 하단에 부착시킨 회전축을 베어링에 따라 고정하고 치차 또는 풀리에 따라 회전하게 하는 각종의 원심주조기가 있다.

이러한 원심주조기에 치차를 사용하는 것은 회전의 손실이 없어 정확한 회전속도가 주어지므로 가속 또는 감속을 빠르게 조정할 수 있고, 능률은 오르나 구조는 복잡하게 된다.

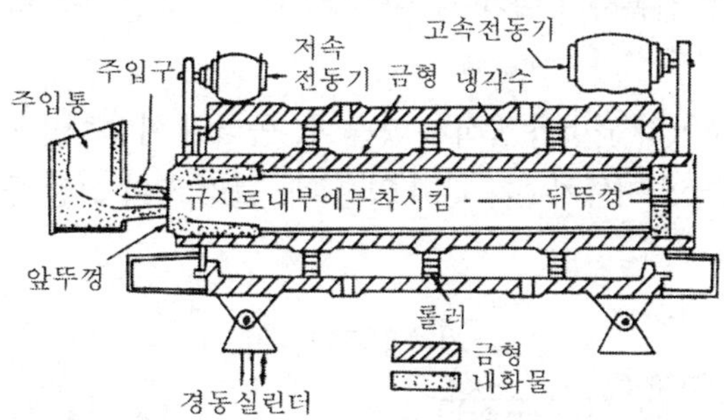

[그림 3-14] 치차에 의한 직접 구동식 원심주조기(포신주조용, 독일 에델스탈베르케사) (Edelstahl-werke)

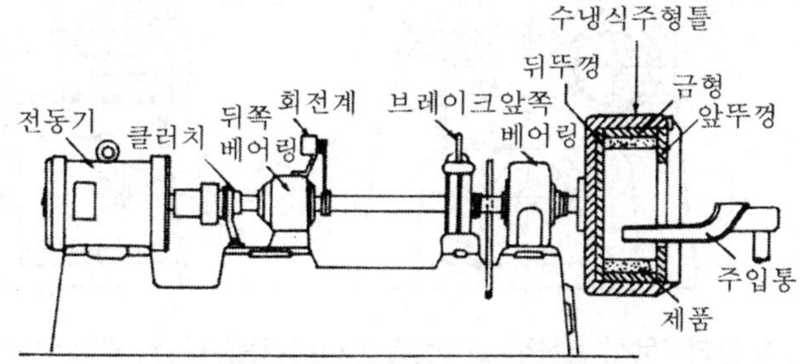

[그림 3-15] 편지식(扁持式) 원심주조기

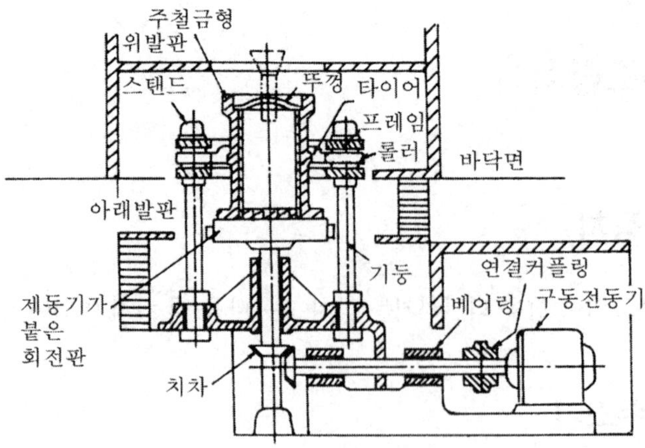

[그림 3-16] 치차구동식 수직형 원심주조기(독일, 티쎈, 히테 Thyssen Hütte)

2. 간접구동식 원심주조기

주형을 직접 회전시키지 않고 우선 롤러를 회전시키고 주형의 자중에 의한 마찰력을 이용하여 롤러로부터 주형에 회전을 전달하는 형식의 것으로서 일반적으로 [그림 3-17], [그림 3-18]에서 보는 바와 같이 베어링으로서 지지된 두 개의 평행축에 각각 두 개의 롤러를 끼우고 그 네 개의 롤러 위에 두 개의 주형타이어가 접하도록 주형을 얹고 한쪽의 축을 회전구동하여 주형을 회전시킨다.

주형의 자체중량이 가벼울 때에는 주형을 롤러 위에 얹는 것만으로는 회전속도를 증가할 때 주형이 떠서 위로 올라가며 진동하기 쉽기 때문에 상부로부터 흔들림을 멈추는 정지용 롤러로서 누르면서 회전시킨다.

이 주형의 진동은 주형의 균형이 잡히지 않을 때, 롤러의 회전축이 평행이 아닐 때, 주형의 두 개의 타이어 또는 네 개 롤러의 지름치수가 같지 않은 때, 롤러 축이 회전 중에 약간 휠 때, 기계가 공진할 경우에 일어난다.

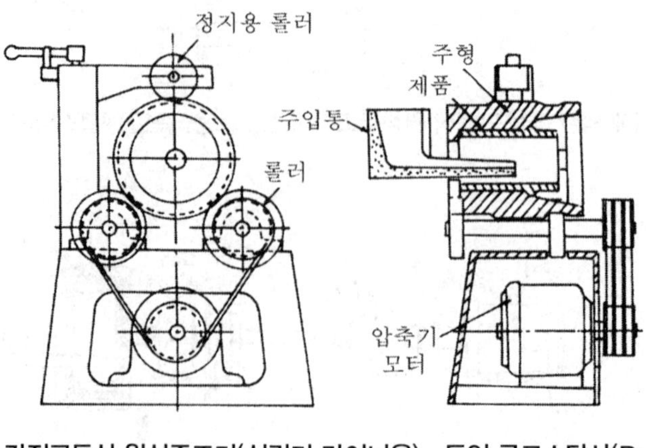

[그림 3-17] 간접구동식 원심주조기(실린더 라이너용)-독일 루르스탈사(Ruhrstahl A.G)

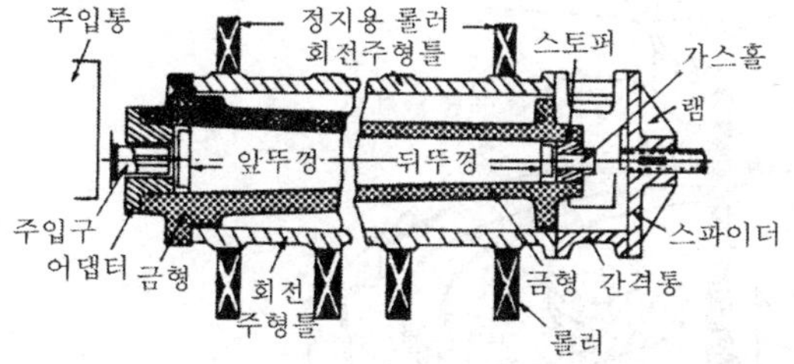

[그림 3-18] 간접구동식 원심주조기(포신주조용, 워터타운 아스날 Water-town Arsenal)

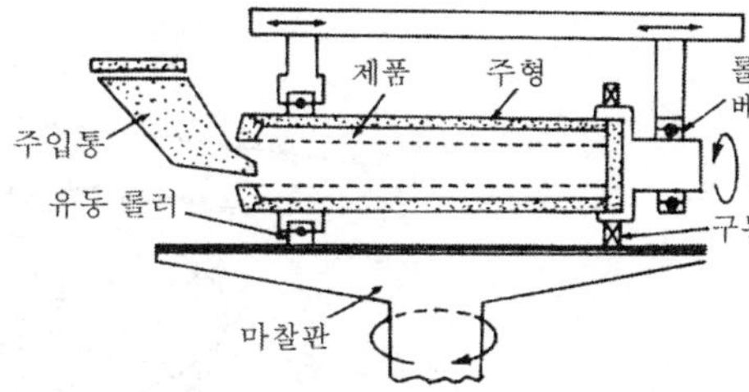

[그림 3-19] 마찰판 구동식 원심주조기(러시아)

수평식 원심주조기는 보통 간접구동을 이용하는 것이 많다. 이 간접구동주조기는 롤러의 마모가 커서 진동을 쉽게 일으키고 고속회전이 곤란한 점 등의 결점이 있지만 구조가 아주 단순하고 주형의 지름이 큰데 비해 비교적 융통성이 있고, 주형의 크기가 일정하지 않을 경우에 매우 편리하다. 실제로 주철관과 같이 큰 주물로부터 실린더 라이너 같은 작은 주물까지 광범위하게 사용되고 있다.

그밖에 특수한 것으로는 마찰판구동식 원심주조기가 있다. 이 원심주조기는 [그림 3-19]에 나타난 바와 같이 마찰판의 회전에 따라 구동 롤러를 회전시키고 이 롤러에 따라 주형을 구동하는 것으로서 변속은 마찰판의 원형상의 구동 롤러의 위치를 바꾸어줌으로써 가능하다.

3. 수직축 회전식 주조기(spin caster)

최근에 개발 이용되는 독특한 주형법으로 수직축 회전식 주조기의 축중심에 원반형 실리콘 고무(silicone rubber) 주형을 고정, 회전시키는 이 공법은 우수한 품질과 형상의 제품을 생산하며 제품 내의 수축공을 없애는 큰 이점을 가지고 있다(그림 3-20 참조).

이 공법으로 생산하는 아연제품은 다이캐스팅 제품과 비교하여 미려한 표면과 미세한 입자의 조직을 가지며 소량의 제품생산시 훨씬 경제적이다.

수 개의 주형공간을 가진 고무주형을 주조기의 유압실린더 중심에 손으로 밀어 넣어 조인 다음에 주형을 회전시켜 용탕을 주입하는 이 장비는 고품질의 정밀 주조품 생산을 위해 다음 세 가지 주요기능을 제공한다.

① 주형에 변형을 주지 않으면서 회전식 주조기에 장착 고정시킬 수 있다.
② 회전속도의 조절로 용탕에 적절한 원심력을 제공하면서 주형에 가압주조한다.
③ 원심력과 압력의 완벽한 제어로 정밀도와 생산성을 높일 수 있다.

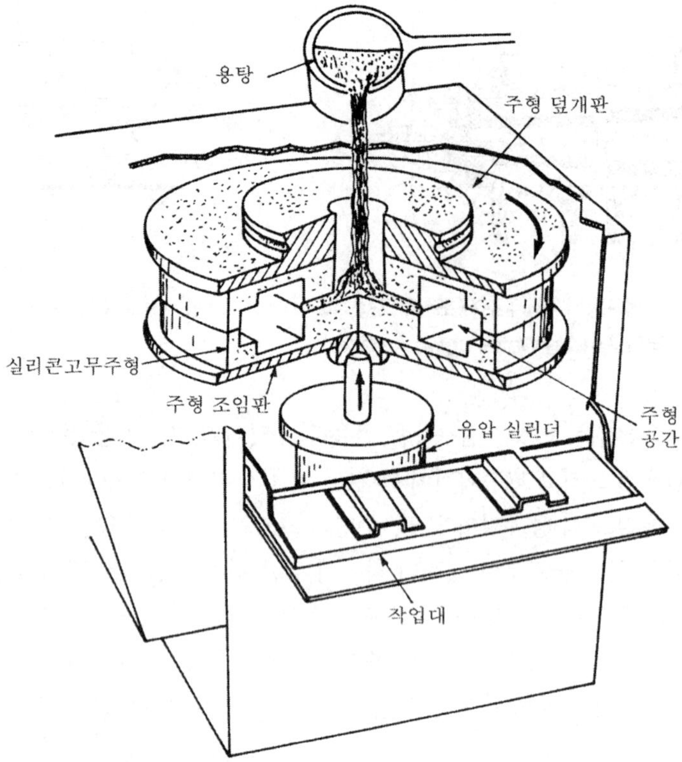

[그림 3-20] **수직축 회전식 스핀캐스터(spin caster)(미국)**

2 용탕주입장치

원심주조에서 용탕을 주입하는 장치에는 고정식과 이동식의 두 가지 장치가 있다.

1. 고정식 주입법

용탕을 주형에 주입할 때에는 주입통을 고정시킨다. [그림 3-21]과 같이 주입통을 고정한 채로 회전 중의 주형에 용탕을 주입하는 것으로서 주입기구가 간단해서 보통으로 사용하는 주입방법이다. 수평식 원심주조로는 [그림 3-22]에서 보는 바와 같이 주입구를 주형의 가운데 삽입하여 용탕을 주입하거나 또는 주입구의 선단에 주형을 접근시켜 주입구로부터 유출하는 용탕의 우속을 이용하여 주형 안에 비입하는 비입주조법(jumping in pouring)을 사용한다.

주입속도를 일정하게 하는 것이 필요할 때는 [그림 3-23]의 (a)와 같이 주입통에 스토퍼(stopper)를 붙여 용탕을 주입통에 받아서 주입할 때 한꺼번에 주입되도록 한다.

이 밖에 특수한 것으로서는 [그림 3-23]의 (b)와 같이 용탕을 주형의 전면에 한꺼번에 분포시키기 위해서 단면이 반원형인 용기에 주입용탕의 전량을 가득 채워 이 용기를 주형 안에 삽입하고 기울여 주입하는 반전경주식 방법이 있다. 이것들의 주입상자는 보통 간판을 사용하여 그 내부에는 내화재료를 붙인다.

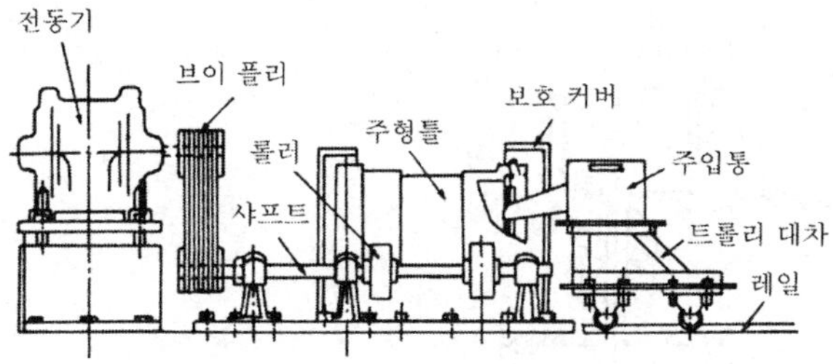

[그림 3-21] 고정식 주입법

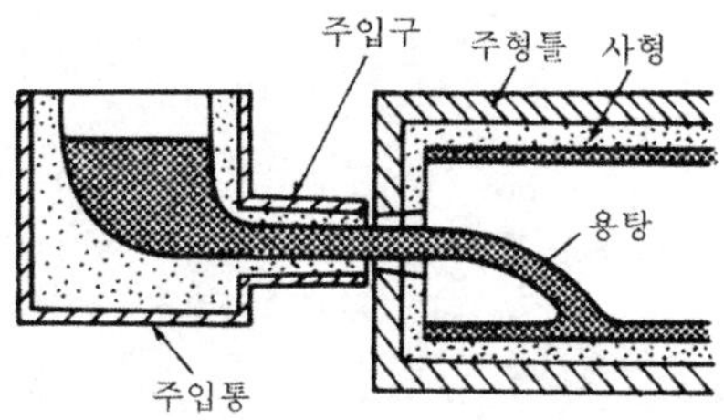

[그림 3-22] 비입식 주입법

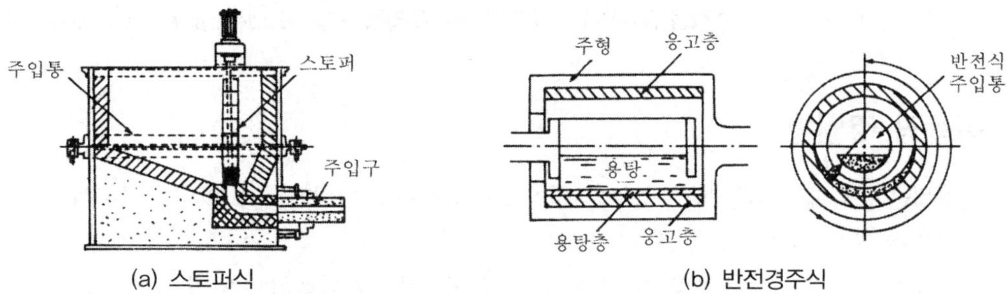

[그림 3-23] 수평형 원심주조의 특수한 주입통

주입구에는 강철관을 사용하고 그 내경이 클 때는 똑같은 내화재를 붙여서 사용하지만 가늘 때는 도형을 충분하게 하여 사용한다. 또 이 주입구는 상부의 반을 잘라서 단면을 반원형으로 하여 사용하는 것이 있다.

주입이 끝나면 주입구를 주형으로부터 꺼내지 않으면 안 되기 때문에 주입통 밑에 대차를 부착하고 레일 위를 후퇴시키든가 또는 원심주조기 옆에 스탠드(stand)를 세워 선회하는 암(arm)에 주입통을 붙여 주입하는 것도 있다.

수평식 원심주조 또는 경사형 원심주조로는 깔때기 모양의 주입통을 사용한다. 주입구로부터 유출하는 용탕은 [그림 3-24]에 나타낸 바와 같이 주형의 아래쪽 중앙에 떨어지도록 주입통을 고정한다. 이 주입통에는 [그림 3-25]에 나타낸 바와 같이 슬래그 유입을 방지하는 특수한 것도 사용된다.

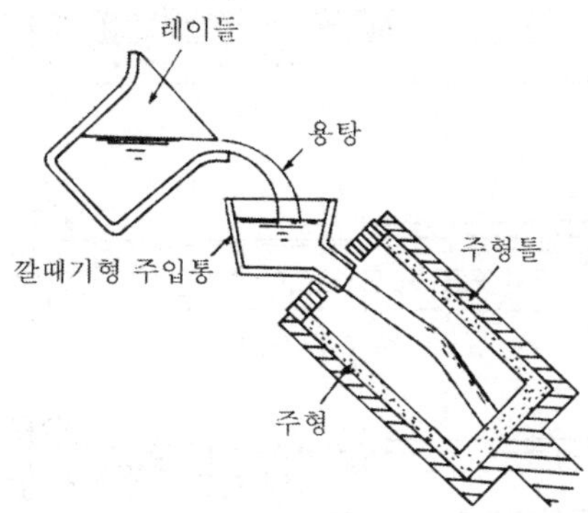

(용탕은 주형의 밑 중앙에 낙하하도록 주입한다.)

[그림 3-24] 경사형 원심주조의 주입법

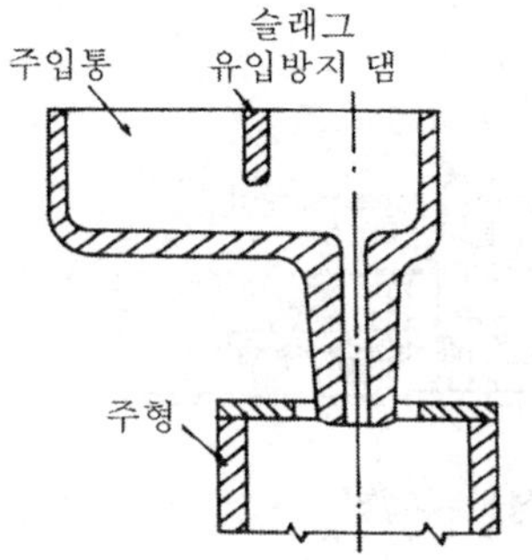

[그림 3-25] 수직형 원심주조의 슬래그댐식 주입통(독일, Buderushe Eisen werke)

2. 이동식 주입법

용탕을 주형에 주입할 때 주입구의 위치를 이동하면서 주입하는 방법이다. 수평식 원심주조기로서 얇은 두께의 관재를 만들 때 사용한다.

고정식 주입법과 같이 용탕이 주형의 국부에 집중적으로 낙하하는 일이 없어 주형의 전면에 걸쳐 나선상으로 고르게 분포되어 가므로 금형에서 긴 관재를 만들 때에도 탕계를 만드는 일이 없고 두께의 치수차도 최소로 할 수 있다.

드라바드 프로세스(Delavaud process)의 주입법이 대표적인 것으로 [그림 3-26]에 나타낸 바와 같이 주입 중에 주형이 일정속도로 후퇴하도록 되어 있다. 또 독일의 아르델베르케(Ardelwerke)의 주철관용 원심주조기는 거꾸로 주입통이 주입 중에 후퇴하도록 되어 있다.

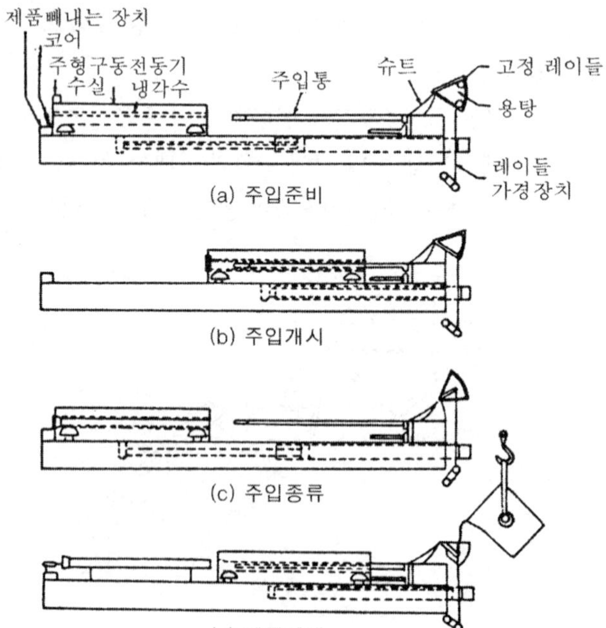

[그림 3-26] 드라바드 프로세스의 제조공정도

3 주형냉각장치

원심주조로서 내부의 결함인 편석을 없애기 위해 또 주기시간(cycle time)을 단축하여 능률을 올리기 위해 주형을 외부로부터 냉각하여 용탕의 열을 주형을 통해서 외부로 발산시키고 있다. 주형의 냉각은 보통 다음 세 가지가 있다.

1. 공냉(air cooling)

원심주조의 주형은 보통 공기의 대류에 의하여 냉각시킨다. 이 공기냉각법은 사형과 금형에서 사용되고 있다. 다만 이 경우에 금형은 상당히 두껍게 하지 않으면 안 된다.

사형으로는 주철관용의 무어 샌드 스푼 프로세스(moore sand spoon process)의 원심주조기, 금형으로는 주강포신용의 워터타운 아스널(watertown arsenal)의 원심주조기 등에 이 공기 냉각법을 사용하고 있다(그림 3-18 참조).

2. 분무식 냉각(water spray cooling)

주입 후 주형의 주위에 물을 분출시켜 냉각하는 방법이다.

냉각효과도 상당히 크고 또한 구조가 간단하여 주형을 꺼내는 것도 용이하다. 주물의 제작수가 많지 않을 때 사용하기가 편리하다(그림 3-27 참조).

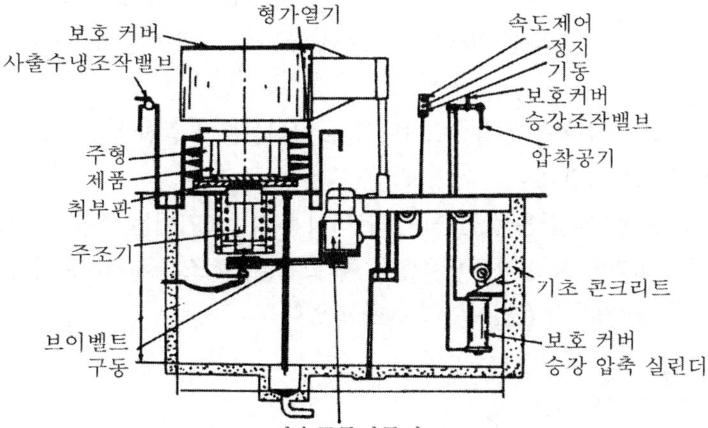

[그림 3-27] 사출수냉식 원심주조기

3. 수중냉각(water bath-cooling)

냉각수를 순환시키는 물통 속에서 금형을 회전시키면서 주입하는 방법이 있다. 냉각수의 밀봉이라는 문제와 구조가 복잡하게 되는 단점이 있지만 냉각효과가 매우 좋아서 생산성이 높다. 이 경우 금형은 상당히 두꺼운 것이 사용된다. 주철관을 주조하는 드라바다 프로세스의 원심주조기(그림 3-28 참조)와 주강포신을 주조하는 독일식 원심주조기(그림 3-14 참조)에는 이 물통에 의한 냉각법이 사용되고 있다.

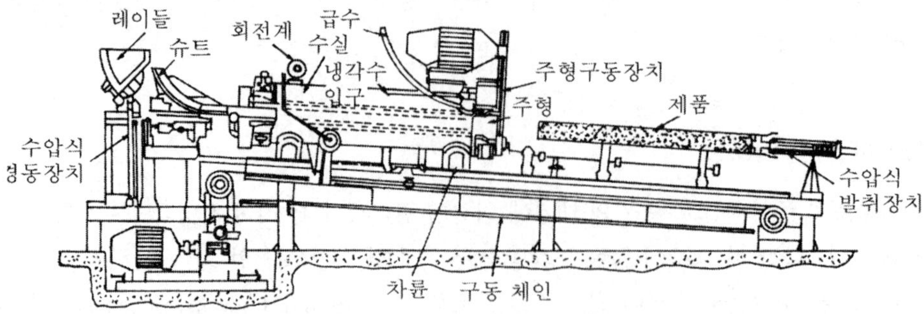

[그림 3-28] 주철관용 드라바드 프로세스 원심주조기와 공장배치

4 제품발취장치

원심주조기에서 주형으로부터 주물을 발취하는 데는 자기 앞쪽으로 꺼내는 방법, 반대쪽으로부터 압출하는 방법, 반대쪽으로부터 다소 압출하여서 자기 앞쪽으로 완전히 꺼내는 방법 등 세 가지 방법이 있는데, 원심주조기에는 꺼내는 장치와 압출하는 장치를 부착시킨다. 또 꺼내는 방법에도 꺼내는 장치가 주물의 끝을 고정하고 있고 주형의 반대방향으로 후퇴하여 가는 것도 있다. 독일의 아르델베르케 프로세스는 인출하는 장치가 이동하는 인발법을, 워터타운 프로세스에서는 압출하는 법을 사용하고 있다(그림 3-29, 30, 35 참조).

또 이 발취법은 주입 후 주형을 원심주조기의 위로 발취하든가 원심주조기의 밑으로 발취하는가에 따라 두 가지 방법으로 나누어진다.

무어 샌드 스푼 프로세스와 같은 간접구동의 롤러식 원심주조기에는 주형의 수를 충분히 준비하여 교환하면서 주입능률을 올려야 하기 때문에 주형을 차례로 원심주조기로 내려보내서 원심주조기로부터 떨어진 곳에 설치한 발취장치까지 운반하여 발취하고 있다.

5 부속장치

원심주조기의 부속설비로서는 용탕계량장치, 용탕비산방지 보호장치, 도형장치 등을 설치한다. 그 외에 사형원심주조로서는 특수한 조형장치, 주형건조장치, 탈사장치, 주형운반장치 등을 설치한다. 주철관과 같은 관재를 만들 때 그 두께는 용탕의 양에 따라 결정해야 하기 때문에 계량이 필요하게 된다. 이 계량은 중량 또는 용량에 따라서 결정된다.

중량에 의할 때는 일반적으로 조칭까지는 대칭(台秤)을 사용하지만 최근은 전자관식 칭량기가 사용되고 있다. 용량에 의할 때는 체적에 따라 의존한다. 주물이 작을 때는 체적에 의하는 것이 편리하다.

주입할 때는 용탕이 주형의 회전에 의하여 비산하여 위험하므로 보호장치를 설치한다. 소형의 원심주조기에는 철판재의 보호 커버를 부착하고 대형 원심주조기에는 콘크리트벽을 설치하고 있다. 또 원심주조기의 설치는 충분한 기초가 필요하고 불충분한 기초는 기계의 진동의 원인이 되기 때문에 주의해야 한다.

6 원심주조기와 공장배치의 실례

원심주조기와 공장배치의 실례는 다음과 같다(그림 3-28~32 참조).

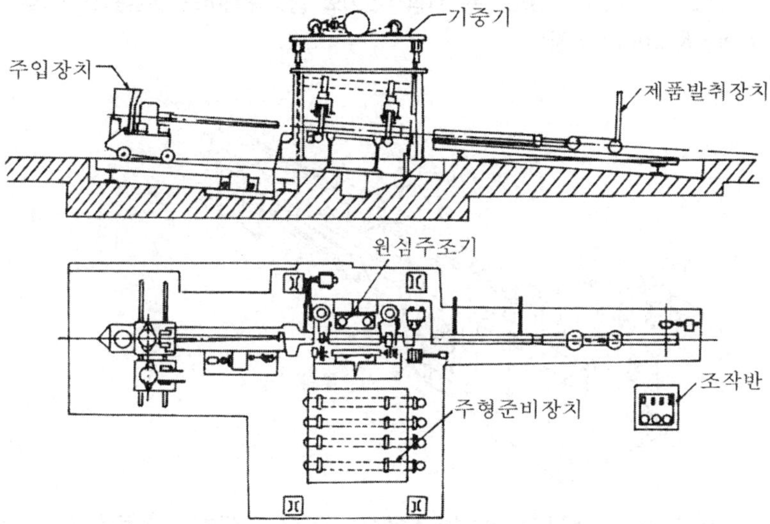

[그림 3-29] 주철관용 원심주조기의 공장배치(독일 아르델베르케)

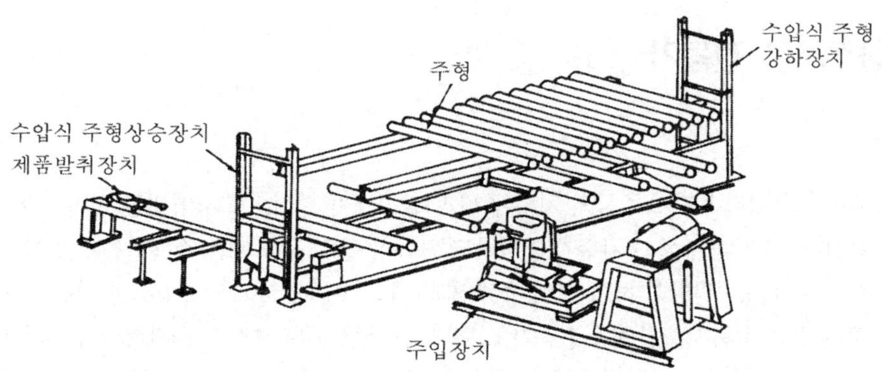

[그림 3-30] 주철관용 원심주조기의 공장배치(미국 타일러 파이프 · 파운드리(Tyler pipe & Foundry))

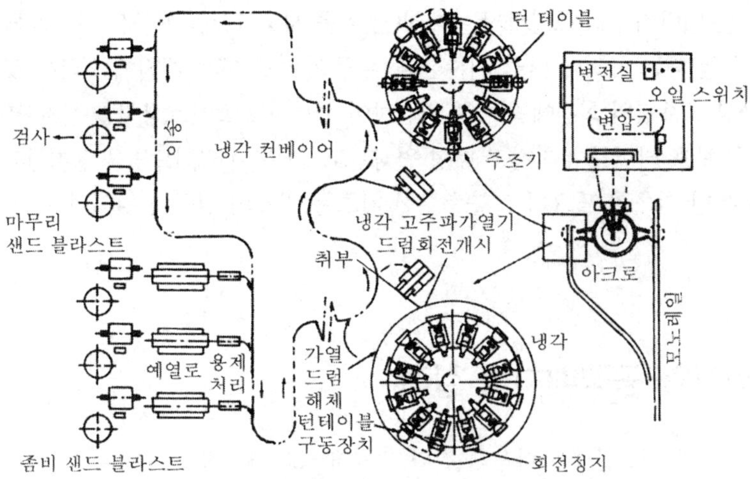

[그림 3-31] 브레이크 드럼(brake drun)용 원심주조기와 공장배치미국 캠프벨와이언트 · 캐논(Campbell Wyant & Cannon)사)

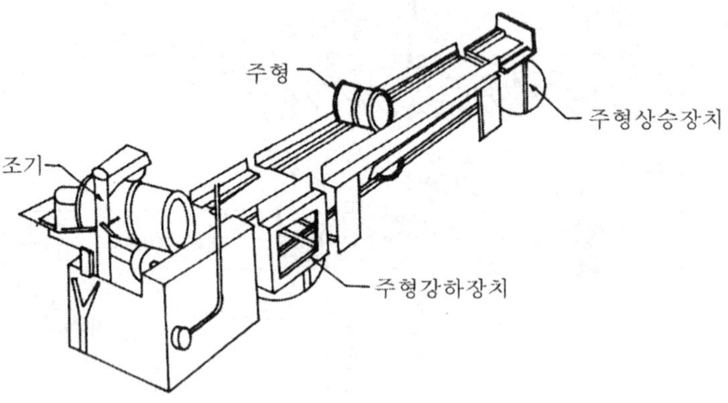

[그림 3-32] 실린더 라이너(cylinder liner)용 원심주조기(독일, 루르스탈(Ruhrstahl)

7 원심주조용 전동기

1. 종 류

원심주조기의 회전속도는 주물의 치수에 따라 달라져야 한다. 그러기 위한 변속기로는 변속전동기를 사용한다. 그러나 주물의 치수가 일정하고 변속이 필요 없을 때는 정속전동기를 사용할 때가 있다. 이 경우는 시동을 원활히 하기 위해 유체(流體) 변속기(torque converter)를 사용한다. 일반적으로 사용하는 변속전동기는 권선형 전동기, 회전자 급전형 혹은 고정자 급전형의 정류자(整流子)전동기(commutator motor), 전류변속기 부착 전동기(eddycurrent coupling motor), 와드 레오나드(Ward Leonard)방식, 직류전동기 등이다.

이 전동기의 특성, 가격 등을 비교하면 [표 3-2]와 같다.

[표 3-2] 각 속도 제어방식의 비교

<table>
<tr><th colspan="2" rowspan="2">기 종
항 목</th><th rowspan="2">권선형 3상유도전동기의 2차 저항제어</th><th colspan="2">3상분권정류자전동기</th><th rowspan="2">과전류가변속 변속기부착전동기</th><th rowspan="2">직류전동기 (와드레오나드 방식)</th></tr>
<tr><th>Schülage형</th><th>UK형, AEG형</th></tr>
<tr><td colspan="2">설 비</td><td>전동기 이외에 2차 저항제어기 및 기타 부속장치</td><td>전동기 이외에 부속장치</td><td>전동기 이외에 유도전압 조정기 및 부속장치</td><td>전동기 이외에 과전류변속기, 속도 검출 발전기, 자동 제어패널 기타 부속장치</td><td>직류전동기 이외에 전동발전기, 계자저항기 기타 부속장치</td></tr>
<tr><td colspan="2">정 류</td><td>–</td><td>곤란
특히 대형기계로 될수록 곤란성이 증가</td><td>비교적 용이</td><td>–</td><td>용 이</td></tr>
<tr><td colspan="2">회전부의 GD^2</td><td>작 음</td><td>큼</td><td>큼</td><td>큼</td><td>작음</td></tr>
<tr><td colspan="2" rowspan="2">특 성</td><td rowspan="2">일정토크</td><td rowspan="2">일정토크</td><td rowspan="2">일정토크</td><td>일정토크</td><td>일정토크, 정출력</td></tr>
<tr><td colspan="2">자동제어가 용이하다</td></tr>
<tr><td rowspan="3">가격</td><td>소용량</td><td>가장 저렴</td><td colspan="2">Schülage형이 약간 저렴</td><td>저 렴</td><td>가장고가, 다른 것의 2배가 된다.</td></tr>
<tr><td>중용량</td><td>가장 저렴</td><td colspan="2">양기계 거의 다르지 않음</td><td>정류자, 전동기와 그다지 다르지 않음</td><td>가장 고가</td></tr>
<tr><td>대용량</td><td>가장 저렴</td><td colspan="3">3기계는 거의 다르지 않으나 과전류변속기가 부착된 것이 다소 고가임</td><td>가장 고가</td></tr>
</table>

2. 마력계산

원심주조용 전동기의 마력계산은 주형을 회전시키는 소요 이론마력을 우선 구하고 그것에서 주조기의 종류, 용도, 구조 등을 고려하여 주조기의 효율 및 여유율 등을 결정하여 실제 소요마력을 계산한다.

주형을 회전할 때에는 다음과 같은 관계가 있다.

$$F = m\alpha \quad \cdots\cdots (3-34)$$

$$m = \frac{W}{g} \quad \cdots\cdots (3-35)$$

$$\alpha = \frac{v_2 - v_1}{t} \quad \cdots\cdots (3-36)$$

$$F = m\alpha = \frac{W}{g} \cdot \frac{v_2 - v_1}{t} = \frac{W}{g} \cdot \frac{\pi D \cdot \Delta n}{t} \quad \cdots\cdots (3-37)$$

여기서,

- m : 주형의 질량(kgf)
- W : 주형의 중량(kgf · m/sec^2)
- α : 주형의 가속도(m/sec^2)
- g : 중력가속도(m/sec^2)
- v_1 : 주형회전의 최초속도 (m/sec)
- v_2 : 주형회전의 종말속도(cm/sec)
- F : 주형에 작용하는 접선방향의 분력(kgf · m/sec^2)
- Δn : v_1에서 v_2로 가속할 때의 증가 회전수(rps)
- t : v_1에서 v_2로 가속할 때의 요하는 시간(sec)

이 경우의 토크(torque)는 다음과 같다.

$$T = F \cdot R \quad \cdots\cdots (3-38)$$

$$T = F \cdot R = \frac{W}{g} \cdot \frac{\pi D \Delta n}{t} \cdot \frac{D}{2}$$

$$= \frac{W}{2g} \cdot \frac{\pi D^2 \Delta n}{t} = \frac{W}{6.25} \cdot \frac{D^2 \Delta n}{t} \quad \cdots\cdots (3-39)$$

$$T = \frac{WD^2}{6.25} \cdot \frac{N}{60t} = \frac{WD^2}{375} \cdot \frac{N}{t} = \frac{WD^2 N}{375t} \quad \cdots\cdots (3-40)$$

여기서,

- T : 토크(torque)(kgf · m)
- D : 주형의 회전지름(m)
- R : 주형의 회전 반지름(D/2m)
- N : 주형의 회전수(rpm)

즉 구조상의 제원, 소요회전수, 가속에 필요한 시간이 결정되면 소요의 torque를 구할 수 있다. 다음에 전동기의 이론마력을 구하면

$$P = \frac{Tw}{75} \quad \cdots\cdots (3-41)$$

$$w = \frac{2\pi N}{60} \quad \cdots\cdots (3-42)$$

$$P = \frac{T}{75} \cdot \frac{2\pi N}{60} = \frac{6.28\,TN}{4{,}500} = \frac{TN}{716.2} \quad \cdots\cdots (3-43)$$

여기서,

P : 전동기의 이론마력(HP, 1HP = 75kgf · m/sec)

으로 되고, 그 이론마력으로부터 소요전동기마력을 구한다. (1HP ≒ 0.736kW)

$$\text{소요전동기마력} = k(\text{이론마력} \times \frac{1}{\eta}) \quad \cdots\cdots (3-44)$$

$$P = k \cdot \frac{TN}{726.2} \cdot \frac{1}{\eta}(\text{HP}) \quad \cdots\cdots (3-45)$$

$$P = k \cdot \frac{TN}{973} \cdot \frac{1}{\eta}(kW) \quad \cdots\cdots (3-46)$$

여기서,

- k : 마력의 여유율
- η : 원심주조기의 효율

이 여유율 k는 마력의 여유로서 원심주조기의 종류 또는 용도에 따라 결정되는 것으로 10~30%의 여유를 주어 1.1~1.3으로 한다. 또 주조기의 효율 η는 원심주조기의 마력전달기구 등에 따라 20~30%의 손실을 감안하여 0.6~0.8로 한다.

8 원심주조용 주형

1. 주형의 종류

원심주조에 사용되는 주형은 영구주형, 반영구주형 및 합성주형의 세 가지로 분류되어 어느 주형을 사용하는가 하는 것은 주물의 형상, 요구품질, 제작수량 등에 따라 결정된다.

(1) 영구주형(permanent molds)

주입을 할 때마다 고치지 않고서도 반복사용하는 것이 가능한 주형으로 비교적 수명이 긴 것을 영구주형이라 부르고 금형은 이것에 해당한다.

(2) 반영구주형(semipermanent molds)

반복사용이 가능한 주형으로서 비교적 수명이 짧은 것을 말하며 흑연주형, 내화점토주형은 이것에 속한다.

(3) 합성주형(composite molds)

회전주형틀 안에 주형재를 붙여서 주형을 만들고 주입할 때마다 주형틀 안에 다시 붙여서 만드는 주형을 합성주형이라 하고, 안에 붙이는 방법에는 주형틀과 원형사이에 주형재를 채워서 스탬프하는 다짐법(ramming method)과 주형틀을 회전하면서 원심력을 이용하여 주형재를 주형틀 안에 붙이는 부착법의 두 가지가 있다. 또 이 부착법에도 건조상태의 주형재를 붙이는 건조법과 축축한 상태의 주형재를 붙이는 습식법의 두 가지가 있다.

일반적으로 다짐법에는 사형의 재료가 많이 사용되는 반면, 부착법에는 건식부착법으로 레진사(resin sand)주형과 단순히 건조된 모래를 붙이는 것, 내화재료로 피복 건조한 주철편을 붙이는 것이 있고 습식부착법으로 세라믹주형 외에 내화물 슬러리(slurry)로서 주철편을 붙이는 것 등이 있다.

그 외에 최근에 개발된 실리콘고무(silicone rubber)주형은 일정 두께의 성형성 고무판으로 된 수

겹의 원형디스크내에 원형을 균형있게 배치하여 가열 가압처리 후 원형을 제거하여 탕구 등을 따내는 아주 편리한 주형제작법도 있다.

2. 금 형

금형은 일정한 주물을 대량생산할 때에 사용되며 주물은 주형으로부터 용이하게 발취될 수 있는 간단한 형상의 것에 한정된다.

(1) 금형의 특징

1) 장 점

① 주형의 열전도도가 크기 때문에 용탕의 응고속도가 빠르고 결정립이 미세화되며 편석이 적게 되고 비금속개재물의 분포가 일률적으로 된다.

② 용탕의 응고시간이 단축되어서 생산성이 좋다.

③ 주형의 강성이 있기 때문에 주물의 치수 정도가 좋다.

2) 단 점

① 치수상으로 융통성이 없기 때문에 주물의 치수에 제약을 받는다.

② 주형의 제작비가 많이 든다.

③ 회전속도와 주물의 두께의 관계를 조정하지 않으면 열간균열이 생기기 쉽다.

④ 주형의 냉각효과가 크기 때문에 탕계를 만들기 쉽다.

⑤ 도형이 접착하기 어려워 박리하기 쉽다.

(2) 금형의 재질

금형의 제작비가 많이 들기 때문에 그 수명이 문제가 된다. 따라서 재질은 금형제작비의 생각을 고려하여 선택하지 않으면 안 된다. 보통 금형에 사용하는 재질은 강괴제작용 주형(ingot case)에 가까운 내열주철 또는 몰리브덴(Mo)을 첨가한 내열강이다.

주철은 강에 비해서 강도가 낮고 마모가 쉬우며 열전도도가 적다. 그러나 주철의 금형은 설비비가 적게 들고 자체 주조가 가능하고 열에 의한 변형이 적고 또 열응력에 의한 균열이 적다고 하는 이유로 상당히 넓게 이용되고 있다. 특히 큰 금형을 만들 때 또는 주물의 제작 개수가 적을 때는 경제적으로 유리하게 된다(표 3-3 참조).

이 금형이 내열강에 대해서 와트모우(Watmough)는 C 0.1~0.25%, Cr 1.10~2.4%, V 0.1~0.4%, Ni 0~0.4%, Mo 0.42~1.05% 범위의 강재를, 빌러(bühler)는 Cr 1.8~2.7%, Mo 0.3~0.6% 첨가한 인장강도가 낮은 강을 실험적으로 권장하고 있다. 그러나 실제로 수냉 재킷(water jacket)식 금형에는 수냉 효과가 있기 때문에 비교적 인장강도가 높은 강재를 사용하고 있다.

독일의 주철관용 수냉 재킷식 금형은 C 0.35%, Cr 1.5%, Mo 0.25%의 내열강이 사용되고 있고 이 금형의 두께는 40~50mm, 냉각수 온도는 60℃ 이하를 유지하고 있다. 그리고 금형의 수명은 주물의 두께가 20mm 이하로서는 1,000회, 100mm일 때는 500회라고 말하고 있다. 또 미국의 주철관용 수냉 재킷식에 SAE 4130(C 0.28~0.33%, Mn 0.4~0.6%, Cr 0.8~1.10%, Mo 0.15~0.25%)의 내열강이 사용되고 있다.

[표 3-3] 금형의 재질(A. väth)

재 질	C(%)	Si(%)	Mn(%)	P(%)	S(%)	기 타(%)
주 철	3.3~3.6	1.7~2.2	0.8~1.0	0.1	0.08	
	2.9~3.0	약 2.0	0.8	0.6	0.1	
	2.8	2.0	0.7	0.45	0.03	
	2.9	1.8~2.0	0.7	0.4	0.08	Ni 2.0~2.5
주 강	0.4	0.4	0.65	0.04	0.03	
	0.5	–	약 0.6	0.04	0.03	
특수강 Krupp	0.3					Mo 0.15~0.8, Cr 2.1~4.5, Ni 2.0

이러한 수냉 재킷식 금형에는 주입온도가 높은 고합금강관을 만들 때에는 단순히 경제적인 면에서 SAE 1020(C 0.18~0.23%, Mn 0.30~0.80%)의 보통 탄소강을 사용하고 있다. 또 주철은 공냉식 금형으로 사용하고 있다. 이 두께는 수냉 재킷식보다도 상당히 두껍다. 독일에서는 주강포신용 수직식 원심주조기에 주물두께의 6~8배 두께의 공냉식 주철금형을 사용하고 있다. 그 외에 Cr-V강 실린더 라이너용의 수평식 원심주조기에서도 같은 모양의 공냉식 주철금형이 사용되고 있고 그 수명은 500회 정도이다.

미국에서도 주강포신용 수평식 원심주조기에 공냉식 주철금형을 사용하고 있다. 이 주철금형은 별도로 만든 회전통의 가운데 삽입하여 조립하고 있다. 그 밖에 동합금용 원심주조기에도 주철금형을 사용하고 있다. 그 두께는 주물두께의 2배로 하고 수명은 500회 정도이다. 또 특수한 것으로는 독일의 청동용 원심주조기의 주철금형이 있다. 이 금형은 주입할 때에 얇은 동판을 금형의 내면에 부착시켜 놓고 용탕을 주입한다. 이 동판은 기공을 막고 마무리작업을 적게 하며 금형의 수명을 길게 하는 효과가 있다.

(3) 금형의 제작

금형은 사용하기 전에 충분히 균형(balance)을 잡아둘 필요가 있다. 균형을 잡기 않고 사용할 때에는 회전수의 증가에 따라 주형이 진동하기 시작하여 끝까지 원하는 회전수가 될 수 없다. 이때 문에 금형은 일반적으로 전면가공한다.

금형의 소재는 건전하고 결함이 없는 것을 사용하지 않으면 안 된다. 결함이 있으면 사용 중 내면에 그 결함이 나타나 주물의 발취가 곤란하게 될 뿐만 아니라 회전 중에 금형이 파괴될 우려가 있어

위험하다. 금형의 형식은 일반적으로 일체식이 사용되고 있다. 특수한 것으로는 분할하여 클램프하는 것, 중앙에서 분리하여 플랜지로서 볼트조임하여 이은 것 또는 구조틀에 금형을 맞추어 넣은 것 등이 있다.

간접 구동 롤러식에서는 금형의 양단에 각각 중앙에 구멍이 있는 뚜껑을 붙이고, 직접 구동의 직결식에서는 금형의 한끝을 회전축의 어댑터판(adapter plate)에 붙이고 다른 끝에는 중앙에 구멍이 있는 뚜껑을 붙인다. 뚜껑을 붙이는 방법에는 [그림 3-33]과 같이 볼트조임, 쐐기조임, 플라이 웨이트(fly weight)의 누름 등의 방법이 있다.

또 제품의 발취를 용이하게 하기 위해 금형의 내면에 발취구배를 준다. 그 크기는 주입금 속의 수축률의 대소에 따라 가감된다. 보통 길이 300mm에 대하여 지름에다 3~5mm 정도를 준다. 그러나 주물의 지름에 대하여 길이가 짧을 때는 예를 들면 지름 200~230mm에 길이가 150~180mm 정도 이하의 주물에서는 발취구배를 붙이지 않아도 좋다. 금형의 두께는 보통 주물의 두께의 $2\frac{1}{3}$배 이상을 필요로 한다.

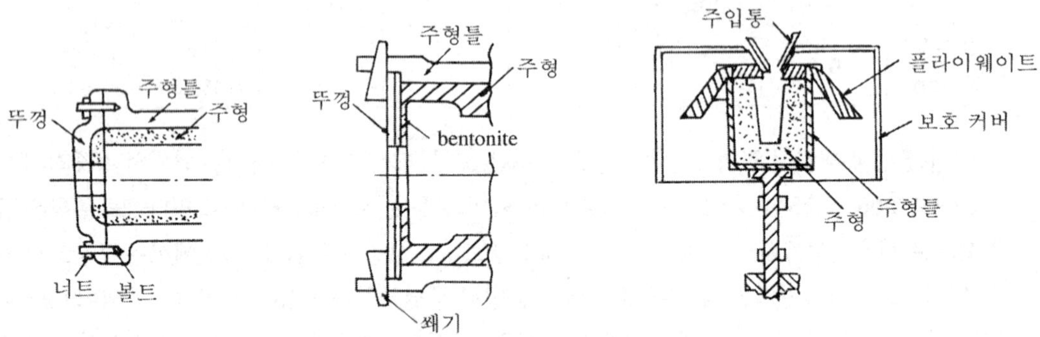

(a) 볼트체결식 (b) 쐐기식 (c) 플라이 웨이트식

[그림 3-33] 뚜껑을 붙이는 방법

(4) 금형의 열응력

금형에 용탕이 주입될 때마다 금형의 내면은 고온이 되고 열응력의 작용이 반복된다. 그 결과 금형의 내면에 균열이 생기거나 또는 금(crazing)이 생겨서 금형에서 주물을 꺼내는 것이 곤란하다.

금형에 용탕이 주입되면 금형의 내측이 급격히 가열된다. 최고 금형 내의 열구배는 대단히 크지만 시간이 지남에 따라 내측에서 외측으로 점차 전달되어 금형의 외측도 가열되고 열구배가 작아져서 완만해진다. 따라서 금형은 처음 내측의 열로 인해 압축응력이 발생하고 외측은 단순한 기계적 인장응력을 받는 상태가 된다. 그 경우 내측의 압축력은 탄성한계를 가끔 넘지만 외측의 인장응력은 대체로 항복점을 넘지 않는다. 더욱 시간이 경과하면 외측도 가열되므로 내측의 압축응력은 인장응력으로 변해간다. 쾨니거(Königer)는 금형에서 주철관을 제작할 때의 그 응력에 따라서 최초 내측에 발생하는 압축응력은 5초 이내에 $25kgf/mm^2$에 이르고 약 2분 후에 그 압축응력이 $80kgf/mm^2$의 인장응력으로 변한다고 한다.

(5) 금형의 표면처리

금형의 내면은 주입할 때 고온에 이르게 되어 열충격을 받는다. 그래서 주입작업을 반복하는 동안 그 내면에 균열 또는 응력에 의한 균열이 발달하여 마침내 사용불능이 된다. 이것을 방지하기 위해 금형 내면에 숏피닝(shot peening), 인덴팅(indenting), 그루빙(grooving), 에칭(etching) 등 기계적으로 표면처리를 하는 수가 있다. 이와 같은 표면처리가 균열이나 금의 발생을 방지하는 이유는 명확하지 않다. 그러나 숏피닝과 인덴팅은 냉간가공에 의해 항복점이 상승하기 때문에 열응력에 견디게 하고, 그루빙이나 에칭은 그 패인 홈에 의해서 균열과 그의 발달이 억제되어 퍼지지 못하게 되는 때문이라고 할 수 있다. 더욱이 이런 것들의 표면처리는 도형의 부착을 용이하게 하고 박리를 방지하는 효과도 있다.

(6) 금형의 도형

금형은 보통 주입 전에 도형하여 사용한다. 이의 주요한 목적은 주입되는 용탕이 금형에 융착되지 않도록 절연층을 만들어서 금형표면을 보호하고 수명을 길게 하는 데 있다.

도형에는 도형재료의 분말을 현탁용액으로 하여 사용한 용액도형(wet wash)과 도형재료의 분말을 그대로 건조상태에서 쓰는 분말도형(dry wash)이 있다. 용액도형은 보통 내화재료의 분말에 점결제와 현탁제를 배합하여 물을 첨가하고 적당한 점도로 한 다음, 예열한 후 회전 중인 금형에 스프레이건(분무기)으로 균일한 두께로 분사하는 방법으로 가장 일반적으로 사용되고 있다. 이 경우 분무된 도형의 작은 방울은 금형의 내면에 부착하여 곧 금형의 열에 의해 그 수분은 증발하고 내화재료는 금형면에 접착한다. 그런데 금형의 예열온도가 너무 높아지면 이 작은 방울은 금형에 부착하는 도중에 수분이 증발하기 때문에 도형이 되지 않게 되므로 예열온도는 도형의 성질과 도형방법에 따라 적당한 온도로 하지 않으면 안 된다. 보통 150~200℃로 예열하고 있다.

도형의 두께는 보통 0.25~2.00mm로 하지만 그 두께가 적당하면 주물의 냉각속도를 지체시키지 않고 또한 주입할 때 용탕의 선단이 냉각되어 뒤따라 주입되는 용탕과의 탕계를 방지 할 수 있다. 또한 도형표면의 거칠기는 [그림 3-34]와 같이 스프레이건(spray gun)의 노즐(nozzle)에서 금형까지의 거리, 노즐의 분사각도, 에어(air)의 압력, 분사속도에 의해 변하지만 그 거칠기를 적당히 하면 용탕의 미끄럼이 억제되어 용탕의 선단이 미끄러져 얇게 되는 일이 없고 한편으로는 용탕이 금형의 회전에 따라 빨리 가속되기 때문에 탕계 및 내부결함이 없어진다. 또 도형의 성질도 주입되는 금속, 주물의 크기, 두께에 따라서 달리할 필요가 있다. 이 성질은 내화재료, 점결제, 현탁제의 정류, 배합방법 및 도형의 방법에 따라서 변하므로 용도에 따라서 적당한 선택을 하지 않으면 안 된다. 더욱 이 도형은 용탕에 의해 박리되지 않고 주입온도에서 용융하거나 분해되는 일이 없어야 한다. 이 밖에 주입에 따라서 취성화하고 제품의 발취를 쉽게 하는 성질을 갖는 도형도 고안되어지고 있다.

도형의 내화재료로는 보통 규사, 지르콘사 및 흑연의 분말이 사용되고 그 밖에 알루미나, 목탄, 활석, 운모, 탄산칼슘, 규조토 등의 분말도 상용되고 있다. 주강에는 주로 규사, 지르콘사, 알루미나를 쓰고 흑연, 목탄은 가탄되기 때문에 사용되지 않는다.

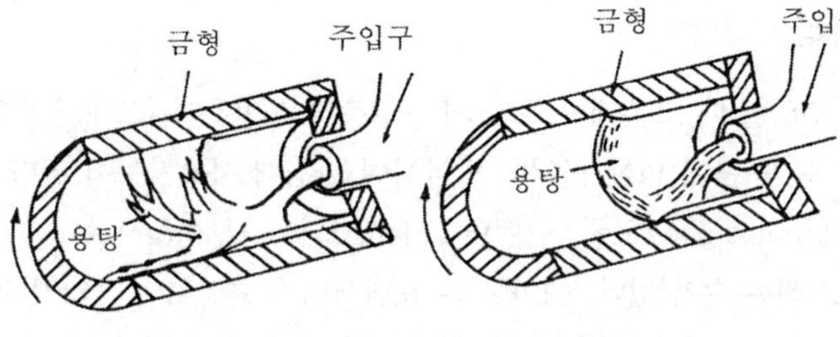

(a) 매끈한 도형 (b) 거치른 도형

[그림 3-34] 도형의 거칠기의 영향

점결제나 현탁제로는 보통 벤토나이트(bentonite)가 사용되지만 그 밖에 규산소다, 수지, 역청, 타르, 폴리비닐, 알콜, 아마인유, 염화나트륨, 황산마그네슘 및 비누 등이 사용되고 있다. 분말도형은 특수한 것으로서 주철관을 만드는 데 사용하고 있다. 흑연 또는 페로실리콘의 건조한 분말을 단독 또는 혼합하여 주입 전에 회전 중의 금형에 스프레이건으로 분사하고 원심력에 의해서 부착시키면서 용탕을 주입한다. 이 경우 페로실리콘(Fe-Si)은 주물표면의 흑연화를 촉진하는 것이므로 주입 후 칠(chill)제거를 위한 어닐링이 불필요하게 되고 또한 금형표면의 산화철과 반응해서 기공(blowhole)의 발생도 방지한다.

3. 사형(砂型, sand mold)

주물의 형상, 치수가 때때로 변하는 때에는 보통 사형을 쓴다. 금형은 주물을 주형에서 끌어낼 때 형상적으로 제약을 받으나 사형은 이와 같은 제약이 없어지므로 복잡한 형상을 가진 것을 만들 때 적당하다. 또 긴 관형 주물을 만들 때에도 그 길이가 지름의 15배 이상일 때는 사형을 쓰는 것이 좋다.

(1) 사형의 특징

1) 장 점

① 주형틀에 대한 열영향이 적기 때문에 그 수명은 반영구적이며 주형비가 저렴하다.
② 주형의 열전도도가 적어서 용탕이 급냉되지 않고 탕계가 생기기 어렵다. 따라서 길이가 긴 주물을 만들기가 용이하다.
③ 용탕이 비교적 장시간 용융상태로 유지되므로 비금속개재물이 내면에 모이기 쉽다. 따라서 내면의 기계가공에 의해서 깨끗한 재질의 제품을 얻을 수 있다.
④ 주형이 모래로 만들어지기 때문에 치수와 형상의 융통성이 있다.
⑤ 열간균열이 발생하기 어렵고 또 그의 발생을 방지하는 조치도 쉽게 할 수 있다.
⑥ 표면결함이 적고 표면이 매끈한 주물을 얻을 수 있다. 따라서 가공여유를 적게 할 수 있다.

2) 단 점

① 사형의 경도와 아울러 건조도가 불균일하기 쉽고 소착, 지느러미(fin) 등이 발생하기 쉽다.

② 사형의 침식, 스캐브(scab) 등에 의해 주물에 모래가 붙기 쉽다.
③ 관형 주물을 만들 때는 주형틀과 주형이 편심되기 쉽다.
④ 냉각속도가 느리므로 주입에서부터 제품을 뽑아낼 때까지의 시간이 길게 되어 능률이 좋지 않다.

(2) 사형의 주형틀

주형틀도 원심주조기에 의해 회전하므로 금형과 같이 사용 전에 충분한 균형(balance)을 잡아 놓지 않으면 안 된다. 또 주형틀의 주위에는 일정간격으로 구멍을 뚫어 건조 또는 주입할 때 발생하는 주형의 가스빼기를 쉽게 한다. 뚜껑은 필요에 따라 용탕에 닿는 부분에 도형 또는 모래를 붙인다. 모래를 붙일 때 뚜껑은 가운데 파진 것을 사용한다. 이 뚜껑 붙이는 법은 금형과 같은 방법으로 한다.

주형틀은 주입할 때 열영향이 적으므로 그 두께는 금형과 같이 두껍게 할 필요가 없다. 그러나 내부결함이 있으면 회전할 때 파괴될 위험성이 있으므로 주의해야 한다. 주형틀의 재질은 일반적으로 주철을 쓰고 있지만 튼튼한 점으로는 강철이 좋다. 또 주형틀은 보통의 일체식으로 전면 가공하여 만들고 길이가 긴 것은 도중 분할해서 플랜지를 볼트로 조여 연결하는 수도 있다. 또한 주입할 때마다 사형을 바꾸어 끼우는 간접 구동 롤러식 원심주조기에서는 능률을 좋게 하기 위해 상당수의 주형틀을 준비한다.

출탕량과 주기시간(cycle time)에 의하여 주조기의 소요대수를 구하고 조형능력, 건조능력 등을 고려하여 원활히 작업을 할 수 있게 주형틀의 소요수를 결정한다.

(3) 사형의 조형

롤러식 사형원심주조기에는 먼저 준비한 사형을 차례로 바꾸어 주입한다. 이 사형을 조형할 때에는 먼저 주형틀을 조형대 위에 수직으로 고정시켜 그 틀 중앙에 원형을 놓는다. 그리고 주형틀 상단에서 원형 주위에 모래를 적당히 보급하면서 샌드 래머(sand rammer)를 써서 주형틀의 하단에서 상단을 향하여 다져올려 주형틀의 상단까지 밀어 넣으면, 호이스트(hoist)로 중앙의 원형을 빼어내고 도형을 하여 건조시키고 양단에 뚜껑을 붙여서 조형을 끝낸다.

모래붙이기는 두께가 보통 40~50mm이다. 원형의 위치가 주형틀의 중심선에서 벗어나면 모래 붙은 두께가 같지 않게 되어 주입 때 주형의 진동을 일으킬 뿐만 아니라 주물도 두께가 일정하지 않게 된다. 그래서 원형의 하단은 조형대 위에 놓고 주형틀의 중앙에 붙이며 주형틀의 상단에는 진동을 방지하는 치구를 갖다 붙여서 원형과 주형틀의 중심선을 일치시킨다. 원형의 지금은 제품의 지름에 수축여유, 가공여유, 도형여유를 더한 크기로 하고 통상 발취구배는 주지 않는다. 길이는 주형틀 위로 다소 나올 정도의 길이로 한다.

특히 지름이 크고 긴 주물을 만들 때에는 원형이 약 1m 정도의 짧은 것으로는 맞지 않는다. 먼저 원형을 주형틀의 밑바닥 중앙에 붙여놓고 작업원이 주형틀의 속에 놓인 원형 위에 올라앉아서 그 원형 상단까지의 조형을 끝내도록 한다. 계속해서 호이스트로 이 원형을 주형 속에 약 30cm 남긴 상태까지 끌어 올려 다시 이 원형의 상단까지 조형한다. 이 작업을 되풀이하면서 주형틀의 상단까지 다져

올린다.

조형은 주형 전체에 걸쳐서 경도의 불균형이 없이 필요한 경도가 얻어지도록 조형하지 않으면 안된다. 경도가 너무 낮을 때는 거치러기 또는 소착이 일어나고, 경도가 너무 높을 때는 원형의 발취가 곤란하다. 그러므로 조형에는 어느 정도의 숙련이 필요하고 적당한 배합을 갖는 조형사를 선택하는 것이 필요하다.

조형이 끝나면 도형장치를 써서 도형하고 건조한다. 건조는 건조로를 사용하여 완전건조하거나 중유버너 또는 가스버너를 써서 표면건조를 한다.

또 직결식 사형원심주조에서는 미리 준비한 코어형을 주형틀의 가운데에 바꿔 끼워 주입한다. 이런 경우 반원심주조나 원심가압주조에서는 될 수 있는 한 많은 주물을 한꺼번에 주입하여 주조수율을 올리기 위해서 쌓아올리는(stack)형으로 한다. 코어형을 주형틀에 끼울 때는 원심력에 의한 코어의 파손과 용탕의 유출을 방지하기 위하여 코어와 주형틀을 완전 밀착시키고 빈틈이 없도록 꽉 조여 붙여야 한다.

코어형의 강도는 건태압축강도 60kgf/cm^2(AFA)이상이 필요하여 보통은 건조형 또는 오일 코어(oil core)가 쓰이고 있다. 그리고 용탕이 낙하하는 부분 등 깨지기 쉬운 곳에는 특별히 강도가 큰 코어, 샤모트(chamotte)벽돌 및 못 같은 것을 써서 보강하고 있다. 그 외 생형, CO_2형을 쓰는 수도 있다.

또한 조형방법으로는 최근 졸트 몰딩머신(jolt molding machine), 샌드슬링거(sand slinger), 스퀴즈(squeeze) 등도 쓰여지게 되었다. 특수한 방법으로는 미국에서 수평식 원심주조로 실린더 라이너를 만들 때에 주형틀을 회전하면서 생형사를 투입하고 중앙에 램(ram)을 통하여 내면을 고르고 다시 편심된 축을 통하여 모래를 압축 성형하는 방법이 있다.

일본에서는 수평식 원심주조로 관재를 만들 때 주형틀을 조형대에 세우고, CO_2형으로 조형하여 조형대 밑의 중앙에서 주형내로 CO_2가스를 취입하면서 원형을 빼내어 차례로 경화시키는 방법 등이 고안되었다.

(4) 사형의 도형

원심주조에서는 용탕에 큰 원심력이 작용하고, 사형에 용탕이 침투해서 용탕침투(penetration)에 의한 소착이 일어난다. 그러므로 보통 사형은 표면에 튼튼한 도형을 한다. 이 경우의 도형제로는 주강에는 규사 또는 지르콘사의 미분말에 10%내외의 점결제를 배합한 것, 주철에는 흑연, 코크스분, 석탄분 및 목탄분을 용도에 따라 혼합하고 10%내외의 점토, 벤토나이트 및 당밀 등을 배합하며 또한 동합금 및 경합금에는 흑연, 활석분, 운모분에 10%내외의 점토를 배합한 것에 물을 첨가해서 적당한 점도로 만든 현탁수용액을 쓴다. 그러나 작업 조건에 따라 이와 같은 도형제를 알콜 용액으로서 쓰는 일도 있다. 이 도형은 불을 붙이면 건조하기 때문에 생형 또는 CO_2형을 쓰는 때에도 이용된다.

4. 흑연주형

흑연주형은 금형보다 수명이 짧으나 주형의 제작이 용이하고 주조비가 싸므로 다음과 같은 세 가지의 경우에 쓰인다.

① 양산품의 금형의 형상, 치수를 결정하기 위한 시작품 제작과정의 주형을 만들 때
② 금형을 써서 양산할 만큼의 제작수는 못되나 어느 정도 제작수가 모아졌을 때
③ 형상이 복잡해서 금형으로는 제작이 어려울 때

(1) 흑연주형의 특징

1) 장 점

① 기계가공이 용이해서 제작시간이 빠르고 주형비가 저렴하다.
② 열충격에 강하다.
③ 팽창이 매우 적어서 주형온도가 주물의 치수에 영향을 주지 않는다.
④ 주형이 가볍고 취급이 용이하다.
⑤ 열전도도가 크므로 조직이 양호한 주물을 얻을 수 있고 생산성도 향상된다.
⑥ 주물이 주형에 용착하지 않고 표면도 곱게 된다.

2) 단 점

① 재질이 연해서 주물을 잡아 뺄 때 마모하기 쉽다.
② 강도가 취약해서 파손하기 쉽다.
③ 열전도도가 커서 주물이 칠(chill)이 되기 쉽다.

(2) 흑연주형의 재료

흑연주형의 재료료서는 시판의 인조흑연전극이 쓰이고 있다. 인조흑연전극의 비열은 0.2kcal/kgf·℃이고 철의 0.1kcal/kgf·℃에 배해 약 2배이고 열전도는 100~130kcal/m·h·℃로서 철의 30~45kcal/m·h·℃에 비하여 약 3배이고 냉각효과가 크며 주물의 냉각이 빠르게 된다. 또 팽창계수는 $25 \sim 35 \times 10^{-7}$cm/cm·℃로 철의 $90 \sim 110 \times 10^{-7}$cm/cm·℃에 비해서 적으므로 주형온도가 주물의 치수에 미치는 영향이 적다. 인장강도는 0.3~0.7kgf/mm^{2}로 주철의 20~30kgf/mm^{2}보다 매우 작고 취약함으로 주형의 취급에 주의하여야 한다. 그런데 사형에서는 보통 압축강도가 60kgf/cm^{2}이면 별 영향이 없다고 할 수 있다. 인조흑연전극은 이 압축강도가 120kgf/cm^{2}이므로 주형의 강도로는 충분하다고 할 수 있다. 또 기공률은 15~30%로 주입 때 가스가 주형의 기공을 통하여 빠지므로 주물표면이 곱다.

또 주형에 용탕이 스며들지 않아 용착도 일으키지 않는다. 전극의 인조흑연질은 기계가공이 용이해서 매끈한 가공면을 얻을 수 있고 산화소모가 적은 것이 바람직하다. 보통 밀도나 강도가 높고 균일하고도 미세한 입도의 양호한 조직의 것을 택한다.

미국에서는 피치(pitch)를 침투시켜 흑연화처리한 미립의 치밀한 조직을 갖는 CS급, ATL급 자연흑연이 쓰이고 있다.

[표 3-4]는 인조흑연의 대표적인 특성을 나타낸 것이다.

[표 3-4] 인조흑연전극의 대표적 특성(자연흑연(national carbon)제품)

등급 / 전극크기 / 특성	CS급			ATL급		
	$2\frac{3}{4}$ ∅ in이하 $2\frac{1}{4}$ in²이하	3~11∅ in 2~12in²	12~18∅ in $10\frac{1}{8} \sim 17\frac{3}{8}$ in²	20~24∅ in 20×20in²	24×24∅ in 24×30²	30~50∅ in 20×47in²
최대입도(mm)	0.38	0.75	0.75	0.75	0.75	0.75
성형법	압출법	압출법	압출법	압출법	압출법	형입법
겉보기비중(g/cm²)	1.69	1.68	1.68	1.70	1.70	1.75
굴곡강도(kgf/cm²)	197	169	169	155	155	126
고유저항($\times 10^{-4}\Omega m$)	8.15	8.65	8.65	8.90	8.90	11.20
회분(%)	0.3	0.5	1.5	1.2	1.2	1.2

(3) 흑연주형의 제작

흑연주형은 주형틀에 맞추어 넣어 회전한다. 이 경우 주형과 주형틀에 맞추어 넣을 때 틈이 생기면 원심력에 의하며 주형에 균열이 생기고 주물의 열간균열의 원인이 된다. 또 주형이 편심되면 진동이 생기고 주물의 살두께가 일정하게 되지 않는다.

흑연주형의 기계공은 선반으로 탄소강의 바이트(bite)를 쓰고 고속으로 깎아낸다. 절삭속도가 느리면 흑연입자가 마구 떨어져 가공면이 거칠고 오목자국이 되는데, 이 자국에 용탕이 들어가 주물을 빼내는데 곤란하다.

주형틀의 내경은 소재로서 쓰이는 전극의 외경보다 6mm 작게 하고 이 주형틀의 내경에 맞추어서 정확하게 끼워 맞도록 전극의 외경을 절삭하고, 계속해서 길이와 주형의 내경을 소정의 치수로 마무리한다. 이 주형의 내경은 주형의 사용온도에 따서 일정한 팽창치수를 고려하여 가공여유를 가산한 주물치수가 되도록 가공한다.

이와 같이 해서 만든 주형은 반복 사용하여 내면이 거칠어져 주물을 빼내기가 곤란할 때는 몇 번이고 깎아 고쳐서 차례로 지름이 큰 주물의 주형에 사용하고 두께가 얇아서 쓸 수 없을 때까지 사용한다. 이 사용가능한 최소두께는 25mm이다. 그러나 특수한 경우는 6mm두께의 것도 사용되고 있다. 이와 같이 두께가 얇을 때는 특히 주형틀과의 합형에 대하여 주의하여야 한다.

주형의 발취구배는 주형과 주물의 두께와의 관계, 주입간격, 주입되는 금속의 수축률 등을 고려해서 결정한다. 일반적으로 발취구배는 1/65로 하지만 특히 수축률이 적은 금속일 때는 1/60로 한다. 그러나 주물의 지름에 비해 길이가 짧을 때는 발취구배는 필요 없다. 미국에서는 지름 600mm, 길이 180mm의 큰 주물에도 적용하고 있으며, 최소내경 25mm까지 제작가능하다고 할 수 있다. 또 주입되는 재질은 주철, 비철합금은 원래부터 사용되었고 저탄소 스테인리스강에도 적용되고 주형으로부터의 가탄은 거의 없다고 할 수 있다.

(4) 흑연주형의 도형

흑연주형의 재질이 연하기 때문에 주물을 빼낼 때 마모하기 쉽고 또 열전도도가 커서 칠(chill)이 되기 쉽다는 결점이 있다. 그 결점을 보안하기 위해 필요에 따라 도형을 한다.

도형제로서는 건조한 벤토나이트분이 쓰인다. 이 분말은 분무기를 이용하여 회전 중의 주형에 불어넣어 원심력에 의하여 주형면에 부착시켜 놓고 주입한다. 이 도형은 용탕과 주형사이에 절연층을 만들고 주물을 뽑기 쉽게 하며 주형의 마모를 방지함과 동시에 칠(chill)도 방지한다. 또 반복된 주입으로 주형에 균열이 생겼을 때는 이것을 메움으로써 용탕이 스며들지 않아 주물을 뽑을 때 주형의 파손도 방지한다. 도형은 얇게 하지 않으면 안 되며 도형이 너무 두꺼우면 용탕에 씻겨 주물에 말려 들어간다. 그러므로 주입이 끝나고 재도형 할 때에는 공기로 깨끗이 불어낸 다음에 해야 한다.

(5) 주형의 소모

주형의 수명은 주물의 크기, 형상, 재질 등에 따라 다르지만 일반적으로 50~280회 정도이다. 주형은 보통 공기 중에서 사용하므로 산화소모가 적어야 한다는 것이 필요조건이 된다.

흑연주형의 소모량은 다음의 관계에서 산출하게 된다.

$$\text{주형의 중량}(1b) \times \frac{[SH(t_1 - t_2) + HFm]}{25(800^\circ\ F - t_3)} = \text{주형의 소모량}(1b) \cdots\cdots (3-37)$$

여기서,

- SH : 금속의 비열(BTU/1b/°F)
- HFm : 금속의 용해열(BTU/1b)
- t_1 : 금속의 주입온도(°F)
- t_2 : 금속의 취출온도(°F)
- t_3 : 금속의 예열온도(°F)

따라서 주입온도를 높게 하고 주물의 발취온도를 낮게 하여 주형의 예열온도를 높게 하면 주형의 소모가 커지고 수명이 단축된다. 그러나 예열온도가 낮으면 탕계가 생성되기 때문에 적당한 온도를 유지해야 한다. 이 때문에 최초의 주입은 예열용으로 하고 그 뒤부터는 주입의 간격에 의하여 온도조절을 한다. 실제로는 주입된 주물은 적열상태에서 집어내고 주형온도는 260℃ 이하가 되도록 하면 좋다. 뽑아낼 때는 주형의 기계적 마모가 적도록 주의해서 조작하는 것이 필요하다.

5. 특수주형

(1) 레진사 주형(resin sand mold)

원심주조로서 주철관을 만들 때는 금형을 쓰면 능률이 좋으나 주물이 칠(chill)화로 되기 때문에 그의 제거를 위하여 815℃ 이상의 어닐링(annealing) 이 필요하게 된다. 레진사는 이 어닐링을 없애기 위하여 개발된 것이지만 최근은 주철 외에도 탄소강, 저합금강, 스테인리스강, 비철합금 등에 적용된다. 이 방법에 의하여 금형의 수명도 길어진다.

이 주형은 금형을 예열하고 회전시키면서 열경화성수지를 첨가한 건조규사를 금형에 투입하고 원심력에 의하여 얇고 균일하게 금형 내면에 분포시켜 금형의 열에 의해 경화시켜서 모래를 붙인다. 붙인 모래의 두께는 주물의 살두께에 따라 변화시키지 않으면 안되지만 콘플란드(Conpland)는 경험적으로 다음 식에 의하여 결정할 것을 제안하고 있다.

$$T = 0.756\sqrt{t}$$

여기서,

- T : 모래를 붙이는 두께(mm)
- t : 제품의 두께(mm)

건조규사의 입도는 AFS 100정도(70~200mesh 70%)로서 미분이 적은 것을 사용하고, 수지(resin)는 페놀 포름알데히드 레진에 경화촉진제로서 헥사메틸렌 테트라민 10%를 첨가한 2단계형의 것도 쓴다. 이 수지의 첨가량은 1.5~5%로 분말 레진사(resin sand) 또는 코팅샌드(coated sand)로서 사용한다. 모래붙임의 두께는 모래의 양에 의해서 조절한다.

미리 저울에 단 모래를 단면이 U자형인 긴 상자형의 홈에 채우고 그 상자를 회전하고 있는 금형의 가운데에 집어넣고 신속하게 반전하여 모래를 원심력에 의해서 금형의 내면에 균일한 두께로 분포시킨다.

금형의 온도는 175~200℃로 유지되기 때문에 그 열에 의해 수지가 중합되어 모래가 경화한다. 이 경우 금형의 회전수는 소구경에서는 50rpm으로서 모래를 붙인다. 그러나 대구경일 때는 먼저 375~525rpm으로 모래붙임의 절반을, 다음에 675~790rpm으로 가속시켜 나머지 절반을 붙인다. 또 대구경에서는 가속시키면서부터 나머지 절반의 모래에 수지 외에 흑연과 산화철을 첨가하며, 소구경에서는 모래붙이기가 끝나면 수지와 탄소질을 첨가한 미립의 건조규사를 표면에 붙이는 것으로서 도형의 목적을 달성한다. 더욱이 금형의 두께는 제품의 두께의 3배 이상으로 하고 배기구멍을 75~100mm 간격으로 뚫는다. 이 배기구멍의 안지름은 3mm, 바깥지름은 9mm의 기울기를 주어서 구멍을 만든다.

(2) 세라믹 주형(ceramic mold)

이 주형은 최근 아메리칸 캐스트 아이런 파이프 회사(American Cast Iron Pipe Co.)가 개발한 특수 주형이다. 주형을 회전시키면서 내화재료의 슬러리(slurry)를 흘러보내고 원심력에 의하여 슬러리 중의 수분을 내측으로 분리하고 내화재료를 주형틀의 내면에 균일하게 라이닝(lining)한다. 그리고 내화재료가 슬러리 중에 균일하게 분산하도록 현탁제를 첨가한다.

주형의 라이닝 두께는 유입하는 슬러리의 계량에 의하여 조정한다. 또 주형틀의 주위에 배기구멍을 뚫어 주형의 가스를 충분히 나가도록 한다. 이 라이닝을 할 때의 주형틀의 회전은 유입한 슬러리가 선단까지 균일하게 될 때까지 저속으로 하고 난 다음 곧 가속하고, 고속회전하여 균일하게 라이닝을 한다. 주형의 건조는 천천히 온도를 높이고 95℃에서 유리수분을 제거하고, 다시 온도를 315℃로 올려서 결합수분을 방출시킨다.

이와 같이 한 주형틀의 라이닝 외측은 거칠고 내측으로 갈수록 미세하게 되어 내면에는 미립이 모이므로 평활하고 치밀한 주형면을 가지며 통기성이 좋은 주형을 얻는다. 따라서 주형면에는 도형이 필요없고 도형박리의 문제도 해소되어 건조가 완전하게 된다.

주형의 밀도는 보통의 사형보다 약 20% 크게 되고 강도도 증가한다. 또 원형을 쓰지 않으므로 편심되는 일이 없다. 주물의 지름은 이 슬러리의 양을 가감하는데 따라 자유로이 바꿀 수 있다. 더욱이 금형과 같이 주물에 열간균열이 생길 염려가 없고 충분히 회전수를 올릴 수 있으므로 주물의 두께가 상당히 커도 완전한 것을 만들 수 있다.

금형은 주입할 때 열의 영향을 받아서 팽창하고 그 내경이 크게 되지만 이 주형을 쓰면 내화재료는 주위가 주조틀에 구속되어 있어서 내측으로 팽창하여 주형의 내경이 반대로 적어진다. 그래서 용탕의 냉각과정에 있어서 생기는 응고된 외각층을 주형이 완전히 지지함으로 고속회전을 하여도 그 외곽층에 열간균열이 생기지 않는다. 실제로 이 주형을 써서 100~150G의 고속회전으로 두께 115mm의 균열없는 주물을 만들고 있다.

(3) 시멘트 주형(cement sand mold)

포틀란드・시멘트 약 10%와 물을 규사에 첨가하여 조형하고 1.5~2일 이상 건조해서 만든 주형으로 반원심주형, 원심가압주조의 코어(core)로 사용하고 있다. 강도가 크므로 주형틀을 쓸 필요가 없다. 그러나 주입한 뒤에 주물이 냉각할 때 주형의 강도가 크기 때문에 주형이 주물의 수축을 방해하게 되어 열간균열이 생기기 쉽고 경합금 같은 것에는 적당하지 않다.

(4) 건조규사를 이면사로 한 주형(unbonded sand mold)

수냉금형의 수평식 원심주조기로 주철관을 만들 때는 금형의 팽창과 주물의 수축이 동시에 일어나므로 주물과 금형에 공간이 생기므로 주물에 균열이 생긴다. 이 균열을 방지하기 위하여 0.2~0.6mm지름의 건조규사를 상자형의 긴 홈에 채워서 회전 중의 금형에 삽입, 반전 낙하시켜 그 규사를 원심력에 의하여 금형 속에 라이닝한 다음 용탕을 주입한다. 이 경우에 모래붙이기가 두꺼우면 주입할 때 규사가 흘러내려 주조품이 거칠어진다. 또 얇아도 제품에 균열이 생기므로 실제로는 약 5mm의 모래붙이기가 좋다.

(5) 동판을 내장한 주형(copper sheet lined mold)

금형원심주조기로 청동의 주물을 만들 때는 주물의 표면에 기공(pinhole)이 생기기 쉽다. 그러나 동판을 내장한 주형을 사용하면 이 기공을 방지할 수 있다. 청동 이외에 황동, 니켈청동, 모넬(monel)메탈 등에도 같은 목적으로 응용된다.

금형에 두께가 1~3mm의 얇은 동판을 둥글게 끼워 넣고, 원심력으로 금형에 밀착시켜 두고 용탕을 주입한다. 이 동판을 제거하기 위하여 외경에는 표면에 3mm의 가공여유를 준다.

익힘문제

01 진원심주조, 반원심주조, 원심가압주조의 특징을 쓰시오.

02 원심주조의 주형을 회전시키는 장치를 쓰시오.

03 수평식과 수직식 원심주조에서 필요한 주형의 회전속도와 지름간의 관계식을 쓰시오.

04 원심주조에서 용탕을 주입하는 장치를 쓰시오.

05 주형의 회전수와 지름에 따른 회전토크와 전동기의 이론마력의 관계식을 쓰시오.

06 원심주조에서 주형의 냉각법을 쓰시오.

07 원심주조용 주형과 도형의 특징을 쓰시오.

08 원심주조용 주형의 종류를 쓰고 설명하시오.

09 원심주조용 금형의 장 · 단점을 쓰시오.

10 흑연주형의 장 · 단점을 쓰시오.

Chapter

04 고압응고주조법

Section

01 고압응고주조법의 원리

외력을 주조에 이용하는 방법을 일반적으로 가압주조 또는 압력주조라고 부르고 있으나 중력 이외의 외력을 가함으로써 용융 또는 반용융금속을 주형내에 주입하든가 또는 주형내에서 응고시켜 소정의 형상을 갖는 주물을 만드는 주조법으로 구분한다면 다음과 같이 가압주조법과 가압응고법으로 대별된다.

1 가압주조법

① 다이캐스팅(압력금형주조)
② 저압주조법

2 가압응고법

① 고압응고법(용탕단조법)
② 분위기가압응고법
③ 원심력주조법

이들에 가용되는 압력은 크게는 수천 기압에서 작게는 1기압 이하까지도 된다. 가압방법도 압축가스에 의한 것, 원심력을 이용하는 것 또는 유압플런저를 이용하는 기계적 방법에 의한 것 등이 있다. 이 중에서 2의 ① 이외의 것은 이미 잘 알려져 있는 기술이므로 여기서는 가까운 장래에 발전이 기대되고 있는 고압응고법에 대하여 설명하겠다.

고압응고법(high pressure crystallization casting)이란 주형 내에 주탕된 금속이 완전히 녹아 있는 상태 또는 반용융(액상 + 고상 공존)상태에 있을 때 프레스에 의한 기계적 고압력을 가하여 제품을 형성하고 응고가 완료할 때까지 가압을 유지하는 것이 기본적 원리이다.

이 방법은 용탕을 직접 가압성형한다는 점에서 용탕단조법 또는 반용융단조법이라고도 부르고 또는 단조와 조합된 주조법이라는 의미에서 단조주조(forging cast)법이라고도 부르고 있다. 이 고압응고법은 가압할 때 주형 내에 주탕되어 있는 용탕이 상대적 이동을 수반하지 않고 가압압축되는 경우(그림 4-1 참조)와 성형 펀치의 압입에 의한 용탕의 이동을 수반하는 경우(그림 4-2 참조)의 2개로 대별되어 전자를 플런저 가압응법(high pressure crystallization casting), 후자를 협의의 압입용탕단조법(extrusion casting)이라고도 부른다.

제 2차 세계대전 후 주물의 대량생산화, 경량화에 관한 주조기술의 발전이 현저해졌으며 특히 주철분야에서의 셸몰드(shell mold)법, 경합금 관계의 다이캐스팅의 발전은 현저하다. 그러다 한편으로는 고품질 주물에 관해서는 응고과정 중에 발생하는 각종 주조결함의 방지가 대단히 곤란하기 때문에 발전이 적었다.

최근 응고과정을 의식적으로 제어하기 위해서 고품질보증주물(premium quality castings), 소위 P.Q.주물의 연구가 구미(歐美)를 중심으로 성행하고 있으나 불순물을 아주 적게 하고 방향성응고를 하게 하는 등의 전체 주조과정을 정밀하게 조절해야 할 필요성 때문에 필연적으로 생산원가가 높아지게 되었다.

고압응고법은 보다 적극적이고 강력한 외력을 이용해서 응고과정을 조절하고, 또한 이것이 기계적인 방법이기 때문에 생산기술로서도 성립되기 쉽고 다른 주조법에서 예를 볼 수 없는 특색있는 주조기술이기 때문에 최근 급속하게 관심을 모으게 된 것이다.

고압응고법(용탕단조법)은 1930년대에 소련에서 연구가 시작되어 현재 알루미늄, 동합금 등의 비철합금 외에 주철, 주강, 스테인리스강에도 적용된다.

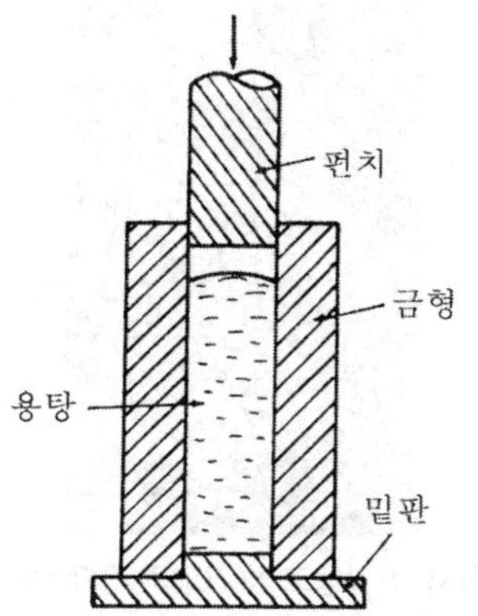

[그림 4-1] 플런저 가압응고법

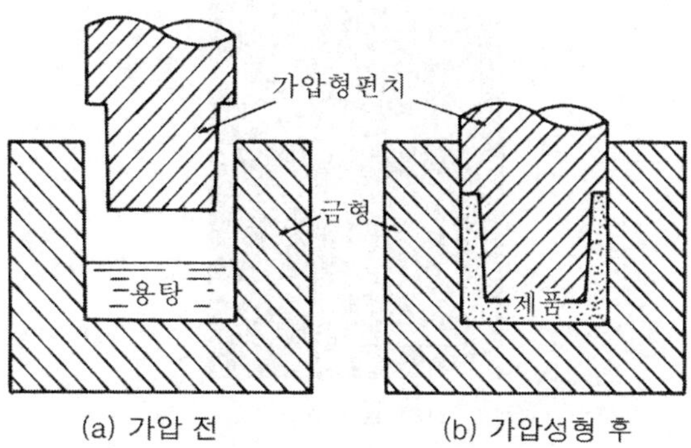

[그림 4-2] 압입용탕 단조법

Section
02 고압응고법의 분류와 그 특징

1 플런저 가압응고법

플런저 가압응고법이란 [그림 4-1]에 나타낸 것과 같이 가압할 때 주형 내에 들어있는 용탕이 상대적 이동을 수반하지 않고 가압 압축하여 응고시키는 방법을 말한다.

공정조직을 갖는 합금, 예를 들면 Al-Si계 합금에서 Na에 의한 개량처리를 하지 않아도 가압에 의해 [그림 4-3]에서 나타낸 바와 같이 공정미세화가 인정되며, 또 과공정 조성 합금에서도 초정 알루미늄이 나타나고 있다. 잉곳 내부의 균일성에 있어서도 우수하고, [표 4-1]에 나타낸 바와 같이 중력주조에서는 중심부와 주변부와의 차가 크고 주변부의 쪽이 우수한 기계적 성질을 나타내지만 가압 2,000kgf/cm^{2}의 경우는 강도 및 연신율이 크게 개선되고 위치에 따른 차이가 거의 없어진다.

플런저 가압응고법은 잉곳형태 또는 비교적 단순한 형태의 두께가 두꺼운 부분, 예를 들면 부싱(bushing), 플랜지(flange)류에 적합하다.

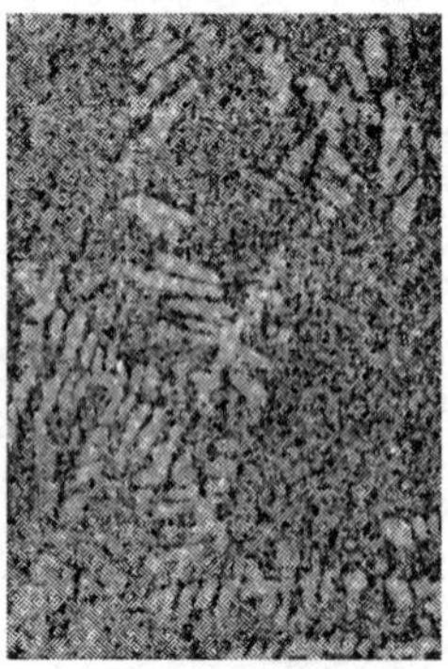
(a) 중력주조

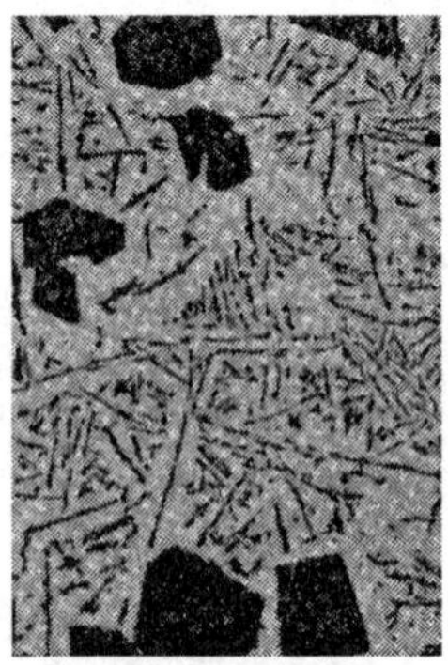
(b) 플런저 가압응고법(가압력 2,000kgf/cm^2)

[그림 4-3] Al-15%Si 합금의 ϕ50mm 잉곳, 주입온도 780℃, 금형온도 200℃($\times 200 \times \frac{1}{2}$)

[표 4-1] 각 위치의 기계적 성질(41-8% Si, 주입온도 780℃, 금형온도 200℃)

주조조건 / 기계적 성질 / 시편채취위치	가압 2,000kgf/cm^2		가압 0(중력주조)	
	강도(kgf/mm^2)	연 신 율(%)	강도(kgf/mm^2)	연 신 율(%)
주변부	17.0	12.5	14.1	7.0
중간부	17.3	12.0	12.9	5.0
중심부	17.2	12.0	10.2	2.5

2 압입용탕단조법

[그림 4－2]의 방법은 움직이는 성형펀치와 고정된 금형과의 사이에서 금형공간(die cavity)이 형성됨으로써 직접압입(용탕단조)법이라고도 하며 펀치의 최종위치는 주입된 용탕량에 의해서 결정된다. 따라서 정량급탕이 극히 중요하다. 이 방법에서 용탕은 기계적 작용에 의해서 마치 단조에 있어서의 후방압출과 똑같은 것이고, 상방으로 밀어올려서 공간(cavity)을 충전하고 응고가 완료할 때가지 가압을 유지한다.

용탕은 완전한 액체상이나 고체와 액체상의 공존상태에서 연속유체로서 흐르고, 응고과정은 물론 응고종료 후에도 소성변형할 수 있는 정도의 압력이 가해지고 있으므로 용탕량에 의하여 좌우되는 부분 이외에는 치수정밀도가 높고 가스나 수축에 기인하는 결함이 방지되어 고밀도의 기계적 성질이 우수한 제품이 얻어진다.

용탕이 모이는 부분에 펀치를 압입하여 커다란 탕도를 통하여 별도로 설치한 금형공간에 용탕을 충전하는 방법을 간접압입(용탕단조)법이라고 부르며 중요한 용탕단조법의 하나이다. 이 방법은 종래의 다이캐스팅과 비슷하나 용탕의 금형공간에의 충전과정이 비교적 완만하게 연속유체로서 행하여진다는 점에서 다이캐스팅(압력금형주조)과 근본적으로 다르며 분출류나 극단적인 와류는 존재하지 않는다. 압력의 전달은 직접압입법에 비하여 떨어지나 비교적 양호한 편이며 다이캐스팅보다는 훨씬 우수하다. 최근 급격히 주목을 끌고 있는 2중 플런저 방식의 저압 저속 다이캐스팅인 애큐라드(acurad)법은 간접압입법과 비슷하다고 할 수 있다.

간접압입법은 치수정밀도가 높은 제품을 여러 개 얻을 수 있으므로 형상, 크기 등의 제약은 있더라도 유력한 대량생산방법의 하나로서 발전이 기대된다. 이 방식에 의하며 Al－13% Si합금의 두께 5mm 판상의 시험편의 기계적 성질은 Na처리를 하고 탈가스하지 않는 상태에서 500kgf/cm^{2}의 압력을 가할 때, 인장강도 25~26kgf/cm^2, 연신율 5~6% 정도, 경도 HB70이며 중력주물에서는 이 값들이 각각 17kgf/cm^2, 3~4% HB60 정도이다.

상기의 세 가지 방식 가운데 어떤 방식을 선택할 것인가는 제품의 크기, 형상, 두께에 대한 요구 성질 등을 고려해야 한다. 예를 들면 얇은 두께의 제품이면 플런저가압법에서는 하부로의 유동성 불량이 우려된다. 따라서 압입법이 바람직하다고 할 수 있다. 파이프(pipe) 또는 부시(bush)류라도 두께가 두꺼운 경우는 플런저가압법, 수 mm 정도로 두께가 얇은 경우는 직접압입법에 의하여 저부에 잔탕을 남게 하는 방법이 바람직하다. 이와 같이 원칙적으로 두께가 두꺼운 경우는 플런저가압법, 두께가 얇은 경우는 압입법이 선택의 기준이 된다.

3 작업공정

작업공정은 기본적으로 다음 여섯 공정으로 나누어지며 주조장치도 이들의 기능을 충분히 발휘할 수 있도록 되어 있어야 한다.

① 주형세트(set)
② 정량주입
③ 프레스에 의한 용탕의 가압
④ 가압유지(제품의 형성과 응고 완료)
⑤ 가압제거
⑥ 제품발취

등의 기능이 쉽게 수행되어야 한다. 프레스보다 큰 기계적 힘이 작용함으로써 분할형의 경우 형은 조여 맞추는데도 큰 힘을 필요로 한다. 세로 분할형을 사용하는 경우는 밀어 벌리는 힘이 작용함으로 수평방향으로 작용하는 형 조임용 플런저가 필요하다(그림 4－4의 (a)참조).

또 압입법을 적용하는 경우 [그림 4－4]의 (b)와 같이 가압 플런저 외에 제품의 상부단면의 형성과 압입한 성형펀치를 취출하는 받침대로서 주변에 수직방향으로 작용하는 형 누르기용 보조플런저가 필요하다.

가압 종료 후 성형펀치에 대하여 금속의 응고수축에 의해 강하게 조이는 힘이 생기므로 가압 플런저를 원위치로 돌려보내는 데에도 비교적 큰 힘이 요구되는 점이 다이캐스팅기계와 다른 점이다.

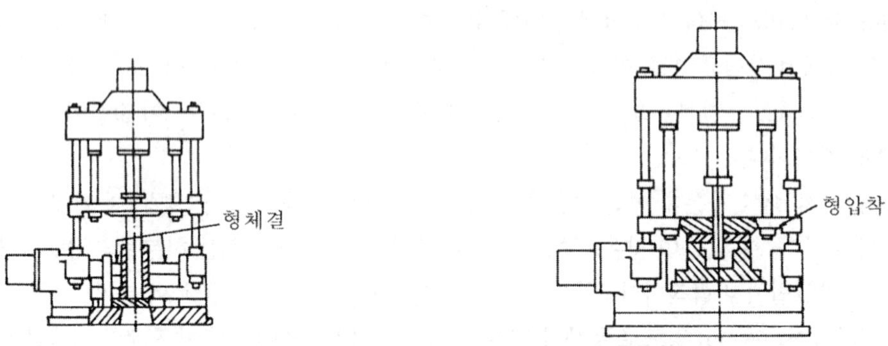

(a) 플런저 가압응고법　　(b) 압입용탕단조법

[그림 4－4] 플런저 가압응고법과 압입용탕단조법의 개략도

4 품질개선 효과

고압응고법에 의해 성형, 응고한 제품은 다음과 같은 점이 개선된다.

① 수축공, 미세공(micro porosity) 등의 주조결함의 제거
② 잔류 가스의 악영향 배제
③ 균질화와 고밀도화
④ 조직의 미세화
⑤ 기계적 성질의 향상
⑥ 양호한 주물 표면과 윤곽의 예리함

각종 합금에 대한 고압응고성의 효과를 [표 4－2], [표 4－3] 및 [그림 4－5]에 나타내었다. 기계적 성질외에 압력에 대한 기밀성의 향상, 주조수율의 개선, 제조공정의 절감이 가능하게 된다.

동합금 소형 부시(bush)제품의 경우 원심력의 의한 주조를 직접 압입법으로 대신함으로써 재료소비량의 60%이상 절약되고 또는 소형부품의 생산성은 [표 4－4]에 나타낸 바와 같이 상당히 높다고 보고된 바 있다.

[표 4-2] 듀랄루민의 기계적 성질

제조조건	합금종별	인장강도 (kgf/mm²)	연신율 (%)	경 도 (HB)
고압응고법	D1	38~42	8~10	105
F	D6	44~46	8~10	120
단 조	D1	36~38	10~12	95
T6	D6	42~43	8~12	110

※ 합금성분		Cu	Mg	Mn
	D1.	4.6	0.6	0.6
	D6.	4.9	0.3	0.8

[표 4-4] 합금별 생산의 비교

합금종별	개/시간
Al합금	150
Mg합금	120
Zn합금	160
Cu합금	100

[표 4-3] Al－8% Si합금의 기계적 성질에 대한 가압효과

가압력 (kgf/cm²)	개량처리	인장강도 (kgf/mm²)	연신율 (%)	충격강도 (kgf/mm²)	피로강도 (kgf/mm²)	경도(HB)	비 중
0 (중력주조)	없음	14	10	0.9	6	48	2.660
	Na	16	17	1.6	4.5		2.666
2,000	없음	17	21	2.1	8	49	2.675
	Na	18	20	2.7	7.5		2.674

㈜ 주입온도 780℃, 금형온도 200℃

상기한 바와 같은 품질개선의 효과는 고압응고법에 있어서 다음과 같은 작업상의 기술적 요인에 의하여 영향을 받는다.

① 가압력의 크기
② 가압개시시기
③ 가압유지시간
④ 가압속도
⑤ 주입온도
⑥ 금형온도, 도형제
⑦ 용해조전

이상과 같은 여러 가지 인자는 상호의존 할 뿐만 아니라 금형의 주조, 합금의 종류 등에 의해서도 영향을 받으므로 각각의 제품에 따른 최적 조건을 실험적으로 결정하여야 한다.

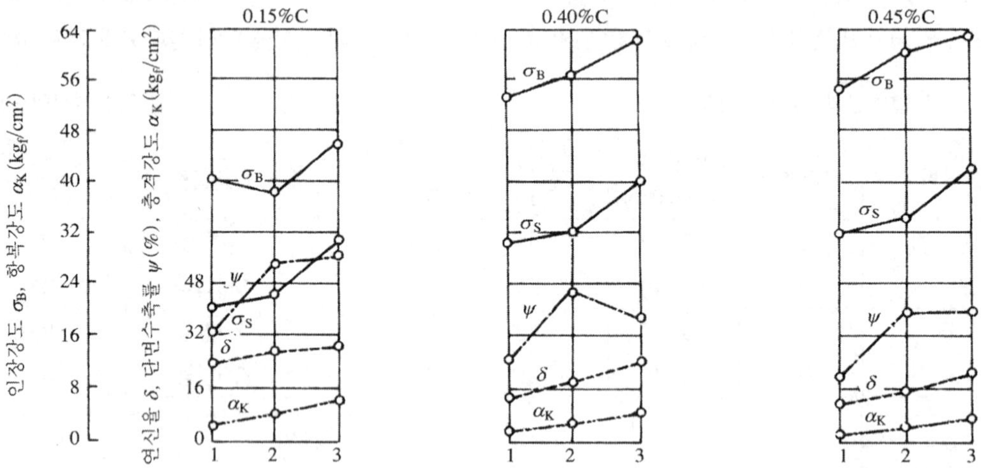

(a) 주강(Gost 977−53) (b) 열간압연(Gost 1050−52) (c) 플런저 가압응고법

[그림 4−5] 주조방법과 기계적 성질

Section
03 고압응고주조의 이론

1 용융금속에 대한 가압의 영향

용융금속을 가압하는 경우에 고려될 수 있는 현상으로는,

① 융점의 상승
② 확산계수의 감소
③ 기포발생의 억제
④ 가스의 용해도 증가
⑤ 열전도와 응고속도의 증가
⑥ 틈새(공극, air gap)의 감소
⑦ 고액계면에서의 습윤성(wettability)의 개선에 의한 응고조직의 미세화 등이 있는데 그 이론적 근거를 보면 다음과 같다.

1. 융점에 미치는 가압의 영향

용융금속을 가압하는 경우 화학평형식으로부터 클라시우스 클라페이론(Clausius-Clapeyron)의 공식이 적용된다.

$$\frac{\Delta A}{L} = \frac{dT}{T} \quad \cdots\cdots (4-1)$$

여기서,
- L : 상변화시 흡수하는 잠열
- A : 열역학 제1법칙에 의한 외부에 대한 일
- T : 금속의 융점

$dA = (V_s - V_l)dP$이므로

$$\frac{dT}{dP} = \frac{(V_s - V_l)}{L} \quad \cdots\cdots (4-2)$$

여기서,
- V_s : 응고 후의 비용적
- V_l : 용융금속의 비용적

즉 용융금속의 비용적 V_l 및 응고 후의 비용적 V_s 인 2상이 P의 압력을 받을 경우 융점의 변화는 일반적으로 식 (4-2)로 표시된다.

철강의 경우 $T > 0$, $V_{s} - V_{l} < 0$, $L < 0$ 이므로

$$dT/dP > 0 \quad \cdots\cdots (4-3)$$

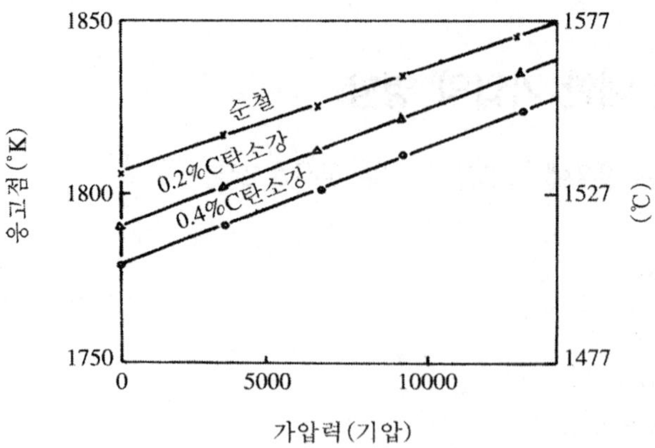

[그림 4-6] 가압력과 응고점과의 관계

즉, 융점 T는 압력의 증가에 따라 증가함을 알 수 있다. 용탕에 대한 압력과 응고점(융점)과의 관계는 [그림 4-6]과 같다.

2. 확산계수에 미치는 가압의 영향

Fick의 법칙에 의해

$$J = -DA\frac{dn}{dx} \quad \cdots\cdots (4-4)$$

여기서,

- J : 확산속도
- D : 확산계수
- A : 표면적
- dn/dx : 농도기울기

$$D = Doe^{-Q/RT} \quad \cdots\cdots (4-5)$$

여기서, Q는 확산에 대한 활성화에너지(activation energy)이다.

식 (4-5)에 의해 용질원자가 원자충돌을 일으키기에 충분한 에너지를 받으면 이 원자는 그 운동에너지로서 주위의 용매원자의 경합을 파괴할 수 있게 된다. 그래서 용융금속을 가압하면 용매원자의 결합을 강화하는 결과가 되고, 즉 점성이 증대하고 따라서, A는 보다 큰 값을 필요로 하게 된다. 즉, 식 (4-5)의 D가 작아지기 때문에 확산속도의 감소에 의해서 가압은 성분편석의 발생을 억제하는데 유효하다.

3. 기포발생의 억제

기포의 발생은 발생하려는 기포의 기체압(P_B)이 그 주위에 있는 용탕의 정압(L_p)과 용탕이 받는 대기압(A_p) 및 용탕의 응집력에 의하여 기포가 받는 압력(C_p)의 합(P_M)보다 커야 한다. 즉,

$$P_M = L_p + A_p + C_p \quad \cdots\cdots (4-6)$$

라 하면 용탕의 압력을 이기고 기포가 발생하기 위해서는

$$P_B > P_M \quad \cdots\cdots (4-7)$$

대기압하에서 응고할 때의 각 압력은 다음과 같다.

$$A_p = 1\,\text{atm}$$
$$L_p = h \cdot \rho / 76 \times 13.6\,\text{atm}$$
$$C_p = \frac{2\pi r\sigma}{\pi r^2} = \frac{2\sigma}{r}$$

여기서,

- h : 용탕의 높이
- ρ : 용탕의 밀도
- σ : 용탕의 표면장력
- r : 기포의 반지름

한편 기체법칙으로부터 $V = nRT/P$

기포를 구(球)라고 가정하면 $V = 4\pi r^3/3$

$$r = \left(\frac{3nRT}{4\pi} \cdot \frac{1}{P}\right)^{\frac{1}{3}}$$

$$\text{즉 } r \propto \frac{1}{P^{1/3}} \quad \cdots\cdots (4-8)$$

따라서 가압력이 증가하면 r은 감소하고 전술한 바와 같이 점성이 증대된 결과 σ도 증가하여 결과적으로는 C_p가 커짐으로써 식 (4-6), (4-7)에 의해 주조결함의 원인이 되는 기포의 발생이 억제된다.

4. 가스용해도에 미치는 가압의 영향

시베르트(Sievert)의 법칙에 의해

$$C_\iota = K_\iota \sqrt{P} \quad \cdots\cdots (4-9)$$

여기서,
- C_ι : 액상에서의 가스의 농도
- P : 가스의 압력
- K_ι : 액상에서의 용해도계수

즉, P 가 증가함에 따라 가스의 용해도는 증가한다. 또한 가스의 용해도는 온도의 함수로서 P가 일정할 때

$$C_\iota = Be^{-Q/RT} \qquad (4-10)$$

여기서,
- B : 상수
- Q : 금속 중에 가스원자 1 mole이 도입되는데 요하는 에너지

식 (4-10)에 의해 온도가 떨어지면 가스의 용해도는 급격히 감소되고 그 결과 과포화상태가 된다.

5. 열전도율과 냉각속도에 미치는 가압의 영향

브리지만(Bridgemann) 등에 의하면 열전도율은 원자간의 거리가 짧을수록 그 값은 커지기 때문에 용융금속에 압력을 가하면 같은 원자간의 평균거기는 단축되어 열전도율이 증가하고 따라서 냉각속도가 촉진된다. 뿐만 아니라 클라시우스 클라페이론식에 의한 응고온도의 상승 등은 과냉현상을 촉진하고 그 결과 응고속도는 빨라진다.

6. 틈새(air gap)에 미치는 가압의 영향

일반적으로 주형에 용융금속을 주입하여 응고시키는 경우에 제품의 수축 및 주형의 팽창 결과 주형과 제품 사이에는 틈새가 생긴다. 이로 인해 열의 이동형태가 변화하고 주형의 열흡수 속도가 감소하기 때문에 제품의 응고완료시간이 길어지고 냉각속도의 변화에 의해 응고조식도 영향을 받는다.

틈새가 주형온도 및 제품의 냉각효과에 어떻게 영향을 미치는가에 대한 조사결과에 의하면 [그림 4-7]과 같이 틈새가 없는 경우는 그것이 있는 경우에 비해 약 2배나 높은 주형온도에 달한다.

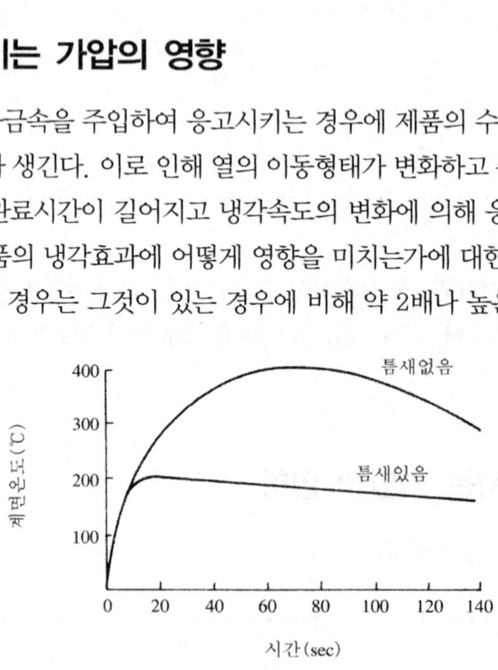

[그림 4-7] 틈새의 유무와 계면온도의 관계

7. 고액계면에서 습윤성(wettability)에 미치는 가압의 영향

응고시의 가압은 고액계면에서의 습윤성(濕潤性)을 개선시키게 되므로 불균질 핵생성에 있어서는 상의 형상이나 분포에 영향을 주게 된다.

지금 이종의 고체평면 위에서 핵생성이 일어난다면 단위체적당의 계면에너지(surface en－ergy) 사이에는 다음과 같은 평형관계가 성립한다.

$$\Delta F_{LS} = \Delta F_{SP} + F_{SL} \cdot \cos\theta \quad \cdots\cdots (4-11)$$

여기서,

- ΔF_{LS} : 고체평면과 융체 사이에서의 계면에너지
- ΔF_{SP} : 고체평면과 핵 사이에서의 계면에너지
- ΔF_{SL} : 융체와 핵 사이에서의 계면에너지

이 관계로부터 균질 핵생성 때와 마찬가지의 계산에 의해 불균질 핵생성에 관한 $\Delta Gmax$ (활성화에너지)는 다음 식으로 나타난다.

$$\Delta Gmax = \frac{16\pi}{3} \frac{r^3}{G_L - G_S} \left\{ \frac{[(2+\cos\theta)(1-\cos\theta)]^2}{4} \right\} \quad \cdots\cdots (4-12)$$

여기서,

- r : ΔF_{SL}
- G_L : 액체의 체적 자유에너지
- G_S : 고체의 체적 자유에너지

또 홀로몬(Hollomon)과 턴벌(Turnbull)은 불균질 핵생성에 있어 핵생성속도 I_P에 관해 다음의 관계를 제시했다.

$$I_P \propto e^{-cf(\theta)/\Delta T} \quad \cdots\cdots (4-13)$$

여기서,

- c : 상수(constant)

$$f(\theta) = \frac{[(2+\cos\theta)(1-\cos\theta)]^2}{4}$$

즉, 가압에 의한 습윤성의 개선은 θ를 적게 하고 따라서 식(4－13)에 의해 I_P는 증가한다.

한편, 다른 접촉각 θ_1, θ_2, θ_3 $(\theta_1 < \theta_2 < \theta_3)$가 존재한다면 [그림 4－8]에서 보는 바와 같이 핵생성속도는 접촉각이 작을수록 보다 작은 과냉(ΔT)으로 급상승한다. 이와 같이 핵생성은 θ가 작을수록 효과적이고 또 핵생성에 요하는 시간은 순간적이므로 결과적으로 습윤성의 개선은 응고조직을 미세화한다.

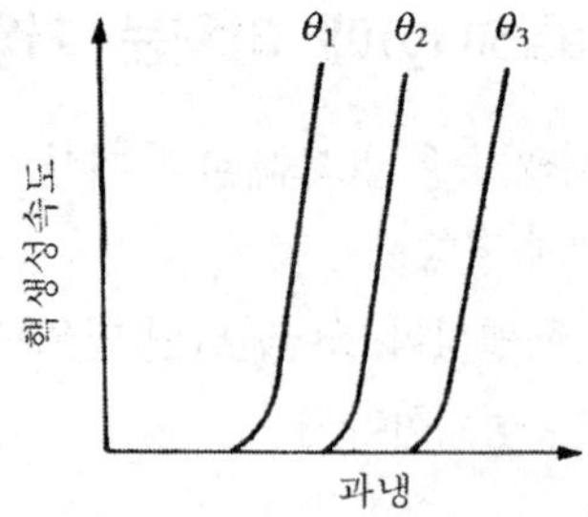

[그림 4-8] 접촉각이 다른 표면에서의 핵생성속도

상술한 바와 같은 여러 가지 이유로서 일정 압력하에 응고한 합금은 조직이 미세하고 주조결함이 없기 때문에 고품질 주조품의 제조방법으로서 앞으로 발전이 기대되는 주조방법이라고 할 수 있다.

2 제반 주조품의 성질에 대한 가압효과

응고 중에 가하는 고압력의 작용은 물리적·기계적 성질, 주조결함, 조직, 편석, 융점, 상평형 등에 영향을 준다.

1. 물리적·기계적 성질

탄소강에 대한 가압효과는 [그림 4-9]에 나타나듯이 가압 800kgf/cm^{2}에서 압연재보다 대단히 우수하다. 300kgf/cm^{2}까지의 가압에서는 어떤 조직의 개선도 얻을 수 없으나 500kgf/cm^{2}이상에서는 미세공(micro porosity)이 전혀 나타나지 않고 있다.

Al-Si 2원계합금의 중력주조와 2,000kgf/cm^{2}가압주조와의 비교를 [그림 4-10]에, Al-12% Si 합금에 대한 가압효과를 [그림 4-11]에 나타내었다.

Al-5% Mg합금도 같은 모양의 경향을 나타낸다. 어떤 경우에도 정도의 차는 있으며 500~1,000kgf/cm^2 이상의 가압에 의해 인장강도가 많이 개선되며, 연신율의 값도 커진다. 그것은 동합금의 경우도 같은 경향이며 Cu-10% Sn청동의 일례를 [그림 4-12]에 나타내었다.

기계적 성질에 대한 가압효과는 대공(大孔, macro porosity)은 물론 미세공의 제거 또는 공정조직 등의 미세화가 큰 원인이라고 할 수 있다.

따라서 Al-Si계처럼 비교적 큰 공정이 무질서하게 존재하는 합금계 또는 Al-Mg계, Cu-Sn계와 같이 응고온도범위가 큰 경우, 보통 주조법에서는 미세공을 제거할 수 없는 합금계에서 특히 연신율에 대하여 가압효과가 현저한 것으로 생각된다. 또 가압에 의해 주물의 표면과 내부의 성질이 차이가 없게 되며(표 4-1 참조) 언제나 안정된 성질을 얻기 쉬운 것은 아니다.

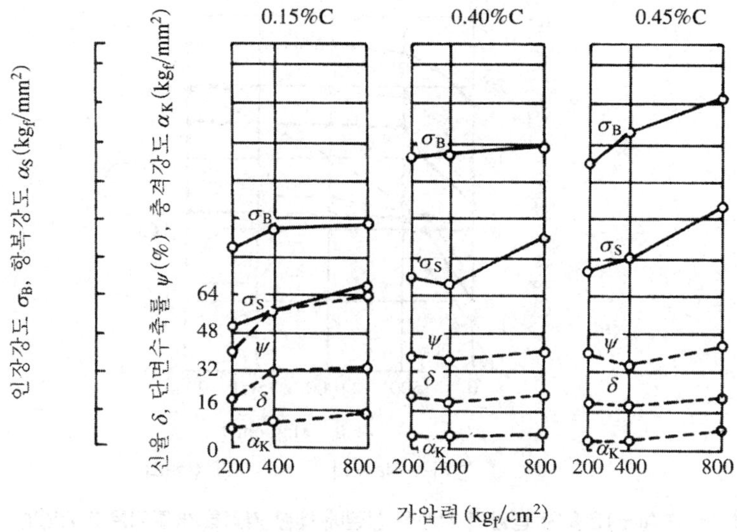

[그림 4-9] 각종 탄소강의 기계적 성질에 대한 가압력의 영향

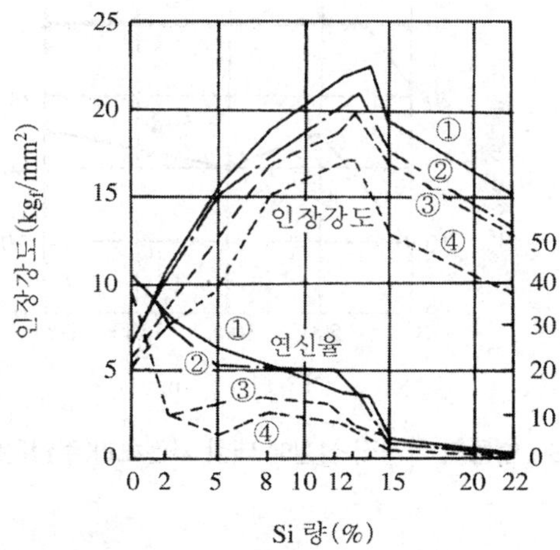

① 탈가스 · Na처리 · 가압 2,000kgf/cm^2　　② 탈가스 · Na처리후 주조
③ 무처리 · 가압 2,000kgf/cm^2　　④ 무처리 · 대기주조

[그림 4-10] Al-Si 2원계 합금의 기계적 성질에 대한 가압효과(가압력 2,000kgf/cm^2, 주입온도 780~840℃, 금형온도 200℃)

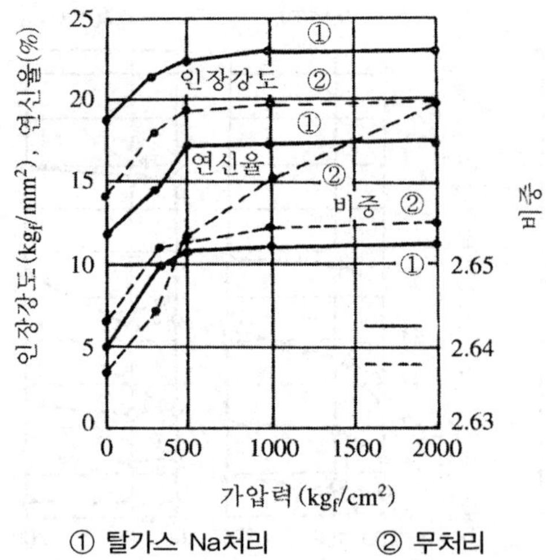

[그림 4-11] Al－12% Si 합금의 기계적 성질에 대한 가압효과(주입온도 780℃, 금형온도 200℃)

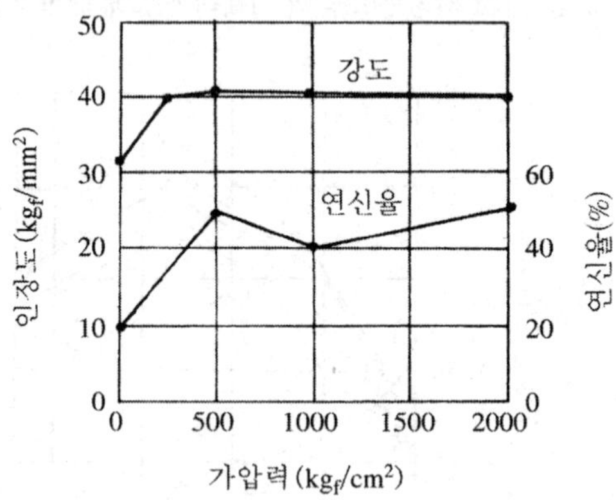

[그림 4-12] 10% Sn 청동의 기계적 성질에 대한 가압효과(주입온도 1,150℃, 금형온도 300℃)

2. 주조결함

제반 성질에 대한 가압효과는 응고 중의 합금에 유효하게 작용하는 외력에 기인하는 것으로 응고 속도에 대단한 영향을 주는 요인이 되는 제품의 크기, 형상 또는 합금의 응고특성 등의 차이에 의해 다르게 나타난다.

ϕ50mm × 130mm 의 원주상 알루미늄합금주물에서는 가스함유가 많은 것으로 생각되는 용해에 있어서도 1,000kgf/cm^{2}이상의 가압에 의해 대공과 미세공은 전혀 알아볼 수 없으며, ϕ30mm × 200mm 의 Al－7Si－0.3Mg 합금의 경우는 700~1,400kgf/cm^{2}의 가압에서는 균열 등의 이유로 시험편의 절삭을 할 수 없는 것으로 보고되고 있다.

0.35~0.45%C의 탄소강에서 [그림 4－2]의 밑면 두께와 측면두께의 비가 1 : 1인 경우 400~600kgf/cm^2, 2 : 1인 경우 1,800kgf/cm^2, [그림 4－1]의 잉곳의 높이가 지름보다 큰 경우 2,000kgf/cm^{2}의 가압에 의해 수축공이 제거된다.

3. 조 직

Al－Si계 합금에서는 가압하의 응고에 의해 [그림 4－3]과 같이 공정조직이 미세화된다. 화이트 메탈(white metal)에 있어서는 [그림 4－13]과 같이 초정화합물이 현저하게 미세화된다. 이러한 미세화는 300~500kgf/cm^2 이상의 가압에 의한 것으로 알려져 있으나 그 이유에 관해서는 분명하지 않다.

[그림 4－3]에 나타나듯이 과공정 Al－Si 합금에서는 Na처리를 행하지 않아도 가압에 의해 초정의 Al이 많은 것으로 알려져 있지만, 그것은 고압하에서의 공정점이 Si함량이 높은 쪽으로 이동하는 경우 영향이 큰 것이라 할 수 있다.

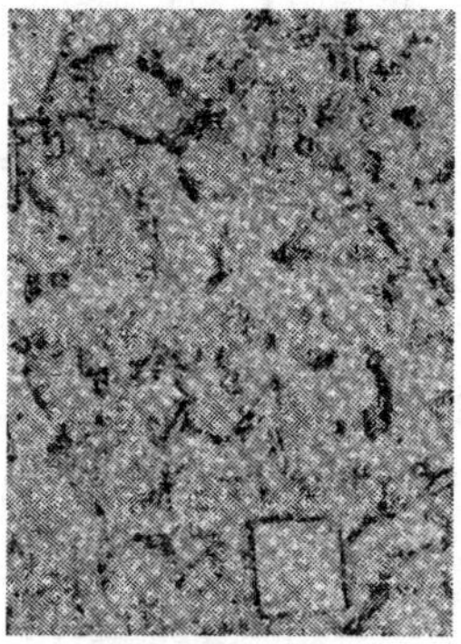

(a) 중력주조

(b) 플런저 가압(1,000kgf/cm^2)

[그림 4-13] 화이트메탈(Sn89%－Sb8%－Cu3%)의 현미경조직($\times 100 \times \frac{2}{3}$)

4. 편 석

Al－4%Cu, Al－2%Si합금에서 가압하에 응고시키면 저융점의 공정이 최종적으로 응고하는 주괴의 중심부에 이상편석(異常偏析)이 생기지만 공정조성에 가까운 Al－Si계, Al－5~10%Mg합금에서는 그와 같은 경향은 나타나지 않는다.

동합금에서는 가압에 의해 편석이 방지된다고 말하고 있으나 Cu－Sn계에서도 Al－Cu계와 마찬가지로 중심부에 편석이 존재한다. 강의 경우에는 편석이 감소한다.

5. 융점과 상평형

고압하에서의 융점, 상평형의 변화에 관해서는 최근의 초고압기술의 발달과 함께 연구가 널리 행해져 왔다. 응고할 때 수축하는 금속의 융점은 고압하에서는 상승한다.

Al은 약 6℃/1,000kgf/cm^{2}로 되어 있으나 Al－Si공정온도는 1,000kgf/cm^{2}의 가압하에서 약 7℃ 상승한다(그림 4－14 참조).

Al－Si상태도에 관해서는 웰터(Welter)에 의하면 20,000kgf/cm^{2}에서 공정점은 18%Si에 이동하고, Al중으로의 Si의 고용한도가 약 3%까지 증가한다고 한다.

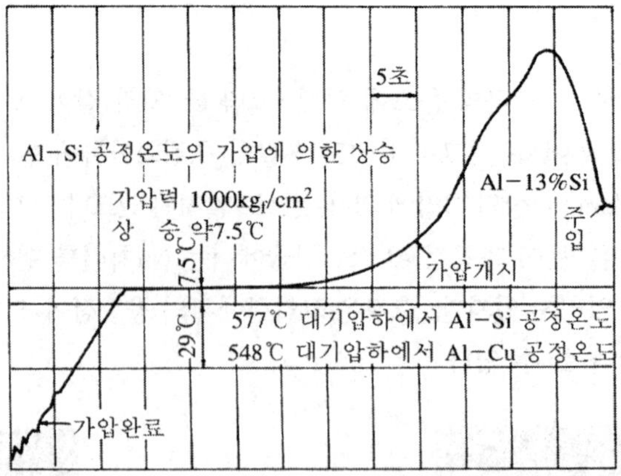

[그림 4-14] 가압(1,000℃/cm^2)하에서 일어나는 Al-13%Si 합금의 냉각곡선

Section

04 고압응고 주조작업

1 주 형

주형은 제품을 양산하는데 있어 더욱 중요한 요소이다. 주형의 수명은 그 재질 및 주조방안에 의해 결정되지만 고온에서 작업이 이루어질 뿐만 아니라 압력이라는 요인(factor)이 추가되기 때문에 극히 엄격한 조건이 요구된다. 즉 고온강도와 내마모성이 커야 하고 급열 급냉이나 열피로에 충분히 견디어야 한다.

가압응고법에 사용되는 주형은 틈새(공극, air gap)의 형성을 억제하여 열전도가 빨라지기 때문에 주형의 재질선정이나 제작(주조방안)에 있어서도 용탕이 접하게 되는 표피부분과 중앙부분의 가열냉각에 따른 문제점을 생각하여야 한다. 이를 위해서는 주형의 온도상승상황을 기록하여 주조방안과 주형두께를 결정하는데 참고가 되도록 하여야 한다.

주형의 내구성은 제품의 치수정밀도가 낮은 경우에는 S15C강(0.15%C, 0.9%Mn)으로서 3,000회, 치수정도가 엄격히 요구되는 경우에는 S20C강(0.2%C, 0.9%Mn)으로서 300회 정도밖에 사용할 수가 없다. 이때의 주형의 예열온도는 150~200℃이다.

2 가압력의 크기

가압력의 크기는 주조품의 건전성에 커다란 영향을 주는 인자이다.

[그림 4-15]에 나타낸 바와 같이 기공이 없어지는 가압의 크기는 재질 또는 형상에 따라 다르다. 그리고

가압력의 대소는 그 제품의 기계적 성질을 좌우하며 특히 가압력이 작을 때에는 조대한 수지상(dendrite) 조직을 나타내고 기공(porosity)을 형성하게 되지만 가압력이 충분히 크면 조직은 미세해지고 기공은 소멸된다. 따라서 가압의 크기는 주물의 재질과 형상에 따라 결정되어야 한다. 일반적으로 500kgf/cm^{2}이상의 압력을 가하게 되면 가압효과가 현저하게 증가한다.

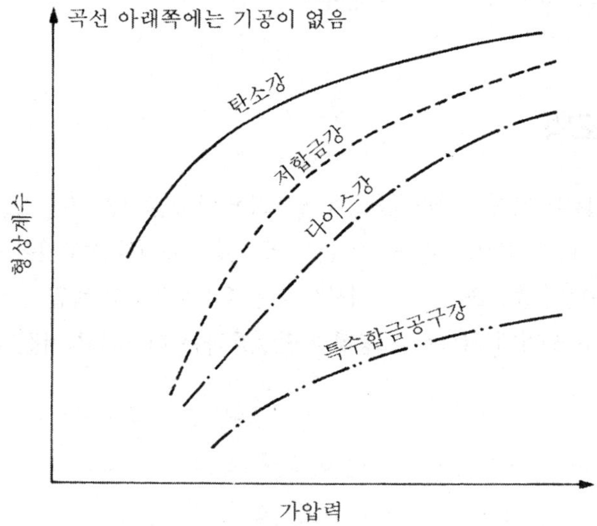

[그림 4-15] 가압력과 합금 중의 기공과의 관계

3 가압개시시기

가압시기가 빠르고 늦음에 따라 가압효과가 달라짐은 당연하다고 할 수 있으나 대체로 주탕 직후의 완전한 용융상태에서 가압을 개시하는 것이 가장 좋은 결과를 가져오게 된다. 가압개시를 늦게 하여 상당량의 고상이 존재하는 고액공존상태에서 직접압입법에 의하여 가압하게 되면 저융점의 공정성분만이 상단부로 압상(押上)되고 밑부분에는 대부분 α 상만이 있게 된다. 따라서 단조와 같은 소성변화를 기대한다는 것은 어렵기 때문에 완전한 상태에서 가압성형 및 응고의 과정이 진행되도록 해야 한다. 즉 가능한 한 조기가압하는 것이 바람직하다. 그러나 성형과 기공에 대한 효과를 고려하여 결정해야 한다.

4 가압유지시간

주조금속의 융점과 금형과의 온도차, 제품의 두께, 형상 및 도형제 등에 따라 다소 다르나 응고가 완료될 때까지 가압을 유지할 필요가 있다. 응고완료 소요시간은 중력금형주조법의 1/2~1/4 정도이다.

가압유지시간은 일반적으로 두께 50mm의 알루미늄합금일 때에는 5sec/cm, 두께 100mm 동합금일 때에는 15sec/cm라고 하나 전술한 바와 같이 여러 가지 요인에 따라 다소 다르게 된다.

5 금형온도와 주입온도

주입온도의 영향은 별로 나타나지 않는다. 왜냐하면 가압효과로 인하여 주입온도의 과열로 인한 악영향이 보상되기 때문이다. 이는 가압으로 인한 냉각속도의 가속에도 하나의 원인이 있는 것 같다. 금형의 예열온도로서는 일반적으로 200~300℃가 적당하다.

6 가압속도와 도형

가압속도의 영향에 대해서는 아직 데이터(data)가 발표되어 있지 않지만 직접 또는 간접압입법에서는 특히 고려되어야 할 사항이다. 가압할 때의 플런저 속도는 가압장치의 규격결정에 있어 중요한 사항의 하나이다.

도형제 역시 실용상 대단히 중요하다. 가압개시까지는 중력주조법과 똑같은 효과가 있으나 압력이 가해지면 용탕은 금형면으로 눌리게 되므로 도형제의 단열효과는 대단히 적어진다.

7 용해조건

용해조업 중 가장 중요한 사항은 용탕 중의 가스문제이다.

일반적으로 대기 중에서 용해한 경우와 탈가스한 경우의 주물의 성질을 비교하면 [그림 4-16]과 [그림 4-17]에서 보는 바와 같이 그 차이가 현저하게 나타나지만 가압의 크기가 500kgf/cm^2 이상으로 되면 그 차이는 점차 감소하는 경향을 나타낸다. 이는 함유가스(주로 수소)의 용해도가 가압에 의하여 증대되는 점과 응고시의 가스방출에 기인하는 기공이 가압에 의하여 생성되지 않기 때문이라고 생각된다.

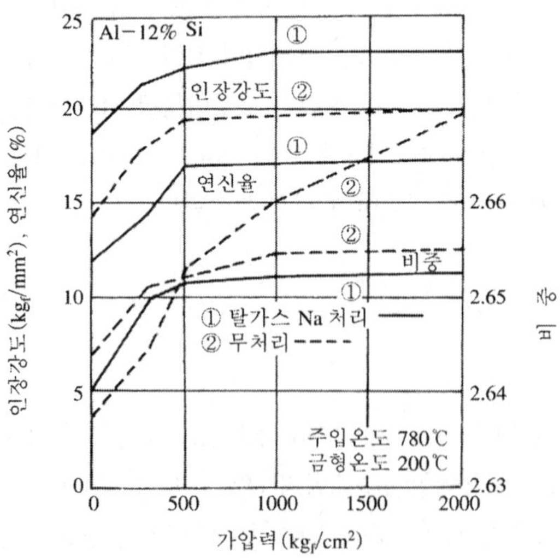

[그림 4-16] 가압력과 기계적 성질(Al-12%Si)

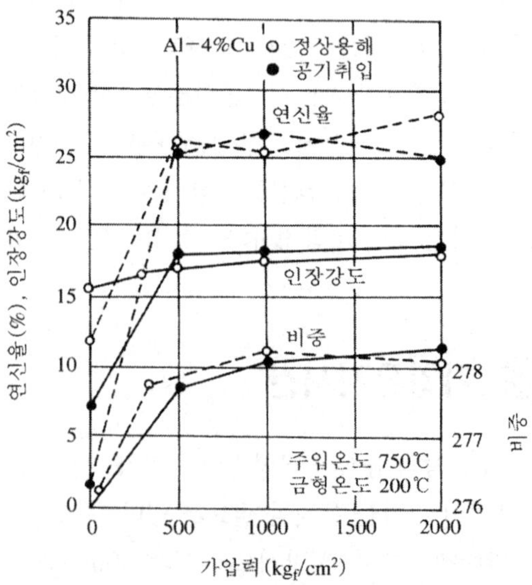

[그림 4-17] 가압력과 기계적 성질(Al-4%Cu)

이와 같이 중력주조법에서는 비교적 크게 영향을 주는 인자라 하더라도 고압응고주조법에 있어서는 가압에 의하여 억제되어 그만큼 큰 악영향을 미치지는 않는다.

8 철강주조 실례

철강에 고압응고법을 적용한 예는 러시아에서의 특허와 일본에서의 주입단조법에 관한 특허가 있다. 여기서 보면 가압력 700~800(kg_f/cm^2일 때 강 중의 미세한 기공이 소멸된다는 것이 밝혀졌으며, 한편 미국에서는 스퀴즈캐스팅(squeeze casting) 또는 용탕단조법(liquid metal forging) 이라는 명칭으로 연구가 성행하고 있다.

익힘문제

01 고압응고주조법의 원리와 특징을 쓰시오.

02 고압응고주조법의 종류를 쓰시오.

03 고압응고주조에서 용융금속에 미치는 가압의 영향은 어떤 것들이 있으며, 그 이론식을 쓰시오.

04 고압응고주조법의 작업공정을 쓰시오.

05 주조품의 성질에 미치는 가압효과로서 기계적 성질, 주조결함, 조직과 편석, 융점 등이 어떻게 변화하는지 쓰시오.

06 고압응고주조법에서 품질개전효과를 쓰시오.

07 고압응고 주조작업에서 품질에 영향을 주는 작업인자들은 무엇이 있으며, 그 조건에 대해서 어떠한 결과가 나타나는지 쓰시오.

08 고압응고주조법에서 용융금속에 대한 가압의 영향에 대해서 쓰시오.

09 고압응고주조법에서 제반 주조품의 성질에 대한 가압효과에 대해서 쓰시오.

10 고압응고주조작업에 대하여 쓰시오.

Chapter

05 진공주조법

Section

01 진공주조법의 특징

근래 진공기술의 발전에 따라 금속공업에 있어서 이의 응용이 많아졌으며 주조작업에도 많이 이용되어 주조품의 품질 및 주조수율 향상에 많은 성과를 거두고 있다. 주조작업에서 진공기술의 이용은 용탕을 진공 중 혹은 감압하에서 용해하거나 주입하는 방법이 가장 많이 실용되고 있다. 즉 진공용해법, 진공주조법, 그 외에 진공처리법 등이 있다. 진공용해법은 용탕의 원재료를 진공하에서 용해하는 방법이며 이것을 계속 진공하에서 주조하거나 혹은 대기중에 되돌려서 주조한다.

진공주조법(vacuum casting)에 있어서 용해는 대기압하에서 하고 주조만은 진공하에서 하는 방법도 있다. 그 밖에 진공처리법으로는 대기압하에서 용해된 용탕을 레이들에 받을 때 또는 레이들에 받은 후에 진공처리하며 이것을 진공하에서 혹은 대기압하에서 주조하는 방법 등이 있다. 이것을 간단하게 정리하면 다음과 같다.

1) **진공용해** ┌→ 진공주조
　　　　　　 └→ 대기(또는 분위기)주조

2) **대기용해** → 진공주조

3) **대기용해** → 진공처리(레이들내의 용탕 혹은 레이들에 받을 때의 용탕을 대상) ┌→ 대기(또는 분위기) 주조
　　　　　　 └→ 진공주조

이상에서 1)방법은 중량 1,000kgf 이하 소규모인 경우에만 적용되고 주로 Cr, Ni, Co 등을 주체로 한 초경합금, 전자재료, 특수고합금강, 원자력용 재료 혹은 동 및 그의 합금 Ti, Zr, Mo, W 등의 용해에 사용된다. 2), 3)방식은 대규모 용해에 가능하며 주로 철강 제조에 많이 사용하고 있다.

이들 각종 방식은 각기 이점을 가지고 있으나 대개 공통적으로는,

① 용해와 주조과정에서 분위기의 오염을 방지할 수 있다.
② 수소, 산소, 질소 등의 유해가스성분을 제거할 수 있다.
③ 유해한 불순물 원소를 제거할 수 있다.
④ 진공처리에 따라 정련반응을 촉진할 수 있다.
⑤ 활성금속합금을 용해할 수 있다.
등의 이점을 들 수 있다.

Section
02 진공주조 이론

용융금속은 진공 또는 감압하에서 탈가스, 증발, 화합물의 해리, 기타 화학반응의 촉진 등의 현상을 나타낸다. 그러나 진공 혹은 감압하에서 이들 현상에 대한 기초적인 연구는 충분히 진행되어 있지는 않으나 현재까지 얻어진 지식을 정리하여 진공주조시의 여러 현상에 대하여 기초적 고찰을 하기로 한다.

1 탈가스

1. 용융금속에 대한 가스의 용해

용융금속에 대한 가스용해반응은 다음 식으로 표시된다.

$$A(g) \rightarrow \underline{A} \quad \cdots\cdots (5-1)$$

여기서,

- $A(g)$: 가스성분 A의 가스상의 경우
- $\underline{A}$: 가스성분 A의 용해상태의 경우

식(5-1)의 반응은 질량작용의 법칙에 따라 다음 관계가 성립한다.

$$K_A = \frac{P_A}{a_A} \quad \cdots\cdots (5-2)$$

여기서,

- P_A : 기상(氣相)에 있어서 A의 분압
- a_A : 용융금속 중의 A의 활량
- K_A : 평형상수

따라서, 용융금속 중의 A의 평형농도는 기상 중의 A의 분압에 따라 정하여지고 P_A가 적어지면 식(5-2)에 따라 A의 농도는 감소한다. 만약 수소, 산소 및 질소가 단순히 용탕 중에 용해할 경우에 대하여 생각하면

$$\frac{1}{2}H_2 \rightarrow \underline{H} \qquad \underline{H} = K_H\sqrt{P_H} \quad \cdots\cdots (5-3)$$

$$\frac{1}{2}O_2 \rightarrow \underline{O} \qquad \underline{O} = K_O\sqrt{P_O} \quad \cdots\cdots (5-4)$$

$$\frac{1}{2}N_2 \rightarrow \underline{N} \qquad \underline{N} = K_N\sqrt{P_N} \quad \cdots\cdots (5-5)$$

여기서,

- K_H, K_O, K_N : 평행상수
- $\underline{H}$, $\underline{O}$, $\underline{N}$, : 용탕 중의 농도
- P_H, P_O, P_N : 각각 기상(氣相) 중의 분압(기압)에 대한 보정치

사이또(Saito), 가와신(Gawasin)에 의하면 1,600℃에서 K_H, K_O, K_N는 대개 2,830, 0.0025, 0.040 이고 용탕 중의 수소, 산소, 질소의 활동도는 그 농도와 같다고 가정하고 각 가스압력과 용탕 중의 용해도와의 관계를 나타내면 [표 5-1]과 같다.

[표 5-1] 용탕 중의 수소, 산소 및 질소의 용해도와 분압과의 관계

분 압		용해도		
(기압)	(mmHg)	$\underline{H}$(%)	$\underline{O}$(%)	$\underline{N}$(%)
1	760	25×10^{-4}		400×10^{-4}
10^{-1}	76	7.9×10^{-4}		126×10^{-4}
10^{-2}	7.6	2.5×10^{-4}		40×10^{-4}
10^{-3}	7.6×10^{-1}	0.79×10^{-4}		12.6×10^{-4}
10^{-4}	7.6×10^{-2}	0.25×10^{-4}		4×10^{-4}
10^{-5}	7.6×10^{-3}	0.079×10^{-4}		1.3×10^{-4}
10^{-6}	7.6×10^{-4}	0.025×10^{-4}		0.4×10^{-4}
10^{-7}	7.6×10^{-5}	0.0079×10^{-4}	2.83	0.13×10^{-4}
10^{-8}	7.6×10^{-6}	0.0025×10^{-4}	0.28	0.04×10^{-4}

즉 용탕 중에서 수소는 $P_H = 10^{-3}$ 기압에서 이미 평형용해 수소량은 ppm단위 이하로 되나 산소는 단지 진공처리만 가지고는 감소되기 불가능하다. 가령 $P_O = 10^{-6}$ 기압에서 평형산소함유량은 수 %이고 이 경우 산소는 포화한다. 또 질소의 경우도 P_N의 저하에 따라 평형용해 질소량은 많이 감소한다. 따라서 이들 가스가 단순히 용해하고 있을 경우 진공처리에 의해 수소, 질소는 제거가능하나 산소는 불가능한 것을 알 수 있다.

2. 용융금속으로부터 가스의 방출

이상은 단지 평형관계로부터의 추정이나 실제작업에 있어서는 가스가 용융금속으로부터 빠져나가는 속도가 문제시된다. 지금 성분 A 및 B로 된 균일한 용융금속으로부터 가스성분 B가 증발하는 경우를 생각하자. 우선 B성분의 액상 중에서 조성이 균일하다고 하면 그 조성에 상응한 증기압을 나타내며 진공 중에 B성분의 증발속도 W(g/sec)는 랭뮈어(Langmuir)식으로 주어진다.

$$W = K/\alpha \sqrt{\frac{M_B}{2\pi RT}} P_B \cdot A \quad \cdots\cdots (5-6)$$

여기서,
- α : 적응계수(accommodation coefficient)로 가스분자가 응축상(凝縮相)에 충돌하였을 때, 그 표면에 응집할 경우를 표시하는 수치
- K : 클라우싱 상수(Clausing factor)라 부르며, 증발가스 혹은 도가니 등에 따라 영향을 받는 것에 대한 보정치
- M_B : 증발가스 B의 분자량
- P_B : 증기압
- A : 증발면적

지금 증발에 따라 t시간 후에 y(g)의 B성분이 증발하였다고 하면, 그 증발속도는 식 (5－6)에 의하여

$$\frac{d_y}{d_t} = \frac{KA}{\alpha\sqrt{2\pi RT}} \cdot \sqrt{M_B}\, r_B N_B P_B^0 \quad \cdots\cdots (5-7)$$

여기서,
- r_B : 용융금속상내 B의 활량계수
- M_B : 몰(mole)농도
- P_B^0 : 순수상태에 있어서의 증기압

으로 나타낸다. 헨리(Henry)의 법칙이 성립하는 농도범위에서는 식 (5－6)의 농도를 중량%단위로 나타내며 B의 증발로 인한 농도의 감소는 다음 식으로 나타낸다.

$$-\frac{d[\%B]}{dt} = \frac{100A}{\rho V} \cdot \frac{\sqrt{M_B}}{\sqrt{2\pi RT}} \cdot k[\%B]$$

따라서,

$$\ln\frac{[\%B_o]}{\%B} = \frac{100A}{\rho V} \cdot \frac{\sqrt{M_B}}{\sqrt{2\pi RT}} \cdot kt \quad \cdots\cdots (5-8)$$

여기서,
- ρ : 용탕의 비중(g/cm^3)
- V : 용탕의 체적(cm^3)
- k : 헨리 법칙의 비례상수

이와 달리 B의 증발 속의 율속단계(律速段階)가 기체와 액체의 경계면에서 B성분에 대하여 농도기울기를 갖는 경계층 δ_B를 통하여 B가 확산하는 속도라고 하면(그림 5－1 참조)

$$\frac{\partial C_B}{\partial t} = -A\left(D_B\frac{\partial C_B}{\partial x} + C_B \cdot V_x\right) \quad \cdots\cdots (5-9)$$

$C_B \cdot V_x$는 교반에 의한 유동에 기인하는 항이고 V_x는 액체의 x방향의 유동속도로서 V_x의 평가는 곤란하다. 그러나 경계면에서 $V_x = 0$이므로

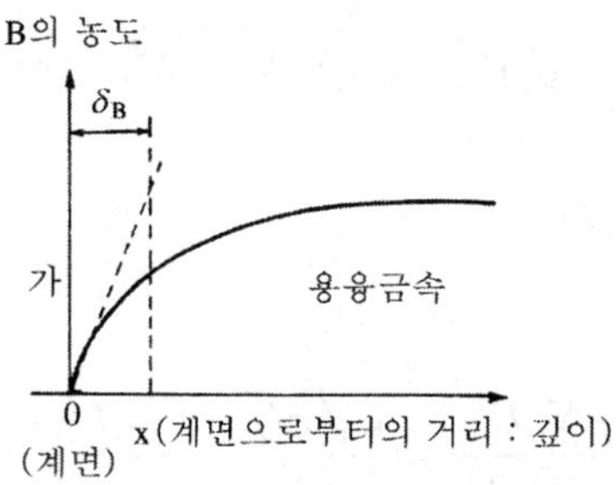

[그림 5-1] 기-액계면에서의 경계층

$$\frac{\partial C_B}{\partial t} = -AD_B(\frac{\partial C_B}{\partial x})V_{x=0} = -\frac{D_B}{\delta_B}\times(C_{Bx=0} - C_B bulk)$$

$$\therefore -d[\%B]/dt = \frac{A}{V}\cdot\frac{D_B}{\delta_B}\times([\%B]_{bulk} - [\%B]_{surface})$$

$$\therefore C_B = \frac{[\%B]}{V}$$

따라서,

$$\ln\left(\frac{[\%B]_o - [\%B]_{surface}}{[\%B]_{bulk} - [\%B]_{surface}}\right) = \frac{A}{V}\cdot\frac{D_B}{\delta_B}\cdot t \quad \cdots\cdots (5-10)$$

여기서,

- $[\%B]_o$: 최초의 B농도
- D_B : B의 확산계수
- δ_B : 확산층의 두께(경계유동층의 두께)

식 (5-10)은 시간 t내에 증발에 의하여 균일 용융금속상에서 B성분이 증발하는 상황을 나타낼 때의 식이다. 예를 들면 철강 중의 각종 성분의 증발속도 등은 이 식에 의하여 구해진다. 따라서 식 (5-8)에 따라서 증발속도는 증기압, 증발, 가스분자량, 증발면적 및 온도에 단순히 의존하는 것같이 보이나 실제로는 확산속도, 확산막두께 등에도 영향을 받는다. 많은 연구결과에 의하면 용융금속 중에서 반응율속단계가 반응성분의 확산에 있다는 것이 알려져 있고 용융금속으로부터 가스의 방출속도식으로서는 식 (5-10)이 실측 예와 잘 일치되고 있다.

2 합금성분의 증발

앞에서는 성분 A 및 B로 된 균일한 용융금속으로부터 빠져나오는 가스성분 B가 증발하는 경우에 대해서만 생각하였다. 그러나 실제로는 A성분도 B와 똑같이 진공의 영향을 받아 B와 함께 증발한다. 이 양자의 증발비율은 예를 들면, A성분과 함께 함유된 불순물 혹은 불필요 성분 B를 제거하는데 있어서 기본적 관계를 가지고 있다. 지금 A성분에 대해서도 식 (5-7)에 의한 B성분과 동일한 관계가 성립된다. 즉,

$$\frac{dx}{dt} = \frac{KA}{\alpha\sqrt{2\pi RT}} \cdot \sqrt{M_A} \cdot r_A \cdot N_A \cdot P_A^0 \quad \cdots\cdots (5-11)$$

단, 기호의 뜻은 식 (5－7)에 준한다.

식 (5－7)과 식 (5－11)에서

$$\frac{dy}{dx} = \frac{\sqrt{M_B}}{\sqrt{M_A}} \cdot \frac{r_B N_B P_B^0}{r_A N_A P_A^0} = \frac{\sqrt{M_B}}{\sqrt{M_A}} \cdot \frac{r_B P_B^0}{r_A P_A^0} \cdot \frac{b-y}{a-x} \quad \cdots\cdots (5-12)$$

여기서, a 및 b는 A 및 B 성분의 최초함유량이다.

지금 용융금속상이 B성분에 대하여 희박용액이고 $r_A = 1$, $r_B =$ 일정 $(const.)$하게 볼 수 있는 범위 (헨리(Henry)의 법칙이 성립하는 범위)에서는

$$\sqrt{M_A} \cdot r_B P_B^0 \sqrt{M_B} \cdot r_A \cdot P_A^0 \equiv \alpha = \text{일정}$$

식 (5－12)로부터

$$y/b = 1-(1-\frac{x}{a})^{\alpha} \quad \cdots\cdots (5-13)$$

식 (5－13)으로부터 $\alpha = 1$일 때는 $x/a = y/b$, 즉 A, B 양 성분의 증발 비율은 같으며 조성은 변하지 않는다. $\alpha > 1$일 때는 B성분은 증발에 의하여 농도는 감소되고 제거되며 α가 클수록 제거되기 쉽다. $\alpha < 1$일 때는 B성분이 증발하는 것보다 A성분의 증발이 활발하고 B성분은 농화한다.

x/a와 y/b와의 관계는 [그림 5－2]와 같이 된다. 또한 예로서 2원계 철합금의 경우의 α의 값을 나타내면 [표 5－2]와 같다.

이와 같은 결과로부터 망간, 동, 주석 등 α가 큰 것은 철의 증발손실이 없이 증발제거가 가능하지만 코발트, 니켈, 크롬, 실리콘과 같은 α가 적은 것은 증발제거가 불가능함을 알 수 있다.

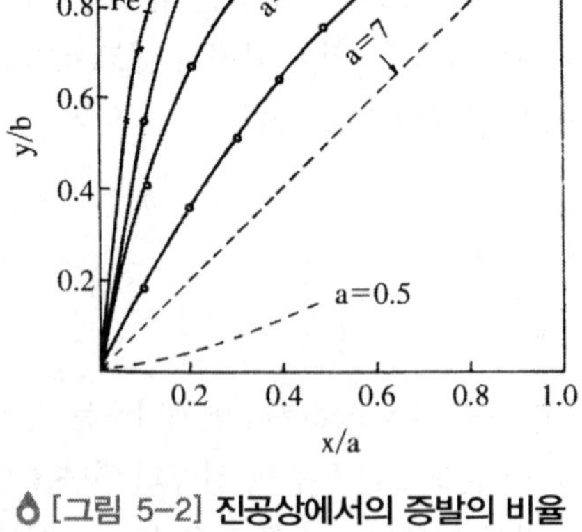

[그림 5－2] 진공상에서의 증발의 비율

[표 5-2] 2원계 철합금의 증기압 및 α값

원 소	1,600℃에 있어서의 증기압 (mmHg)	용탕 중에 있어서의 활량계수	1,600℃에 있어서의 증기압(mmHg)		α	
			0.2%	1.0%		
Mn	4.2	1.3	0.11	0.55	900	150
Al	1.9	0.031	0.00024	0.0013	1.4	–
Cu	1.0	8.0	0.014	0.070	12.5	60
Sn	0.8	1	0.00076	0.0038	9.1	18
Si	0.42	0.0072	0.000012	0.00006	0.07	10
Cr	0.19	1	0.004	0.02	3.3	–
Co	0.031	1	0.00006	0.0003	0.5	–
Ni	0.029	0.67	0.000036	0.00018	0.32	–
S	>760					7.5
As	>760					3
P	>760					0.6

3 각종 화합물의 해리

고진공하에서 산화물, 질화물 및 황화물 등은 해리한다. 가령 산화물을 예로 들면

$$M + 1/2\,O_2 = 2MO \qquad \text{단, M은 2가의 금속}$$

위의 식의 표준자유에너지는

$$\Delta G^\circ = -RT\ln P$$

여기서,
- ΔG° : 표준자유에너지
- P : 산화물의 해리압
- R : 기체상수
- T : 절대온도

따라서 ΔG° 를 알게 되면 각 온도에 있어서 P는 용이하게 구할 수 있다. 리차드슨(Richardson)과 제페스(Jeffes)는 산화물과 황화물에 대하여 피어슨(Pearson)과 엔데(Ende)는 질화물에 대하여 각종 온도에서의 표준자유에너지와 해리압을 [그림 5-3], [그림 5-4],[그림 5-5]에 각각 나타내었다. 이들 데이터에는 실험적으로 부정확한 것과 저온에서의 결과를 고온까지 적용한 것도 있다. 그러나 이들 결과로 볼 때 현재 실용되고 있는 진공주조에서의 진공능력으로는 대부분의 각종 화합물을 해리시킨다는 것은 불가능하다고 할 수 있다. 따라서 산화물, 황화물 및 질화물의 산소, 황 및 질소를 저압에서의 해리에 의하여 제거하는 것은 대부분의 경우 곤란하다.

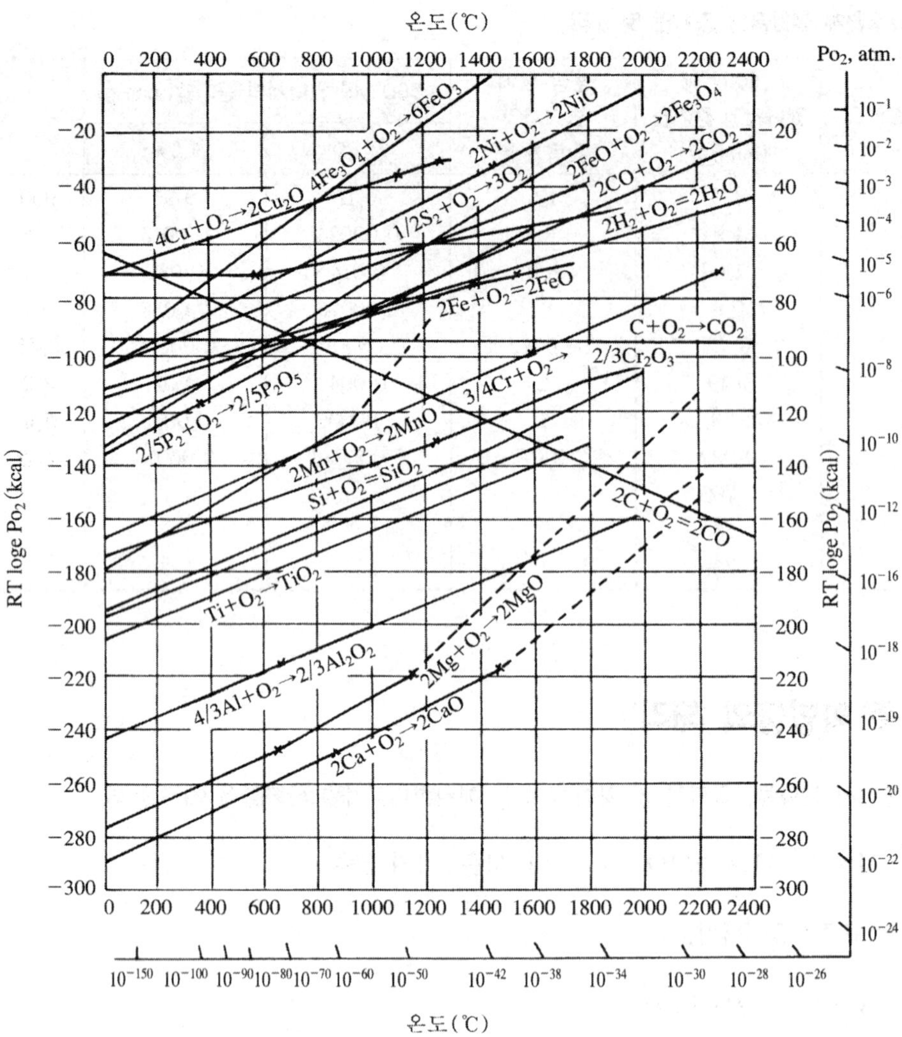

[그림 5-3] 각종 산화물의 해리압

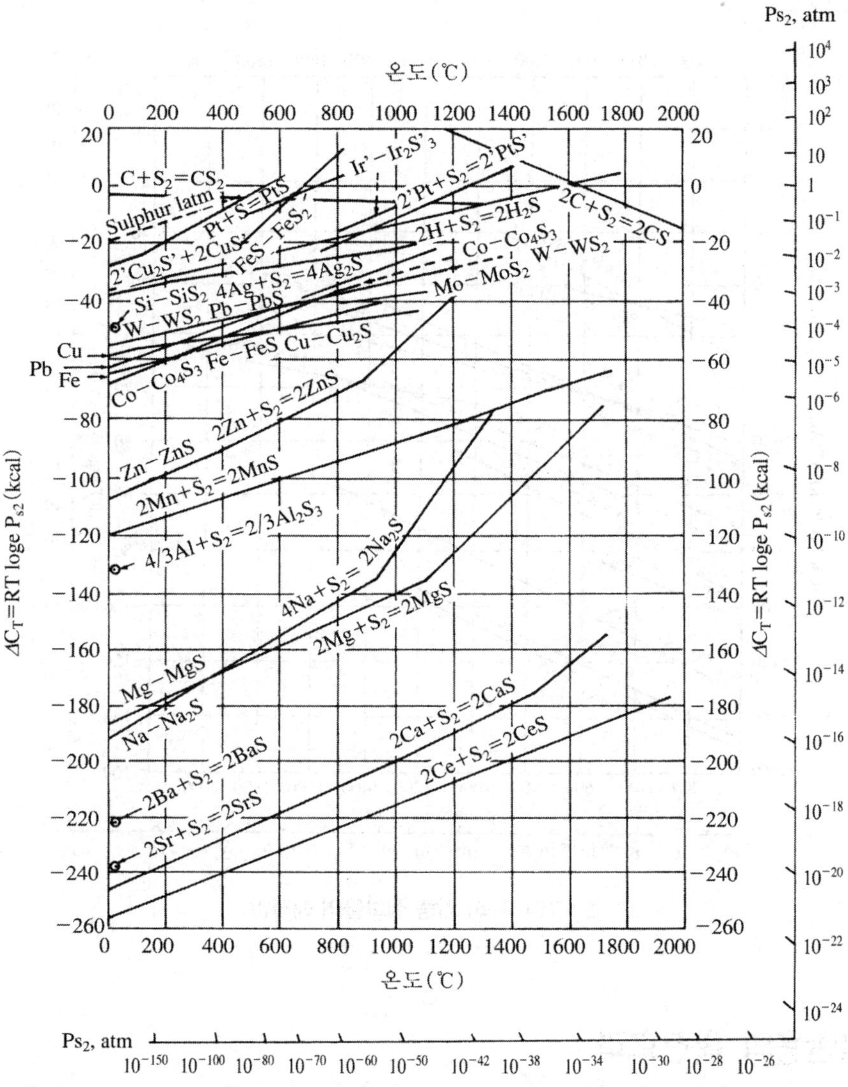

[그림 5-4] 각종 황화물의 해리압

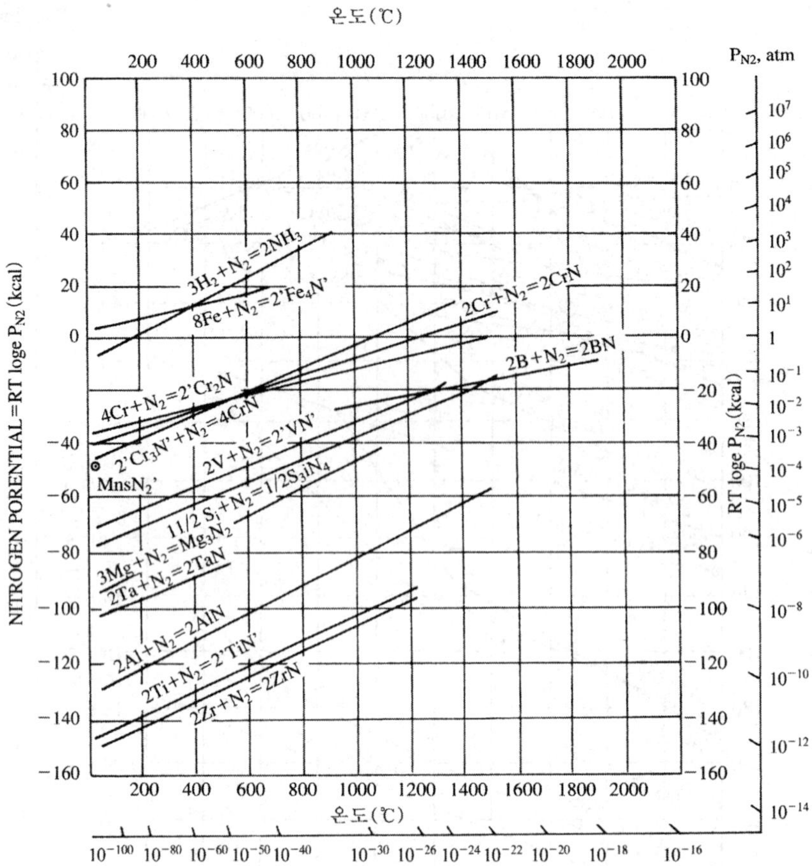

[그림 5-5] 각종 질화물의 해리압

4 화학반응의 촉진효과

생성계가 가스상태의 화학반응을 통하여 언제나 그 생성가스를 떼어내어 주면 화학반응이 촉진된다. 따라서 생성가스를 항상 배기하고 있는 진공하에서 이 반응은 한층 촉진된다. 이 때문에 반응계 중에서 제거하기 힘든 것이 함유되어 있을 경우, 가령 철강의 탈산은 공존하는 탄소와의 반응에 의하여 위 원리를 이용하여 효과적으로 제거할 수 있다. 즉 용탕 중에 존재하는 탄소와 산소는 다음과 같이 반응한다.

$$\left\{\begin{matrix} \underline{C}+\underline{O}=CO \\ K_{co}=P_{co}/C\cdot O \end{matrix}\right\}$$

여기서 P_{CO}를 적게 하면 반응은 오른쪽으로 진행하고 저압에서 탄소와 평형하는 산소량은 매우 적어진다. 따라서 대기압하에서 평형을 유지하고 있는 탄소－산소관계도 진공처리로 다시 반응을 일으켜서 비등상태가 되고 탈산이 진행한다. 후지이(Fujii)는 저압에서 용강 중의 $C-O$관계에 대해서 실험하고 마샬과 지프만(Marshall & Chipman)이 1~20기압의 조건하에서 실험한 바 있으며

$$\log K_{co}(\frac{P_{co}}{a_c \cdot a_o}) = \frac{1,860}{T} + 1,654$$

여기서,

- a_o : 산소의 활량
- a_c : 탄소의 활량

위의 관계식이 저압에서도 적용된다고 보고하고 있다. 따라서 이보다 저압에 있어서 탄소－산소관계를 구하고 다른 원소와 산소와의 평형관계를 같이 나타낸다면 [그림 5－6]과 같이 된다. 이 관계는 $a_c = \underline{C}$, $a_o = \underline{O}$라고 가정하고 있으며 반응속도에 문제가 있어 실제적으로는 반드시 그림에 나타낸 관계처럼 되지는 않으나 저압에서는 미량의 탄소가 존재함에 따라 용강 중의 산소량은 현저히 감소한다.

가령 P_{co}가 76mmHg이면 탄소 0.1%의 존재는 대기압하에 있는 알루미늄 0.1%의 탈산력과 같은 효과를 나타내고 있다. 더욱이 용탕 중에서 각종 산화물 등은 단순히 압력을 떨어뜨리는 것만으로는 제거하기 곤란하지만, 탄소가 존재하면 탄소의 탈산반응과 꼭 같이 저압하에 있어서는 환원반응이 진행하기 쉽게 된다.

$$\text{즉, } \begin{Bmatrix} Mno + \underline{C} = \underline{Mn} + CO \\ SiO_2 + 2\underline{C} = \underline{Si} + 2CO \\ Al_2O_3 + 3\underline{C} = 2\underline{Al} + 3CO \end{Bmatrix} \quad \cdots\cdots (5-14)$$

로 되는 반응은 오른쪽으로 진행한다.

이들의 반응개시온도와 P_{co}와의 관계는 [그림 5－7]에 나타낸 것과 같으며 P_{co} = 1기압에 있어서는 고온이 아니면 진행하지 않는 반응도 기압을 떨어뜨림으로써 상당히 저온에서도 진행됨을 알 수 있다. 이와 같이 진공처리함으로써 새로이 화학반응을 촉진하여 불필요한 성분을 효과적으로 제지할 수 있다.

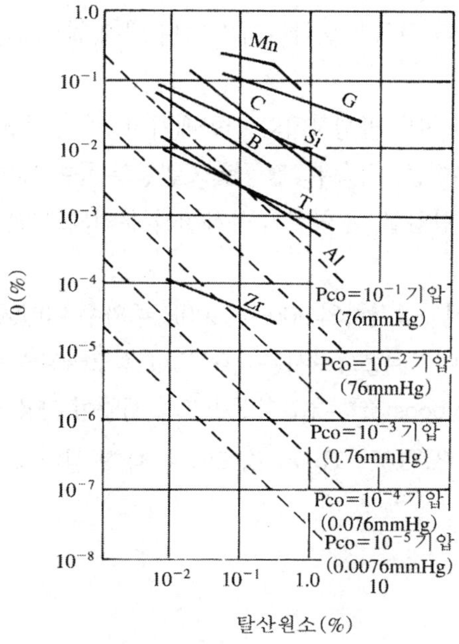

[그림 5-6] 저압하에서의 용탕 중의 탄소와 산소와의 관계

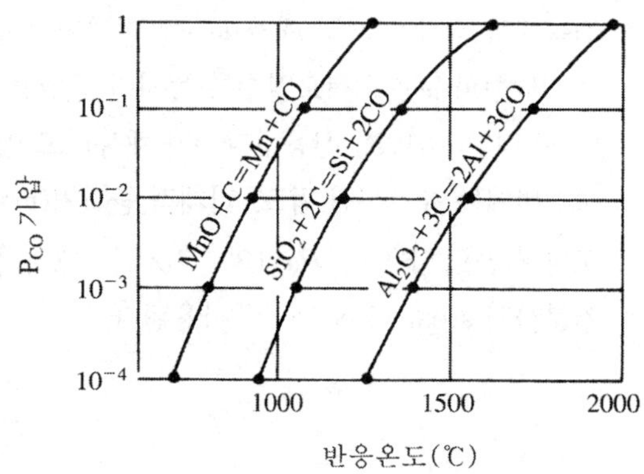

[그림 5-7] 탄소에 의한 각종 산화물의 환원

Section
03 진공용해법

1 진공유도용해법

유도로를 진공 중에 설치해서 용해정련하는 방법으로서 진공유도용해법(vacuum induction melting)을 약칭해서 VIM이라 한다. 진공용해의 연구 방법은 이미 19세기말에 나타났지만 생산규모로의 용해는 1920년대이고 1950년대에는 필요에 의해 제트엔진 재료에 대한 대폭적인 수요증가가 계기가 되어 급속하게 발전했다. 또한 이것을 가능하게 한 것은 대용량 진공 펌프의 개발과 진공 기기류의 성능향상에 있다. 그 특징은 진공하에서 용해가 행해지기 때문에 분위기로부터의 오염이 없는 것, 용강 중의 C와 O의 반응에 의하여 유효한 탈산이 이루어지는 것, 활성금속을 포함하여 성분조정이 극도로 정확하고 용이한 것 등이 있다. 그러나 결점이라면 증발하기 쉬운 성분에 대해서는 조정이 곤란하고 응고형태는 진공 아크 재용해법과 다르고, 보통 조괴의 경우 성분편석은 피할 수 없다. 또한 발열성인 압탕 보온재를 사용하므로 회수율은 증가한다. 이 같은 이유에서 진공 아크 재용해법과 조합하여 사용하는 예가 많다. 일본에서는 자성재료, 전자기기재료에 VIM이 채용되고 있다.

1. 설 비

용해용량은 500kgf~25×10^{3}kgf이지만 최대급으로서는 미국에 60×10^{3}kgf로가 있다. 진공유도용해로는 진공 용기 내에 유도로를 설치하고, 외부로부터 전력을 공급하여 도가니 내에 원재료를 용해함으로써 진공 중에서 주탕한다.

이 기본적인 형식은 [그림 5-8]과 같고 이 외에 유도전류 발생장치와 진공배기계통을 갖추고 있다. 유도로는 수냉 동간코일, 무철심형의 코일, 수냉 케이블, 접속부, 진공탱크 관통부 등에 대한 진공절연이 중요시되고 있다. 연속용해를 위해서는 원료장입실, 주형실이 용해실과 분리되고 밸브에 접속해서 각각 별개의 배기계통에 연결되어진다.

전원주파수는 소형로일수록 높지만 공업용 노에는 전동발전기의 500~3,000H$_z$주파수 여배(勵倍) 방식의 150~540H$_z$ 상용주파수가 채용되고 있다. 진공배기계통으로서는 5,000kgf 정도까지의 중규모설비에는 유압회전 펌프, 기계적 중압기(mechanical booster), 유압확산펌프의 계열이 사용되고, 도달 진공도 약 $10^{-2}Pa(10^{-4}Torr)$, 조업시는 $10^{-1}Pa(10^{-3}Torr)$ 정도이다. 대형 설비에는 증기분사기(steam ejector)가 사용된다.

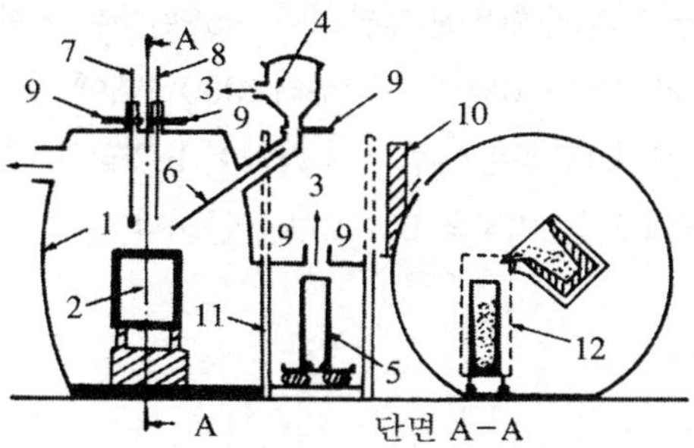

1 : 노외각	2 : 도가니(crucible)	3 : 배기구
4 : 원료장입실	5 : 주형	6 : 원료첨가 슈트(chute)
7 : 시료채취기구	8 : 열전대	9 : 잠금 밸브
10 : 조작반	11 : 주형실	12 : 차폐밸브

[그림 5-8] 진공유도용해로

2. 조업과 효과

중형로 이하에는 냉재장입방식이고 대형로에서는 아크로 등에서 예비용해한 용강을 장입하는 용탕장입(hot charge)방식이다. 냉재장입방식은 Ti, Nb, Al과 같은 활성원소를 많이 함유한 합금의 용해에는 불가결하고 또한 그것들을 함유한 고철칩(chip) 등의 활용에 적당하다. 대기 중 용해와 달리 진공하에서는 내화물과 용탕의 반응이 촉진됨으로 도가니 또는 라이닝의 선정에 주의해야 한다. 냉재장입에는 장입재료가 완전히 용해한 후 진공도를 올려서 진공정련을 행한다. 이것에 의해 H, N, O 등이 제거되고 또한 증기압이 높은 Zn, Sn, Sb, Pb 등의 제거가 기대된다. 질화물 생성원소가 없어지면 용강 중의 N은 [C]–[O]반응에 수반되는 비등(boiling)에 의해서 제거가 촉진된다. 진공정련과 병행해서 비활성 성분의 조정, 극저탄소강이라면 탈산정련을 행한다. 잇달아 활성성분이 조정되고 진공 중에서 상주 또는 하주에 의해서 잉곳을 만든다.

진공법에 의하면 가스성분의 감소, 열간 가공성의 개선에 효과가 있고 산화물계 개재물이 감소하기 때문에 피로특성, 충격치, 크리프강도가 개선된다. 또한 스테인리스강에는 내식성과 용접성이 향상되고 자성재료의 자성특성이 향상한다. 그러나 진공 아크 재용해법과 엘렉트로슬래그(elector slag)재용해법 등의 발전으로 대상 품종의 대체가 행하여지고 있다.

2 진공재용해법

진공 아크 재용해법으로서 현재 공업적으로 광범위하게 사용되고 있는 소모전극식 진공 아크 재용해법(consumable electrode vacuum arc remelting)을 약칭해서 간단하게 VAR이라 부르고 있다. 그 원리는 고진공하에서 수냉동판주형 중에 피용해재(즉 소모전극)를 용해해서 잇달아 그 상태로 적층응고하게 한다. 이것이 순차로 소량씩 진행해서 진공정련, 개재물의 부상분리, 응고조직의 개선에 의해서 품질이 향상한다.

원래는 고융점 금속, 활성금속의 용해용에 개발되어 1953년에는 크롤(W.J.Kroll)에 의한 티타늄 잉곳의 공업생산으로 발전했다. 잇달아 1950년대 후반부터 1960년대에 걸쳐서 철강에의 이용이 진행되어 일본에서는 최초로 신호제강소에서 1958년 이후 실용화되어 10^3kgf~25×10^3kgf용량의 노가 10여기가 가동하고 있다. 현재 세계 최대의 노는 미국의 60×10^3kgf급이다.

1. 설 비

개략도는 [그림 5-9]와 같고 이것에 급수설비, 진공배기계, 전극구동계와 전원이 접속된다. 진공용기는 상부 커버와 주형(mold)으로 되고, 유휴시간을 작게 해서 생산성을 향상하게 하는 주형틀(mold station)을 2개 설치해서 상부 커버를 이동, 선회해서 교대로 사용한다.

아크 용해시에 전류에 의한 자장 때문에 용탕이 회전해서 성분편석의 우려가 있으므로, 주형 또는 수냉 재킷(jacket)에 코일을 감아 그 전류에 의해서 자장을 제어하는 일이 많다.

진공 아크 재용해법(VAR)에는 전극이 음극, 주형은 양극의 전류가 사용된다. 정류에는 실리콘 정류기가 채용되고, 직류출력을 조정하는 데는 가포화 리액터(saturable reactor)를 설치한다.

상부의 압입봉(押込棒, stinger rod)은 진공 밀폐부(密閉部, sealing)를 지나서 진공용기 내에 관통하고 있고, 전극승강기 기구에 의하여 상하 이동한다. 이 상하는 아크 길이를 정확히 제어하기 위한 전자제어장치에서의 신호에 따라 행하여진다. 용해 중의 용융풀(pool)표면과 전극과의 간격은 품질향상을 위해 균일하게 유지하는 것이 요구되므로 아크 길이와 아크 전압의 직선관계를 이용해서 아크전압과 설정전압의 차가 영이 되도록 전극을 구동한다. 진공배기계에는 유압회전펌프, 기계적증압기, 유압확산펌프와 조합하여 도달 진공도는 약 10^{-3}Pa(10^{-5}Torr), 용해 중은 $10^{-1}\sim10^{-2}$Pa($10^{-3}\sim10^{-4}$Torr)로 유지한다.

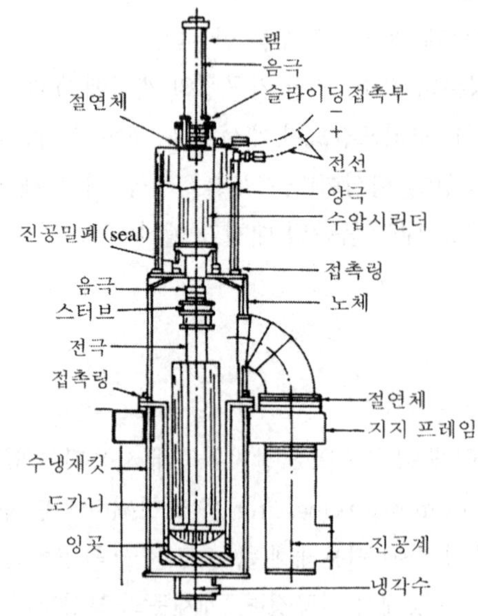

[그림 5-9] 진공 아크 재용해로

2. 조업과 효과

미리 아크로, 고주파유도로, 진공유도로 등에서 용제된 용탕을 재용해하지만 용탕의 품질에는 전극, 노내압력, 용해속도, 아크의안정성, 용융풀(pool)의 깊이 등이 영향을 미친다.

압입봉(stinger rod) 선단에 스터브(stub)라 부르는 접속용구를 갖추어 그 하부와 전극상부를 진공아크용접한다. 주형(mold)저부에는 스타팅 블록(starting block) 혹은 깨끗한 칩을 설치하고 전극과 주형의 간격을 확인하고 나서 배기하고, 소정진공도에 도달한 다음 용해를 개시한다. 초기는 저전류이지만 용융풀이 형성되어 아크가 안정이 되면 최고 전류까지 증가하게 된다.

이 일례는 [표 5-3]에 나타낸 것과 같고, 잉곳 지름 D(m)와 표준용해전류 I(A)의 사이에는 $I = 3\times 10^4 D^{1.5} + 1.65\times 10^3$의 관계가 있다. 또한 용해속도는 전류치에 대충 비례하고, 그 상수는 0.5~0.7이다. 망간(Mn)은 용해시에 증발하기 때문에 그 증발량에 대응해서 전극 중에 망간을 많이 넣는다.

[표 5-3] 진공 아크 재용해의 조건

잉곳(ingot)			용해시간 (ks)	전극과 주형의 간격(cm)	전 류 (kA)
지름(m)	길이(m)	질량(kg_f)			
0.15	1.27	160	7.2	2.5	3.5
0.20	1.10	250	9.9	↑	4.5
0.30	1.65	850	17.1		7.0
0.40	2.20	2,000	25.2	증 가	10.0
0.50	2.75	3,950	32.4		13.2
0.60	3.30	6,800	39.6	↓	17.0
0.75	4.15	13,300	50.4	5.0	23.0

또한 잉곳은 진공 중에서 응고하기 때문에 기포를 생성하기 쉽고, 전극 중의 산소(O)를 낮은 수준으로 놓아 두든가 선삭, 연삭, 숏 블라스트(shot blast)등으로 표면녹(scale)을 제거해 둘 필요가 있다. 용해가 종료하면 전류치를 내려 용융풀을 얕게 해서 상부수축공을 경감한다.

진공 아크 재용해법에 의하면 용강 중의 수소(H), 산소(O), 질소(N) 등의 가스 성분이 감소하지만 용강 중의 질소(N)와 결합하기 쉬운 원소를 포함하면 탈질소 효과는 현저하지 않다. 또한 불순물이나 개재물도 감소해서 기계적 성질이 개선된다. 적용 강종은 고급강 뿐만 아니라 대형 단조강에도 적용하며 초내열합금은 진공유도 용해법(VIM)과 진공 아크 재용해법(VAR)의 2중 용해공정으로 제조되는 것이 많다.

3 진공탈탄법

레이들정련법의 일종으로 1966~1967년에 걸쳐 독일 에델스탈베르크 비텐(Edelstahlwerk Witten)사에서 개발되었던 고크롬용강의 진공탈탄법(VOD법, vacuum oxygen decaburization)이다. 다른 말로 비텐(Witten)법이라 하며 스테인리스강의 진공탈탄법으로서 널리 보급되어 전세계에 20기 정도, 일본에도 (40~60) $\times 10^3$kgf용량의 것이 6기가 가동하고 있고, 전로 또는 아크로와 조합해서 사용되고 있다.

원리는 진공용기 내의 레이들 저부로부터 아르곤가스를 취입하면서 산소취입창(吹入槍, lance)으로 용강을 탈탄한다. 또한 보통의 진공 탈가스법과 비교해 볼 때 용강 중의 N을 제거하기 쉽다. 스테인리스강을 품질면으로 보면 페라이트계 스테인리스강은 오스테나이트계 스테인리스강과 달리 응력부식 균열을 일으키지 않는다고 하는 장점이 있지만 내식성, 인성, 가공성 등에서 열세하기 때문에 극저탄소([%] < 100ppm), 저질소([%N] < 50ppm)가 요망되고, 이것에 수반하여 진공탈탄법의 개량기술이 개발되고 있다. 플라즈마 아크(plasma arc)재용해법과 전자 빔 용해법(electron beam melting)은 이 요망에 대응하는 것이지만, 고가이므로 아직 대량생산에는 부적당하다.

진공탈탄법의 개량으로서 예를 들면 용강내 단소가 1~2%에서 0.01%까지의 제1기는 보통의 감압하에서 산소(O_2)취정을 행하고, 이후의 제2기는 고진공하에서 아르곤가스에 의한 강한 교반을 하여 진공탈탄하는 강력진공탈탄법(SS-VOD)이 있다. 탈탄과 병행해서 탈질소가 진행하지만 제2기에는 질소(N)의 흡수를 억제하도록 해야 한다.

현재 오스테나이트계 스테인리스강에 대하여는 보통의 전로와 진공배기계를 직결하는 형식도 있다.

1. 설 비

소위 레이들 탈가스법과 유사하지만, 진공조의 윗덮개에서 O형의 링(O-ring)을 통하여 산소취정용의 랜스가 승강하도록 설치되고 있는 것과 진공조내에서 격렬하게 탈탄을 행하기 위해 대량의 일산화탄소(CO)를 배기함으로써 배기능력을 증강하는 점이 다르다. 그 개략도는 [그림 5-10]과 같으며, 레이들의 저부로부터 다공성 플러그(porous plug) 등에 의해서 아르곤가스를 취입한다. 그 위치는 용강의 혼합특성을 고려해서 중심에서 반지름 방향에 약간 떨어져 있다. 또한 산소취입창(lance)은 수냉비소모형과 보통의 파이프 또는 파이프에 내화물도포를 실시한 소모형이 있다.

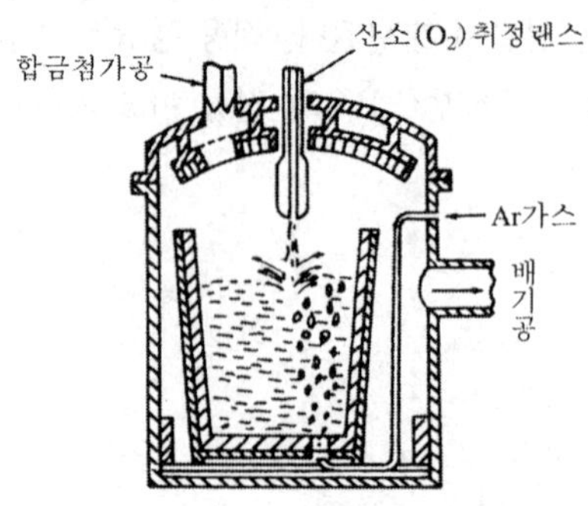

[그림 5-10] VOD설비의 개략도

2. 조업의 효과

보통은 아크로, 전로 또는 그 조합으로 용강내 탄소함량 0.4~0.5%까지 산화정련을 행하고서 출강한다. 진공탈탄용 레이들에 출강할 때에 슬랙이 혼합하지 않도록 연구할 필요가 있고, 출강하기 전에 제재한다든가 슬랙과 함께 출강하여 레이들에서 진공탈탄용 레이들에 용강을 옮기는 식으로 제제한다. 레이들을 진공조내에 있는 아르곤가스를 저부로부터(0.17~1.33)×$10^{-3}m^3/s$의 정도로 취입하면서 감압한다. 6단 증기분사기(steam ejector)를 사용하는 경우, 도달 진공도는 25Pa(0.2 Torr)정도이다. 산소취정시의 진공도는 일산화탄소(CO)가스 발생에 의한 비등(boiling)상황에 따라 13~1.3kPa(100~10 Torr)을 조절한다.

그간의 용강 중의 탄소농도의 추이는 진공도, 배기가스량, 배기가스 연속분석 등에 의하여 판정된다. 탈탄반응의 진행과 함께 작동을 펌프 단수를 높여서 약 60분(3.6ks)에 걸쳐서 산소취정이 종료했던 시점에서 펌프를 전면작동해서 일산화탄소(CO)가스발생이 이루어지기까지 진공탈가스를 행한다. 그 최종단계에 있는 용강 중의 탄소와 크롬 농도의 관계는 [그림 5-11]과 같이 나타난다.

그림 중에 표시된 각종 플롯(plot)은 산소공급농도와 아르곤가스 취입속도에 대응하고 있다. 그 외에 아르곤가스 교반을 계속하면서 탈산제를 첨가해서, 필요에 대응한 합금류를 첨가해서 처리가 완료된다. 진공탈탄법에서 중요한 것은 아크로와전로에서의 탄소함유량을 정확하게 조정하는 것이며, 이것을 대기 중에서 낮게하면 크롬손실이 증가하며 또한 탄소함유량이 높아지면 진공탈탄처리의 시간이 길어지기 때문에 크롬 회수율과 생산능률의 균형을 고려해야 한다.

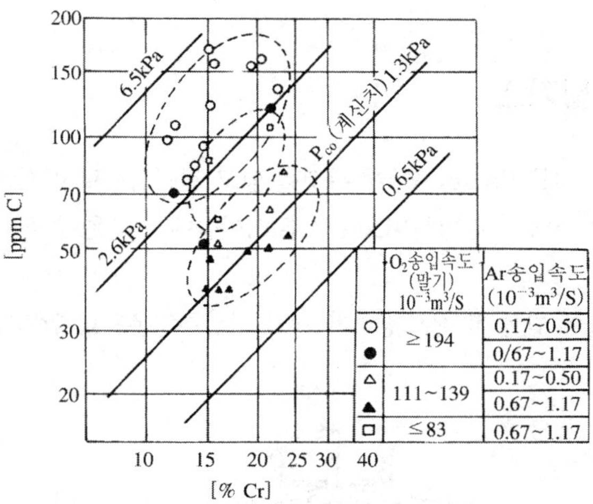

[그림 5-11] VOD법에 따른 산소취입 후의 용강 중의 탄소함유율과 크롬함유율과의 관계

이 방법에서 극저탄소와 저질소를 달성하기 위해서는 우선 탄소(C)에 대하여 도달 함량은 크롬(Cr)이 잦고 용강온도가 높은 만큼 낮게 되지만 아르곤(Ar)가스에 의한 용강교반의 상태, 탈탄말기의 산소공급속도를 적정치로 유지하는 것이 필요하고, 질소(N)에 대해서는 저탄소 영역에서의 질소흡수를 억제하면서 공기누설량을 감소시키는 밀폐(密閉, sealing), 적정한 진공도의 채택, 아르곤 등의 희석가스의 이용이 연구되고 있다.

근래 해수처리의 시설, 해양구조물, 냉각수의 해수화 등의 수요면에서는 염소이온(Cl^-) 존재하에서 충분한 특성을 발휘하는 스테인리스강이 요망되지만 그것에 수반되는 염소이온에 이한 응력부식균열을 일으키는 페라이트계 스테인리스강의 기계적 성질을 개선하기 위해 ([%C] + [%N]) < 100ppm 에의 정련이 큰 문제이나 강력진공탈탄법은 이것에 부응할 수 있는 기술이라고 할 수 있다.

Section

04 진공처리의 방법

금속을 진공 중에서 용해 주조함으로써 기대할 수 있는 성질과 품질의 향상은 대단하다. 그러나 주조품에 대한 적응은 통상의 단조재나 압연재를 위한 주괴를 만들 때와 비교하여 상당한 제약을 받는다. 예를 들면 진공탱크 내에 주물사로 만든 주형을 넣어서 주입하는 것은 많은 문제가 있고 특히 대형의 경우 곤란하다. 또 소형의 경우 이외에는 진공용해로부터 진공주조는 불가능하다. 따라서 대형주조품에 대해서는 주입 전에 용탕에 진공처리를 하여 대기 중 혹은 다른 불활성 가스 중에서 주입하는 방법을 채용할 수밖에 없다. 용해로에서 받은 용탕을 진공처리하여 주형에 주입하는 것은 대규모로 실시되고 있으므로 주로 철강의 경우에 대하여 몇 가지 방법을 설명하기로 한다.

1 진공레이들 탈가스

[그림 5-12]와 같이 레이들(ladle)자체에 뚜껑을 덮고 진공펌프로 배기하면서 직접 용해로에서 용탕을 받는 방법으로 설비가 비교적 간단하며, 처리 후 레이들에서 작은 주조품을 다수 주입하는 것이 가능하다.

그러나 용탕을 레이들에 받을 때 온도강하가 크고 적정주입온도를 얻기가 어렵다.

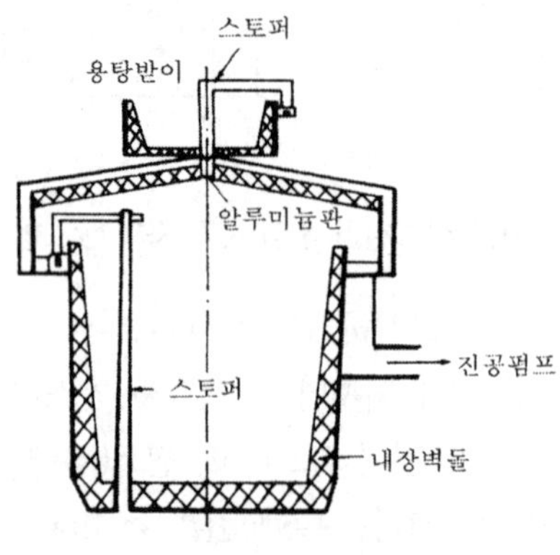

[그림 5-12] 진공 레이들 탈가스법

2 레이들 탈가스

용탕을 받은 레이들을 진공탱크 내에 넣거나 혹은 그 상부를 밀폐한 후 배기하고 진공처리하는 방법으로 [그림 5-13] 및 [그림 5-14]와 같다.

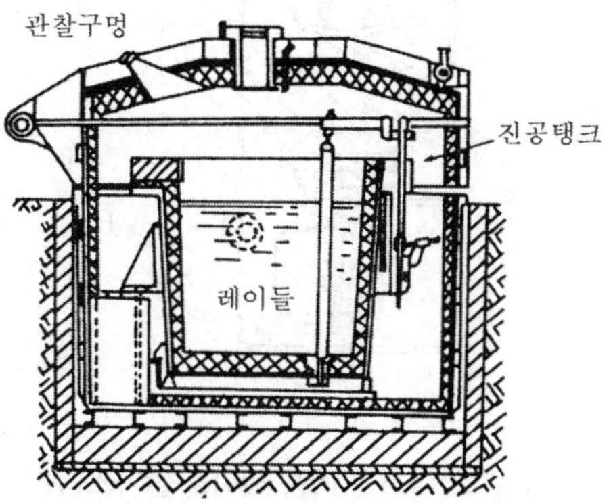

[그림 5-13] 레이들 탈가스법

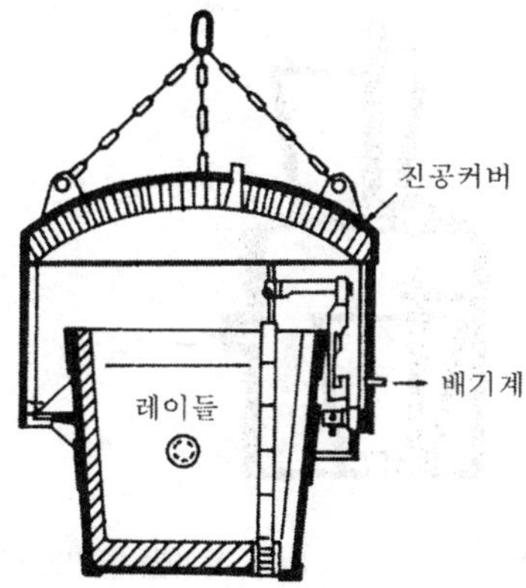

[그림 5-14] 레이들 탈가스법

이 방법에서는 진공처리 후 주입하는 것은 진공 레이들 탈가스법과 같은 이점이 있으나 용탕의 레이들 내 체류시간이 길고 그간의 온도강하가 크다는 점과 탈가스 중 용탕이 끓기 때문에 넘치지 않게 하기 위해 레이들의 깊이를 깊게 하고 용탕면보다 낮게 레이들 상부 테두리에 여유를 주어야 하는 결점이 있다. 또 레이들 밑바닥에 가까운 용탕은 자체 정압이 크므로 탈가스하기가 어려워 [그림 5-15]와 같이 용탕 중에 아르곤가스 등을 불어 넣어 교반하면서 탈가스하는 방법도 있다.

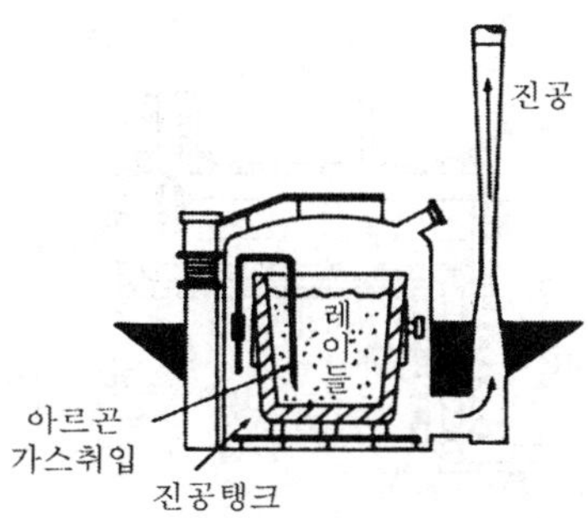

[그림 5-15] 레이들 탈가스법

3 이중 레이들 탈가스

[그림 5-16]과 같이 제1의 레이들에 보통으로 용탕을 받고 이것을 진공탱크 내에 넣어 제2의 레이들에 유적상(流滴狀)으로 주입하는 방법이다. 이 방법은 용탕이 유적상으로 되면서 제2의 레이들에 주입되므로 탈가스 효과는 양호하나 용탕의 표면적이 크게 되므로 복사열의 방열이 크고 용탕의 온도강하가 심

하며 이후의 주입온도의 조절이 곤란하다. 이 때문에 [그림 5-17]과 같이 제1레이들과 제2의 레이들 사이에서 아크 가열하는 방법도 고려되고 있다.

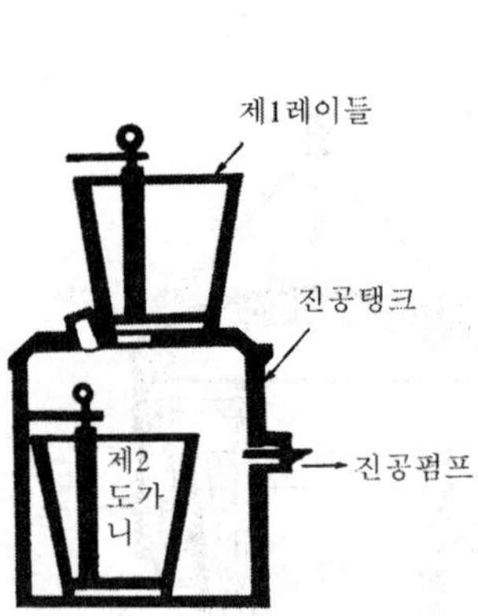

[그림 5-16] 이중 레이들 탈가스법

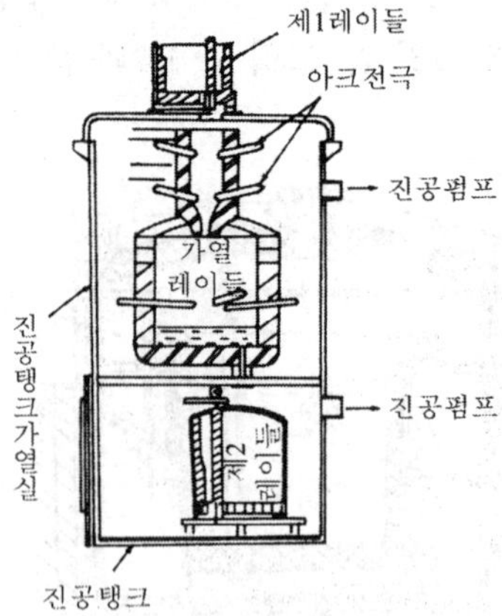

[그림 5-17] 이중 레이들 탈가스법

4 연속 탈가스

[그림 5-18]과 같이 용탕받이가 진공으로 되어 있어서 주형에 주입 직전 진공처리되므로 주조품의 주입에는 최적이라고 할 수 있으나, 진공부분과 탕구부분 사이의 구조나 용탕의 유량조절 등에 상당한 문제가 있다고 할 수 있다.

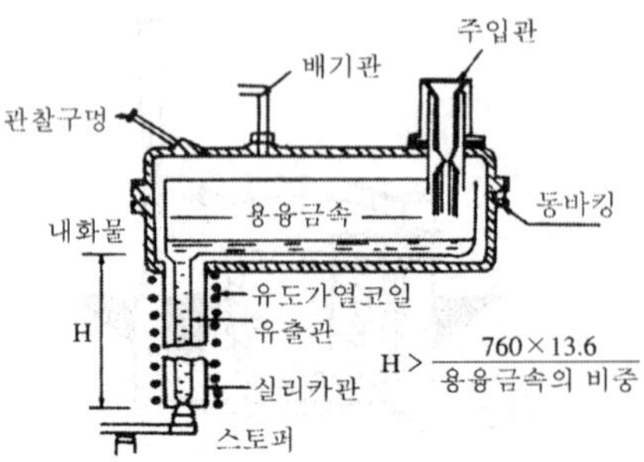

[그림 5-18] 연속 탈가스법

5 기타의 방법

이상의 각 방법은 주형에 주입되기 전 용탕의 진공 탈가스 방법 중 현재 주조품에 대하여 실용 중이거나 혹은 비교적 실용성이 있는 것이며, 이 밖에도 주조품에 대하여 용탕의 진공 탈가스의 처리방법으로서 장래 적용가능하다고 생각되는 방법으로 다음과 같은 것이 있다.

1. 진공흡상법

[그림 5-19]의 (a)와 같이 저부에 흡상관을 가진 진공용기를 레이들 상부에 두고, 흡상관을 용탕에 담그고 진공용기를 배기시키면 용탕은 대기압에 상당하는 높이까지 용기내에 빨아올려 탈가스된다. 따라서 진공용기를 약간 들어올리면 [그림 5-19]의 (b)의 용기내의 용탕을 레이들에 되돌린다. 이것을 반복하여 탈가스한다.

2. 순환 탈가스법

[그림 5-20]과 같이 2개의 관을 단 진공용기를 레이들 중의 용탕에 담그고 진공용기를 배기하면서 용탕을 빨아 올리는 동시에 다른 쪽 관으로부터 아르곤가스를 취입하면 용탕이 진공기와 레이들 사이의 2개의 관을 통하여 순환되면서 탈가스하게 하는 방법이다.

이들 방법은 온도의 조절, 내화재에 의한 용탕의 오염, 처리시간의 문제 등이 있기 때문에 주조품에 대하여 현재로서는 즉시 적용하기 어렵다고 할 수 있다.

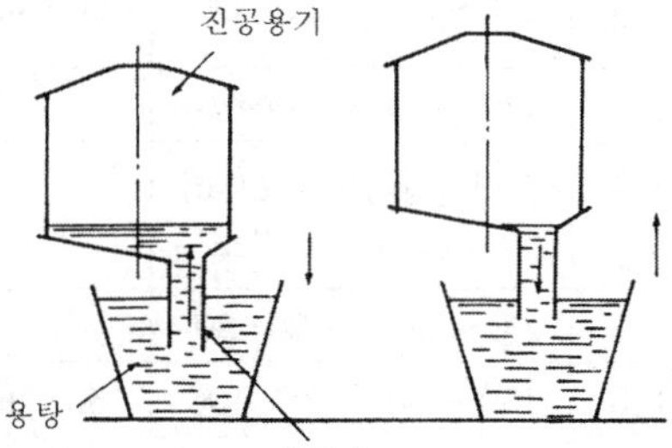

(a) 배기흡인 용탕상승 (b) 용기인상 용탕하강

[그림 5-19] 진공흡상법

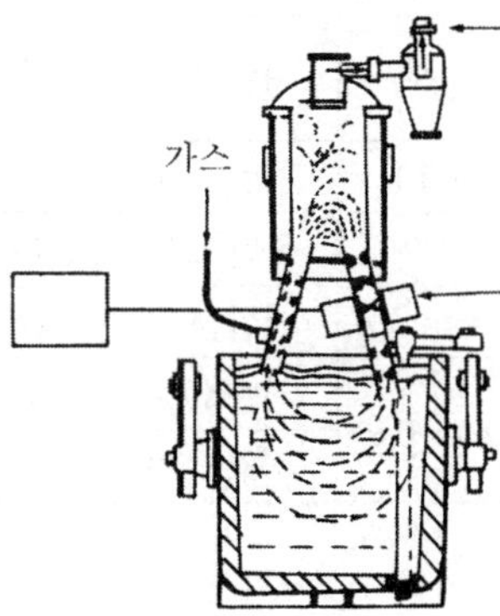

[그림 5-20] 순환 탈가스법

Section 05 진공처리의 효과

주조품에 적용되는 진공처리는 대부분이 대기용해-진공주조, 대기용해-진공처리-대기주조 또는 진공주조의 방법이 있다. 그러나 진공주조는 진공탱크내에 주형을 놓고 이 속에서 주입하여야 하기 때문에 문제가 많다. 또 비철금속에서는 진공주조를 대규모로 하지 않는다. 현재 공업적으로 비교적 많이 실시되고 있는 방법은 철강의 대기용해-진공처리-대기주입방법이다.

여기서는 주로 강괴의 경우에 대한 진공처리의 효과에 대하여 언급하기로 한다.

1 탈가스량

각종 진공처리법에 따른 수소, 질소, 산소 등의 감소상황은 [표 5-4]와 같다. 즉 처리방법에 따라 다소 틀리나 용강의 경우 수소는 35~60% 제거할 수 있다. 산소는 강종 특히 탄소량, 탈탄제의 종류 및 양에 의해 제거되는 양이 변화한다. 그러나 방법과 강종에 따라서는 절반 이하로 낮추는 것이 용이하다.

또 산화물에 대해서는 철이나 망간 등 산화물의 제거는 용이하나 알루미늄산화물의 제거는 곤란하다. 질소는 크게 제거되지 않고 최대 10~15%로 잔류되어 있다.

[표 5-4] 각종 진공처리에 의한 가스량의 변화

처리방법	진공압 (mmHg)	재 질	수소량(ppm)		산소량(ppm)		질소량(ppm)	
			처리전	처리후	처리전	처리후	처리전	처리후
진공레이들 탈가스법	2~20	중탄소강	2.3~3.8	1.3~2.6	38~72	18~31	80~90	70~80
		저합금강	2.6~4.1	1.3~2.6	50~120	16~56	80~90	70~80
레이들 탈가스법	2~11	레일강	1.9~6.9	0.6~3.6				
이중레이들 탈가스법	2~30	저합금강	2.5~6.5	1.6~3.3	40~80	21~30	80~90	70~80
진공흡상법	1~10	저탄소강	3.0~6.5	2.0~2.5	180~220	50~70	-	-
순환 탈가스법	2~5	중탄소강	5.8~6.7	3.6~4.1	산화물량 350ppm부터 150ppm으로 감소			
		저합금강	5.9~6.7	3.8~4.3				
	0.15~0.9	저탄소강	3.7~7.3	0.8~3.7	60~200	20~30		
		극저탄소강	3.1~7.0	1.4~3.0	150~350	50~100	50~70	50~70

2 주괴의 내부상태와 기계적 성질

진공처리한 주조품의 내부상태나 기계적 성질을 조사한 보고는 철강의 주조품에 대해서도 거의 없다. 이 때문에 우리들은 내부상태나 기계적 성질에 관한 자료를 갖지 않았으나 대형 강괴에 있어서 내부상태나 기계적 성질의 조사결과가 알려져 있으므로 이들의 결과에서 진공 처리한 주조품의 내부상태나 기계적 성질에 대하여 다음과 같이 추정할 수 있다.

① 보통 주입하는 것보다 수소, 산소 및 질소량이 낮으며 제품의 내부와 외부와의 차이가 적다.

② 내부의 황 그 밖의 성분의 편석은 진공처리의 유무에 따라 본질적으로 변하지 않으나 이들의 편석부에서 볼 수 있는 미세한 공극(空隙)이나 성근부분(조발부)은 상당히 향상된다. 이 때문에 초음파 탐상에 따라 발견되는 결함이 감소한다.

③ 진공탈가스에 따른 강재의 기계적 성질에 대하여 인장강도, 항복강도가 다소 향상되고 연신율과 단면수축률이 대단히 향상한다. 또 저온에서의 충격치도 개선된다. 그 일례를 보면 [그림 5-21]과 같다. 즉 연신율이 평균 5~10%, 단면수축률이 평균 10~15% 향상된다.

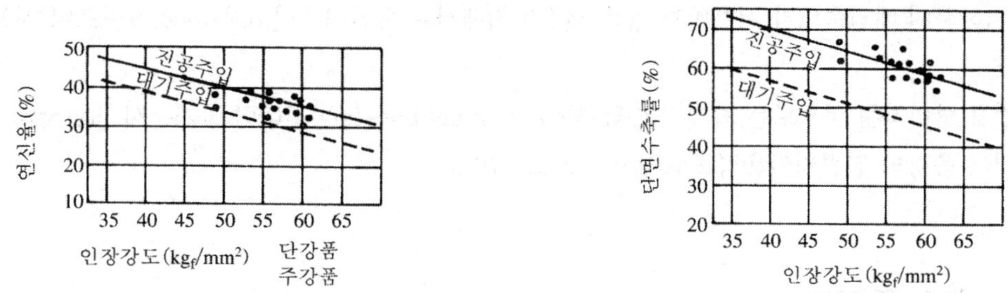

[그림 5-21] 탄소강의 기계적 성질의 비교

Section 06 진공설비

진공설비의 주체인 진공펌프의 발달에 따라 용탕의 진공처리가 가능하게 되었으며 대량의 용탕을 단시간 내에 처리할 필요 때문에 진공펌프의 성능은,

① 배기량이 큰 것
② 배기속도가 대단히 큰 것
③ 건설 설비비가 싼 것
④ 취급·유지가 용이한 것

등을 들 수 있다.

용탕의 진공처리는 통상 10mmHg 이하에서 실시되며 각종 진공펌프의 진공도 및 그의 배기 속도는 각각 [그림 5-22], [그림 5-23]과 같다. 즉 종래의 회전펌프라면 10mmHg 이하의 배압에서는 배기속도가

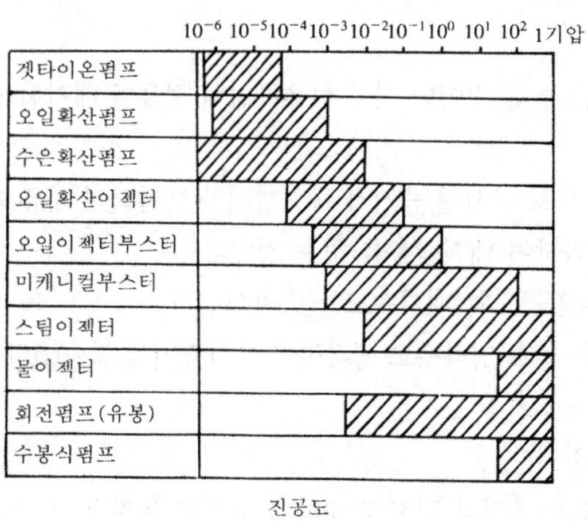

[그림 5-22] 각종 펌프의 진공도

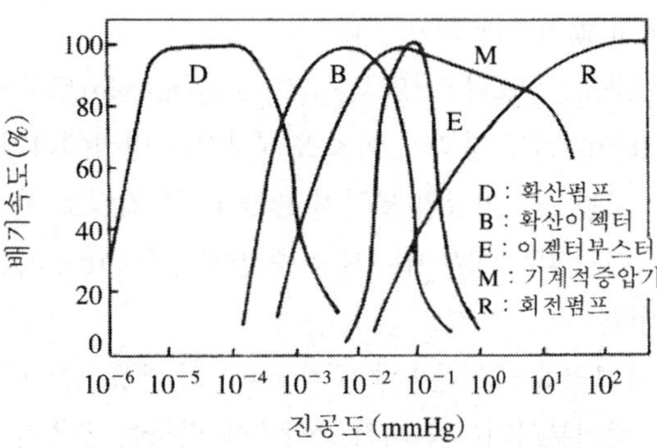

[그림 5-23] 각종 펌프의 배기속도

급격히 저하하며 배기속도가 저하하지 않는 진공범위에서는 오일이젝터(oil ejector)펌프의 배압으로는 너무 높다.

이 결점을 보완하는 것으로는 기계적 증압기(mechanical booster)나 다단 증기분사기(steam ejector)가 제작되어 용탕의 진공처리용펌프로 널리 쓰이고 있다.

1 기계적 증압기

이것은 종래에는 송풍기로 사용되어 왔다. [그림 5-24]와 같이 2개의 누에고치형 회전자(軸車, rotor)가 반대방향으로 회전하고 있다.

이 펌프는 그 구조상 진동이 적고 기계적으로 안정되고 고속회전이 가능하며 따라서 소형으로 대용량의 것이 만들어진다. 그러나 구조상 먼지에 대하여 약하기 때문에 배기가스 중에 분진(dust)이 많은 진공처리에 사용할 경우 집진기(dust catcher)를 펌프 앞에 설치하는 것이 보통이다.

한편 이 펌프는 작동유를 사용하지 않기 때문에 진공분위기 속에는 기름을 함유하지 않는 이점이 있다.

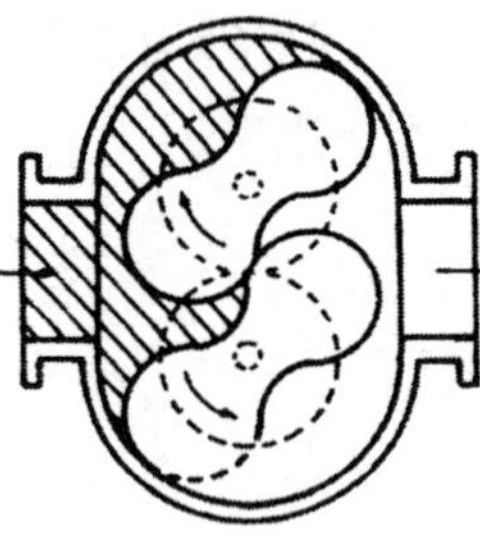

[그림 5-24] 기계적 증압기의 원리도

2 증기분사기

증기분사기는 처음 증기터빈의 복수기 배기펌프로 만들어진 것이나 최근 석유공업의 정유탑 배기펌프로서 많이 이용되고 있다.

구조는 [그림 5-25]와 같이 노즐(nozzle)로부터 고속도로 분사된 증기가 흡입기체와 혼합하여 디퓨져(diffuser)를 통과할 때 속도에너지가 압력에너지로 변화하여 배기작용을 하는 것이다.

보통 2단 이상의 분사기(ejector)를 직렬로 하여 도달진공도와 배기속도를 증가시킨다.

이와 같은 경우에는 보통 중간에 응축기(condenser)를 놓고 냉각수로 냉각하여 분사증기를 복수(復水)한다.

[그림 5-26]은 6단 증기분사기의 계통도를 나타낸 것이다.

증기분사기는 기계적 증압기에 비하여 구조가 간단하고 분진과 먼지에 대하여 강하고 유지가 용이하기 때문에 대규모의 설비, 가령 철강의 진공처리용 등에 최근 많이 사용되고 있다.

한편 다량의 증기와 물이 비교적 용이하게 얻어지는 제강공장에 이용하면 유리하다. 또 수증기를 사용하므로 용탕 중에 들어가지 않게 하는 설비가 필요하다.

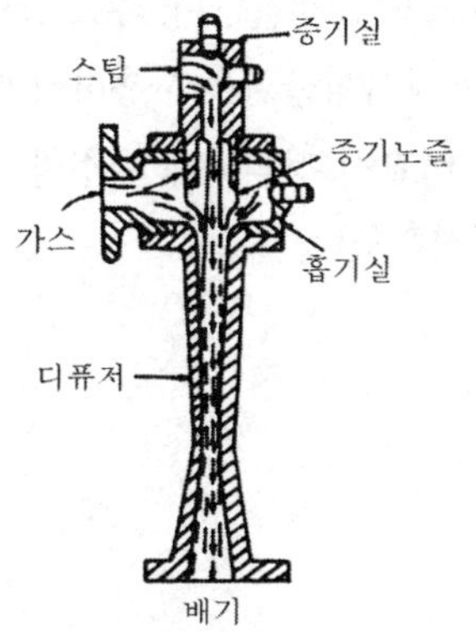

[그림 5-25] 증기분사기의 노즐

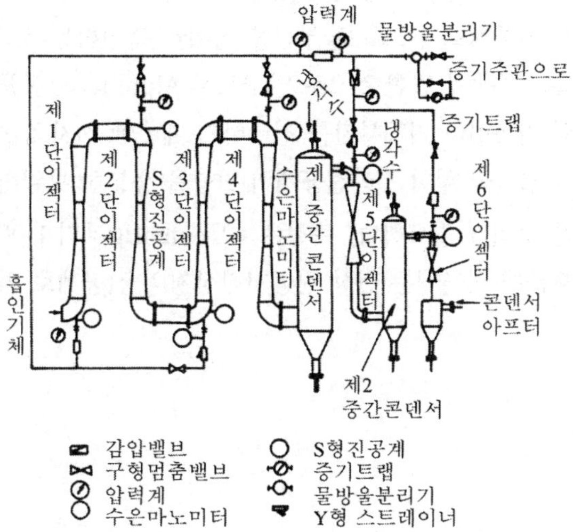

[그림 5-26] 다단 증기분사기의 계통도

3 진공계측기

진공도의 측정에는 여러 가지 진공계가 사용되고 있다. 진공계는 원리상 역학적으로 직접 압력을 알 수 있는 방식과 각종 물성이 압력으로 변화하는 것을 이용하여 변화된 물성을 측정하므로써 간접적으로 압력을 알 수 있는 방식이 있다. U자관 압력계나 맥크로우드(Macleod)진공계 등은 전자에, 크누드센(Knudsen)게이지, 피라니(Pirani)게이지, 전리 진공계, 필립스(Philips)게이지 등이 후자에 속한다.

각종 진공계에서 사용되는 압력범위를 표시하면 [그림 5-27]과 같다. 그림에서 보는 바와 같이 용탕의 진공처리에 사용되는 10^{-2} ~ 10mmHg의 진공범위를 정확히 측정할 수 있는 진공계는 적다.

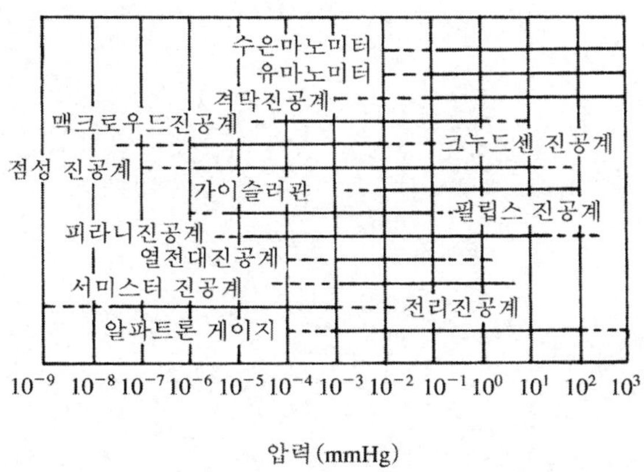

[그림 5-27] 각종 진공계의 사용범위

특히 현장규모 및 환경에서도 복잡한 장치나 수고를 필요로 하지 않고 작동하며 조작 할 수 있는 것은 극히 적다.

현재 현장에 사용되고 있는 것은 수은 U자관 압력계나 다이어그램 게이지(diagram gauge) 등의 기계적 진공계로서 1mmHg부근을 정확히 측정하는 것은 모두 곤란하며 또한 많은 문제가 있다. 그러나 최근 특히 주목할 만한 것으로 알파트론(Alphatron)진공계가 있다. 이것은 기체의 전리를 이용한 전리진공계의 일종이나 기체분자를 전리하기 때문에 전자의 흐름 대신 라듐(Rd)의 α선을 사용하고 있으므로 재래의 열음극 형식 전리진공계의 결함을 충분히 보완하고 있다. 그러나 방사성물질을 사용하기 때문에 특별한 주의가 필요하다. 측정은 10^{-4}mmHg부터 1,000mmHg까지를 비교적 정밀하게 측정할 수 있다. 이 때문에 최근에는 현장 진공처리장치의 진공계로 많이 사용되기 시작하였다.

익힘문제

01 진공주조법의 특징에 대하여 쓰시오.

02 진공주조에 의한 제품의 특징과 이점을 쓰시오.

03 진공주조시 용융금속에서의 가스용해와 방출에 대한 이론식을 쓰시오.

04 진공하에서 각종 금속의 산화물, 황화물, 질화물의 온도상승에 따른 해리압은 어떤 특징을 갖고 있는지 쓰시오.

05 진공탈탄법에 대하여 쓰시오.

06 진공용해법에서 진공유도용해법과 진공재용해법 그리고 진공탈탄법의 특징을 쓰시오.

07 대기 중에서 용해한 용탕의 진공처리 방법에는 무엇이 있고 처리효과는 어떤 것들이 있는지 쓰시오.

08 주괴의 내부상태와 기계적 성질에 대하여 쓰시오.

09 진공설비 중 기계적 증압기와 증기분사기의 차이는 무엇인지 쓰시오.

10 진공설비에서 진공펌프의 성능에 대하여 쓰시오.

Chapter 06 연속주조법

Section 01 연속주조법의 개요

일반적으로 금속의 압연제품은 용해 → 조괴 → 균질가열 → 분괴 → 가열 → 압연이라는 과정을 거쳐서 제조되지만 용융금속으로부터 곧 바로 압연과 동시에 빌릿(billet)을 연속으로 주조함으로써 위의 공정 중 조괴 → 균질가열 → 분괴의 공정을 생략할 수 있게 되었다. 이러한 것이 바로 연속주조(continuous casting)로서, 그 이점은 상술한 공정의 간략화에 따른 설비비 절감, 주조수율 향상이라는 경제적인 이점 외에 표면이 고운 빌릿을 얻을 수 있고 내부의 품질이 우수하다는 이점도 구비하고 있다.

비교적 저융점에서 주조하기가 용이한 알루미늄, 동 및 동합금에 있어서는 오래 전부터 사용되었고, 고융점의 강에 관해서도 근래 수십년 사이에 활발한 연구가 보이고 있어 현재 급속히 보급되고 있는 상태이다. 품질적인 면뿐만 아니라 경제적인 면에 있어서도 큰 이점을 갖고 있기 때문에 이 방법은 앞으로도 계속적인 발전이 예측된다.

1 특 징

연속주조는 근래에 많은 발전을 하여 일본에서도 조강(粗鋼)의 약 40%가 연속주조화되어 있고, 장래의 신설비 및 기존설비의 교체에 대해서는 우선 연속주조를 생각하는 것이 상식화 되어 있다. 세계적으로 보아도 기수에서 800기, 조강의 연속주조화율은 거의 20%에 달해 있고 장래는 약 50%가 연속주조화될 것으로 예측하고 있다.

이와 같이 연속주조가 발전하고 있는 이유는 많은 특징을 갖고 있기 때문인데, 연속주조공정을 종래의 강괴법과 비교하여 도식화해 보면 [그림 6-1]과 같다. 물론 본래의 형태는 [그림 6-1]의 중앙에 나타난 흐름이지만, 최근에는 우측에 보이는 바와 같이 조압연단계를 포함하는 경우도 출현되었다. 이 경우는 종래의 강괴법에 가깝게 되어 연속주조 본래의 특징 일부를 잃게 된다. 연속주조의 특징은 우선 강괴법에 비해 공정이 생략되기 때문에 회수율(recovery)이 향상된다. 예를 들면 [표 6-1]에 나타낸 것과 같이 킬드강괴의 경우와 비교해서 수 %, 세미킬드, 림드강괴의 경우와 비교해서 수십 %에서 약 10%까지 강편의 회수율이 향상된다. 조압연(粗壓延) 단계를 삽입하는 것으로 인해 이 회수율의 향상은 감소하지만 거기에서도 곧 수 %의 회수율 향상이 기대된다.

또한 분괴공정이 생략됐기 때문에 당연한 일로서 에너지 절감이 가능하다. 일례로서 일본의 제강공장에서 연속주조의 채택으로 에너지소요량은 강괴법의 절반 이하가 되었다. 이것은 에너지 고가격 시대에 있어서 적합한 점으로 근래에 크게 주목되고 있다. 또 종래의 조괴에서는 볼 수 없는 각종의 기계가 도입되고 있다. 이것은 일면 작업자의 기능습득의 고도화가 요구되지만 기계화의 결과 에너지 절감, 생산성 향상에 국한하지 않고 강괴 품질의 안정성 향상에도 기여하는 바가 크다.

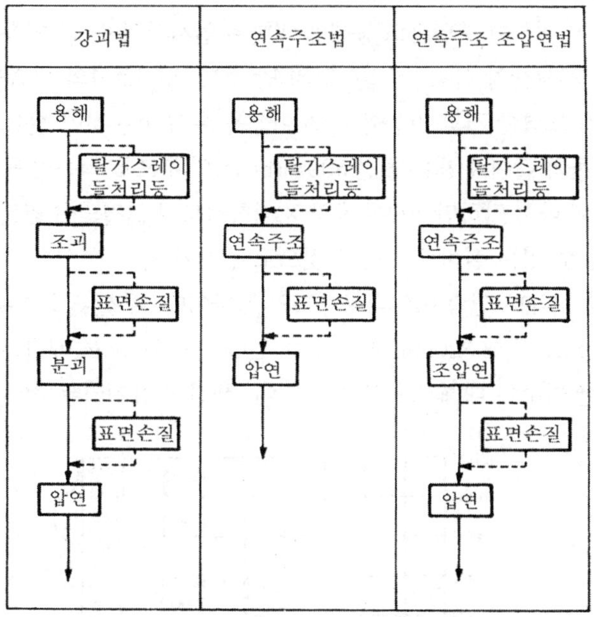

[그림 6-1] 연속주조법과 강괴법의 공정비교

[표 6-1] 연속주조화에 따른 회수율의 향상

신일본제철 (후판, 정정슬래브/용강)	연속주조(%)	킬드강괴(%)	세미킬드강괴(%)
	97	78~79	86~88
일본강판 (원심연속주조)	연속주조화에서 강편회수율 13% 향상		
중산제강 (SS41, hoop 형강)	연속주조화에서 주조회수율 2%, 압연회수율 4% 향상		
쌀츠기타(salzgitter) (X-70 대경관)		강괴(%)	연속주조(%)
	주편/용강	83.2	95.9 98.7(6연속주조)
	산화스케일 (scarfloss, 層化)	6.9	3.0
	열연손실	2.5	2.5
	조관삭(造管屑, 素材原因)	2.0	0.3

2 연속주조의 문제점과 해결방향

연속주조발전의 경과를 보면 근대 철강제조법에서 혁신적 기술이라고 칭할 수 있는 LD전로나 열간압연기술에 비해 그 발전 속도가 늦다고 할 수 있다.

이것은 연속주조가 본질적으로 다음과 같은 문제점을 갖고 있지만 최근에는 이런 것들의 문제에 대해서도 각각 해결의 방향이 나타나고 있다. 연속주조의 발전이 늦어진 큰 요인의 첫 번째로서 생산성이 낮은 것을 들 수 있다. 여기에 대하여 주입속도 증대에 의한 주입시간의 단축, 연속주조에 의한 준비시간의 합리화, 주형(mold)의 고체시간의 단축, 주입사고의 방지 및 용해로와의 맞춤불량으로 인한 적차시간(down time)의 축소 등에 노력한 결과 가동률 80% 이상을 유지하는 것이 현실화되었다.

[그림 6-2]에 나타난 바와 같이 현재는 월간 500회(heat)의 주조를 익숙하게 하는 기계가 보편화되어 있고, 장래는 월간 1,000회 다시 말하면 300톤 용량의 대형전로에 연결되어 있는 연속주조에서 년간 300만톤 이상을 쉽게 처리할 수 있는 설비로 가능할 것으로 생각된다.

주편(鑄)의 단면치수의 제약도 연속주조의 문제점의 하나이다. 우선 상한치수에 대하여 현재 최대의 슬래브(slab)는 폭 2,640mm, 두께 320mm라고 할 수 있다. 블룸(bloom)에서는 400×600mm가 최대이다. 한편 단면치수의 하한 치수에 대해서도 조업의 난이, 생산의 유지라는 점에서 제약이 있고,

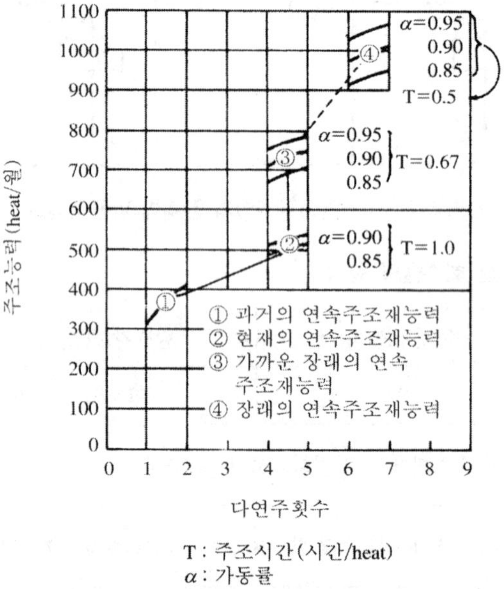

[그림 6-2] 연속주조재의 주조능력

슬래브에서는 두께 100mm, 빌릿(billet)에서는 100mm각이 상식적인 하한치수라고 할 수 있다. 제품까지의 필요한 최소의 압연비가 있고, 또 1회의 가열, 압연으로 가공할 수 있는 양에 제약이 있기 때문에 제품 치수에 한계가 생긴다. 장래의 주편 즉 제품의 단면치수의 한계가 경제적으로 얼마까지 확대할 수 있는가가 하나의 과제이다. 또 단면의 형상에 대해서도 직사각형 단면에 국한하지 않고 다각형, 원형, H형 등 다양화의 방향에 있다.

품질면에서 보면 근래의 기술개발에 의해 많은 강종이 연속주조화되고 또한 그 품질도 우수한 것을 얻을 수 있다. 현재 연속주조화되어 있지 않는 품종은 특종 원소를 포함하는 일부의 특수강 혹은 고급강에 한정되어 있다.

림드(rimmed)강 대체 등에 경제적으로 장점이 없든가 또는 있어도 그 장점이 작기 때문에 연속주조화가 늦어지고 있는 것도 있지만 품질적으로 연속주조화가 불가능한 것은 지극히 작다. 이 외에 연속주조의 금후 과제로서는 연속주조의 설비비가 높아지는 것, 경쟁상대인 강괴법에서의 수율, 에너지절약, 기계화 등의 합리화가 진행되고 있기 때문에 당연히 이에 대항하여 연속주조의 합리화는 계속 진보되지 않으면 안되는 추세이다.

Section

02 연속주조 기초이론

1 주형 내에 있어서의 냉각과 응고

응고는 용탕으로부터 열이 추출되는 결과로 일어나기 때문에 응고의 진행상황을 연구하기 위해서는 주괴로 부터의 열추출이 검토되고 있다.

새비지(Savage)와 프리차드(Pritchard)는 주형 중에서 충분한 응고층의 생성을 확보하기 위하여 응고를 지배하는 열전달에 관하여 조사하였다. 즉 우선 정지상태의 수냉 동판주형(銅版鑄型)에 대한 열전달속도 사체(cal/cm^2 · sec)를 냉각수의 온도상승으로부터 구하여 다음의 관계를 얻었다.

$$H = 64 - 8\sqrt{t} \quad \cdots\cdots (6-1)$$

여기서 t는 응고개시로부터의 시간(sec)이다.

이 관계는 약 40초까지의 시간(t)에 대해서 적용된다(그림 6-3참조). 또 시간 0~t초 사이의 주형에 의한 평균 열추출속도(Ha : cal/cm^2 · sec)를 식 (6-1)로부터 구하면 다음과 같이 된다.

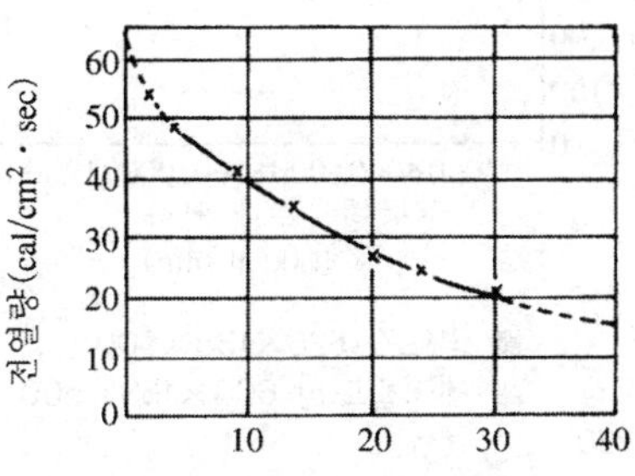

[그림 6-3] 주형에 있어서 전열량의 측정치(곡선은 $H = 64 - 8\sqrt{t}$)

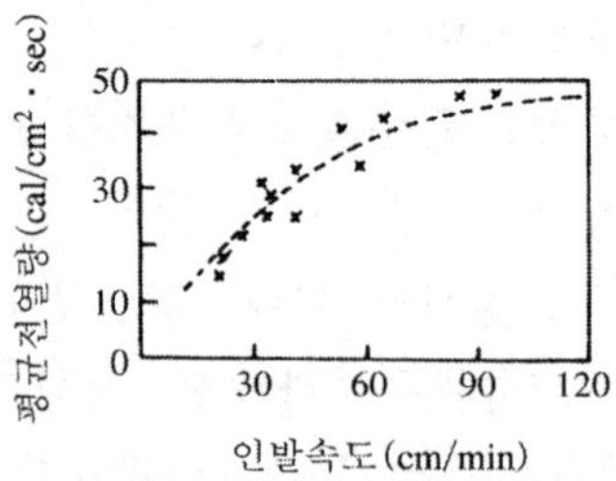

[그림 6-4] 주형에 있어서 평균전열량(곡선은 계산치, ×표는 실측치)

$$Ha = \frac{1}{t}\int_{0}^{t} Hdt = 64 - \frac{16}{3}\sqrt{t} \quad \cdots\cdots (6-2)$$

인발속도를 $v$cm/sec로 하고 주형의 길이를 ℓcm 라 하면

$$Ha = 64 - \frac{16}{3}\sqrt{\ell/v} \quad \cdots\cdots (6-3)$$

로 되고, 이것은 실측치와 잘 일치하고 있음을 나타내고 있다(그림 6-4 참조).

이 결과는 주입속도가 크게 되면 열추출도 크게 됨을 나타낸다. 이는 제이크(Jaicks)에 의하여 저탄소강의 슬래브(slab)형 주괴를 연속주조하는 경우 킬드(killed)강 또는 세미킬드(semikilled)강을 불문하고 주입속도가 크게 되면 주형 및 2차 냉각대에 있어서의 열추출이 크게 된다는 것이 인정되었다(그림 6-5 참조). 그러나 그림에서 볼 수 있듯이 블룸(bloom)형의 주괴일 때는 슬래브형에 비해 열추출이 낮게 나타난다.

새비지(Savage)는 열추출로부터 응고층의 두께는 구하려고 다음과 같은 해석을 하였다. [그림 6-5]에 나타낸 바와 같이 시간 T초에서 두께 ycm의 응고층이 시간$(t+dt)$초일 때는 두께가 $(y+dy)$cm로 되고, 그 사이에 주형으로 Hcal/cm^2 · sec의 열량이 전달되었다고 하자.

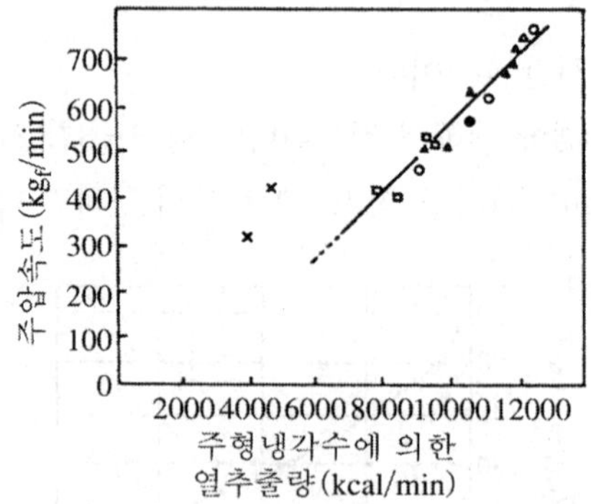

□ 림드강 600×163×500　■ 림드강 525×138×500　○ 킬드강 600×163×500
● 킬드강 525×138×500　△ 세미킬드강 600×163×500　▲ 세미킬드강 525×138×500
× 세미킬드강 218×206×250

[그림 6-5] 림드 · 세미킬드 · 킬드강의 연속주조(주형냉각수에 의하여 추출된 열량과 주입속도와의 관계)

내부의 미응고된 용강온도는 응고전선의 온도, 즉 액상선온도 ϕ℃와 같다고 가정하고, 시간 t와 $t+dt$의 사이에 있어서의 단위 단면적의 함유열량의 차 $(Ht-Ht+dt)$가 H와 같다고 생각하였다.

$$Ht = dy\rho(L+S\phi)+y\rho(\phi+\theta/2)S \quad \cdots\cdots (6-4)$$

$$Ht+dt = (y+dy)\rho[\phi+(\theta+d\theta/2)S \quad \cdots\cdots (6-5)$$

여기서,

- L은 강의 용융잠열
- θ는 시간 t일 때의 주괴표면의 온도
- ρ 및 S는 융점부근에 있어서의 강의 밀도 및 비열로서 액체이든 고체이든 동일하다고 보고 있다.

$$H = \frac{Ht-Ht+dt}{dt}$$

$$= \frac{\rho}{2}\frac{dy}{dt}[2L+S(\phi-\theta)-\frac{\rho yS}{2}\frac{d\theta}{dt} \quad \cdots\cdots (6-6)$$

또한 응고층의 열전도율을 K(cgs)라고 하면

$$H= K\frac{\phi-\theta}{y} \quad \cdots\cdots (6-7)$$

실험에 의한 측정결과는 비교적 대형의 주괴로서 수분간 응고한 경우 θ의 값은 천천히 내려가며, 1,200℃로 되고서부터 1,000℃로 되려면 다시 80분이나 걸린다는 것을 나타내고 있다.

따라서, 대형의 주괴에 대해서는 표면온도가 일정하고 $\theta = 1,100$℃ 라고 가정할 수 있다. 즉 $d\theta/dt = 0$, $(\phi-\theta) = 400$℃ 로 하여 식 (6-6) 및 식 (6-7)로부터

$$\frac{\rho}{2}\frac{dy}{dt}(2L+400S) = K\frac{400}{y}$$

$$\therefore y^2 = 1,600K \cdot t/\rho(2L+400S)$$

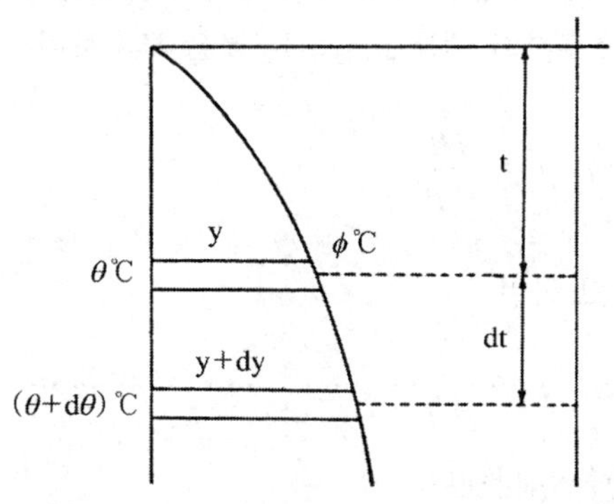

[그림 6-6] 연속주조 주괴의 응고 진행에 관한 모형도

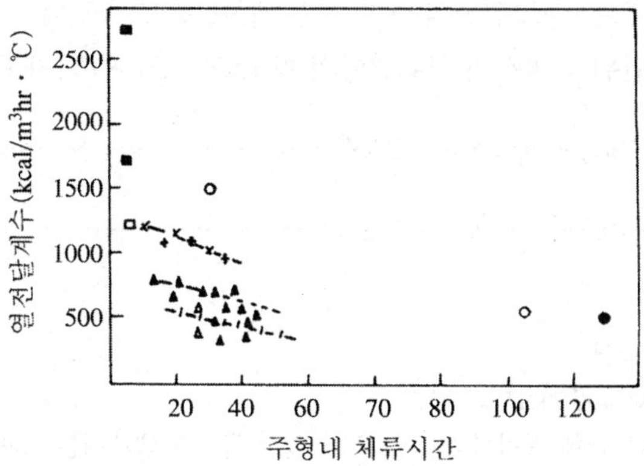

열전달계수(kcal/m²hr·° C)	○ 크라이너 · 타르만
× 새비지 · 프리차드(정치주형)	+ 새비지 · 프리차드(연속주조)
▲ 제이크스 et al(killed, semikilled 강)	△ 제이크스 et al(rimmed 강)
□ 할리데이(주형 1)	⊞ 할리데이(주형 2)
■ 할리데이(주형 3)	● 아키멘코 · 스크보르초프

[그림 6-7] **주형내 체류시간과 열전달계수**

$$y = \left[\frac{1,600K}{\rho(2L+400S)}\right]^{\frac{1}{2}} \cdot \sqrt{t} \quad \cdots\cdots (6-8)$$

K, ρ, L, S를 CGS단위로서 각각 0.07, 7.5, 64, 0.16이라 하고, 이를 식 (6-8)에 대입하면 응고층의 두께와 시간의 관계가 구해진다.

$$y(cm) = 0.28\sqrt{t}\,(\text{초}) \quad \cdots\cdots (6-9)$$

즉 주괴의 표면온도를 일정하다고 하면 식 (6-9)의 관계가 성립하여 응고층의 두께와 시간의 관계가 성립됨을 알 수 있다. 그러나 연속주조의 경우에서는 주형 내의 시간은 짧고 더구나 θ는 일정하지 않고 $(\phi-\theta)$도 시간에 따라 변화한다.

한편 [그림 6-4]에 표시된 결과는 주형 내의 초기에 있어서 열추출이 60cal/cm²·sec 이하임을 나타내고 있다. t가 적을 때 식 (6-6)으로부터 S를 포함하는 항을 무시하면

$$H\int_0^t dt = L\rho\int_0^y dy,\ y = \frac{Ht}{L\rho}$$

H, L, ρ를 각각 60, 64, 75라고 하면

$$y(\text{cm}) = 0.12t(\text{sec}) \quad \cdots\cdots (6-10)$$

로 되고 처음 수초간의 응고진행을 나타낸다.

실제로는 주괴와 주형의 사이에 공극이 생기기 때문에 공극 및 두께를 d, m이라고 하고, 이들 각각의 열전도율을 Ka, Kc, 주형외면의 온도를 β라 하면 식 (6-7)은

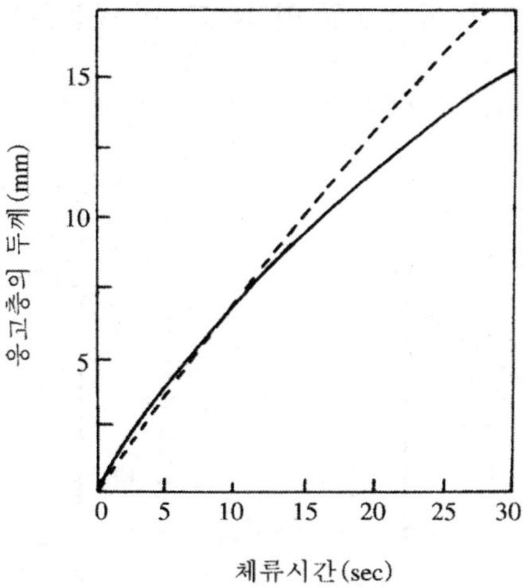

[그림 6-8] 이론치(실선)와 크라이너 · 타르만의 측정치(점선)와의 비교

$$H = \frac{\phi - \theta}{\frac{y}{K} + \frac{d}{Ka} + \frac{m}{Km}}$$

로 되고 이것을 사용하여 해석하고, 수치를 넣어서 접근시키면 식 (6-9)에 상당하는 것으로

$$y = 0.335(\sqrt{1+0.95t} - 1)$$

의 관계가 얻어진다. 그러나 더 알기 쉽게 하기 위하여 식 (6-7)을 사용했다. 힐스(Hills)는 주형 중에 있어서의 열전달에 영향을 주는 인자가 극히 복잡하기 때문에 이것을 한 개의 인자로 생각하여 주형을 냉각시키는 냉각수의 열전달로부터 결정된다고 보았으며, 이것에 의해 연속주조의 열전달 방정식을 근사적으로 해석하고 있다. 그리고 문헌에 보고된 열전달의 데이터(data)를 써서 연전달률을 계산해 보면 [그림 6-7]과 같이 주형 내의 체류시간에 의해 생긴 변화보다도 주형에 의한 차이가 크다는 것을 타나내고 있다.

또 응고층 두께의 이론적인 예상치와 실측치를 [그림 6-8] 및 [그림 6-9]에 각각 나타내었다.

어빙(Irving)도 같은 방법에 의하여 주형 중의 열전달을 검토하였다. 주형과 주괴와의 사이의 공극을 횡단하는 열전달에서는 대류에 의한 전달은 무시할 수 있으나 복사에 의한 열전달은 공극이 클 때는 무시할 수 없음을 나타내고 있다(그림 6-10 참조).

또 미지카르(Mizikar)는 연속주조주괴의 응고에 대하여 전자계산기를 사용한 수식계산을 가지고 해석했다.

주형 내의 열전달에 영향을 미치는 것으로서는 주괴와 주형 사이, 주형벽 및 주형과 냉각수 사이의 전열에 대한 저항이 고려되나 이 중에서 주괴와 주형 사이의 저항이 가장 크고, 이것이 주형 내의 전열을 지배한다. 따라서 계면의 상태에 따라 전열의 속도가 변화하나 지금까지는 공극의 생성 등에 대한 데이터가 적고, 주형에 있어서의 열전달을 시뮬레이트(simulate)하는 실험이 이루어졌음에 불과하다. 그래서 이들의 데이터를 주형내 주괴표면의 경계조건으로 결정하는 데 사용하여 응고계면의 형태를 구한 것이 [그림 6-11]이다.

실험에 의하여 구해진 점은 계산치 곡선에 잘 일치하고, 이 곡선은 다음과 같은 식으로 표시된다.

$$D(cm) = 2.15\sqrt{t}(\text{분}) - 0.075 \quad \cdots\cdots (6-11)$$

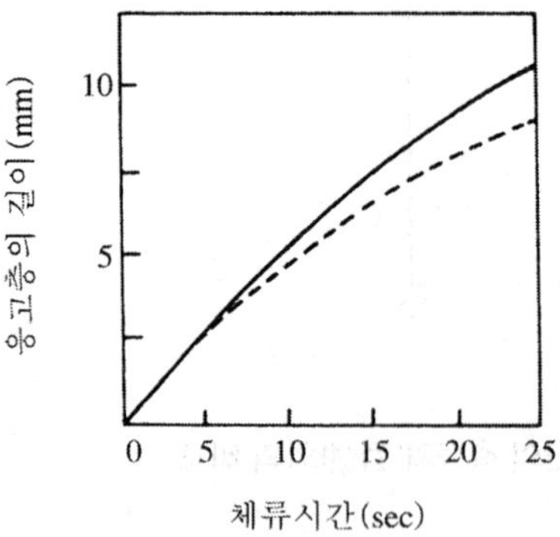

[그림 6-9] 이론치(실선)와 새비지 · 프리차드의 결과와의 비교

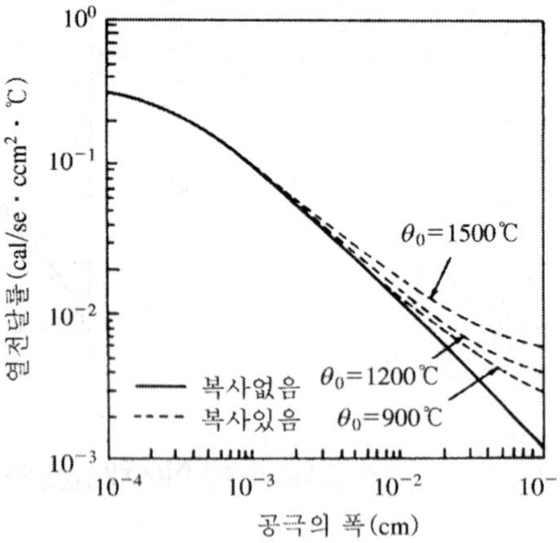

[그림 6-10] 공극의 복사에 의한 전열이 연전달률에 미치는 영향

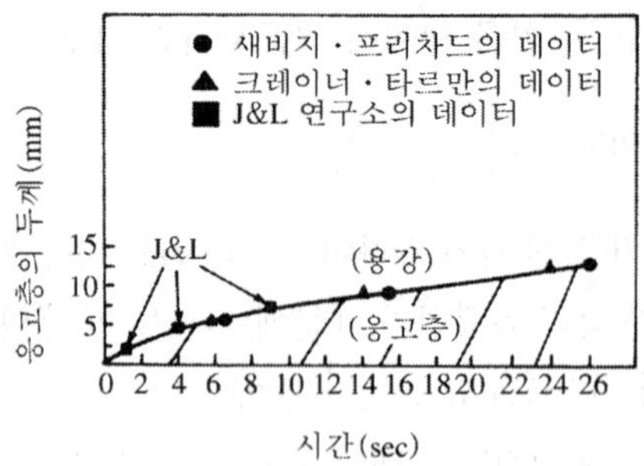

[그림 6-11] 응고층 단면의 형태에 대한 계산치와 실험치와의 비교

2 주괴의 응고속도

열추출속도로부터 응고층의 두께와 응고시간과의 관계로서 식 (6-9)를 구했으나 그 전부터 응고층의 두께 D(cm)와 응고시간 t(분)의 사이에는

$$D = k\sqrt{t} \quad \cdots\cdots (6-12)$$

의 관계가 있음이 알려져 있고 k는 응고상수로 불리워지고 있다. 따라서 응고속도 V는 식(6-12)를 시간으로 미분하여 구한다.

$$V = (\text{cm/분}) = \frac{dD}{dt} = \frac{k}{2\sqrt{t}} \quad \cdots\cdots (6-13)$$

이상에서 알 수 있는 바와 같이 응고의 진행을 알려면 k의 값을 알면 된다. k의 값을 구하는 방법으로서는 일정한 인발속도 v로 연속주조될 때에 주괴 각부의 응고층의 두께 D(cm)가 여하한 방법으로든지 측정만 된다면 $t = \ell/v$(ℓ은 주괴상면으로부터의 거리 cm)로 나타낼 수 있으므로 D와 t의 관계가 구해지고 식 (6－12)로부터 k값을 구할 수 있다.

보통의 강괴에서는 응고층의 두께를 적당한 시간마다 여러 차례 측정하지 않으면 안 되나 연속주조의 경우에서는 항상 여러 가지 응고시간의 경우가 1개의 주괴 중에 포함되기 있기 때문에 비교적 간단하게 k를 구할 수가 있다.

응고 중에 있는 연속주괴의 응고층 두께를 측정하는 데에는 다음과 같은 방법이 있다.

제 1의 방법은 미응고의 용탕을 배출하여 응고층을 측정하는 용강배출법인데 단시간에 배출하기 어렵기 때문에 연속주조에서는 주형내의 응고를 조사하기 위하여 주형에 가까운 곳에서 응고층에 구멍을 뚫어 용강을 유출시키든가 또는 파손시킨 중공(中空)의 주괴를 사용하여 측정하는 정도이다.

제2의 방법으로서는 트레이서(tracer)법이라는 것으로서 주조 중에 있는 주괴의 용융풀(pool) 중에 응고가 완료된 후 어떠한 방법으로든지간에 식별할 수 있는 물질을 투입하는 방법이다. 즉 황(S)을 투입하고 응고 후 주괴종단면을 설퍼프린트(sulphur print)하여 황이 투입된 응고계면을 알아내는 방법 또는 인, 황 등의 방사선 동위원소를 투입하여 응고 후 주괴단면을 방사선투사(auto radiograph)에 의하여 계면위치를 알아내는 방법 등이 있는데, 이는 비교적 손쉽게 실시할 수 있기 때문에 근래에 많이 쓰이고 있다. 다만 이 방법으로는 투입물질이 잘 확산되기 힘들어서 응고완료점 부근의 식별이 어렵기 때문에 용융풀의 바닥을 알기위하여 납(Pb)이나 텅스텐(W) 같은 비중이 큰 금속을 동시에 투입하는 수도 있다.

이 외에 응고속도를 측정하는 방법도 있으나 수개소에서 온도를 측정해야 할 필요가 있고, 연속주조와 같이 이동하는 것에서는 적용이 어렵다. 또 최근 전자계산기의 발달에 따라 응고에 영향을 주는 많은 인자를 계산기에 넣을 수 있게 되었기 때문에 앞으로 전망이 밝다.

지금까지 연속주조주괴에 대해서 측정된 k의 값은 대부분 20~36 사이에 있으나 여러 가지 조건에 따라 다르다.

3 응고속도에 있어서 제조건의 영향

타르만(Tarmann)과 포르스트너(Forstner)는 90, 115, 140mm각형 및 ϕ100, 130, 150mm환형 빌릿(billet)으로서 실험하였는데 응고속도는 주형내에서 일정하게 하고 용강의 과열, 주조속도 및 단면치수에 따라 변화하는 것을 조사하여 [그림 6－12]에 나타내었다. 여기에서 각 단면의 주괴에서는 주입온도가 낮고, 주입속도가 크면 주형내의 응고속도가 크게 된다는 것을 나타내고 있다.

또 k의 값에 대한 영향은 [그림 6－13]에 나타낸 바와 같이 주입온도가 낮고 주입속도가 느리면 k는 크게 되나 환형단면의 경우가 각형일 때보다 10~15% 큰 값으로 된다.

다음에 2차 냉각의 강도의 영향에 대해서는 홀츠 그루버(Holzgruber)와 타르만(Tarmann)이 탄소강(0.25%C)의 1,400mm각형 빌릿에 대하여 실험하였다.

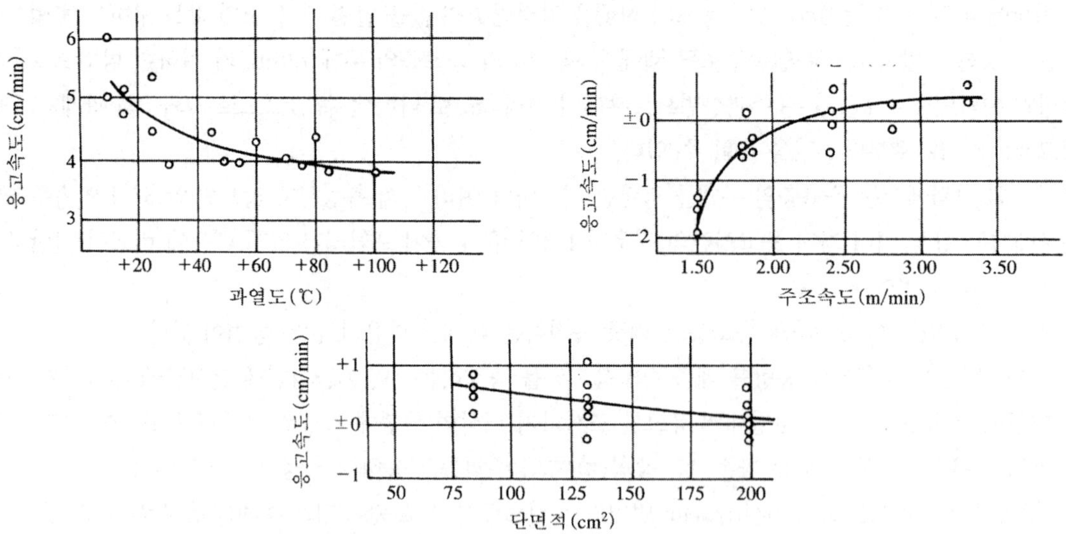

[그림 6-12] 용강의 과열, 주조속도 및 단면의 크기에 따른 주형 내의 응고속도

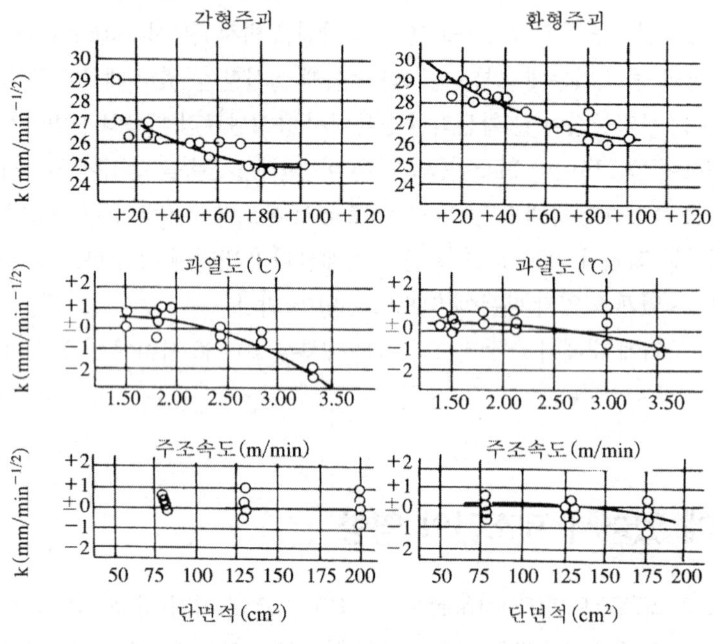

[그림 6-13] 용강의 과열과 주조속도에 따른 응고상수(k)

2차냉각대(冷却帶)는 [그림 6-14]에 나타낸 바와 같이 3개의 냉각대로 분할하고, 각 냉각대 상호간의 영향을 배제하기 위해서 각각 1m씩 간경을 취하였다. 우선 2차냉각수의 양이 k(응고상수)에 미치는 영향을 [그림 6-15]에 나타내었는데 수량(水量)의 증대와 함께 k의 값도 크게 된다.

또 2차냉각수의 각 냉각대에 있어서 배분을 변화시켰을 때 응고속도의 변화를 [그림 6-16]에 나타냈다. 이 그림에서 알 수 있듯이 2차냉각을 하지 않은 A는 수냉시킨 B, C보다도 응고속도가 분명히 느리게 되어 있다.

강(鋼) kgf당 0.43 ℓ의 2차 냉각수를 제1냉각대에만 사용된 B는 각 냉각대에서 각각 강 kgf당 0.33 ℓ의 냉각수를 보낸 C보다도 초기에는 응고속도가 크지만 제3냉각대로 들어가기 전에 B와 C가 바뀌어지고 있다.

이와 같이 응고층이 비교적 두껍다 하더라도 2차냉각의 영향이 있는 것은 확실하다. 그러나 강은 열전도율이 작기 때문에 냉각효과는 뒤늦게 나타난다.

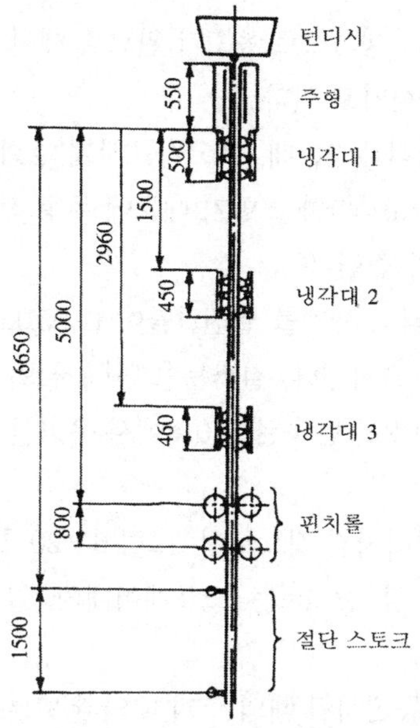

[그림 6-14] 연속주조기의 냉각대의 배치

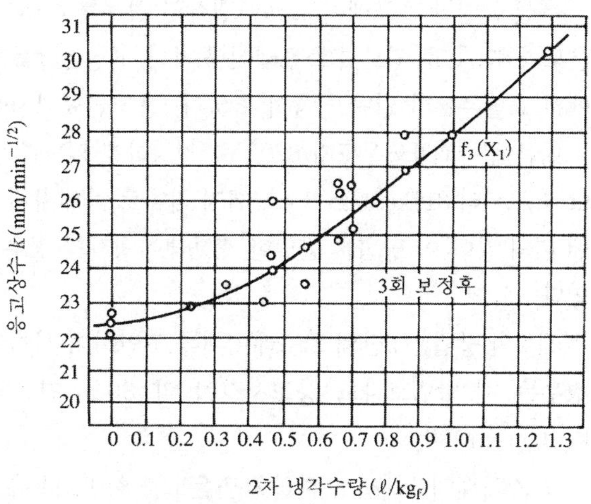

[그림 6-15] 2차냉각수량과 응고상수의 관계

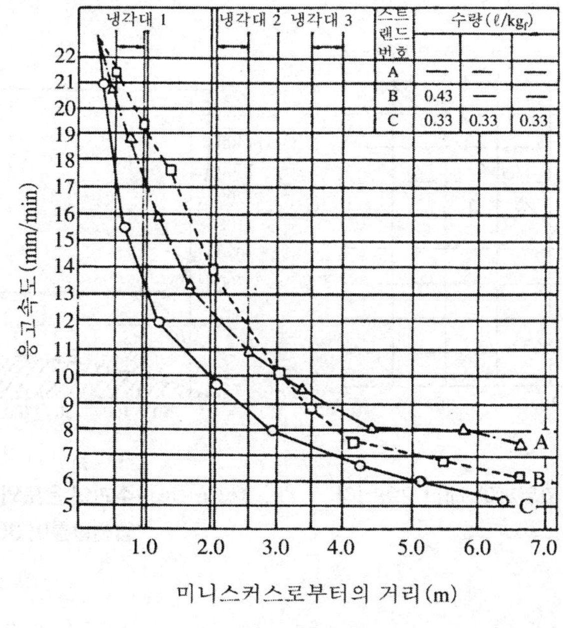

[그림 6-16] 2차냉각을 변화시켰을때의 주괴의 응고속도(길이방향)

[그림 6-17]은 냉각수를 보냈을 때의 응고층의 두께와 2차냉각의 작용시간과의 관계를 나타낸 것으로 응고층이 어떠한 두께라도 작용시간은 1~2분임을 알 수 있다. 이것은 1.5m/분의 인발속도일 때 용융풀(pool)의 바닥으로부터 3m되는 위치에서 2차냉각대가 끝나도 좋다는 것을 나타내고 있다.

미지카르(Mizikar)는 연속주조한 슬래브(slab)형 주괴의 열전달에 대하여 수학적 모델(model)로서 검토했는데, 이에 의해서 1,554℃에서 주입한 저탄소강(0.1%C)으로써 두께 150mm 슬래브형 주괴의 2차 냉각에 대하여 검토한 바 있다.

2차냉각대에 있어서의 냉각이 지나치게 크면 주괴표면에 균열이 생기므로 응고가 완료될 때까지 주괴 표면의 온도가 870℃이하로 되지 않도록 2차냉각의 조건을 변화시키고 있다.

우선 균일한 스프레이(spray)냉각의 경우를 [그림 6-18]에 나타내었는데, 응고완료시에 주괴표면의 온도가 870℃로 되도록 스프레이를 약하게(열전달률 366kcal/m^2·hr·℃)하고 있기 때문에 주형 직하부분에서 표면온도가 일단 상승하고 있다. 응고완료까지에는 580초가 걸린다.

다음에 주괴표면온도가 870℃로 일정하게 되도록, 스프레이냉각의 세기를 열전달률이 11,951kcal/m^2·hr·℃로부터 317kcal/m^2·hr·℃까지 차차로 약해지게 하는 방법을 조사했다. 결과는 [그림 6-19]에 나타낸 바와 같이 이 방법은 균일한 스프레이냉각의 경우에 비하여 약 2분 단축된 470초에서 응고를 종료하였다.

제 3의 방법은 5단의 스프레이대를 고안하여 각각의 세기를 변화시킨 것으로서 (그림 6-20 참조) 이 경우는 제2방법보다도 응고시간이 약 30초 연장되어 있다(그림 중 hs는 스프레이대의 열전달률, kcal/m^2·hr·℃).

또 스프레이대에서 주괴의 표면온도를 870℃로 유지하였다가 공냉시킬 때의 주괴 내의 온도분포를 계산에 의해서 구하였으나(그림 6-21 참조), 주입 후 1분 이내의 용강의 온도는 전부 액상선온도로 되어 있음을 알 수 있다. 이는 주괴의 응고조직 등을 고찰할 때에 대단히 중요한 것이다.

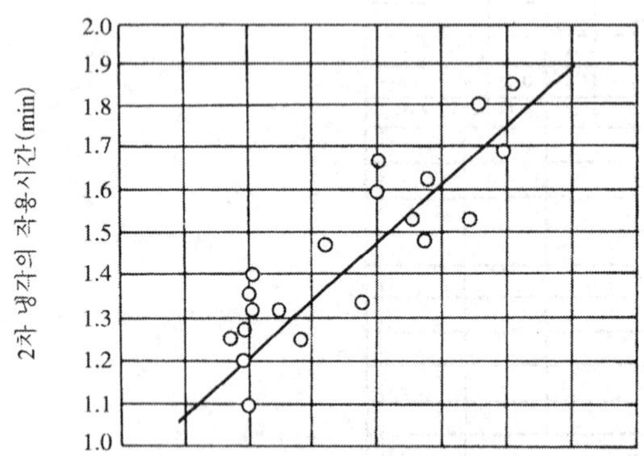

[그림 6-17] 여러 가지 응고두께에 대한 2차냉각의 작용시간

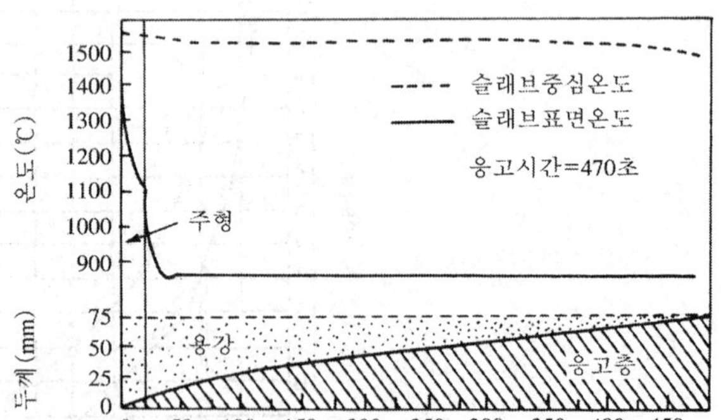

[그림 6-18] 주괴의 온도와 응고층의 두께(스프레이대 열전달률이 366kcal/m^2·hr·℃)

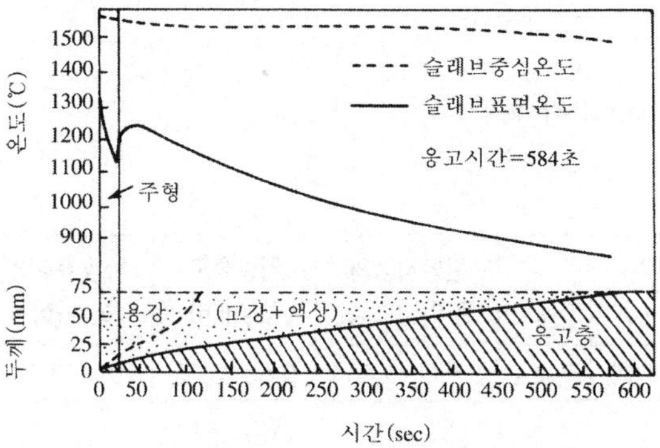

[그림 6-19] 주괴온도와 응고층의 두께(주괴표면온도가 870℃로 되도록 스프레이 조절)

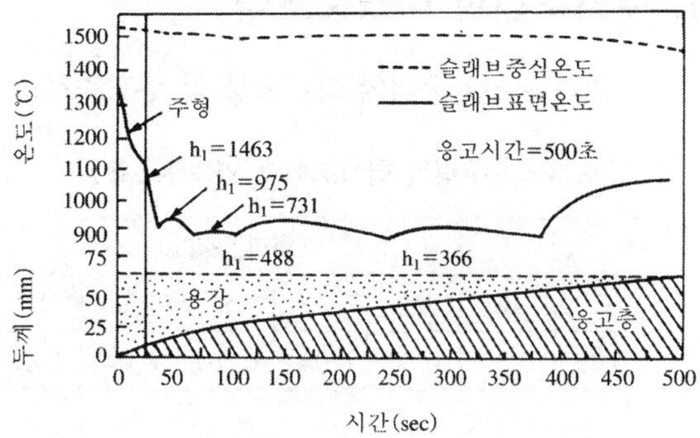

[그림 6-20] 주괴의 온도와 응고층의 두께(다단스프레이 냉각)

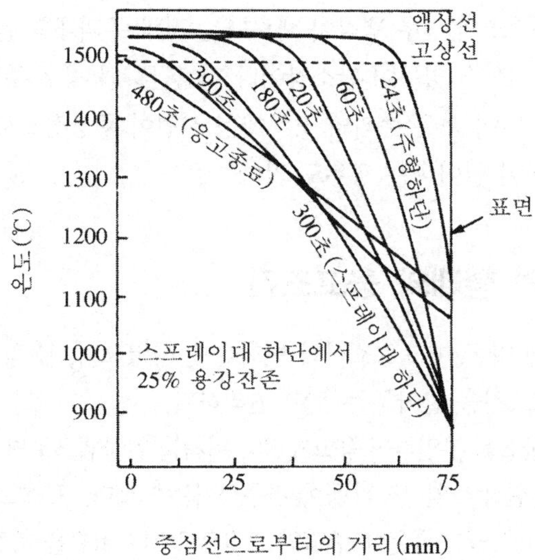

[그림 6-21] 150mm 스프레이 단면의 온도분포

4 응고조직

연속주조에 있어서 응고속도는 일반강괴의 응고시보다 매우 중요한 의미를 갖고 있다. 즉 주괴의 완전응고의 위치는 핀치 롤(pinch roll)과 주괴의 절단장소를 결정하게 되기 때문에 설비 전체의 높이를 지배하고 더욱이 설비의 용강처리능력을 좌우한다.

응고속도를 크게 하기 위하여 2차냉각을 강화하면 앞에서도 설명한 것과 같이 표면균열 등의 위험이 있고 주괴의 내부품질에도 크게 영향을 미치게 된다. 왜냐하면 이것은 주괴의 품질이 그 응고조직과 관계를 갖고 있고 이 응고조직은 응고조건에 의존하기 때문이다.

1. 주조조건과 마크로조직

연속주조한 주괴의 화학조성 및 주조조건은 [표 6-2]와 같다.

[표 6-2] 주괴의 화학조성과 연속주조조건

화학조성(%)									턴티시중의 용강온도(℃)	일반속도 (m/min)	2차냉각수량 (ℓ/kgf)
C	Si	Mn	P	S	Cu	Ni	Cr	Al			
0.43	0.30	0.86	0.030	0.017	0.04	0.02	0.11	0.024	1,540~ 1,544	0.50~0.55	0.3~0.5

여기에서 전형적인 주괴의 마크로직으로서 칠(chill)부위는 바로 표면으로부터 5mm이하의 곳까지이므로 이 사진에서는 분명하지 않다. 또 연속주조주괴의 특징으로서 주상정(柱狀晶)부위의 폭이 넓다는 것과 조직이 미세하다는 것을 알 수 있다.

이와 같은 특징은 연속주조의 경우 냉각이 빠르다는 것과 주괴내의 온도기울기가 크다는 것을 의미한다. [그림 6-21]에서 볼 수 있듯이 탄소강이나 저합금강의 경우 주상정대의 폭은 50~80mm정도가 보통이다. 따라서 단면이 적은 주괴의 경우에는 전면이 주상정으로 되고 중심선부근에 수축공이 생기며 그 부근에 편석이 일어나는 경우도 있다.

2. 수지상정(dendrite)의 형태와 응고조건

지금까지는 주조조건에 따른 마크로조직의 변화를 논하였으나, 주괴의 품질을 논하는 데에는 주괴 각부의 국부적인 응고조건을 알아두는 것이 편리하다.

전술한 바와 같이 표지물질을 투입하여 응고계면의 위치를 알아냄으로써 주괴 각부의 응고속도를 구할 수 있으나, 이와 같은 일을 현장의 일상작업 중에 자주하기는 어렵다. 또 응고속도 이외에도 조직과 관계가 깊은 응고에 관한 변화인자가 있기 때문에 주괴의 조직으로부터 이것을 추정하는 방법이 고려되고 있다.

연속주조의 경우에는 주상정이 잘 발달한다고 하였는데, 이 주상의 수지상정(樹枝狀晶)에서는 핵생성은 고려할 것 없이 성장조건만을 생각하면 되므로 그 형태 등의 변화를 고찰하면 된다. 따라서 수지상 조직으로부터 응고조건을 추정하는 것은 편리하다.

Section

03 연속주조작업

1 조업법

연속주조의 모형도를 [그림 6-22]에 나타내었다.

이 그림에서 보면 우선 충분히 예열한 레이들에 용강을 받는다. 연속주조에 있어서는 용강을 주입하는 시간이 비교적 길기 때문에 필요에 따라서는 레이들 내의 용강을 가열 또는 충분히 보온해야 한다. 레이들은 턴디시(tundich)의 윗부분에 설치한다. 기계의 작동준비가 완전한가를 확인한 다음 주형에 냉각수 및 윤활유를 유통시켜 주입을 개시한다. 레이들로부터 턴디시에 주입된 용강은 턴디시 노즐을 통해서 주형으로 들어간다.

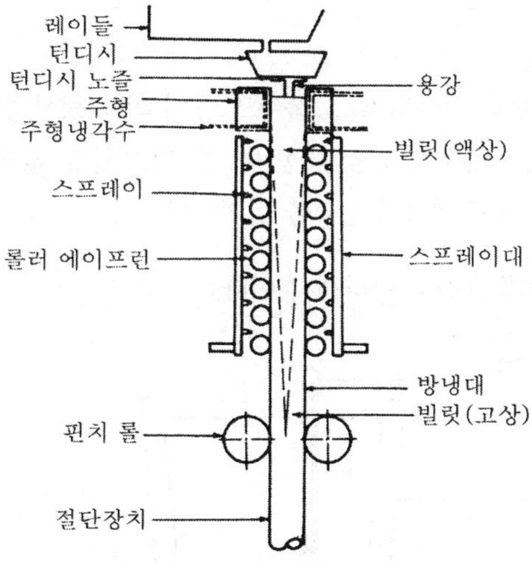

[그림 6-22] 강의 연속주조법의 모형도

주형에는 더미 바(dummy bar)가 밑에서부터 삽입되어 일시적으로 주형의 밑이 되지만 주형에 들어간 용강은 점차로 주형 속에 고여짐과 동시에 그 밑 부분 및 측벽에 따라 응고를 시작한다. 용강이 주형의 윗부분까지 고여지면 핀치 롤러를 작동시켜서 더미 바의 인발을 개시함과 동시에 주형의 왕복운동을 개시한다. 더미 바의 윗부분에 고착한 빌릿(billet)은 그 내부가 아직 용융상태로 있으며, 더미 바와 함께 주형을 빠져나와 점차 밑 부분으로 내려와서 스프레이(spray)대의 롤러 에이프런(roller apron)속을 통과한다. 이와 동시에 스프레이대에서는 물의 분사를 개시하여 빌릿을 표면으로부터 냉각시킨다.

스프레이대를 통과한 빌릿은 다시 방냉대(放冷帶)를 거쳐 핀치 롤(pinch roll)을 통과한다.

더미 바는 차례로 분해 해체하여 기계 밖으로 제거한다. 이 기간 동안에는 빌릿 중심부까지 응고를 완료하게 된다. 이상은 수직형 연속주조법의 개요이며, 빌릿 굴곡형 또는 S형에 있어서는 핀치 롤을 통고한 후 빌릿을 굴곡 또는 교정해서 수평방향으로 인발한다. 마지막 단계에서 빌릿을 소정의 길이로 절단하여 기계밖으로 반출하게 된다.

이러한 조작은 레이들로부터 용강이 완전히 주입될 때까지 계속된다.

상기한 조업법에서 알 수 있는 바와 같이 연속주조는 레이들 내의 용강이 일단 다 소모될 때까지 계속해서 연속적으로 주입할 수 있지만 다음 용강을 주입할 때까지는 쉬어야 한다.

따라서 현재는 완전히 24시간 연속적으로 주조를 계속하는 조업은 실시되지 않고 있다. 물론 기계의 조업도를 높이기 위해서 쉬는 시간을 없애고 완전히 연속운전을 하려는 연구도 있고, 실제로 몇 레이들의 분량을 연속적으로 주입한 예도 있지만 완전 연속운전을 하기 위해서는 우선 용해로의 출강시간 조절, 장시간의 사용에도 견딜 수 있는 내화물 등의 문제를 해결하지 않으면 안 된다.

연속주조의 조업에 대하여 우선 높은 품질의 주편(鑄片)을 얻기 위해서 유의할 점은 다음과 같다.

① 응고개시까지 용강을 아주 깨끗하게 보존하여 주편의 개재물을 감소시킨다.
② 적절한 주입온도를 선택하여 주편의 균열(crack), 조직, 편석 등을 개선한다.
③ 응고 중의 용강의 흐름을 제어하여 주편의 균열, 개재물, 조직, 편석 등을 개선한다.
④ 주형 및 스프레이대의 냉각을 적절하고 또 균일하게 행하여 주편의 균열과 편석의 발생을 억제한다.

또 생산성이라는 면에서는,

① 연속주조의 주편단면 치수의 신속변경, 고속주조 등에 의해 생산성을 높인다.
② 힘든 조업을 자동화하고, 단순화하는 것과 함께 조업의 변동을 없게 한다.
③ 다음 공정과는 연결을 꾀하고 에너지 절약을 실현한다.

[그림 6-23]은 이러한 조업의 요점을 나타낸 것이다.

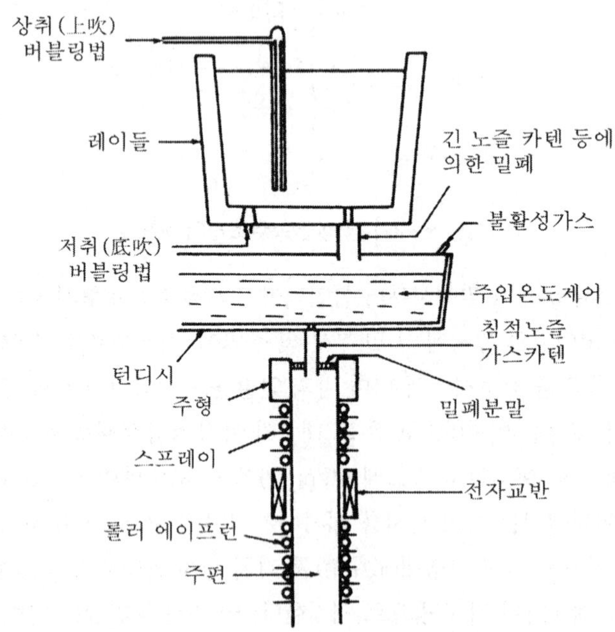

[그림 6-23] 최신 연속주조조업의 요점

2 용강의 전처리와 개재물의 감소

주조에 우선하여 레이들 내에서 불활성가스를 취입하고 용강의 온도제어와 더불어 개재물의 부상제거를 촉진하는 것이 최근 일상화되어 가고 있다. 이것은 고급강의 경우 주편의 개재물을 감소시키는 것과 함께 내부 품질을 향상시키기 위하여 적절한 주입온도를 유지하기 위해서도 매우 중요하다. 더욱이 고속주조의 실현에서는 주입온도의 제어가 필수적을 되어 있다.

레이들－턴디시, 턴디시－주형간을 불활성가스로 밀폐하고, 용강의 산화를 방지하는 것도 고급강에서는 일상화되어 가고 있다.

동시에 턴디시의 용량을 증가시켜 이 사이에 개재물의 부상을 꾀하는 것도 청정한 주편을 얻기 위해 매우 중요한 방책임을 인식하고 있다. 스테인리스강에서의 불활성 가스밀폐와 턴디시용량이 주편의 개재물에 미치는 영향에 대하여 [그림 6－24]에 나타내고 있는데 이것의 효과는 매우 큰 것임을 알 수 있다.

또 주형 내에서 주편표면에 투입하는 분말은 용융하여 주편과 주형의 사이를 윤활하게 함과 동시에 주입 중에 주편 내부에서 부상해 오는 개재물을 포착제거하는 기능도 갖고 있어 주조강종, 주조조건에 적합한 분말의 선택이 중요하다.

이상 각종의 개재물 감소대책을 시행해도 아직 주편 내에 들어가는 개재물과 응고과정에서 석출되는 개재물이 있다. 만곡형 연속주조기에서는 이러한 개재물이 부상하는 과정에서 만곡내측의 응고면에 포착되어 남는 경향은 피할 수 없다.

따라서 다시금 철저한 개재물의 감소를 꾀하는 목적으로 최근 수직형 연속주조가 재고되고 있어 주형 및 주형에서부터 하부 수 미터를 수직으로 한 형식의 설비도 만들고 있다.

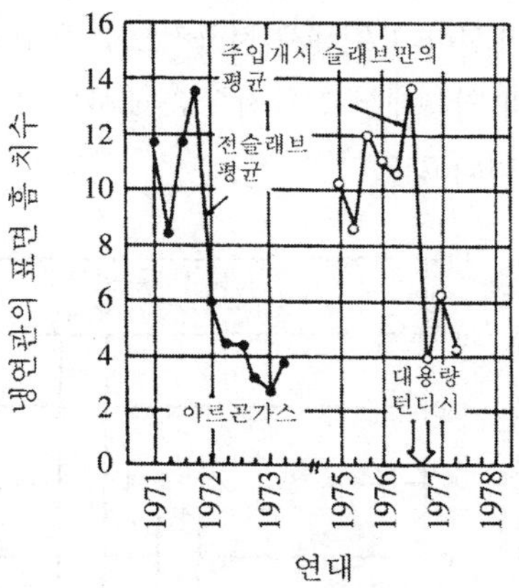

[그림 6-24] 불활성가스 밀폐와 대용량 턴디시에 의한 개재물 감소

3 주입온도

연속주조의 조업과 품질, 양면에 미치는 주입온도의 영향은 매우 중요하다. 주입온도가 높아지면 주편 표면, 내부에 균열이 생기기 쉽고 표피터짐(break out)의 발생빈도도 증대한다. 한편 주입온도가 너무 낮으면 턴디시 노즐 막힘을 일으키기 쉬워 조업상 문제가 많다.

개재물을 부상 제거하기 위해서는 용강의 온도를 높게 유지해 놓는 것이 바람직하지만 주편내부의 조직과 편석을 개선하기 위해서는 주입온도가 아주 낮은 편이 좋다.

이런 것들의 제 요인을 기본으로 하여 주조하는 강종, 주편의 단면치수 등에 적합한 주입온도가 선택되고 있지만 일반적으로는 턴디시 내에서의 용강온도는 각 강종의 응고점 이상의 과열도로서 슬래브(slab)는 10~30℃, 블룸(bloom), 빌릿(billet)에서는 20~50℃ 정도로 관리되는 것이 많다.

4 주편내부에서의 용강흐름의 제어

주형 내에 들어와서 응고 중에 있는 용강의 흐름을 제어하는 것은 양호한 주편의 품질을 얻기 위해 극히 중요하다. 우선 주편표면 근방의 응고, 즉 주형 내 및 스프레이대 상부에 있어서 주편 내의 용강흐름을 제어하는 것으로 주편의 표면균열 또는 개재물을 감소시킬 수 있다.

현재 턴디시 노즐은 빌릿의 경우를 제외하고 블룸, 슬래브에서는 거의 침적(浸漬)노즐을 사용하는 것이 보통이다. 따라서 이 침적노즐의 토출공(吐出孔)의 수, 형상을 적절하게 선택하는 것이 중요하다. 이를테면 냉연강판용 슬래브의 경우에 이 턴디시 노즐의 형상이 강판의 표면상태에 미치는 영향은 [그림 6－25]에 나타난 바와 같이 아주 크다고 말할 수 있다.

또 주편 내부의 조직, 편석 등을 개선하기 위해서 적극적으로 응고 중의 용강을 교반하는 기술이 실용화되어 가고 있다. 이 교반은 주편의 외측에서 전자적으로 행하는 것이 보통이고, 고급품종에서는 슬래브, 블룸, 빌릿과 함께 실용화가 진행되고 있다.

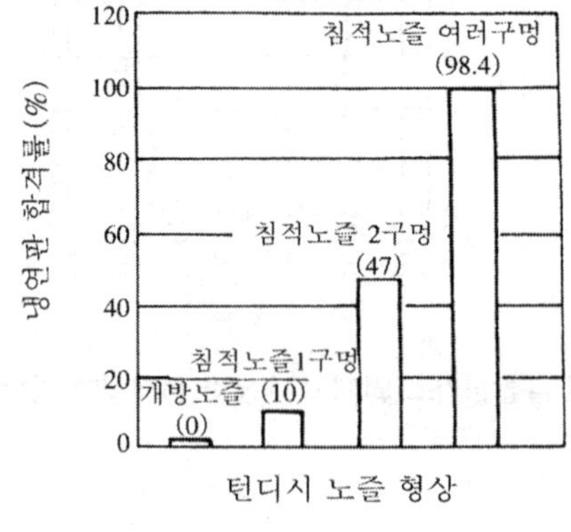

[그림 6－25] 턴디시 노즐 형상이 냉연강판의 표면상태에 미치는 영향

5 스프레이대에서의 냉각과 주편의 응고의 제어

연속주조에 있어서 주편의 응고는 매우 긴 거리에 걸쳐 이루어진다. 소형의 빌릿에서는 그 응고역이 수 미터이지만 대형의 슬래브에서는 수십 미터에 달하는 것이 있다. 따라서 이 사이에 있는 주편의 응고를 관리하는 스프레이대에서의 냉각은 조업, 품질 양면에 있어 매우 중요하다.

스프레이대에서의 냉각은 주편의 길이방향에서는 주형직하(鑄型直下)를 최고로 강하게, 그리고 점차 냉각을 약하게 하는 모양으로 행한다. 한편 주편의 폭방향에서는 균일냉각을 하는 것이 원칙이며, 이것을 잘못하면 주편표면 또는 내부에 균열을 발생할 우려가 있다.

소정의 냉각패턴을 실현하기 위해서는 스프레이의 물 및 노즐의 관리가 중요하여 언제나 올바른 스프레이 유량을 확보하도록 강구해 놓을 필요가 있다. 또 만곡형의 연속주조에서는 스프레이대 또는 그 후의 방냉대(放冷帶)에서 주편의 교정이 이루어지지만 이 교정점에 있어서 주편의 표면과 내부에 균열을 발생시키지 않도록 다단(多段)교정 혹은 압축주조 등을 채용한 설비가 등장하고 있다. 근년에 연속주조기가 길어짐에 따라 기계를 일직선상으로 올바르게 유지하는 것이 주편의 응고를 이상적으로 행하기 위해서 극히 중요하다.

6 주입속도

주입속도는 주편단면의 치수 및 강종에 따라 표준적인 값이 있지만 일반적으로 [그림 6-26]에 나타난 바와 같이 주편의 두께가 두껍게 됨에 따라서 주입속도는 저하되는 것이 상식이다. 근년 주입속도는 증가하는 경향이 있고 220mm두께의 박판용 슬래브에서 0.03m/s를 실현한 경우도 있다. 물론 이 같은 고속주조를 실현하기 위해서는 연속주조설비의 길이를 길게 해 놓는 것이 필수조건이지만 또한 주입온도관리의 강화, 주형직하에 특수한 냉각판을 설치하는 등의 특별대책이 필요하다. 또 만곡형의 연속주조에서는 강종에 따라 전술한 교정역에서의 특수한 연구도 중요하다.

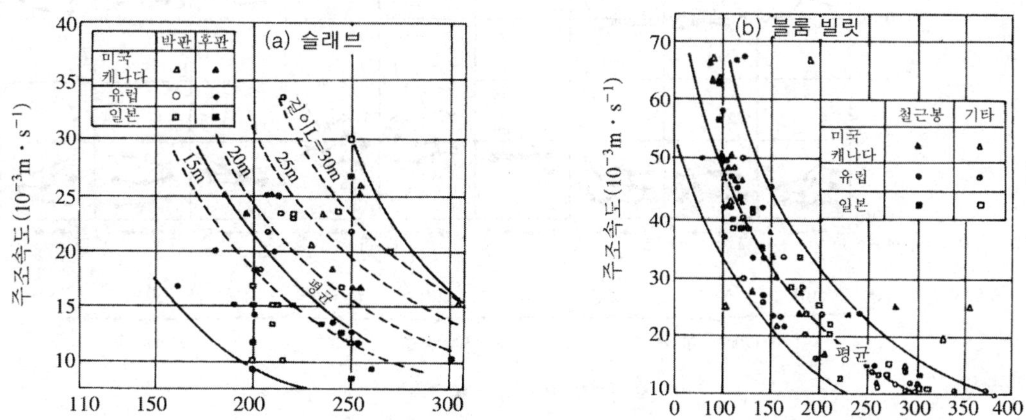

[그림 6-26] 주입속도

Section

04 연속주조 주편과 제품의 품질

1 킬드강과 림드강

1. 킬드강(killed steel)

킬드강(진정강)에 관한 연속주조법은 현재 강의 종류에 관계없이 확립되었다. 따라서 연속주조한 킬드강 빌릿의 품질은 우수한 것으로 인정받고 있다. 주입조건이 적절하지 못했을 경우에는 빌릿에 결함이 발생할 수도 있지만 주입조거만 적절하게 되면 그의 품질은 종래의 조괴나 분괴법으로 제조한 빌릿의 품질보다도 우수하게 된다. 일례를 들면 [그림 6-27]에 나타낸 바와 같이 비교적 장시간의 주입에도 불구하고 화학성분에 있어서 편석(偏析)도 없고 그 함유량도 보통의 경우와 같다.

빌릿의 표면상황은 극히 평활한 구리(銅)주형에 주입하기 때문에 당연한 일이지만 종래의 강괴보다도 양호하고 중심부에는 수축공이 존재하기는 하나 [그림 6-28]에 나타난 바와 같이 통상적인 기계적 성질을 갖는 봉강을 얻을 수가 있다.

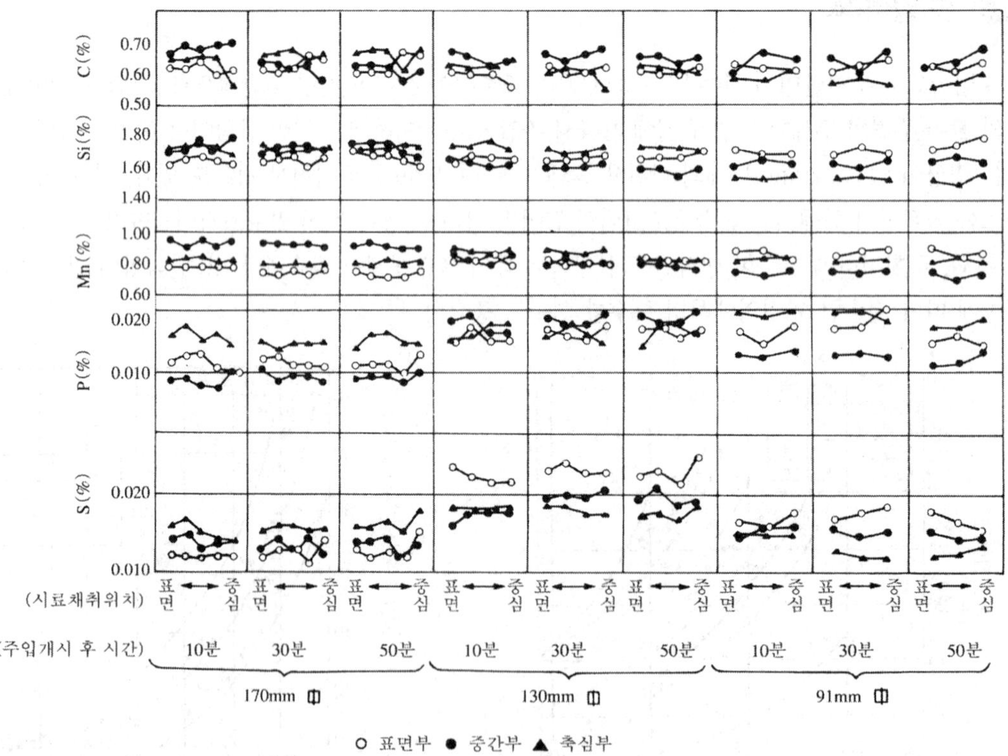

[그림 6-27] 연속주조 빌릿에 대한 화학성분의 균일성

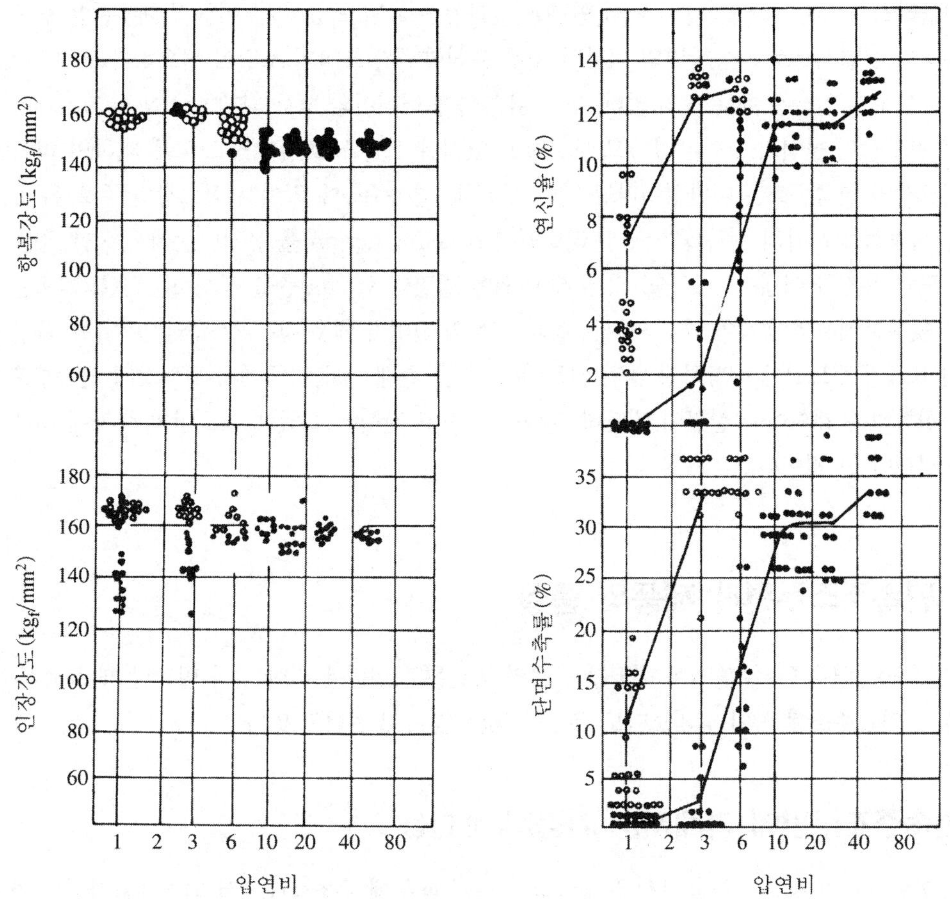

[그림 6-28] 압연비가 연속주조 빌릿의 기계적 성질에 미치는 영향

강판에 있어서도 똑같이 약간의 압연을 가함으로써 제품으로서 충분한 성질을 구비하게 할 수 있다. 특히 18-8 스테인리스강에 있어서 종래의 조괴분괴법에 의하여 제조된 슬래브와 연속주조한 슬래브와의 품질을 비교해 보면, 연속주조한 슬래브가 화학성분에 있어서 편석이 적고 비금속개재물이 미세하고 또한 적으며 결정조직이 미세하게 된다는 등의 우수한 점을 갖고 있다. 이것으로서 제조한 강판의 품질도 종래의 방법과 다른 점이 없다는 것이 확인되었다. 이밖에 다수의 연구결과가 발표되어 있고, 적절한 주입조건하에서 연속주조한 킬드강 빌릿 및 이것으로서 제조한 제품의 품질은 종래의 방법으로 제조한 것과 별로 다른 점이 없거나 또는 오히려 우수한 것으로 알려져 있다.

2. 림드 강(rimmed steel)

림드강(불진정강)에 관한 연속주조는 현재로서 일반적으로 공업화되어 있지 않다.

림드강의 주조는 독일의 만네스만(Mannesmann), 클랙크너(Klöckner), 디릴링겐(Di-llingen), 오스트리아의 뵐러(Böhler), 벨기에의 CNRM, 영국의 배로우(Barrow), 애플비(Appleby), 캐나다의 아틀라스(Atlas) 및 러시아 등에서 연구된 결과가 보고되고 있지만, 이들의 대부분은 림드강의 연속주조가 실험적으로 가능한지의 여부와 매우 세심한 주입조건의 조절이 필요하다고 보고 있을 뿐 생산규모로 조업하는 예는 거의 없다. 단지 유일하게 러시아의 노보 리페츠크(NovoLipetsk)에 있어서는 림드강의 공업화를 이루었다고 보고하고 있지만 프랑스 조사단의 보고에 의하면 러시아에 있어 림드강의 연속주조는 미완성이라고 말하고 있다. 연속주조에 있어서 림드강의 주조가 쉽지 않은 것은 비교적 장시간의 주입 중 안정된 리밍액션(rimming action)을 유지하는데 필요한 탈산도 및 주입온도의 유지가 어렵다는 조업상의 문제 이외에 빌릿의 림(rim)층을 형성하는 주형속 또는 스프레이대 윗부분에서의 냉각이 너무 크다는 것과 액상의 깊이가 매우 깊은 것 등의 연속주조 특유의 본질적인 요소가 림드강에 적당하지 않기 때문이다. 물론 현재 세계 각국에서 림드강의 연속주조 공업화를 실현하려는 계획이나 실험이 대단히 열의를 가지고 진행하고 있으므로 이의 성과에 대해서 앞으로 중시해야 할 것이다.

2 연속주조주편과 제품의 품질

일반적으로 연속주조주편에서 제조한 강재의 품질은 강괴법에 의한 것과 비교할 때 동등하고, 경우에 따라서는 연속주조재 쪽이 강괴보다도 우수한 점이 많이 발견되고 있다.

1. 연속주조주편에 가해지는 가공비(加工比)

연속주조의 경우는 분괴공정을 생략하고 있기 때문에 주조상태에서 최종제품까지의 가공비(주편의 단면적/제품의 단면적)는 당연히 종래의 강괴-분괴법의 경우보다도 작다. 따라서 강재로서 구비하는 성능을 발휘하기 위해서 주편에 가할 필요가 있는 최소한의 가공비를 명확하게 하는 것이 특히 연속주조의 경우에 중요하다.

강판의 예에 대해서 보면 [그림 6-29]에 나타낸 바와 같이 3~5 정도의 가공비를, 스프링강의 예에서는 [그림 6-30]에 나타낸 바와 같이 6~10 정도가 필요한 최소의 가공비로 되어 있다. 실제에는 이러한 기계적 성질 외에 표면품질면에서 이것보다 큰 가공비가 주어지고 있는 것이 많다.

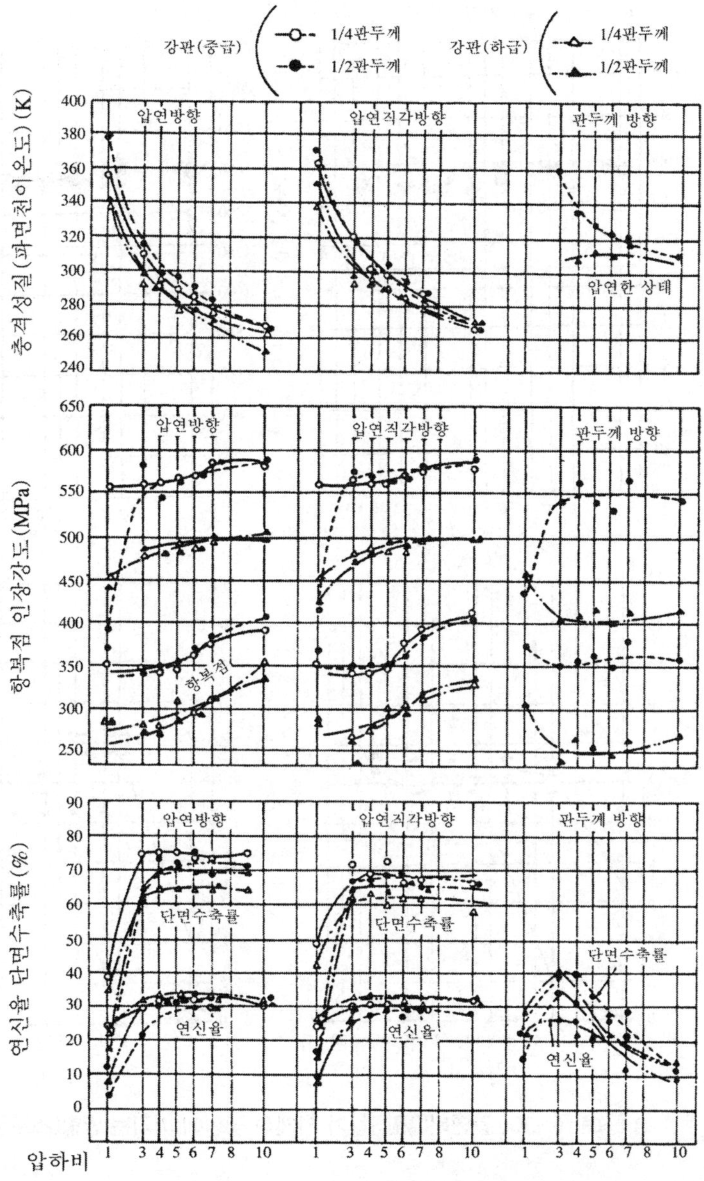

[그림 6-29] 압연비(壓延比)가 기계적 성질에 미치는 영향(두꺼운 판재)

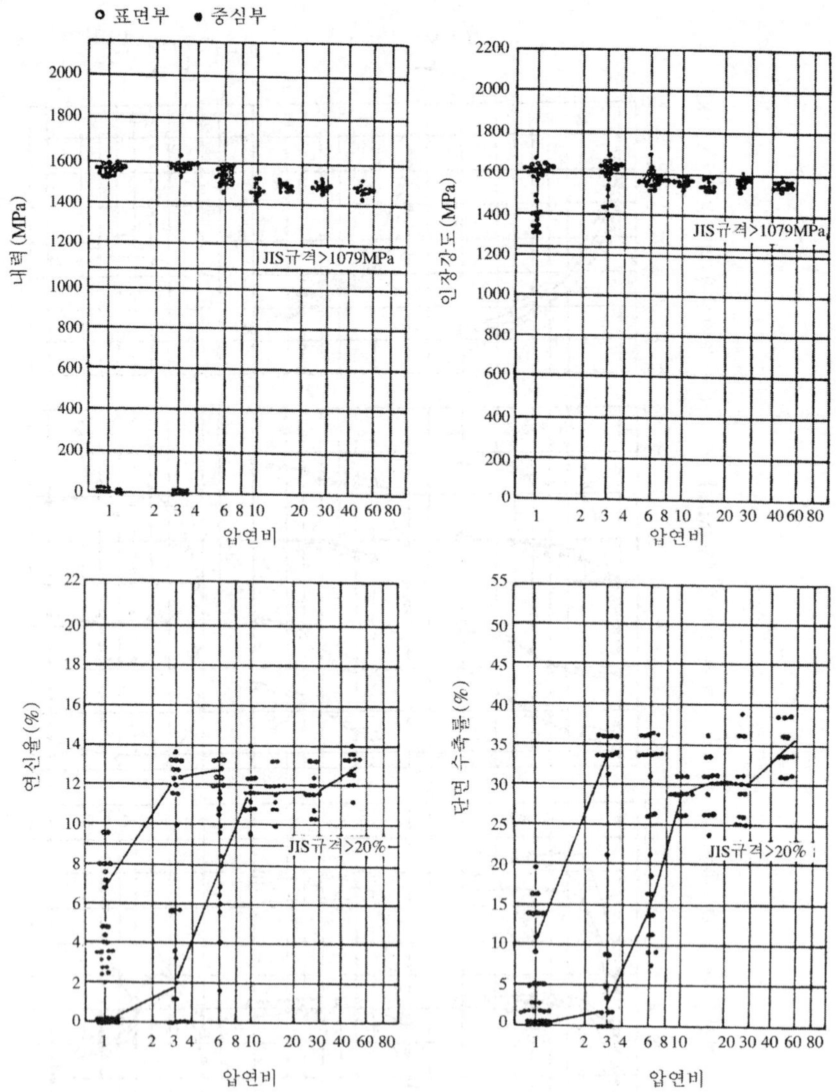

[그림 6-30] **압연비(壓延比)가 기계적 성질에 미치는 영향(스프링강)**

2. 연속주조제품의 품질

우선 강판에 대해서는 두꺼운 판의 SS60(60kgf/mm^2)급, 50kgf/mm^{2}급의 큰 지름의 관재(管材) 등까지 연속주조화되고 있다. 통상의 대형강괴의 저부에 나타나는 역편석(負偏析)과 개재물의 집합(集合)등이 없는 점과 압연비가 적어 개재물이 비교적 늘어나 있지 않기 때문에 균열(crack)의 전달이 둔감한 면 등은 연속주조재의 우수한 점으로 되고 있다.

다만 중심부에 나타나기 쉬운 이상편석에 대해서는 고급강의 경우 이것을 억제하는 특수한 주입법이 필요하다. 열연 압연강판에 대해서도 특수한 것을 제외하고, 품질적으로는 대체로 전품종 연속주조화가 가능하고 황화물이 작게 분산되어 있기 때문에 충격치가 우수하다고 할 수 있다. 봉강, 선재

(wire)의 분야에서는 우선 일반의 철근재를 주체로 하는 조강(條鋼)의 제조에는 널리 연속주조재가 보급되고 있다.

근래에는 각종 고급강의 주조장치와 기술이 개발됨에 따라 구조용강, 스프링강, 형강등도 연속주조화가 가능하게 되었다. [그림 6-31]에 나타낸 것과 같이 연속주조재는 강괴재(材)보다도 편석이 적다. 따라서 담금질(quenching)성질도 고르다. 피로특성에 대해서는 구조용강의 예로서 [그림 6-32]에 나타난 바와 같이 강괴재와 다름이 없다.

또 [그림 6-33]과 같이 스테인리스강의 예로서 개재물이 강괴재처럼 늘어나지 않기 때문에 연속주조재의 피삭성(被屑性)은 강괴재보다 우수하다고 알려지고 있다.

이음새없는 강관(無繼目鋼管, seamless pipe)에 대해서 연속주조화가 가장 늦어지고 있지만 최근 이 분야에도 급속하게 연속주조가 보급되어 가고 있다.

원형단면의 주편에서 직접 제관(製管)하는 방법 이외에 각형단면의 주편에서 일단 원형단면의 주편으로 조압연한 후에 제관하는 방법과 각형단면의 주편에서 일거에 제관하는 방법 등 각종의 방식이 취해지고 있지만 여하튼 현재 대폭적으로 연속주조화가 진행되고 있다.

이상과 같이 넓은 분야에서 연속주조화가 진행되고 있으며 이렇게 연속주조화된 강재의 주요한 품종은 [표 6-3]과 같다.

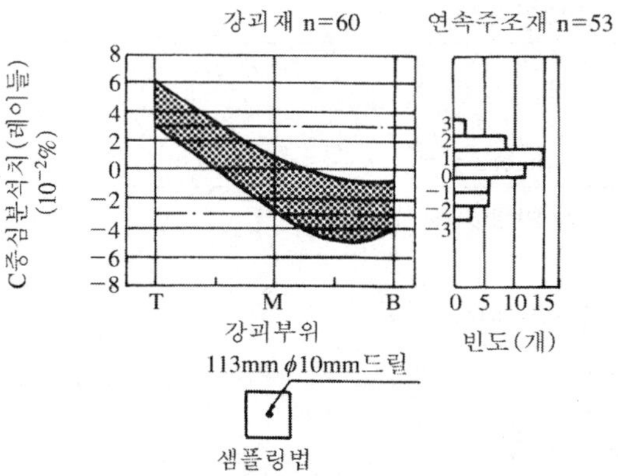

[그림 6-31] 강괴재와 연속주조재의 성분편석

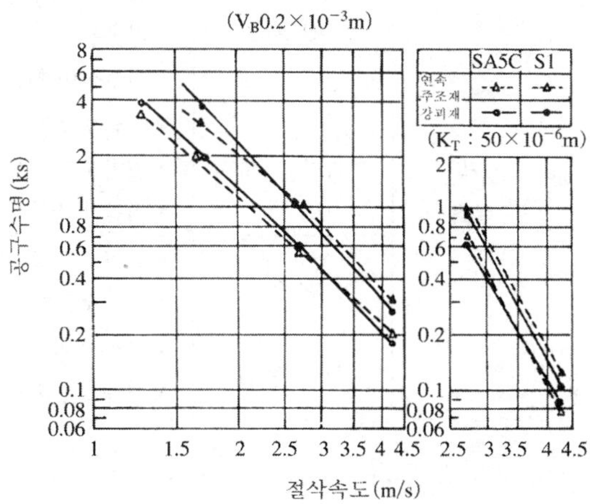

[그림 6-32] 초경선삭시의 공구수명곡선(S45C, SS45 불림처리)

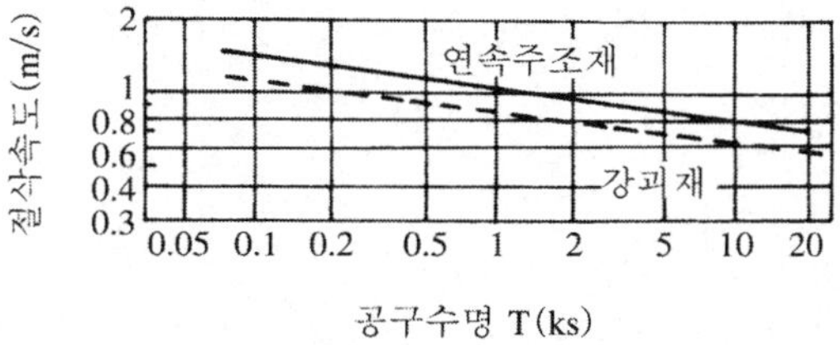

[그림 6-33] 강괴재와 연속주조재의 피삭성 비교

[표 6-3] 연속주조에 의한 제조가능 강재

주 편	제 품	제품의 구체적 용도
슬래브	두꺼운 판재	• 조선용(40, 50, 60kgf/mm^2 등) • 일반구조용(40, 50kgf/mm^2) • 고압용기용(40, 50kgf/mm^2) • 파이프 배관용(pipe ling용) • 스테인리스용
	열연강판	• 일반구조용 • 강관용 • 자동차용 • 경량형강 • 스테인리스강판
	냉연강판	• 자동차용(성형용, 심압성형용(deep drawing용)) • 주석도강판 • 아연도강판 • 규소강판 • 스테인리스강판
빌릿, 블룸	형 강	• 일반구조용(T형, H형, I형, 시트 파일(sheet pile) 등) • 저온용 • 내후성(耐候性)용 스테인리스강
	환강(丸鋼)	• 일반구조용 • 연마봉강 • 이음새 없는 강관(seamless pipe)
	봉 강	• 일반구조용 냉간인발 이형(異形) 봉강 • 기계구조용
	선재(線材)	• 일반구조용 와이어 로드(wire rod) • 기계구조용 스프링

Section

05 연속주조 설비

1 설비의 종류

설비의 형식은 과거에 매우 많은 종류의 것이 시험되어 왔지만 현재 공업화된 것은 대부분이 주형상하 왕복운동 방식의 수직형 또는 만곡형 등이다. 소련 일부에서는 분할형을 경사시킨 2개의 벨트에 배치한, 마치 멜렌(Mellen)법을 경사식으로 한 형태의 골드빈(Goldbin)식이 가동되고 있으나 탕면의 면적이 크기 때문에 빌릿의 결함이 많아서 공업적으로는 문제가 있다고 할 수 있다. 그런데 현재의 공업설비의 주류를 이루는 수직형 및 그 변형형은 3종류로 크게 나눌 수 있다.

즉 [그림 6-34]에 나타낸 바와 같이 수직식, 수직형 빌릿 굴곡방식(수직곡형) 및 전체 만곡방식(일명 S형)이 있다.

수직형강의 연속주조설비의 최대 결점은 강의 응고시간이 알루미늄이나 동과 같은 비철금속에 비해서 굉장히 길어야 하기 때문에 그 설비의 높이가 매우 높게 되므로 대용량의 생산설비일 때 그 높이가 20~30m 또는 그 이상에 달하는 것이 보통이다. 따라서 특별히 높은 건물을 건립하거나 또는 지하설비를 필요로 하게 되므로 건설비가 비싸게 든다. 그래서 핀치 롤(pinch roll)의 밑 부분의 빌릿을 수평방향으로 굴곡시켜 전체의 설비높이를 경감시키려는 것은 수직형 빌릿 굴곡방식이지만 이것으로 충분한 높이의 감소를 기대할 수는 없다. 더욱더 적극적으로 높이를 감소시켜 수직형의 1/2~1/3 높이까지 설비높이를 낮춘 것이 전체 만곡식(S형 연속주조기)이다.

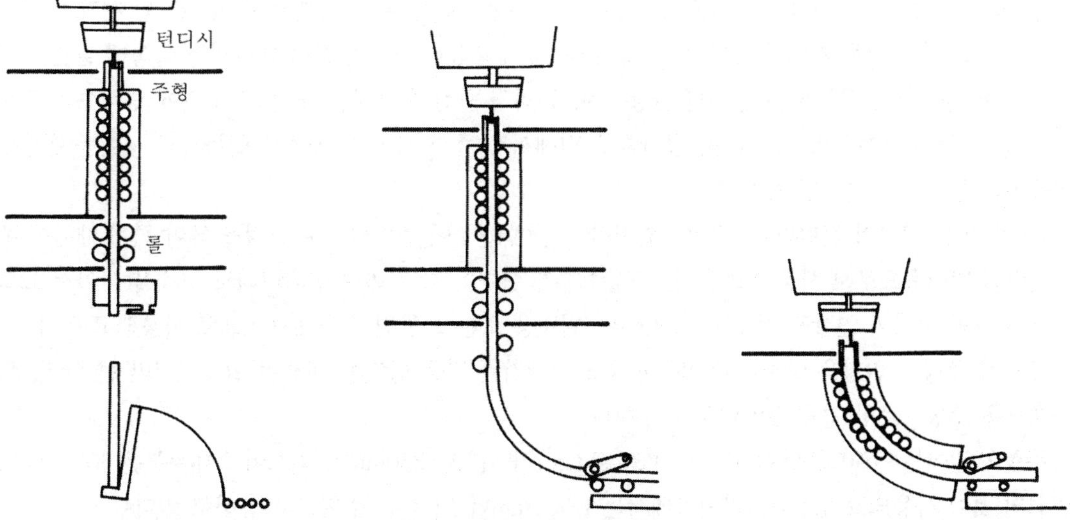

(a) 수직식　(b) 수직형 빌릿 굴곡식　(c) 전체 만곡식(S형)

[그림 6-34] 강에 대한 연속주조 설비의 형식

즉 용강은 원호상의 주형에 주입하고 이것을 그대로 원호주형으로부터 인발하여 스프레이대, 공냉대를 통한 응고를 완료시킨 후 1/4 원호를 지난 곳에서 굴곡된 빌릿을 수평방향으로 바로잡아 소정의 길이로 절단하여 기계 밖으로 꺼낸다. 이 원호의 반지름(R)은 주조할 빌릿의 두께를 d라고 하면 $d/2 = 0.015R$로 표시되는 값을 표준으로 한다. 다시 말하면 빌릿 두께의 약 30배 반지름에 해당하는 높이면 되지만, 부대설비의 높이를 포함하더라도 설비 전체의 높이는 대폭 경감된다. 현재 S형 연속주조기는 이미 다수가 가동 중이고 요즘 세계적으로 급속히 보급되고 있다.

2 주 형

강의 연속주조에 있어서 주형에 주입한 용강은 외부만 응고되고 내부는 용융상태로 있으면서 빌릿으로서 연속적으로 주형으로부터 인발되기 때문에, 이 주형으로부터 빌릿의 인발방식이 가장 중요한 조작 중의 하나이다.

따라서 종래의 주형으로부터 빌릿을 인발하는 방법으로서 정지주형으로부터 빌릿을 연속적으로 미끄러지게 하여 인발하는 뵐러(Böhler)법, 정지주형으로부터 빌릿을 단속적으로 인발하는 뱁콕·윌콕스(Babcock & Wilcox)법, 주형을 용수철 위에 설치해서 빌릿을 연속적으로 꺼내는 비스라(BISRA)법, 주형을 연속적으로 상하왕복운동시켜서 빌릿을 연속적으로 인발하는 융한스 로시(Junghans-Rossi)법 등이 고안되었다. 그러나 공업적으로 성공한 것은 최후의 융한스 로시법으로서 현재 공업설비의 대부분은 강제적으로 주형을 상하왕복운동시키는 방식을 채용하고 있다.

일반적으로 주형의 하강속도를 빌릿의 인발속도와 같게 하고 상승속도를 빌릿과 등속 또는 수배의 속도로 실시한다. 가장 보편적으로 채용하고 있는 것은 1~3배 정도이다. 빌릿의 인발속도가 클 경우에는 주형의 하강속도를 빌릿의 인발속도보다 약간 크게 한 특수 주형방식 등의 개량형도 고안되고 있다.

주형의 재질은 착상 내지 시험적으로 사용된 것으로는 주철, 흑연, 동합금 등이 있지만 현재 공업적으로 사용되고 있는 것은 거의 순동이다. 주형의 형식은 [그림 6-35]와 같이 동관의 바깥쪽에 철관을 끼워 이 사이에 냉각수가 유통하는 형식의 관상주형, 동괴의 중심에 구멍을 내어 그 주위에 냉각수의 유통공(流通孔)을 구비한 형식의 괴상주형, 동판을 조립해서 철틀 속에 넣어 동판과 철틀과의 사이를 냉각수가 유통하는 형식의 조립주형 등이 있다.

관상주형은 구조가 간단하여 제작이 쉽지만 동관에 변형이 일어나므로 교정을 해야 하기 때문에 주로 소단면의 빌릿용으로서 사용되고 있다. 괴상주형은 변형이 작고 변형이 되더라도 그것을 깍아서 교정하여 사용하면 수명이 연장될 것으로 예상되며, 빌릿용 또는 소단면의 슬래브용으로 사용되고 있다.

조립식 주형은 변형을 방지하고 이음매가 느슨해지는 것을 방지할 대책이 필요하지만 큰 단면, 특히 슬래브용 주형으로서 경제성이 더욱 우수하다.

주형의 길이는 인랜드스틸회사(Inland Steel Co.)가 시험한 250mm가 최소이고 대부분은 600~900mm 범위의 것이 사용되고 있는데, 러시아에서는 1,500mm나 되는 긴 주형도 사용하고 있다.

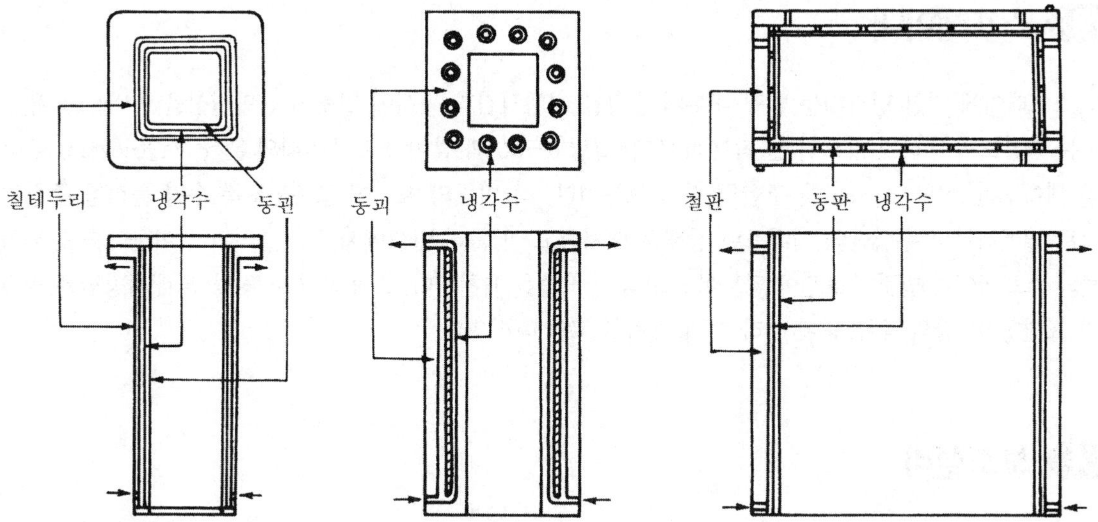

(a) 관상주형 (b) 괴상주형 (c) 조립주형

[그림 6-35] 강의 연속주조용 주형

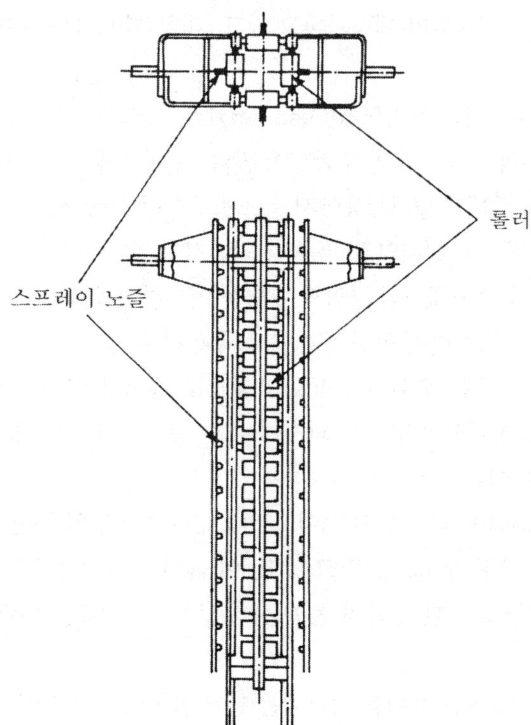

[그림 6-36] 롤러 에이프런의 한 예

3 스프레이대

스프레이에 의한 냉각대는 빌릿 내부의 응고를 진행시킴과 동시에 빌릿의 단면형상을 똑바르게 유지하는 작용도 구비하지 않으면 안 되기 때문에 [그림 6－36]과 같이 스프레이대의 분사 노즐(nozzle)과 롤러 에이프런(roller apron)을 조합한 것이 보통이다. 즉 빌릿의 표면에 접촉되도록 수평 롤러를 주형의 바로 밑에서부터 수십단의 에이프런 상태로 배치하고 이 롤러 바깥에서부터 롤러의 사이사이를 통하여 물의 스프레이가 빌릿의 표면에 닿도록 스프레이 노즐을 배치한다. 스프레이 노즐 및 그 배치방법은 빌릿의 표면형상, 강의 종류 등에 따라 여러 가지로 고안되어 있다.

4 보조설비

레이들(ladle) 지지장치는 종래의 레이들 카(ladle car) 방식이 주였지만 최근은 소요 공간이 작고 작업성이 좋은 레이들 터릿(ladle turret)방식으로 변화해 가고 있다.

턴디시(tundish)는 생산성을 향상시키기 위해 연속주조기의 대폭적인 채용과 주편품질의 향상을 겨운 개재물의 부상 등의 관점에서 근년 점차 대형화하고 있고, 대형설비로는 용량 30~50톤의 턴디시가 사용되고 있다.

턴디시의 주입 노즐을 빌릿에서는 개방노즐(open nozzle), 슬래브, 블룸에서는 스토퍼(stopper) 또는 슬라이드 게이트(slide gate)와 침적노즐의 조합형이 많다. 주형은 동 또는 동합금의 수냉식으로 빌릿용으로는 튜브형(tubular)주형, 블룸, 슬래브용에서는 조립주형이 보통 사용되고 있다.

동내면(銅內面)에는 크롬 또는 니켈계의 도금을 시행한 것이 많다. 이것은 동의 마모를 방지함과 동시에 주편에의 동의 침입에 의한 주편표면의 균열의 발생을 억제하기 위해서이다. 또 슬래브용에서는 단변측을 요동가능한 가변(可變)폭으로 하여 동일 두께에서 폭이 다른 슬래브를 주조할 수 있게 한 것이 많다. 주형에는 상하왕복운동을 부여하는 오실레이션(oscillation) 장치가 달려있으며, 주편이 원활하게 빠져나오도록 되어 있다. 이 오실레이션의 방식은 과거에 여러 종류의 방식이 있었지만 현재는 아주 단순한 사인커브(sine curve)가 주류이다.

스프레이대는 다수의 롤(roll)에 의한 롤러 에이프런이 내부 미응고의 주편을 지지하고, 용강의 정압에 의한 주편응고각의 부풀어오름(bulging)을 막고 있고, 이 롤의 간경에서 스프레이를 분사하여 주편을 냉각하고 있다. 이 주편지지기구로서 한 블록의 롤 대신에 분할 롤과 워킹 바(working bar)방식을 채용한 것도 있다.

스프레이대의 후방 또는 중간에는 주편을 뽑아내는 핀치 롤(pinch roll)이 배열되어 있다. 만곡형(彎曲型)의 연속주조에서는 이 사이에서 주편의 교정도 행한다. 이러한 에이프런 롤, 핀치 롤의 수는 100개에 가까운 것이 있다. 따라서 이러한 롤 간격을 정확하게 유지하여 슬래브를 소정의 형으로 통과시키기 위해서 자동간격측정기가 고안되어 있다.

절단장치는 빌릿에서는 전단기(shear)를 사용하는 것도 있지만 대부분은 가스 토치(gas torch)에 의한 절단이 채용되고 있다. 이것은 주편 길이 측정장치와 연결되어 있어 자동적으로 소정길이의 주편으로 절단되는 것이 보통이다.

또 주조개시시에 주형의 저부도 되고, 그 후의 주편의 인발안내용으로 사용하는 더미 바(dummy bar)가 있다. 이것은 하부에서 역송(逆送)하는 것이 많지만 대형 기계에서는 길이가 길고 최종 주편의 인발과 더미 바의 역송에 시간이 너무 걸리기 때문에 주형 상부에서 압입하고 최종 주편의 인발과 더미 바의 압입을 병행하여 행하는 방식도 채용되고 있다.

5 경제성과 생산성

연속주조의 경제성은 그 설비가 종래의 조괴, 분괴공장으로부터 쉽게 대체될 수 있다는 점과 주조수율을 높일 수 있다는 점에서 설비비나 빌릿제조비에 있어서도 현저한 경제성이 있다.

우선 설비비는 입지조건에 따라 많이 달라지지만 기계 자체의 가격은 [그림 6-37]에 나타낸 바와 같이 스트랜드(strand)당 수 억원이라고 한다. 가령 연산 200만톤의 설비를 종래의 조괴, 분괴방식의 경우와 연속주조방식의 경우를 비교한다면 [표 6-4]와 같다. 즉 종래의 조괴, 분괴법으로는 슬래브를 제조하는 데까지 4,000m^2의 면적과 1.4억마르크(D.M)의 경비가 필요한 것에 비해서 연속주조에 의하면 2,000m^2의 면적과 1억마르크의 경비정도가 필요하게 된다. 물론 연속주조의 설계에 관해서도 점차로 개량되고 합리화됨으로써 그 가격도 대폭 낮아지고 있기 때문에 더욱 경제성이 발휘되고 있다.

다음으로 빌릿의 제조비는 높은 주조수율이 달성됨으로써 더욱이 주조비용이 많은 것이 아니기 때문에 종래의 조괴, 분괴법보다도 매우 저렴하다. 예를 들면 영국에서의 검토결과를 보면 연속주조로 인한 빌릿의 가격은 종래의 방법에 비해서 약 12.5% 싸진다고 한다. 최초의 설비자금과 일상의 빌릿제조비의 이점을 합하면 연속주조의 경제성은 막대한 것이라 할 수 있다.

또 연속주조는 종래의 조괴에 비하면 기계적 요소가 많으며 이 기계적 요소가 직접 조업이나 주편의 품질에 중요한 영향을 미치는 경우가 많다. 따라서 최적조건에서 주조하기 위해서 각종의 계측과 자동화가 이루어지고 있다.

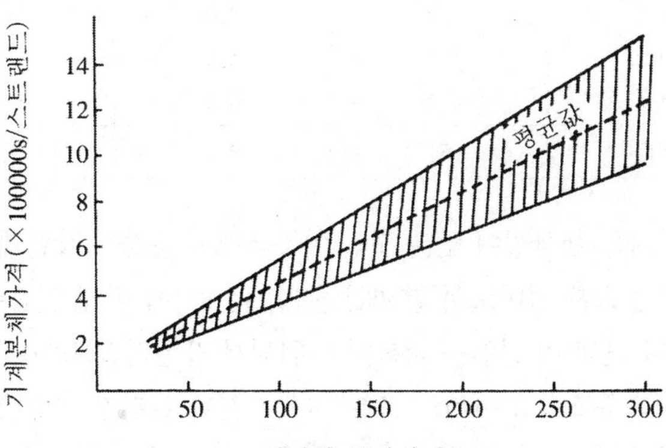

[그림 6-37] 연속주조기의 가격

[표 6-4] **연산 200만톤 슬래브 제조설비의 소요면적과 설비자금의 비교**

구 분		소요면적(m^2)	설비자금($\times 10^6$DM)
조괴·분괴법	1. 조괴장, 기중기	7,500	20
	2. 주형, 주형대차		10
	3. 주형정비장	7,000	15
	4. 피트(pit)장, 강괴적치장	8,000	25
	5. 슬래브 분괴기	10,000	60
	6. 슬래브 적치장	7,500	10
	계	40,000	140
연속주조법	1. 주입장, 기중기		15
	2. 2스트랜드연속주조기, 5기	12,500	75
	3. 슬래브 적치장	7,500	10
	계	20,000	100

일례로서 주형내의 용강표면의 레벨(lavel)을 검출해서 이것을 턴디시에서의 용강주입량의 제어에 이용하여 자동주입을 행한 결과 [표 6-5]에 나타난 바와 같이 주형내에서의 용강면의 변동폭이 대폭으로 감소하고 주형표면의 결함이 확실히 감소했다. 즉 자동화는 에너지 절약 이외에 조업변동의 감소, 주편 품질의 개선 등에까지 효과를 나타내고 있다.

연속주조에 의한 에너지절약은 강괴법의 경우 분괴의 생략에 의해 톤당 에너지는 현저히 적어진다. 이것은 일관제철소에 있어서 강재를 제조하는 경우에 필요한 전 에너지의 4%전후의 절감에 해당한다.

[표 6-5] **탕면변동이 주편표면의 결함에 미치는 영향**

구 분	자동주조				수동주조
	탕면변동폭			합 계	탕면변동폭
	≤±3mm	≤±5mm	≤±10mm		≤±15mm
종방향균열	0.9	1.1	0.4	0.9	1.0
횡방향균열	0.4	0.4	0.5	0.4	1.0
기 공	0.2	0	2.5	0.5	1.0
슬래그혼입	0.5	0.8	1.1	0.6	1.0
손질면적	0.7	0.8	0.8	0.7	1.0
슬래브배수	232	51	18	301	310

연속주조의 결점 중의 하나는 생산성이 낮은 것을 이를테면 대용량의 강판제조공장에서 년간 600만톤 정도의 강판을 제조하는데 필요한 설비로서 분괴압연기로는 1기에 비해 연속주조기에서는 5~6기가 필요하다고 할 수 있다. 그러나 근래 이 결점을 극복하기 위해서 각종의 노력이 확대된 결과 다음과 같은 방책이 실현되어 현재에는 연속주조기 3~4기로 충분하다는 것이 알려지고 있다.

우선 다연속(多連續)조업이 있는데 이것은 레이들에 가득 찬 용강을 주조하고 마친 시점에서 주조를 멈추는 것이 아니고 잇달아 다음의 레이들에 용강을 주조하는 방법이다. 과거에는 수백 개 용탕(heat)의 다

연속이 행해진 예도 있지만 통상은 수 개의 용탕내지 수십 개의 용탕의 다연속이 일상조업으로 행해지고 있다. 이결과 준비시간이 생략되기 때문에 가동률이 향상될 뿐 아니라 한 용탕마다 주편의 시작과 끝 부분에서의 절단삭(切斷屑)이 생기지 않으므로 수율이 향상되고, 내화물 등의 작업용 자재비의 절감도 가능하다.

최근에는 용탕사이에 단시간의 정지만으로 이강종(異鋼種)의 다연속과 주편 단면치수의 변경 등도 가능하게 되어 연속주조 조업법은 더없이 자유도가 풍부한 것으로 되어 있다.

준비시간도 설비가 대형화함에 따라서 짧은 더미 바(dummy bar)에 의한 상부압입 방식으로 앞 용탕의 최종주편의 인발과 병행하여 다음 용탕용의 더미 바를 압입하든가 영구용 더미 바의 채용 그리고 주형 전용 스프레이대의 일체교환 등에 의해 종래 수 시간 걸린 준비가 1시간 이내로 단축되게 되었다.

고속주조에 대해서는 앞에 설명한 대로이지만 연속주조가 공업화된 현재는 대개 당초보다 2배의 속도로 주조가 행해지고 있다. 이러한 각종의 생산성 향상 대책은 점차 결실을 맺어 연속주조기의 필요 기수(機數)는 공업화 당초와 비교해서 대체로 반감되고 있다.

Section

06 비철금속의 연속주조

강에 비해서 비철금속은 융점이 낮고 열전도율이 훨씬 높기 때문에 이것을 응고시키는 조작도 일반적으로 강보다 쉽다. 따라서 이의 연속주조는 강보다도 훨씬 먼저 공업화되어 있고, 그 조업도 수많은 착상에 기초를 두고 강보다 세밀한 조작을 채용해서 응고의 제어에 효과를 거두고 있다.

일반적 원칙은 이미 강의 경우에 대해서 자세하게 기술했기 때문에 여기서는 구리, 알루미늄 등 비철금속의 연속주조에 있어서 강과 다른 점에 관해서만 주로 설명하기로 한다.

1 설 비

비철금속의 연속주조설비를 빌릿의 운동방식 및 주형의 형식에 따라 분류하면 [표 6-6]과 같다. 즉 비철금속에 있어서는 수직식 이외에 알루미늄 및 그 합금에 사용되는 우진가우치(Ugine-Gautschi)법, 테스만(Tessmann)법 등의 수평식이 개발되어 있다. 주형으로는 강주조에서 실패로 끝난 고정식의 것도 채용되고 있다.

[표 6-6] 비철금속의 연속주조법

주조형식		명 칭	주조재료
고정주형법	수 평	Wertli Ugine-Gautschi	Cu 및 Cu 합금 Al 및 Al 합금
	수직	DC ASARCO	Al 및 Al 합금 Cu 및 Cu 합금
이동주형법	수 평	Hunter Tessmann	Al 및 Al 합금 Al 및 Al 합금
	수직	Junghans-Rossi Loma	Cu 및 Cu 합금 Cu 및 Cu 합금
Wheel and belt 법		Properzi Rigamonti Porterfield-Coors Rotary Strip Pechiney-Lobeck	Al 또는 Cu Al Al Al Al
Twin belt 법		Hunter Douglas Hazelett	Al Al
Twin roll 법		Hunter	Al

물론 빌릿의 표면균열을 방지할 목적으로 주로 동 및 동합금에서는 강의 경우와 마찬가지로 왕복운동 주형이 채용되고 있다. 주형의 재질은 동 이외에 알루미늄, 강, 흑연 등의 여러 가지이다.

특수한 형식의 설비로서는 차륜형의 주형을 회전시키면서 빌릿을 대상(帶狀)으로 응고시켜서 발취하는 방법, 한 쌍의 벨트식 주형 중에서 빌릿을 응고시키는 방법, 롤러 사이에 용탕을 주입해서 이 롤러(roller)에서 응고시키면서 빌릿을 발취하는 방법 등이 있다.

첫 번째의 회전륜형(輪型)에는 [그림 6-38]과 같이 프로페르지(Properzi)법이나 리가몬티(Rigamonti)법을 비롯해서 포르터필드-쿠어(Porterfield-Coors)법, 페치니-로벡(Pechiney-Lobeck)법 등이 있지만 모두 회전차륜과 벨트사이에 용탕을 주입 응고시켜 봉상 또는 판상으로 인출하는 방법으로서 차륜의 배치, 벨트의 거는 방식, 빌릿의 발취방향 등에 있어서 여러 가지로 고안을 하고 있으며 알루미늄 봉 또는 판의 제조에 채용되고 있다.

두 번째의 벨트식 주형방식에는 [그림 4-39]와 같은 헌터더글라스(Hunter Douglas)법, 그리고 하체레트(Hazelett)법 등이 있고, 이들도 알루미늄의 주조에 채용되고 있다.

마지막 한 쌍의 롤러주형 방식은 용탕으로부터 한 쌍의 롤러 사이를 통해서 용탕을 끌어올려 응고시킴으로써 판을 위쪽으로 인출하는 방법으로서 알루미늄판의 제조에 채용되고 있는 헌터(Hunter)법으로 [그림 6-39]와 같다.

이들의 주된 특징은 [표 6-7]에 나타내었다.

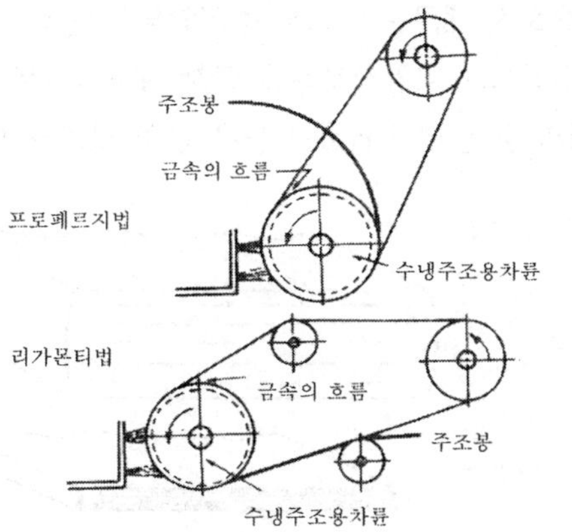

[그림 6-38] 회전륜형 연속주조기

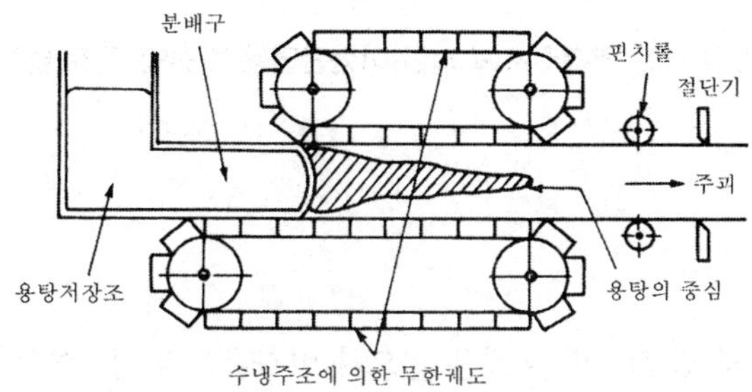

[그림 6-39] 헌터더글라스법

[표 6-7] 특수형 연속주조법의 특징 비교

구 분		프로페르지	테스만	헌 터	하체레트
형 식	주 탕	개 방	밀 폐	개 방	개 방
	주 형	이 동	왕복운동	이 동	이 동
	주조방법	상 방	수 평	상 방	수 평
	다음공정	직접 압연	절 단	권취(捲取)	절 단
주입구		철파이프	철파이프 (내화재라이닝)	내화재노즐	홈통 (내화재라이닝)
주형형상		동호일(foil), 강벨트	동파이프	강 roll	강벨트
적 용	완 성	Al, Zn	Al	Al	Al
	연구중	Cu	Cu, 강	–	Cu합금, 강
주조속도(m/min)		10	2	1.4	2.7
주조능력(t/h)		1.89	1	1.4	6.5
빌릿형태		1,135mm^2	ϕ 57mm	600~1,000 ×6.35mm	600~1,000 ×13~76mm

이 외에 수직 고정식 주형법으로서 새로운 주조법이 고안되어 주조 중 슬래브에 비금속질의 압착방지재를 주입하고 이것을 압연 후수압으로 비압착부분을 팽창 성형시켜서 [그림 6-40]과 같은 벌집모양의 단면을 갖는 것과 [그림 6-41]과 같은 리브(rib)가 붙은 판의 제조가 시도되고 있다.

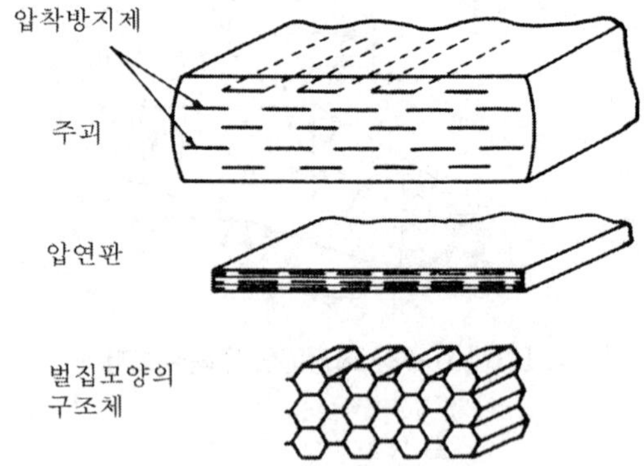

[그림 6-40] 연속주조에 의한 이형단면용 빌릿의 주조(벌집모양)

2 주조법

주조법의 일반 원칙은 강의 경우와 다른 것은 없으나 비철금속의 경우에는 열전도율이 크고 응고속도가 빠르기 때문에 강의 경우보다도 세밀한 냉각, 응고의 제어가 가능하다.

예를 들면 Al-Cu-Mg계 및 Al-Mg-Zn-Cu계의 합금에서 일어나기 쉬운 균열은 급냉에 의해서 생긴 강한 주조응력에 기인하는 것으로서 주입속도와 표면으로부터의 냉각속도를 조절함으로써 이 균열의 방지가 가능하다.

또 빌릿 내부 조성의 편석을 방지하기 위해서도 주입속도와 냉각속도의 조절이 필요하다. 예를 들면 로쓰(Roth)의 실험에서 빌릿의 지름과 용융층의 깊이, 즉 주입속도와의 사이에는 적절한 값이 존재한다는 것을 알 수 있다.

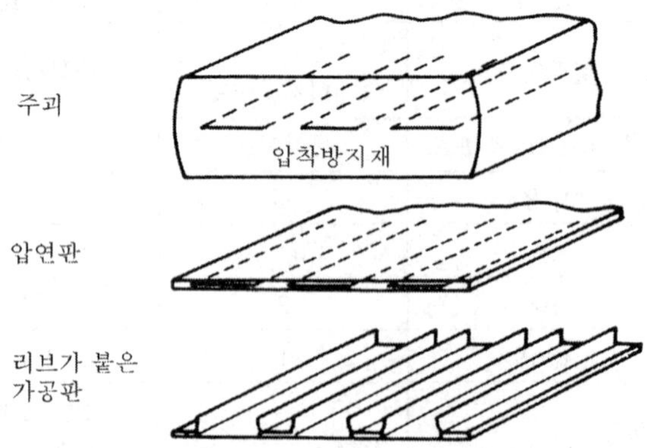

[그림 6-41] 연속주조에 의한 이형단면용 빌릿의 주조(리브가 붙은 판)

익힘문제

01 연속주조법의 특징을 쓰시오.

02 연속주조법과 강괴분괴법과의 차이를 경제적 · 생산적 · 품질적 측면에서 쓰시오.

03 주형과 주괴의 냉각, 응고이론을 설명하고 응고속도에 미치는 제 영향을 쓰시오.

04 강의 연속주조로 나오는 응고조직과 조건을 쓰시오.

05 수지상정의 형태와 응고조건을 쓰시오.

06 연속주조작업을 위한 조업법과 현장적 관리 요인들을 쓰시오.

07 연속주조의 조업에 대하여 높은 품질의 주편을 얻기 위해서 유의할 점을 쓰시오.

08 주편 내부에서의 용강의 흐름의 제어에 대하여 쓰시오.

09 스프레이대에서의 냉각과 주편의 응고의 제어에 대하여 쓰시오.

10 킬드강과 림드강에 대하여 쓰시오.

11 연속 주조의 설비에 대하여 쓰시오.

찾아보기

특수주조공학

초판 인쇄 | 2015년 3월 13일
초판 발행 | 2015년 3월 20일

인 지

지 은 이 | 공학박사 조수연 · 문희권 · 제창웅
발 행 인 | 조규백
발 행 처 | **도서출판 구민사**
(150-034)
서울특별시 영등포구 문래로 187, 604(영등포동4가, 동서빌딩)
전 화 | (02) 701-7421(~2)
팩 스 | (02) 3273-9642
홈페이지 | www.kuhminsa.co.kr

등 록 | 제14-29호 (1980년 2월 4일)
I S B N | 979-11-86176-82-5 [13500]

값 25,000원